A Quadrilha Católica:
o *paganismo* oficializado

Sandro Dau
Shirley Dau

Título: *A Quadrilha Católica*: o *paganismo* oficializado

2024, Juiz de Fora, MG/Brasil

Copyright by Sandro Dau

ISBN **xxx**

Dados Internacionais de Catalogação da Publicação

DAU, Sandro/ DAU, Shirley

A Quadrilha Católica: o *paganismo* oficializado / Sandro Dau/Shirley Dau

Juiz de Fora: KPD, 2024.

797 páginas

1. Filosofia 2. Religião

CDD 210

ISBN xxx

Tudo o que se refere à Quadrilha Católica, ou é verdadeiramente falso, ou falsamente verdadeiro: isso não é só um jogo de palavras.

Conteúdos

Lasciate ogne speranza, voi ch'intrate. 11
Capítulo I
Um segredo sobre a Quadrilha Católica 21
Capítulo II
Adoração *pagã* da Quadrilha Católica 37
    2.1. Adoração de *relíquias* 42
        2.1.1. Esponja sagrada 61
        2.1.2. Lança sagrada 63
        2.1.3. Coroa de espinhos 68
        2.1.4. Cabeça de João Batista 70
        2.1.5. Cabeça de *são* Barnabé 77
        2.1.6. Cabeça de *são* Dênis 79
        2.1.7. Bartolomeu 81
        2.1.8. Tomé (Dídimo) 84
        2.1.9. Maria Stada 85
        2.1.10. "Cadáver Judeu" 87
    2.2. Veneração de imagens 94
    2.3. Culto aos mártires 113
    2.4. Adoração aos *santos* 128
    2.5. Árvore de Natal 144
    2.6. Milenarismo 146
    2.7. Paraíso 165
    2.8. Culto aos anjos 172
    2.9. Culto à pomba 183
    2.10. Músicas e sinos 188
    2.11. *Relíquias* de Albrecht de Mainz 190
Capítulo III
Rituais *pagãos* no catolicismo 193
    3.1. Água benta 199
    3.2. Os altares 202
    3.3. Cordeiro 209
    3.4. Alma imortal 214
    3.5. A invenção de Satanás 223
    3.6. Missa 251
    3.7. Eucaristia 254
    3.8. Pão e vinho 264
    3.9. Transubstanciação 267
    3.10. Hóstia 270

3.11. Peregrinações 277
3.12. Procissões 282
3.13. Cerimônias 287
3.14. Aparência dos diretores 291
3.15. As virgens da Quadrilha Católica 298
3.16. Velas e incensos 302
3.17. Confissão 307
3.18. Templos de consumo 312

Capítulo IV
Festas *pagãs* na Gangue Nicena 325
4.1. Festa de Ano Novo 329
4.2. Festa do Dia de Reis (Epifania) 331
4.3. Festa de *são* João Batista 331
4.4. Festa da páscoa 335
4.5. Festa de Todos os Santos 351
4.6. Semana Santa 354
4.7. Festa da Assunção da Virgem 358
4.8. Festa do Dia dos Mortos 361

Capítulo V
Os milagres 367
5.1. O Sr. Münchhausen da Cruz 375
5.2. Outros milagres vendidos 389
  5.2.1. Verônica e o lenço 390
  5.2.2. Ambrósio, o Pedófilo 393
  5.2.3. Agostinho 396
  5.2.4. CEO Leão I 399
  5.2.5. CEO Silvestre 400
  5.2.6. A ira do crucificado 402
  5.2.7. A amante de Saul 403
  5.2.8. A virgem Cecília 408
5.3. Milagres de outros Deuses 410
  5.3.1. Milagres de Moisés 410
  5.3.2. Deus Asclépio 414
  5.3.3. Krishna Cristo 416
  5.3.4. Apolônio de Tiana 418
  5.3.5. Dionísio 419
  5.3.6. Buda Cristo 420
  5.3.7. Deus Simão, o Mago 422
  5.3.8. Deus Menandro 426
5.4. Milagres da Gangue Nicena 427

      5.4.1. Maria Stada 428
      5.4.2. Saul, a Pandora de Tarso 430
      5.4.3. Levi 432
      5.4.4. Marcos 433
      5.4.5. Lucas 435
      5.4.5. João 436
      5.4.6. Shimon Kaipha 438

Capítulo VI
A natividade 443
    6.1. A fábula do nascimento 446
    6.2. O dia do nascimento 457
    6.3. O ano do nascimento 464
    6.4. A cidade do nascimento 470
    6.5. O local de nascimento 473
    6.6. Nascimentos divinos 482
      6.6.1. Buda Cristo 482
      6.6.2. Krishna Cristo 484

Capítulo VII
Batismo 489

Capítulo VIII
A cruz 519

Capítulo IX 547
Crucificação 547

Capítulo X
A fábula da ressurreição 565

Capítulo XI
A fábula da ascensão 613

Capítulo XII
A espírito santo 625

Capítulo XIII
A trindade 643

Capítulo XIV
Deuses católicos 705

Capítulo XV
O politeísmo católico 719
    15.1. O ódio à vida 722
    15.2. Um novo politeísmo 734
    15.3. Um politeísmo totalitário 750

Anexos 763

Anexo 01 765
Édito de Tessalônica (Salônica, Cunctos Populos ou De Fide Catolica) 765
Anexo 02 767
Quicumque vult salvus esse 767
Referências bibliográficas 771

Lasciate ogne speranza, voi ch'intrate.

A Quadrilha Católica

As notas a seguir foram publicadas no livro *O Nascimento da Quadrilha Católica: a Ascensão do Mal*. Elas servem como um aviso de alerta aos nossos leitores, para terem muita atenção ao andar no terreno pantanoso, fétido e criminoso da Associação Católica de Celerados:

1) Sempre usaremos a morte de Hipátia de Alexandria como o momento em que o Império Romano foi substituído pelo Império Católico do Mal, assim indicaremos as datas precedidas por a.H. (antes de Hipátia) e d.H. (depois de Hipátia). Hipátia foi presa, arrastada para o templo de consumo dessa Organização Criminosa, onde foi torturada, estuprada por horas, depois teve a sua carne separada dos ossos com conchas afiadas, por fim, os seus pedaços foram queimados em uma fogueira sacrificial em nome do burro crucificado. Após esse massacre não houve a abertura de um processo legal (apesar de Hipátia ser uma cidadã romana), nem mesmo a punição dos criminosos católicos, porquanto sociedade romana já se encontrava apodrecida até a raiz pelo mal da Gangue Nicena. A data da sua execução foi o verdadeiro fim do Império Romano e da maravilhosa cultura greco-romana.

2) Jamais chamaremos esses pedófilos pelos nomes: padres; sacerdotes; bispos; papa. O mais correto, para fazer justiça ao *paganismo* católico, seria chamá-los de magos:

> Não se pode confundir a impressionante semelhança que existe entre os Magos dos tempos antigos e os sacerdotes dos tempos modernos. A semelhança existe desde pelo menos o século IV da era cristã.[1]

---

[1] BEARD, John R. *The Autobiography of Satan*. London: Willian and Norgate, 1872, p. 92: "You cannot mistake the striking resemblance that exists between the Magi of ancient days and the priests of modern times. The likeness has existed from at least the fourth century of the Christian era."

O motivo para tal recusa, deve-se ao fato de não enganarmos os nossos leitores, uma vez que são homens cruéis que pertencem a uma organização criminosa internacional, portanto os chamaremos de diretores: diretores da mais antiga, perversa e cruel máfia que existe. Quanto ao seu líder máximo (*pontifex maximus*) o chamaremos de CEO (*Chief Executive Officer*), por ser o responsável por todas as operações mafiosas dessa Multinacional do Crime.

3) Ao nomearmos alguns desses diretores desejamos lembrá-los que os pseudônimos entre aspas, foram dirigidos pelos seus amigos da Máfia de Preto, no momento em que eles estavam em guerra, para saber quem controlaria as imensas fortunas da Organização Criminosa: como eles eram amigos de longas datas, certamente todos se conheciam muito bem, para nomeá-los pejorativamente.

4) No decorrer do texto ao nos referirmos à mitologia grega grafaremos a palavra da seguinte forma: *mýthos*. O motivo dessa escolha foi para tentar diferir dos mitos, no sentido de mentiras, contidos no *Crimen Libri*.

5) Sobre o conteúdo do *Genocidia Manual* chamaremos os seus textos de *Fábulas de Levi*, *Fábulas de Marcos*, *Fábulas de Lucas*, *Fábulas de João* e assim sucessivamente. Agimos dessa maneira, a fim de que os nossos leitores tenham sempre bem nítido, que se trata de livros perversos, os quais não trouxeram nenhuma boa notícia ao mundo. Além de serem criações *ex nihilo*, as quais tinham como finalidades espalhar o terror entre os seus consumidores, a fim de mantê-los dóceis e úteis.

6) Jamais usaremos o artigo masculino, para nos referir à terceira hipóstase, porquanto ela é feminina: ficará estranho ler *a espírito santo*, contudo está totalmente correta a nossa grafia. Para provar que estamos certos, não trataremos das suas raízes etimológicas, por não sermos especialistas nessa área, assim tivemos que buscar as nossas provas na própria diretoria do Bando dos "Idólatras de Fato". O diretor da Gangue Nicena Albrecht de Mainz, com a aprovação do CEO Alessandro Farnese, apelidado de papa Paulo III pelos seus amigos pedófilos, expôs a sua coleção de *relíquias*, na qual se encontravam 2 penas e 1 ovo da espírito santo.

7) Alguns moralistas dirão que usamos muitas ofensas aos religiosos, aos *mártires*, aos *santos*, ao crucificado e outros mais, contudo devemos lembrar que todos os adjetivos negativos, os quais foram utilizados no nosso texto foram retirados do *Livro Velho dos* Judeus, do *Excrementum Depositum*, bem como dos escritos dos diretores, dos CEO's, dos doutores, dos *santos* e dos escritores oficiais da Facção Criminosa Católica.

8) Quando tivemos que recorrer ao *Liber Odium* percebemos que nas suas diversas edições alguns textos são abstrusos, impedindo o entendimento do seu conteúdo. Por isso, consultamos vários desses livros, a fim de não repetirmos as mentiras dos diretores dessa Organização Criminosa e dos seus comparsas, os Comedores de Capim.

A nossa primeira fonte sempre foi a Almeida Corrigida Fiel online e as suas variantes, quando as suas versões ocultavam alguma verdade recorremos à Bíblia do Rei James Fiel de 1611. Em muitos momentos as dúvidas sobre as traduções permaneciam, portanto, recorremos ao site https://biblehub.com/, o qual compara os versículos entre 23 versões bíblicas.

9) Referiremos aos criminosos papistas não como religiosos, porque eles não passavam de sádicos pedófilos, por isso usaremos os nomes mais adequados aos membros desse Império do Mal:

1. Bando de Fetichistas;
2. Máfia "Adoradora de Farinha e Água";
3. Bando dos "Idólatras de Fato";
4. Gangue Nicena;
5. Gangue Homoousiana;
6. Trinitarismo Atanasiano;
7. *Cristianismo Inc.*;
8. Organização Criminosa Católica;
9. Multinacional Católica de Crimes;
10. *Peste Negra Inc.*;
11. Máfia de Preto;
12. Quadrilha Ortodoxa;
13. Facção Criminosa Católica;
14. Associação Católica de Celerados;
15. Católicos;
16. "Ninhada de Traidores" (segundo Primiano);
17. Gangue de Almas "mais sujas do que todo lixo" (conforme Petiliano);
18. Quadrilha Iconódula;
19. Mafiosos da Cruz;
20. Genocidas da Cruz;
21. Gangue Cropódula.

10) Com relação ao livro que eles falsificaram, plagiaram, mitificaram, dogmatizaram e o chamaram de sagrado, daremos a ele o nome que reflete toda a maldade existente nos corações católicos:

1. *Liber Mali*;
2. *Crimen Libri*;
3. *Genocidia Manual*;
4. *Absurdum Manual*;
5. *Malae Fabulae*;
6. *Liber Odium*;
7. *Excrementum Depositum*;
8. *Liber Perversus*;
9. *Compendium Immoralitatum*;

10. *Liber de Artibus Deviantibus*;
11. *Ductor omnes ad Vitia*.
12. *Collectio Perversionum*.

11) A respeito dos títulos *santo*, *santa* e *são* sempre o grafaremos em itálico, para lembrar que se trata da marca do bom deus nos homens, e mulheres, mais sanguinários, hipócritas e violentos que já andaram sobre a terra. Esses títulos representam a criminalidade desse grupo de genocidas, cujos principais representantes são:

1. Irineu, o Inventor de Hereges;
2. Clemente de Alexandria, o Estúpido Assexuado;
3. Orígenes, o Prostituto de Padres;
4. Teófilo, "o Amigo de Satanás";
5. Atanásio, o Campeão do Crime;
6. Cipriano, "o Pastor Mercenário";
7. Cirilo, o "Depósito de Lixo Alexandrino";
8. Hilário, "o Horror do Oriente";
9. Hipólito, "homem trivial e ignorante";
10. Ambrósio, o Pedófilo;
11. Agostinho, o Brinquedo Sexual de *santo* Ambrósio;
12. Jerônimo, o "Repugnante" Estuprador de Crianças.

Essa pequena amostra representa como os *santos* da Associação Católica de Celerados são degenerados, portanto não precisamos de nenhum outro argumento.

12) Quanto aos chamados *mártires* católicos, não passavam de homens com transtornos existenciais e um enorme senso de oportunismo, os quais procuravam a morte como remédio para as suas vidas insignificantes. Por invejarem a fama, a riqueza e a glória dos romanos, eles se lançavam contra esses valores esperando perecerem pelas mãos do Estado; eles não passavam de suicidas, os quais por serem demasiadamente medrosos, para tirarem as suas vidas, recorriam à espada romana, ou quem quer que cruzasse os seus caminhos.

13) Venalidade dos diretores da "Ninhada de Traidores" e dos seus comparsas os Comedores de Capim é algo inimaginável, porque quando provamos que no *Liber Odium* existem incontáveis mentiras, eles afirmam que se trata de inocentes:

1. *pia fraus* (fraude piedosa);
2. *erros dos escribas*;
3. *lendas contraditórias*;
4. *mentiras brancas*;
5. *mentiras sagradas*.

Realmente, não há como argumentar com homens tão patifes.

14) O nosso objetivo não é fazer um estudo de hermenêutica bíblica, ou nos apresentar como especialistas bíblicos. Nós simplesmente almejamos a provar que a Gangue de Almas "mais sujas do que todo lixo" é um culto *pagão*, cujos textos são cópias de muitas tradições religiosas antigas.

15) Consideraremos todos os diretores, acionistas e consumidores da Gangue Homoousiana como depravados pedófilos, sejam ativos ou passivos. Aquele refere-se aos diretores dessa Organização Criminosa que usam de coação física, metafísica e existencial, para estuprarem, principalmente, crianças pobres, as quais foram colocadas sob os seus cuidados.

O pedófilo passivo são os seus acionistas, consumidores e demais Comedores de Capim, os quais sabem que a pedofilia é uma prática quotidiana entre os diretores católicos, contudo, além de não denunciarem esse crime cruel, auxiliam os diretores ao protegê-los: seja ficando em silêncio, seja defendendo as suas pretensas inocências, seja dando o dízimo mensalmente, seja frequentando os seus poluídos templos de consumo, seja auxiliando-os a fugirem para o seu país de conversão, o Vaticano, onde encontram proteção por toda eternidade.

16) Vocês devem tomar muito cuidado com as referências à Filosofia, porque na antiguidade ela era conhecida pelo que realmente é, ainda hoje: uma religião. Por isso, sempre grafaremos *filosofia (religião)*, quanto aos empiristas eles serão denominados de cientistas, ao passo que os sofistas serão lembrados como os Iluministas do Século IX a.H., quanto aos céticos, eles sempre foram odiados por rirem das idiotices católicas, por isso grafaremos *céticos*.

17) Por fim, ao ler este livro se vocês não sentirem uma enorme vontade de rir das vidas insignificantes das personagens apresentadas, bem como das fábulas do *Liber Odium* e dos seus camelôs, que o vendem por 30 moedas de prata, é porque a sua alma está apodrecida até a raiz pela cultura do Império Católico do Mal.

Capítulo I

Um segredo sobre a Quadrilha Católica

> "É evidente que quem quer aprender a odiar, insultar, caluniar sem remorso, mentir e difamar, deve buscar o exemplo nos santos padres da igreja, os grandes fundadores do cristianismo."
>
> **Karlheinz Deschener**

Os diretores da Quadrilha Católica se apropriaram de doutrinas, sacramentos, cerimônias, rituais, etc. de diversas religiões *pagãs*, para elaborarem o seu *Liber Mali*; o qual é um pastiche, cuja única preocupação dos seus redatores, foi que ele abarcasse o maior número possível de consumidores. Como consequência, existem entre os vários textos: incoerências, interpolações, falsificações e/ou mentiras grotescas. Todos esses crimes foram denominados pelos diretores da Máfia "Adoradora de Farinha e Água", bem como os Comedores de Capim, que pastejavam nas universidades (melhor seria chamar de estábulos), de: lendas contraditórias; mentiras brancas; *pia fraus*; mentiras sagradas; erro do redator.

O seu objetivo foi alcançar um público que fosse universal (católico), para isso acontecer, ele teria que ser elaborado de tal forma que cada indivíduo, independentemente do local e época, pudesse se identificar com algum dos seus versículos, além de conhecer algumas das suas fábulas: das tribos da Palestina às Ilhas Britânicas, das areias do Egito aos rios da Pérsia, às florestas germânicas aos rios da Índia todos deveriam se reconhecer imediatamente nas fábulas do Sr. Münchhausen da Cruz. A *Collectio Perversionum* nada mais é, do que uma péssima cópia contendo todas as lendas e *mýthous* dos inúmeros povos conquistados pelos romanos, ou com os quais eles mantinham relações comerciais.

A produção, distribuição e a comercialização dos produtos dessa Organização Criminosa começou em Jerusalém, aumentando drasticamente em Antioquia, tomou conta de Alexandria, invadiu Constantinopla para se tornar uma multinacional do crime em Roma. Essa se tornou a sede mundial da mais poderosa, mais rica e sanguinária empresa de *fast food* da História: há quase 2.000 anos vendendo tóxicos para os seus consumidores, além de exterminar quem se recusa a se drogar.

Muito antes dos Genocidas da Cruz se estabelecerem como uma Multinacional do Crime, encontramos os princípios básicos dos seus dogmas espalhados por diversas outras religiões *pagãs*.

Todos os seus dogmas já eram conhecidos, então cabe-nos perguntar: por que essa Organização Criminosa sobreviveu e as outras não? A resposta é muito simples:

> 1. em primeiro lugar os textos encontrados no *Ductor omnes ad Vitia* são mais dramáticos, mais violentos e mais ameaçadores;
> 2. em segundo como uma instituição nova em um mercado altamente competitivo, coube aos seus diretores fazerem um marketing extremamente negativo dos concorrentes;
> 3. eles ainda puderam usar as fortunas dos ricos consumidores romanos, para atacar e destruir toda oposição;
> 4. por último, os seus diretores ao se tornarem capangas dos imperadores romanos, passaram a utilizar as riquezas do Império, para disputar mais mercados, além de poderem usar o seu poderoso exército, para assassinar os concorrentes.

Os Mafiosos da Cruz diferentemente das antigas religiões *pagãs* (com exceção para o judaísmo), transformaram o seu deus em um rei-deus totalitário, no mesmo instante que os seus consumidores foram igualados a servos desse Rei dos Reis inclemente: até mesmo esse título, dado ao taumaturgo crucificado, foi roubado dos reis persas.

É importante ressaltar que os consumidores católicos são escravos dos seus diretores, porquanto eles não são livres para agir, nem mesmo as suas vidas lhes pertencem, pois eles são propriedades desse famigerado crucificado, o qual controlaria de maneira absoluta cada instante das suas existências:

> Pois aquele que, sendo servo, foi chamado pelo senhor, é liberto e **pertence ao senhor** [grifo nosso]; semelhantemente, aquele que era livre quando foi chamado, é **servo de cristo** [grifo nosso].[1]

Essas foram algumas das ignominiosas heranças que Saul, a Pandora de Tarso, nos deixou: o fim da liberdade dos indivíduos

---

[1] SAUL, Primeira Epístola aos Coríntios, 7 (22).

e o controle totalitário dos seus asquerosos diretores sobre todos: onde estiverem dois ou três reunidos em nome do catolicismo, aí haverá um poder discricionário entre eles.

Os consumidores da Quadrilha Iconódula sentem-se satisfeitos em serem tratados como escravos; somente indivíduos excessivamente depravados desejam esse tipo de relação: a podridão desses diretores e consumidores não tem limites.

Essa conduta não tem relação com a verdade, ou com a salvação, ou com a vida eterna, ou com a justiça, pois o consumidor da Gangue de Almas "mais sujas do que todo lixo", não está interessado nessas coisas, todavia eles estão à procura do consolo de fazer parte de um grupo; para esses homens o pior pesadelo é se sentir sozinho no mundo, é agir como indivíduos autônomos e livres: eles desejam a chibata, a tortura e a cruz em gratidão, eles pagam os dízimos, exterminam os inimigos e oferecem as suas crianças para serem estupradas pelos seus diretores.

Enganam-se aqueles que pensam que os diretores da "Ninhada de Traidores" são tolos por venderem mentiras tão absurdas; não, eles são tão velhacos como os seus consumidores, porque ao dizerem que o crucificado poderia destruir todo o universo, eles consolaram os seus espertos consumidores afirmando, que somente eles seriam salvos.

Como bons infames, eles sabem que isso jamais acontecerá, porque o seu Garoto Propaganda é apenas uma apólice de pertencimento do seu clube de diversão: é somente isso o que os seus ladinos consumidores procuram. Eles nem se importam com a sua insignificância do Cordeiro "que falava como dragão", o qual não lhes oferece a mínima condição de ser uma apólice de seguro para um futuro incerto, visto que ele não pode ajudar a si, sendo jogado em uma árvore suja.

Os consumidores desses produtos contaminados desejam a felicidade fácil, por esse motivo a Associação Católica de Celerados oferece-lhes produtos de fácil digestão, nem que para isso precise lançar anátemas, pragas, mentiras e ofensas gratuitas aos que não têm o título de sócio proprietário do inútil crucificado.

É possível alguém acreditar, que em uma época futura (ninguém sabe quando) esse deus voltará (de um céu imaginário) e levará para um lugar (que ninguém sabe onde fica), todos os escolhidos, inclusive os mortos enterrados há 2.000 anos? Esses se levantarão das suas tumbas vestidos com as suas melhores roupas, após anos enterrados a sete palmos e, por fim, terão uma vida eterna no paraíso vendido pela Facção Criminosa Católica.

Chamar tais histórias de tolices é não reconhecer a perversidade, na qual esses diretores, acionistas e consumidores se encontram. Poderíamos perguntar, caso existisse uma alma: como uma alma que é pura, desejaria retornar ao corpo impuro, para depois ir para um mundo puro? É claro que nenhum desses diretores, acionistas e consumidores acreditam nessa puerilidade, todavia para se fazer parte do Clube de Compras católico é preciso que toda semana, esses astuciosos consumidores se reúnam e mujam como vacas no estábulo, perante um diretor pedófilo e idolatrem (como no *paganismo*) à imagem de um burro crucificado.

Quando confrontados com a verdade todos os membros da Quadrilha Ortodoxa adotam uma posição de defesa e se esconden atrás das seguintes falácias: a deus tudo é possível, ou é o mistério da fé, ou quem crê verá, em verdade vos digo, aquele que viu deu testemunho, etc.

Devemos denunciar a Máfia de Preto, quando entramos e quando saímos, quando deitarmos e quando levantarmos, quando amanhecer e quando anoitecer; porque eles são as tropas de ocupações que exploram os povos conquistados, soldados de uma potência estrangeira que impõem um poder totalitário e espiões, os quais vigiam cada passo dos habitantes locais. Eles não são homens *santos*, pelo contrário eles estão cheios de toda iniquidade, fornicação, malícia, avareza, maldade; cheios de inveja, homicídio, contenda, engano, malignidade; Sendo murmuradores, detratores, aborrecedores de deus, injuriadores, soberbos, presunçosos, inventores de males, desobedientes aos pais e às mães; Néscios, infiéis nos contratos, sem afeição natural, irreconciliáveis, sem misericórdia; [...].[1]

Todas essas injúrias que um dos fundadores do *Cristianismo Inc.* lançou sobre os seus oponentes, eram apenas o reflexo dos seus diretores, acionistas e consumidores, o qual ele tentava ocultar, rotulando os que não aceitavam conviver com a sua imunda presença.

Para os diretores da *Peste Negra Inc.* o mais importante é exigir que se fale em correção ética e moral, contudo, nem eles, nem os seus consumidores se preocupam com o agir justo. Assim, de uma ação prática, eles passaram, de bom grado, a comprar a ilusão de um mundo metafísico: eles transferiram as suas preocupações para outro mundo, com isso o mundo aqui e agora se tornou o lugar, no qual eles podem cometer as maiores iniquidades, porque em nome do xamã da cruz tudo pode e deve ser feito.

Os seus diretores, acionistas e consumidores podem ser colocados no nível mais alto entre todos os falsários, perversos e assassinos, porque ao apontarmos quaisquer incoerências, falsidades ou plágios nas suas fábulas (por exemplo, um deus espiritual que criou toda a matéria, a partir do nada), eles simplesmente agridem os que têm coragem de identificar as suas mendacidades. Eles inventaram o dogma da *creatio ex nihilo* somente no final do terceiro século a.H., uma vez que eles não aceitavam o dogma do criador do cristianismo, o Deus Platão, o "Moisés Ático", o qual pregava ser a matéria eterna, portanto, não fora criada. Para esses diretores esse dogma da Religião Platônica não deveria ser vendido, por se tratar de uma fonte *pagã*. Por esse motivo, os diretores

---

[1] SAUL, *Epístola aos Romanos*, 1 (29-31).

Irineu, o Inventor de Hereges; Taciano, o Arauto da Mentira e Teófilo, "o Amigo de Satanás", tiveram que inventar o dogma da criação a partir do nada, porquanto ele salvaria a invenção de um deus único, eterno e primeiro, por extensão serviria de base, para a sustentação da Multinacional do Crime.

Irineu, o Inventor de Hereges, rosnou furiosamente que o burro crucificado criou tudo, a partir do nada "conforme o seu prazer":

> E para que [os hereges] possam nos informar de onde vem a substância da matéria, enquanto não acreditam que deus, conforme o seu prazer, no exercício de sua própria vontade e poder, formou todas as coisas (para que aquelas coisas que agora existem tenham uma existência), a partir do que não existia anteriormente, eles coletaram (uma multidão de) discursos vãos.[1]

Quando alguém se atreve a criticar os absurdos que existem no *Liber de Artibus Deviantibus*, os seus diretores, como cães raivosos, partem para o ataque afirmando, que quem os critica são infantis, tolos e incapazes de entender que as fábulas existentes nesse livro maléfico, as quais dizem são apenas alegorias (então, podemos concluir que o crucificado não existiu): e assim, por quase 2.000 anos esses sicofantas se escondem atrás de simples alegorias, para ganhar veneráveis fortunas envenenando a vida de todos, onde quer que se encontrem; porque, no final o que lhes interessa é ganhar as suas 30 moedas de prata, manter uma vida fácil, além de milhões de crianças para serem estupradas.

---

[1] IRENAUES (Philip Schaff, ed.). *Against Heresies*, book II, chapter X (Perverse interpretations of Scripture by the heretics...), 2: "And that they may be deemed capable of informing us whence is the substance of matter, while they believe not that God, according to His pleasure, in the exercise of His own will and power, formed all things (so that those things which now are should have an existence) out of what did not previously exist, they have collected [a multitude of] vain discourses."

A única saída para os diretores da Organização Criminosa Católica, caso eles fossem minimamente honestos, ao se defrontarem com as mentiras contidas no seu *Compendium Immoralitatum*, seria admitir que todo o seu conteúdo é fanfarronice para amedrontar criancinhas, ou então admitir que se trata de alegorias, portanto não deveriam ser levadas a sério; desse modo, até mesmo o burro crucificado deveria ser reverenciado como uma personagem de ficção de uma história burlesca.

Como histórias para amedrontar criancinhas, consolar velhas senhoras e satisfazer os mais diversos salafrários, o *Liber Perversus* tem um enorme efeito persuasivo em indivíduos, que se consideram por demais espertos. Contudo, como o seu conteúdo é composto de estúpidas fábulas redigidas por redatores que mal conheciam as outras invenções, elas não conseguem uma mínima harmonia entre si e muito menos com o mundo em que se encontra.

Não podemos nos conter ao ler esse malévolo livro, assim precisamos dizer uma verdade perturbadora: onde um diretor, acionista ou consumidor da Quadrilha Católica pisa, toda vida inteligente, honesta e justa é destruída; o bom deus disse: faça-se o católico e a criminalidade venceu.

Todos os católicos são, por definição, indivíduos mal-intencionados; eles bem sabem, que as suas fábulas são meras invenção dos seus espertalhões diretores, os quais as usam para roubar as riquezas das viúvas, agradar os ricos superficiais e manter em silêncio obsequioso dos *intelectuais* com sérios problemas cognitivos. Todos os seus membros se consideram puros, por isso todos precisam de uma boa dose de narcóticos, a fim de aguentarem o vazio existencial das suas vidas malévolas:

> Sim, que horrível estadia o cristianismo soube fazer da terra, erguendo por toda a parte o crucifixo, caracterizando assim a terra como o lugar "onde o justo é torturado até à morte!"[1]

---

[1] NIETZSCHE, F. Aurora. Porto: Rés, 1983, p. 54.

Os mafiosos diretores do Trinitarismo Atanasiano são os melhores enganadores, pois tanto a desonestidade como a ignorância e a crueldade são qualificações consideradas boas, para aqueles que desejam participar das suas orgias. Nessa Multinacional do Crime o céu está de portas abertas para os hipócritas, os pedófilos e os mentirosos, porquanto ele é a imagem e a semelhança dos seus consumidores.

Não devemos esquecer que a Gangue Homoousiana nasceu, cresceu e se fortaleceu entre os ricos, os rapaces, os *intelectuais*, e os malfeitores de toda espécie. Por conseguinte, não podemos esperar nada de honesto dos seus sequazes, porque ela teve origem em um ato criminoso do crucificado. Os seus diretores se ocuparam, nos 2 últimos milênios, em reunir os indivíduos mais celerados de toda a sociedade, para que juntos estuprassem a própria vida. Por tudo isso devemos sempre lembrar que ao vermos os diretores, acionistas ou consumidores estaremos frente a homens patifes, incréus e irremediavelmente pervertidos.

Para esses facínoras, o único princípio considerado inabalável é: exterminar todos os inimigos da maneira mais violenta, sanguinária e rápida, a fim de ganhar as tão sonhadas 30 moedas de prata. É esse desejo de sangue, que manteve essa quadrilha de bandoleiros, assaltantes e piratas unida por tanto tempo.

O sicofanta Sócrates Escolástico nos conta uma história que bem representa o que seja a Gangue Nicena; ele nos disse que Moisés, o Sarraceno, não quis ser consagrado por Lúcio, diretor da filial alexandrina, porque nas suas palavras:

> um cristão "não ataca, não injuria, não luta"; pois "não se torna servo do senhor para guerrear".[1]

---

[1] SOCRATES. *The Ecclesiastical History*. Book IV, chapter XXXVI (The Saracens, under Mavia their Queen, …): "a Christian is 'no striker, reviles not, does not fight'; for 'it becomes not a servant of the Lord to fight'."

Se aceitarmos essas palavras como verdadeiras, perceberíamos, que nos últimos 2.000 anos não existiu um único católico no mundo.

O Bando dos "Idólatras de Fato" cresceu e prosperou fundamentado na mentira e não glória do deus comercializado pelos seus diretores; esses homens não são dignos nem de fé, nem de boa-fé. Ele se desenvolveu de maneira rápida e consistente, porque os seus diretores agiam como uma organização mafiosa, a qual exigia de todos uma enorme parte dos seus lucros, além do silêncio sobre os crimes cometidos:

> porque todos os que possuíam herdades ou casas, vendendo-as, traziam o preço do que fora vendido, e o depositavam aos pés dos apóstolos. E repartia-se a cada um, segundo a necessidade que cada um tinha. Então José, cognominado pelos apóstolos Barnabé (que, traduzido, é Filho da Consolação), levita, natural de Chipre, Possuindo uma herdade, vendeu-a, e trouxe o preço, e o depositou aos pés dos apóstolos.[1]

Os diretores, acionistas e consumidores dessa Organização Criminosa podem até negar, que a Quadrilha Católica seja uma máfia perigosa, contudo o seu nefando *Liber Odium* diz o contrário. Quando um membro se negava a entregar uma parte das suas riquezas aos mafiosos diretores, eles o matavam:

> Mas um certo homem chamado Ananias, com Safira, sua mulher, vendeu uma propriedade,
> E reteve parte do preço, sabendo-o também sua mulher; e, levando uma parte, a depositou aos pés dos apóstolos.
> Disse então Pedro: Ananias, por que encheu Satanás o teu coração, para que mentisses ao espírito santo, e retivesses parte do preço da herdade?
> Guardando-a não ficava para ti? E, vendida, não estava em teu poder? Por que formaste este desígnio em teu coração? Não mentiste aos homens, mas a deus.

---

[1] LUCAS, *Atos dos Apóstolos*, 4 (34-37).

E Ananias, ouvindo estas palavras, caiu e expirou. E um grande temor veio sobre todos os que isto ouviram.
E, levantando-se os moços, cobriram o morto e, transportando-o para fora, o sepultaram.
E, passando um espaço quase de três horas, entrou também sua mulher, não sabendo o que havia acontecido.
E disse-lhe Pedro: Dize-me, vendestes por tanto aquela herdade? E ela disse: Sim, por tanto.
Então Pedro lhe disse: Por que é que entre vós vos concertastes para tentar o espírito do senhor? Eis aí à porta os pés dos que sepultaram o teu marido, e também te levarão a ti.
E logo caiu aos seus pés, e expirou. E, entrando os moços, acharam-na morta, e a sepultaram junto de seu marido.[1]

A partir desses versículos desejamos deixar bem claro, que evitaremos a usar a palavra *evangelho*, quando se tratar dos quatro textos presentes no *Manual do Consumidor* da Quadrilha Católica. Essa nossa decisão ocorre devido à etimologia de *evangelho*, εὐαγγέλιον; essa palavra é composta por dois radicais gregos: εὐ que nos remete ao sentido de *bom*, ou *bem*; ἄγγελος cujo significado seria *mensageiro*, ou *anúncio*. Em um sentido literal *evangelho* seria *bom mensageiro, boa mensagem, boa nova*, contudo as mensagens contidas nesses livros são ruins, perversas e depravadas, porquanto destruíram tudo o que havia de belo na cultura greco-romana, bem como a própria alegria de se viver o imponderável aqui e agora.

Assim, nos referiremos aos quatro pestilentos livros do *Excrementum Depositum* como: *Fábulas de Marcos*; *Fábulas de Levi*; *Fábulas de Lucas, Fábulas de João*. Isso porque nenhum desses perversos livros foi escrito por aquele, que o está subscrevendo, além de serem romances criados a partir do nada. Esses textos foram trabalhos de vários redatores durante longos séculos, mesmo assim, eles não conseguiram dar a mínima coerência lógica a esse asqueroso livro após 2.000 espalhando o ódio pelo mundo.

---

[1] LUCAS, *Atos dos Apóstolos*, 5 (1-10).

Mais um segredinho: devemos fazer um adendo a respeito do nome *Vaticano*, onde se localiza a matriz mundial Império Católico do Mal. O seu nome é uma homenagem ao Deus Vaticano, o qual era responsável pela fala e o choro das crianças:

> Havia sido dito a nós que o *ager Vaticanus*, ou "região do Vaticano", e a divindade presidindo no mesmo lugar, tomavam seus nomes dos *vaticinia*, ou "profecias", que costumavam ser feitas nessa região através do poder e inspiração daquele deus. Mas além dessa razão, Marcos Varro, em suas *Antiguidades dos Deuses*, afirma [p. 187] que há outra explicação para o nome: Pois, 'diz ele, assim como Aius foi chamado de deus e o altar foi erguido em sua honra, que fica no fundo da Nova Via, porque naquele lugar uma voz do céu foi ouvida, assim aquele Deus foi chamado de *Vaticanus* que controla os começos da fala humana, já que crianças, assim que nascem, primeiro emitem o som que forma a primeira sílaba de *Vaticanus*; daí a palavra *vagire* ("chora"), que representa o som da voz de um recém-nascido".[1]

Foi no bairro do Deus Vaticano em Roma que o imperador Calígula ergueu um circo, o qual foi ampliado pelo bondoso Deus Nero, o Salvador; nesse mesmo bairro um templo de consumo do Bando de Fetichistas foi construído ao lado do templo da Deusa Grande Mãe, com o passar do tempo todos os templos existentes na região foram incorporados pelos diretores dessa Organização Criminosa.

---

[1] GELLIUS, Aulus. *The Attic Nights*, XVI, 17: "We had been told that the *ager Vaticanus*, or 'Vatican region', and the presiding deity of the same place, took their names from the *vaticinia*, or [p. 187] 'prophecies', which were wont to be made in that region through the power and inspiration of that god. But in addition to that reason Marcus Varro, in his *Antiquities of the Gods*, states that there is another explanation of the name: For, 'says he, just as Aius was called a god and the altar was erected in his honour which stands at the bottom of the Nova Via, because in that place a voice from heaven was heard, so that god was called *Vaticanus* who controls the beginnings of human speech, since children, as soon as they are born, first utter the sound which forms the first syllable of *Vaticanus;* hence the word *vagire* (<cry>), which represents the sound of a new-born infant's voice'."

No ano de 39 a.H. os violentos diretores, acionistas e consumidores da Multinacional Católica de Crimes invadiram o templo em homenagem ao glorioso Deus Mitra no Vaticano e tomaram posse dele; nesse dia o seu CEO sentou-se no Trono Sagrado do Deus Mitra: ainda hoje o CEO Jorge Mario Bergoglio, o Nazista, conhecido entre os seus pedófilos amigos como Francisco, utiliza esse trono, o qual deixou de ser sagrado no dia em que foi ocupado pelos católicos.

Os CEO's do Bando dos "Idólatras de Fato" dizem ser representantes Shimon Kaipha, o Príncipe das Traições, contudo os símbolos que eles utilizam pertencem ao culto do Magnificente Deus Mitra, os seus vestidos são heranças das sacerdotisas *pagãs*, a sua cruz é uma lembrança do Todo-Poderoso Deus Tamuz e assim sucessivamente.

Como podemos verificar a Facção Criminosa Católica se apossou não somente dos fiéis dos cultos *pagãos*, todavia ele tomou os valores, as liturgias, as imagens, os Deuses, os locais de culto, os rituais, as comemorações e os seus diversos costumes.

Vejamos mais alguns exemplos de apropriação criminosa, que esses diretores fizeram durante a invenção da Associação Católica de Celerados:

> **1. Pontifex Maximus:** é o título do principal dirigente do Trinitarismo Atanasiano. Esse título pertencia ao rei da Babilônia, após a derrota do último *Pontifex* babilônico, o título foi transferido aos governantes do Império Romano em 548 a.H. O CEO dos católicos, que tem um Estado só para si, o Vaticano, utiliza esse título, ainda hoje, mostrando a todos que o catolicismo é a oficialização do *paganismo*;
> **2. procissões:** o cortejo que acompanha o CEO da Organização Criminosa Católica é uma imitação da procissão do *Pontifex Maximus* dos caldeus, no qual os sacerdotes acompanhavam o seu chefe denominado de *Sua Santidade*, cuja característica principal era ser infalível nos seus pronunciamentos; além disso, os seus súditos deveriam beijar-lhe o anel e os pés em sinal de respeito;

> **3. Sua Santidade:** esse outro título *pagão*, que o CEO da "Ninhada de Traidores" exige ser tratado;
> **4. Infalibilidade:** a prepotência do CEO da Gangue de Almas "mais sujas do que todo lixo", é estarrecedora, porquanto ele decreta sempre estar certo, tal como os sacerdotes caldeus.

Para os consumidores da Multinacional Católica de Crimes, o seu CEO é o representante na terra do burro crucificado, essa é a causa por reinar tiranicamente sobre todos os seus consumidores.

Todas as suas filiais têm que ostentar um templo de consumo, o qual represente o seu poder sobre a população em geral, o controle político sobre os cidadãos e a dominação totalitária do país em que eles se encontram. Malgrado, os seus diretores digam que se trata da casa do seu Garoto Propaganda (assim como os essênios diziam ser a morada de yhwh, o Senhor dos Holocaustos), devemos ver esses templos de consumo como quarteis generais de um exército estrangeiro de ocupação, no qual habitam os espiões, soldados e sabotadores do nefasto Império Católico do Mal. Como herança do *paganismo* todos esses templos de consumo devem estar virados para o Leste, a fim de adorar o seu Deus, o Sol Invicto.

Capítulo II

Adoração *pagã* da Quadrilha Católica

"Não há doutrina do cristianismo que
não tenha sido antecipada pelos *Vedas*."

Horace Greeley

Os diretores da Quadrilha Católica ao fazerem a sua pesquisa de mercado sobre o que os gregos e romanos esperavam dos seus produtos, descobriram imediatamente que eles não tinham interesses nos principais produtos judaicos: o messias davídico; o filho do homem; o fim dos tempos; a vitória dos judeus. Os gregos e romanos acharam agradável o dogma da segunda vinda do Sr. Münchhausen da Cruz, bem como a cenografia dos seus rituais (a qual em muitos aspectos era idêntica ao das religiões *pagãs*), por isso esses produtos foram mantidos no cardápio oferecido a eles.

O ritualismo do Bando de Fetichistas começou a ser estruturado por Amalário de Metz (360-435 d.H.) (Amalário Fortunato, ou Amalário Simpósio), diretor do templo de consumo da cidade de Metz; ele tentou, no ano de 405 d.H., organizar as etapas das liturgias em um sistema, por isso apresentou um significado simbólico de cada rito, gesto, roupa, ornamento, etc. Vejamos um exemplo das suas interpretações alegóricas:

> O corpo de cristo é triplo... O primeiro é aquele corpo santo e imaculado que nasceu da Virgem Maria; o segundo, aquele que anda sobre a terra [crentes vivos ou a igreja militante]; o terceiro, aquele que jaz no sepulcro [crentes mortos ou a igreja expectante]. A hóstia lançada no cálice simboliza o corpo de cristo que ressuscitou dos mortos; a hóstia comida pelo sacerdote e pelo povo, cristo que ainda anda sobre a terra; a hóstia que permanece no altar, cristo que está deitado no túmulo. A última hóstia é chamada pela igreja cristã de viático dos moribundos para mostrar que aqueles que morrem em cristo não devem ser considerados mortos, mas adormecidos... Esta hóstia permanece no altar até o final da missa porque os corpos dos santos repousam no túmulo até o fim do mundo...[1]

---

[1] ALLEN, Cabaniss. *Amalarius of Metz*. Amsterdam: North-Holland Pub. Co., 1954, pp. 61-62: "The body of Christ is threefold... The first is that holy and immaculate body which was born of the Virgin Mary; the second, that which walks on the earth [living believers or the Church Militant]; the third, that which lies in the sepulchre [dead believers or the Church Expectant]. By the Particle dropped in the chalice is signified the body of Christ which arose from the dead; by the Particle eaten by priest and people, that which still walks upon the earth; by the Particle

Como essa Organização Criminosa é formada por indivíduos vaidosos e invejosos, nem todos aceitaram as sugestões de Amalário, como foi o caso do diretor do templo de consumo de Lion, Agobard (364-425 d.H.), que se colocou contra as superstições, bem como contra os materiais profanos e heréticos, os quais formavam o livro de serviços da Máfia "Adoradora de Farinha e Água". Para ele, esses diretores estavam mais interessados nas músicas, do que no estudo do *Liber Mali*. Consequentemente, Agobard acusou os textos de Amalário de estarem repletos de inutilidades e erros dogmáticos.

Como diretores do Bando dos "Idólatras de Fato" são homens, que jamais trabalharam honestamente um único dia das suas imprestáveis vidas, por viverem da expropriação das riquezas dos seus consumidores, eles sempre estão prontos para uma guerra, por qualquer insignificante motivo (lembrem-se do gigantesco extermínio devido à vogal *i*): foi por esse motivo que Floro de Lion (385-445 d.H.) desferiu golpes violentos contra os escritos de Amalário.

Floro de Lion acusou-o em duas reuniões da diretoria da Gangue Nicena, as quais aceitaram os seus argumentos e condenaram o misticismo desses escritos, que para a diretoria não se fundamentava em nenhum dogma do *Crimen Libri*, contudo seriam apenas fantasias de Amalário:

---

which remains on the altar, that which is lying in the grave. The last Particle is called by the Christian church the viaticum of the dying to show that those who die in Christ ought not to be thought of as dead but as asleep.... This Particle remains on the altar until the end of Mass because the bodies of the saints rest in the grave until the end of the world..." This passage while not so theologically dangerous as the other, does show an exceedingly fanciful method of describing a relatively simple practice at Mass. It should be noted, however, that the threefold Fraction had become normal only after a series of fantastic controversies over the Fraction in which some ceremonialists made use of as many as sixty-five Particles arranged in complicated form and then distributed to special ranks of communicants."

Quando Agobard foi restaurado à sua sé, tanto ele como Floro atacaram os escritos de Amalário, conseguindo que ele fosse censurado em um sínodo realizado em Kiersy em 838 por sua opinião sobre a significação das partes da hóstia dividida na missa.[1]

Mas, como o misticismo e a superstição *pagãs* são os pontos fortes dos dogmas da Gangue Homoousiana, as tolices de Amalário ainda encontravam "admiradores e defensores" no século XIV d.H.

Os diretores da Quadrilha Católica copiaram diversas doutrinas, ritos, práticas, dogmas, festas, Deuses, e muitos outros aspectos de um amplo leque de religiões *pagãs* muito mais antigas e muito mais honestas. Por esse motivo, resolvemos enumerar somente alguns desses elementos, visto que caso pretendêssemos apresentar todos os plágios existentes nessa Organização Criminosa, teríamos que transcrever todo o seu estúpido, insano e maléfico *Genocidia Manual*.

A fim de prevenir os nossos leitores, sobre as diversas falcatruas cometidas pelos Mafiosos da Cruz, mostraremos que os ritos e cerimônias ao Digníssimo Deus Asclépio, o Remediador, foram transportados para essa Multinacional do Crime: velas, incenso, hinos, procissões, e o mais importante as riquíssimas doações.

A seguir apresentaremos uma série de outros elementos roubados das religiões *pagãs*, os quais se encontram ativos nas encenações diárias da Organização Criminosa Católica, desse modo mantendo vivas todas as tradições do *paganismo*, mas sob o nome apelido *catolicismo*.

---

[1] AMALARIUS OF METZ: "When Agobard was restored to his see, both he and Florus attacked the writings of Amalarius and succeeded in having him censured at a synod held at Kiersy in 838 for his opinion concerning the signification of the parts of the divided Host at Mass."
Disponível em <https://www.newadvent.org/cathen/01376b.htm>.

2.1. Adoração de *relíquias*

A Sessão 25 da reunião mafiosa em Trento ordenou que todos os Genocidas da Cruz deveriam adorar as *relíquias* aprovadas pela matriz em Roma:

> instruam, especialmente, os fiéis diligentemente sobre a intercessão e invocação dos santos; a honra (prestada) às [Página 234] relíquias; e o uso legítimo das imagens: [...].[1]

Tal imposição à essa prática *pagã* foi reafirmada em 1568 d.H. no *Livro de Direito Canônico*, o qual defendeu a adoração das *relíquias*, imagens e *santos*:

> Cânone 1186 — [...] recomenda à veneração peculiar e filial dos fiéis a Bem-aventurada sempre Virgem Maria, Mãe de deus, que jesus cristo constituiu mãe de todos os homens, e promove o verdadeiro e autêntico culto dos outros santos, [...].
> Cânone 1188 — veneração dos fiéis as imagens sagradas; [...].
> Cânone 1190 — § 1. Não é permitido vender relíquias sagradas.[2]

Ao falarmos sobre o culto às *relíquias* pelos diretores, acionistas e consumidores Império Católico do Mal, mais uma vez estamos frente a um plágio feito às religiões *pagãs*, porque os seus

---

[1] *The Council of Trent. Session the Twenty-Fifth*, On the invocation, veneration, and relics, of saints, and on sacred images: "The holy Synod enjoins on all bishops, and others who sustain the office and charge of teaching, that, agreeably to the usage of the Catholic and Apostolic Church, received from the primitive times of the Christian religion, and agreeably to the consent of the holy Fathers, and to the decrees of sacred Councils, they especially instruct the faithful diligently concerning the intercession and invocation of saints; the honour (paid) to [Page 234] relics; and the legitimate use of images: [...]."

[2] *Código De Direito Canônico*. Livro IV, parte II (Dos outros atos do culto divino), título IV (Do culto dos santos, das sagradas imagens e das relíquias).

fiéis já as adoravam relíquias muitos séculos antes dessa Organização Criminosa transformar a magnífica cultura greco-romana em esgoto.

Após o imperador Constantino, o Grande Traidor da Humanidade, tornar-se proprietário da Multinacional Católica de Crimes, a adoração de *relíquias* se tornou uma prática comum; os seus diretores passaram a vender tudo o que pudesse, a fim de lucrar com a crença dos seus espertos consumidores: desde as roupas dos seus *santos* até os seus ossos (em alguns casos tínhamos três cabeças, quatro fêmures do mesmo *santo*).

Mais do que o ouro, a prata, as pedras preciosas e outras propriedades roubadas das viúvas ricas, o que encheu os cofres da Máfia de Preto foi a multiplicação contínua de *relíquias* a serem adoradas.

Lembremos as palavras de Agostinho, o Brinquedo Sexual de *santo* Ambrósio, o qual se opôs ao comércio de *relíquias* por parte da Gangue dos Monges:

> e assim escaparemos de suas armadilhas, e de todas as maneiras desejando obscurecê-lo com seus próprios fedores, dispersou por todos os lados tantos hipócritas sob o traje de monges, passeando pelas províncias, em nenhum lugar enviado, em nenhum lugar fixo, em nenhum lugar de pé, em nenhum lugar sentado. Alguns vendendo membros de mártires, se de fato de mártires; outros magnificando suas franjas e filactérios; [...].[1]

Essa citação nos permite fazer três observações sobre a conduta dos criminosos da Gangue Nicena: a primeira diz respeito aos monges serem homens inúteis (era como Agostinho, o "Patrono de Todos os Burros", referia-se aos monges) e viverem de roubar as

---

[1] AUGUSTINE. *Of the Works of Monks*, 36: "and so should escape his snares, and in every way desiring to obscure it with his own stenches, has dispersed on every side so many hypocrites under the garb of monks, strolling about the provinces, no where sent, no where fixed, no where standing, no where sitting. Some hawking about limbs of martyrs, if indeed of martyrs; others magnifying their fringes and phylacteries; [...]."

riquezas alheias; a segunda é relativa ao motivo dessa reclamação, porquanto ela somente ocorreu, porque os monges não deram a ele uma parte da riqueza conseguida com a venda das *relíquias*; ainda acrescentaremos uma terceira, na qual ele duvidou sobre as *relíquias* serem de *mártires*, pois sabia que se tratava de criminosos comuns, os quais se suicidavam pelas mãos do Estado.

O diretor Ambrósio, o Pedófilo, lançou todo o seu infinito ódio contra a Gangue de Monges por roubarem as *relíquias* e as venderem. Malgrado, Ambrósio, o Estuprador de *santo* Agostinho, fosse um grande descobridor de *santos* e ficasse muito rico não só com essas descobertas, mas com a venda das suas partes, inclusive.

A adoração de *relíquias* foi um produto de fácil venda no Império Romano, porque entre os *pagãos* gregos e romanos era comum cultuar as *relíquias* dos Deuses, como, igualmente, adoravam tudo o que se referisse aos heróis, parentes, líderes e inimigos, fazia parte dessa adoração:

> A adoração de *relíquias* baseia-se na crença de que heróis, profetas, redentores e santos recebem uma força especial que permanece ativa após a morte.[1]

Os gregos cultuavam os seus heróis, os quais por mais míticos que fossem, ainda permaneciam ligados a uma personagem humana. Figuras históricas como Filipe, o pai de Alexandre, e o próprio Alexandre foram cultuados entre os gregos, ao passo que romanos transformaram em poderosos Deuses alguns dos seus imperadores.

Entre os gregos e romanos era comum as *relíquias* ficarem em uma urna colocada na tumba. Essa prática foi copiada pelos

---

[1] DESCHENER, Karlheinz. *Historia Criminal del cristianismo*. Barcelona: Ediciones Martínez Roca, 1990, vol. IV, p. 120: "La adoración de las reliquias se basa en la creencia de que en los héroes, profetas, redentores y santos actúa una fuerza especial que se mantiene activa después de la muerte."

primeiros consumidores da Quadrilha Ortodoxa, os quais colocavam as *relíquias* ao lado do túmulo para serem tocadas.

Outra prática *pagã*, que os católicos copiaram foi a exposição das *relíquias* em procissão, bem como se esmeraram em imitarem até os mínimos detalhes das decorações dos seus túmulos.

Os heróis eram celebrados com templos, festas e procissões em todas as cidades; todos esses elementos foram reproduzidos pela Facção Criminosa Católica. Sem embargo, havia uma diferença fundamental na adoração desses grupos, porque os gregos e romanos comemoravam a força, grandeza, a beleza e a riqueza dos seus heróis; ao passo que a Gangue de Almas "mais sujas do que todo lixo", adorava os fracos, os mansos, a pobreza, a feiura ínsita à imundície dos homens mais perversos que existiram os seus *santos*, *mártires* e o "homem morto":

> Como demonstra a multidão de túmulos, as festas dos heróis eram celebradas todos os anos com hinos e discursos em prosa, assim como os santos são celebrados em suas festas com canções e sermões; as procissões eram tão frequentes lá como aqui. No culto de heróis e santos, suas imagens foram cunhadas muitas vezes em moedas, embora este último só tenha iniciado o costume na Idade Média.[1]

A adoração de *relíquias* na Quadrilha Católica foi mantida, para que os membros de outros cultos aceitassem o domínio, daquela figura patética inventada pelos bárbaros judeus. Para conseguir novos consumidores, os diretores da Associação Católica de Celerados aumentaram drasticamente os elementos a serem cultuados como milagrosos: homens; ossos; roupas; madeiras; lugares; o sagrado coração (que nada mais era do que um brinquedo

---

[1] DESCHENER, Karlheinz. *Historia Criminal del cristianismo*. Barcelona: Ediciones Martínez Roca, 1990, vol. IV, p. 122: "Como demuestran multitud de tumbas, las festividades de los héroes se celebraban todos los años con himnos y discursos en prosa, igual que a los santos se les celebra en sus festividades con cantos y sermones; las procesiones eran allí tan frecuentes como con éstos. En el culto a los héroes y a los santos se han acuñado muchas veces sus imágenes en las monedas, si bien con los segundos no se inició la costumbre hasta la Edad Media."

de criança): os Grandiosos Deuses Hórus, Baal e Vishnu às vezes eram representados carregando os seus corações fora dos corpos.

Os diretores da "Ninhada de Traidores" perceberam, que a produção de *relíquias* era uma fonte infindável de dinheiro, por isso a partir do século I a.H. eles incentivaram essa indústria, que ainda movimenta fortunas incalculáveis com a invenção *relíquias* de monges, *mártires* e *santos*:

> Durante as últimas décadas do século IV houve uma onda de descobertas, falsificações, roubos e vendas de tesouros sagrados. Os pagãos fizeram o seu melhor para ridicularizar esta prática.[1]

Tal como os sacerdotes *pagãos*, os diretores da Gangue de Almas "mais sujas do que todo lixo", defenderam que tais objetos tinham poderes mágicos: a venda desses objetos auxiliaram na conquista dos fiéis do *paganismo*, uma vez tornaram o Garoto Propaganda semelhante aos inúmeros Deuses *pagãos*.

Equivocadamente os *historiadores*, e Comedores de Capim em geral, dizem que foram os fiéis das religiões *pagãs*, que trouxeram essa adoração para a Quadrilha Iconódula, mas a verdade é que os diretores dessa Organização Criminosa buscaram, de bom grado, essas superstições. Pois, assim seria mais fácil conquistar mais consumidores e, por extensão, aumentar o seu poder e riqueza, que afinal são os únicos objetivos buscados por eles: dê-lhes 30 moedas de prata e eles ficarão em êxtase, ofereça-lhes um trabalho honesto e em nome do deus que eles inventaram, eles assassinarão todos os responsáveis por tal proposta.

A fabricação de *relíquias* era um negócio altamente lucrativo, como, igualmente, aumentava exponencialmente o poder político

---

[1] JOHNSON, Paul. *Historia del cristianismo*. Piolin, 1976, p. 117: "Durante las últimas décadas del siglo IV hubo una ola de descubrimientos, falsificaciones, robos y ventas de tesoros santos. Los paganos hicieron todo lo posible para ridiculizar esta práctica."

daqueles que as possuíam. Apresentaremos aqui algumas *relíquias* famosas, mas não todas, porque é muito constrangedor saber que os diretores do Império Católico do Mal apresentaram as *relíquias* da espírito santo (duas penas e um ovo), ou o 18 prepúcios de cristo (foi o único deus com 18 pênis).

Um malandro do Bando de Fetichistas que usou as *relíquias*, para se salvar foi Ambrósio, o Pedófilo; toda vez que se via na iminência de perder a sua incomensurável fortuna, ele *encontrava relíquias* de *santos*, que somente ele conhecia:

> A quem devemos estimar como príncipes do povo, senão aos santos mártires? Entre os quais estão agora inscritos Protásio e Gervásio, há muito desconhecidos, que fizeram com que a igreja de Milão, até então estéril de mártires, agora, como mãe de muitos filhos, se regozijasse nas distinções e exemplos de seus próprios sofrimentos.[1]

No ano de 46 a.H. algumas das *relíquias* do criminoso André foram levadas de Petra para a Escócia; na guerra em 316 d.H., de Angus MacFergus contra os saxões de Nortúmbria, André apareceu ao rei Angus (não se sabe se foi em um sonho, ou durante a batalha) dizendo que ele havia defendido o reino, portanto o rei deveria doar um décimo do reino à sua honra: após a vitória o *santo* tornou-se padroeiro da Escócia.

Como essas relíquias rendiam enormes fortunas, elas foram divididas e vendidas para as filiais de Milão, Nola e Brescia; no ano de 795 d.H. o Povo Asqueroso levou algumas dessas *relíquias* para Amalfi; outras das suas *relíquias* foram levadas para Bruxelas pelo duque de Borgonha, Filipe, o qual criou a Ordem dos Cavaleiros do Velo de Ouro, que usavam a cruz de André, também conhecida como a Cruz de Borgonha, nas suas brutais guerras.

---

[1] AMBROSE. *Letter XXII*, 7: "Whom are we to esteem as the princes of the people but the holy martyrs? amongst whose number Protasius and Gervasius long unknown are now enrolled, who have caused the Church of Milan, barren of martyrs hitherto, now as the mother of many children, to rejoice in the distinctions and instances of her own sufferings."

Durante a luta pelo controle das riquezas da Facção Criminosa Católica: o diretor da filial de Chipre conseguiu a sua independência em relação à filial antioquena, cuja administração de Pedro Fullo desejava colocar essa filial sob o seu controle. Essa manobra não se efetivou, devido à *descoberta* das pernas de Barnabé pelo diretor da filial cipriota, Antêmio. A partir dessa *descoberta*, Antêmio exigiu que a sua filial tivesse o mesmo *status quo* das demais filiais, as quais foram fundadas pelos apóstolos: o seu estratagema deu certo e a filial de Chipre manteve a sua liberdade. Mais tarde, as *relíquias* de Barnabé foram comercializadas em Milão no século II d.H.

No século VII d.H. as *relíquias* de Maria Madalena foram encontradas em Provença, enquanto o seu corpo estava em Marselha, onde se encontra até hoje: nada de bom surge nessa Terra de Imbecis.

O corpo de Tito, comparsa de Saul, o "patife e falso", está exposto no templo de consumo em Gortina (Creta); no ano de 408 d.H. os sarracenos destruíram a cidades e as suas *relíquias* desapareceram, mas, milagrosamente, a sua cabeça foi descoberta e levada para Veneza, mas foi devolvida em 1551 d.H. aos cretenses.

O diretor Basílio, para conseguir aumentar as receitas da sua filial, divulgou a mentira sobre a força contida nas *relíquias* dos *santos*, portanto todo aquele que as adorassem receberiam uma recompensa:

> Uma grande e nobre obra se apresenta diante de você entre o povo, que deseja ser edificado por suas palavras e anseia pela recompensa dependente da honra concedida aos mártires.[1]

---

[1] BASIL OF CAESAREA. *Letter 252* (*To the bishops of the Pontic Diocese*): "A great and good work lies before you among the people, who desire to be edified by you, and are anxious for the reward dependent on the honour paid to the martyrs."

Os Mafiosos da Cruz criaram uma Organização Criminosa, cujo principal produto de vendas seria o "Homem Morto", contudo eles não seguem as suas palavras, porque para aumentar os seus ganhos, que mantêm as suas vidas fáceis, eles pouco se importam com ele. Os exemplos são muitos, contudo para sustentar a nossa afirmação recorreremos à adoração das *relíquias*, porque nas suas *Malae Fabulae* não há nenhuma passagem, em que o burro crucificado ordena a sua adoração:

> Em nenhum lugar jesus diz: guarde as *relíquias*, adore-as, quebre-as, transfira-as e revenda-as, construa altares sobre elas e reze a missa.[1]

A adoração de *relíquias* foi um produto que começou a ser comercializado, após a morte de Policarpo de Esmirna, o Semeador da Morte. Os Genocidas da Cruz insistiram que os restos mortais desse assassino seriam milagrosos, o que levou uma multidão de ladinos consumidores a adorá-lo:

> E ele apareceu dentro [da fogueira] não como carne que é queimada, mas como pão assado, ou como ouro e prata brilhando em uma fornalha. Além disso, percebemos um odor tão doce (vindo da fogueira), como se incenso ou algumas especiarias preciosas estivessem fumegando ali.[2]

Cirilo, o "Depósito de Lixo Alexandrino", queria conquistar o mercado consumidor de Menutis, por isso ele retirou as *relíquias* dos *mártires* Ciro e João (que somente ele conhecia) levando-as para essa cidade, com o intuito de tomar os fiéis da Maravilhosa

---

[1] DESCHENER, Karlheinz. *Historia Criminal del cristianismo*. Barcelona: Ediciones Martínez Roca, 1990, vol. IV, p. 122: "guardad reliquias, adorarlas, partirlas, trasladarlas y revenderlas, construid altares sobre ellas y decid misa."
[2] EVARESTUS. *The Martyrdom of Polycarp*, chapter 15 (Polycarp is not injured by the fire): "And he appeared within not like flesh which is burnt, but as bread that is baked, or as gold and silver glowing in a furnace. Moreover, we perceived such a sweet odour (coming from the pile), as if frankincense or some such precious spices had been smoking there."

Deusa Ísis, a qual tinha um templo muito rico na cidade. Teófilo, "o Amigo de Satanás", queria destruir esse templo, os seus fiéis e as suas imensas riquezas, contudo ele morreu, desse modo, o trabalho sujo de destruição à adoração à Deusa Ísis foi executado por Cirilo, o "Depósito de Lixo Alexandrino":

> A transferência das *relíquias* dos santos mártires, incorruptíveis e milagrosos, Ciro e João da cidade de Canopus (ou Conopa, Conopis, Konopa), perto de Alexandria (onde sofreram martírio no ano 311) para a vila vizinha de Menutis (ou Menuthis, Manuphin), ocorreu no ano 414. Esta vila egípcia era o centro de um popular santuário de cura dedicado à Deusa Ísis.[1]

Esses diretores nunca tiveram o mínimo de escrúpulos, quando se tratava de manter as suas vidas fáceis. Portanto, a invenção de *relíquias* não lhes causavam nenhum constrangimento moral, pois como explicar que o diretor Albrecht da filial de Mainz tinha:

> Uma grande mecha da barba de Belzebu, presa na mesma bandeira [usada pelo crucificado, quando ele foi ao inferno];[2]

O diretor da filial da Gália, Vigilâncio, colocou-se frontalmente contra a comercialização de amuletos por parte da Multinacional do Crime; o que levou Jerônimo, "o Repugnante" Estuprador de

---

[1] *The Discovery of the Relics of the Holy Unmercenaries Cyrus and John*: "The transfer of the relics of the Holy Martyrs, Unmercenaries and Wonderworkers, Cyrus and John from the city of Canopus (or Conopa, Conopis, Konopa), near Alexandria (where they suffered in the year 311) to the nearby village of Menouthis (or Menuthis, Manuphin), took place in the year 414. This Egyptian village was the center of a popular healing shrine dedicated to the goddess Isis." Disponível em <https://www.johnsanidopoulos.com/2010/06/discovery-of-relics-of-sts-cyrus-and.html>.
[2] GRITSCH, Eric W. *Two Feathers from the Holy Spirit?*: "5. A large lock of Beelzebub's beard, stuck on the same flag; [...]."

Crianças, a atacá-lo violentamente, com as suas costumeiras infâmias, a fim de não perder as suas 30 moedas de prata:

> De repente, Vigilâncio, ou, mais corretamente, Dormêncio, surgiu, animado por um espírito impuro, para lutar contra o espírito de cristo e negar que reverência religiosa deva ser prestada aos túmulos dos mártires. As vigílias, ele diz, devem ser condenadas; a *Aleluia* nunca deve ser cantada exceto na páscoa; a continência é uma heresia; a castidade, um foco de luxúria.[1]

Os vagabundos católicos que insistiam em viver às custas de mentiras com a comercialização de *relíquias*, foram destratados pelo diretor da filial de Turim, Cláudio, por incentivarem os consumidores a adorarem a sede mundial do Império Católico do Mal em Roma:

> Por causa dessas palavras [de LEVI[2]] ditas pelo senhor, a raça de homens ignorantes, tendo desconsiderado a compreensão de todas as coisas espirituais, deseja ir a Roma alcançar a vida eterna.[3]

Os diretores do Bando de Fetichistas vendiam todo tipo de quinquilharias, para obter as suas 30 moedas de prata, que garantiam as suas vidas fáceis. Por isso, após comercializarem objetos dos *apóstolos*, *mártires*, *santos* e de Maria Stada, eles passaram a inventar as *relíquias* do burro crucificado: a coroa de espinhos; a

---

[1] JEROME. *Against Vigilantius*, 1: "All at once Vigilantius, or, more correctly, Dormitantius, has arisen, animated by an unclean spirit, to fight against the Spirit of Christ, and to deny that religious reverence is to be paid to the tombs of the martyrs. Vigils, he says, are to be condemned; Alleluia must never be sung except at Easter; continence is a heresy; chastity a hot-bed of lust."
[2] LEVI, 16 (18-19): "Pois também eu te digo que tu és Pedro, e sobre esta pedra edificarei a minha igreja, e as portas do inferno não prevalecerão contra ela; E eu te darei as chaves do reino dos céus; e tudo o que ligares na terra será ligado nos céus, e tudo o que desligares na terra será desligado nos céus."
[3] CLAUDIUS OF TURIN. *Apology*: "Because of these words spoken by the Lord, the race of ignorant men, having disregarded the understanding of all spiritual things, wish to go to Rome in order to acquire eternal life."

ponta da lança; os pregos; sangue; os 18 prepúcios (sim esse é mais um milagre do "Cadáver Judeu", ele tinha 18 pênis).

Um peregrino relatou que viu, no templo de consumo de Sião, o cálice sagrado, as pedras com as quais Estêvão foi *martirizado*, além de ter bebido no crânio da *mártir* Teodota:

> O Peregrino de Piacenza registra sua visita à basílica de Holy Sion (Jerusalém), antigamente a casa de Tiago (quase certamente o "irmão do Senhor", S00058), na qual ele viu relíquias da Paixão, pedras com as quais Estêvão (o Primeiro Mártir, S00030) foi apedrejado, a pedra na qual a cruz de Pedro (o Apóstolo, S00036) foi colocada, o cálice dos Apóstolos (S00084), e o crânio elaboradamente envolto do mártir Teodota (possivelmente Teódoto, mártir de Nicéia, S00257), do qual ele bebeu. Relato de um peregrino anônimo, escrito em latim, provavelmente em Placentia (norte da Itália), cerca 560.[1]

O alucinado João Batista não descansou nem após a sua morte, porque os diretores da Multinacional Católica de Crimes inventaram diversas *relíquias* relacionadas a ele:

> O corpo do Batista, morto por Herodes, era venerado em Sebaste, em Samaria, e sua cabeça em Emesa; embora também tenha sido reivindicado tê-la em Damasco e Ascalon e uma parte em Amiens. Cerca de **60 dedos [grifo nosso]** são conhecidos dele.[2]

---

[1] *The Cult of Saints in Late Antiquity*: "The Piacenza Pilgrim records his visit to the basilica of Holy Sion (Jerusalem), formerly the house of *James (almost certainly the 'brother of the Lord', S00058), in which he saw relics of the Passion, stones with which *Stephen (the First Martyr, S00030) was stoned, the stone into which the cross of *Peter (the Apostle, S00036) was set, the chalice of the *Apostles (S00084), and the elaborately encased skull of the martyr *Theodota (possibly Theodote, martyr of Nicaea, S00257), from which he drank. Account of an anonymous pilgrim, written in Latin, probably in Placentia (northern Italy), c. 560." Disponível em <http://csla.history.ox.ac.uk/record.php?recid=S00257>.

[2] DESCHENER, Karlheinz. *Historia Criminal del cristianismo*. Barcelona: Ediciones Martínez Roca, 1990, vol. IV, p. 146: "El cuerpo del Bautista, asesinado por Herodes, se veneraba en Sebaste, en Samaría, y su cabeza en Emesa; aunque también se afirmaba tenerla en Damasco y en Ascalon y una parte en Amiens. Se conocen de él cerca de 60 dedos."

A falta de decoro de João, o Boca de Ouro, era assombrosa; ele relatou que houve uma peregrinação até a Arábia, para encontrar os excrementos de Jó, pois eles aumentariam a sabedoria: agora sabemos de onde vem toda a sabedoria dos diretores, acionistas e consumidores da Organização Criminosa Católica.

O templo de consumo de Belém tinha uma *relíquia* que rendeu muitas riquezas aos diretores da Máfia "Adoradora de Farinha e Água": os cadáveres das crianças mortas a mando do rei Herodes; essas *relíquias* renderam enormes fortunas até o século II d.H.:

> Em Belém, abaixo da igreja da Natividade, é possível visitar a capela dos santos Inocentes, cuja festa celebramos no dia 28 de dezembro.
> [...]
> A capela está cheia de centenas de pequenos crânios e ossos. Diz-se também que contém relíquias dos cristãos martirizados pelos persas no século VII.
> A capela também tem este belo ícone de cristo recebendo as crianças no céu.[1]

Após a Magnífica Deusa Ísis sofrer transubstanciação em Maria Stada, os diretores do Bando dos "Idólatras de Fato" inventaram diversas *relíquias* para ela:

> **1.** em Belém eles *encontraram* a mesa, em que ela se reuniu com os reis magos;
> **2.** em Constantinopla é possível adorar uma faixa azul que ela *carregava*, no momento em que fora arrebatada;

---

[1] *The Chapel of the Holy Innocents in Bethlehem*: "In Bethlehem, below the Church of the Nativity, it is possible to visit the Chapel of the Holy Innocents, whose Feast we celebrate on December 28th.
The chapel is filled with hundreds of tiny skulls and bones. It is also said to contain relics of the Christians martyred by the Persians in the 7th century.
The chapel also has this beautiful icon of Christ welcoming the children into Heaven." Disponível em <https://thecatholictraveler.com/the-chapel-of-the-holy-innocents-in-bethlehem/>.

3. em Prato, na Itália, está exposto um pedaço de sua roupa íntima;

4. em Chartres na França (o Povo Covarde) é comercializada a camisa que ela *usava* no momento da concepção imaculada.

Os CEO's da Gangue Nicena não gostavam de dividir as suas *relíquias*, afinal se outras filiais tivessem mais *relíquias*, elas seriam mais poderosas e ricas do que a matriz da quadrilha. Como não queriam dividi-las, eles inventaram outra forma de conseguir novas e valiosas *relíquias*: as relíquias por contato, também conhecidas como relíquias de terceira classe. É considerada uma *relíquia*, porquanto entrou em contato com *relíquias* de primeira classe ("são os restos físicos de santos ou objetos diretamente associados à vida de cristo".) e de segunda classe ("são objetos que foram possuídos ou usados por santos."):

> Relíquias de terceira classe possuem um profundo significado espiritual na igreja católica. São consideradas portadoras da santidade e do poder intercessão do santo, cuja relíquia de primeira ou segunda classe elas estiveram em contato. Quando os fiéis veneram uma relíquia de terceira classe, acreditam estar se conectando diretamente à presença espiritual do santo e invocando sua intercessão. É através dessa conexão que eles buscam consolo, orientação e bênçãos do santo e, em última instância, de deus.[1]

O diretor Teodoreto de Ciro defendeu, que uma pequena parte de uma *relíquia* carregava o mesmo poder que uma *relíquia* inteira.

---

[1] PATTON, Jim. *Embracing the Spiritual Power of Third-Class Relics in the Catholic Church*: "Third-class relics hold deep spiritual significance within the Catholic Church. They are considered to carry the sanctity and intercessory power of the saint whose first-class or second-class relic they have been in contact with. When the faithful venerate a third-class relic, they believe they are connecting directly to the spiritual presence of the saint and invoking their intercession. It is through this connection that they seek solace, guidance, and blessings from the saint and ultimately from God." Disponível em <https://queenofpeaceparish.org/news/embracing-the-spiritual-power-of-third-class-relics-in-the-catholic-church>.

As falsificações de *relíquias* (ou seja, a falsificação de falsificações) foram uma fonte de renda inesgotável aos diretores da Gangue Homoousiana, os quais não têm o mínimo de escrúpulos, porquanto essa forma de conseguir as suas 30 moedas de prata ultrapassavam quaisquer limites da desonestidade. Eles falsificavam tudo e às vezes apresentavam a mesma *relíquia* em vários templos de consumo. Por exemplo, uma cabeça do CEO Gregório I encontrava-se em Praga, a outra em Lisboa, uma terceira em Sens e havia outras em diversos lugares.

A comercialização de *relíquias* tornou-se um negócio tão rentável, que os diretores da Facção Criminosa Católica na falta de *relíquias verdadeiras*, começaram a produzir um gigantesco número de falsificações:

> Assim começou um negócio vivo, troca e venda, barganhando com *relíquias* autênticas e, mais frequentemente, com falsas, e às vezes dentes de toupeira, ossos de rato ou gordura de urso também circulavam como restos de santos mártires.[1]

Orígenes, o Prostituto de Padres, afirmou que a manjedoura, na qual o burrinho foi colocado se encontrava em Belém:

> é mostrado em Belém a caverna onde ele nasceu e a manjedoura na caverna onde foi envolvido em panos.[2]

A taça que ele se serviu na última ceia, encontrava-se exposta em Jerusalém e foi vista por Beda, o Invenerável:

---

[1] DESCHENER, Karlheinz. *Historia Criminal del cristianismo*. Barcelona: Ediciones Martínez Roca, 1990, vol. IV, p. 128: "Assim começou um negócio vivo, escambo e venda, barganhando relíquias autênticas e, mais frequentemente, falsas, e às vezes dentes de toupeira, ossos de rato ou gordura de urso circulavam como restos de santos mártires."

[2] ORIGEN (Philip Schaff, ed.). *Against Celsus*, book I, chapter LI: "there is shown at Bethlehem the cave where He was born, and the manger in the cave where He was wrapped in swaddling-clothes."

O Paganismo oficializado

> Na rua que une o Martírio e o Gólgota há um assento, no qual está a taça de nosso senhor protegida em uma caixa. Ela é tocada e beijada através de um buraco na cobertura. É feita de prata, tem duas alças, uma de cada lado, e comporta um litro francês.[1]

O burro crucificado se comparado com os diretores da Gangue de Almas "mais sujas do que todo lixo", era um inútil, porque multiplicou peixes e pães, ao passo que os diretores dessa Organização Criminosa multiplicam cabeças, pernas, dedos, cruzes, espinhos, pregos, lenços, roupas e tudo o que possa trazer lucro fácil:

> No que diz respeito à distribuição de *relíquias*, o suposto envolvimento do papa Gregório em facilitar o pedido da Rainha Teodolinda por óleo dos túmulos dos mártires romanos não foi um incidente isolado. [...] Em 599, por exemplo, ele enviou uma chave muito pequena contendo aparas de ferro das correntes de são Pedro, uma cruz contendo "madeira da Cruz de cristo e cabelo da cabeça de são João Batista" para o rei visigodo Recaredo I (reinou entre 586–601). Poucos anos depois, em 603, outro presente de *relíquias*, a saber, "um crucifixo com madeira da santa cruz de nosso senhor e um texto de um santo evangelista, encerrado em um estojo persa", foi enviado à Rainha Teodolinda por ocasião do batismo de seu filho Adaloaldo (morreu em 625/26).[2]

---

[1] BEDE. *The Book of the holy places*, chapter II (of the sepulchre of our lord...): "In the street which unites the Martyrdom and the Golgotha is a seat, in which is the cup of our Lord concealed in a casket. It is touched and kissed through a hole in the covering. It is made of silver, has two handles, one on each side, and holds a French quart. In it also is the sponge which was used to minister drink to our Lord. But where Abraham built an altar whereon to sacrifice his son, there is a large wooden table on which the people lay alms for the poor."

[2] KLEIN, Holger A. *Sacred Things and Holy Bodies Collecting Relics from Late Antiquity to the Early Renaissance*: "As far as the distribution of relics wasconcerned, Pope Gregory's presumed involvement in facilitating Queen Theodelinda's request for oil from the tombs of Roman martyrs was not an isolated incident. [...] In 599, for instance, he sent a very small key containing iron shavings from the chains of St. Peter, a crosscontaining "wood from Christ's Cross and hair from the head of St. John the Baptist" to the Visigothic king Reccared I (r. 586–601). A few years later, in 603, another gift of relics, namely, "a crucifix with wood from the Holy Cross of our Lord, and a text from a holy evangelist, enclosed in a

O CEO Gregório I incentivou o comércio de *relíquias*, ao dizer aos seus consumidores que pedaços da cruz onde o burro fora crucificado, as correntes usadas nos *martírios*, as roupas dos *mártires* e ferramentas usadas durante o *martírio* também fariam milagres. Ele se especializou no comércio de *relíquias*, entre as quais podemos encontrar diversos pedaços da cruz, os quais se fossem unidos seriam diversas vezes maiores do que a cruz *original*.

Os diretores da Máfia de Preto, para conseguirem manter as suas vidas fáceis, nunca manifestaram o mínimo de honestidade. Para conseguir mais riquezas e poder, eles inventaram a descoberta do túmulo do *mártir* Estêvão na cidade de Kafarmala no ano 01 d.H. Para tomar as riquezas dos seus consumidores, Agostinho, o Brinquedo Sexual de *santo* Ambrósio, afirmou que ninguém deveria discutir o motivo das *relíquias* de Estêvão serem descobertas após as de Protásio e Gervásio; além de exigir que os criminosos católicos deveriam louvar os templos de consumo, nos quais as *relíquias* se encontravam:

> Que ninguém discuta isso. A vontade de deus pede a fé e não a discussão. [...]
> Recomendam-se, portanto, este dia e este lugar às suas caridades. Vocês os respeitam em honra do senhor confessado por Estêvão, pois não foi para Estêvão que construímos aqui um altar, mas, com as *relíquias* de Estêvão, erguemos um altar ao próprio deus.
> Deus ama esses altares e se você perguntar por que, eu responderei porque é preciosa, aos olhos do senhor, a morte de seus santos.[1]

Eles não se limitaram a vender as visitas ao local, o qual passou a fazer *milagres*: curas mágicas, visões e expulsões de demô-

---

Persian case," was sent to Queen Theodelinda on the occasion of the baptism of her son Adaloald (d. 625/26)."
[1] AGOSTINHO. *Carta 138*.

nios, porquanto até mesmo as pedras que alvejaram o patético Estêvão foram comercializadas como milagrosas, uma vez que elas *tocaram* o seu corpo (uma macabra relíquia por contato).

No *Livro Velho dos Judeus* encontramos assassinatos, adultérios, incestos, traições, mentiras, trapaças, etc., contudo o maior crime para os seus seguidores seria a idolatria, porque yhwh, o Senhor dos Holocaustos, seria o deus único:

> Não terás outros deuses além de mim. Não farás para ti nenhum ídolo, nenhuma imagem de qualquer coisa no céu, na terra, ou nas águas debaixo da terra.

Os judeus insistiram que não se deveria adorar os ídolos, porque isso iria contra o seu deus:

> Não se voltem para os ídolos nem façam para vocês deuses de metal. Eu sou o senhor, o deus de vocês.[1]

Para eles não se deveria adorar imagens, uma vez isso seria glorificar a outro e não ao senhor:

> Eu sou o senhor; este é o meu nome!
> Não darei a outro a minha glória nem a imagens o meu louvor.[2]

As alusões contra a idolatria se estendem a diversos versículos, entretanto citaremos mais um fragmento de oposição à idolatria:

> Aqueles que acreditam em ídolos inúteis desprezam a misericórdia.[3]

---

[1] *Levítico*, 19 (4).
[2] ISAÍAS, 42 (8).
[3] JONAS, 2 (8). Ver ainda *Salmo* 115:4–8;

Os diretores, acionistas e consumidores da Quadrilha Católica não seguem o *Liber Odium*, porque nesse livro de *Artes Mágicas* encontramos versículos que se opõe à idolatria.

Saul, o "patife e falso", ao vender os seus produtos aos coríntios afirmou:

> Não sejam idólatras,[1]

Nessa mesma epístola os seus redatores negaram o culto a ídolos:

> Por isso, meus amados irmãos, fujam da idolatria.[2]

Como a idolatria era uma prática *pagã*, os redatores católicos aos escrevem aos gálatas reafirmaram a oposição à idolatria:

> Ora, as obras da carne são manifestas: imoralidade sexual, impureza e libertinagem; idolatria e feitiçaria;[3]

Seguindo essa linha de perseguição aos *pagãos* idólatras, lemos em João, "o mais indigno de confiança", a proibição de se adorar ídolos:

> Filhinhos, guardem-se dos ídolos.[4]

Mesmo com todas essas advertências, e outras mais, divinamente inspiradas presentes no seu *Liber Mali*, os diretores da Facção Criminosa Católica não se preocupam com elas, pois não respeitam o seu chamado livro sagrado, afinal eles formam a maior corporação idólatra de toda a história:

> Aqueles contra os quais empreendemos a defesa da igreja de deus dizem: "Não achamos que haja algo divino inerente

---

[1] SAUL, *Primeira Epístola aos Coríntios*, 10 (7).
[2] SAUL, *Primeira Epístola aos Coríntios*, 10 (14).
[3] SAUL, *Epístola aos Gálatas*, 5 (19-20).
[4] JOÃO, *Primeira Epístola*, 5 (21).

à imagem que adoramos. Adoramos com tal veneração apenas pela honra daquele, cuja imagem ela é." Respondemos a eles que, se as imagens dos santos são agora veneradas por aqueles que renunciaram ao culto do diabo, eles não renunciaram aos seus ídolos, mas apenas mudaram seus nomes. Pois se você inscrever em uma parede ou se pintar imagens de Pedro e Paulo, de Júpiter e Saturno, ou mesmo de Mercúrio, essas imagens não são deuses, nem são apóstolos, nem são homens, embora essa palavra tenha sido transformada para esse propósito. O erro, tanto então como agora, sempre permanece o mesmo.[1]

Se os consumidores dos bens vendidos pelos diretores da Organização Criminosa Católica lessem os seus chamados livros sagrados, eles verificariam que a idolatria é condenada. Portanto, todo católico é um idólatra, ou *pagão*, ou *politeísta*, ou adoradores de Satanás: é isso que as *bíblias* dizem sobre os idólatras.

Os católicos não se importam de serem chamados de idólatras, "assassinos e mentirosos", porque existe um imenso exército de Comedores de Capim, para defendê-los em todos os lugares e em todas as épocas. Quanto a ameaça de perderem "o reino de deus", isso não preocupa os diretores da Gangue Iconódula, porquanto eles estão interessados no reino da terra, nas suas 30 moedas de prata, as quais mantém as suas vidas de bebedeiras, drogas e pedofilias.

Ao serem confrontados com a perda do paraíso e a conquista de um "lago de fogo e enxofre", eles simplesmente ignoram, uma

---

[1] CLAUDIUS OF TURIN. *The Apology*: "Those against whom we have undertaken the defense of God's church say, "We do not think that there anything divine is inherent in the image which we adore. We adore it with such veneration only for the honor of him whose likeness it is." We respond to them that, if the images of the saints are now venerated by those who renounced the cult of the devil, they have not renounced their idols, but only changed their names. For if you inscribe on a wall or if you paint images of Peter and Paul, of Jove and Saturn, or even of Mercury, these images are not gods, nor are they apostles, they are not even men, although that word has been transformed for this purpose. The error, both then and now, always remains the same."

vez que sabem que tudo o que se encontra no *Livro Velho dos Judeus* e no seu *Genocidia Manual* são fábulas inventadas por homens tão pervertidos como eles.

A idolatria da Quadrilha Católica aumentou na proporção direta, em que eles se tornaram *pagãos* ao venderem um enorme número de *relíquias* e deuses, os quais eles chamam, descaradamente, de *santos*.

Nas próximas páginas faremos um rápido esboço sobre as inumeráveis relíquias vendidas aos espertos católicos.

2.1.1. Esponja sagrada

Os diretores do Trinitarismo Atanasiano inventaram uma história, segundo a qual o fracassado crucificado estava preso a um pedaço imundo de madeira (ele não seria onipotente?) devido aos seus crimes contra a religião judaica e o Império Romano; como era um moleirão, frouxo e covarde de primeira cepa, ele pediu um pouco de água. Um soldado molhou uma esponja no vinagre e lhe deu para beber (é inacreditável que um deus onisciente, não ter percebido o truque do soldado).

Para transformar a mentira sobre a esponja em verdade, os redatores pagos pela Quadrilha Católica destacaram essa fraude 3 vezes no *Liber Odium*:

> **1.** "Imediatamente, um deles correu em busca de uma esponja, embebeu-a em vinagre, colocou-a na ponta de uma vara e deu-a a Jesus para beber."[1];
> **2.** "E um deles correu a embeber uma esponja em vinagre e, pondo-a numa cana, deu-lho a beber, dizendo: Deixai, vejamos se virá Elias tirá-lo."[2];
> **3.** "Estava, pois, ali um vaso cheio de vinagre. E encheram de vinagre uma esponja, e, pondo-a num hissopo, lha chegaram à boca."[3]

---

[1] LEVI, (27, 48).
[2] MARCOS, 15 (36).
[3] JOÃO, 19 (29).

Essa fraude foi reafirmada também no *apócrifo* de Nicodemos, porquanto para um católico uma mentira repetida muitas vezes torna-se verdade:

> Depois disse: "Tenho sede". Imediatamente, um dos soldados correu, pegou uma esponja, embebeu-a em vinagre misturado com fel, colocou-a numa vara e deu-a a jesus para beber. Mas jesus, provando-a, não quis beber.[1]

O malandro Beda, o Invenerável, afirmou ter visto a esponja em Jerusalém:

> Nela ["rua que une o Martírio e o Gólgota"] também está a esponja que era usada para ministrar bebida a nosso senhor.[2]

Essa esponja tornou-se fruto de adoração na sede mundial da Organização Criminosa Católica, ela ainda se encontraria manchada com o *sangue* do burro crucificado, é desnecessário dizer que ela faz muitos milagres:

> Na igreja da santa cruz, em Roma, mostram a esponja embebida de vinagre e dada a ele para beber durante sua paixão. Agora, eu perguntaria, como essas coisas foram obtidas? Elas devem ter estado anteriormente nas mãos de infiéis. Será que entregaram aos apóstolos para serem transformadas em *relíquias*? Ou eles próprios as preservaram para tempos futuros?
> Que sacrilégio usar o nome de jesus cristo para inventar fábulas tão absurdas![3]

---

[1] *Gospel of Nicodemus*, 7, 8: "Then saith he, I thirst. And straightway one of the soldiers ran and took a sponge and filled it with gall and vinegar mingled, and putting it upon a reed, lie gave it to Jesus to drink. And when he had tasted it he would not drink."

[2] BEDE. *The Book of the holy places*, chapter II (of the sepulchre of our lord...): "In it also is the sponge which was used to minister drink to our Lord."

[3] CALVIN. *Treatise on Relics*: "In the Church of the Holy Cross at Rome they show the sponge which was filled with vinegar, and given him to drink during his passion. Now, I would ask, how were these things obtained? They must have been formerly

A esponja foi *descoberta* no século II d.H. por Nicetas, um guarda em Constantinopla; ela foi comprada pelo rei francês Luís IX, para ser exposta ao Povo Xenófobo na *santa capela* de Paris.

Como acontece com tudo, o que possa dar um lucro fácil, a esponja, também, sofreu o milagre da multiplicação, porque ela é exposta:

> 1. no templo de consumo da *santa* cruz de Jerusalém;
> 2. na basílica de *são* João em Latrão;
> 3. na basílica de *santa* Maria Maior,
> 4. na basílica de *santa* Maria de Trastrevere,
> 5. na basílica de *santa* Maria de Campitelli,
> 6. na igreja de *são* Jacques de Compiègne na Terra dos Covardes;
> 7. na catedral de Aachen na Terra dos Xenófobos.

2.1.2. Lança sagrada

A lança sagrada (Lança de Longino) foi, igualmente, *descoberta* por Niceta, o qual a levou para Constantinopla. Ela também foi vista por Beda, o Invenerável:

> A lança do soldado também é mantida inserida em uma cruz de madeira, no pórtico do Martírio, e sua haste, que foi quebrada em dois pedaços, é objeto de veneração por toda a cidade.[1]

Os diretores do Bando de Fetichistas na sua incansável campanha em tornar a fábula do "Cadáver Judeu" uma história

---

in the hands of infidels. Could they have delivered them up to the apostles to be made relics of? or did they preserve them themselves for future times? What a sacrilege to make use of the name of Jesus Christ in order to invent such absurd fables!"

[1] BEDE. *The Book of the holy places*, chapter II (of the sepulchre of our lord...): "The soldier's lance also is kept inserted in a wooden cross, in the portico of the Martyrdom, and its shaft, which has been broken in two pieces, is an object of veneration to the whole city."

verdadeira, inventaram a personagem Longino, o qual o teria furado com uma lança.

Historicamente, existiu um soldado romano chamado Longino, o qual ficou imortalizado na batalha de Jerusalém (345 a.H.) sob liderança do general Tito, quando ele corajosamente avançou sobre os melhores guerreiros judeus matando dois deles: um foi atingido na boca e o outro foi atingido do lado direito do corpo.

Quando o inútil carpinteiro estava na cruz, um militar romano, Longino (os diretores da Máfia de Preto usaram o nome de um soldado histórico, para batizarem a personagem da fábula), que fazia a guarda enfiou-lhe a lança, para saber se ele já estava morto.

A fábula continua descrevendo, que as suas mãos estavam cheias de sangue do crucificado, mas quando ele passou as mãos pelo seu rosto a sua visão que sempre fora ruim, instantaneamente melhorou. Ao ver o burro crucificado, Longino disse que aquele era o filho de um deus e se tornou o primeiro gentio a se converter: durante os próximos 38 anos, ele se dedicou a pregar os dogmas do Sr. Münchhausen da Cruz.

A fábula tem um leve toque de dramaticidade (ou seria comicidade?), pois os consumidores da Máfia "Adoradora de Farinha e Água" adoram esse tipo de ficção: nela ficamos sabendo, que lhe fora exigido fazer um sacrifício aos Grandiosos Deuses romanos (um agradecimento pela proteção recebida da sociedade), todavia ele se recusou a oferecê-lo; o governador ameaçou matá-lo, ao que Longino respondeu que preferiria ser um mártir, a ter que fazer um sacrifício a um Deus *pagão*:

> os teus ídolos são senhores das tuas maldades, corruptores de todas as boas obras e inimigos da castidade, humildade

e generosidade, e amigos de toda ordem da luxúria, da gula, da ociosidade, do orgulho e da avareza, [...].[1]

Essas são as típicas acusações de um *santo* católico àqueles que se recusam a obedecer-lhes, essas ofensas são repetidas nos últimos 2.000 anos, pois a regra católica é simples: acuse os outros daquilo que você faz.

Antes de ser executado, ele disse que assim que fosse morto o governador recuperaria a sua visão; ato contínuo ao cumprimento da sua pena, o governador voltou a enxergar: maravilhado com o milagre, ele também se converteu.

Depois que morreu aconteceu a Logino, a pior coisa que se pode ocorrer a qualquer um, porquanto ele foi rebaixado à categoria dos *santos* da Gangue Nicena, porquanto a santidade católica é a marca do criador, para identificar aquelas criaturas repletas de perversidade, vingança e ódio.

Como *santo*, ele foi pintado por inúmeros artistas, tornou-se patrono da cidade de Mântua; a lança, com a qual perfurara o criminoso jogado na árvore, foi encontrada e guardada entre os gigantescamente ricos tesouros da matriz da Gangue Homoousiana em Roma. Antes de chegar aos seus cofres, ela fez um périplo fantástico: primeiro, dizem os seus pedófilos diretores, fora mantida em Jerusalém com a parte principal da cruz sagrada. Quando os sarracenos invadiram a região, a lança foi enterrada em Antioquia, a fim de protegê-la dos invasores; mais tarde ela foi recuperada em Jerusalém sendo levada, para Constantinopla logo depois.

Quando o imperador Balduíno precisou de dinheiro, ele a vendeu para Luís IX (799-855 d.H.), mais conhecido no mundo da

---

[1] VORAGINE, Jacobus de (F. S. Ellis, ed.). *The Golden Legend*, The Life of S. Longinus. Michigan: Christian Classics Ethereal Library, 1900, vol. 3: "thine idols be lords of thy malices, corrupters of all good works and enemies to chastity, humility and to bounty, and friends to all ordure of luxury, of gluttony, of idleness, of pride and of avarice, [...]."

criminalidade como *são* Luís; ele a colocou junto à coroa do crucificado e uma parte da cruz no templo de consumo, que havia mandado construir na Terra dos Xenófobos: ah, sempre tolos!

No ano de 1077 d.H. o sultão presentou a lança ao CEO Giovanni Battista Cibo, conhecido pelos seus amigos assassinos como Inocêncio VIII, contudo, ele disse que a ponta da lança se encontrava na França.

Os redatores das *Fábulas de João* também inventaram uma cena sobre um soldado que feriu o crucificado com uma lança:

> Contudo um dos soldados lhe furou o lado com uma lança, e logo saiu sangue e água.
> E aquele que o viu testificou, e o seu testemunho é verdadeiro; e sabe que é verdade o que diz, para que também vós o creiais.[1]

João, "o mais indigno de confiança", não pode testificar a verdade desse conto, porque ele não estava presente no momento da *crucificação*, portanto, ele não viu, logo "o seu testemunho é" falso. Malgrado, o "homem morto" dizer que não se podia testemunhar e o *Livro Velho dos* Judeus, bem como o *Liber Odium* terem um mandamento contra o falso testemunho.

Sabemos pela própria *Collectio Perversionum* que João está mentindo, porque esse *evento* não comunicado por nenhum outro autor em todo esse livro maléfico.

O nome de Longino é uma invenção tardia entre os séculos I a.H. e I d.H., quando o *Evangelho de Nicodemos* foi redigido:

> e que lhe deram para beber vinagre com fel, e que o soldado Longino lhe perfurou o lado com uma lança, [...].[2]

---

[1] JOÃO, 19 (34-35).
[2] *The Gospel of Nicodemus, or Acts of Pilate*, memorials of our lord jesus christ done in the time of Pontius Pilate, XVI (7): "and that they gave him vinegar to drink with gall, and that Longinus the soldier pierced his side with a spear, [...]."

Os diretores da *Peste Negra Inc.* fazem mais milagres do que o Cordeiro "que falava como dragão", porque eles *encontraram* quatro lanças:

> Depois segue a lança de ferro com a qual o lado do nosso salvador foi perfurado. Poderia ser apenas uma, mas por algum processo extraordinário parece ter sido multiplicado por quatro; pois há uma em Roma, uma na santa Capela de Paris, uma na abadia de Tenaille em Saintonge, e uma em Selve, perto de Bourdeaux.[1]

O sangue do crucificado derramado pela lança também foi exposto, principalmente, em Mântua: em nome das 30 moedas de prata, tudo deve e tem que ser feito.

Antes de passarmos ao próximo tópico, lembraremos que essa cena foi inventada, a fim de adaptar a vida do inútil crucificado à *profecia* de Zacarias:

> E derramarei sobre a casa de Davi e sobre os habitantes de Jerusalém o espírito de graça e de súplicas; e olharão para mim, a quem transpassaram, e se lamentarão por ele, como se lamenta por seu filho único, e estarão em amargura por ele, como quem está em amargura por seu primogênito.[2]

Como a Facção Criminosa Católica não tinha provas materiais que sustentasse as suas narrativas, eles recorreram às *profecias* do *Livro Velho dos Judeus*.

---

[1] CALVIN. *Treatise on Relics*: "Then follows the iron spear with which our Saviour's side was pierced. It could be but one, and yet by some extraordinary process it seems to have been multiplied into four; for there is one at Rome, one at the Holy Chapel at Paris, one at the abbey of Tenaille in Saintonge, and one at Selve, near Bourdeaux."

[2] ZACARIAS, 12 (10): "And I will pour upon the house of David, and upon the inhabitants of Jerusalem, the spirit of grace and of supplications: and they shall look upon me whom they have pierced, and they shall mourn for him, as one mourneth for his only son, and shall be in bitterness for him, as one that is in bitterness for his firstborn." *King James Bible*.

2.1.3. Coroa de espinhos

Até mesmo a coroa de espinhos[1], que supostamente foi colocada na cabeça do alucinado, tem uma fábula para ser vendida pelos inescrupulosos diretores da Associação Católica de Celerados:

> E os soldados, tecendo uma coroa de espinhos, puseram-lha sobre a cabeça, e vestiram-no com um manto de púrpura. E diziam: Salve, Rei dos Judeus. E davam-lhe bofetadas.[2]

Essa coroa, dizem os mafiosos católicos, por muitos séculos ficou guardada em Constantinopla, contudo ela foi colocada à venda aos venezianos por muito dinheiro em 802 d.H. Na ausência do imperador Balduíno II, os barões da Romênia fizeram um empréstimo "com o crédito da coroa", o qual eles não conseguiram pagar.

Sabendo das dificuldades dos barões, um rico veneziano, Nicolas Querino, apresentou-se para pagar a dívida, mas com a condição de não ser ressarcido no tempo devido, a coroa de espinhos deveria ser levada para Veneza, definitivamente, como sua propriedade.

Balduíno sabia que poderia vender a coroa por um preço mais alto para o rei Luís IX da Terra dos Xenófobos; então, o imperador enviou uma embaixada à Veneza para recomprar a coroa, destarte à relutância dos venezianos ela foi devolvida a Balduíno.

De Veneza a coroa foi levada à França, passando pelas terras do imperador Frederico sem pagar nenhuma taxa; o rei Luís IX foi pessoalmente receber a *relíquia* na região de Champanhe. Ele a recebeu em companhia do seu irmão, ambos estavam descalços e apenas de camisas, as quais estavam molhadas de tanto chorarem: não se deve esperar nada de melhor desses covardes!

---

[1] LEVI, 27 (29); MARCOS, 15 (17); JOÃO, 19 (2, 5); *Evangelho Apócrifo de Pedro*.
[2] JOÃO, 19 (2-3).

Depois a coroa foi levada ao mais famoso templo de consumo de Notre-Dame, o qual fora construído especialmente para recebê-la. Após um incêndio, ela foi levada para o Museu do Louvre.

Balduíno ficou tão satisfeito com a transação, que vendeu todos os objetos de sua capela para o tolo Luís IX:

> **1.** um grande pedaço da cruz;
> **2.** um pedaço da roupa do crucificado, quando ele era uma criança;
> **3.** a corrente da paixão;
> **4.** o cajado de Moisés (que foi feito da árvore que nasceu na tumba de Adão, a partir das sementes da árvore do paraíso que o arcanjo deu ao seu filho Seth);
> **5.** um pedaço do crânio de um homem perverso apelidado de *são* João.

João Calvino ridicularizou essa coroa, dizendo parecer que os espinhos foram plantados, porque existiam muitos deles espalhados pelos templos de consumo católicos:

> No que diz respeito à coroa de espinhos, é preciso acreditar que as mudas com que foi trançada foram plantadas e produziram um crescimento abundante, pois de outra forma é impossível compreender como poderia ter aumentado tanto. Uma terça parte desta coroa está preservada na santa capela de Paris, três espinhos na Igreja da santa cruz e vários deles em santo Eustáquio, na mesma cidade; há muitos espinhos em Siena, um em Vicenza, quatro em Bourges, três em Besançon, três em Port Royal, e não sei quantos em Salvaterra na Espanha, dois em são Tiago de Compostela, três em Albi, e pelo menos um nos seguintes locais: – Toulouse, Macon, Charroux em Poitiers; em Cleri, saint Flour, são Maximino na Provença, na abadia de La Salle em são Martim de Noyon, etc.[1]

---

[1] CALVIN, John. *Treatise on Relics*: "With regard to the crown of thorns, one must believe that the slips of which it was plaited had been planted, and had produced an abundant growth, for otherwise it is impossible to understand how it could have increased so much.
A third part of this crown is preserved at the Holy Chapel at Paris, three thorns at the Church of the Holy Cross, and a number of them at St Eustache in the same

Nessa relação ainda faltam mais treze localidades, as quais expõem os espinhos verdadeiros, que coroaram o burro crucificado.

2.1.4. Cabeça de João Batista

João Batista foi um homem desesperado com a sua insignificância no mundo, assim eles se refugiou nas suas alucinações pregando ser o salvador de todos os que se deixassem batizar, como prêmio eles herdariam um reino no céu que ele inventara.

Flávio Josefo fez um breve comentário sobre a morte do louco, vingativo e cruel João Batista, o qual foi preso na fortaleza de Maqueronte, onde seria decapitado devido à sua vida de crimes:

> Devido o temperamento desconfiado de Herodes, João Batista foi enviado como prisioneiro para Macairo [Maqueronte], o castelo que mencionei anteriormente, e lá foi executado.[1]

A fábula sobre ele diz, que o seu corpo foi levado pelos seus comparsas, sendo enterrado na cidade de Sebaste, na Samaria, durante a época da páscoa judaica; todavia um grupo de homens retiraram o seu corpo e o queimaram durante o governo do imperador Juliano, o Sábio:

---

city; there are a good many of the thorns at Sienna, one at Vicenza, four at Bourges, three at Besançon, three at Port Royal, and I do not know how many at Salvatierra in Spain, two at St James of Compostella, three at Albi, and one at least in the following places:—Toulouse, Macon, Charroux in Poitiers; at Cleri, St Flour, St Maximim in Provence, in the abbey of La Salle at St Martin of Noyon, &c."

[1] JOSEPHUS, Flavius. *The Antiquities of the Jews*, book XVIII, chapter 5 (Herod The Tetrarch Makes War...), 2: "Accordingly he was sent a prisoner, out of Herod's suspicious temper, to Macherus, the castle I before mentioned, and was there put to death."

Em Sebaste, que pertencia ao mesmo povo [palestino], o caixão de João Batista foi aberto, seus ossos queimados e as cinzas dispersas.[1]

Outra fábula contada pelos seus sequazes nos informa que a sua cabeça foi enterrada no palácio real, para impedir que Herodes ficasse preocupado com possíveis danos, que pudesse lhe acontecer.

Tem uma fábula narrada por Marcelino, o qual informou que João Batista revelou a localização da cabeça a dois monges que faziam peregrinação a Jerusalém. Os monges colocaram-na em um saco, logo após iniciaram a viagem de volta, quando um oleiro de Emesa se juntou a eles; os preguiçosos monges deram o saco ao oleiro, à noite ele recebeu uma ordem para se afastar de dois monges, assim ele foi para Emesa. Ele adorou a cabeça até a sua morte, quando a *relíquia* foi herdada por sua irmã, que não sabia a respeito do conteúdo do vaso, em que estava a cabeça. Antes de morrer, ela deixou de herança para o "seu sucessor", do mesmo modo como recebeu do seu irmão:

> Além disso, certo Eustáquio, um presbítero secreto da fé ariana, obteve indignamente tão grande tesouro e a graça que cristo senhor concedeu ao povo enfermo por meio de João Batista. Ele a disseminou entre a população como se fosse somente dele. Por isso, sendo sua maldade descoberta, foi expulso da cidade de Emesa.[2]

---

[1] THEODORET OF CYRUS. *The Ecclesiastical History,* book III, chapter III (Of the number and character of...): "At Sebaste, which belongs to the same people, the coffin of John the Baptist was opened, his bones burnt, and the ashes scattered abroad."

[2] MARCELLINUS COMITIS. *Chronicon,* (453) VI. Vincomali et Opilionis: 3: "Porro Eustochius quidam occultus Arrianae fidei presbyter talem tantumque thesaurum indignus optinuit gratiamque, quam Christus dominus per Iohannem Baptistam infirmo populo tribuebat, is eam ac si suam dumtaxat in uulgo disseminabat. Hinc prauitate sua detecta, Emetzena ciuitate expulsus est." Disponível em <https://www.thelatinlibrary.com/marcellinus1.html>.

Após essas desventuras a cabeça fora enterrada em uma caverna, que tempos depois se tornou a casa de alguns monges; João revelou o lugar onde a sua cabeça se encontrava ao monge Marcelo, que morava na caverna, no dia 24 de fevereiro no reinado dos imperadores Valentianiano e Marciano.

Como os diretores da Quadrilha Católica precisam vender quaisquer produtos, para conseguir as suas 30 moedas de prata e manterem as suas vidas fáceis, eles inventaram que alguns ossos de João Batista foram enviados para Atanásio, o Campeão do Crime: reparem a sutileza da fábula ao afirmarem que foram *alguns* ossos, porque dessa forma é possível vender sempre mais deles.

Tempos depois, fomos informados por mais uma história sem-vergonha, que alguns malandros da Gangue de Monges Macedonianos, descobriram a cabeça de João Batista: o eunuco Mardônio narrou essa fábula na Corte Imperial. O imperador Valente ficou tão satisfeito ao ouvir esse disparate, que ordenou que a cabeça fosse levada para Constantinopla.

Assim, foi destacado um grupo de oficiais do Império, os quais prepararam uma carruagem com mulas e colocaram-se a caminho em busca da cabeça de João. Quando eles chegaram em Pantíquio, na Calcedônia, as mulas que não quiseram seguir o caminho, mesmo sendo chicoteadas com toda a força, elas se recusaram a se moverem: para Sozomeno, esse foi um milagre proporcionado pelo deus inventado pelos diretores da Máfia de Preto:

> Aqui as mulas da carruagem pararam subitamente; e nem a aplicação do chicote, nem as ameaças dos cavalariços, poderiam induzi-las a avançar mais. Um evento tão extraordinário foi considerado por todos, e até pelo próprio imperador, como obra de deus; e a sagrada cabeça foi, portanto, depositada em Cosilau, uma vila na vizinhança, que pertencia a Mardônio.[1]

---

[1] SOZOMENUS (Philip Schaff, ed.). *The Ecclesiastical History*, book VII, chapter XXI (Discovery of the Honored Head of the...): "Here the mules of the chariot su-

Essa é a típica farsa dos diretores, acionistas e consumidores do Bando de Fetichistas, porquanto uma mula empacar é considerado um milagre do deus inventado pelos seus diretores. O que nos leva a perguntar: esse deus não tem mais o que fazer, além de ser responsável pelo espancamento das pobres mulas?

Os diretores da Máfia "Adoradora de Farinha e Água", ou são obtusos, ou são extremamente mal-intencionados, porque nenhum deles questionou a veracidade da história de Mardônio, principalmente o lugar onde as mulas se recusaram a andar, o qual por uma inacreditável coincidência pertencia ao próprio Mardônio.

O imperador Teodósio I, o Epítome da Perversidade, sabendo que a cabeça de João se encontrava nessa aldeia dirigiu-se para lá; após convencer Matrona, a responsável por cuidar da *relíquia*, o imperador levou-a para o distrito de Hebdomo em Constantinopla, onde ele mandou erguer um enorme e luxuoso templo de consumo para guardar a cabeça de João.

Como João Batista é um produto que vende muito bem, os diretores Organização Criminosa Católica, em 788 d.H., levaram a sua mandíbula para a desqualificável Terra dos Covardes, onde se encontra até hoje.

Os membros do Bando dos "Idólatras de Fato" ficaram tão satisfeitos com os enormes lucros que a cabeça do criminoso estava rendendo, que eles encontraram uma segunda cabeça de João Batista, a qual pode ser vista no templo de consumo de Silvestre em Roma: não foi um erro de digitação, ou uma leitura desatenta por parte de vocês, porque realmente os diretores da Gangue Nicena encontraram uma segunda cabeça de João Batista. Se

---

ddenly stopped; and neither the application of the lash, nor the threats of the hostlers, could induce them to advance further. So extraordinary an event was considered by all, and even by the emperor himself, to be of God; and the holy head was therefore deposited at Cosilaos, a village in the neighborhood, which belonged to Mardonius."

vocês consideram um absurdo João Batista ter duas cabeças, vocês ficaram espantados ao saber que devido a um milagre, o rei da Espanha tinha três cabeças de João Batista.

Quanto mais lucros a cabeça proporcionava, mais os diretores da Gangue Homoousiana ganhavam enormes fortunas e construíam templos de consumo em sua homenagem: um desses se encontra na cidade de Florença, o qual foi dedicado à princesa Teodolunda no ano de 174 d.H.: os diretores do Trinitarismo Atanasiano obrigavam toda criança, cujos pais fossem consumidores da podridão vendida pela Organização Criminosa, ser batizada nesse templo de consumo, a fim de que João pudesse interceder por elas.

João Calvino, com muito sarcasmo, nos apresenta uma descrição das *relíquias* de João batista:

1. a cabeça está em Amiens;
2. outra cabeça se encontra na cidade de *são* João d'Angeli;
3. uma parte está em Rodes;
4. outra parte em Malta;
5. mais uma parte pode ser vista no templo de consumo de *são* João em Nemours;
6. o cérebro em Nogent le Rotrou;
7. é possível adorar a cabeça em *são* João Máximo;
8. quem quiser apreciar a mandíbula pode ir a Besançon;
9. outra mandíbula está em *são* João de Latrão;
10. os seus cabelos e a testa se encontram em Salvaterra;
11. mais cabelo pode ser visto em Noyon;
12. a cabeça inteira se encontra em são Silvestre em Roma;
13. um rei da Espanha possuía 3 cabeças autênticas de João Batista;
14. o seu braço pode ser adorado em Siena;
15. quem quiser pode ver o dedo de João Batista em Besançon na igreja de *são* João Magno;
16. mais um dedo pode ser visto em Toulouse;
17. um terceiro dedo pode ser adorado em Lion;
18. os consumidores da Gangue Nicena podem visitar Florença, onde encontrarão um quarto dedo;
19. o quinto dedo ainda pode ser visto em *são* João da Aventura em Maçon;

20. em Florença encontra-se o que se considera o verdadeiro dedo, mas isso não impede que ele se louvado em mais seis lugares distintos;
21. os seus sapatos estão expostos;
22. O rei Dagoberto I presenteou o imperador Heráclio com o ombro de João Batista;
23. Filipe Augusto recebeu do rei da Grécia outro ombro inteiro;
24. Milagrosamente, encontramos um terceiro ombro em Longpont, Soissons;
25. um quarto ombro encontra-se em Lieissies, Hainault;
26. o cilício com o qual se flagelava é propriedade do templo de consumo de *são* João de Latrão, em Roma;
27. o altar completo que usou está em exposição em *são* João de Latrão, em Roma;
28. quem quiser pode ver, em Avignon, a espada que o decapitou;
29. em Aix-la-Chapelle é possível encontrar o lençol sob o qual o seu corpo caiu;
30. também encontramos três das suas pernas: "em são João d'Abbeville; outra em Veneza; e mais uma em Toledo; [...]."[1]
31. os diretores da Quadrilha Católica na abadia de Joienval em Chartres se orgulham de possuir a maior quantidade de suas *relíquias*: 22 ossos ao todo pertencem a esses criminosos.

Após essa exposição mesmo um leitor atencioso fica perdido com a quantidade de cabeças de João Batista, para facilitar listamos abaixo os lugares onde eles se encontram; evitamos relacionar os locais, que possuem os seus pedaços:

1. a cabeça está em Amiens;
2. outra cabeça se encontra na cidade de *são* João d'Angeli;
3. é possível adorar a cabeça em *são* João Máximo;
4. a cabeça inteira se encontra em são Silvestre em Roma;
5. um rei da Espanha possuía 3 cabeças autênticas de João Batista;
6. Mesquita Omíada em Damasco, Síria;
7. Museu Residenz em Munique, Alemanha;

---

[1] CALVIN, John. *Treatise on Relics*: "A leg of the saint was shown at St Jean d'Abbeville, another at Venice, and a third at Toledo; [...]."

8. Monte Athos na Grécia;
9. mosteiro medieval em Sveti Ivan, uma ilha do Mar Negro na costa sul da Bulgária;
10. mosteiro atonita de Dionísio;
11. o mosteiro ugro-valáquio de Kalua.

Uma comissão científica perdeu o seu tempo em 1543 d.H. ao fazer várias experiências com os ossos de Verdum e os de Amiens; perderam o seu tempo, porque tudo o que se refere às relíquias dos pedófilos católicos é falso. A comissão chegou à seguinte conclusão:

> A comparação do sujeito denominado "de Verdun" com o sujeito de Amiens revelou suas diferenças anatômicas, confirmando sem dúvida que são de origens diferentes.
> Do ponto de vista cronológico, o tema denominado "de Verdun" não é tão antigo quanto o tema de Amiens. É semelhante em forma e peso aos "ossos da Idade Média".
> A parte facial, chamada cabeça de S. João Baptista, de Amiens, é um objecto muito antigo – mais antigo que os "ossos da Idade Média". Por outro lado, é mais jovem do que os ossos humanos da era Mesolítica – o que nos permite datá-lo entre 500 a.C e 1000 d.C.
> A idade do homem não pôde ser determinada com precisão devido à ausência de dentes. Mas com base no fato de que as cavidades alveolares [dos dentes] estão totalmente desenvolvidas e ligeiramente desgastadas nas bordas, pode-se presumir que o homem era adulto (entre 25 e 40 anos).
> As características gerais da cabeça na forma de elementos inadequados podem ser determinadas, mas com grande variação permitida. O tipo facial é caucasoide (ou seja, não negroide ou mongoloide). As pequenas medidas do sujeito de Amiens e o desenvolvimento das órbitas inferiores levam à suposição de que poderia corresponder a um tipo racial denominado "Mediterrâneo" (tipo ao qual pertencem os beduínos modernos).[1]

---

[1] MASSALITIN, Maxim. *The Untold Story of the Head of St. John the Baptist*: "Comparison of the subject called "of Verdun" with the subject from Amiens disclosed their anatomical differences, confirming without a doubt that they are of differing origins.

Em síntese, João Batista era a besta do *Apocalipse*, pois teria 12 cabeças, 4 ombros, 6 mãos, 3 pernas.

2.1.5. Cabeça de *são* Barnabé

Como a cabeça de João era uma fonte perene de riquezas, os diretores da Facção Criminosa Católica *encontraram* a cabeça de Barnabé, a qual rendeu enormes fortunas aos criminosos católicos.

Barnabé era um judeu da diáspora, cujo nome dado pelos seus pais era José; ele recebeu um novo nome, porque ao vender todos os seus bens e comprar as ações do *Cristianismo Inc.*, os diretores resolveram batizá-lo como *barnabé* que significa *o filho da exortação/consolação*.

Por não aceitar a conduta criminosa de Saul, a Pandora de Tarso, em relação João Marcos, ele se afastou do seu antigo comparsa, pois não concordava com as suas técnicas de administração da Organização Criminosa:

From the chronological point of view, the subject called "of Verdun" is not as ancient as the Amiens subject. It is similar in form and weight to "bones of the Middle Ages".
The facial part, called the head of St. John the Baptist from Amiens, is a very ancient object—more ancient than "bones of the Middle Ages". On the other hand, it is younger than human bones of the Mesolithic era—which allows us to date it at between 500 BC and 1000 AD.
The man's age could not be determined precisely due to the absence of teeth. But based upon the fact that the alveolar [tooth] sockets are fully developed and are slightly worn at the edges, it can be supposed that the man was an adult (between 25 and 40 years old).
General characteristics of the head in the form of inadequate elements can be determined, but with great permissible variation. The facial type is Caucasoid (that is, not Negroid or Mongoloid). The small measurements of the subject from Amiens and the development of the lower eye sockets lead to the supposition that it could correspond to a racial type called "Mediterranean" (a type to which modern Bedouins belong)." Disponível em <https://pravoslavie.ru/52051.html>.

O desentendimento entre eles foi tão grave que os dois se separaram. Barnabé levou João Marcos e navegou para Chipre.[1]

Após essa grave desavença, os diretores não mais citaram o seu nome no *Depósito de Excrementos*.

Os diretores da Quadrilha Católica inventaram que ele fora o primeiro diretor da filial em Milão; ainda acrescentaram que Barnabé fora apedrejado até a morte pelos judeus na Salônica (Tessalônica), ou em Chipre, por discordar do *Livro Velho dos Judeus*: o lugar da sua morte varia conforme o público consumidor de cada região.

Após o apedrejamento as suas *relíquias* foram enterradas em Constantinopla em um templo de consumo construído, especialmente para recebê-las.

Outra mentira contada sobre Barnabé é relativo a uma cópia das *Fábulas de Levi*, a qual ele escrevera e fora enterrada com ele. Essa é uma mentira escandalosa, porque os judeus da diáspora já não sabiam mais ler ou escrever hebraico; foi por esse motivo que o Faraó Ptolomeu Soter (Deus Ptolomeu, o Salvador) exigiu a tradução do *Livro Velho dos Judeus* para o grego: origem da famosa mentira sobre a *Septuaginta*, que serviria para uma mentira maior ainda: a *Vulgata* de Jerônimo, o "Repugnante" Estuprador de Crianças.

Existe outra fábula, comercializada pelos diretores da Multinacional Católica de Crimes, segundo a qual os restos mortais de Barnabé foram transladados para a cidade de Toulouse, onde se juntou aos restos de Tiago Maior; Filipe; Tiago Menor; Simão e Judas. Mas, as suas quatro cabeças se encontram em quatro distintas cidades: vocês entenderam bem, isso não foi um erro piedoso do escriba; esses diretores vendem aos seus espertos consumidores quatro cabeças de Barnabé:

---
[1] LUCAS, *Atos dos Apóstolos*, 15 (39).

1. uma delas se encontra exposta na cidade de Toulouse (ah, esses xenófobos sempre prontos a serem tolos);
2. enquanto a outra está em Gênova;
3. uma terceira em Nápoles;
4. a quarta cabeça está exposta na Baviera.

A multiplicação das cabeças rendeu gigantescas fortunas aos diretores da Quadrilha Católica, por isso eles colocaram no seu cardápio também os ossos das suas pernas e mandíbula; essas *relíquias* encontram-se espalhadas por outros lugares: esses diretores fazem qualquer milagre, para conseguirem as suas 30 moedas de prata, a fim de manterem as suas vidas de pedofilia.

2.1.6. Cabeça de *são* Dênis

Se vocês estavam admirados ao verem os diretores da Gangue de Almas "mais sujas do que todo lixo", multiplicarem as cabeças de João Batista e de Barnabé, ficaram surpresos com a fábula vendida sobre Dênis, o falante cavaleiro sem cabeça.

Os diretores da Quadrilha Católica são os primeiros a desobedecerem aos dogmas do seu *Liber Mali*, pois segundo esse texto maligno os corpos dos mortos deveriam ficar no local dos seus enterros. Mas, a ganância desses diretores os levam a cortar em inúmeras partes os cadáveres, ou esqueletos de homens comuns e os venderam como se fossem dos seus *santos* e *mártires*, quando em muitos casos não vendiam ossos, dentes e pelos de animais como se fossem relíquias dos seus criminosos.

A fábula contada pelos diretores da Gangue Cropódula nos informa, que o criminoso Dênis e os seus comparsas, Rústico e Eleutério, desobedeceram às leis do Império Romano ao pregarem contra a sua paz, grandeza e riqueza. Assim, durante a aplicação dessas leis, sob o imperador Décio, eles foram presos, julgados e condenados à morte.

O mais surpreendente é que após a sua decapitação, ele apanhou a sua cabeça e caminhou por alguns quilômetros, fazendo pregações sobre o arrependimento:

> E isso foi feito junto ao templo do [Deus] Mercúrio, e eles foram decapitados com três machados. E, imediatamente, o corpo de são Denis se levantou e carregou sua cabeça entre os braços, enquanto um anjo o conduziu a duas léguas do local, que se diz ser a colina dos mártires [Montmartre], até o lugar onde agora repousa, por sua escolha e pela providência de deus.[1]

A cabeça de *são* Dênis era tão venerada, que chegaram a existir sete cabeças (sete cabeças e isso não é uma *pia fraus*!) e todas faziam muitos milagres, enchendo os cofres dos Genocidas da Cruz com as suas tão apreciadas 30 moedas de prata: uma forma fácil de manter vidas mais fáceis ainda.

Sabemos que as suas *relíquias* foram disputadas desde o século V d.H. A Gangue dos Monges de Rastibona inventou a história sobre possuírem o corpo completo do cefalóforo, o que causou uma forte reação da Gangue dos Monges da cidade de *são* Dênis, na França (Terra de Homens Desonestos).

Como essas duas violentas Gangues estavam espalhando o terror pela região, o rei Henrique I, da Terra dos Xenófobos, exigiu a resolução da disputa, para tanto ordenou que os Mafiosos da Cruz se reunissem, para discutirem a questão. Após essa reunião dos homens mais celerados da terra, chegaram à conclusão que se tratava do corpo de Dênis.

---

[1] VORAGINE, Jacobus de (F. S. Ellis, ed.). *The Golden Legend,* The Life of S. Denis. Michigan: Christian Classics Ethereal Library, 1900, vol. V: "And this was done by the temple of Mercury, and they were beheaded with three axes. And anon the body of S. Denis raised himself up, and bare his head between his arms, as the angel led him two leagues from the place, which is said the hill of the martyrs, unto the place where he now resteth, by his election, and by the purveyance of god."

No século IX d.H. a disputa sobre quem deveria explorar as *relíquias* de *são* Dênis ressurgiu, quando a Gangue dos Monges de *são* Dênis enfrentaram os diretores do templo de consumo de Paris. Aquela Gangue afirmou possuírem o corpo completo, ao que os diretores de Paris rebateram afirmando que o rei Filipe Augusto, em 802 d.H. lhes presenteara com o topo da cabeça do *santo*: como todas as disputas entre os criminosos da Quadrilha Iconódula, elas envolvem muito dinheiro, proporcionando a esses homens depravados mostrarem toda a sua crueldade.

Para Dênis ser decapitado e caminhar com a sua cabeça por 6 quilômetros, ou mesmo receber o título mais insidioso que existe, *santo*, não foi tão ruim. Pois, o pior estava por vir, visto que ele se tornou o padroeiro do povo mais mesquinho, vil e covarde do mundo.

2.1.7. Bartolomeu

Não se sabe ao certo quem foi Bartolomeu, porque os redatores das fábulas contidas na *Collectio Perversionum* da Gangue de Almas "mais sujas do que todo lixo" confundiram essa personagem com outra chamada Natanael; ele, seja lá quem for, foi escolhido com um dos doze apóstolos, cujo principal papel em toda farsa foi *testemunhar* a ressurreição.

As *Fábulas de Bartolomeu* foi citado por Jerônimo, o "Repugnante" Estuprador de Crianças, além dessa citação não temos nada mais sobre ele:

> ele [Panteno] foi enviado à Índia por Demétrio, bispo de Alexandria, onde descobriu que Bartolomeu, um dos doze apóstolos, havia pregado a vinda do senhor Jesus conforme o *Evangelho de Mateus*, e ao retornar a Alexandria, trouxe consigo esse escrito em caracteres hebraicos.[1]

---

[1] JEROME. *De Viris Illustribus* (*On Illustrious Men*), 36 (Pantaenus): he was sent to India by Demetrius bishop of Alexandria, where he found that Bartholomew, one of the twelve apostles, had preached the advent of the Lord Jesus according to the gospel of Matthew, and on his return to Alexandria he brought this with him written in Hebrew characters."

Ele foi encarregado pelos demais diretores a vender os produtos da Organização Criminosa na Índia e Pérsia; depois ele dirigiu-se para a Frígia, Licônia e Armênia, quando a sua vida de crimes chegou ao fim: Bartolomeu teve a pele do corpo arrancada, enquanto estava vivo, a seguir foi crucificado. Os criminosos da Gangue Nicena sempre são apresentados tendo mortes excruciantes: o objetivo dessas encenações é fazer com que os seus espertos consumidores possam se compadecer com o sofrimento alheio, ao mesmo tempo que enchem os cofres da "Ninhada de Traidores".

Como esses diretores se preocupam apenas em conseguir as suas 30 moedas de prata, eles inventaram mais dois outros contos, que relatam a morte de Bartolomeu, cujos relatos são diferentes:

> Pois o abençoado Doroteus diz que ele foi crucificado, [...] Ele morreu em Albânia, uma cidade da grande Armênia, crucificado com a cabeça para baixo. São Teodoro diz que ele foi esfolado, e lê-se em muitos livros que ele foi apenas decapitado. E essa contradição pode ser explicada desta forma: alguns dizem que ele foi crucificado e retirado da cruz antes de morrer, e para ter maior tormento foi esfolado e finalmente decapitado.[1]

A tentativa de explicação sobre as contradições das fantasias sobre a sua morte demonstram como os diretores da Gangue de Almas "mais sujas do que todo lixo", não são apenas pedófilos, como igualmente são mentirosos crônicos.

Disponível em <https://www.newadvent.org/fathers/2708.htm>.
[1] VORAGINE, Jacobus de (F. S. Ellis, ed.). *The Golden Legend*, The Life of S. Bartholomew. Michigan: Christian Classics Ethereal Library, 1900, vol. V: "For the blessed Dorotheus saith that he was crucified, [...] He died in Alban, a city of great Armenia, crucified the head downward. S. Theoderus saith that he was flayed, and it is read in many books that he was beheaded only. And this contrariety may be assoiled in this manner, that some say that he was crucified and was taken down ere he died, and for to have greater torment he was flayed and at the last beheaded."

As suas *relíquias* foram transferidas, pelo imperador Anastácio, para a cidade que ele construíra, Anastasiópolis (Duras) na Mesopotâmia em 93 a.H. Com a invasão persa, em 84 a.H., os diretores da Facção Criminosa Católica fugiram com essas *relíquias* pelo Mar Negro, mas, eles foram alcançados pelos seus perseguidores, os quais jogaram as *relíquias* no mar.

O baú com as *relíquias* vagou por mais de 1000 quilômetros, atravessou à deriva o estrito de Bósforo, o Mar de Mármara, passou pelo Mar Egeu, navegou pelo Mar Mediterrâneo, passou pelo estreito de Messina, enganou Caríbdis, desviou-se de Cila, passou por Leviatã, entrou pelo Mar Tirreno e aportou nas praias da ilha de Lipari na Itália: tudo sob a supervisão do burro crucificado: a deus nada é impossível.

Nessa ilha o baú foi *encontrado* pelo diretor da Quadrilha Ortodoxa, Ágaton, o qual o levou para o seu templo de consumo; nesse local as *relíquias* curaram inúmeros consumidores, pois dele saía uma mirra milagrosa.

No século IV d.H. a ilha de Lipari foi invadida, os diretores da Máfia de Preto apanharam as *relíquias* de Bartolomeu levando-as para o templo de consumo na cidade de Benevento (394 d.H.); depois elas foram levadas para Roma (568 d.H.) e foram depositadas no templo de consumo dedicado a ele na ilha de Tíber.

A Quadrilha Católica ostenta:

1. dois corpos de Bartolomeu em Roma;
2. a sua pele se encontra na cidade de Pisa;
3. um braço foi enviado, para o rei Eduardo e colocado no templo de consumo em Cantuária.

O templo de consumo de *são* Bartolomeu, construído pelo imperador Oto II do Sacro Império Romano Germânico, no século VI d.H. ocupou um antigo templo do Deus Asclépio, por extensão Bartolomeu foi associado à Medicina e à cura.

2.1.8. Tomé (Dídimo)

Tomé, um pescador da Galileia, no ano de 384 a.H. aderiu à quadrilha do burro crucificado; a sua principal característica era a dificuldade em aprender: na sua imensa estultice ele se ofereceu, para morrer com o não menos estulto "Cadáver Judeu", contudo, ele, os demais comparsas, fugiu antes da crucificação do líder da Gangue.

Após ascensão do crucificado, Tomé vendeu os produtos da Gangue na Pártia e Média na Pérsia; ele chegou, segundo relatos dos seus diretores (ou seja, nada confiáveis) a vender os seus produtos na Báctria, Índia.

Ele foi morto por uma lança em Coromandel na Índia; o seu corpo foi levado para a cidade de Edessa, onde foi colocado em um templo de consumo do *Cristianismo Inc.*

O diretor da filial de Constantinopla, João, o Boca de Ouro (68-8 a.H.), disse que no ano de 13 a.H. existiam somente os sepulcros de Shimon Kaipha, o Príncipe das Traições; Saul, o "patife e falso"; João e Tomé:

> Pois de Pedro, de fato, e Paulo, e João, e Tomé, os sepulcros são bem conhecidos; mas os do resto, sendo tantos, não se tornaram conhecidos em nenhum lugar. Não vamos, portanto, lamentar sobre isso, nem ser tão mesquinhos.[1]

O general da cidade de Ortona, Leone Acciaiuolli, no ano de 843 d.H. saqueou a ilha de Quios, ele aproveitou para roubar as *relíquias* de Tomé. Em 943 d.H. elas foram depositadas no templo de consumo da Quadrilha Católica em Ortona, na Itália.

O rei João III, de Portugal, procurou pelos restos mortais de Tomé na cidade de Meliápolis; no ano de 1108 d.H. foram encontrados os seus ossos, uma lança e o seu sangue: não devemos

---

[1] CHRYSOSTOM (Philip Schaff, ed.) *Homilly XXVI*: "For of Peter indeed, and Paul, and John, and Thomas, the sepulchers are well known; but those of the rest, being so many, have nowhere become known. Let us not therefore lament at a about this, nor be so little-minded."

nem discutir a veracidade dessa *descoberta*, cujo rigor na busca teve a supervisão do bêbado crucificado.

As suas *relíquias* estão espalhadas entre os mais diversos templos de consumo da Quadrilha Católica:

> **1.** o dedo com o qual, ele tocara o burro crucificado encontra-se na capela de *santa* Cruz em Jerusalém;
> **2.** outras *relíquias* estão em Chennai, na Índia;
> **3.** um osso do seu braço está no templo de consumo da cidade de Bari;
> **4.** outra parte do braço está em exposição em Maastricht, na Holanda (apesar de o texto de apresentação dizer que se trata do osso de *santa* Catarina);
> **5.** alguns pedaços dos seus dedos estão em Edessa;
> **6.** partes dos dedos e das mãos podem ser vistos em um museu em Milapore;
> **7.** a sua primeira cabeça se encontra em Ortona junto ao seu esqueleto;
> **9.** já a sua segunda cabeça está no mosteiro de *são* João na ilha de Patmos;
> **10.** outros dizem que ela se encontra em Quios;
> **11.** a sua lápide pode ser vista em Ortona;
> **12.** a ponta da lança que o matou está em Milapore, apesar de ele ter morrido pelo fio de uma espada.

2.1.9. Maria Stada

A Quadrilha Católica vende qualquer coisa, a fim de manter a sua vida fácil; nem mesmo a mãe do crucificado ficou livre da busca incansável por altos lucros. Os seus diretores vendem a fábula que diz, que o corpo de Maria Stada não foi enterrado, mas que foi para o céu. Assim, como eles não tinham um corpo, para ser comercializado, tiveram que inventar outras *relíquias*:

> **1.** é possível ver o seu cabelo em vários templos de consumo, os CEO's Gregório Magno e Sérgio II possuíam uma mecha do seu cabelo;
> **2.** Salvaterra, na Espanha, tem igualmente o seu cabelo;
> **3.** ainda se pode encontrá-lo em Maçon (sempre podemos contar com esse povinho, para divulgar mentiras);
> **4.** ele é comercializado em *saint* Flour;
> **5.** do mesmo modo em Cluny;

6. os diretores em Nevers também tem uma amostra do seu cabelo;
7. o seu leite está presente em quase todos os templos de consumo;
8. a sua camisa está exposta em Chartres;
9. Aix-la-Chapelle também tem outra camisa;
10. o enfeite que usava no cabelo, encontra-se em exposição na "abadia de são Maximiano em Treves";
11. existe mais um enfeite em Lísio, na Itália;
12. o seu cinto está em Prato;
13. outro cinto em Montserrat;
14. um sapato é adorado em *são* Jaqueme;
15. temos mais um sapato em *são* Flour;
16. o seu pente encontra-se no templo de consumo de *são* Martinho, em Roma;
17. temos outro pente em Besançon;
18. muitos outros pentes estão espalhados por diversos templos de consumo;
19. o seu anel de noivado é adorado em Perúgia;
20. a sua aliança de casamento está em Weihenlinden, Alemanha;
20. no templo de consumo de *são* João de Latrão é possível ver o seu vestido;
21. outro vestido está exposto em *santa* Bárbara, em Roma;
22. ainda em Roma no templo de consumo de *santa* Maria *Supra Minervan*, igualmente, tem um vestido;
23. encontramos mais um vestido em *são* Blásio, Roma;
24. somente alguns fragmentos do seu vestido chegaram a Salvaterra, na Espanha;
25. em Roma é possível encontrar quatro pinturas de Maria Stada feitas por Lucas (esperamos que como pintor, ele seja melhor do que foi como médico e inventor de fábulas);
26. o seu véu está exposto em Chartres;
27. Existem três cartas escritas por ela:

> a. para os membros do *Cristianismo Inc.* em Messina é considerada uma *mentira sagrada*, porque o seu autor foi Constantino Láscaris que viveu no século IX d.H;
> b. a Inácio de Antioquia é uma *pia fraus*;
> c. a resposta de Inácio de Antioquia a Maria é considerada uma *mentira branca*.

28. o seu véu está exposto em Chartres;

29. outro véu se encontra em Brixen, Itália;
30. em Colônia, Alemanha, tem mais um véu que lhe pertencia;
31. mais um véu está exposto em Mainz, Alemanha;
32. existe mais um em Praga;
33. os seus sapatos estavam na Abadia Cisterciense, mas foram roubados.

Maria Stada foi representada com os cabelos sobre os ombros, trajando um vestido de ouro, mas montada em um burro arrastado por José.

Pelas descrições dos diretores da Organização Criminosa Católica, podemos concluir que ela seria uma mulher muito rica, vulgar, fútil e vaidosa, porque se preocupava, excessivamente, com o seu cabelo devido à quantidade de pentes e adereços, além de se vestir com roupas de ouro, ter vários, lenços, sapatos, cintos, etc.

2.1.10. "Cadáver Judeu"

Nesse tópico acompanharemos de perto o texto de João Calvino sobre as *relíquias*, ao tratarmos das inúmeras falsificações criadas pelos diretores da Facção Criminosa Católica, para extorquir dinheiro dos seus malandros consumidores.

As *relíquias* do burro crucificado foram as mais disputas entre esses diretores, devido às enormes riquezas produzidas. O seu número é imenso, portanto, apresentaremos somente os casos mais graves de *pia fraus*:

1. o seu sangue, em taças e potes, encontra-se em mais de cem filiais da Máfia de Preto;
2. existe o sangue misturado com a água, que escorria do seu ferimento à direita. Quem quiser pode adorá-lo no templo de consumo de *são* João de Latrão, em Roma;
3. a sua manjedoura se encontra no templo de consumo de Madona Maggiore, em Roma;
4. as suas roupas estão expostas no templo de consumo de *são* Paulo, em Roma e em Salvaterra, na Espanha.
5. o seu berço está bem preservado em Roma;

6. em Roma é possível ver as roupas, que Maria Stada fez para ele;
7. o altar no qual ele foi apresentado em Jerusalém se encontra no templo de consumo de *são* Tiago;
8. os potes de água das bodas de Caná são apresentados nos templos de consumo em Pisa, Ravenna, Cluny, Antuérpia e Salvaterra, na Espanha. Em Orleans, nos últimos séculos, os consumidores que fizessem generosas oferendas recebiam o vinho retirado desses potes, o qual é alardeado pelos diretores como o mesmo vinho do milagre em Caná;
9. os seus sapatos podem ser vistos em *sancta sanctorum* em Roma;
10. a mesa da última ceia se encontra no templo de consumo de *são* João de Latrão, em Roma;
11. alguns pães servidos na última ceia são encontrados em Salvaterra, na Espanha;
12. a faca usada no cordeiro pascal ainda corta na cidade de Treves;
13. o *santo* graal é adorado no templo de consumo de Notre Dame;
14. outro *santo* graal está em um convento em Albigéois;
15. um terceiro *santo* graal se encontra em Gênova, levado para essa cidade pelo rei Balduíno de Jerusalém no ano de 686 d.H.;
16. o prato usado para servir o cordeiro pascal está em Roma;
17. o mesmo prato pode visto em Gênova;
18. mas, se vocês quiserem poderão encontrá-lo em Arles;
19. a toalha na qual os pés dos apóstolos foram enxutos está em Latrão;
20. essa toalha pode ser adorada em Aix-la-Chapelle;
22. a toalha de *saint Cornille de Compiegne* apresenta a marca do pé de Judas;
23. o pão do milagre no deserto é adorado em Roma;
24. outro pão desse milagre está em Salvaterra, na Espanha;
25. a cruz na qual fora crucificado está inteira em Jerusalém;
26. todos sabem que Helena enviou um pedaço para o imperador Constantino, o Grande Traidor da Humanidade;
27. quase todos os templos de consumo da Europa têm um pedaço da cruz, os quais foram trazidos por anjos ou caíram do céu;
28. os maiores pedaços se encontram na *santa* Capela de Paris;

29. Em Roma os consumidores são agraciados com a visão de um enorme crucifixo feito da cruz original;
30. a placa da cruz, *INRI*, é adorada em Toulouse;
31. os diretores do templo de consumo da *santa Cruz* dizem que a sua placa é a verdadeira;
32. os pregos da cruz foram colocados no capacete do imperador Constantino, o Grande Traidor da Humanidade, e nos arreios do cavalo de guerra do seu filho;
33. Ambrósio, o Pedófilo, disse que somente um prego foi colocado na coroa do imperador Constantino, o Grande Traidor da Humanidade;
34. consoante o Pedófilo, outro prego serviu como freio do cavalo do imperador;
35. Ambrósio, o Pedófilo, ainda afirmou que o terceiro prego ficou com Helena;
36. os milaneses afirmam que o prego do freio se encontra na cidade;
37. os diretores da cidade de Carpentras dizem que esse prego está na sua cidade;
38. um quarto prego está no templo de consumo de *santa* Helena em Roma;
39. o quinto em Siena;
40. o sexto prego em Veneza;
41. os diretores de Colônia afirmam terem um prego;
42. da mesma forma admitem os diretores de Tréves;
43. na Capela *santa* de Paris pode ser visto mais um prego;
44. no templo de consumo das Carmelitas encontra-se mais outro;
45. os diretores da cidade de *são* Dênis afirmam possuir um prego;
46. os de Bruges afirmam ter outro;
47. abadia de Tenaille em Saintonge expõe mais um prego;
48. do mesmo modo os diretores de Draguignau se orgulham em possuir um desses pregos;
49. os diretores do templo de consumo de *são* Pedro dizem que o sudário de Verônica se encontra com eles;
50. o sudário é visto em Carcassone;
51. outro sudário está em Nice;
52. mais um pode ser visitado em Aix-la-Chapelle;
53. um quinto sudário está exposto em Tréves;
54. o sexto em Besançon;
55. os fragmentos do sudário estão espalhados por quase todos os templos de consumo da Quadrilha Católica;

56. existe "um pedaço de peixe grelhado que são Pedro lhe apresentou à beira-mar."[1];
57. em Roma é possível ver o quadro com a imagem do burro crucificado, dada ao rei Abgaro;
58. a cruz que apareceu no sonho do imperador Constantino, o Grande Traidor da Humanidade, antes da Batalha da Ponte Mílvia, encontra-se Brescia;
59. essa cruz é apresentada na cidade de Constança;
60. em Salvaterra e em Orange a barba do "Cadáver Judeu" cresce nos crucifixos.

A desfaçatez dos diretores da Gangue Nicena é ilimitada, assim como o seu desejo por dinheiro e a manutenção das suas vidas fáceis, são os únicos objetivos das suas imprestáveis vidas. Eles não poupam esforços, para ganhar dinheiro sem ter que trabalhar honestamente; além de todas essas *relíquias*, eles ainda inventaram mais uma: o *santo* prepúcio.

A *Fábula de Lucas* diz que o burrinho teria sido circuncidado no oitavo dia, como manda a Lei Mosaica:

> E, quando os oito dias foram cumpridos, para circuncidar o menino, foi-lhe dado o nome de jesus [Levi afirmou que o nome seria Emanuel[2]], que pelo anjo lhe fora posto antes de ser concebido.[3]

Outra referência ao prepúcio pode ser encontrada no *Evangelho Árabe da Infância*, que nos diz explicitamente que o prepúcio teria sido guardado, apesar de nos informar que alguns pensaram se tratar do cordão umbilical:

> E quando chegou o momento da circuncisão, o oitavo dia, a criança deveria ser circuncidada conforme a Lei. Portanto, eles o circuncidaram na caverna; e a velha hebreia pegou o

---
[1] CALVIN, John. *Treatise on Relics*: "a piece of broiled fish which St. Peter presented to him on the sea-shore."
[2] LUCAS, 1 (23): "Eis que a virgem conceberá, e dará à luz um filho, E chamá-lo-ão pelo nome de EMANUEL, Que traduzido é: Deus conosco."
[3] LUCAS, 2 (21).

prepúcio (mas outros dizem que ela pegou o cordão umbilical) e colocou-o num vaso com óleo velho de nardo.[1]

A partir dessa mentira, diversos diretores em quase 18 templos de consumo da Gangue de Almas "mais sujas do que todo lixo" afirmaram, que possuiriam esse prepúcio, na mesma época: só a cidade de Auvergne tinha dois.

A comercialização do divino prepúcio começou, quando Carlos Magno deu-lhe de presente ao CEO Leão III, em agradecimento à sua coroação.

Os diretores da Quadrilha Iconódula disseram ter um pedaço do pênis do crucificado, o qual fora milagrosamente conservado após a sua circuncisão. Esse pedaço do sagrado pênis não somente sangrava, como também milagrosamente se multiplicava em inúmeros outros, porquanto eles existiam em diversas cidades:

1. Akin;
2. Antuérpia (Bélgica);
3. Calcata Vecchia (Itália);
4. Heldensheim (Alemanha);
5. Roma (Itália);
6. Santiago de Compostela (Espanha);
7. na terra dos totalitários, covardes, mentirosos, traidores e xenófobos existiam vários:
>dois em Auvergne;
>Besançon;
>Charroux;
>Chartres;
>Conques;
>Coulombs em Chartres;
>Fécamp;
>Langres;
>Le Puy-en-Velay;
>Metz;

---

[1] *The Arabic Gospel of the Infancy*, chapter V: "And when the time for circumcision came, that is the eighth day, the child was to be circumcised according to the law. Therefore they circumcised him in the cave; and the old Hebrew woman took the foreskin (but others say she took the umbilical cord) and laid it up in a vase pf old oil of spikenard."

Chartres.

Existe uma fábula sobre o prepúcio narrada pelo diretor da Gangue Nicena, Prudêncio de Sandoval; vamos ao relato incrível, o qual rendeu milhões aos cofres dos Mafiosos da Cruz:

> Então Lucrécia, como se adivinhasse, disse: – Não é que esteja aqui o prepúcio de jesus cristo, sobre o qual o pontífice Clemente VII escreveu ao meu marido, João Batista.
> [...]
> O clérigo disse a Clara, que era uma menina, para tentar desamarrar aquela bolsinha. Sua mãe ficou feliz com isso. A menina pegou o saquinho e, sem dificuldade, o desfez e colocou no prato de prata com as outras relíquias o sacrossanto prepúcio de cristo, feito uma penugem do tamanho de um grão-de-bico, encaracolado e vermelho (tanto vale com deus a inocência de uma boa vida). Ficou um cheiro forte nos dedos da mãe e da filha que durou dois dias.
> Eles colocaram as relíquias com o santo prepúcio no tabernáculo da igreja de Calzada.
> [...] e outro dia, dois cônegos de são João de Latrão, que por ordem do papa foram examinar este milagre e saber se o santo prepúcio estava na Calzada, tirando-o do baú, um deles apertou aquela bolinha entre os dedos e a partiu ao meio. Era um dia claro e imediatamente escureceu e trovões e relâmpagos começaram a aterrorizar a todos, que eles ficaram como mortos; e os cônegos voltaram assustados ao papa e contaram-lhe o que lhes havia acontecido.
> Eles descobriram nas escrituras antigas que este prepúcio sagrado, em um vidro ricamente trabalhado e um vaso de ouro, mantido por dois anjos, costumava estar no *santa sanctorum*.[1]

---

[1] SANDOVAL, Prudencio de. *Historia de la vida y hechos del emperador Carlos V*. pp. 1056-7: "Entonces Lucrecia, como quien adivinaba, dijo: - No sea que esté aquí el prepucio de Jesucristo, sobre el cual el Pontífice Clemente VII escribió a mi marido Juan Baptista.
[...]
Dijo el clérigo que Clara, que era niña, probase a desatar aquel saquito. Holgó su madre de ello. Tomó la niña el saquito, y sin dificultad alguna lo descogió y puso en la fuente de plata con las demás reliquias el sacrosanto Prepucio de Cristo, el cual estaba hecho una pellita del tamaño de un garbanzo, crespo y colorado (tanto

Durante o saque de Roma em 1157 d.H., o prepúcio foi roubado por um soldado alemão, o qual foi preso na cidade de Calcata, onde o prepúcio permaneceu.

A comemoração da festa do *Dia da santa Circuncisão* realizada no dia 1º de janeiro, foi retirada do calendário festivo da Quadrilha Católica em 1545 d.H. Todavia, os diretores ainda mantêm a leitura do *Evangelho sobre a Circuncisão do Menino jesus*.

Cremos que após essa história, não devemos mais perder o nosso tempo com tais mafiosos, porque dizer jesus cristo tinha 18 pênis é o ponto máximo da calhordice, contudo esse é o nível moral dos seus espertos consumidores.

Deveríamos encerrar esse show de mentiras católicas, contudo não podemos sem antes falar que o umbigo "Daquele que tem 18 pênis" também foi encontrado e se encontra na lista oficial da Quadrilha Católica:

> Em um [recipiente] há uma cruz feita de ouro puríssimo, decorada com joias e pedras preciosas, ou seja, safiras, esmeraldas e pedras verdes, e no meio dessa cruz está o umbigo do Senhor e o prepúcio de Sua circuncisão, e está ungido no topo com bálsamo.[1]

---

vale con Dios la inocencia de una vida buena). Quedó en los dedos, de la madre y de la hija un olor grandísimo que les duró dos días.
Pusieron las reliquias con el santo Prepucio en el sagrario de la iglesia de Calzada. [...] y otro día, dos canónigos de San Juan de Latrán, que por mandado del Papa fueron a examinar este milagro y saber si estaba en la Calzada el santo Prepucio, sacándole del arquita, el uno apretó aquella bolita entre los dedos y partióse por medio. Era el día claro, y al punto se escureció y comenzó a tronar y relampaguear con tanto espanto de todos, que quedaron como muertos; y los canónigos volvieron espantados al Papa y le contaron lo que les había sucedido.
Hallaron en escrituras antiguas que este santo Prepucio, en un vaso de cristal y oro, ricamente obrado, que dos ángeles le sostenían, solía estar en el Santa Sanctorum." Disponível em <https://www.histo.cat/1/Prudencio_de_ Sandoval1.pdf>.
[1] OFTESTAD, Eivor Andersen (ed.). *The Lateran church in Rome and the ark of the covenant*. Suffolk: The Boydell Press, 2019: XVIII: "In una est crux de auro purissimo adornata gem[m]is et lapidibus preciosis, idest iacinthis et smaragdis et prasinis, et in media cruce illa est umbilicus domini et preputium circumcisionis eius et desuper inuncta est balsamo."

2.2. Veneração de imagens

Os gregos acreditavam que os Deuses habitavam as suas estátuas, portanto era comum eles conversarem com elas. Quando séculos mais tarde o Bando de Fetichistas estava destruindo a cultura greco-romana, os seus diretores atacaram essa prática. Agostinho, o Brinquedo Sexual de *santo* Ambrósio, para agradar aos seus estupradores, admitiu que nessas estátuas encontravam-se demônios, os quais recebiam os sacrifícios:

> Fica, pois, dissipado todo o equívoco: são horríveis demônios, espíritos imundos que toda esta teologia civil convida a se mostrarem nessas estúpidas imagens, para possuírem, por intermédio delas, o coração dos insensatos.[1]

As suas ofensas à adoração dos fiéis dos Tradicionais Cultos à adoração de imagens pode ser vista em várias páginas desse pestilento livro, assim como no seu nefando *Contra Fausto*, ou ainda na sua *Epístola 102*.

Todas as suas ofensas aos adoradores de imagens podem ser aplicadas aos seus asseclas da Máfia "Adoradora de Farinha e Água"; a única distinção entre a adoração de imagens pelos fiéis do *paganismo* e os membros dessa Máfia, encontra-se no fato de os gregos e romanos adorarem os seus grandes heróis e os seus Maravilhosos Deuses; ao passo que, os diretores, acionistas e consumidores dessa Organização Criminosa adoram criminosos sob o nome de *santo* ou *mártir*.

A adoração de imagens era algo tão comum e enraizado na cultura grega, que o sacerdote Heráclito de Éfeso (955-885 a.H.) condenava os fiéis que falavam com as estátuas, porque, na sua intolerância sacerdotal, seria como falar com uma casa, uma vez que não se obteria nenhuma resposta:

---

[1] AGOSTINHO. *Cidade de deus*. Lisboa: Calouste Gulbenkian, 1996, capítulo XXVII (Explicações físicas imaginadas por alguns, ...), volume I, segunda edição.

> E a essas imagens eles oram, como se alguém devesse tagarelar com as casas sem saber nada sobre quem são os Deuses ou heróis.[1]

Assim, ficamos sabendo que os gregos acreditavam, que nas estátuas dos Deuses encontravam-se os próprios Deuses, por esse motivo eles dirigiam as suas orações a elas. Não obstante, no mundo greco-romano aqueles que adoravam uma imagem não acreditavam, que o seu Deus fosse feito do material da estátua. Para eles as estátuas e os templos eram mais um artifício, para lembrar de se manterem puros, a fim de conseguir o beneplácito dos Deuses na resolução dos seus problemas diários: o efeito que a imagem tinha sobre eles era somente emocional, porque a estátua revelaria a consideração que os fiéis tinha pelos seus Deuses.

O motivo de as estátuas dos Deuses gregos e romanos terem a forma humana, era por considerarem o homem como o Ser mais belo entre todos os seres vivos, portanto sendo os Deuses perfeitos (eternos), eles deveriam ter a forma humana: os gregos e romanos criaram os seus deuses às suas imagens e semelhanças: altos, fortes, corajosos, magnânimos, leais, etc.

Na mitologia dos bárbaros judeus, o criminoso yhwh, o Senhor dos Holocaustos, também era representado como um homem: quando Moisés inventou a fábula sobre ter recebido as leis de um deus, ele afirmou que elas foram escritas pelo dedo desse deus, com o qual ele apontava, amedrontava e assassinava os que não se curvassem a ele:

> E deu a Moisés, quando acabou de falar com ele no monte Sinai, as duas tábuas do testemunho, tábuas de pedra, escritas com o dedo de deus.[2]

---

[1] HERACLITUS (G. T. W. Patrick, ed.) *The Fragments*: on nature. Baltimore: N. Murray, 1889, p. CXXVI, p. 113: "And to these images they pray, as if one should prattle with the houses knowing nothing of gods or heroes, who they are."
[2] *Êxodo*, 31 (18).

Desse modo, podemos perceber que no pensamento mosaico o seu deus era igualmente antropomorfizado, porquanto esse deus, que ele acabara de inventar, tinha um dedo; em outros versículos yhwh, o Senhor dos Holocaustos, andou pelo éden, e deixou Abraão lavar os seus pés.

Os gregos adoravam os seus Deuses utilizando as imagens, essa tradição ficou por demais enraizada na cultura ocidental, que mesmo após muito tempo os diretores da Gangue Ortodoxa não conseguiram acabar com essas adorações; pelo contrário eles passaram a incentivá-las, pois essa é uma fecunda fonte de riquezas e cega obediência.

O primeiro romano a falar sobre o fim do poderio romano relacionando-o à religião foi Marco Terêncio Varrão (531-442 a.H.), porquanto os cidadãos não mais obedeciam aos seus votos; ele lamentou o abandono dos templos e das imagens dos Deuses em Roma, os quais foram substituídos por símbolos.

Nos primeiros séculos do surgimento do Bando de Fetichistas, os seus principais líderes colocaram-se contra a adoração de imagens. Assim, vemos que para Justino, "o mais Tolo dos Pais Cristãos", os fabricantes de imagens eram homens corruptos, dissolutos e influenciados pelo demônio:

> E que os artífices desses Deuses são intemperantes e, para não entrar em detalhes, praticam todos os vícios, vocês muito bem sabem; até mesmo suas próprias filhas que trabalham com eles, eles as corrompem. Que loucura! Que homens dissolutos esculpem e fazem Deuses para sua adoração, e que vocês designam esses homens como guardiões dos templos onde eles estão consagrados; não reconhecendo ser ilícito sequer pensar ou dizer que os homens são os guardiões dos Deuses.[1]

---

[1] JUSTIN (Philip Schaff, ed.). *First Apology*, chapter IX (Folly of idol worship): "And that the artificers of these are both intemperate, and, not to enter into particulars, are practised in every vice, you very well know; even their own girls who work along with them they corrupt. What infatuation! that dissolute men should be said to fashion and make gods for your worship, and that you should appoint such men

Do mesmo modo, lemos que o rei Numa, seguidor da Religião Pitagórica, foi proibido de fazer uma imagem do seu Deus:

> Numa, o rei dos romanos, era pitagórico e influenciado pelos preceitos de Moisés, proibiu de se fazer uma imagem de Deus em forma humana e de qualquer criatura viva. Consequentemente, durante os primeiros cento e setenta anos, embora construíssem templos, eles não fizeram nenhuma imagem fundida ou esculpida.[1]

Sempre na tentativa de agradar aos seus patrões da Gangue de Almas "mais sujas do que todo lixo", Clemente, o Estúpido Assexuado, atacou o culto às imagens. No seu desejo de se apresentar como o intelectual da Quadrilha, ele citou, sem nenhuma necessidade, o pífio sacerdote Heráclito de Éfeso:

> Mas se você não atende à profetisa, ouça pelo menos seu próprio filósofo, o Heráclito de Éfeso, censurando [a adoração das] as imagens, por sua insensatez: "E a essas imagens eles oram, com o mesmo resultado como se alguém falasse com as paredes de sua casa."[2]

No capítulo XI do terceiro do seu asqueroso *Instructor*, ele afirmou que a Organização Criminosa Católica impedia os seus diretores, acionistas e consumidores de construírem ídolos. Essa proibição se devia ao genocida Moisés ter dito, que não se poderia

---

the guardians of the temples where they are enshrined; not recognising that it is unlawful even to think or say that men are the guardians of gods."

[1] CLEMENT OF ALEXANDRIA. *Stromata*, book I, chapter XV (The greek philosophy in great...): "Numa the king; of the Romans was a Pythagorean, and aided by the precepts of Moses, prohibited from making an image of God in human form, and of the shape of a living creature. Accordingly, during the first hundred and seventy years, though building temples, they made no cast or graven image."

[2] CLEMENT OF ALEXANDRIA (Philip Schaff). *Exhortation to the Heathen*, chapter IV (The Absurdity and Shamefulness...): "But if you attend not to the prophetess, hear at least your own philosopher, the Ephesian Heraclitus, upbraiding images with their senselessness: 'And to these images they pray, with the same result as if one were to talk to the walls of his house'."

fazer imagens de Deuses, porque foi isso que o sanguinário, vingativo e cruel yhwh lhe dissera:

> E que nossos selos sejam uma pomba, ou um peixe, ou um navio navegando com o vento, ou uma lira musical, que Polícrates usou, ou uma âncora de navio, que Seleuco mandou gravar como um emblema; e se houver um pescador, ele se lembrará do apóstolo e das crianças retiradas da água. Pois não devemos retratar os rostos de ídolos, nós que somos proibidos de nos apegar a eles; nem uma espada, nem um arco, seguindo como nós a paz; nem taças de bebida, sendo temperantes. Muitos dos licenciosos têm seus amantes gravados, ou suas amantes, como se quisessem esquecer suas indulgências amorosas, sendo perpetuamente lembrados de sua licenciosidade.[1]

Clemente, o Estúpido Assexuado, no capítulo IV da sua tola *Exortação aos Pagãos*, chamou a arte de se fazer ídolos de "arte leviana", porque o profeta proibira de se fazer qualquer tipo de representação do seu deus:

> Com efeito, é-nos claramente proibido produzir uma arte leviana. "Não farás imagens" – diz o profeta – "de tudo quanto existe no alto dos céus, nem de tudo quanto existe cá embaixo, sobre a terra".[2]

Tertuliano, o Inquisidor Mor, infectou o ar ao ridicularizar os fiéis das religiões *pagãs*; ele disse que o artífice de imagens seria pior, do que os fiéis que as adoravam:

---

[1] CLEMENT OF ALEXANDRIA. *The Instructor*, book III, chapter XI (A compendious view of the christian life), Finger-rings: "And let our seals be either a dove, or a fish, or a ship scudding before the wind, or a musical lyre, which Polycrates used, or a ship's anchor, which Seleucus got engraved as a device ; and if there be one fishing, he will remember the apostle, and the children drawn out of the water. For we are not to delineate the faces of idols, we who are prohibited to cleave to them; nor a sword, nor a bow, following as we do, peace; nor drinking-cups, being temperate. Many of the licentious have their lovers engraved, or their mistresses, as if they wished to make it impossible ever to forget their amatory indulgences, by being perpetually put in mind of their licentiousness."
[2] CLEMENTE DE ALEXANDRIA. *Exortação aos Gregos*, capítulo IV, 62 (2).

Mas quando o diabo introduziu no mundo os artífices de estátuas, imagens e quaisquer semelhanças, aquele antigo e rude infortúnio humano ganhou nome e desenvolvimento a partir dos ídolos. Desde então, toda arte que de alguma forma produz um ídolo torna-se instantaneamente uma fonte de idolatria. Pois não importa se é um moldador que funde, um escultor que esculpe ou um bordador que tece o ídolo; porque também não importa o material, seja o ídolo feito de gesso, cores, pedra, bronze, prata ou linha. [...] Por isso, todo artífice de um ídolo ser culpado do mesmo crime, a menos que o Povo que consagrou a si a imagem de um bezerro, e não de um homem, tenha escapado da culpa da idolatria.[1]

Orígenes, o Prostituto de Padres, seguiu a mesma linha persecutória ao atacar à adoração de imagens, como um ato demoníaco do qual deveria se afastar como se foge da morte:

Isso também fica evidente pelo fato de que a dedicação dos locais sagrados mais famosos, sejam templos ou estátuas, era acompanhada por curiosos encantamentos mágicos, realizadas por aqueles que serviam zelosamente aos demônios com artes mágicas. Por isso, estamos determinados a evitar a adoração de demônios como se evitássemos a morte; e sustentamos que a veneração que, entre os gregos, se supõe ser oferecida aos Deuses em altares, imagens e templos, na realidade é oferecida a demônios.[2]

---

[1] TERTULLIAN (Philip Schaff, ed.). *On Idolatry*, chapter III (Idolatry: Origin and Meaning of the Name): "But when the devil introduced into the world artificers of statues and of images, and of every kind of likenesses, that former rude business of human disaster attained from idols both a name and a development. Thenceforward every art which in any way produces an idol instantly became a fount of idolatry. For it makes no difference whether a moulder cast, or a carver grave, or an embroiderer weave the idol; because neither is it a question of material, whether an idol be formed of gypsum, or of colors, or of stone, or of bronze, or of silver, or of thread. [...] Hence also, every artificer of an idol is guilty of one and the same crime, unless, the People which consecrated for itself the likeness of a calf, and not of a man, fell short of incurring the guilt of idolatry."

[2] ORIGEN. *Contra Celsus*, book VII: "The same thing also appears from the fact that the dedication of the most famous of the so-called sacred places, whether temples or statues, was accompanied by curious magical incantations, which were performed by those who zealously served the demons with magical arts. Hence we are determined to avoid the worship of demons even as we would avoid death; and we hold that the worship, which is supposed among the Greeks to be rendered

Se alterarmos nessas citações a palavra *gregos* por *católicos*, teremos uma meridiana visão sobre os rituais de magia negra praticados nos templos de consumo do Bando dos "Idólatras de Fato".

Eusébio, "o Mais Repugnante dos Simpatizantes", no seu insosso, tolo e desrespeitoso *História Eclesiástica*, ao narrar uma fábula na qual havia uma pintura do burro crucificado, disse que essa era uma forma dos fiéis *pagãos* de adorarem aos seus Deuses. Portanto, até a sua época, os diretores, acionistas e consumidores da Gangue Nicena ainda não haviam monopolizado esse produto de fácil comercialização, por se oporem a ela como uma prática *pagã*:

> E não é estranho que tenham feito isto os pagãos de outro tempo que receberam algum benefício de nosso salvador, quando perguntamos por que se conservam pintadas em quadros as imagens de seus apóstolos Paulo e Pedro, e inclusive do próprio cristo, coisa natural, pois os antigos tinham por costume honrá-los deste modo, simplesmente, como salvadores, segundo o uso pagão vigente entre eles.[1]

Diversos diretores da Gangue Homoousiana se opuseram, com toda acrimônia comum a esses criminosos, ao culto das imagens; eles incentivavam os seus consumidores a destruírem as imagens e estátuas dos Deuses *pagãos*, a fim de que a população os abandonassem e consumissem os produtos, os quais eram comercializados pela Facção Criminosa Católica.

Os diretores dessa Multinacional do Crime eram ferozes ao ridicularizarem a adoração de estátuas pelos gregos e romanos; é o que lemos em Gregório Nazianzo, que, seguindo a Tertuliano, o

---

to gods at the altars, and images, and temples, is in reality offered to demons." Amazon.com. Edição do Kindle.

[1] EUSÉBIO. *História eclesiástica*, Livro VII, XVIII [Dos sinais da magnificência de nosso salvador existentes em Paneas], 4.

A Quadrilha Católica

Inquisidor Mor, urrava no seu templo de consumo, sobre a inutilidade das imagens:

> Oh, a ridícula distribuição da herança! Então, por autoridade própria e julgamento equivocado, eles deram a cada um desses conceitos o nome de algum Deus ou demônio, e ergueram estátuas [...] de forma que não é fácil decidir se devemos desprezar mais os adoradores ou os objetos de sua adoração. Provavelmente, os adoradores são de longe os mais desprezíveis, [...].[1]

Não satisfeito em ofender aos grandes Deuses greco-romanos, ele ainda incitou os fanáticos da Máfia de Preto a destruírem essas estátuas:

> Não é algo terrível se algumas estátuas foram derrubadas [...].[2]

Minúcio Félix, um fracassado jurista africano que atuava em Roma, após arrumar um emprego na Organização Criminosa Católica tornou-se um frequente crítico aos desfiles dos fiéis *pagãos* com as suas imagens:

> Assim, na prata e no ouro consagra-se a avareza; assim se confirmou em forma de estátuas inúteis; e assim se originou a superstição romana. Se você examinar seus rituais, quantos são ridículos, quantos até mesmo lamentáveis! Alguns correm nus durante o inverno cruel, outros caminham com gorros de feltro na cabeça, carregam escudos velhos, batem

---

[1] GREGORY NAZIANZEN (Philip Schaff, ed.). *The Second Theological Oration*, XV: "O ridiculous distribution of inheritance! Then they gave to each of these concepts the name of some god or demon, by the authority and private judgment of their error, and set up statues [...] so that it is not easy to decide whether we ought most to despise the worshippers or the objects of their worship. Probably the worshippers are far the most contemptible, [...]."
[2] GREGORY NAZIANZEN (Philip Schaff, ed.). *Epistle CLXI*: "It is not a terrible thing if some statues were thrown down [...]."

tambores, carregam os Deuses de rua em rua, pedindo esmolas.¹

No capítulo XXXII, esse rábula e inescrupuloso diretor da Multinacional Católica de Crimes, afirmou que não seria possível fazer imagens e estátuas do Garoto Propaganda, porquanto o mundo fora moldado por ele, além do que o homem seria a imagem e semelhança burro crucificado.

Celso de Pérgamo afirmou que os diretores, acionistas e consumidores da Multinacional Católica de Crimes não erguiam altares e imagens, a fim de protegerem os seus mistérios:

> Os cristãos, portanto, se abstêm de erguer altares e imagens, pensando que, ao fazê-lo, estão salvaguardando o sigilo e a obscuridade de seu pequeno clube.²

Os imperadores Teodósio I e Valentianiano III decretaram que seria punido quem fizesse imagens, ou pintassem Aquele que tem 18 Pênis:

> Como é nosso cuidado diligente guardar de todas as maneiras a religião da divindade celestial, ordenamos especialmente que ninguém tenha permissão de traçar, esculpir ou pintar a imagem de cristo salvador seja na terra, na pedra ou no mármore colocado na terra, mas será apagada onde quer que seja encontrada; e qualquer pessoa que tentar violar

---

¹ MINUCIUS FELIX. *Octavius*, XXVII: "Thus in gold and silver is avarice consecrated; thus the form of useless statues has been confirmed; thus Roman superstition has originated If you examine their rites, how many are ridiculous, how many even pitiable! Some run about naked during the cruel winter, others walk about with felt caps on their heads, carry round old shields, beat drums, carry the gods from street to street, asking alms."

² CELSUS OF PERGAMUN. *On the True Doctrine*, X (Christian iconoclasm): "The Christians abstain therefore from setting up altars and images, thinking that in doing so they are safeguarding the secrecy and obscurity of their little club. They think that in abstaining from things sacrificed to the gods they are preserving their sanctity. But to think in such a way is to cheapen the very idea of God, who belongs not to the Christians but to all men, and who-as he is perfectly good-needs no sacrifices anyway, as Plato somewhere says."

nossas leis a esse respeito ficará sujeita a uma pena pesada.¹

Outro proprietário da Quadrilha Católica que ordenou a destruição das imagens foi o imperador Justiniano:

> E no ano 562, o imperador Justiniano, que mandou perseguir filósofos, retores, juristas e médicos pagãos, ordenou a queima de imagens e livros pagãos no kynegion de Constantinopla, onde eram mortos os criminosos (em 553 esse déspota baniu o *Talmud*).²

Os diretores da *Peste Negra Inc.*, a partir do século II a.H. ordenaram com mais veemência a destruição das estátuas dos grandiosos Deuses *pagãos*, paradoxalmente eles exigiam que fossem feitas estátuas e pinturas dos seus próprios deuses. Essa mudança de comportamento (de crítica às imagens à sua defesa) tornou-se um grande atrativo aos fiéis do *paganismo*, porquanto eles não viam diferenças nas imagens dos seus Portentosos Deuses e os produtos comercializados pedófilos católicos, visto que muitas estátuas e pinturas *pagãs* tiveram os seus divinos nomes trocados pelos dos demônios católicos.

---

[1] *The Code of Justinian* (S. P. Scott, ed.), The Enactments of Justinian. Title 8 (No one shall be permitted...): "The Emperors Theodosius and Valentinian to Eudoxius, Praetorian Prefect.
"As it is Our diligent care to guard in every way the religion of the Celestial Divinity, We specially command that no one shall be permitted to trace, carve, or paint the image of Christ the Saviour either upon the earth, upon stone, or upon marble placed in the earth, but it shall be erased wherever found; and anyone who attempts to violate Our laws in this respect shall be subject to a heavy penalty.
"Given on the twelfth of the *Kalends* of June, during the Consulate of Hierius and Ardaburius, 427."

[2] DESCHENER, Karlheinz. *Historia criminal del cristianismo*. Barcelona: Ediciones Martínez Roca, 1990, vol. V, p. 198: "Y en el año 562, el emperador Justiniano, quien hizo perseguir a filósofos, rectores, juristas y médicos paganos, dispuso la quema de imágenes y libros paganos en el kynegion de Constantinopla, donde liquidaban a los criminales (en 553 este déspota prohibió el Talmud)."

A Organização Criminosa Católica havia se tornado tão parecida com as religiões *pagãs*, que alguns dos seus comparsas convocaram algumas reuniões, para proibirem a adoração das imagens. Uma dessas reuniões mafiosas ocorreu em Elvira, onde foi declarado a proibição de se adorar imagens:

> Imagens não devem ser colocadas em igrejas, para que não se tornem objetos de culto e adoração.[1]

Outra reunião com esse intuito ocorreu em Hieria (Sínodo Simulado de Constantinopla), 339 d.H., quando o proprietário da Quadrilha Católica Leão III, não o CEO, mas o imperador também chamado de Isáurio, e o seu filho Constantino V, declararam que o culto às imagens estava proibido em todo Império:

> Se alguém ousar representar a imagem divina (*karakthr*) do Verbo após a Encarnação com cores materiais, seja anátema!
> Se alguém ousar representar em figuras humanas, por intermédio de cores materiais, devido à encarnação, a substância ou pessoa (*ousia* ou *hipóstase*) do Verbo, que não pode ser retratada, e não confessar antes que mesmo após a Encarnação ele (isto é, o Verbo) não pode ser retratado, seja anátema![2]

---

[1] *Synod of Elvira*: "36. Pictures are not to be placed in churches, so that they do not become objects of worship and adoration." Disponível em < https://ia903404.us.archive.org/14/items/synodofelvirachr00dale/synodofelvirachr00dale.pdf >

[2] *Iconoclastic Council*, 754: "(8) If anyone ventures to represent the divine image (*karakthr*) of the Word after the Incarnation with material colours, let him be anathema!
"(9) If anyone ventures to represent in human figures, by means of material colours, by reason of the incarnation, the substance or person (ousia or hypostasis) of the Word, which cannot be depicted, and does not rather confess that even after the Incarnation he [i.e., the Word] cannot be depicted, let him be anathema!"

Eles incentivaram um grande movimento de iconoclastia, aproveitando essa luta contra a adoração de imagens, os imperadores tentaram diminuir o poder da Quadrilha Católica, das Gangues de Monges, bem como tomar as suas enormes riquezas.

As decisões de Leão III foram seguidas nos próximos cem anos pelos imperadores Leão IV e Leão V até a chegada da imperatriz Teodora, a qual permitiu o culto das imagens, em 428 d.H., na reunião dos Mafiosos da Cruz em Constantinopla: a decisão da imperatriz foi comemorada como um Triunfo da Ortodoxia.

A seguir apresentaremos uma breve lista de outros diretores da Facção Criminosa Católica, que se opuseram à adoração de imagens e estátuas:

> 1. *Epístola de Barnabé*, no capítulo XIV ele afirmou que Moisés jogou fora as tábuas com as leis, devido à adoração de imagens;
> 2. Epifânio, o Obtuso "Caçador Herege", no seu *Panarion*, capítulo XXVII (6-9), ao atacar os carpocratianos, defendeu que a adoração de imagens seria o mesmo que um adultério contra o deus da Quadrilha Católica;
> 3. Atenágoras de Atenas escreveu no capítulo XV do seu *A Plea for Christians* que a adoração de ídolos ocorria, porque a multidão não conseguia distinguir entre o deus que ele estava vendendo e a matéria. No capítulo XVI, ele voltou a defender esse posicionamento sobre a adoração às imagens e estátuas;
> 4. Melito de Sardes, no fragmento 01, mostrou-se contra a adoração das imagens de maneira veemente, pois não admitia que o invisível pudesse ser visto em quaisquer materiais. Para ele, os homens adorariam o material com o qual as estátuas foram feitas e não o deus que elas representariam. Em outros fragmentos, ele advogou a adoração ao seu deus e não às imagens, bem como chamou os adoradores de imagens de homens desprezíveis;
> 5. Teófilo, "o Amigo de Satanás", escreveu *To Autolycus*, no capítulo IX do terceiro livro, ele citou o versículo no qual o deus dos judeus exigiu, ferozmente, que os homens não deveriam adorar imagens ou estátuas;
> 6. Irineu, o Inventor de Hereges, no livro I, capítulo XXV do *Against Heresies* atacou os carpocratianos por adorarem as

imagens do burro crucificado, bem como à do Deus Pitágoras, o "Chefe dos Charlatães"; à do Deus Platão, o "Moisés Ático"; e à do sacerdote Aristóteles, oEgólatra;

7. Atanásio, o Campeão do Crime, no seu asqueroso *Against the Heathen* (part I, 21:*The idea of communications*... 1) afirmou que esculpir figuras de deus e dar-lhes "honra e o título de deus" seria algo profano;

8. Lactâncio, o Farsante, no segundo capítulo do livro II de *The Divine Institutes* afirmou que seria uma loucura os homens temerem os objetos, os quais eles próprios construíram. Ele acusou os fiéis das religiões *pagãs* a adorarem não os Deuses no céu, mas as suas imagens e estátuas. Lactâncio disse que a prática de se fazer imagens era para se lembrar daqueles que morreram ou estavam longe, portanto não se poderia fazer imagens dos Deuses, porque eles não se enquadrariam em nenhum desses casos. Já no décimo oitavo capítulo do livro III, ele ameaçou todos os que praticavam "ritos inexpiáveis e violaram todas as leis sagradas", em uma referência à adoração das imagens. Ele continuou a sua ladainha dizendo que os ritos religiosos seriam vãos, pois as imagens representariam homens, portanto não se devia adorá-las. Outro motivo, para não adorar imagens é que o homem teria que se curvar para adorar à terra, o que seria uma insensatez;

9. o diretor Metódio no *Banquete das Dez Virgens* admitiu que os construtores de imagens seriam responsáveis pela "destruição dos homens", ao fazerem "imagens em forma humana [...].".

A partir do exposto podemos entender as palavras de João Calvino a respeito da adoração de imagens:

> Não era costume dos cristãos primitivos ter imagens, e só se tornou assim muito tempo depois, quando a igreja foi corrompida pela superstição.[1]

---

[1] CALVIN, John. *Treatise on Relics*: "It was not the custom of the primitive Christians to have images, and it only became so a long while afterwards, when the Church was corrupted by superstition."

Quando os diretores da quadrilha Iconódula desejaram aumentar ainda mais as suas riquezas, eles se voltaram para o comércio de pinturas e estátuas dos seus deuses; assim, eles declararam que a reunião mafiosa em Hieria 369 d.H., a qual proibiu a adoração de imagens, não teria valor. Desse modo, eles organizaram uma segunda reunião da cúpula, em Nicea no ano de 372 d.H., durante a qual foi decidido que a adoração das imagens dos Deuses gregos se transformaria na adoração dos *santos* (Deuses menores) da Multinacional do Crime:

> Em suma, declaramos que defendemos livres de quaisquer inovações todos os escritos e tradições eclesiásticas não escritas que nos foram confiadas. {O Concílio formula pela primeira vez o que a Igreja sempre acreditou em relação aos ícones} [...]
> decretamos com total precisão e cuidado que,
> como a figura da cruz honrada e vivificante,
> as imagens veneradas e sagradas,
> seja pintado ou feito de mosaico
> ou de outro material adequado,
> devem ser expostos nas santas igrejas de deus,
> sobre instrumentos e vestimentas sagradas,
> em paredes e painéis,
> nas casas e nas vias públicas,
> estas são as imagens de nosso senhor, deus e salvador, jesus cristo,
> e de nossa senhora sem mancha, a santa portadora de deus,
> e dos anjos reverenciados
> e de qualquer um dos homens santos.[1]

---

[1] *Second Council of Nicaea. Definition*:
"To summarize, **we** declare that we **defend** free from any innovations **all the** written and unwritten ecclesiastical traditions that have been entrusted to us. {Council formulates for the first time what the Church has always believed regarding icons} One of these is the production of representational art; this is quite in harmony with the history of the spread of the gospel, as it provides confirmation that the becoming man of the Word of God was real and not just imaginary, and as it brings us a similar benefit. For, things that mutually illustrate one another undoubtedly possess one another's message.Given this state of affairs and stepping out as though on the royal highway, following as we are

the God-spoken teaching of our holy fathers and
the tradition of the catholic church —

A impudência dos diretores da Gangue de Almas "mais sujas do que todo lixo", é risível, porquanto eles condenaram a adoração de imagens dos fiéis *pagãos*, mas defenderam a adoração de imagens dos deuses que eles comercializavam:

> Pergunta IV.
> Mas quando honramos e veneramos as imagens, de forma alguma veneramos as cores ou a madeira de que são feitas; mas glorificamos com a veneração de *dulia* (δουλείας), aqueles seres santos dos quais estas são as imagens, tornando-os por este meio presentes em nossos pensamentos como se pudéssemos vê-los com nossos olhos. Por esse motivo, veneramos a imagem da crucificação e colocamos diante de nossos pensamentos cristo pendurado na cruz para nossa salvação, e a tais semelhantes inclinamos a cabeça e dobramos os joelhos em ação de graças. Da mesma forma, veneramos a imagem da virgem Maria, elevamos nosso pensamento a ela, a santíssima mãe de deus, curvando a cabeça e os joelhos diante dela; chamando-a de abençoada acima de todos os homens e mulheres, com o arcanjo Gabriel. A

---

for we recognize that this tradition comes from the holy Spirit who dwells in her—
we decree with full precision and care that,
like the figure of the honoured and life-giving cross,
the revered and holy images,
whether painted or
made of mosaic
or of other suitable material,
are to be exposed
in the holy churches of God,
on sacred instruments and vestments,
on walls and panels,
in houses and by public ways,
these are the images of
our Lord, God and saviour, Jesus Christ, and of
our Lady **without blemish**, the holy God-bearer, and of
the revered angels and of
any of the saintly holy men."
Disponível em <https://www.papalencyclicals.net/councils/ecum07.htm>.

veneração, além disso, das imagens sagradas como recebidas na igreja ortodoxa, em nenhum aspecto transgride este mandamento.¹

Basílio de Ancira era contrário à adoração de imagens, contudo ele percebeu que a Quadrilha Católica se preparou nos bastidores, para impor a adoração de imagens, por isso ele se aliou aos vencedores:

> Confesso e aceito estas coisas e, portanto, com simplicidade de coração e retidão de pensamento, na presença de deus, fiz os anátemas anexos.
> Anátema aos caluniadores dos cristãos, isto é, aos iconoclastas.
> Anátema àqueles que aplicam as palavras da sagrada escritura, faladas contra ídolos, às veneráveis imagens.
> Anátema àqueles que não saúdam as santas e veneráveis imagens.
> Anátema àqueles que dizem que os cristãos recorrem às imagens como Deuses.
> Anátema àqueles que chamam as imagens sagradas de ídolos.
> Anátema àqueles que, conscientemente, se comunicam com aqueles que insultam e desonram as veneráveis imagens.
> Anátema àqueles que dizem que outro, além de cristo nosso senhor, nos libertou dos ídolos.²

---

¹ *The Second of Nicaea*. Question IV: "But when we honour and venerate the images, we in no way venerate the colours or the wood of which they are made; but we glorify with the veneration of dulia (δουλείας), those holy beings of which these are the images, making them by this means present to our minds as if we could see them with our eyes. For this reason we venerate the image of the crucifixion, and place before our minds Christ hung upon the cross for our salvation, and to such like we bow the head, and bend the knee with thanksgiving. Likewise we venerate the image of the Virgin Mary, we lift up our mind to her the most holy Mother of God, bowing both head and knees before her; calling her blessed above all men and women, with the Archangel Gabriel. The veneration, moreover, of the holy images as received in the orthodox Church, in no respect transgresses this commandment." Disponível em <https://origin-rh.web.fordham.edu/Halsall/basis/nicea2.asp>.

² *Second Council of Nicaea*, session I: "These things thus I confess and to these I assent, and therefore in simplicity of heart and in uprightness of mind, in the presence of God, I have made the subjoined anathematisms.
Anathema to the calumniators of the Christians, that is to the image breakers.

Assim, mais uma vez a comercialização legal de imagens, e de outros bens associados a elas, originou uma enorme riqueza que jorrou para os cofres da Máfia de Preto.

Para sustentar a defesa dessa adoração os diretores do Trinitarismo Atanasiano recorreram ao *Livro Velho dos Judeus*:

> Mas tinha tomado Raquel os ídolos e os tinha posto na albarda de um camelo, e assentara-se sobre eles; e apalpou Labão toda a tenda, e não os achou.[1]

No livro do *Êxodo* foi ensinado como construir e distribuir os querubins no baú, que representaria a aliança entre os genocidas judeus e o yhwh, o Senhor dos Holocaustos:

> Farás um querubim na extremidade de uma parte, e o outro querubim na extremidade da outra parte; de uma só peça com o propiciatório, fareis os querubins nas duas extremidades dele.[2]

Moisés, o Genocida, inventou a fábula sobre as estátuas dos querubins, naquele baú velho, transmitiriam a palavra do criminoso yhwh:

> Quando entrava na Tenda do Encontro para falar com o senhor, Moisés ouvia a voz que lhe falava do meio dos dois

---

Anathema to those who apply the words of Holy Scripture which were spoken against idols, to the venerable images.
Anathema to those who do not salute the holy and venerable images.
Anathema to those who say that Christians have recourse to the images as to gods.
Anathema to those who call the sacred images idols.
Anathema to those who knowingly communicate with those who revile and dishonor the venerable images.
Anathema to those who say that another than Christ our Lord hath delivered us from idols." Disponível em <https://www.newadvent.org/fathers/3819.htm>.
[1] *Gênesis*, 31 (34).
[2] *Êxodo*, 25 (19).

querubins, de cima da tampa da arca da aliança. Era assim que o senhor falava com ele.[1]

Indivíduos que acreditam nessas fábulas são extremamente espertos, porque desse modo eles podem fazer parte do grupo vencedor e assassinar livremente os seus inimigos sob o álibi de estarem a serviço de yhwh, o Senhor dos Holocaustos.

Os diretores da Quadrilha Católica, na defesa dos seus interesses econômicos, insistiram que o *Livro Velho dos Judeus* seria favorável ao culto de imagens:

> E sobre a arca os querubins da glória, que faziam sombra no propiciatório; das quais coisas não falaremos agora particularmente.[2]

Assim, os diretores da Gangue Nicena puderam provar a adoração de imagens no *Livro Velho dos Judeus*:

> E foi feito com querubins e palmeiras, de maneira que cada palmeira estava entre querubim e querubim, e cada querubim tinha dois rostos,[3]

A partir desses versículos os diretores da Quadrilha Ortodoxa incorporaram essa adoração ao seu cardápio de produtos e venderam milhões de imagens do deus que eles inventaram, dos grandes Deuses gregos (muitos foram transformados em *santos*) e de centenas de deuses menores (que foram chamados de *santos*, arcanjos, tronos e *mártires*), além de muitos outros que eles inventam a cada dia: o resultado de se poluir o céu com tantos *santos* foi o aumento escandaloso das incalculáveis riquezas da Quadrilha Católica.

Quando os criminosos da Máfia "Adoradora de Farinha e Água" passaram a adorar as imagens, houve um conflito entre eles

---

[1] *Números*, 7 (89).
[2] *Hebreus*, 9 (5).
[3] EZEQUIEL, 41 (18).

e os fiéis do *paganismo*, porquanto os Deuses *pagãos* foram considerados ídolos: essa foi mais uma herança recebida do *Livro Velho dos Judeus*, o qual eles tanto anatematizaram.

O desprezo pelos múltiplos Deuses *pagãos* mudou, a partir do momento em que os diretores da Associação Católica de Celerados se transformaram nos justiceiros oficiais do Império Romano; assim eles reconsideraram o seu desdém às imagens dos deuses antigos, introduzindo essa prática no seu cardápio de vendas, porquanto os ídolos eram produtos de consumo fácil e rápido.

Os diretores da "Ninhada de Traidores" permitiram a adoração não somente das imagens dos Deuses *pagãos*, como igualmente aceitaram a adoração de animais como o asno, o boi, o cordeiro, o peixe e a pomba, os quais sempre fizeram parte do culto ao Deus Sol Invicto, ou do Insuperável Deus Mitra, ou da Magnífica Deusa Krishna Cristo (Jeseus Cristo).

Os seus templos de consumo, a partir do século I d.H., começaram a expor imagens dos homens mais depravados da Gangue de Almas "mais sujas do que todo lixo", ou seja, os seus *santos* e *mártires*: essa prática de exposição e adoração de tudo o que há de pior na humanidade continua até hoje, com a venda de 20.000 deuses menores, cujo número aumenta a cada dia.

Por um longo tempo as estátuas dos Poderosos Deuses *pagãos* continuaram a receber adoração, mesmo após os seus templos terem sido contaminados com a água imunda da Quadrilha Cropódula. Essas adorações somente pararam, porque os diretores dessa Organização Criminosa usaram todo o poder exército romano para impor as suas vontades, desse modo eles forçaram esses fiéis a se tornarem consumidores dos seus produtos, ou eles seriam exterminados. Mas, esses diretores continuaram a comercializar as imagens dos Deuses *pagãos*, contudo deram-lhes outros nomes: ainda é possível ver a estátua do Magnífico Deus Zeus, sem os seus raios, ser adorada como Shimon Kaipha, o Príncipe das Traições, no seu templo de consumo em Roma.

Os diretores, acionistas e consumidores da Quadrilha Católica são homens degenerados, falsos e hipócritas, ao exigirem que todos se submetam às *verdades* contidas nos seus cardápios de produtos (o *Livro Velho dos Judeus* e o *Liber Odium*). Eles usam de uma ferocidade desregrada, para imporem aos outros a obediência a esses maléficos livros, contudo eles mesmos não o respeitam, visto que são idólatras, malgrado estar escrito:

> Não farás para ti imagem de escultura, nem alguma semelhança do que há em cima nos céus, nem em baixo na terra, nem nas águas debaixo da terra.[1]

Os católicos não leem o *Liber Odium*, ou quando o leem não o obedecem, porque lá em algum lugar imundo está escrito que não se deve adorar imagens:

> Mas os seus altares derrubareis, e as suas estátuas quebrareis, e os seus bosques cortareis.
> Porque não te inclinarás diante de outro deus; pois o nome do senhor é zeloso [ciumento]; é um deus zeloso [ciumento].[2]

O culto às imagens pelos diretores, acionistas e consumidores da Multinacional Católica de Crimes somente confirma, que esses criminosos são os fiéis do *paganismo* sob uma nova embalagem. Após todos esses relatos qualquer um pode concluir que o catolicismo não tem nenhuma relação com jesus cristo, porquanto se trata de uma religião *pagã*: o catolicismo é o *paganismo* vivo.

2.3. Culto aos mártires

A palavra *mártir* é vem do grego μάρτυς significando *testemunha*; sob o domínio da Máfia de Preto essa palavra tornou-se um macabro estilo de vida, cujo objetivo era buscar o suicídio, a qualquer preço, pelas mãos de terceiros.

---

[1] *Êxodo*, 20 (4).
[2] *ÊXODO*, 34 (13-14).

Os diretores da Gangue Cropódula para incentivar o suicídio de homens cruéis, covardes e assassinos, afirmavam que esses suicidas seriam recebidos no céu da quadrilha. Eles convenciam os suicidas falando sobre cânticos e perfumes, que encheriam o ar no momento da morte dessas criaturas animalescas: isso era uma repetição das tolices encontradas no livro mais vendido dessa Organização Criminosa, o *Apocalipse*:

> E cantavam um novo cântico, dizendo: Digno és de tomar o livro, e de abrir os seus selos; porque foste morto, e com o teu sangue nos compraste para deus de toda a tribo, e língua, e povo, e nação;[1]

Os Genocidas da Cruz venderam a farsa a respeito dos *mártires* entrarem no céu da organização; esse marketing foi poderoso entre os seus consumidores, os quais se esforçavam para conseguir o suicídio pelas mãos do Estado:

> Entre os primeiros cristãos, o martírio era visto como uma forma de alcançar o céu de forma imediata e gloriosa. Além disso, aqueles que o sofriam sabiam que receberiam as maiores honras entre seus correligionários na Terra. Assim, o desejo pelo martírio frequentemente se tornava uma obsessão, até mesmo entre os jovens.[2]

Alguns diretores da Quadrilha Católica tentaram colocar fim na indústria de mártires, a qual incentivava indivíduos em crise social, política e existencial a se lançarem em busca da morte. O diretor da filial de Cartago, Mensúrio, proibiu a adoração aos mártires, porque muitos que procuravam o martírio, eram simples criminosos, ou seja, o típico católico:

---

[1] *APOCALIPSE*, 5 (8).
[2] NESBIT, Edward P. *Jesus an Essene*. 1895 (2019), p. 46: "Among the early Christians, martyrdom was regarded as affording an immediate and glorious entrance into heaven, while those who suffered it knew they would receive highest honours among their co-religionists on earth. Thus a desire for martyrdom often became a fixed idea, even in youths." Disponível em <globalgreyebooks.com>.

Mensúrio, o bispo de Cartago, em uma carta a Segundo, bispo de Tigisi, então o bispo sênior (primaz) da Numídia, declara que havia proibido que qualquer um fosse honrado como mártir, caso se entregasse por vontade própria, ou que se gabasse de possuir cópias das *Escrituras* que não as renunciaria; alguns desses, diz ele, eram criminosos e devedores do Estado, que pensavam que poderiam, por esse meio, livrar-se de uma vida onerosa ou apagar a lembrança de suas más ações, ou pelo menos ganhar dinheiro e desfrutar, na prisão, dos luxos fornecidos pela bondade dos cristãos.[1]

Nos primeiros séculos os Mafiosos da Cruz não tinham um controle sobre a invenção de mártires, foi somente com o imperador Teodósio I, o Epítome da Perversidade, que eles se tornaram responsáveis pela comercialização desse produto, o qual rendia grandes fortunas:

> Ninguém deve transferir um corpo enterrado para outro lugar; ninguém deve vender as *relíquias* de um mártir; ninguém deve traficar com elas. Mas se qualquer um dos santos for enterrado em qualquer lugar, as pessoas poderão adicionar qualquer edifício que desejem em veneração de tal lugar, e tal edifício deve ser chamado de *Martírio*.[2]

---

[1] CHAPMAN, J. *Donatists*. *In* The Catholic Encyclopedia. New York: Robert Appleton Company, 1909: "Mensurius, the bishop of Carthage, in a letter to Secundus, bishop of Tigisi, then the senior bishop (primate) of Numidia, declares that he had forbidden any to be honoured as martys who had given themselves up of their own accord, or who had boasted that they possessed copies of the Scriptures which they would not relinquish; some of these, he says, were criminals and debtors to the State, who thought they might by this means rid themselves of a burdensome life, or else wipe away the remembrance of their misdeeds, or at least gain money and enjoy in prison the luxuries supplied by the kindness of christians."
Disponível em <http://www.newadvent.org/cathen/05121a.htm>.

[2] *The Theodosian Code* (Clyde Pharr, org.). Cambridge: Cambridge University Press, 1952, 9.17.7: "The same Augustuses [Gratian, Valentianian and Theodosius] to Cynergius, Praetorian Prefects. No person shall transfer a buried body to another place. No person shall sell the relics of a martyr; no person shall traffic in them. But if anyone of the saints has been buried in any place whatever, persons shall have it in their power to add whatever building they may wish in veneration of such a place, and such building must be called a *martyry*."

Na reunião da diretoria da Quadrilha Iconódula em Laodiceia, no século I a.H. ficou decidido, por votação, que somente os suicidas pelas mãos do Estado (*mártires*) da sua gangue deveriam ser adorados, porque os demais suicidas seriam falsos, pois não tinham a proteção do deus inventado pelos seus diretores:

> Nenhum cristão deverá abandonar os mártires de cristo e se voltar para falsos mártires, isto é, para os hereges ou para aqueles que antes eram hereges; pois eles são estranhos a deus. Sejam, portanto, anátema aqueles que os seguem.[1]

Os diretores da Gangue de Almas "mais sujas do que todo lixo", inventaram a fábula do *martírio* de Estêvão, a qual se tornou o modelo a ser seguido por todos os criminosos católicos:

> O próprio Estêvão é provavelmente uma criação fictícia, uma personagem comum que representa um mártir genérico. Seu nome, *stephanos*, que significa "coroa", evoca o epíteto padrão para um cristão fiel e mártir: *Apocalipse* 2.10 encoraja todos os cristãos, "Seja fiel até a morte, e eu te darei a coroa da vida [*stephanos tes zoes*]", e Tiago 1.12 diz que todos os que permanecerem fiéis em face da tentação irão "receber a coroa da vida [*stephanos* tes zoes]". Além disso, 1 Pedro 5.4 diz quando jesus aparecer aos fiéis, "recebereis a coroa da glória [*stephanos tes doxes*] que nunca se desvanece", e 2 Timóteo 4.8 diz que os mártires "que amam a aparição de jesus" receberão "a coroa da justiça" [*stephanos tes dikaiosunes*] – e notavelmente jesus "aparece" a Estêvão imediatamente antes de morrer pela fé. Hebreus 2.7-8 também diz que jesus foi "coroado de glória e honra" por seu martírio, e a morte de Estevão é de fato modelada na morte de jesus: como jesus, Estêvão perdoa seus assassinos pouco antes de sua morte (*Atos* 7.60; Lc. 23,34); e pouco antes de morrerem, Estêvão e jesus declaram em voz alta que entregam

---

[1] *Council of Laodicea*, canon 34: "No Christian shall forsake the martyrs of Christ, and turn to false martyrs, that is, to those of the heretics, or those who formerly were heretics; for they are aliens from God. Let those, therefore, who go after them, be anathema."

seu espírito a deus (*Atos* 7,59; Lc 23,46); ambos proferem suas últimas palavras "com grande grito", *phone megale* (*Atos* 7.60; Lc. 23.46); ambos têm suas vestes tiradas e doadas (*Atos* 7,58; Lc 23,24); e assim como jesus diz em seu julgamento que seus acusadores verão "o filho do homem sentado à destra do poder de deus" (Lucas 22,69), Estevão diz em seu julgamento que ele realmente vê "o filho do homem sentado à direita de deus' (*Atos* 7,55-56), mas seus acusadores não o veem (presumivelmente porque ainda não é o apocalipse)".[1]

Os diretores da Multinacional Católica de Crimes definiram que o seu suicida-padrão deveria seguir algumas regras importantes, a fim de que a sua santidade, humildade e altruísmo fossem reconhecidos:

> **1.** não se esquecer de perdoar os seus algozes: "Mas São Tiago ajoelhou-se e orou, como Jesus havia orado antes dele: 'Rogo-Te, ó Deus e Pai, perdoa-lhes, porque não sabem o que fazem'."[2];

---

[1] CARRIER, Richard. *On the historicity of jesus*. Sheffield: Phoenix Press, 2014, p. 382: "Stephen himself is likely a fictional creation, a stock character representing a generic martyr. His name, stephanos, meaning 'crown', evokes the standard epithet for a faithful Christian and martyr: Rev. 2.10 encourages all Christians, 'Be faithful unto death, and I will give thee the crown of life [stephanos tes zoes]', and Jas 1.1 2 says all who remain faithful in the face of temptation will 'receive the crown of life [stephanos tes zoes]'. Also, 1 Pet. 5.4 says that when Jesus appears to the faithful, 'you shall receive the crown of glory [stephanos tes zoes] that never fades away', and 2 Tim. 4.8 says martyrs 'who love the appearing of Jesus' will receive 'the crown of righteousness' [stephanos tes dikaiosunos] - and notably Jesus 'appears' to Stephen immediately before he dies for the faith. Hebrews 2.7-8 likewise says Jesus was 'crowned with glory and honor' for his martyrdom, and the death of Stephen is indeed modeled on the death of Jesus: like Jesus, Stephen forgives his killers just before his death (Acts 7.60; Lk. 23.34); and just before they die, both Stephen and Jesus declare aloud that they give their spirit to God (Acts 7.59; Lk. 23.46); both deliver their last words 'with a great cry', phone megale (Acts 7.60; Lk. 23.46); both have their garments taken and given away (Acts 7.58; Lk. 23.24); and just as Jesus says in his trial that his accusers will see 'the son of man sitting at the right hand of the power of God' (Lk. 22.69), Stephen says in his trial that he indeed sees 'the son of man sitting at the right hand of God' (Acts 7.55-56), yet his accusers don't (presumably because it is not yet the apocalypse)."

[2] WORKMAN, Herbert B. *The Martyrs of the Early Church*. London: Charles H. Kelly: 1913, p. 8: "But St. James kneeled down and prayed, as Jesus had prayed

2. na hora do martírio seria preciso gritar, que se estaria indo ao encontro de deus: "Vejo [Estêvão] os céus abertos e o filho do homem em pé, à direita de deus."[1]

3. seria necessário ameaçar os presentes com sofrimentos futuros: "Mas Policarpo: "Vocês ameaçam com um fogo que arde por uma hora e logo se extingue. Pois vocês ignoram o fogo do juízo vindouro e do castigo eterno que está reservado para os ímpios."[2];

4. os suicídios necessitariam ser violentos. Um caso servirá para ilustrar esse evento, porque todos os *mártires* vivenciaram fins parecidos (o que denotam a extrema falta de criatividade dos redatores católicos):

> Aquele santo, diz a lenda, jogado em uma fornalha ardente, saiu tão completamente ileso, que nem mesmo suas roupas ou seus cabelos foram chamuscados. No dia seguinte, todas as feras do anfiteatro vieram agachadas aos seus pés.
> [...]
> Seu corpo, por exemplo, em uma ocasião extinguiu as chamas do Vesúvio. Em seguida, vem aquele nobre milagre – *praeclarum illud* – a liquefação do sangue de Januário, que acontecia e ainda acontece todos os anos em Nápoles.[3]

Quem mais contribuiu para a tradição de cultos aos *mártires* no Ocidente foi o diretor Ambrósio, o Pedófilo, que no ano 29 a.H. *encontrou* duas ossadas em um templo de consumo, as quais ele

---

before him: 'I entreat Thee, God and Father, forgive them, for they know not what they do'."

[1] LUCAS, *Atos dos Apóstolos*, 7 (56).

[2] REBILLARD, Eric (ed.). *Greek and Latin Narratives about the Ancient Martyrs*. Oxford: Oxford University Press, 2017, Polycarp of Smyrna, pp. 97-97, 11.1: "But Polycarp: 'You threaten a fire that burns for an hour and is soon extinguished. For you are ignorant of the fire of the coming judgment and of the eternal punishment that is reserved for the impious'."

[3] BEARD, John R. *The Autobiography of Satan*. London: Willian and Norgate, 1872, p. 25: "That Saint, the legend says, being thrown into a burning furnace, came out so completely unhurt, that not even his clothes or his hair was singed. The next day all the wild beasts in the amphitheatre came crouching at his feet. [...] His body, for instance, on one occasion extinguished the flames of Vesuvius. Next comes that noble miracle—*praeclarum illud*—the liquefaction of Januarius's blood, which did, and still does, take place every year in Naples."

afirmou que seriam de *mártires* (embora somente ele tivesse ouvido falar deles): o seu objetivo foi aumentar o fanatismo dos seus consumidores na luta, que ele travava contra a imperatriz Justina, uma cristã ariana:

> Foi também nessa época que revelaste em sonho ao bispo Ambrósio o lugar em que jaziam ocultos os corpos dos mártires Gervásio e Protásio, que durante muito tempo, conservastes intactos no tesouro de teus segredos, a fim de revelá-los no momento oportuno para refrear o furor de uma mulher, embora imperatriz.[1]

Outro motivo para Ambrósio, o Pedófilo, *descobrir* as *relíquias* dos *mártires* foi a necessidade de ter no seu novo templo de consumo uma *relíquia* como os demais templos de consumo da "Ninhada de traidores" tinham. Devido a esses interesses espúrios, ele teve um sonho com os *mártires* Gervásio e Protásio, os quais *disseram* que as suas ossadas estavam depositadas no *Martírio* de Nabor e Félix em Milão, contudo eles queriam ser trazidos à luz novamente.

Para a *descoberta* desses *mártires*, ele ordenou aos seus consumidores que encontrassem o local onde os seus ossos poderiam estar. Assim, de maneira teatral e com uma plateia pronta para aplaudir, Ambrósio, o Pedófilo, saiu em busca das ossadas. Devido a um "ardente presságio", ele dirigiu-se ao templo de consumo de Félix e Nabor, seguido pelos seus espertos consumidores, onde ele *trouxe à luz* as relíquias dos *santos*. Elas pertenciam, consoante o Pedófilo, aos *mártires* Martim Gervásio e Protásio; o local onde estavam os ossos ainda se encontrava vermelho, devido ao sangue deles:

> Encontrei os sinais apropriados, e ao trazer alguns para a imposição das mãos, o poder dos santos mártires se manifestou de forma tão evidente, que mesmo enquanto eu permanecia em silêncio, um deles foi tomado e jogado prostrado

---
[1] AGOSTINHO. *Confissões*, livro nono, capítulo VII.

no sagrado local de sepultamento. Encontramos dois homens de estatura maravilhosa, como os dos tempos antigos. Todos os ossos estavam perfeitos e havia muito sangue. Durante aqueles dois dias inteiros, houve uma enorme concentração de pessoas.[1]

Após essa *descoberta*, Ambrósio, o Pedófilo, organizou uma procissão (bem ao estilo *pagão*) com os ossos pelas ruas de Milão em direção ao templo de consumo ambrosiano. Destarte, existir uma lei que proibia esse tipo de comércio, como vimos mais acima.

Na versão de Agostinho, o Brinquedo Sexual de *santo* Ambrósio, foi devido aos ossos que um cego e "alguns possessos" foram curados: essa cura fora confirmada pelos próprios demônios, que atormentavam aqueles homens:

> Com efeito, depois de descobertos e desenterrados, ao serem transladados com as honras convenientes para a basílica ambrosiana, alguns possessos, atormentados pelos espíritos imundos, foram curados, conforme confissão dos próprios demônios. Também um cidadão, cego havia muitos anos, e muito conhecido na cidade, perguntou a razão daquele alvoroço e alegria populares; informado, pediu a seu guia que o levasse até as *relíquias*. Lá chegando, obteve permissão para tocar com um lenço o ataúde de teus santos, cuja morte havia sido preciosa a teus olhos. Feito isto, aplicou o lenço aos olhos, que imediatamente se abriram.[2]

A Corte Imperial sabia que a *descoberta* e as *curas* eram mentiras (*pia fraus*, como os membros da Quadrilha Católica gostam de referir a essas escabrosas mentiras) que Ambrósio, o Pedófilo, usava, para manter o fanatismo da sua gangue aceso.

---

[1] AMBROSE (Philip Schaff, ed.). *On the Discovery of the Relics of Sts. Gervasius and Protasius*, 2: "I found the fitting signs, and on bringing in some on whom hands were to be laid, the power of the holy martyrs became so manifest, that even whilst I was still silent, one was seized and thrown prostrate at the holy burial-place. We found two men of marvelous stature, such as those of ancient days. All the bones were perfect, and there was much blood. During the whole of those two days there was an enormous concourse of people."

[2] AGOSTINHO. *Confissões*, livro nono, capítulo VII.

Da mesma maneira como os ossos apareceram, Ambrósio, o Pedófilo, os fez desaparecerem rapidamente: dois dias após a descoberta, em 19 de junho de 29 a.H., ele se apressou em enterrar os ossos. Destarte, a sua decisão os seus consumidores exigiram que o enterro fosse adiado por mais alguns dias, contudo ele foi peremptório, como sempre, em mandar enterrá-los imediatamente: qual o motivo da pressa? Talvez por ser verão, os ossos podres exalassem o cheiro das almas dos diretores, acionistas e consumidores católicos.

Uma rica romana, Vestina, doou aos *mártires* diversas propriedades em várias cidades, além de uma

> renda de cerca de mil salários de ouro: *Titulus Vestinae*. (Mais tarde, *Vestina* foi descartada e o *titulus* renomeado para o de um mártir).[1]

O culto a esses *mártires* foi imposto por Ambrósio, o Pedófilo, depois ele se espalhou pela Europa e África sob o manto coberto de sangue de Agostinho, o Brinquedo Sexual de *santo* Ambrósio. O qual escreveu um sermão defendo os *mártires*, onde a sua hipocrisia invade os olhos de quem perde tempo em ler as suas bazófias:

> Eu fui testemunha então da glória imensa destes mártires. Eu estava lá. Eu estava em Milão. Eu soube dos milagres que deus ali operou, para dar testemunho da morte preciosa de seus santos, pois aqueles milagres deveriam fazer com que aquela morte, já preciosa perante deus, se tornasse preciosa também aos olhos humanos.[2]

---

[1] DESCHENER, Karlheinz. *Historia Criminal del cristianismo*. Barcelona: Ediciones Martínez Roca, 1990, vol. II, p. 60: "rentas de cerca de mil sueldos de oro: *titulus Vestinae*. (Más tarde se dejó de lado a *Vestina* y se cambió el nombre del *titulus* por el de un mártir)."

[2] AGOSTINHO. Sermão 286: a glória dos santos mártires.

As *relíquias* dos *mártires*, após essa invenção de Ambrósio, o Pedófilo, apareceram como pragas em todo o Império Romano, por isso foi necessário que se inventassem novos milagres, para explicar o surgimento de tantos *mártires*.

Quando Ambrósio, o Pedófilo, desejou aumentar ainda mais o seu poder e encher os seus cofres, ele *encontrou* mais duas ossadas de *mártires*, que somente ele sabia das suas existências; essa nova *descoberta* ocorreu em Bolonha no ano de 22 a.H.: como a mentira a respeito dos mártires Gervásio e Protásio havia vendido bem, ele descobriu novos *mártires*.

Ele *encontrou* as ossadas dos *mártires* Agrícola e Vital em um cemitério judeu, onde ele, na presença de muitos consumidores e judeus, recolheu as *relíquias* e as levou para Florença, onde um novo templo de consumo foi construído à custa da fortuna da viúva Juliana:

> O nome do mártir é Agrícola, de quem Vital era anteriormente servo, mas agora é seu companheiro e colega no martírio. Um servo foi na frente para providenciar um lugar; o senhor o seguiu, confiante de que graças à fé do servo encontraria tudo pronto. Não elogiamos coisas que nos são estranhas; pois a paixão do servo é um ensinamento ao senhor.[1]

Não satisfeito com as fortunas arrecadas com as invenções de ossadas de quatro *mártires*, Ambrósio, o Pedófilo, voltou a atividade de caçador de *relíquias*. Assim, em 20 a.H., ele mais uma vez encontrou as *relíquias* de mais dois *mártires*, os quais ninguém tivera, até então, conhecimento das suas existências: Nazário e Celso; as ossadas foram levadas para o templo de consumo basílica dos Apóstolos:

---

[1] AMBROSIUS. *Exhortatio virginitatis*, caput primum, 2: "Martyri nomen Agricola est, cui Vitalis servus fuit ante, nunc consors et collega martyrii. Praecessit servus, ut provideret locum; secutus est dominus, securus quod fide servuli jam inveniret paratum. Non aliena laudamus; passio enim servi domini disciplina est." Disponível em <https://la.wikisource.org/wiki/Exhortatio_virginitatis_(Ambrosius)>.

O corpo de Nazário, porém, como estava inteiro e incorrupto, com os cabelos da cabeça e a barba, foi colocado em um caixão e, com uma multidão incalculável e cânticos angélicos, transferido para a basílica dos apóstolos, que está em Roma, e veneravelmente sepultado. Ninguém duvide que a suavidade de seu odor seja procurada diariamente em seu túmulo com um amor inestimável, e que não possa ser saciado. Pois o senhor jesus cristo realizou tantos sinais na glória de seus santos quando os membros dos santos mártires foram transferidos, como se fossem efetuados com a sua presença. Assim, os cegos, após muitos anos, receberam a luz, os coxos andaram, e os demônios, que possuíam desde o nascimento, foram expulsos. Que o senhor jesus cristo fez isso para a glória de seu nome, pelos méritos do santo mártir, até o presente dia, ninguém duvida. Pois no mesmo lugar onde o precioso tesouro do corpo repousa, uma multidão de enfermos, acometidos por diversas doenças, converge diariamente e, tendo recebido a saúde, retornam levando consigo a alegria de sua salvação. Reinando nosso senhor jesus cristo, a quem seja a honra e glória pelos séculos dos séculos.[1]

Os pedófilos católicos sempre foram pródigos em inventarem histórias sobre *mártires*, os quais jamais existiram. Citaremos a fábulas sobre os *mártires* Cipriano e Justina: Cipriano, um mago pagão, que a essa arte detestável se juntou a uma ocupação ainda

---

[1] MOMBRITIUS, Boninus. *Sanctuarium seu Vitae Sanctorum*. Parisiis: Fontemoing et Socios, Editores, tomus secundus. **Nazarivs et Celsvs**, p. 334, 30-40: "Beati uero Nazarii corpus ut erat integrum atque incorruptum cum capilus eapitis et barba in letica compositum: cum multitudine inenarrabili: et canticis angelicis ad basilicam apostolorum quse est ia romana transtulit: et uenerabiliter tumulauit: cuius odoris suauilas quottidianis diebus ad sepulchrum eius frequentatur inextimabili dilectione satiari nullatenus quis ambigat: Nam tanta signa fecit dominus lesus chrislus in gloria sanctorum suorum cum sancti martyris membra transferruntur: ac si eius praesentia efficerentur: quae acta sunt caeci enim post multos annos receperunt lumen claudi ambulauerunt daimonia quicumque a natiuitate haberunt mundati sunt: Quod et facere dominum lesum christum ad laudem nominis sui meritis sancti martyris usque in praesentem diem nemo dubitat: cum in eodem loco ubi preciosi corporis thesaurus manet reconditos et quottidianis diebus infirmantum caterua uariis langoribus detenta concurrat: et suscepta sanitate salutis suae: secum gaudia reportare cognoscant: Regnante domino nostro lesu christo cui est honor et gloria in saecula saeculirumi."

mais infame, comprometeu-se a colocar um jovem em posse de Justina, uma virgem cristã. Para este propósito, ele empregou os encantamentos mais potentes, até que foi forçado a confessar que não tinha poder sobre os cristãos. Sobre isso, Cipriano concluiu que seria melhor ser um cristão do que feiticeiro. Cipriano e Justina, sendo acusados perante o juiz romano de serem discípulos de cristo, foram condenados a serem jogados juntos em um caldeirão de "breu, gordura e cera" derretidos; do qual, no entanto, eles saíram vivos sendo levados para Nicomédia, onde são mortos pelos meios quase infalíveis da espada ou do machado:

> Registros espúrios dos sofrimentos dos primeiros mártires contribuem copiosamente para a substância do Breviário [*Livro das Orações*]. A variedade e a engenhosidade das torturas descritas são igualadas apenas pelos inúmeros milagres que dizem ter confundido os tiranos, sempre que eles tentaram ferir os cristãos por qualquer método, exceto cortar suas gargantas. Casas foram incendiadas para queimar os mártires nos seus interiores; mas o *Breviário* nos informa que as chamas se alastraram por um dia e noite inteiros sem os molestar. Muitas vezes lemos de ídolos caindo de seus pedestais com a aproximação dos cristãos perseguidos; e até os próprios juízes caíram mortos quando tentaram proferir a sentença. As feras raramente devoram um mártir sem se prostrarem diante dele; e os leões seguem as jovens virgens para protegê-las do insulto. O mar se recusa a afogar aqueles que estão comprometidos com suas águas, e quando compelidos a fazer esse serviço odioso, as ondas carregam geralmente os corpos onde os cristãos podem preservá-los como relíquias.[1]

---

[1] BEARD, John R. The Autobiography of Satan. London: Willian and Norgate, 1872, p. 21-22: "Spurious records of the sufferings of the early martyrs contribute copiously to the substance of the Breviary. The variety and ingenuity of the tortures described are equalled only by the innumerable miracles which are said to have baffled the tyrants, whenever they attempted to injure the Christians by any method but cutting their throats. Houses were set on fire to burn the martyrs within; but the Breviary informs us that the flames raged for a whole day and night without molesting them. Often do we read of idols tumbling from their pedestals at the approach of the persecuted Christians; and even the judges themselves dropped down dead when they attempted to pass sentence. The wild beasts seldom devour

Máximo de Éfeso, um religioso platônico amigo do imperador Juliano, o Sábio, afirmou que os chamados *mártires* da Gangue de Almas "mais sujas do que todo lixo", não passavam de homens, os quais possuíam as piores características humanas, eles seriam criminosos violentos:

> Eles [os católicos] recolhiam os ossos e crânios de criminosos condenados à morte por inúmeros crimes, homens a quem os tribunais da cidade haviam sentenciado como punição, transformavam-nos em deuses, frequentavam seus sepulcros e pensavam que se tornavam melhores ao se contaminarem em seus túmulos.[1]

Os diretores, acionistas e consumidores da Organização Criminosa Católica sempre alardearam um enorme número de *mártires*, os quais morreram para proteger os seus interesses econômicos e políticos. Contudo, Orígenes, o Prostituto de Padres, afirmou que o número de mártires da "Ninhada de Traidores" seria "pequeno e fácil de contar":

> Pois, para lembrar aos outros que, ao verem alguns poucos engajados na luta por sua religião, eles também estariam mais engajados em desprezar a morte, alguns, em ocasiões especiais, e esses indivíduos podem ser facilmente contados [...].[2]

---

a martyr without prostrating themselves before him; and lions follow young virgins to protect them from insult. The sea refuses to drown those who are committed to its waters, and when compelled to do that odious service, the waves generally carry the bodies where the Christians may preserve them as relics."

[1] EUNAPIUS. *Lives of the Philosophers and Sophists*: Maximus. "For they collected the bones and skulls of criminals who had been put to death for numerous crimes, men whom the law courts of the city had condemned to punishment, made them out to be gods, haunted their sepulchres, and thought that they became better by defiling themselves at their graves." Disponível em < https://www.tertullian.org/fathers/eunapius_02_text.htm#MAXIMUS>

[2] ORIGEN. *Contra Celsus*, book III, chapter chapter 8: "For in order to remind others, that by seeing a few engaged in a struggle for their religion, they also might be better fitted to despise death, some, on special occasions, and these individuals who can be easily numbered, [...]." Amazon.com. Edição do Kindle, pp. 582-3.

Nas suas pregações diárias os diretores da Facção Criminosa Católica, a fim de conseguirem as suas 30 moedas de prata, pregavam que as *relíquias* dos *mártires* faziam *milagres*, os quais aumentavam a cada ano. Os *mártires fizeram milagres* em abundância, principalmente antes do reinado do imperador Constantino, o Grande Traidor da Humanidade:

> O mártir Romano de Cesareia, cuja festa a igreja ainda celebra em 9 de agosto, ataca em 260 versos do paganismo e após ter sua língua cortada, ele declama ainda mais 100.[1]

Eusébio, "o Mais Repugnante dos Simpatizantes", gastou páginas e mais páginas, para glorificar os *mártires* que se suicidaram em nome da Associação Católica de Celerados:

> Ante a gloriosa morte deste homem, a multidão toda pasmou-se vendo a valentia do mártir divino e a virtude de toda a linhagem dos cristãos, e todos a uma voz começaram a gritar: "Morram os ateus! Que se busque Policarpo!"[2]

Ele exaltou o desprezo pela vida dos *mártires*, contudo, quando chegou a vez de Eusébio, "o Mais Repugnante dos Simpatizantes", se tornar um *mártir*, ele preferiu levantar o seu vestido e fugir com a sua fortuna, deixando que alguns dos seus consumidores sofressem sob a aplicação da Lei Romana durante o governo do imperador Diocleciano.

O diretor Cirilo, o "Depósito de Lixo Alexandrino", decidiu que destruiria o culto à Maravilhosa Deusa Ísis, nem que para isso ele tivesse, que exterminar todos os seus fiéis e destruir todos os seus

---

[1] DESCHENER, Karlheinz. *Historia Criminal del cristianismo*. Barcelona: Ediciones Martínez Roca, 1990, vol. IV, p. 101: "El mártir Romano, cuya festividad sigue celebrando la Iglesia el 9 de agosto, ataca en 260 versos al paganismo y después de que le han cortado la lengua, declama todavía otros 100."

[2] EUSÉBIO. *História Eclesiástica*, XV (De como, nos tempos de Vero, Policarpo sofreu o martírio...), 6.

templos. Para colocar em prática o seu sádico plano, ele utilizou a trapaça feita por Ambrósio, o Pedófilo, o qual inventara alguns *mártires*. Cirilo, o "Depósito de Lixo Alexandrino", decidiu que inventaria, também, novos mártires, assim ele *descobriu* as *relíquias* do monge Ciro e do soldado João no templo de consumo em Alexandria. Essas *relíquias* foram levadas, para o templo de consumo em Menutis, o qual foi roubado dos fiéis da Deusa Ísis:

> Assim como só sabemos dos "mártires" descobertos por Ambrósio segundo os seus relatos, o mesmo acontece com os de Cirilo. E, assim, como Ambrósio exaltava seus dois "mártires" em sermões solenes, seu colega Cirilo também o fazia naturalmente. Suas homilias são as únicas fontes de informações sobre os santos "Ciro" e "João"; todas as biografias subsequentes, isto é, lendas, mentiras, são baseadas nelas. É o mesmo com Ambrósio. E assim como ele foi bem-sucedido, Cirilo também foi.[1]

Cirilo, o "Depósito de Lixo Alexandrino", a fim de manter vivo o culto aos *mártires*, que ele acabara de inventar, ridicularizou os médicos do templo do Beneficente Deus Asclépio em Epidauro. Como consequência, os consumidores da Quadrilha Ortodoxa perseguiram furiosamente os médicos, o que os forçou a fugirem para outras regiões. Assim, no Ocidente a Medicina, como a Ciência em geral, foi substituída pelo misticismo desses quadrilheiros e dos seus espertos consumidores.

Desse modo, ele conseguiu transformar o criminoso Ciro em um grande operador de milagres, o qual passou a ocupar o lugar o Deus Asclépio. A partir desse momento, a mentira chamada são

---

[1] DESCHENER, Karlheinz. *Historia Criminal del cristianismo*. Barcelona: Ediciones Martínez Roca, 1990, vol. IV, pp. 160-1: "Lo mismo que a los "mártires" descubiertos por Ambrosio sólo los conocemos a través de él, otro tanto sucede con los de Cirilo. E igual que Ambrosio ensalzó en solemnes sermones a sus dos 'mártires', así lo hizo naturalmente su colega Cirilo. Sus homilías son la única fuente informativa sobre los santos 'Ciro' y 'Juan'; todas las biografías posteriores, es decir, las leyendas, las mentiras, se basan en ellas. Es lo mismo que con Ambrosio. Y lo mismo que éste tuvo éxito, también Cirilo."

Ciro tornou-se o responsável pelas curas, que antes eram feitas pelo Honrado Deus Asclépio.

2.4. Adoração aos *santos*

Quando os diretores da Máfia "Adoradora de Farinha e Água" perceberam que os *mártires* traziam mais problemas do que vantagens, eles gradualmente começaram a se afastar desses suicidas, porquanto eles se tornaram um estorvo aos seus lucros.

A diretoria da Organização Criminosa Católica ficou muito preocupada por perder essa fonte de renda, por isso foi necessário encontrar um produto para repor essas perdas. A solução encontrada foi a adoração dos *santos*.

Não podemos continuar a analisar os homens mais perversos, cruéis e cafajestes da História sem lembrar aos nossos leitores, para tomarem cuidado com essas bestas pedófilas:

> Todas as visões, terrores, esgotamentos e êxtases do santo são estados patológicos conhecidos, que ele, a partir de arraigados erros religiosos e psicológicos, apenas interpreta de modo totalmente diverso, isto é, não como doença.[1]

Para os diretores da Gangue Idólatra, a *latria* (adoração) deve ser exclusiva ao deus que eles inventaram, ao passo que os demais deuses menores (*santos*) deveriam receber somente *dulia* (reverência). Apesar dessa distinção, os seus espertos consumidores têm adoração por vários produtos à venda na Organização.

Os diretores, acionistas e consumidores do Bando de Fetichistas, com o seu senso moral pervertido, simplesmente mudaram os nomes dos Deuses *pagãos*, apelidando-os com a marca da Besta, chamando-os de *santos*: *santo* Baco, *santo* Dionísio, *são* Dênis, *são* Demétrio, *santo* Eleutério, todos eles são simples variações do nome do Magnífico Deus Dionísio.

---

[1] NIETZSCHE, Friedrich. *Humano Demasiado, Humano*: capítulo terceiro (A vida religiosa), 126. Arte e força da falsa interpretação.

Os diretores da Facção Criminosa Católica oferecem o título de *santo* somente aos homens mais perversos, iníquos e criminosos, porque o objetivo deles é criar o maior número possível desses homens abomináveis, para venderem por 30 moedas de prata e continuarem a viver as suas vidas de pedofilia:

> Primeiro, os homens foram apelidados de santos, por promoverem a grandeza da igreja por todos os seus esforços, especialmente por seus escritos; que, em vez de empregar para a felicidade ou instrução de seus concidadãos, eles se **prostituíram para ampliar a autoridade espiritual, para a degradação e escravização de seus espíritos**. O segundo tipo, que foi homenageado com o título de santo, foram príncipes e outros homens poderosos ou ricos, **por mais cruéis ou tirânicos, que deram grandes posses e legados à Igreja** ou que com impedimentos, fogueiras, cadafalsos, espadas e proscrições, castigavam a temeridade de quem ousasse questionar seus Decretos [em prol da Quadrilha Católica]. O terceiro tipo, eram visionários pobres rastejantes, ostentando seus entusiasmos delirantes e êxtases; ou **impondo-se aos ignorantes por mortificações formais, devoção falsamente reputada,** sendo recompensados com esta homenagem imaginária, por aqueles que desprezavam sua austeridade, ao mesmo tempo, em que prosperaram principalmente pelo crédito dela.[1] **[Grifos nossos]**

Assim, fica evidente que são três tipos de homens, os quais recebem o nada honroso título de *santo*, os quais são adorados

---

[1] TOLAND, John. *Hipatia*. London: M. Cooper, 1753, chapter XX: "First, Men have been dubbed Saints, for promoting the Grandeur of the Church by all their Endeavours, especially by their Writings; which, instead of employing for the Happiness or Instruction of their Fellow Citizens, they prostituted to magnify spiritual Authority, to the debasing and enslaving of their Spirits. The second Sort that have been honoured with Saintship, were Princes and other powerful or rich Men, however vicious or tyrannical, who gave large Possessions and Legacies to the Church; or that with Incapacity, Faggot, Gibbet, Sword, and Proscription, chastised the Temerity of such as dared to question her Decrees. The third Sort, were poor groveling Visionaries, boasting of their delirious Enthusiasms and Extasies; or imposing on the ignorant by formal mortifications, falsely reputed Devotion, and were recompensed with this imaginary Reward, by those that despised their Austerity, at the same Time that they mainly thrived by the Credit of it."

pelos consumidores da Gangue Nicena: os canalhas; os tiranos; os preguiçosos.

O caminho para se tornar um *santo* foi bem definido pelas condutas do depravadíssimo Cipriano, "o Pastor Mercenário", o qual aconselhou:

> **1.** minta, "não te digo até sete vezes, mas até setenta vezes sete!"[1];
> **2.** aja como um covarde, "não te digo até sete vezes, mas até setenta vezes sete!";
> **3.** ataque impiedosamente todos aqueles, os quais você não goste, "não te digo até sete vezes, mas até setenta vezes sete!";
> **4.** associe-se ao que há de mais putrefato no mundo, "não te digo até sete vezes, mas até setenta vezes sete!";
> **5.** defenda inescrupulosamente os interesses da Quadrilha Católica, "não te digo até sete vezes, mas até setenta vezes sete!"

Os diretores da Gangue Homoousiana nos últimos 1.600 anos criaram 20.000 *santos*, os quais são adorados nos seus templos de consumo: isso significa que nesse período, eles colocaram no céu, que eles inventaram, os homens mais depravados, inúteis e pedófilos: o que nos leva a pensar, que talvez o céu católico não seja um lugar bom, para os homens honestos desejarem.

Faremos uma síntese das inúmeras adaptações dos Deuses e personagens importantes da religião greco-romana, os quais foram caricaturizados em *santos* pelos diretores do Trinitarismo Atanasiano, para tanto nos basearemos no livro *Gesù Cristo non è mai Esistito* de Emilio Bosi.[2]

A adoração aos Deuses e Deusas eram tradições muito enraizadas na cultura greco-romana, portanto não era possível fazer o povo esquecê-las. Assim sendo, os diretores da Quadrilha dos

---

[1] LEVI, 18 (22).
[2] BOSSI, Emilio. *Gesù Cristo non è mai Esistito*, Ragusa: La Fiaccola, 1976, pp. 117-118.

"Idólatras de Fato", simplesmente transformaram os grandes Deuses e heróis greco-romanos nos seus depravados, cafajestes e cruéis nos *santos* e *santas*, os quais são vendidos em todas as esquinas, por um preço módico aos seus trapaceiros consumidores:

Greco-romanos	=	Quadrilha Católica
"A fórmula romana *flor et lux*"	=	*santa* Flora, *santa* Lúcia
A coroa Margarida existente na cabeça da serpente Afioco	=	*santa* Margarida
Afrodísia (Vênus)	=	*santa* Afrodísia
Apolo	=	*santo* Apolônio, *santa* Apolônia
Apolo (Éfebo)	=	*santo* Éfebo ou *santo* Efísio
Atena (Minerva)	=	*santo* Antônio
Aura Plácida (esposa de Baco)	=	*santa* Aura Plácida
Demétrio	=	*são* Demétrio
Deus Terme	=	*são* Vítor[1]
Deusa Pelino	=	*são* Pelino
Diana	=	*santa* Pudenciana
Dionísio (Baco), o Salvador	=	*são* Salvador, *são* Dionísio
Dionísio Eleutério Rústico	=	*são* Dionísio, *santo* Eleutério, *são* Rústico
Górgonas	=	*santa* Górgona
Hermes (Mercúrio)	=	*são* Hermes
Jogos Apolinários	=	*santo* Apolinário
Ceres loira (Flava)	=	*santa* Flávia
Nican (Sol)	=	*são* Nicolau
Nicéforo (Júpiter, Zeus)	=	*são* Nicéforo
Os romanos se saudavam dizendo: *perpetua et fecilita*	=	*santa* Perpétua, *santa* Felicidade
Palladium de Minerva	=	*santa* Paládia
Pelasgia (Juno)	=	*santa* Pelágia
Rogare e *donare*	=	*são* Rogaziano, *são* Donaziano
Saturnálias	=	*são* Saturnino

---

[1] O Deus Terme era a pedra que marcava os limites da cidade. Essa pedra por ser colocada nas vias (*viae*) deu origem ao nome Victor.

Outra deusa grega que se apodreceu ao ser banhada nas águas imundas da Organização Criminosa Católica foi a Deusa Brizo:

> Brizo ("Apaziguadora"), a Deusa-Lua de Delos, indistinguível de Leto, pode ser identificada como a Deusa tripla hiperbórea Brigite, cristianizada como *santa* Brigite ou *santa* Brígida.[1]

Na mitologia grega existia o herói Hipólito, o qual acompanhava a Deusa Ártemis; esse herói era muito cultuado tanto pelos gregos como pelos romanos, o que levou os diretores da Multinacional Católica de Crimes a vendê-lo como se fosse um *santo* da Organização Criminosa:

> Pois dificilmente podemos duvidar que são Hipólito do calendário romano, arrastado até a morte por cavalos no décimo terceiro de agosto, dia de Diana, não seja outro senão o herói grego de mesmo nome que, após morrer duas vezes como pecador pagão, foi felizmente ressuscitado como santo cristão.[2]

Algumas adaptações feitas pelos diretores, acionistas e consumidores da Máfia de Preto ultrapassaram o bom-senso, chegando ao extremo ridículo. Por exemplo, não podemos deixar de lembrar que sempre esperamos uma imensa colaboração do Deus Platão, o "Moisés Ático", nos pestilentos dogmas do *Liber Mali*. Mas, o que ninguém espera é que até mesmo os seus termos religiosos *sofia* (sabedoria) e *irene* (paz) se transformassem em deusas menores católicas: *santa* Sofia e *santa* Irene.

---

[1] GRAVES, Robert. *Os mitos gregos*. RJ: Nova Fronteira, p. 138.
[2] FRAZER, James George. *The Golden Bough*: a study of magic and religion. Edição do Kindle (Locais do Kindle 303-305): "For we can hardly doubt that the Saint Hippolytus of the Roman calendar, who was dragged by horses to death on the thirteenth of August, Diana's own day, is no other than the Greek hero of the same name, who, after dying twice over as a heathen sinner, has been happily resuscitated as a Christian saint."

Um aviso àqueles que se deixam encantar com a palavra *santo*, porque tudo o que um homem *santo* da Quadrilha Ortodoxa toca torna-se irremediavelmente sujo (é o anti-Midas); bem como todos os seus atos são violentos, covardes e cruéis, porque essas são as condições necessárias, para se tornar um *santo* nessa Organização Criminosa: para os seus diretores, acionistas e consumidores a *santidade* dos seus asseclas é diretamente proporcional à maldade, à perfídia e à pedofilia, que ele espalhou pelo mundo.

Os diretores da Facção Criminosa Católica, ao defenderem as suas 30 moedas de prata, torturam, estupram e assassinam quem quer que se coloque como impedimento de obtê-las, pode ser um membro ou não quadrilha. Para ilustrar essa afirmação, citamos o caso do pervertido diretor Ósio de Córdoba, o qual participou, contra a sua vontade, da reunião mafiosa da diretoria, em Sírmio, pois o imperador Constâncio II exigia a sua presença, porquanto seu parecer sobre os trabalhos daria a eles uma maior credibilidade.

Quando os diretores apresentaram o que fora decidido, Ósio de Córdoba se recusou a assinar o documento, o que por consequência levou-o a ser torturado pelos bons, justos e *santos* amigos da Associação Católica de Celerados: tudo para a glória do Sr. Münchhausen da Cruz. Após algumas torturas, Ósio concordou em assinar o documento final: era mais importante salvar a sua vida fácil, do que respeitar ao deus inventado pelos diretores católicos.

Os primeiros CEO's da Quadrilha Católica não tinham controle sobre a criação dos *santos*; esses eram criados pelos próprios consumidores, com a intenção de atender-lhes as necessidades imediatas, tal como os gregos e romanos se relacionavam com os seus Deuses; eles somente conseguiram tirar esse poder de invenção de *santos* dos seus consumidores no século V d.H.

A partir desse momento somente os CEO's decidiriam quem receberia o ignóbil título de *santo*. Essa medida serviu a alguns propósitos: politicamente, eles aumentaram o seu poder sobre os consumidores e diretores; economicamente, eles podiam criar infinitos *santos*, a fim de conseguir aumentar as suas enormes riquezas.

Espertamente, os consumidores católicos consideram a sua Organização Criminosa como comercializadora do monoteísmo, sem embargo ela deve ser considerada, ou um henotismo, ou um politeísmo, mas nunca um monoteísmo, uma vez que ela vende com frequência uma multiplicidade de deuses sob o nome sujo *santo*.

O mais adequado seria nomear a "Ninhada de Traidores" como uma Organização Criminosa politeísta, porquanto os diretores, acionistas e consumidores consideram como os seus principais deuses: um deus pai (que não é anterior ao seu filho), um deus filho (que sempre existiu junto ao pai), uma espírito santo (muitíssimo mal explicada), uma deusa (Maria Stada) e um número incontável de deuses menores chamados de serafins, querubins, arcanjos, anjos, santos, etc. Devemos ainda lembrar que os seus *santos* fazem milagres como os seus deuses principais, não raro em número maior e mais espetaculares.

O ideal de conduta ética dos chamados santos da Gangue de Almas "mais sujas do que todo lixo", nada mais é do que as representações da Religião Estoica; todavia, esses criminosos jamais conseguiram atingir a santidade, porquanto o título católico *santo* é o modo como o bom deus identifica os homens mais pérfidos, sanguinários e traidores que existem.

As mentiras vendidas, sobre homens *santos*, são tão absurdas, que mesmo homens depravados como os seus CEO's colocavam em dúvida tais histórias:

Mesmo um papa, Bento XIV (1740-1758), disse que a inscrição no martirológio romano de forma alguma prova a santidade, nem necessariamente a existência de uma certa pessoa![1]

Algumas dessas bestas-feras receberam o título da iniquidade, *santo*, por simplesmente serem preguiçosos:

1. **Sisino:** vivia sem dar um único passo;
2. **Maron:** ocupou um tronco oco por onze anos;
3. **Estilita:** como a vida de pastor era muito difícil, ele decidiu subir em um pilar (*estilita*) e passar o resto da sua vida inútil lá em cima;
4. **Drogo de Sebourg:** viveu 40 anos no seu quarto;
5. **Lidwina:** não comia, nem dormia e morreu aos 53 anos;
6. **Roque:** viveu em uma cabana, foi alimentado por um cachorro, que curou as suas feridas lambendo-as.

Além dessas moradias exóticas, muitos deles usavam adornos, os quais eram tão pesados que mal conseguiam andar ereto como foi o caso das *santas*: Maranha e Cira, que nas palavras de Teodoreto viveram nessas condições por quarenta anos.

Uma *santa* a qual não podemos deixar de falar é a *santa* Helena, a qual era a prostituta do imperador Constâncio Cloro (o qual era casado com Teodora), destarte, ela ser apresentada como uma princesa britânica; todavia, o seu nome foi eternamente emporcalhado, quando ela foi transformada em *santa* pelos diretores da Quadrilha Ortodoxa: não foi por outro motivo que os gregos e romanos se referiam a Constantino como o "Filho da Concubina", algo que soa como o "Filho da Puta".

---

[1] DESCHENER, Karlheinz. *Historia Criminal del cristianismo*. Barcelona: Ediciones Martínez Roca, 1990, vol. IV, p. 107: "Hasta un papa, Benedicto XIV (1740-1758) manifestó que la inscripción en el martirologio romano no demuestra em modo alguno la santidad, ¡ni necesariamente la existencia de una determinada personal!"

Para não parecer que estamos com má vontade em relação ao imperador Constantino, o Grande Traidor da Humanidade, podemos citar o diretor Ambrósio, o Pedófilo, o qual afirmou que Helena era uma prostituta:

> Afirma-se que ela era originalmente a anfitriã de uma taverna [*Stabulariam*] e, assim, conheceu o velho Constantino, que mais tarde obteve o cargo imperial. [...] Boa anfitriã, que preferiu ser considerada esterco, para ganhar a cristo! Por isso cristo a elevou do esterco ao reino, [...].[1]

Ao usar o termo *stabulariam* Ambrósio, o Pedófilo, sabia que se tratava de uma metáfora para *prostituta*, a qual seria reconhecida imediatamente pelos romanos. Para deixar bem evidente, que ele estava considerando que *santa* Helena era uma puta, ele citou o versículo no qual o crucificado apareceu para a sua esposa Maria Madalena, a famosa prostituta.

Outro diretor da Máfia "Adoradora de Farinha e Água" que acusou Helena de ser uma prostituta foi Jerônimo, o "Repugnante" Estuprador de Crianças:

> No 16º ano de seu reinado, Constâncio morreu na Grã-Bretanha em Eburacum [York]; depois dele, seu filho Constantino, nascido da concubina Helena, toma posse do império.[2]

Assim, como os *santos* dessa Organização Criminosa não passam de homens com uma vida desregrada, o mesmo se repete

---

[1] AMBROSII. *De obitu Theodosii Oratio*, 42: "Stabulariam hanc primo fuisse asserunt, sic cognitam Constantio seniori, qui postea regnum adeptus est. Bona stabularia, quae tam diligenter praesepe Domini requisivit. Bona stabularia, quae stabularium non ignoravit illum, qui vulnera curavit a latronibus vulnerati (Luc. X, 34). Bona stabularia, quae maluit aestimari stercora, ut Christum lucrifaceret (Philip. III, 8). Ideo illam Christus de stercore levavit ad regnum, secundum quod scriptum est: Quia suscitat de terra inopem, et de stercore erigit pauperem (Psal. CXII, 7)."

[2] JEROME. *Chronicon*, a.307: "In the 16th year of his reign Constantius died in Britain at Eburacum; after him his son Constantine, born from the concubine Helena, takes possession of the empire." Disponível em <https://topostext.org/work/530>.

com as suas *santas*: Helena era uma prostituta fanática, que financiava e defendia a Gangue Nicena, o que influenciou profundamente na deformação moral do seu filho transformando-o em um dos maiores assassinos da História.

Vejamos algumas passagens sobre a autoritária, inescrupulosa e prostitua *santa* Helena: ela foi responsável pela expulsão do diretor da filial da Multinacional Católica de Crimes em Jerusalém, Eustáquio de Antioquia, porque ele a lembrou da sua condição de prostituta imperial:

> Havia um Eustáquio, Bispo de Antioquia, confessor e íntegro na fé. Este homem, por ser muito zeloso pela verdade, odiava a heresia ariana e não recebia aqueles que adotavam seus princípios, foi falsamente incriminado perante o imperador Constantino, e uma acusação foi inventada contra ele, de que havia insultado sua mãe.[1]

Ela se associou aos diretores da Quadrilha Católica, que infestavam o Palácio Imperial, a fim de isolar a imperatriz Teodora, a qual com todos os seus filhos, foi relegada a um canto do Palácio. O objetivo desse *exílio* palaciano foi garantir que o trono fosse deixado para o seu filho Constantino. Quando Constantino assumiu a púrpura, ele assassinou Teodora e os seus filhos, a fim de garantir o trono para si, uma vez que os herdeiros legítimos seriam os filhos de Teodora.

Muitos outros *santos* eram bandidos violentos, os quais escolheram entrar para a Quadrilha Católica, porquanto desejavam uma vida fácil: Calisto I (era um agiota, que devido à sua vida de crimes tornou-se não só CEO da Quadrilha Católica, como ainda é

---

[1] ATHANASIUS. *History of the Arians* (*Historia Arianorum*), part I, 4 (Arians persecute Eustathius and others): "There was one Eustathius, Bishop of Antioch, a Confessor, and sound in the Faith. This man, because he was very zealous for the truth, and hated the Arian heresy, and would not receive those who adopted its tenets, is falsely accused before the Emperor Constantine, and a charge invented against him, that he had insulted his mother." Disponível em <https://trinityinyou.com/athanasius-history-of-the-arians-historia-arianorum/>.
A nota 1524 traz várias outras fontes sobre a prostituta Helena.

adorado como *santo*); Mateus (como cobrador de imposto, ele extorquia os judeus); Dimas (o bandido crucificado ao lado do "Cadáver Judeu"); Moisés, o Etíope (era chefe de uma das Gangues de Monges mais violenta do Egito); Camilo de Lelis (era um vigarista e mercenário).

Não podemos esquecer outros *santos* que se caracterizavam por serem assassinos, mentirosos, falsários, estupradores, etc.:

1. Irineu, o Inventor de Hereges;
2. Clemente de Alexandria, o Estúpido Assexuado;
3. Orígenes, o Prostituto de Padres;
4. Teófilo, "o Amigo de Satanás";
5. Atanásio, o Campeão do Crime;
6. Cipriano, "o Pastor Mercenário";
7. Cirilo, o "Depósito de Lixo Alexandrino";
8. Hilário, "o Horror do Oriente";
9. Hipólito, "homem trivial e ignorante";
10. Ambrósio, o Pedófilo;
11. Agostinho, o Brinquedo Sexual de *santo* Ambrósio;
12. Jerônimo, o "Repugnante" Estuprador de Crianças.

Foram os *santos* da Quadrilha Iconódula que fanaticamente imolaram a grande cientista Hipátia de Alexandria: o seu estupro e assassinato foi, cinicamente, justificado pelos pedófilos dessa Organização Criminosa, como um ato *santo* praticado por homens *santos*, os quais agiam com a *santa* violência legitimada pelo seu esquálido, bêbado e alucinado crucificado.

Todos os *santos* e *mártires* foram homens perversos, os quais devotaram as suas cruéis vidas à manutenção da riqueza e poder da Quadrilha Católica. Eles refletem os atributos dessa mefistofélica corporação na eterna busca pelas suas 30 moedas de prata, porquanto desejam apenas: poder político e controle total dos seus consumidores; totalitarismo e vingança; ódio ao diferente e o extermínio de inocentes; punições físicas agora e metafísicas futuramente; uma enorme demonstração de desrespeito à honestidade ao inventarem *milagres*, cujos preceitos morais são indignos, nefandos e torpes.

Devemos encerrar essa análise sobre os *santos*, porque até o mais breve estudo sobre esses patifes contamina a alma de quem se aproxima. Todavia, apresentaremos algumas referências sobre os principais *santos* da Quadrilha Católica, a fim de realçar a podridão existente nos seus corações, bem como saber o que eles pensam daqueles que se opõem aos seus crimes:

> **1. Os profetas:** "Agora, pois, eis que o senhor pôs o espírito de mentira na boca de todos estes teus profetas, e o senhor falou o mal contra ti."[1];
> **2. Levi:** "Serpentes, raça de víboras! como escapareis da condenação do inferno?"[2];
> **3. Marcos:** "Porque do interior do coração dos homens saem os maus pensamentos, os adultérios, as fornicações, os e homicídios, os furtos, a avareza, as maldades, o engano, a dissolução, a inveja, a blasfêmia, a soberba, a loucura. Todos esses males procedem de dentro e contaminam o homem."[3]
> **4. Lucas:** "E quanto àqueles meus inimigos que não quiseram que eu reinasse sobre eles, trazei-os aqui, e matai-os diante de mim."[4];
> **5. João, "o mais indigno de confiança":** "E vi subir da terra outra besta; e tinha dois chifres, como um cordeiro, e falava como um dragão."[5];
> **6. Saul, o "patife e falso":** E quase todas as coisas, segundo a lei, se purificam com sangue; e sem derramamento de sangue não há remissão.[6];
> **7. Shimon Kaipha, o Príncipe das Traições:** "Porque é louvável que, por motivo de sua consciência para com deus, alguém suporte aflições sofrendo injustamente."[7];

---

[1] 1 *REIS*, 22 (21-23).
[2] LEVI, 23 (33).
[3] MARCOS, 7 (21-23).
[4] LUCAS, 19 (27).
[5] *Apocalipse*, 13 (11).
[6] SAUL, Epístola aos Hebreus, 9 (22).
[7] SHIMON KAIPHA, *Primeira Epístola*, 2 (19).

8. **Inácio de Antioquia:** "Portanto, fujam dessas heresias ímpias; pois são invenções do diabo, aquela serpente que foi o autor do mal, e que por meio da mulher enganou Adão, o pai de nossa raça."[1];

9. **Clemente Romano:** "às mulheres, recomendáveis para que cumprissem todos os seus deveres com consciência irrepreensível, de forma santa e pura, amando convenientemente seus maridos; e ainda as ensináveis a administrar a vida doméstica dentro das normas de obediência e da mais absoluta discrição."[2]

10. **Policarpo de Esmirna, o Semeador da Morte:** "todo aquele que manipula os oráculos do senhor para suas próprias concupiscências [...], esse é o primogênito de Satanás."[3];

11. **Justino, "o Mais Tolo dos Pais Cristãos":** "E odeio as vossas assembleias públicas. Pois nelas há banquetes excessivos, e flautas sutis que provocam movimentos lascivos, e unções inúteis e luxuosas, e coroas de flores. Com tal massa de males, vós banis a vergonha; e enchendo as vossas mentes com eles, sois levados pela intemperança, e vos entregais à prática comum de uma fornicação perversa e insana."[4];

12. **Irineu, o Inventor de Hereges:** "Visto que Ló não tinha conhecimento (do que fazia), nem era escravo da luxúria (em suas ações), o plano (divino) se cumpriu. Por intermédio dele, as duas filhas (ou seja, as duas igrejas), deram à luz

---

[1] IGNATIUS OF ANTIOCH (Philip Schaff, ed.). *The Epistle to the Trallians*, chapter X (*The reality of Christ's passion*): "Do ye therefore flee from these ungodly heresies; for they are the inventions of the devil, that serpent who was the author of evil, and who by means of the woman deceived Adam, the father of our race."
[2] CLEMENTE ROMANO. *Epístola aos Coríntios*, capítulo I, 3.
[3] POLYCARP. *The Epistle to the Philippians*, chapter VII (Avoid the Docetæ, and persevere in fasting and prayer): "and whosoever perverts the oracles of the Lord to his own lusts, [...], he is the first-born of Satan."
[4] JUSTIN (Philip Schaff, ed.). *The Discourse to the Greeks*, chapter IV (Shameless practices of the Greeks): "And your public assemblies I have come to hate. For there are excessive banquetings, and subtle flutes which provoke to lustful movements, and useless and luxurious anointings, and crowning with garlands. With such a mass of evils do you banish shame; and ye fill your minds with them, and are carried away by intemperance, and indulge as a common practice in wicked and insane fornication."

filhos gerados pelo mesmo pai, foram apontadas, separadas da (influência da) concupiscência da carne."¹;

13. Clemente de Alexandria, o Estúpido Assexuado: "Mas estas mulheres deleitam-se no intercurso com os afeminados. E multidões de criaturas abomináveis (κιναιδες) afluem, de língua desenfreada, imundas de corpo, imundas de linguagem; homens suficientes para ofícios lascivos, ministros do adultério, rindo e sussurrando, e descaradamente fazendo através do nariz sons de lascívia e fornicação para provocar a luxúria, esforçando-se por agradar com palavras e atitudes lascivas, incitando ao riso, precursor da fornicação."²;

14. Tertuliano, o Inquisidor Mor: "Eles [os *hereges*] negam que deus deva ser temido, e então o que os impediria de liberar toda imaginação maligna e todo apetite irregular? Mas onde está ausente o temor de deus, se ele mesmo está presente? [...] Pois onde deus está, aí está o "Temor de deus, que é o Princípio da Sabedoria."³

15. Cirilo, o "Depósito de Lixo Alexandrino": "2. Pois sobre Novato não precisava ter sido dito nada por vocês a nós, já que Novato deveria ter sido mostrado por nós a vocês, como sempre ávido por novidades, furioso com a rapacidade de uma avareza insaciável, inflado com a arrogância e estupidez do orgulho inchado; sempre conhecido com má reputação pelos bispos de lá; sempre condenado pela voz de todos os padres como um herege e um homem pérfido; sempre curioso, para que ele possa trair: ele bajula com o propósito

---

¹ IRENAEUS. *Against Heresies*, book IV, chapter XXXI (We should not hastily impute as crimes to the...), 1: "Since, therefore, Lot knew not [what he did], nor was a slave to lust [in his actions], the arrangement [designed by God] was carried out, by which the two daughters (that is, the two churches), who gave birth to children begotten of one and the same father, were pointed out, apart from [the influence of] the lust of the flesh."

² CLEMENT OF ALEXANDRIA. *The Instructor*, book III, chapter IV (With Whom We are to Associate): "But these women delight in intercourse with the effeminate. And crowds of abominable creatures (κιναιδες) flow in, of unbridled tongue, filthy in body, filthy in language; men enough for lewd offices, ministers of adultery, giggling and whispering, and shamelessly making through their noses sounds of lewdness and fornication to provoke lust, endeavouring to please by lewd words and attitudes, inciting to laughter, the precursor of fornication."

³ TERTULLIAN. *Prescription Against Heretics*, XLIII: "They deny that God is to be fear'd, and then what should hinder them from giving a Loose to every evil Imagination, and to every irregular Appetite? But where is the Fear of God absent, if he himself be present? [...] For where God is, there is the 'Fear of God, which is the Beginning of Wisdom'."

de enganar, nunca fiel para que ele possa amar; uma tocha e fogo para explodir as chamas da sedição; um redemoinho e tempestade para fazer naufrágios da fé; o inimigo da quietude, o adversário da tranquilidade, o inimigo da paz."¹

16. Atanásio, o Campeão do Crime: "Em uma palavra, eles eram tão cruéis e amargos contra todos, que todos os homens os chamavam de carrascos, assassinos, sem lei, intrusos, malfeitores e por qualquer outro nome que não o de cristãos."²

17. Ambrósio, o Pedófilo: "Tenho o coração e o corpo contaminados por minhas muitas ofensas, uma mente e uma língua sobre as quais não mantive uma boa vigilância. [...] a Vós descubro minha vergonha. Estou ciente dos meus muitos e grandes pecados, pelos quais temo, [...] cheio de misérias e pecados, [...] Estou arrependido dos meus pecados, desejo corrigir o que fiz. [...]"³;

18. João, o Boca de Ouro: "Como, por exemplo: Estão plantados em nós, como tantos espinhos, o perjúrio, a falsidade, a hipocrisia, o engano, a desonestidade, a ofensa, a escárnio, a bufaria, a indecência, a vilania; novamente sob outro título, a cobiça, a rapacidade, a injustiça, a calúnia, a insídia; novamente, a concupiscência maligna, a impureza, a lascívia, a fornicação, o adultério; novamente, a inveja, a emulação, a ira, a cólera, o rancor, a vingança, a blasfêmia, e inúmeros outros.⁴

---

¹ CYPRIAN (Philip Schaff, ed.). *Epistle XLVIII*, 2 "For about Novatus there need have been nothing told by you to us, since Novatus ought rather to have been shown by us to you, as always greedy of novelty, raging with the rapacity of an insatiable avarice, inflated with the arrogance and stupidity of swelling pride; always known with bad repute to the bishops there; always condemned by the voice of all the priests as a heretic and a perfidious man; always inquisitive, that he may betray: he flatters for the purpose of deceiving, never faithful that he may love; a torch and fire to blow up the flames of sedition; a whirlwind and tempest to make shipwrecks of the faith; the foe of quiet, the adversary of tranquillity, the enemy of peace."

² ATHANASIUS. *Against the Heathen*, 59 (Violence of Sebastianus): "In a word, so cruel and bitter were they against all, that all men called them hangmen, murderers, lawless, intruders, evil-doers, and by any other name rather than that of Christians."

³ AMBRÓSIO. *Oração antes da Missa*.

⁴ CHRYSOSTOM, John. *Homily 8*: on the Acts of the Apostles: "As, for example: There are set in us, like so many thorns, perjury, falsehood hypocrisy, deceit, dishonesty, abusiveness, scoffing, buffoonery, indecency, scurrility; again under another head, covetousness, rapacity, injustice, calumny, insidiousness; again, wicked lust, uncleanness, lewdness, fornication, adultery; again, envy, emulation,

19. Jerônimo, o "Repugnante" Estuprador de Crianças: "Se o seu sobrinho pequeno [Nepotiano] se pendurar no seu [de Heliodoro de "modos bonitos de uma criança"] pescoço, não lhe dê atenção; se sua mãe, de cabelos cinzas e roupas rasgadas, lhe mostrar os seios que o amamentaram, não a escute; se seu pai se prostrar na soleira, pise nele e siga seu caminho. Com os olhos secos, voe para o estandarte da cruz. Nesses casos, a crueldade é o único afeto verdadeiro."[1]
20. Agostinho, o Brinquedo Sexual de *santo* Ambrósio: "Pois, quando a fé é prometida, deve ser mantida mesmo com o inimigo contra quem a guerra é travada, quanto mais com o amigo por quem a batalha é travada! A paz deve ser o objeto de seu desejo; a guerra deve ser travada apenas como uma necessidade, e travada apenas para que deus possa, por meio dela, livrar os homens da necessidade e preservá-los em paz. Pois a paz não é buscada para acender a guerra, mas a guerra é travada para se obter a paz."[2].

Os diretores da Quadrilha Católica retomaram a *adoração* das divindades *pagãs*, batizando-as como *santos* da Organização Criminosa; ao mesmo tempo, acusaram os adoradores dos grandiosos Deuses dessas religiões de espalhar a idolatria e enganar os homens com oráculos e *maleficium*: essas acusações podem ser feitas a essa Multinacional do Crime, porquanto ela mantém, ainda hoje, todas essas atividades *pagãs* sob o nome de catolicismo romano.

---

anger, wrath, rancor, revenge, blasphemy, and numberless others." (36 Books) (p. 1389). Amazon.com. Edição do Kindle.
[1] JEROME (Philip Schaff, ed.). *Letter XIV* (To Heliodorus, Monk), 2: "Should your little nephew hang on your neck, pay no regard to him; should your mother with ashes on her hair and garments rent show you the breasts at which she nursed you, heed her not; should your father prostrate himself on the threshold, trample him under foot and go your way. With dry eyes fly to the standard of the cross. In such cases cruelty is the only true affection."
[2] AUGUSTINE. *Epistle 189* (To Boniface), 6: "For, when faith is pledged, it is to be kept even with the enemy against whom the war is waged, how much more with the friend for whom the battle is fought! Peace should be the object of your desire; war should be waged only as a necessity, and waged only that God may by it deliver men from the necessity and preserve them in peace. For peace is not sought in order to the kindling of war, but war is waged in order that peace may be obtained."
Ver ainda *Carta* 138, 189 (4), 229 (2); *Cidade de deus*, 1 (21, 26), 4 (15), 5 (26), 18 (41), 91 (4), 181 (1); *Sermão 62* (8); *Carta a Fausto*, 22 (7).

2.5. Árvore de Natal

A adoração às árvores era uma tradição *pagã*, existente entre vários povos conquistados pelos romanos. Na Grécia encontramos o Deus Pitágoras, o "Chefe dos Charlatães", aconselhando aos seus fiéis a adorarem os deuses usando árvores:

> Os Deuses devem ser honrados com cedro, louro, cipreste, carvalho e murta;[1]

Essa adoração também era comum entre os *pagãos* da Escandinávia, os quais tinham o costume de decorar uma árvore, para comemorarem o solstício de inverno.

Os diretores da Máfia de Preto, a fim de conseguirem mais consumidores para os seus produtos podres, adotaram a Árvore de Natal escandinava, dizendo que se tratava da representação do seu Garoto Propaganda. Conforme esses diretores, a iluminação da Árvore representaria a luz do burro espalhando-se sobre todos.

Outra explicação para se comemorar o nascimento do crucificado com uma árvore, tem relação direta com o Grande Deus Átis na Frígia e Grécia: o sangue desse deus, ao se castrar, caiu sobre um pinheiro, o qual passou a representar a fertilidade, desse modo o sangue divino renovaria a fertilidade do solo. A Deusa Cibele ficou compadecida com a morte do Deus Átis, por isso o trouxe à vida novamente; para comemorar a sua ressurreição, os fiéis penduravam a sua imagem em um pinheiro: a sua ressurreição ocorria na páscoa, quando os fiéis se reuniam no início de cada primavera; nesse festival eles utilizavam o pinheiro como seu símbolo, esse Pinheiro-Átis era derrubado e levado ao templo. No outro dia o templo era reaberto e os fiéis comemoravam a ressurreição do Deus Átis com uma grande festa, desse modo a tristeza pela sua morte

---

[1] PYTHAGORAS. *Work Complete*: "The Gods should be honored with cedar, laurel, cypress, oak and myrtle; [...]."

era substituída três dias depois pela alegria em ver o Deus ressuscitado, o qual traria vida nova para todos.

Os *pagãos* séculos antes da chegada dos produtos imundos da Multinacional Católica de Crimes, comemoravam o dia 25 de dezembro com guirlandas, Árvores de Natal, troca de presentes, apresentação do Salvador como uma criança, refeições comuns (eucaristia) e uma alegria incontida tomava conta de todos.

Outra tradição de se adorar árvores ocorria entre os *pagãos* da pestilenta frança (não merece nem uma letra maiúscula), os quais acendiam velas junto às árvores, contudo essa prática foi proibida pelo sanguinário rei Carlos Magno, o qual havia se associado ao CEO da Organização Criminosa Católica, Leão III:

> Se alguém fizer um voto em fontes, árvores ou bosques, ou fizer qualquer oferenda à maneira dos pagãos e participar de uma refeição em homenagem aos demônios, se ele for um nobre (pagará) 60 *solidi* [um sólido, ou soldo, pesa 4,5 g de ouro], se for um homem livre 30, se for *litus* [semi-livre] 15. Se, de fato, eles não tiverem como pagar imediatamente, serão entregues ao serviço da igreja até que os *solidi* sejam pagos.[1]

Para os *pagãos* as árvores vivas representavam a fertilidade e a esperança de uma nova vida durante os dias escuros de inverno, principalmente durante o solstício nos dias 21 ou 22 de dezembro:

> **1.** durante o Festival da Saturnália (em homenagem ao Deus Saturno), os romanos usavam árvores vivas, para decorarem os seus sagrados templos, bem como as colocavam nas suas casas;

---

[1] CHARLEMAGNE. *Capitularies*, 13: "21. If anyone shall have made a vow at springs or trees or groves, or shall have made any offering after the manner of the heathen and shall have partaken of a repast in honor of the demons, if he shall be a noble [he shall pay] 60 solidi, if a freeman 30, if a litus 15. If, indeed, they have not the means of paying at once, they shall be given into the service of the church until the solidi are paid." Disponível em <https://is.muni.cz/el/1421/podzim2016/PV1B103/um/Capitularies.txt>.

2. os *pagãos* germânicos faziam sacrifícios ao Todo-Poderoso Deus Thor aos pés de um carvalho;
3. os celtas usavam galhos, para simbolizarem a vida eterna;
4. os vikings usavam as plantas do Deus da Luz e da Paz, Balder.

2.6. Milenarismo

Os diretores do Trinitarismo Atanasiano comercializam um produto de origem *pagã*, o qual faz muito sucesso entre os seus espertos asseclas: o milenarismo (quiliasmo, ou apocalipsismo). Esse produto foi introduzido pelos redatores do *Apocalipse*, cuja característica é apresentar o reino do crucificado durante 1.000 anos:

> Felizes e santos os que participam da primeira ressurreição! A segunda morte não tem poder sobre eles; serão sacerdotes de deus e de cristo, e reinarão com ele durante mil anos.[1]

Ao contrário das fábulas sobre o Jardim do Éden, o qual ocorrera em um passado longínquo; o milenarismo se dedicou a oferecer um novo paraíso, todavia em uma época futura incerta. O milenarismo é o sonho dos derrotados, pois eles não conseguem a felicidade aqui e agora, o que os levam a desejarem uma Idade do Ouro no futuro: o mais importante nessas fábulas é a alegria de saber, que os seus inimigos sofrerão eternamente.

O milenarismo é um movimento utópico, o qual espera que um deus salvador livre os homens das maldades no mundo, proporcionando uma vida paradisíaca: esse desejo sempre acompanha os povos pobres, os quais estão sujeitos aos católicos tendo como característica a fome, a violência e a corrupção (na atualidade é comum entre os latinos da América), mas nem por isso deixam de sonhar com o extermínio dos seus antípodas: o religioso que mais faz sucesso em vender o milenarismo é Karl Marx, a Puta dos *Intelectuais*.

---

[1] JOÃO, *Apocalipse*, 20 (6).

Entre os hindus existe a lenda sobre Vishnu (o Filho, o Destruidor), o qual surgiria no fim dos tempos para destruir todo o mal, a Era de Kalki, e ergueria uma nova sociedade de paz e abundância. Vishnu é o Deus Salvador que apareceria em diversos momentos, a fim de livrar a humanidade do mal e levá-la para outro mundo melhor, todavia antes dessa era de felicidade, ele viria como Kalki:

> Diz-se que Ele aparecerá novamente em breve, como Kalki, um cavalo branco, destinado a destruir o mundo atual e a levar a humanidade a um plano diferente e superior.[1]

Os fiéis do Deus Todo-Poderoso Vishnu acreditavam que ele voltaria no final dos tempos, ele desceria dos céus e viria ao mundo armado com uma espada flamejante, para destruir os impuros.

No budismo encontramos três Budas: Buda da Iluminação (representa passado); Buda Śākyamuni (representa o presente); Buda Maitreya (representa o futuro). A Idade de Ouro se iniciaria com a chegada do messiânico Maitreya, que seria a última encarnação de Buda:

> Olhando para cima nas quatro direções, ele proclamará estas palavras: "Esta é minha última vida. Não haverá mais renascimentos. Não visitarei (este mundo) novamente. Sem contaminações, irei para o Nirvana não contaminado."[2]

Antes desse momento o mundo se cobriria com todos os tipos de iniquidades, mas com a chegada de Maitreya o paraíso seria instalado em todo o mundo; assim os budistas acreditam que nos últimos dias Buda Cristo voltará, para trazer a ordem, a paz e a felicidade ao mundo.

---

[1] *Hindu Prophecies*: "It is said that He will appear again soon, as Kalki, a white horse, destined to destroy the present world and to take humanity to a different, higher plane."
[2] *The Prophecy of Maitreya*: "Looking upwards in the four directions, he will proclaim these words: This is my last life. There will be no more rebirths. I will not visit (this world) again. Without contaminations I will go to uncontaminated Nirvana". Disponível em <https://texts.mandala.library.virginia.edu/text/prophecy-maitreya>

A crença *pagã* na *Era do Mundo* podia ser encontrada no antigo império persa, segundo a qual haveria uma luta entre o Bem (Ormazd) e o mal (Ahriman). Da mesma maneira, vemos que os fiéis do zoroastrismo acreditavam que haveria uma época, em que a sua religião seria aceita por todos os homens no mundo, nesse milênio os mortos ressuscitariam. Mas, antes do milênio ocorrer, três profetas deveriam aparecer e a terra se encheria de calamidades:

> Então ele [Ormuzd] levanta primeiro Kajomorts, e depois os protoplastos e, finalmente, todos os homens, tanto os maus quanto os bons. A terra devolve seus membros, seus ossos, seu sangue e, com eles, seu fogo e sua vida. Mas antes do triunfo definitivo do Bom Princípio, aparecerão três profetas, sob o último dos quais a terra, devastada por todos os tipos de pragas, recuperará sua beleza primitiva. Após a ressurreição, o julgamento final ocorrerá.[1]

No Zoroastrismo, o milenarismo encontra-se nas figuras do Insuperável Deus Mitra, que mudará o mundo de maneira apocalíptica; e do Deus Saosyant, o qual surgiria no final de cada ciclo, a fim de purificar o mundo e criar um paraíso imortal na terra:

> A alma do homem puro dá o primeiro passo e chega ao (Paraíso) Humata; a alma do homem puro dá o segundo passo e chega ao (Paraíso) Hûkhta; dá o terceiro passo e chega ao (Paraíso) Hvarsta; a alma do homem puro dá o quarto passo e chega às Luzes Eternas.[2]

---

[1] BEARD, John R. *The Autobiography of Satan*. London: Willian and Norgate, 1872, p. 62: "Then he raises first Kajomorts, and afterwards the protoplasts, and finally all men, the bad as well as the good. The earth gives back their limbs, their bones, their blood, and with them their fire and their life. But before the definitive triumph of the Good Principle, there will appear three prophets, under the last of whom the earth, ravaged by all sorts of plagues, will recover its primeval beauty. After the resurrection, the final judgment takes place."

[2] KAPADIA, S. A. *The Teachings of Zoroaster*. London: John Murray, 1913, The Soul's Destination, 15: "The soul of the pure man goes the first step and arrives in (the Paradise) Humata; the soul of the pure man takes the second step and arrives at (the Paradise) Hûkhta; it goes the third step and arrives at (the Paradise)

Como quase todos os povos da antiguidade, os chineses, do mesmo modo, acreditavam na existência de uma Era de Ouro que se realizaria no futuro, quando um Deus voltaria à terra trazendo a paz e a felicidade:

> Compilado na forma de um diálogo contínuo entre o Mestre Celestial, um emissário do Dao, e seus discípulos, o Taiping jing oferece uma descrição de uma sociedade ideal e fornece a expectativa de uma renovação do mundo através de agentes celestiais. A significância da escatologia do texto reside no fato de que ele relativiza a validade da sociedade existente. Ele vê uma mudança drástica no curso da história como iminente e desejável, pois a demarcação entre este mundo e o além será quebrada, e o amanhecer de uma nova ordem mística estará à mão.
> Assim, da visão original de um mundo ideal existente no passado remoto, através da visão de transição da utopia existente em terras distantes contemporaneamente, a religião chinesa chegou finalmente à visão do reino perfeito existente no futuro, cuja chegada sinalizaria o fim da era presente.[1]

O milenarismo pode, igualmente, ser visto nos ensinamentos da Deusa Krishna Cristo (Jeseus Cristo), a qual voltaria a cada mil anos, para impor a paz, a justiça e a felicidade:

Hvarsta; the soul of the pure man takes the fourth step and arrives at the Eternal Ligths."

[1] *Millenarianism*: Chinese Millenarian Movements: "Compiled in the form of a continuing dialogue between the Celestial Master, an emissary of Dao, and his disciples, the *Taiping jing* offers description of an ideal society and provides expectation of a renewal of the world through heavenly agents. The significance of the text's eschatology lies in the fact that it relativizes the validity of the existing society. It sees drastic change in the course of history as imminent and desirable, for the demarcation between this world and the beyond will be broken down, and the dawning of a mystical new order will be at hand.
Thus, from the original view of an ideal world existing in the remote past, through the transitional view of the utopia existing in distant lands contemporaneously, Chinese religion finally came to the view of the perfect realm existing in the future, the arrival of which would signal the end of the present age."
Disponível em <https://www.encyclopedia.com/environment/encyclopedias-almanacs-transcripts-and-maps/millenarianism-chinese-millenarian-movements>.

Para proteger os piedosos e aniquilar os misantropos, assim como restabelecer os princípios da religião, Eu Mesmo apareço, milênio após milênio.[1]

Aproveitando que lenda de um futuro melhor era conhecida por quase todos os povos conquistados pelos romanos, os diretores da Gangue Homoousiana passaram a vendê-la, segundo a qual antes da volta do burro crucificado haveria inúmeras calamidades. Quando voltasse, ele prenderia Satanás e aniquilaria os *pagãos*:

> Irmãos, quanto aos tempos e épocas, não precisamos escrever pois vocês mesmos sabem perfeitamente que o dia do senhor virá como ladrão à noite. Quando disserem: "Paz e segurança", a destruição virá sobre eles de repente, como as dores de parto à mulher grávida; e de modo nenhum escaparão.[2]

No ato de venda dessa fábula, eles diziam que o Sr. Münchhausen da Cruz, com os seus exércitos de anjos, derrubaria o Império Romano e estabeleceria uma nova Era, na qual os mortos ressuscitariam e com os consumidores da Gangue viveriam felizes na nova Jerusalém, por fim, o mundo inteiro se curvaria ao poder do indecoroso, covarde e cruel crucificado de 18 pênis e o reconheceria como o único deus supremo. Portanto, a primeira decisão dos diretores Gangue Nicena foi vender o Milênio, o qual ocorreria com a volta do tresloucado crucificado, após um período de 6.000 anos se completasse.

---

[1] PRABHUPADA. B. S. *Bhagavad-Gita*, chapter 4 (Transcendental Knowledge): "To deliver the pious and to annihilate the miscreants, as well as to reestablish the principles of religion, I Myself appear, millennium after millennium."
[2] SAUL, *Primeira Epístola aos Tessalonicenses*, 5 (1-3). Ver ainda: MATEUS, 24 (36-39, 42-44); MARCOS, 13 (24-27, 32); LUCAS, 9 (26); LUCAS, *Atos dos Apóstolos*, 1 (9-11); João, 14 (2-3); SAUL, *Primeira Epístola aos Tessalonicenses*, 4 (16-17); SAUL, *Segunda Epístola aos Tessalonicenses*, 2 (1-4); *Epístola aos Hebreus*, 9 (27-28); PEDRO, *Segunda Epístola*, 3 (8-13); *APOCALIPSE*, 19 (11-16), 22 (20).

O terrorismo implícito na fábula do Milênio para os não-consumidores dos produtos da Gangue Nicena, era mitigado em relação aos seus consumidores, porque para esses haveria 1.000 anos de felicidade, quando o tolo voltasse para reinar na Nova Jerusalém.

Esse produto falso teve muitos defensores na Gangue "Adoradora de Farinha e Água", porque ele tinha três efeitos imediatos sobre os consumidores: primeiro incutia neles o medo de não se salvarem; segundo os tornavam subservientes aos desejos lascivos dos seus diretores; por fim, dava-lhes a felicidade de ver os seus inimigos sofrerem.

O desejo do milenarismo sempre acompanhou os diretores da Bando dos "Idólatras de Fato", todavia entre esses homens vaidosos havia uma diferença clara a respeito do modo como aconteceria esse período de vingança e crueldade: a gangue liderada por Papias, o Indigente Intelectual; Irineu, o Inventor de Hereges; Justino, "o Mais Tolo dos Pais Cristãos" e Lactâncio, o Farsante, afirmaram que esse novo mundo teria um governo político terreno com a presença física do crucificado, tal como os redatores do *Apocalipse* descreveriam.

Papias, o Indigente Intelectual, defendia que o crucificado voltaria para se vingar daqueles que não criam nele; nesse processo de extermínio dos infiéis, ele constituiria um governo na terra:

> Entre estes, ele diz que haverá um milênio após a ressurreição dos mortos, quando o reino pessoal de cristo será estabelecido nesta terra. Ele, além disso, transmite, em seus próprios escritos, outras narrativas dadas pelo mencionado Arístion dos ditos do senhor e as tradições do presbítero João.[1]

---

[1] PAPIAS (Philip Schaff, ed.) *Fragments*, VI: "Amongst these he says that there will be a millennium after the resurrection from the dead, when the personal reign of Christ will be established on this earth. He moreover hands down, in his own writing, other narratives given by the previously mentioned Aristion of the Lord's sayings, and the traditions of the presbyter John."

Irineu, o Inventor de Hereges, seguiu essa linha de um governo terreno do crucificado, no qual os seus asseclas seriam felizes por mil anos, enquanto os seus inimigos sofreriam agruras inimagináveis:

> Pois é ele quem tem poder do pai sobre todas as coisas, visto que ele é a Palavra de deus, e o próprio homem; comunicando-se com seres invisíveis à maneira do intelecto, além de designar uma lei observável aos sentidos externos, para que todas as coisas continuem cada uma em sua própria ordem; e ele reina manifestamente sobre as coisas visíveis e pertencentes aos homens; e traz o julgamento justo e digno sobre todos; como Davi também, apontando claramente para isso, diz: "Nosso deus virá abertamente, e não guardará silêncio."[1]

É notável que Irineu, o Inventor de Hereges, admitia que o Império Romano existiria como uma forma temporária criada pela Providência, contudo ele estava fadado a ser substituído pelo Império Católico do Mal. Malgrado, desejasse a chegada do novo Império, ele não se colocava contra as leis de Roma, porque defendida o respeito ao Império Romano; era comum, ele considerar o Império Romano como uma forma de manter o mundo em paz:

> Pois em tantos dias quanto o mundo foi criado, em tantos milhares de anos ele será concluído. [...] Pois o dia do senhor

---

[1] IRENAEUS. *Against Heresies*, book V, chapter XVIII (god the father and his word), 3 (3): "For it is He who has power from the Father over all things, since He is the Word of God, and very man, communicating with invisible beings after the manner of the intellect, and appointing a law observable to the outward senses, that all things should continue each in its own order; and He reigns manifestly over things visible and pertaining to men; and brings in just judgment and worthy upon all; as David also, clearly pointing to this, says, 'Our God shall openly come, and will not keep silence.'"
Disponível em <http://www.gnosis.org/library/advh5.htm>.

A Quadrilha Católica

é como mil anos; e em seis dias as coisas criadas foram completadas: é evidente, portanto, que elas chegarão ao fim no sexto milênio.¹

A malandragem de *santo* Irineu, o Inventor de Hereges, é magnífica, porque ele concluiu como evidente, aquilo que era apenas uma crença dele e dos seus amigos criminosos. Assim, ele pode concluir que após o Sr. Münchhausen da Cruz reinaria na Nova Jerusalém.

Nos rabiscos de Justino, "o Mais Tolo dos Pais Cristãos", ficamos sabendo que o novo governo do mundo teria como capital a cidade de "triste fama":

> Mas eu e outros, que somos cristãos justos em todos os aspectos, estamos certos de que haverá uma ressurreição dos mortos e mil anos em Jerusalém, que então será construída, adornada e ampliada, [como] declaram os profetas Ezequiel, Isaías e outros.²

Lactâncio, o Farsante, também foi um defensor do governo de 1.000 anos do Garoto Propaganda, para ele isso ocorreria após o governo de 6.000 anos se completarem. Mas, por ser um farsante, não apresentou nenhum dado empírico para provar o que estava vendendo aos seus consumidores. As suas falácias seguiram o caminho traçado por Justino, "o Mais Tolo dos Pais Cristãos", o qual dissera que o pecado cometido no Éden fora superado nos primeiros mil anos do mundo. Contudo, havia uma boa notícia para os diretores, acionistas e consumidores do Bando de Fetichistas,

---

¹ IRENAEUS (Philip Schaff, ed.). *Against Heresies*, book V, chapter XXVIII (3): "For in as many days as this world was made, in so many thousand years shall it be concluded. [...] For the day of the Lord is as a thousand years; and in six days created things were completed: it is evident, therefore, that they will come to an end at the sixth thousand year."

² JUSTIN (Philip Schaff, ed.). *Dialogue with Trypho*, chapter LXXX (The opinion of Justin with regard to the reign of a thousand...): "But I and others, who are right-minded Christians on all points, are assured that there will be a resurrection of the dead, and a thousand years in Jerusalem, which will then be built, adorned, and enlarged, [as] the prophets Ezekiel and Isaiah and others declare."

porque eles viveriam 1.000 anos como governantes tutelados pelo deus inventado pelos diretores da Organização Criminosa.

Como não poderia faltar, Lactâncio, precisou citar a ação Satanás (afinal esse é o produto mais rentável da Máfia "Adoradora de Farinha e Água"), bem como não se esqueceu de ameaçar os homens honestos, os quais não se poluíram nas águas imundas da Multinacional do Crime:

> Mas ele [o Príncipe dos Demônios] também, quando os mil anos do reino, isto é, sete mil do mundo, começarem a terminar, será solto novamente e, sendo liberto da prisão, sairá e reunirá todas as nações que estiverem sob o domínio dos justos, para guerrear contra a cidade santa; e será reunido de todo o mundo um inumerável grupo de nações, e sitiará e cercará a cidade. Então a última ira de deus virá sobre as nações e as destruirá totalmente; [...].[1]

Como Quadrilha Católica ainda estava se organizando, é possível encontrar outros meliantes que defendiam o reino espiritual seguindo a posição dos *hereges*: o Deus Simão, o Mago; Cerdo e Marcião de Sinope afirmavam que somente as almas ressuscitariam, em uma clara oposição aos membros do Bando dos Idólatras de Fato, portanto o Milênio não seria físico.

Outros membros da Gangue de Almas "mais sujas do que todo lixo", que defenderam o milênio espiritual, foram: Orígenes, o Prostituto de Padres; Eusébio, "o Mais Repugnante dos Simpatizantes"; e Agostinho, o Brinquedo Sexual de *santo* Ambrósio.

---

[1] LACTANTIUS (Philip Schaff, ed.). *The Divine Institutes*, chapter XXVI (Of the loosing of the devil, and of the second and greatest...): "But he also, when the thousand years of the kingdom, that is, seven thousand of the world, shall begin to be ended, will be loosed afresh, and being sent forth from prison, will go forth and assemble all the nations, which shall then be under the dominion of the righteous, that they may make war against the holy city; and there shall be collected together from all the world an innumerable company of the nations, and shall besiege and surround the city. Then the last anger of God shall come upon the nations, and shall utterly destroy them; [...]."

Orígenes, o Prostituto de Padres, considerou os dogmas marcionitas como mais aceitáveis do que as tolices contidas no *Absurdum Manual*. Por ser um seguidor da Religião Platônica, Orígenes colocou-se frontalmente contra o Milênio físico; como ele foi muito influente na parte oriental do Império Romano, as alucinações milenaristas quase desapareceram dos textos do Trinitarismo Atanasiano.

Para ele, os consumidores que esperam um Reino dos Justos ocorrer na terra, somente o fazem por preguiça de pensar, pois eles leem as *Malae Fabulae* no sentido literal, quando deveriam lê-lo alegoricamente. Além disso, eles esquecem que Saul, o "patife e falso", afirmou que a ressurreição seria somente da alma, portanto não seria possível um Reino dos Justos na terra:

> Eles pensam fundamentar essas visões na autoridade dos profetas, citando as promessas escritas a respeito de Jerusalém; e, também, por aquelas passagens onde se diz que os que servem ao senhor comerão e beberão, mas os pecadores terão fome e sede; que os justos se alegrarão, mas a tristeza possuirá os ímpios. E do *novo testamento* também citam a palavra do salvador, na qual ele faz uma promessa a seus discípulos sobre a alegria do vinho, dizendo: "De agora em diante, não beberei deste cálice, até o beber de novo convosco no reino de meu pai". Acrescentam, ainda, aquela declaração na qual o salvador chama bem-aventurados os que agora têm fome e sede, prometendo-lhes que serão saciados; e muitas outras ilustrações bíblicas são apresentadas por eles, cujo significado, segundo eles, não deve ser tomado figurativamente.[1]

---

[1] ORIGEN OF ALEXANDRIA (Philip Schaff, ed.). *De Principiis*, book, 2, chapter XI (On Counter Promises), 2: "And these views they think to establish on the authority of the prophets by those promises which are written regarding Jerusalem; and by those passages also where it is said, that they who serve the Lord shall eat and drink, but that sinners shall hunger and thirst; that the righteous shall be joyful, but that sorrow shall possess the wicked. And from the New Testament also they quote the saying of the Saviour, in which He makes a promise to His disciples concerning the joy of wine, saying, 'Henceforth I shall not drink of this cup, until I drink it with you new in My Father's kingdom'. They add, moreover, that declaration, in which the Saviour calls those blessed who now hunger and thirst, promising them that

Novamente, ele se opôs a uma interpretação literal, a respeito de um governo terreno do burro crucificado:

> nosso senhor, vendo que a conduta dos judeus não condizia em nada com os ensinamentos dos profetas, inculcou por meio de uma parábola que o reino de deus lhes seria tirado e dado aos convertidos do paganismo.[1]

Eusébio, "o Mais Repugnante dos Simpatizantes", não poupou ofensas a Papias, por considerá-lo limitado intelectualmente e propenso a aceitar como verdade as fábulas que ouvia (uma vez que ele não sabia ler), pois ele pregava um reino material do crucificado:

> especialmente um reinado milenar de cristo na terra começando com a ressurreição dos justos, uma crença que ele havia adquirido por incapacidade de compreender as expressões figurativas dos escritores apostólicos.[2]

Eusébio, "o Mais Repugnante dos Simpatizantes" seguiu de perto o posicionamento origenista sobre o Reino dos Justos, ao afirmar a impossibilidade de existir um governo físico do cordeiro, "que falava como dragão":

> Perguntados acerca de cristo e de seu reino: que reino era este e onde e quando se manifestaria, deram como explicação que não era deste mundo nem terreno, mas celeste e

---

they shall be satisfied; and many other scriptural illustrations are adduced by them, the meaning of which they do not perceive is to be taken figuratively."

[1] ORIGEN OF ALEXANDRIA. *Against Celsus*, book II, chapter 5: "our Lord, seeing the conduct of the Jews not to be at all in keeping with the teaching of the prophets, inculcated by a parable that the kingdom of God would be taken from them, and given to the converts from heathenism."

[2] BARDENHEWER, Otto. *Patrology*. Saint Louis: Herder, 1908, pp. 43-44: "especially a millenarian reign of Christ on earth beginning with the resurrection of the just, a belief that he acquired through incapacity to comprehend the figurative expressions of the apostolic writers."

angélico e que se dará no final dos tempos; então ele virá com toda sua glória e julgará os vivos e os mortos e dará a cada um segundo suas obras.[1]

O milenarismo foi um produto especificamente vendido, para agradar aos consumidores sedentos por vingança contra uma sociedade, a qual eles não podiam desfrutar as suas benesses. Agostinho, o Brinquedo Sexual de *santo* Ambrósio, foi, assim como Orígenes, o Prostituto de Padres, um plagiador da Religião Platônica, mesmo após anos se dedicando a espalhar a imundície produzida pela Organização Criminosa Católica, ele não conseguiu abandonar os dogmas do Deus Platão, o "Moisés Ático".

Essa subalternidade intelectual como religioso platônico, pode ser constatada no seu posicionamento sobre o Reino dos Justos, uma vez que ele não somente se opôs a um governo na terra, como, igualmente, ridicularizou os seus comparsas de crimes, os quais defendiam tal posicionamento. Ele foi o mais influente defensor do milenarismo espiritual, os seus textos foram influenciados pelo posicionamento platônico Orígenes, o Prostituto de Padres, ao admitir que o Reino dos Justos seria somente espiritual.

A utilização desse produto por parte de Agostinho, o Brinquedo Sexual de *santo* Ambrósio, mostra todo o oportunismo dos diretores da Facção Criminosa Católica, porque quando foi do seu interesse, ele defendeu o governo de mil anos na terra:

> Aqueles que acreditam neles são chamados de quiliastas espirituais, o que podemos reproduzir literalmente pelo nome milenaristas. Seria um processo tedioso refutar essas opiniões ponto por ponto: preferimos proceder mostrando como esse trecho da *Escritura* deve ser entendido. [...] E ele prendeu, diz ele, "o dragão, a velha serpente, que se chama diabo e Satanás, e o amarrou por mil anos", ou seja, refreou e restringiu seu poder para que não pudesse seduzir e tomar posse daqueles que deveriam ser libertos. Agora, os mil anos podem ser entendidos de duas maneiras, tanto quanto me

---

[1] EUSÉBIO DE CESAREIA. *História Eclesiástica*, livro III, capítulo XX [Dos parentes de nosso Salvador], 4.

> ocorre: ou porque essas coisas acontecem no sexto milênio de anos ou sexto milênio (cuja parte final está agora ocorrendo), [...].[1]

A hipocrisia, ou confusão intelectual, ou canalhice de Agostinho, o "Patrono de Todos os Burros" é medonha, porque na continuação dessa frase, ele admitiu que o reino seria espiritual:

> como se durante o sexto dia, que será seguido por um sábado sem fim, o descanso eterno dos santos, de modo que, falando de uma parte sob o nome do todo, ele chama a última parte do milênio – a parte, ou seja, que ainda estava por expirar antes do fim do mundo de mil anos; ou ele usou os mil anos como equivalente para toda a duração deste mundo, empregando o número da perfeição para marcar a plenitude do tempo.[2]

Como é fácil perceber o desenvolvimento do empreendimento da Multinacional Católica de Crimes foi marcado pela falta de padronização dos seus produtos nos seus primeiros séculos, contudo ela manteve a sua característica principal: desejo de vingança contra todos os que não comprassem os seus produtos tóxicos.

---

[1] AUGUSTINE (Philip Schaff, ed.). *City of god*, book XX, chapter VII (What is written in the revelation...): "They who do believe them are called by the spiritual Chiliasts, which we may literally reproduce by the name Millenarians. 4 It were a tedious process to refute these opinions point by point: we prefer proceeding to show how that passage of Scripture should be understood. [...] And he laid hold, he says, 'on the dragon, that old serpent, which is called the devil and Satan, and bound him a thousand years', that is, bridled and restrained his power so that he could not seduce and gain possession of those who were to be freed. Now the thousand years may be understood in two ways, so far as occurs to me: either because these things happen in the sixth thousand of years or sixth millennium (the latter part of which is now passing), [...]."

[2] AUGUSTINE (Philip Schaff, ed.). *City of god*, book XX, chapter VII (What is written in the revelation...): "[...] as if during the sixth day, which is to be followed by a Sabbath which has no evening, the endless rest of the saints, so that, speaking of a part under the name of the whole, he calls the last part of the millennium – the part, that is, which had yet to expire before the end of the world a thousand years; or he used the thousand years as na equivalent for the whole duration of this world, employing the number of perfection to mark the fullness of time."

O milênio somente ocorreria com a necessária destruição do Império Romano e de todos os que se opunham à pestilenta Máfia de Preto; contudo os seus diretores ainda não tinham a coragem, o poder e a riqueza suficiente para desafiar o Império Romano, o que tornava as suas ameaças de um Reino dos Justos tolamente superficiais.

Assim, os diretores, acionistas e consumidores da Organização Criminosa Católica se deliciavam em inventar torturas, para aqueles que não seguiam as asneiras pregadas pelo ignóbil Emanuel: como é característico desses homens pervertidos a tortura não deveria ser somente física, passageira e só nessa vida, para o seu maior prazer a tortura seria espiritual, eterna e em outra vida, por isso eles inventaram a fábula de um governo metafísico do crucificado:

> E dizia-se que os cristãos daquela época gozavam de um orgulho espiritual ao testemunharem a destruição de seus inimigos.[1]

Tertuliano, o Inquisidor Mor, não conteve a sua alegria ao sonhar que todos os homens, os quais eram honestos o suficiente para comprarem as ações Império Católico do Mal, seriam destruídos no "último e eterno julgamento do universo". Ele dizia admirar, rir, se alegrar e se exultar ao ver os reis, magistrados, filósofos (eram somente pútridos religiosos), poetas, trágicos, artistas e lutadores "tremendo diante do tribunal" do asqueroso deus, que ele inventara:

> O que excita minha admiração? Qual é a minha derisão? Qual visão me dá alegria? O que me desperta para a exultação? – Como vejo tantos monarcas ilustres, cuja recepção nos céus foi anunciada publicamente, gemendo agora na mais baixa escuridão com o próprio grande Jove, e aqueles

---

[1] JAMES, Croake. *Curiosities of Christian History Prior to the Reformation*. London: Methuen & Co., 1892, p. 90: "And the Christians of that time were said to enjoy a spiritual pride in witnessing the destruction of their enemies."

também que testemunharam sua exultação; governadores de províncias, também, que perseguiram o nome cristão, em fogos mais ferozes do que aqueles com os quais nos dias de seu orgulho eles se enfureceram contra os seguidores de cristo. O que os sábios do mundo, além disso, os próprios filósofos, [...] agora cobertos de vergonha diante dos pobres iludidos, como um fogo os consome! Poetas também, tremendo não diante do tribunal de Radamanto ou Minos, mas do inesperado cristo! Terei uma oportunidade melhor então de ouvir os trágicos, mais alto em sua própria calamidade; de ver os atores, muito mais "dissolutos" na chama que se dissolve; de olhar para o cocheiro, todo brilhando em sua carruagem de fogo; de contemplar os lutadores, não em seu ginásio, mas jogando as ondas de fogo; [...].[1]

Salta aos olhos ver que Tertuliano, o Inquisidor Mor, era somente um retórico pervertido, o qual incentivava todos a comprarem o fim do mundo, malgrado ele soubesse, que burro não voltaria, porquanto foi o próprio Tertuliano quem inventou muitos dogmas da Quadrilha Católica. Não há como não dizer, por todas as suas palavras, que ele é somente mais um *santo*.

Somente um homem no mais alto nível de depravação (um católico) poderia sentir-se feliz com as possíveis atrocidades, que sofreriam aqueles que não comprassem os seus dogmas.

Os diretores da Quadrilha dos "Idólatras de Fato" ficaram muito felizes, porque um dos produtos mais vendidos e apreciados

---

[1] TERTULLIAN (Philip Schaf, ed.). *The Shows, or De Spectaculis*, chapter XXX: "What there excites my admiration? What my derision? Which sight gives me joy? Which rouses me to exultation? – As I see so many illustrious monarchs, whose reception into the heavens was publicly announced, groaning now in the lowest darkness with great Jove himself, and those, too, who bore witness of their exultation; governors of provinces, too, who persecuted the Christian name, in fires more fierce than those with which in the days of their pride they raged against the followers of christ. What world's wise men besides, the very philosophers, [...] now covered with shame before the poor deluded ones, as one fire consumes them! Poets also, trembling not before the judgment-seat of Rhadamanthus or Minos, but of the unexpected Christ! I shall have a better opportunity then of hearing the tragedians, loudervoiced in their own calamity; of viewing the play-actors, much more 'dissolute' in the dissolving flame; of looking upon the charioteer, all glowing in his chariot of fire; [...]."

pelos seus consumidores era o Segundo Advento, visto que ao comprarem esse produto, reafirmavam o desprezo à vida presente, confiantes na premiação futura. Não obstante, o que lhes dava o maior prazer, era o desejo de ver não-consumidores sofrerem horrores no inferno.

Para os consumidores do Trinitarismo Atanasiano (ávidos de vingança contra aqueles, os quais não tinham coragem e nem força para destruir), o Sr. Münchhausen da Cruz voltaria com toda a sua camarilha de Anjos, além daqueles consumidores que ressuscitaram; esse retorno do Cordeiro, "que falava como dragão", seria para exterminar todos os seus inimigos, a fim de que somente os seus diretores, acionistas e consumidores vivessem a felicidade eterna: a felicidade dos pedófilos.

Assim, os seus diretores, utilizando dos piores aspectos da retórica e da violência existencial e física, conseguiram convencer os seus consumidores que o fim dos tempos estava próximo, por conseguinte o louco Emanuel voltaria, antes que a geração que comprara os seus produtos acabasse:

> Em verdade vos digo que não passará esta geração sem que todas estas coisas aconteçam.
> O céu e a terra passarão, mas as minhas palavras não hão de passar.
> Mas daquele dia e hora ninguém sabe, nem os anjos do céu, mas unicamente meu pai.[1]

Quando os consumidores da Multinacional Católica de Crimes perceberam que eles deram todas as suas riquezas aos seus diretores e o burro crucificado não voltou, houve uma profunda decepção, mas era tarde porque os diretores ficaram muito mais ricos e poderosos, para serem ameaçados.

Quando os diretores perceberam não estavam lucrando com a ameaça da volta do crucificado nessa geração, eles substituíram o produto *Reino de deus* pelo *Reino dos céus*: uma ótima estratégia

---

[1] LEVI, 24 (34-36).

de marketing, pois desse modo, eles continuariam a vender os seus pérfidos produtos, sem se preocupar com as queixas dos seus consumidores sobre os prazos de validades:

> E dizendo: Arrependei-vos, porque é chegado o Reino dos céus.[1]

Uma nova oportunidade, que os diretores da Associação de Celerados Católicos tiveram de ganhar muito dinheiro com o milenarismo, aconteceu com a chegada do ano 585 d.H. (1000 d.c.), quando eles espalharam o terror novamente entre os consumidores, fazendo com que os seus cofres transbordassem em riquezas: antes da chegada do ano fatídico os consumidores já haviam doado, nos últimos anos do século anterior, fortunas incalculáveis aos diretores.

Nessa época, a fábula do juízo final foi reafirmada pelas loucuras escritas pelos redatores do *Apocalipse*, a qual teve um efeito aterrador sobre os seus espertíssimos consumidores. Todo esse terrorismo cultivado pelos diretores da Quadrilha de Almas "mais sujas do que todo lixo", foi devido à mentira sobre Satanás estar livre, para destruir todos os que não consumissem os produtos da Gangue Nicena.

Muitos homens doaram todas as suas riquezas aos diretores da Quadrilha Ortodoxa na esperança de comprar um lugar no céu; muitos templos de consumo foram restaurados, porque se acreditava que o inútil crucificado desceria neles, a fim de separar o joio do trigo.

Outros não somente entregaram as suas fortunas, como igualmente entraram para as diversas gangues que compõem a

---

[1] LEVI, 3 (2). Ver ainda: LEVI, 4 (17), 5 (3, 10, 19-20), 7 (21), 8 (11), 10 (7), 11 (11-12), 13 (11, 24, 31, 33, 44-45, 47, 52), 16 (9), 18 (1, 3-4, 23), 19 (12, 14, 23), 20 (1), 22 (2), 23 (13), 25 (1). Tanto no *Liber Odium* como no *Livro Velho dos Judeus* essa tolice se encontra em muitos outros versículos.

Quadrilha Católica, com a intenção de serem escolhidos no momento da salvação.

Nessas épocas de insegurança existencial um simples eclipse era motivo, para que milhares fugissem para as montanhas, se escondessem em cavernas, ou se reuniam onde eles esperavam, que o Garoto Propaganda da Facção Criminosa Católica apareceria, para julgar os homens e levá-los para o céu inventado pelos seus diretores.

No ano de 884 d.H. surgiu um boato entre os consumidores de Roma, capital do Império Católico do Mal, segundo o qual todo aquele que visitasse o templo de consumo dedicado a Shimon Kaipha, o Príncipe das Traições, teria todos os seus pecados remidos. O CEO Benedetto Gaetani (815-888 d.H.), conhecido mundialmente entre os seus amigos escroques pelo apelido de Bonifácio VIII, "cujos principais objetivos eram a ambição, a avareza e a vingança [...]."[1], mandou descobrir quem inventara esse boato, a fim de puni-lo.

Depois de muito procurar, os seus diretores descobriram, que havia essa tradição antiga de perdoar todos os pecados no primeiro ano a cada novo século; essa tradição estaria registrada no templo de consumo dedicado a Shimon Kaipha, o Príncipe das Traições.

O CEO não teve alternativa a não ser elaborar uma circular aos consumidores, em 885 d.H., consoante a qual todos os que visitassem os templos de consumo de Saul, o "patife e falso", e de Shimon Kaipha, o Príncipe das Traições, em Roma, para confessarem os seus pecados e se arrependerem deles, teriam o perdão imediato.

Após essa publicidade muitos consumidores ladinos correram para os seus templos de consumo; os diretores do Império Católico do Mal perceberam que os seus cofres encheram de maneira poucas vezes vistas antes, por essa causa o jubileu passou a ser

---

[1] JAMES, Croake. *Curiosities of Christian History Prior to the Reformation*. London: Methuen & Co., 1892, p. 115: "whose chief objects were ambition, avarice, and revenge, [...]."

a cada 25 anos! Assim, muitos consumidores de todo o Império visitaram os templos de consumo em Roma, em alguns momentos a cidade chegava a ter 200.000 visitantes:

> Os cofres do papa transbordaram de dinheiro, e um cronista diz que viu em são Paulo dois oficiais do clero juntando pilhas infinitas de dinheiro. Bonifácio ficou tão embriagado com seu sucesso que no dia seguinte se exibiu com trajes de imperador, com uma espada na mão, declarando-se César e imperador, além de sucessor de são Pedro.[1]

Como em todos e quaisquer negócios, os diretores da Associação Católica de Celerados buscavam as Deusas Fama, Fortuna e Glória, destarte falarem serem movidos pelas monstruosas palavras: fé, esperança e amor.

Na sua busca por controlar todos os reinos da Europa, o mafioso CEO Benedetto Gaetani encontrou um rival à altura da sua corrupção, violência e ambição: Filipe, o Belo, o qual com todas essas características, não poderia deixar de ser francês e consumidor dos produtos do Império da Quadrilha Católica. Esse homem covarde, cruel e vingativo (não se esqueçam, ele é francês) tentou depor o CEO transferindo a sede da "Ninhada de Traidores" para a cidade de Avinhão, a seguir ele destruiu o exército de sicários da Gangue Nicena: os templários.

Larguemos esses imprestáveis e voltemos ao nosso tema: temos que lembrar que essa é uma Multinacional do Crime *pagã* e apocalíptica, a qual visa aumentar os seus lucros fazendo a falsa campanha sobre o fim dos tempos estar próximo: é uma publicidade poderosa, porque os seus trapaceiros consumidores, devido

---

[1] JAMES, Croake. *Curiosities of Christian History Prior to the Reformation*. London: Methuen & Co., 1892, p. 115: "The coffers of the Pope were filled to overflowing, and one chronicler says he saw at St. Paul's two of the official clergy raking together infinite heaps of money. Boniface was so intoxicated with his success that next day he showed himself in the attire of an emperor, with a sword in his hand, explaining that he was Cæsar and emperor, as well as successor of St. Peter."

às suas vidas de celerados, desejam mais o inferno para os seus inimigos, do que o céu para eles próprios.

Essa estratégia foi aplicada pelo criminoso Saul, a Pandora de Tarso, o qual aprendeu que o medo seria um ótimo catalisador de vendas, por isso ele inventou vários tipos de terrorismos e os vendeu aos seus consumidores; ele comercializou o medo de não ser salvo, o medo do fim do mundo e o medo de ir para o inferno. O mais incrível medo, o qual ele vendera, e tem a maior aceitação por parte dos seus consumidores, foi o medo de os injustos não sofrerem eternamente em ignominiosas torturas de Satanás: esse produto é o mais vendido por essa Organização Criminosa nos últimos 2.000 anos.

Esse desejo de punição aos inimigos é um produto tão desejado pelos consumidores da Gangue de Almas "mais sujas do que todo lixo", que eles ficam mais satisfeitos em existir um inferno, para colocarem aqueles que eles não gostam, do que com a existência do seu paraíso:

> E lançá-los-ão na fornalha de fogo; ali haverá pranto e ranger de dentes.[1]

2.7. Paraíso

A lenda sobre a existência de um lugar perfeito, no qual os homens viveriam felizes, pode ser encontrada em quase todos os cultos *pagãos*: na mitologia hindu, por exemplo, Brahma criou o homem e a mulher colocando-os no paraíso, contudo eles cometeram um pecado, consequentemente foram expulsos. Brahma disse-lhes que eles deixaram o mal entrar na terra, devido a esse ato imprudente os seus filhos se nasceriam maus; para tranquilizá-los, Brahma disse que enviaria Vishnu, a fim de que ele redimisse os homens do pecado.

---

[1] *LEVI*, 13 (42).

Os persas também tinham uma concepção do paraíso, o qual era visto como um jardim em que se podia encontrar árvores frutíferas, animais, flores, em síntese, seria um lugar prazeroso para se viver. Nesse Jardim do Éden encontrava-se "a árvore da vida":

> Entre essas árvores está "a árvore da vida", aquele símbolo óbvio encontrado em quase todas as mitologias, e familiar na Escandinávia como na Índia. A árvore da vida cresceu também no meio do paraíso Hindu sobre Meru. No Zend-Avesta, a árvore da vida é a fonte divinamente criada de onde emana o primeiro par humano. Leva o nome de Hom, e cresce junto a uma fonte que brota do trono de Ormuzd.[1]

Vimos em outro momento[2], que os gregos tinham *mýthous* sobre o paraíso; em Homero[3] ele foi chamado de Campos Elísios, onde os homens escolhidos pelos deuses viveriam felizes por toda eternidade. Nos poemas de Hesíodo[4] o paraíso foi identificado com a Idade do Ouro; nesse período os homens eram eternamente felizes vivendo como espíritos divinos:

> Quando eles morriam, era como se estivessem dominados pelo sono e tivessem todas as coisas boas; pois a terra frutífera, sem força, deu-lhes frutos abundantemente e sem restrição.[5]

---

[1] BEARD, John R. *The Autobiography of Satan*. London: Willian and Norgate, 1872, p. 95: "Among those trees is 'the tree of life', that obvious symbol met with in almost all mythologies, and familiar in Scandinavia as in India, the tree of life grew also in the midst of the Hindoo paradise upon Meru. In the Zend-Avesta the tree of life is the divinely created source whence issues the first human pair. It bears the name of Hom, and grows by a fountain which springs from the throne of Ormuzd."
[2] DAU, Sandro e DAU, Shirley. *Cristianismo Antes do Cristianismo Inc.* Juiz de Fora: Kindle Direct Publishing, 2023, pp.: 72-74; 94-96.
[3] HOMER. *Odyssey*, book IV.
[4] HESIOD. *Works and Days*, 105-125.
[5] HESIOD. *Works and Days*, 115-118: "When they died, it was as though they were overcome with sleep, and they had all good things; for the fruitful earth unforced bare them fruit abundantly and without stint."

Os redatores do *Livro Velho dos Judeus* e do *Liber Odium* são conhecidos por serem plagiadores, falsificadores e mentirosos; essas características não faltaram quando, eles intentaram um paraíso:

> E saía um rio do Éden para regar o jardim; e dali se dividia e se tornava em quatro braços. O nome do primeiro é Pisom; [...] E o nome do segundo rio é Giom; [...] E o nome do terceiro rio é Tigre; [...] e o quarto rio é o Eufrates.[1]

Essa concepção foi mais uma cópia das lendas do *paganismo*, muitas das quais apresentavam os seus paraísos cercados por quatro rios:

1. a lenda persa descrevia o seu paraíso cercado por quatro rios, dois ao sul e dois ao norte:
> Segundo o relato persa do Paraíso, quatro grandes rios fluíam do Monte Alborj; dois se encontram no Norte e dois correm em direção ao Sul. O rio Arduisir alimenta a Árvore da Imortalidade, o Santo Hom.[2]

2. no paraíso dos cultos dos chineses temos uma fonte da imortalidade, da qual fluiriam quatro rios:
> As águas que o umedeciam fluíam de uma fonte chamada Fonte da Imortalidade. Quem bebe dela nunca morre. Daí fluíam quatro rios: um Rio Dourado, entre o sul e o leste; um Rio Vermelho, entre o norte e o leste; um Rio Pacífico, entre o sul e o oeste; e o Rio do Cordeiro, entre o norte e o oeste.[3]

---

[1] *Genêsis*, 2 (10-11, 13-14).
[2] DOANE, T. W. *Bible Myths and their Parallels in other Religions*..., Footnotes [3:1]: "According to the Persian account of Paradise, *four* great rivers came from Mount Alborj; two are in the North, and two go towards the South. The river Arduisir nourishes the *Tree of Immortality*, the Holy Hom. (Stiefelhagen: quoted in Mysteries of Adoni p. 149.)"
[3] CHILD, Lydia Maria. *The Progresso of Religious Ideas*. New York: C.S. Francis & Co, 1855, p. 210, vol. I: "The waters that moistened it flowed from a source called the Fountain of Immortality. He who drinks of it never dies. Thence flowed four rivers. A Golden River, betwixt the south and east; a Red River, between the north and east; a Peaceful River, between the south and west; and the River of the Lamb, between the north and west."

O Paganismo oficializado

3. na Índia o paraíso se encontrava no Monte Meru, de onde quatro rios desciam:

A religião hindu afirma que o Monte Merou é o Jardim do Éden ou Paraíso, de onde fluíam quatro rios. Esses rios são o Burramputer, ou Brahmapouter, filho de Brahma; 2º, o Ganges, Ganga ou rio χατεξοχην, feminino ou Deusa Ganges, na verdade, um nome genérico para rios sagrados; 3º, o Indus, Sind, o rio azul ou preto; e, 4º, o Oxus, Gihon ou Djihhoun.[1]

Não resta dúvida, que lenda sobre o paraíso era algo comum entre os *pagãos*; às vezes ele era descrito com o nome de Idade do Ouro:

1. Grécia: Hesíodo o descreveu em *Os Trabalhos e os Dias*, 105-125;
2. Grécia: Píndaro fez menção sobre as ilhas dos benditos na sua na *Segunda Olímpica*, 71;
3. Grécia: Deus Platão, o "Moisés Ático", inventou *A Parábola de Atlântida*, *Timeu*, 21-26; *Crítias*, 106 c;
4. Grécia: Apolodoro no segundo livro da *Biblioteca*, 5.11, descreveu o Deus Salvador Hércules indo ao Jardim das Hespérides, o qual era guardado por uma serpente, buscar as maças de ouro, as quais proporcionavam a imortalidade;
5. Egito: a lenda sobre Rá e o Passado Feliz também cunhou um paraíso (Aaru): "Suas libações serão de água. É a serpente NEHEP que dá seus corpos e suas almas, e eles viajam para SEKHET-Aaru para dominar suas libações e andar sobre a terra. Eles contam seus membros, sua comida é de bolos de pão e sua bebida é de cerveja tchesert, e suas libações são de água. Oferendas são feitas a eles sobre a terra como a SAH, que repousa sobre sua terra."[2]

---

[1] HIGGINS, Godfrey. *Anacalypsis*. New York: Macy-Masius Publishers, 1927, book VII, chapter VI, section 3: "2. The Hindoo religion states Mount Merou to be the Garden of Eden or Paradise, out of which went four rivers. These rivers are the Burramputer, or Brahmaputer, the son of Brahma; 2dly, the Ganges, Ganga or river χατεξοχην, female or Goddess Ganges, in fact, a generic name for sacred rivers; 3dly, the Indus, Sind, the river blue or black; and, 4thly, the Oxus, Gihon, or Djihhoun."

[2] BUDGE, E. A. Wallis. *The Egyptian Heaven and Hell*. LONDON: Kegan Paul, Trench, Trübner & CO. Ltd. 1906, vol. II, pp. 217-218: "Their libations shall be of water. It is the serpent NEHEP who giveth their bodies [and] their souls, and they

6. Judeus: copiaram o jardim do Éden dos persas: Enoque admite que no futuro surgirá a Idade de Ouro (ele diz *naqueles dias*), na qual os homens viverão com justiça e sabedoria: capítulos 10 (17) e 11 (1).

Similarmente na *Collectio Perversionum* encontramos um paraíso, mas como tudo na Organização Criminosa Católica, está envolvido em trapaças, sofismas e punições; a sua fábula sobre o paraíso está repleta de imagens que nos revelam a rapacidade dos seus membros. Nela ficamos sabendo que o seu deus mentiu para Eva e Adão, quando eles estavam no Éden (essa palavra é uma reprodução da palavra *héden* da língua persa) ao dizer a eles, que morreriam caso comessem o fruto proibido:

> Mas do fruto da árvore que está no meio do jardim, disse deus: Não comereis dele, nem nele tocareis para que não morrais.[1]

Eles comeram e não morreram, como podemos notar esse deus mentiroso deixou de herança uma maléfica trindade ao Bando dos "Idólatras de Fato":

> **1.** em primeiro lugar, os tornou mentirosos contumazes, porquanto eles foram feitos à imagem e semelhança de um deus enganador;
> **2.** além de lhes oferecer o dom da traição sem arrependimento, porque em nome de deus tudo pode e deve ser feito;
> **3.** por fim, ele lhes deu o dom de se desculparem por suas atrocidades, desse modo eles não se sentiriam mal devido as infinitas crueldades que praticam.

Essas são as marcas do criador nos católicos: mentira, traição e crueldade.

_ journey into SEKHET-Aaru to have dominion over their libations, and to walk on the earth. They count up their limbs, their food is of bread-cakes, and their drink is of *tchesert* ale, and their libations are of water. Offerings are made unto them upon earth as unto SAH, who resteth upon his ground."
[1] *Gênesis*, 3 (3).

Como é visível desde os primeiros dias ficou definido, que os seguidores da Gangue Nicena seriam mentirosos, traidores e cruéis: Adão, ao ser questionado sobre o que ocorrera, traiu Eva afirmando, que ela lhe dera o fruto proibido:

> Então disse Adão: a mulher que me deste por companheira, ela me deu da árvore, e comi.[1]

Essa parte da fábula é muito estranha, uma vez que o deus inventado pelos diretores da Facção Criminosa Católica seria onisciente (ele saberia tudo o que aconteceu, acontece e acontecerá), assim ao se dirigir a Adão, ele se mostrou falso, porquanto já saberia a resposta. Se ele perguntou é porque não sabia a resposta; se não sabia, ele não seria onisciente; se não é onisciente, não poderia ser deus.

Ato contínuo, temos mais uma desculpa, para se afastar das responsabilidades pelos seus atos, uma vez que Eva disse ser a cobra a responsável por sua desobediência à ordem dada:

> E disse o senhor deus à mulher: Por que fizeste isto? E disse a mulher: A serpente me enganou, e eu comi.[2]

Essa fábula não deixa nenhuma dúvida sobre quem são os diretores, acionistas e consumidores da Gangue Homoousiana: eles são mentirosos, traidores e cruéis assim como deus, Eva e Adão. Isso é óbvio, pois se os homens nascem pecadores devido aos atos de Eva e Adão, logo os católicos têm as outras características desse casal de depravados: mentira, traição, desobediência, falsidade, trapaça, etc.

O desatento deus, adorado como perfeito, então, puniu a todos os quais ele criara, por serem imperfeitos: a cobra deveria rastejar, Eva deveria sofrer ao dar à luz, bem como se submeteria às

---

[1] *Gênesis*, 3 (12).
[2] *Gênesis*, 3 (13).

ordens de Adão, enquanto esse deveria trabalhar para comer¹: trabalhar para comer é a pena máxima que se pode dar aos diretores da Quadrilha Católica, porquanto eles nunca tiveram um único dia de trabalho honesto nas suas vidas de pedofilias.

Nos primeiros séculos os consumidores do Trinitarismo Atanasiano oravam em direção ao Leste, porque os seus diretores disseram que seria ao símbolo do crucificado, além de ser o local onde estaria o paraíso:

> Ele fala da doutrina escrita e da tradição não-escrita dos Apóstolos, e diz que ambas têm a mesma eficácia quanto à religião. As tradições orais que ele menciona são a assinatura daqueles que esperam em cristo com a Cruz; orando em direção ao Leste, para denotar que estamos em busca do Éden, aquele jardim no Leste de onde nossos primeiros pais foram expulsos (como ele depois explica), [...] tudo o que os pais ocultaram daqueles que não foram iniciados. Ele diz que os *dogmata* sempre foram mantidos em segredo, os *kerigmata* publicados; [...].²

Essa prática de se orar mirando o Leste era uma característica da religião do Invencível Deus Sol, o Todo-Poderoso Deus Mitra. Desse modo, os diretores da Gangue de Almas "mais sujas do

---

¹ *Gênesis*, 3 (14-19).
² DIONYSIUS. *Letter to Basilides*, the Bishop who made Enquiries on Various Subjects, to which Dionysius made Answer in this Epistle, which Answers have been received as Canons. From Chapter XVII of the Book St. Basil Wrote to Blessed Amphilochius on the Holy Ghost.

Canon XCII: "He speaks of the written doctrine, and the unwritten tradition of the Apostles, and says, that both have the same efficacy as to religion. The unwritten traditions which he mentions, are the signing those who hope in Christ with the Cross; praying toward the East, to denote, that we are in quest of Eden, that garden in the East from whence our first parents were ejected (as he afterwards explains it), [...] all which the Fathers concealed from those who were not initiated. He says the dogmata were always kept secret, the Kerugmata published; [...]." Disponível em <https://www.ccel.org/ccel/schaff/npnf214.xvii.xix.html>.

que todo lixo", enganavam os seus consumidores, os quais pensavam estar orando ao Invencível Deus Sol, ou ao Magnífico Deus Mitra.

A fábula sobre o paraíso no *Livro Velho dos Judeus* pode ser encontrada em várias religiões pagãs, com pequenas variações:

	Homero	Hesiodo	Suméria	Egito	China	América Central
Viviam felizes	X	X	X	X	X	X
Não trabalhavam	X	X	X	X	X	X
Viviam em paz	X	X	X	X	X	X
Não envelheciam	X	X	X	X	X	X
Os homens perto dos Deuses	X	X	X	X		
A mulher seria o mal		X	X		X	

2.8. Culto aos anjos

A palavra *anjo* tem origem no grego ἄγγελος, a qual foi uma tradução do termo hebraico *māl'āk*, cujo significado é *mensageiro*. Nos cardápios de horrores da Quadrilha Católica ela passou a designar o anjo seria o *mensageiro de um deus*.[1]

A venda dos anjos pelos diretores da Gangue de Almas "mais sujas do que todo lixo", foi de fácil aceitação por todos os povos que eles poluíram, uma vez que eles foram muito cultuados entre os *pagãos*: zoroastrianos; hinduístas; judeus; gnósticos; maniqueus.

Admitir a existência real dos anjos, a partir da revelação do deus inventado pelos diretores da Quadrilha Católica, é, no mínimo, má-fé; é não reconhecer que a defesa da sua existência é fruto de homens por demais esperto, pois o intuito deles é apenas

---

[1] Um estudo mais analítico com amplas referências bibliografias pode ser encontrado em:
<https://www.encyclopedia.com/philosophy-and-religion/other-religious-beliefs-and-general-terms/religion-general/angel>.

fazer parte de um clube recreativo: se uma das condições para participar da festa de sangue, é defender a existência de anjos e lutar por eles, que seja assim: eles existem. Os Comedores de Capim se esmeram em não aceitar, que o mundo seja composto por homens espertos e não por tolos.

Os anjos seriam seres espirituais, superiores ao homem, todavia inferiores aos Deuses; eles teriam como principal função de agir em nome dos Deuses nas relações com os homens. Esse culto aos anjos foi rejeitado por diversas denominações cristãs, contudo na Quadrilha Católica essa idolatria rende milhões.

Nos *mýthoús* gregos encontramos vários Deuses, os quais foram renomeados como anjos pelos diretores da Organização Criminosa Católica; eles copiaram diversas das suas características, como de Oniros, o Deus dos Sonhos, o qual sempre era representado usando asas: uma incrível semelhança com o produto comercializado por esses diretores.

No judaísmo a presença dos anjos é uma constante, todavia os judeus não os pensavam abstratamente como seres imateriais; essa percepção espiritual somente ocorreria, quando a Gangue Nicena sujou o mundo grego.

No apocalíptico *Livro de Enoque*, encontramos anjos pulando de um parágrafo a outro parágrafo; os redatores citaram a palavra *anjo* 123 vezes em todo o *Liber Odium* encontramos quase 200 referências; não consideramos variações como "filhos de deus", "santos", "puros", "sagrados", "consagrados", "justos", "hostes". Os redatores de *Enoque* descreveram a existência de anjos bons e maus, bem como apresentaram uma hierarquização desses seres e as suas respectivas atividades.

Esse livro foi redigido por homens, os quais foram profundamente influenciados pelos babilônicos. Eles apresentaram essas personagens como as criadoras da cultura, além de serem os portadores da sabedoria celestial. Para conferir autoridade ao conhecimento de Enoque, os seus redatores afirmaram que toda a sua sabedoria seria proveniente das suas relações com os anjos:

O nome do quarto [anjo] é Penemue: ele descobriu aos filhos dos homens o amargor e a doçura, E mostrou a eles todo segredo de sua sabedoria. Ele ensinou os homens a entenderem o escrito e o uso de tinta e papel.[1]

Malgrado, o judaísmo recorrer à personagem *anjo* não há um acordo sobre as suas origens, naturezas, classificações, hierarquias, formas e composições; até mesmo a terminologia referente a eles, não é consensual, porque eles recebem várias nomenclaturas: Mensageiros; Deuses; deus; Filhos de Deuses; Seres Divinos; Seres Sagrados; Homem; Exército do Céu; Ministros de deus; Satanás; o deus de Betel; o "capitão do exército do Senhor"; Querubins; Serafins; "o anjo do senhor"; "O Príncipe da Luz"; "O Anjo das Trevas"; "os filhos da justiça"; "os filhos das trevas"; "filhos de deus"; príncipes dos povos"; "anjos da guarda"; "aquele que nunca dorme"; "anjos do Semblante"; "os mais santos dos santos"; "observadores"; "vigias"; "guardiões"; anjos caídos; as estrelas seriam anjos; eles seriam espíritos dos elementos da Natureza; "Triptólemo (na mitologia, o herói que ensinou ao homem o cultivo de grãos)"; Ofanin; Anjos da Luz; Anjos da Destruição; "filhos dos juízes"; Belial; Samael; "família" de deus; tribunal de justiça celestial; "Dos anjos ministradores, aqueles que servem ao próprio deus são chamados de jovens (baḥurim), e aqueles que servem a Shekhinah são chamados de virgens (*betulot*)."[2]

Além de todos esses anjos ainda encontramos, no judaísmo, o anjo preferido de yhwh, o Senhor dos Holocaustos:

> Até mesmo o povo de Israel em sua totalidade, em virtude da sua aliança com deus, era, de certa forma, considerado igual aos anjos; em consequência, enquanto outros povos

---

[1] ENOQUE, 68 (9-11).
[2] *Jewish Concepts*: Angels & Angelology: "Of the ministering angels, those serving God Himself are called youths (*baḥurim*), and those serving the *Shekhinah* are called virgins (*betulot*; J. Israel, *Yalkut Ḥadash* (1648), nos. 63, 93)."
Disponível em <https://www.jewishvirtuallibrary.org/angels-and-angelology-2>

estão sob a custódia dos anjos, Israel está sob a proteção do próprio deus e é independente dos anjos.[1]

Saul, a Pandora de Tarso, comercializava o produto *anjo*, afirmando que eles seriam imortais e incorruptíveis, além de acompanharem o Garoto Propaganda. Ele fez essa afirmação, porque queria vender as suas bugigangas aos gregos e romanos, os quais adoravam inúmeros Deuses, o que levou Saul a dizer que esses Deuses seriam os anjos, os quais ele estava vendendo. Além disso, ele fez uma mudança fundamental na ação dos anjos, porque para os judeus seriam eles que intercederiam junto a yhwh, o Senhor dos Holocaustos, em favor dos homens, ao passo que na sua concepção essa função seria do burro crucificado:

> Por essa razão era necessário que ele se tornasse semelhante a seus irmãos em todos os aspectos, para se tornar sumo sacerdote misericordioso e fiel com relação a deus e fazer propiciação pelos pecados do povo.[2]

A fábula sobre os anjos foi repetida pelos redatores de *Levi*, quando eles disseram que após a morte os homens seriam como anjos no céu, por conseguinte, os anjos teriam uma natureza divina:

> Porque na ressurreição não se casam, nem são dados em casamento, mas são como os anjos de deus no céu.[3]

Outro criminoso Quadrilha Ortodoxa, que defendia serem os anjos (Deuses menores) iguais aos deuses greco-romanos, foi Agostinho, o Brinquedo Sexual de *santo* Ambrósio:

---

[1] *Jewish Concepts*: Angels & Angelology: "Even the people of Israel as a whole, by virtue of its covenant with God, was in some ways regarded as being equal to angels; in consequence, while other peoples are in the custody of angels, Israel is under the protection of God Himself and is independent of angels (Jub. 15:27 ff.)." Disponível em <https://www.jewishvirtuallibrary.org/angels-and-angelology-2>
[2] SAUL, Epístola aos Hebreus, 2 (18).
[3] LEVI, 22 (30).

Por isso, por agora, trata-se de considerar e discutir, na medida em que deus o permita, estes seres imortais e bem-aventurados estabelecidos nos Tronos Celestes, Dominações, Principados, Potestades, a que eles chamam Deuses e a que alguns chamam Bons Demônios ou, como nós, anjos.[1]

Os diretores, acionistas e consumidores da Facção Criminosa Católica sempre foram favoráveis a hierarquias rígidas de poderes, portanto eles decidiram que os seus anjos (Deuses menores) deveriam ter uma hierarquia[2], tal como disseram os redatores do *Livro de Enoque*. O primeiro a apresentar as distinções entre esses Deuses menores foi Pseudo-Dionísio, o Aeropagita, no século I a.H. ou I d.H.; ele os dividiu em três esferas:

> **1. na primeira encontraríamos os anjos que serviam ao burro crucificado:** "Tronos [anciãos] Santíssimos, e as hostes de muitos olhos e muitas asas, chamadas na língua hebraica de Querubins e Serafins, são estabelecidos imediatamente ao redor de deus, com uma proximidade superior a todos."[3];
> **2. a seguir estariam os anjos (Deuses menores) responsáveis pelo governo celeste da criação:** "O segundo lugar é composto pelas autoridades, senhorios e poderes";[4]
> **3. por último, ele colocou os anjos (Deuses menores) que serviriam de guias, protetores e mensageiros dos homens (Principados ou Governantes, Arcanjos, Anjos,

---

[1] AGOSTINHO. *Cidade de deus*, livro X, capítulo I.
[2] LEVI, 26 (53); LUCAS, 1 (19); SAUL, *Epístola aos Efésios*, 1 (21); *Epístola aos Colossenses*, 1 (16); *Epístola aos Hebreus*, 12 (22); *Apocalipse*, 5 (11).
[3] DIONYSIUS, *On the Heavenly Hierarchy*, caput VI (Which is the first Order of the Heavenly Beings? which the middle? and which the last?): "Holy Thrones, and the many-eyed and many-winged hosts, named in the Hebrew tongue Cherubim and Seraphim, are established immediately around God, with a nearness superior to all."
[4] DIONYSIUS, *On the Heavenly Hierarchy*, caput VI (Which is the first Order of the Heavenly Beings? which the middle? and which the last?): "that which is composed of the Authorities, and Lordships, and Powers is second; [...]."

Anjos da guarda pessoais): e a "mais baixa das Hierarquias Celestiais, a Ordem dos Anjos e Arcanjos e Principados é a terceira."[1]

Os anjos (Deuses menores), também foram chamados de Éons, os quais seriam emanações da substância divina; os Éons receberam diversas denominações:

> Grócio os traduz como "quando primeiro"; Simão, como "antes"; Tertuliano, como "em poder"; Rabino Bechai e Castalio, como "em ordem antes de todos", Onkelos, na *Septuaginta*, Jonatan ben Uziel e os tradutores modernos, como "no princípio".
> Mas a autoridade oficial, credenciada e aceita da religião judaica, o Targum de Jerusalém, traduz por Sabedoria.[2]

A riqueza amealhada com a venda de anjos (Deuses menores) bons, levou os diretores da Associação Católica de Celerados a criarem anjos maus, repetindo mais uma vez uma distinção feita pelos redatores do *Livro de Enoque*.

O deus que esses diretores inventaram era vingativo, o qual se esmerava em atacar e promover o ódio contra os que não se ajoelhavam às suas volúpias; quando relinchava as suas ameaças, esse deus se apoiava nos anjos:

> Então dirá também aos que estiverem à sua esquerda: Apartai-vos de mim, malditos, para o fogo eterno, preparado para o diabo e seus anjos;[3]

---

[1] DIONYSIUS, *On the Heavenly Hierarchy*, caput VI (Which is the first Order of the Heavenly Beings? which the middle? and which the last?): "and, as respects the lowest of the Heavenly Hierarchies, the Order of the Angels and Archangels and Principalities is third."
[2] MAIMÔNIDES *apud* HIGGINS, Godfrey. *Anacalypsis*, book II, chapter II, vol. I: "Grotius renders them, *when first*; Simeon, *before*; Tertullian, *in power*; Rabbi Bechai and Castalio, *in order before all*; Onkelos, the Septuagint, Johathan ben Uzziel, and the modern translators, *in the beginning*.
"But the official or accredited and admitted authority of the Jewish religion, The JERUSALEM TARGUM, renders them by WISDOM."
[3] LEVI, 25 (41).

Devemos perdoá-lo, porque essas palavras foram pronunciadas, ao saber que a morte se aproximava: foi um pensamento de um homem covarde que teve medo da sua missão, a qual ele próprio tinha se proposto; ou talvez, ele já estivesse tão bêbado, que já não aguentava nem mais um cálice.

Os diretores, acionistas e consumidores da Organização Criminosa Católica gostam tanto de anjos (Deuses menores), que o seu *Ductor omnes ad Vitia* está repleto deles. Apresentaremos algumas ilustrações, para relembrar o que todos já sabem: os anjos são uma enorme fonte de renda para a "Ninhada de Traidores".

Os redatores das *Fábulas de Levi* inventaram que à entrada da tumba encontrava-se um anjo, o qual anunciou às mulheres a ressurreição do "Cadáver Judeu":

> E eis que houvera um grande terremoto, porque um anjo do senhor, descendo do céu, chegou, removendo a pedra da porta, e sentou-se sobre ela.[1]

Os redatores das *Fábulas de Marcos* iniciaram o seu texto mostrando aos seus leitores, que eles também vendiam o produto *anjo*:

> Como está escrito nos profetas: Eis que eu envio o meu anjo ante a tua face, o qual preparará o teu caminho diante de ti.[2]

Quando os redatores das *Fábulas de Lucas* redigiram o nascimento, eles disseram que um exército celestial foi ao estábulo visitar o burrinho:

> E, no mesmo instante, apareceu com o anjo uma multidão dos exércitos celestiais, louvando a deus, e dizendo:[3]

---

[1] LEVI, 28 (2).
[2] MARCOS, 1 (2).
[3] LUCAS, 2 (13).

Nas *Fábulas de João* também a presença dos anjos pode ser encontrada:

> E disse-lhe: Na verdade, na verdade vos digo que daqui em diante vereis o céu aberto, e os anjos de deus subirem e descerem sobre o filho do homem.[1]

No *Apocalipse* vemos como o Cordeiro "que falava como dragão" enviou legiões de anjos (Deuses menores) contra os seus inimigos, a fim de assassinar friamente, aqueles que ele não gostava:

> E o anjo lançou a sua foice à terra e vindimou as uvas da vinha da terra, e atirou-as no grande lagar da ira de deus.
> E o lagar foi pisado fora da cidade, e saiu sangue do lagar até os freios dos cavalos, pelo espaço de mil e seiscentos estádios.[2]

Nesse versículo ficamos sabendo que o crucificado assassinou, em um cálculo conservador, mais de 4.000.000.000, mas se analisarmos, literalmente, seriam 24.000.000.000.000:

> É um cálculo simples. Um furlong equivale a 202 metros, então 1600 furlongs são cerca de 320 quilômetros, e a altura da rédea de um cavalo é de aproximadamente 1,5 m. Se considerarmos o banho de sangue circular com um diâmetro de 320 quilômetros, então o volume total é de 1,2 X 10¹⁴ litros. E como um adulto tem cerca de 5 litros de sangue, isso nos dá 2,4 X 10¹³ (24 trilhões) de pessoas. O que poderia ser um problema, mesmo para Deus. Onde ele encontrará tantas pessoas para matar? Seus lagares transbordantes de vinho requerem o sangue de quase 4.000 vezes o número de pessoas na Terra. Isso significa que o Armagedom não ocorrerá até que a população humana alcance 24 trilhões?[3]

---

[1] JOÃO, 1 (51).
[2] *Apocalipse*, 14 (19, 20).
[3] WELLS, Steve. *Drunk With Blood*: God's Killings in the Bible. 2ed. SAB Books, 2013, p. 282-283: "It's a simple calculation. A furlong is 202 meters, so 1600 furlongs is about 320 kilometers, and a horse's bridle is 1.5 m high or so. If we take the bloodbath to be circular with a diameter of 320 kilometers, then the total volume is 1.2 X 10¹⁴ liters. And since an adult has about 5 liters of blood, that gives us

Esse é um dos motivos para a excessiva pedofilia católica, porque eles estão tranquilos, porque o cordeiro, "que falava como dragão", somente voltará, para separar o joio do trigo, quando a população da terra atingir 24.000.000.000.000 de indivíduos, ou seja, nunca!

Igualmente, nos livros que os diretores da Quadrilha Católica não tinham os direitos autorais (chamados de apócrifos), a presença dos anjos (Deuses menores) é uma constante; podemos encontrá-los nos *Evangelhos* de: *Tiago*; *Pseudo-Levi*; *Natividade de Maria*; *José, o Carpinteiro*; *Tomé*; *Árabe da Infância*; *Nicodemos*.

Sabemos que Maria Madalena após catequizar os obtusos marselheses, retirou-se para um deserto perto da cidade; aí entre rochas e cavernas, ela se penitenciou sozinha durante 30 anos devido ao seu passado após a sua morte os anjos a levaram, para um local onde ela pode ouvir uma música celestial e viu a glória aos pecadores penitentes. Não sabemos o que foi pior na sua vida: ser uma prostituta, ou ser a esposa do maluco Sr. Münchhausen da Cruz, ou ter que fugir da sua cidade, ou ter convertido o Povo Covarde, ou viver isola por 30 anos, ou ser ofendida por João, "o mais indigno de confiança", ou ser adorada como *santa*.

Entre os pecaminosos diretores da Associação Católica de Celerados a defesa dos anjos foi feroz, porque eles não desejavam perder o dinheiro com as suas vendas e muito menos queriam que os seus espertos consumidores não os temessem. A seguir apresentaremos um pequeno rol de alguns desses depravados defensores da existência de anjos:

    1. Irineu, o Inventor de Hereges: "Portanto, aprendemos que este foi o anjo apóstata e o inimigo, porque ele invejava

---

2.4×10^{13} (24 trillion) people. Which could be a problem, even for God. Where will he find so many people to kill? His overflowing winepress requires the blood from nearly 4,000 times the number of people on earth. Does this mean that Armageddon won't occur until the human population reaches 24 trillion?"

a obra de deus e tomou para si a tarefa de tornar esta obra inimiga de deus."[1]

2. Justino, "o Mais Tolo dos Pais Cristãos": "E o anjo de deus, que naquele tempo foi enviado à mesma virgem, trouxe-lhe boas novas, dizendo: [...]."[2];

3. Atenágoras de Atenas: "Nem nosso ensino sobre a natureza divina se limita a esses pontos; mas reconhecemos também uma multidão de anjos e ministros, que deus, o criador e formador do mundo, distribuiu e designou para seus respectivos postos por meio de seu Logos, para ocuparem-se dos elementos, dos céus, do mundo, das coisas nele contidas e da boa ordem de todas elas."[3];

4. Clemente de Alexandria, o Estúpido Assexuado: "Assim, a melhor coisa na terra é o homem mais piedoso; e a melhor coisa no céu, mais próxima em lugar e mais pura, é um anjo, participante da vida eterna e abençoada."[4];

5. Orígenes, o Prostituto de Padres: "Não é necessário que nosso discurso agora suba àquela terceira páscoa que será celebrada com miríades de anjos no êxodo mais perfeito e abençoado; já falamos dessas coisas em maior extensão do que a passagem exige."[5]

---

[1] IRENAEUS (Philip Schaff, ed.). *Adversus Haereses*, book IV, chapter XL (One and the same God) 3: "Hence we learn that this was the apostate angel and the enemy, because he was envious of God's workmanship, and took in hand to render this [workmanship] at enmity with God."

[2] JUSTIN (Philip Schaff, ed.). *First Apology*, chapter XXXIII (Manner of christ's birth Predicted): "And the angel of God who was sent to the same virgin at that time brought her good news, saying, [...]."

[3] ATHENAGORAS (Philip Schaff, ed.). *A Plea for the christians,* chapter X (The christians worship the father, son, and holy ghost), 37-38 "Nor is our teaching in what relates to the divine nature confined to these points; but we recognise also a multitude of angels and ministers, whom God the Maker and Framer of the world distributed and appointed to their several posts by His Logos, to occupy themselves about the elements, and the heavens, and the world, and the things in it, and the goodly ordering of them all."

[4] CLEMENT OF ALEXANDRIA (Philip Schaff, ed.) *The Stromata, or Miscellanies*, book VII, chapter II (The son the ruler and saviour of all): "So the best thing on earth is the most pious man; and the best thing in heaven, the nearer in place and purer, is an angel, the partaker of the eternal and blessed life."

[5] ORIGEN. *Commentary on the Gospel of John*, Book X, 13 (Spiritual meaning of the passover): "It is not necessary that our discourse should now ascend to that third passover which is to be celebrated with myriads of angels in the most perfect and most blessed exodus; we have already spoken of these things to a greater extent than the passage demands." The Complete Works of Origen (8 Books): Cross-Linked to the Bible (p. 1378). Amazon.com. Edição do Kindle.

6. Tertuliano, o Inquisidor Mor: "para que este Juiz não o entregue ao anjo que deve executar a sentença, e ele o confie à prisão do inferno, da qual não haverá demissão até que a menor de suas transgressões seja paga no período anterior à ressurreição."[1]

7. Eusébio, "o Mais Repugnante dos Simpatizantes": "mas como sendo intermediários entre deus e os demônios, costumam chamá-los por um nome bem aplicado e intermediário, anjos de deus e 'espíritos ministradores', 3 e poderes divinos, e arcanjos, e quaisquer outros nomes correspondentes a seus cargos; [...]."[2]

8. Gregório de Nazianzo: "sabemos haver Anjos e Arcanjos, Tronos, Domínios, Principados, Poderes, Esplendores, Ascensões, Poderes Inteligentes ou Inteligências, naturezas puras e imaculadas, imóveis ao mal ou dificilmente móveis; sempre circulando em coro em torno da Primeira Causa (ou como deveríamos cantar seus louvores?) iluminadas dali com a mais pura Iluminação, ou uma em um grau e uma em outro, proporcionalmente à sua natureza e posição..."[3];

9. Ambrósio, o Pedófilo: "Não há lugar aqui para engano ou negação; ele é o 'anjo' que anuncia o reino de cristo e a vida eterna. Ele será para ti como alguém que não deve ser valorizado por sua aparência externa, mas por seu ofício. O que ele te entregou, considere; pondere seu uso, reconheça seu caráter."[4];

---

[1] TERTULLIAN (Philip Schaff, ed.). *Treatise on the Soul*, chapter XXXV (The opinions of Carpocrates, ...): "lest this Judge deliver you over to the angel who is to execute the sentence, and he commit you to the prison of hell, out of which there will be no dismissal until the smallest even of your delinquencies be paid off in the period before the resurrection."

[2] EUSEBIUS. *Praeparatio Evangelica*, book IV, chapter V: "as being intermediate between God and daemons they are accustomed to call them by a well-applied and intermediate name, angels of God, and 'ministering
Spirits', and divine powers, and archangels, and any other names corresponding to their offices; [...]."

[3] GREGORY OF NAZIANZUS (Philip Schaff, ed.). *Oration*, 28 (31): "we know there are Angels and Archangels, Thrones, Dominions, Princedoms, Powers, Splendours, Ascents, Intelligent Powers or Intelligencies, pure natures and unalloyed, immovable to evil, or scarcely movable; ever circling in chorus round the First Cause (or how should we sing their praises?) illuminated thence with the purest Illumination, or one in one degree and one in another, proportionally to their nature and rank..."

[4] AMBROSE. *Concerning the Mysteries*, chapter II (Ambrose recalls the baptismal promises...), 6: "There is no room here for deceit or denial; he is the 'angel' who announces the kingdom of Christ and eternal life. He shall be to thee as one not

10. Agostinho, o Brinquedo Sexual de *santo* Ambrósio: "Se o diabo é o responsável, de onde veio o diabo? Se ele era um anjo bom que foi transformado em um diabo por sua própria vontade pervertida, qual foi a origem dessa vontade maligna nele que o transformou em um diabo, quando um anjo é feito inteiramente pelo criador supremamente bom?[1].

Como já dissemos algumas vezes os católicos não respeitam o *Liber Odium*, porquanto nele lemos que não se deveria adorar anjos:

> Ninguém vos engane quanto à vossa recompensa, tendo prazer em falsa humildade e adoração de anjos, intrometendo-se em coisas que não viu, inchado em vão pela sua mente carnal,[2]

2.9. Culto à pomba

Nas diversas religiões *pagãs* a pomba era a epifania de uma Deusa, cujo poder era personificado na forma de uma pomba.

Os gregos adoravam a pomba desde os primórdios da sua civilização; entre os minoicos, Império que florescera em Creta, foram encontrados elementos, os quais comprovariam a adoração cívica à pomba, a qual seria a personificação de uma Deusa, ou um atributo dela. Devido ao imperialismo minoico a sua adoração se espalhou pela Grécia continental, bem como pelo Mar Egeu:

> Desde o período Minoico Inicial, vasos de libação e amuletos ou modelos em forma de pássaros existiam em Creta e eram usados para propósitos rituais. Podemos observar a forma de um pássaro até mesmo entre os sinais no famoso Disco

---

to be valued for his outward appearance, but for his office. What he has delivered to you, consider; ponder its use, recognize its character."
[1] AUGUSTINE. *Confessions*, book VII, chapter III (That the cause of evil is...): "'If the devil is responsible, where did the devil come from? If he was a good angel who was transformed into a devil by his own perverted will, what was the origin of this evil will in him that turned him into a devil, when an angel is made entirely by the supremely good creator?'"
[2] SAUL, *Epístola aos Colossenses*, 2 (18). King James Bible.

de Festo. Modelos de argila de pássaros e suas imagens em vasos rituais também estão entre os móveis regulares de santuários como os de Cnossos, Gournia ou Karphi. O tipo desses pássaros tem sido há muito tempo um assunto de discussões entre estudiosos, mas geralmente eles são considerados representações de pombas.[1]

O culto à Deusa Pomba continuou mesmo após o desaparecimento dos minoicos, por ser comum encontrá-la na cultura micênica, ela se tornou um lugar-comum nos seus templos e edifícios; mais tarde a pomba foi adorada como um atributo da Deusa do Amor na Grécia (Afrodite) e em Roma (Vênus).

A pomba foi adorada em diversas religiões pagãs:

> 1. na Índia, era a representação do espírito de Deus, era a terceira hipóstase da trindade, adorada pelo seu poder regenerador. A pomba foi era reverenciada como o Sopro Divino, o qual se movia criando a vida, foi esse Sopro Divino que deu a alma ao homem, feito a partir do barro;
> 2. igualmente na Grécia a pomba foi representava como a terceira hipóstase da trindade, a qual sempre estava presente nos seus oráculos;
> 3. como Ser mítico, a pomba podia ser encontrada na Síria, onde a Deusa Semíramis, a Rainha do Céu, era adorada com uma pomba na cabeça;
> 4. os judeus sacrificavam pombos e pombas, principalmente para comemorar o nascimento do primogênito;
> 5. em Roma havia a adoração da pomba, cujo simbolismo remetia à força reprodutiva da mulher. Ela era vista ao lado da Deusa Vênus, a qual foi identificada com a pomba, a espírito santo, porque nas religiões *pagãos*, ela era uma deusa;
> 6. na Fenícia a Deusa Mãe, Ishtar, era adorada na forma de uma pomba: o seu nome significava *Pomba Suprema* (assim

---

[1] TRCKOVA-FLAMEE, Alena. *Dove Goddess*: "From the Early Minoan period on, libation vases and amulets or models in bird form existed in Crete and these were used for ritual purposes. We can observe the shape of a bird even among the signs on the famous Phaistos Disc. Clay models of birds and their images on ritual vessels are also among the regular furnishings of shrines like those at Knossos, Gournia, or Karphi. The type of these birds have long been a subject of discussions between scholars, but usually they are considered to represent doves." Disponível em <https://pantheon.org/articles/d/dove_goddess.html>.

como mais tarde os diretores da Quadrilha Católica nomeariam o Sr. Münchhausen da Cruz);
7. no Egito, a Deusa Ísis era adorada com pombas voando sobre a sua cabeça;
8. também a Deusa Cibele foi louvada com pombas sobrevoando-a;
9. os gregos usavam uma pomba como representação da Deusa Reia;
10. Em Cartago a Deusa Tanit era adorada, por intermédio de vários símbolos, como: a pomba, o peixe, a palmeira, a lua crescente;
11. a Deusa virgem Celeste (Rainha do Céu) nas suas representações aparecia com uma pomba na altura da sua cabeça;
12. a Deusa Eurínome foi adorada pelo povo sumério, o qual a chamava de Iahu (Pomba Sublime ou Pomba Exaltada);
13. Na Grécia, Eurínome era a Deusa primordial do *mýthos* pelasgo sendo representada por uma pomba;
14. no *Livro Velho dos Judeus*, yhwh, o Senhor dos Holocaustos, foi chamado de Pomba Sublime, que o simbolizava como o criador;
15. a Deusa Krishna Cristo (Jeseus Cristo) foi cultuada na forma de uma pomba, porque era possuidora do poder Regenerador, ou Destruidor;
16. a Deusa Astarte era representada com pombas voando ao seu redor;
17. a Deusa Dondona (Dione) foi adorada com uma pomba na cabeça;
18. Buda Cristo muitas vezes aparecia com uma pomba sobrevoando a sua cabeça;
19. o Deus babilônico Marduk, durante o Festival de Primavera (Festival da Ressurreição, a páscoa) dividia a pomba em duas partes simbolizando a paz mundial;
20. Deucalião usou uma pomba, para saber se o dilúvio terminara;
21. a pomba se ligava ao Deus Zeus, cujas sacerdotisas profetizavam após ouvir o arrulhar das pombas no seu templo em Dodona;
22. a Deusa Mãe-Terra era adorada em forma de uma pomba no Templo do Deus Apolo em Delfos;
23. a Deusa Mitra foi identificada por intermédio de uma pomba.

É desnecessário dizer que a prática de adorar a pomba foi uma característica de quase todas as religiões *pagãs*, por isso os diretores da Quadrilha Católica a adotaram no seu cardápio, desse modo eles poderiam vender esse produto sem muita dificuldade.

Nas Fábulas de Levi ficamos sabendo, que o burro crucificado recebeu a alcunha deus, por intermédio do voo de uma pomba assustada, por ver dois homens pelados se abraçando e gritando como loucos no rio:

> E, sendo jesus batizado, saiu logo da água, e eis que se lhe abriram os céus, e viu o espírito de deus descendo como pomba e vindo sobre ele.[1]

Os redatores das *Fábulas de Lucas* reafirmaram essa mentira, ao descreverem que a espírito santo assumira a forma de uma pomba, para anunciar ao mundo a presença do "filho amado":

> E o espírito santo desceu sobre ele em forma corpórea, como pomba; e ouviu-se uma voz do céu, que dizia: tu és o meu filho amado, em ti me comprazo.[2]

A pomba, geralmente, estava presente durante os batismos em quase todas as religiões *pagãs*, portanto o seu aparecimento no batismo do crucificado, como foi inventado pelos redatores de *Levi* e *Lucas*, não teve nenhuma relevância para os *pagãos*: visto que, para eles a pomba seria a terceira hipóstase da trindade, ou seja, ela seria o "Espírito Regenerador", o qual trazia uma nova vida àqueles que foram batizados.

Os diretores da Gangue de Almas "mais sujas do que todo lixo", dizem que no momento em Policarpo de Esmirna, Semeador da Morte, alcançou o seu grande objetivo de vida (suicidar pelas mãos do Estado), ocorreu um grande milagre, uma pomba voou:

---
[1] LEVI, 3 (16).
[2] LUCAS, 3 (22).

> Por fim, quando aqueles homens perversos perceberam que seu corpo não poderia ser consumido pelo fogo, eles ordenaram que um carrasco se aproximasse e o atravessasse com uma adaga. E ao fazer isso, saiu uma pomba e muito sangue, de modo que o fogo se extinguiu; [...].[1]

O diretor Atenágoras da filial de Atenas ridicularizou a Poderosa Deusa Semíramis, ao falar sobre a pomba: certamente, os dogmas da espírito santo e de Maria Stada ainda não eram produtos comercializados pelos seus golpistas patrões:

> Pois se homens detestáveis e odiados por deus tinham a reputação de serem Deuses, e a filha de Derceto, Semíramis, uma mulher lasciva e sanguinária, era considerada uma Deusa síria; e se, devido a Derceto, os sírios adoram pombas e Semíramis (pois, coisa impossível, uma mulher se transformou em pomba: a história está em Ctesias), [...].[2]

Eusébio, "o Mais Repugnante dos Simpatizantes", nos conta uma fábula sobre o ridículo método de escolha de um diretor da Organização Criminosa Católica, no qual a decisão foi tomada pela intervenção direta de uma pomba:

> Efetivamente, estando todos os irmãos reunidos para eleger o que haveria de receber em sucessão o episcopado e sendo numerosíssimos os varões ilustres e célebres que estavam na mente de muitos, a ninguém ocorreu pensar em Fabiano,

---

[1] *The Martyrdom of Polycarp*, chapter 16 (Polycarp is pierced by a dagger): "At length, when those wicked men perceived that his body could not be consumed by the fire, they commanded an executioner to go near and pierce him through with a dagger. And on his doing this, there came forth a dove, and a great quantity of blood, so that the fire was extinguished; [...]."
Disponível em <https://www.newadvent.org/fathers/0102.htm>.
[2] ATHENAGORAS (ROBERTS, A. and DONALDSON, J., eds.) *Plea for the christians*, chapter XXX (Reasons Why Divinity Has Been Ascribed to Men): "For if detestable and god-hated men had the reputation of being gods, and the daughter of Derceto, Semiramis, a lascivious and blood-stained woman, was esteemed a Syria goddess; and if, on account of Derceto, the Syrians worship doves and Semiramis (for, a thing impossible, a woman was changed into a dove: the story is in Ctesias), [...]."

ali presente; ainda assim, prontamente, segundo contam, uma pomba vinda do alto pousou sobre sua cabeça, imitando manifestamente a descida do espírito santo em forma de pomba sobre o salvador.[1]

Esse fragmento é apresentado como fato histórico pelo maior historiador da Gangue de Almas "mais sujas do que todo lixo", assim, ficamos sabendo como a história dessa Organização Criminosa foi escrita.

2.10. Músicas e sinos

As músicas durante as orações era uma prática comum entre diversas religiões *pagãs* desde o Tibete passando pelo Nepal, Mesopotâmia, Grécia até as Ilhas Britânicas, da Floresta Negra ao Nilo.

Na religião egípcia não se usava a música produzida pela trombeta, porquanto o seu som parecia com o zurro de um asno, o qual era sagrado para Seth, o inimigo de Osíris.

Durante as cerimônias religiosas gregas a música sempre estava presente; durante os cultos ao Deus Apolo era comum o uso de músicas de flauta. Ela era uma marca do culto ao Deus Dionísio, que sempre era embalado ao som de pandeiros e címbalos.

No *paganismo* romano também é possível encontrar a música durante as suas liturgias, contudo somente era permitido o uso da flauta. Mas, com a introdução dos *Livros Sibilinos* gregos, os romanos passaram a aceitar a música da lira e do pandeiro nos seus rituais religiosos.

Na religião ao Todo-Poderoso Deus Átis a música de harpa embalava os seus fiéis durante as suas adorações:

> Isso, diz ele, é o multiforme Átis, a quem, enquanto o celebram em um hino, pronunciam estas palavras: "Cantarei hi-

---

[1] EUSÉBIO. *História Eclesiástica*, livro VI, capítulo XXIX (De como Fabiano foi milagrosamente ...).

nos a Átis, filho de Reia, não com os sons zumbidos de trombetas, ou de pífaros de Ida, que concordam com (as vozes) dos Curetes; mas misturarei (minha canção) com a música de liras de Apolo, 'evoe, evan', na medida em que tu és Pan, na medida em que tu és Baco, na medida em que tu és pastor de estrelas brilhantes."[1]

A música nesses rituais *pagãos* tinham como objetivo invocar aos deuses, a fim de que ele mudasse os homens. Contudo, o seu uso durante as cerimônias não era consenso entre os fiéis:

> Os Deuses egípcios se deleitam com lamentações, os Deuses gregos com danças e os dos bárbaros com o barulho de pandeiros, tambores e flautas. Assim, Apuleio considerava a música indigna do Deus supremo. Celso compartilhava dessa opinião.[2]

O canto nos templos de consumo da Quadrilha Católica iniciou-se em Milão, durante a tentativa de Ambrósio, o Pedófilo, de destruir a imperatriz Justina, a mãe do imperador Valentiniano II:

> Foi então que se fixou o costume de cantar hinos e salmos, como se faz no Oriente, para que os fiéis não se consumissem no tédio e na tristeza. Desde esse dia esse costume manteve-se, e no resto do mundo, quase todas as tuas comunidades de fiéis passaram a adotá-lo.[3]

---

[1] HIPPOLYTUS (Philips Schaff, ed.). *The Refutation of All Heresies*, book V, chapter IV (Further Use Made of the System of the Phrygians...): "This, he says, is multiform Attis, whom while they celebrate in a hymn, they utter these words: 'I will hymn Attis, son of Rhea, not with the buzzing sounds of trumpets, or of Idæan pipers, which accord with (the voices of) the Curetes; but I will mingle (my song) with Apollo's music of harps, <evoe, evan>, inasmuch as thou art Pan, as thou art Bacchus, as thou art shepherd of brilliant stars'."

[2] QUASTEN, Johannes. *Music & worship in pagan & Christian antiquity*. Washington, D.C.: National Association of Pastoral Musicians, 1993, p. 53: "The Egyptian gods take pleasure in lamentation, the Greek gods in dancing, and those of the barbarians in the din of tambourines, drums and flutes. Thus Apuleius considered music unworthy of the highest god. Celsus shared this opinion."

[3] AGOSTINHO. *Confissões*, livro nono, capítulo VII.

Os primeiros relatos sobre o uso geral de música com instrumentos durante as reuniões dos consumidores da Máfia de Preto é de 835 d.H., mas foi somente em 875 que Marino Sanuto introduziu o órgão de foles nos seus templos de consumo.

Esse tipo de órgão já era conhecido muito antes de fazer parte dos parques de diversões da Máfia de Preto: há uma lenda urbana, segundo a qual um desses instrumentos foi enviado pelo Imperador Constantino Coprônimo, ao imperador Pepino, o Breve, no ano de 351 d.H.:

> O rei Pepino, consoante as ladainhas de louvor que reverberam das crônicas, foi mais do que apenas o feliz destinatário de um presente inesperado. A tônica de seu reinado, como os cronistas gostariam que acreditássemos, é a introdução de formas romanas de liturgia na igreja ocidental.[1]

Os sinos foram usados, a fim de auxiliar na convocação dos consumidores, para as reuniões nos seus templos de consumo somente no século II d.H.; o CEO da empresa João XIII no ano de 553 d.H. consagrou o sino do templo de consumo da cidade de Latrão nomeando-o de João.

2.11. *Relíquias* de Albrecht de Mainz

Os criminosos da Quadrilha Católica comercializam quaisquer objetos, para conseguirem as suas 30 moedas de prata, uma vez que é muito custoso manter as suas vidas fáceis nos seus suntuosos palácios, com as suas festas principescas regadas a drogas e estupros de criancinhas. Para provar que não estamos mentindo,

---

[1] BICKNELL, Stephen. *King Pippin and the origins of the organ*: "King Pippin, according to the litanies of praise that reverberate from the chronicles, was more than just the happy recipient of an unexpected present. The keynote of his reign, as the chroniclers would have us believe, is the introduction of Roman forms of liturgy into the western church."
Disponível em <https://www.stephenbicknell.org/3.6.13.php>.

ou seja, católicos, a seguir, apresentaremos uma lista de *relíquias* tão, ou mais, absurda do que todas as anteriores.

Em 1127 d.H., Martinho Lutero publicou um texto anônimo, no qual ele listou as *relíquias* do diretor Albrecht da filial de Mainz:

> 1. Uma bela seção do chifre esquerdo de Moisés (*Êxodo* 34:29, *Vulgata*: "seu rosto estava cheio de chifres pela conversa com o senhor");
> 2. Três chamas da sarça ardente no Monte Sinai (*Êxodo* 3:3);
> 3. Duas penas e um ovo do espírito santo;
> 4. Um remanescente da bandeira com a qual cristo abriu o inferno;
> 5. Uma grande mecha da barba de Belzebu, presa na mesma bandeira;
> 6. Metade da asa do arcanjo Gabriel;
> 7. Uma libra inteira de vento que rugiu por Elias na caverna do Monte Horebe (1 *Reis* 19:11);
> 8. Dois *ells* (cerca de noventa polegadas) de som das trombetas no Monte Sinai (*Êxodo* 19:16);
> 9. Trinta toques de trombetas no Monte Sinai;
> 10. Um grande e pesado grito com o qual os filhos de Israel derrubaram os muros de Jericó (Josué 6:20);
> 11. Cinco cordas bonitas e brilhantes da harpa de David;
> 12. Três lindas mechas de cabelo de Absalão, que ficaram presas no carvalho e o deixaram pendurado (2Sm 18:9).[1]

Com o apoio do CEO Alessandro Farnese, conhecido nos piores prostíbulos como papa Paulo III, quem quisesse adorar essa grotesca coleção deveria pagar um florim. Com essa quantia, os

---

[1] GRITSCH, Eric W. *Two Feathers from the Holy Spirit?*: "1. A nice section from Moses' left horn (Exod. 34:29, Vulgate: "his face was horned from the conversation with the Lord"); 2. Three flames from the burning bush on Mount Sinai (Exod. 3:3); 3. Two feathers and an egg from the Holy Spirit; 4. A remnant from the flag with which Christ opened hell; 5. A large lock of Beelzebub's beard, stuck on the same flag; 6. One-half of the archangel Gabriel's wing; 7. A whole pound of the wind which roared by Elijah in the cave on Mount Horeb (1 Kings 19:11); 8. Two ells (about ninety inches) of sound from the trumpets on Mount Sinai (Exod. 19:16); 9. Thirty blasts from the trumpets on Mount Sinai; 10. A large, heavy piece of the shout with which the children of Israel tumbled the walls of Jericho (Josh. 6:20); 11. Five nice, shiny strings from David's harp; 12. Three beautiful locks of Absalom's hair, which got caught in the oak and left him hanging (2 Sam. 18:9)."

consumidores dos produtos da Associação Católica de Celerados receberiam indulgência de todos os seus pecados até a data do pagamento, além de perdão pelos pecados cometidos pelos próximos 10 anos.

Capítulo III

Rituais *pagãos* no catolicismo

"Os ritos do Batismo, da Iniciação (ou Confirmação) e as muitas cerimônias de um Segundo Nascimento, que associamos às religiões plenamente formadas, pertenciam também à era da Magia; e todos eles implicavam uma crença em algum tipo de reencarnação – em uma vida que prossegue continuamente sendo renovada constantemente no nascimento. É curioso que ainda hoje encontremos tal crença entre os selvagens mais inferiores."

Edward Carpenter

O imperador Constantino, o Grande Traidor da Humanidade, reuniu, às suas expensas, na cidade de Nicea (90 a. H.) um enorme número de criminosos da Quadrilha Católica, a fim de mostrar a todos quem realmente mandava na Associação Católica de Celerados: o motivo oficial da convocação imperial foi para resolver o dogma sobre a trindade. Durante essa reunião, ele exigiu que se elaborasse um produto, o qual padronizasse o *Compendium Immoralitatum*, a fim de que os consumidores tivessem mais confiança nos produtos comprados, bem como para evitar discussões sobre a validade e qualidade dos produtos comercializados.

Por ordem de Constantino, diversos ritos imperiais e das religiões *pagãs* foram incorporados às práticas católicas:

1. as roupas cerimoniais;
2. os ornamentos na cabeça;
3. o ato de se curvar frente ao altar;
4. as músicas que anestesiam o pensamento racional;
5. as orações invocando auxílio de um deus;
6. as súplicas dirigidas ao crucificado;
7. as procissões;
8. o ato de se levantar durante as cerimônias: um rito imperial romano do século I a.H., o qual obrigava os presentes a se postarem em pé, quando os magistrados romanos entrassem na corte;
9. um credo oficial (símbolo dos apóstolos);
10. a páscoa;
11. a disciplina clerical;
12. a hierarquia eclesiástica; etc.

Por simples curiosidade: entre todas essas determinações ainda encontramos a proibição dos diretores da Máfia de Preto de agirem como agiotas; essa medida não surtiu muito efeito, porque esses criminosos convocaram os seus comparsas para os substituírem nesse negócio lucrativo: o CEO Calisto antes desse tornar imperador da Quadrilha Católica era um violento agiota em Roma.

De todos esses elementos comercializados pelos diretores da Máfia "Adoradora de Farinha e Água", o mais importante é seu o ritual, porque todo ritual é sempre conservador, reacionário e intransigente, portanto, ele é um facilitador do controle do rebanho.

Os diretores da Quadrilha Católica sabiam que os helenos gostavam de: superstições, mistérios, milagres, adorações aos seus diversos Deuses, acreditavam em demônios, curas pela fé, salvadores, redentores, paraísos, etc., por causa disso os Mafiosos da Cruz colocaram todos esses produtos no seu cardápio, a fim de que pudesse agradar ao maior número possível de fiéis *pagãos*.

O Império Católico do Mal tomou emprestado esses elementos principalmente, quando começou a sua globalização com aberturas de filiais na Ásia Menor e Grécia. Assim, os seus primeiros *santos* foram divindades locais, o batismo, a comunhão sagrada e até mesmo a data de nascimento do crucificado foi uma adoção de costumes *pagãos*.

A Gangue Cropódula ainda copiou quase todos os rituais, instituições, cantos, títulos das religiões *pagãs* do Tibete e Nepal:

> Onde se encontrou o culto de um Deus crucificado – e a religião católica romana dos dias de hoje, é muito impressionante. No Tibete, foi encontrado o papa, ou chefe da religião, a quem eles chamavam de 'Dalai Lama'; eles usam água benta, celebram um sacrifício com pão e vinho; eles dão a extrema-unção, rezam pelos doentes; eles têm mosteiros e conventos para mulheres; eles cantam em seus serviços, têm jejuns; eles adoram um Deus em uma trindade, acreditam em um inferno, um céu e um lugar intermediário ou purgatório; eles fazem orações e sacrifícios pelos mortos, têm confissão, adoram a cruz; têm solidéus, ou cordões de contas para contar suas orações, e muitas outras práticas comuns à Igreja Católica Romana.[1]

---

[1] DOANE, T. W. *Bible myths and their parallels...* Fourth edition. New York: The Truth Seeker Company, 1882, p. 400: "where the worship of a crucified God was found – and the Roman Catholic religion of the present day, is very striking. In Thibet was found the pope, or head of the religion, whom They called the 'Dalai Lama'; they use holy water, they celebrate a sacrifice with bread and wine; they give extreme unction, pray for the sick ; they have monasteries, and convents for women; they chant in their services, have fasts ; they worship one God in a trinity, believe in a hell, heaven, and a half-way place or purgatory; they make prayers

A Quadrilha Católica

Em síntese a Gangue de Almas "mais sujas do que todo lixo", copiou dessas duas religiões *pagãs* todos os produtos, os quais rendiam um alto retorno econômico:

1. o poder temporal sobre um território;
2. o poder espiritual reconhecido pelos demais países;
3. o CEO como o próprio deus, ao qual todos devem se curvar;
4. o uso de água para a purificação;
5. os cantos durante os serviços;
6. as orações aos mortos;
7. o uso da mitra;
8. o poder do CEO católico é idêntico ao do Dalai Lama;
9. a celebração do sacrifício com pão e vinho;
10. a extrema-unção;
11. as bênçãos aos recém-casados;
12. as orações para os doentes;
13. as procissões;
14. a honra às relíquias dos santos;
15. os monastérios;
16. os conventos para as jovens virgens;
17. os diversos jejuns;
18. a mortificação do corpo;
19. consagração dos bispos;
20. envio de missionários;
21. a crença em um deus;
22. a crença na trindade;
23. a crença no paraíso;
24. a crença no inferno;
25. a crença no purgatório;
26. os votos de castidade;
27. os votos de pobreza;
28. os votos de obediência;
29. o uso da cruz;
30. o uso do rosário;
31. os confessores nomeados pela autoridade suprema;
32. morte de um cristo;
33. a ida do cristo morto ao inferno;
34. a ressurreição do cristo três dias depois;
35. a volta do cristo ao paraíso;

---

and sacrifices for the dead, have confession, adore the cross ; have chaplets, or strings of beads to count their prayers, and many other practices common to the Roman Catholic Church."

36. o retorno do cristo no dia do julgamento final;
37. o cristo como julgador dos homens.

Como o catolicismo é uma Multinacional do Crime que vende os seus produtos quase todo mundo; ao entrarem em contato com os fiéis budistas, os seus diretores adaptaram os seus bens de consumo ao gosto desses fiéis, oferecendo a eles produtos que eles já conheciam, porém, com nova embalagem:

> A semelhança entre o budismo e o cristianismo foi percebida por muitos viajantes nos países orientais. Sir John Francis Davis, em sua *História da China*, falando do budismo naquele país, diz: "Certo é – e a observação pode ser feita diariamente até mesmo em Cantão – que eles (os sacerdotes budistas) praticam as ordenanças do celibato, jejum e orações para os mortos; eles têm água benta, rosários de contas, que eles contam com suas orações, a adoração de relíquias, e um hábito monástico semelhante ao dos franciscanos" (uma ordem de monges católicos romanos).[1]

O Associação Católica de Celerados, nem é preciso repetir, apropriou-se da arte, do misticismo, dos Deuses, do ascetismo, das instituições monásticas, dos rituais e quase todos os sacramentos das religiões *pagãs*.

Veremos, mais abaixo, muitos elementos que compõem a estrutura comercial do Bando dos "Idólatras de Fato" e faremos um breve comentário sobre cada um deles.

---

[1] DOANE, T. W. *Bible myths and their parallels...* Fourth edition. New York: The Truth Seeker Company, 1882, p. 401: "The resemblance between Buddhism and Christianity has been remarked by many travelers in the eastern countries. Sir John Francis Davis, in his 'History of China', speaking of Buddhism in that country, says:
'Certain it is—and the observance may be daily made even at Canton - that they (the Buddhist priests) practice the ordinances of celibacy, fasting, and prayers for the dead; they have holy water, rosaries of beads, which they count with their prayers, the worship of relics, and a monastic habit resembling that of the Franciscans.' (an order of Roman Catholic monks)."

3.1. Água benta

Desde os tempos pré-históricos a água benta era usada em cultos por representar a pureza; o seu uso era comum no culto às Deusas: durante as festas os fiéis eram aspergidos com água benta, a fim de se curarem e se purificarem.

Nos cultos à Magnífica Deusa Ísis o sacerdote aspergia os fiéis com a água sagrada, a fim de purificá-los; esse ritual tornou-se uma prática comum no mundo antigo. Ainda no *paganismo* egípcio a água era uma referência ao Magnânimo Deus Osíris:

> "No Templo de Ísis em Philae", diz o Dr. Cheetham, "o corpo morto de Osíris é representado com talos de milho brotando dele, que um sacerdote rega de um recipiente." Uma inscrição diz: "Esta é a forma daquele que não podemos nomear, Osíris dos Mistérios que brotou das águas que retornam" (o Nilo).[1]

Os templos *pagãos* possuíam uma vasilha com água benta, para os fiéis se purificarem, eles normalmente usavam um aspersor durante o ritual de limpeza. No culto ao Todo-Poderoso Deus Mitra aquele que desejasse se tornar um fiel deveria seguir um ritual de sete passos, cujo primeiro era o batismo com água benta:

> Nosso conhecimento dos ritos iniciáticos do Mitraísmo é inevitavelmente fragmentário. Sabemos que, assim como em muitos cultos contemporâneos, uma forma de batismo representava a mística lavagem do pecado. Os iniciados em certos graus eram selados na testa com a marca de sua vocação, provavelmente com uma marca a ferro quente.[2]

---

[1] CARPENTER, Edward. *Pagan & Christian Creeds*. "'In the Temple of Isis at Philae', says Dr. Cheetham, 'the dead body of Osiris is represented with stalks of corn springing from it, which a priest waters from a vessel.' An inscription says: 'This is the form of him whom we may not name, Osiris of the Mysteries who sprang from the returning waters' (the Nile)."

[2] HALLIDAY, W. R. *The Pagan Background of Early Christianity*. London: Holder and Stoughton Ltd. MCMXXV, p. 304: "Our knowledge of the initiatory rites of Mithraism is inevitably fragmentary. We know that in this, as in many contemporary cults, a form of baptism represented the mystical washing away of sin. The initiated

No hinduísmo era costume levar os mortos às margens de um rio sagrado e molhar a sua boca com a água benta, como era costume banhar-se nas águas sagradas dos seus rios:

> Portanto, ó grande rei, quando este mês de Vaisakha chegar, os devotos de Vishnu devem banhar-se na água sagrada, purificadora dos homens, de Ganga, ou de Reva, ou Yamuna ou Sarada.[1]

Entre os *pagãos* gregos o uso da água sagrada, para a purificação era um ritual comum, em todos os seus templos havia uma vasilha de água benta, na qual o fiel deveria se aspergir, a fim de se purificar antes de entrar: para os gregos o uso de água em seus rituais representava o momento de *katharsis* (purificação). No templo dedicado ao Deus Platão, o "Moisés Ático", tinha um recipiente com água benta, na qual os apóstolos deveriam se purificar antes de entrar naquele lugar místico, ou Academia, como é chamado pelos Comedores de Capim.

Nos Mistérios Eleusinos os fiéis lavavam as mãos com água benta, que se encontrava na porta do templo, pois somente seria considerado um homem de pensamento puro, aquele que tivesse um corpo limpo. Esse ritual *pagão* foi preservado pela Gangue de Almas "mais sujas do que todo lixo", a qual colocou na entrada dos seus templos de consumo uma vasilha contendo água, a fim de os consumidores se purificarem:

> Em seguida, o hierofante ordenou ao povo que lavasse as mãos em água consagrada. Os ímpios foram ameaçados

---

in certain grades were sealed upon the forehead with the mark of their calling, probably with a brand."

[1] *Padma Purana*, V Patalakhanda (Section on the Nether World), chapter eighty six (*Acts to be Performed in Vaisakha*), 35-40: "Therefore, O great king, when this month of Vaisakha has arrived, the devotees of Visnu should bathe in the holy water, purifying men, of Ganga, or of Reva, or Yamuna or Sarada."

com o castigo estabelecido pela lei caso fossem descobertos, mas especialmente, e isso em qualquer caso, com a ira implacável dos deuses.¹

Na luta contra os *pagãos*, Justino, "o Mais Tolo dos Pais Cristãos", se opôs, tenazmente, contra o uso da água benta, por considerá-la demoníaca:

> E os demônios, de fato, tendo ouvido esta lavagem proclamada pelo profeta, instigaram aqueles que entram em seus templos, e estão prestes a se aproximar deles com libações e sacrifícios, também para se aspergirem com água; e eles também fazem com que eles se lavem completamente, após [o sacrifício], antes de entrarem nos santuários onde suas imagens estão colocadas.²

Por ser um ritual demoníaco, essa prática tornou-se de uso obrigatório na Organização Criminosa Católica (não esqueçamos que a sua pedra fundamental era o próprio Satanás, como dissera o crucificado), a partir do século I a.H. A aspersão de água benta era feita a todo momento pelos seus diretores, até em situações que antes eles condenavam como pecaminosas:

> Jerônimo conta, com a crença pagão-cristã em milagres, comum à sua época, que os cavalos de corrida de um cristão, aspergidos com água benta, venceram os cavalos de um pagão.³

---

¹ WRIGHT, Dudley. *The eleusinian mysteries & rites*. London: Unwin Brothers Limited, p. 49: "The people were then commanded by the hierophant to wash their hands in consecrated water, and the impious were threatened with the punishment set forth in the law if they were discovered, but especially, and this in any case, with the implacable anger of the gods."
² JUSTIN. *First Apology*, chapter LXII (Its imitation by demons): "And the devils, indeed, having heard this washing published by the prophet, instigated those who enter their temples, and are about to approach them with libations and burntofferings, also to sprinkle themselves; and they cause them also to wash themselves entirely, as they depart [from the sacrifice], before they enter into the shrines in which their images are set."
³ TREDE, Thomas. *Paganism in the Roman Church*, **The Open Court**, vol. XIII. (Nº 6.) JUNE, 1899. Nº 517, p. 332: "Jerome tells, with the pagan-Christian belief

Na Gangue Nicena o uso de água benta, foi aceito desde o início, contudo ele somente foi oficializado no ano de 415 d.H. com o intuito de atrair mais consumidores pagãos, os quais se espalhavam por uma Europa cada vez mais rural dominada pela crueldade dessa Organização Criminosa:

> pois se o governo estivesse nas mãos dos sacerdotes, teria sido seu dever punir os erros, e a lâmina do carrasco purifica a cidade tão certamente como a água lustral colocada na entrada dos templos.[1]

O termo *lustral* (*lustrati*) significava, para os latinos a purificação usando água, mas no caso dos criminosos católicos, eles desejavam purificar as cidades com o uso da espada.

A água benta na simbologia da "Ninhada de Traidores", representa o enterro do crucificado.

3.2. Os altares

A adoração do altar é uma clara manifestação fetichista *pagã*, porque que aquele objeto tem poderes divinos.

No hinduísmo o altar era o lugar mais sagrado do templo, porquanto era nele que se oferecia os sacrifícios. A verdadeira oferenda era Shiva, que deveria ser sacrificada no altar:

> Ó Senhor Shiva, para a purificação dos homens dos pecados, por favor, permaneça para sempre neste altar nesta mesma forma.[2]

---

in miracles common to his time, that the race-horses of a Christian, sprinkled with holy water, won over the horses of a heathen."

[1] SYNESIUS OF CYRENE. *Letter 121* (To Athanasius): Separation of Church and State: "for if the government had been in the hands of the priests, it would have been their duty themselves to punish wrong-doing, and the blade of the executioner purifies the town as certainly as lustral water placed at the entrance of temples."

[2] *The Siva Purana*, part I, Rudra-Samhita, section II Satikhanda, chapter twenty (Sati's marriage festival), 36: "O lord Siva, for the purification of men from sins you will please stay for ever in this altar in this self-same form." Disponível em

Os altares são lugares, os quais os consumidores da Gangue de Almas "mais sujas do que todo lixo", ladinamente dizem ser sagrados. A utilização de altares nos seus templos de consumo tem origens em diversas religiões *pagãs*: judaica; grega; romana; siríaca; mesopotâmica; hindu; egípcia.

Os primeiros altares judeus eram feitos de pedra ou terra, sendo Noé o primeiro a construir um. No judaísmo o altar era quadrado encimado por uma pedra oca, sendo utilizado, para se fazer sacrifícios. Era um local de exceção, porque qualquer tipo de defeito moral ou físico impedia o fiel de se aproximar dele:

> contudo, por causa do seu defeito, não se aproximará do véu nem do altar, para que não profane o meu santuário. Eu sou o senhor, que os santifico.[1]

Esse versículo é um péssimo exemplo dado por yhwh, o Senhor dos Holocaustos, o qual não permitiria aos mais necessitados adorá-lo no seu imundo altar: essa herança chegou à Multinacional Católica de Crimes, pois os seus templos de consumo estão fechados aos mais necessitados.

Os diretores da Multinacional Católica de Crimes passaram a usar os altares, quando perceberam que os seus consumidores tinham admiração pelos altares judaicos.

No templo do Senhor em Jerusalém existia um altar em honra ao Deus *pagão* Adônis (*Adonai, Senhor*), adorado nessa cidade como Deus Tamuz.

Os gregos usavam altares (*baetylus*) em quase todos os lugares; a eucaristia em honra ao Deus Apolo era uma regra muito rígida, por isso todos os sacrifícios deveriam ocorrer em um altar.

Entre os romanos várias salas da Corte deveriam ter uma cadeira mais confortável para os juízes ou mestres e uma mesa para

---

<https://ia801205.us.archive.org/19/items/SivaPuranaJ.L.Shastri-Part1/Siva%20Purana%20-%20J.L.Shastri%20-%20Part%201_text.pdf.>
[1] *Levítico*, 21 (23).

sacrifícios, do mesmo modo que se encontravam espalhados por quase todos os lugares da cidade; no Senado tinha um altar em homenagem à Deusa Vitória, que representava o *paganismo* romano tradicional.

Entre os *pagãos* romanos qualquer um poderia erguer um altar sagrado aos deuses; mesmo uma simples mesa se dedicada a um Deus seria reconhecida por todos como um lugar sagrado, onde ele poderia fazer sacrifícios, bem como a eucaristia.

Durante as guerras mafiosas entre as gangues católicas no Egito, para saber quem dominaria aqueles riquíssimos templos de consumo, os comparsas de Atanásio, o Campeão do Crime, foram acusados de quebrarem um altar da gangue católica adversária, contudo o santo, cinicamente disse ser somente uma mesa. Ora, todos que no ritual romano segundo o qual qualquer mesa, que fosse dedicada a um deus poderia servir de altar, por outros termos, qualquer homem poderia construir o seu próprio altar e fazer a eucaristia, portanto não existia o monopólio da Gangue de Almas "mais sujas do que todo lixo" de construção de altares.

O altar da Quadrilha Católica mantém a tradição *pagã* de ser um local de se fazer sacrifícios, por ser nele que é encenada o sacrifício do crucificado.

Como a Gangue de Almas "mais sujas do que todo lixo", gosta de espetáculos, os seus altares são os mais chamativos possíveis, ficando em locais à vista de todos: mais do que simbolizar um sacrifício, ele representa a fama, fortuna e glória dos seus diretores.

A primeira referência a um altar no *Cristianismo Inc.* pode ser encontrada em Saul, o "patife e falso":

> Não podeis beber o cálice do senhor e o cálice dos demônios; não podeis ser participantes da mesa do senhor e da mesa dos demônios.[1]

---

[1] SAUL, *Primeira Epístola aos Coríntios*, 20 (21).

Como não poderia deixar de ser, essas suas palavras refletem toda a intolerância do Império Católico do Mal, que cobriria o mundo nos próximos 2.000 anos, visto que dividiu os homens entre os seguidores de um deus sanguinário e aqueles que seriam sacrificados em sua honra.

Seguindo os passos secessionistas de Saul, a Pandora de Tarso, encontramos Inácio de Antioquia, o Suicida, o qual ao defender o poder ilimitado dos diretores da Quadrilha Católica atacou os fiéis *pagãos* em relação ao uso de altares:

> Quem está no altar é puro, mas quem está fora não é puro; isto é, aquele que faz qualquer coisa além do bispo, do presbitério e dos diáconos, tal homem não é puro em sua consciência.[1]

Na sua perspectiva somente comeria o pão do deus inventado pelos diretores da Máfia "Adoradora de Farinha e Água" aqueles que se subjugassem aos controladores do altar, ou seja, todos os que se poluíram nas suas águas imundas.

Cipriano, o Pastor Mercenário, na sua incansável busca por riquezas, lançou a sua fúria incontrolável contra os *hereges* e *pagãos* afirmando que o altar deles era do demônio, ao passo que o da Gangue Nicena seria de um deus:

> O que resta senão à igreja dar lugar ao Capitólio e, saindo os sacerdotes e levando embora o altar do senhor, os simulacros e ídolos com os seus aras [altares do diabo] vêm ocupar o lugar sagrado e venerável onde o nosso clero se reúne [...]?[2]

---

[1] IGNATIUS OF ANTHIOCH (Philip Schaff, ed.). *Epistle to the Trallians*, chapter VII: "He that is within the altar is pure, but he that is without is not pure; that is, he who does anything apart from the bishop, and presbytery, and deacons, such a man is not pure in his conscience."

[2] CIPRIANO. *Epístola a Cornélio*, 18 (1): "¿Qué queda ya sino que la Iglesia ceda el lugar al Capitolio y, yéndose los sacerdotes y llevándose el altar del Señor, vengan los simulacros y los ídolos con sus aras a ocupar el lugar sagrado y venerable en donde se reúne nuestro clero, [...]?"

Outro criminoso da Gangue de Almas "mais sujas do que todo lixo", que defendeu o uso de altar na Organização Criminosa foi Tertuliano, o Inquisidor Mor; consoante à sua perspectiva o altar deveria ser construído voltado para o Leste:

> De nossa pomba, no entanto, quão simples é o próprio lar! — sempre em lugares altos e abertos, e de frente para a luz! Como símbolo o espírito santo, ela ama o (radiante) Oriente, aquela figura de cristo.[1]

O ato de adorar um deus voltando-se para o Leste é uma influência *pagã*, porquanto era uma forma de adorar o Poderoso Sol Invicto, ao Magnífico Deus Mitra e todos os deuses solares.

Os malandros católicos sempre desejaram esconder que a sua Organização Criminosa é uma continuação do *paganismo*, por isso eles tentaram justificar o motivo de se orar para o Leste; eles afirmam que não teria relação com Todo-Poderoso Sol Invicto, contudo a causa de tal prática de se devia ao fato de o Leste ser o lugar do paraíso original:

> Se essa forma de orientação exerceu alguma influência na mudança do celebrante de costas para a frente do altar não pode ser bem determinada, mas de qualquer modo esse costume substituiu gradualmente o mais antigo, e tornou-se regra tanto para o sacerdote como para o povo olhar na mesma direção, ou seja, para o Oriente (Mabillon, Museum Italicum, ii, 9).[2]

---

[1] TERTULLIAN. *Against the Valentinians*, chapter 3 (The Folly of This Heresy...): "Of our dove, however, how simple is the very home! — always in high and open places, and facing the light! As the symbol of the Holy Spirit, it loves the (radiant) East, that figure of Christ."

[2] *History of the christian Altar*, VIII (Orientation): "Whether this form of orientation exercised any influence on the change of the celebrant from the back to the front of the altar cannot well be determined but at all events this custom gradually supplanted the older one, and it became the rule for both priest and people to look in the same direction, namely, towards the East (Mabillon, Museum Italicum, ii, 9)." Disponível em <https://www.ewtn.com/catholicism/library/history-of-the-christian-altar-11085>

Arnóbio de Sica no seu ódio profundo ao *paganismo*, cujo principal interesse era agradar aos seus novos patrões católicos, afirmou que os Deuses *pagãos* eram homenageados em altares:

> Não digais que o próprio Pai Rômulo, feito em pedaços pelas mãos de cem senadores, é [o deus] Quirino Marte, e não o homenageie com sacerdotes e altares, e o adore em grandes templos e depois de tudo isso jure que ele subiu para o céu?[1]

Nos primeiros séculos de existência da Quadrilha Católica não existiam altares, eles somente começaram a fazer parte das suas atividades comerciais no século II a.H., quando a mesa da eucaristia passou a ser adorada como um altar. O uso dos altares é uma das infinitas provas de que o catolicismo é uma organização *pagã*, porque o crucificado não ordenou a construção de altares:

> Em nenhum lugar jesus diz: guarde as *relíquias*, adore-as, quebre-as, transfira-as e revenda-as, construa altares sobre elas e reze a missa.[2]

Os diretores da "Ninhada de Traidores" são *experts* em tirar dinheiro dos seus consumidores, por isso eles inventaram a festa de consagração do altar, a partir de então não só o templo de consumo deveria ser consagrado, como vimos até os sinos passaram a ser consagrados, porquanto tudo deve e tem que ser feito em nome das 30 moedas de prata!

---

[1] ARNOBIUS. *The case against the pagans*. Westminster: The Newman Press, 1949, book one (**Refutation of pagan criticism**), p. 89: "Do you not say that Father Romulus himself, who was torn to pieces by the hands of a hundred senators, is Quirinus Martius, and do you not honor him with priests and couches, and worship him in great temples and after all these things swear that he went up into heaven?"

[2] DESCHENER, Karlheinz. *Historia criminal del cristianismo*. Barcelona: Ediciones Martínez Roca, 1990, vol. IV, p. 122: "guardad reliquias, adorarlas, partirlas, trasladarlas y revenderlas, construid altares sobre ellas y decid misa."

O Paganismo oficializado

Foi o imperador Constantino, o Grande Traidor da Humanidade, quem decretou que todo consumidor da Organização Criminosa Católica deveria se curvar, em sinal de respeito, diante do altar nos templos de consumo: essa era uma tradição nos templos judaicos.

Como vimos mais acima os diretores da Máfia de Preto fazem qualquer coisa para conseguirem as 30 moedas de prata, eles até apresentaram um altar completo, que o louco João Batista usava nas suas pregações no meio do deserto.

Outro altar famoso, mas falso, é aquele, no qual o burrinho foi apresentado ao templo em Jerusalém; esse altar pode ser visto no templo de consumo de *são* Tiago.

O imperador Maximino Daia tentou recuperar o poder do Estado na parte oriental do Império Romano, o qual se via sob o manto negro da Quadrilha Católica. Por esse motivo, Lactâncio, o Farsante, a fim de combater o imperador afirmou, que seriam os sacerdotes pagãos quem faziam a comida no seu palácio, a fim de que toda comida fosse um sacrifício aos deuses pagãos:

> Além disso, foi o autor da ideia de que todos os animais que devia comer fossem mortos previamente, não pelos cozinheiros, mas imolados pelos sacerdotes no altar.[1]

Quando a Associação Católica de Celerados aumentou o seu poder exponencialmente, ela iniciou um ataque destrutivo a tudo o que se referia ao *paganismo*, a fim de ocultar a sua própria origem *pagã*. Libânio nos relatou que na sua época os sagrados altares *pagãos* foram destruídos pelos criminosos católicos:

> os templos desolados, e as cerimônias da religião foram interrompidas, os altares foram derrubados, os sacrifícios foram suprimidos, os sacerdotes foram expulsos e as receitas

---

[1] LACTÂNCIO. *A morte dos perseguidores*, 36.

dos templos foram divididas entre os homens mais licenciosos;[1]

Gregório de Nazianzo afirmou que após a Facção Criminosa Católica destruir os *pagãos*, os seus diretores se dedicaram defender as suas vidas nababescas transformando os altares em locais de imolação dos seus inimigos:

> ou que nossa barriga deveria ansiar pelo gozo dos bens dos pobres, e gastar seus necessários em superfluidades, e arrostar sobre os altares.[2]

Um édito de 08 a.H. do imperador Teodósio I ordenou que todas as estátuas e altares ligados aos tradicionais cultos fossem destruídos, todas as propriedades e riquezas pertencentes aos templos fossem confiscadas e transferidas aos Mafiosos da Cruz.

No século VII d.H. o CEO Honório III exigiu, que todo consumidor deveria acender, no mínimo, duas velas no altar do templo de consumo, o que por extensão aumentou a sua riqueza, visto que milhões de velas passaram a ser vendidas diariamente.

3.3. Cordeiro

Antes de iniciar esse tópico devemos lembrar, pela milésima vez, que os diretores, acionistas e consumidores da Quadrilha Católica não obedecem ao que está escrito nos livros, os quais eles dizem ser sagrados. Pois no *Livro Velho dos Judeus* lemos que yhwh, o Senhor dos Holocaustos, não aceitava sacrifícios, citando o cordeiro, inclusive:

---

[1] LIBANIUS. *Oration 17*: "the temples lying desolate, and the ceremonies of religion put a stop to, and altars overturned, and sacrifices suppressed, and priests expelled, and the revenues of the temples divided amongst the most licentious of men; [...]."

[2] GREGORY NAZIANZEN. *Introduction to Oration* XLII, The last farewell, 24: "or that our belly ought to hunger for the enjoyment of the goods of the poor, and to expend their necessaries on superfluities, and belch forth over the altars."

> De que me serve a mim a multidão de vossos sacrifícios, diz o senhor? Já estou farto dos holocaustos de carneiros, e da gordura de animais cevados; nem me agrado de sangue de bezerros, nem de cordeiros, nem de bodes.[1]

Ele sentia desprezo pelo sangue de cordeiro, o que nos leva a afirmar que o sacrifício vicário do cordeiro de deus, comercializado pela Organização Criminosa Católica, é uma contradição, ou não seria o sacrifício do cordeiro, ou não seria sacrificado a deus (nesse caso seria a Satanás, sendo a pedra sobre a qual o Império Católico do Mal foi construído).

Os seguidores do maravilhoso Deus Átis, ou do Deus Mitra, Salvador de Todos, purificavam-se com o sangue de um touro (*taurobolium*), entretanto como era muito caro oferecer um touro em sacrifício, os primeiros consumidores do burro crucificado matavam um carneiro (*kriobolium*): esse ritual era semelhante àquele que ocorria na Grécia, onde o cordeiro era o símbolo do grandioso Deus dos Deuses, Zeus.

Os gregos pensavam que o Deus Dionísio foi ao Hades, cuja entrada ficava no lago Alcioniano; a fim de louvar a esse deus, eles sacrificavam um cordeiro à beira do lago:

> A tradição local de Argos era que ele desceu pelo lago Alcônio; e seu retorno do mundo inferior, em outras palavras, sua ressurreição, era anualmente celebrada no local pelos argivos, que o convocavam da água com toques de trombeta, enquanto jogavam um cordeiro no lago como oferenda ao guardião dos mortos. Se isso era um festival de primavera não parece, mas os lídios certamente celebravam a chegada de Dionísio na primavera; o deus era suposto trazer a estação com ele.[2]

---

[1] ISAÍAS, 1 (11).
[2] FRAZER, James George. *The Golden Bouth*: A Study of Magic and Religion, XLIII. Dionysus: "The local Argive tradition was that he went down through the Alcyonian lake; and his return from the lower world, in other words his resurrection, was annually celebrated on the spot by the Argives, who summoned him from the water by trumpet blasts, while they threw a lamb into the lake as an offering to the warder of the dead. Whether this was a spring festival does not appear, but the

Heródoto descreveu que na Babilônia existia um templo com uma estátua do Todo-Poderoso Zeus em ouro:

> ao lado desse, outro de grandes dimensões, onde se sacrifica o gado adulto, pois no de ouro só é permitido sacrificar cordeiros ainda não desmamados.[1]

A fim de explicar, porque os egípcios adoravam o Deus Zeus com o rosto de um cordeiro, Heródoto afirmou que essa tradição teve origem na insistência do Deus Hércules em ver o Deus Zeus. Esse não queria ser visto, por isso ele cortou a cabeça de uma ovelha e cobriu o seu rosto com ela:

> matou um cordeiro, cortou-lhe a cabeça e, colocando-a à frente da sua, revestiu-se da lã, apresentando-se assim a Hércules. É por essa razão que as estátuas de Zeus no Egito representam o Deus com uma cabeça de cordeiro.[2]

Ainda no Egito os *pagãos* adoravam o Deus Hórus (Osíris), o Salvador, como um cordeiro; ele era representado com a coroa *atef*, a qual possuía dois chifres de cordeiro:

> Ele foi sepultado por três dias em um túmulo e ressuscitou dos mortos. Seus seguidores o chamavam de "Caminho", "a Verdade, a Luz", "Messias", "Filho Ungido de Deus", "Filho do Homem", "Bom Pastor", "Cordeiro de Deus", "Palavra que se fez carne", "Palavra da Verdade", "o KRST" ou "Ungido". Ele também era conhecido como "o Pescador" e era associado ao Peixe, Cordeiro e Leão. Consoante a essa religião antiga, esse Deus veio para cumprir a Lei e deveria reinar por mil anos.[3]

Lydians certainly celebrated the advent of Dionysus in spring; the god was supposed to bring the season with him." (Locais do Kindle 9047-9054). Edição do Kindle.
[1] HERÓDOTO. *História*, livro I, CLXXXIII.
[2] HERÓDOTO. *História*, livro II, XLII.
[3] WARNER, J. & WALLACE, J. *Is Jesus Simply a Retelling of the Horus Mythology?*: "He was buried for three days in a tomb and rose from the dead. His followers called Him 'Way', 'the Truth the Light', 'Messiah', 'God's Anointed Son', 'Son

Os diretores da Quadrilha Católica para conseguirem vender o crucificado aos seguidores do Deus Mitra identificaram o seu produto com esse Deus, o qual era adorado na forma de um cordeiro:

> Tudo isso demonstra não apenas que o cordeiro no culto cristão primitivo era um símbolo de Deus desde a antiguidade remota, como igualmente era considerado o mesmo que o cordeiro simbólico no culto mitraico.[1]

Foi João, "o mais indigno de confiança", o primeiro a identificar o Sr. Münchhausen da Cruz com o cordeiro, visto que ele vendia as suas quinquilharias onde o Grande Deus Mitra reinava:

> No dia seguinte João viu jesus, que vinha para ele, e disse: Eis aqui o cordeiro de deus, que tira o pecado do mundo.[2]

O que nos mostra que o título *cordeiro de deus* é mais uma herança do *paganismo*, que os diretores católicos usaram para atrair os fiéis *pagãos*. Essa identificação foi oficializada muitos séculos depois, quando houve a reunião mafiosa em Constantinopla (essa reunião é conhecida pelos nomes *Quinissexto* ou *Trullo*) convocada pelo proprietário da Quadrilha Católica, o imperador Justiniano II, em 277 d.H., cujo decreto determinou que a adoração ao crucificado deveria ser substituída pelo cordeiro. Assim, os direto-

---

of Man', 'Good Shepherd', 'Lamb of God', 'Word made flesh', 'Word of Truth', 'the KRST' or 'Anointed One'. He was also known as 'the Fisher' and was associated with the Fish, Lamb and Lion. According to this ancient religion, this God came to fulfill the Law and was supposed to reign one thousand years." Disponível em <https://coldcasechristianity.com/writings/is-jesus-simply-a-retelling-of-the-horus-myth/>.

[1] ROBERTSON, John M. *Pagan Christs*, §9. Mithraism and Christianity: "Everything thus goes to show not only that the Lamb in the early Christian cultus was a God-symbol from remote antiquity, but that it was regarded in exactly the same way as the symbolical lamb in the Mithraic cult."

[2] JOÃO, 1 (29).

res dessa Organização Criminosa impuseram aos seus consumidores o culto ao cordeiro, o qual deveria ser identificado com a bondade do seu Garoto Propaganda:

> Em algumas imagens dos veneráveis ícones, um cordeiro é pintado ao qual o Precursor aponta o dedo, o que é recebido como um tipo de graça, indicando previamente através da lei, nosso verdadeiro cordeiro, cristo nosso deus. [...] decretamos que a figura humana do Cordeiro que tira o pecado do mundo, cristo nosso deus, seja daqui em diante exibida em imagens, em vez do antigo cordeiro, [...].[1]

Todos sabiam, contudo, que se tratava de uma adoração *pagã* à constelação de Áries (constelação do Carneiro), quando o Sol retorna na páscoa, para tornar a vida dos homens mais agradável (o verão no hemisfério norte), bem como era uma representação do Deus Todo-Poderoso Zeus, Mitra, Osíris e outros mais:

> Era isso que o profeta Moisés representava através do cordeiro morto na páscoa e ensinava ao aspergir o sangue nos batentes das portas: simbolizava a fé que agora se encontra em nós, ou seja, a fé no cordeiro perfeito.[2]

Assim, os diretores da Quadrilha Ortodoxa enganavam os seus espertos consumidores afirmando que ao adorar o cordeiro, eles estariam adorando ao xamã crucificado, mas todos sabiam que se tratava da adoração a Mitra, o Bom Pastor, o crucificado que ressuscitou na páscoa.

Os *pagãos* não se incomodaram em adorar o cordeiro vendido pela Associação Católica de Celerados, porquanto uns o adoravam pensando se tratar do Deus Zeus, outros o faziam em honra

---

[1] *Council in Trullo*, canon 82: "In some pictures of the venerable icons, a lamb is painted to which the Precursor points his finger, which is received as a type of grace, indicating beforehand through the Law, our true Lamb, Christ our God. [...] we decree that the figure in human form of the Lamb who takes away the sin of the world, Christ our God, be henceforth exhibited in images, instead of the ancient lamb, [...]." Disponível em <https://www.newadvent.org/fathers/3814.htm>.
[2] HIPÓLITO. *Tradição Apostólica*, 4 (15): O sinal da cruz.

ao Deus Mitra, enquanto muitos adoravam o cordeiro como se fosse o Deus Sol Invicto.

Os diretores da Organização Criminosa Católica aproveitaram a avidez dos seus consumidores em adorar ao cordeiro, a fim de venderem diversos produtos sem nenhuma ligação com a religião, como foi o caso de um brinquedo de criança chamado *agnus dei*:

> Uma bugiganga que um estudante romano jogara fora, foi apanhada e chamada de "agnus dei".[1]

Esses comércios espúrios não nos causa surpresa, porque a Quadrilha Católica foi construída sobre uma pedra, a qual foi identificada por Jesus Cristo como Satanás; não duvidamos dessa sua afirmação, porque ele mesmo era o Malakhei Habbalah (o mais malvado entre os anjos maus), identificado pelo nome *cordeiro* como a besta do *Apocalipse*:

> Então, vi outra besta que saía da terra, com dois chifres como cordeiro, mas que falava como dragão.[2]

3.4. Alma imortal

Sobre a imortalidade da alma Macróbio fez um levantamento de alguns autores, que trataram dessa mentira:

> Platão disse que a alma era uma essência que se move por si mesma;19 Xenócrates, um número que se move por si;20 Aristóteles a chamou de entelequia;21 Pitágoras e Filolau, harmonia;22 Posidônio, ideia;23 Asclepíades, um funcionamento harmonioso dos cinco sentidos;24 Hipócrates, um espírito sutil difundido por todas as partes do corpo;25 Heráclito Pôntico, luz;26 Heráclito o filósofo, uma faísca de essência

---

[1] DOANE, T. W. *Bible myths and their parallels...* Fourth edition. New York: The Truth Seeker Company, 1882, p. 400: "A bauble which the Roman schoolboy had thrown away was picked up, and called an 'agnus dei'."
[2] *APOCALIPSE*, 13 (11).

estelar;27 Zenão, um espírito crescido no corpo;28 Demócrito, um espírito implantado nos átomos tendo tal liberdade de movimento que permeava o corpo.29 Critolau o Peripatético afirmou ser composta de uma quinta-essência;30 Hiparco a chamou de fogo;31 Anaxímenes, ar;32 Empédocles,33 e Crítias,34 sangue; Parmênides, uma mistura de terra e fogo;35 Xenófanes, uma de terra e água;36 Boethos, de ar e fogo;37 e Epicuro, uma mistura de calor, ar e respiração.38
A aceitação da incorporeidade da alma tem sido tão geral quanto a aceitação de sua imortalidade.[1]

A conclusão de Macróbio está errada por ser um esteriótipo por diversificação, porquanto a "aceitação da incorporeidade da alma" e "de sua imortalidade" foi defendida pelos Deuses Pitágoras, Platão e Xenófanes e por todos os sacerdotes citados acima (os quais os Comedores de Capim chamam de filósofos); a única exceção que pode ser feita na sua lista de depravados é o grande Demócrito de Abdera, o qual não se prostituiu pregando qualquer religião; além dele essa mentira não era aceita nem pelos cientistas (Tales, Anaximandro e Anaxímenes todos da Escola Milésia), nem pelos Iluministas do século X a.H. (os sofistas), nem pelos céticos. Ou seja, essa mentira era defendida somente pelos homens mais perversos da História.

---

[1] MACROBIUS. Ambrosius Aurelius Theodosius. Commentary on the dream of Scipio (19-20): "Plato said that the soul was an essence moving itself;19 Xenocrates, a number moving itself; 20 Aristotle called it entelechy;21 Pythagoras and Philolaus, harmony;22 Posidonius, idea;23 Asclepiades, a harmonious functioning of the five senses;24 Hippocrates, a subtle spirit diffused through every part of the body;25 Heraclides Ponticus, light;26 Heraclitus the philosopher, a spark of starry essence;27 Zeno, a spirit grown into the body;28 Democritus, a spirit implanted in the atoms having such freedom of movement that it permeated the body.29 Critolaus the Peripatetic stated that it was composed of a fifth essence;30 Hipparchus called it fire;31 Anaximenes, air;32 Empedocles,33 and Critias,34 blood; Parmenides, a mixture of earth and fire;35 Xenophanes, one of earth and water;36 Boethos, of air and fire;37 and Epicurus, a mixture of heat, air, and breath.38 The acceptance of the soul's incorporeality has been as general as the acceptance of its immortality."

Era comum a todas as religiões *pagãs* orientais a crença na imortalidade da alma, principalmente entre os egípcios e babilônios:

> Os egípcios, possivelmente por causa de seu clima favorável à conservação do corpo, desenvolveram muito cedo uma doutrina da imortalidade um tanto material, e essa doutrina estava intimamente ligada aos ritos do deus e da deusa da vegetação, Osíris e Ísis.[1]

Entre os antigos egípcios acreditava-se, que após a morte a alma iria para o céu, porquanto foi isso o que aconteceu com o Magnífico Deus Osíris, o qual após morrer ressuscitou e foi para a sua casa celestial:

> Os egípcios, de todos os períodos em que nos são conhecidos, acreditavam que Osíris era de origem divina, que sofreu morte e mutilação pelas mãos das potências do mal; após uma grande luta com essas potências ele ressuscitou; tornando-se então o Rei do Submundo e Juiz dos Mortos e que, por conquistar a morte, os justos também poderiam derrotá-la; eles elevaram Osíris a uma posição tão alta no céu que se tornou igual e, em certos casos, superior a Rá, o Deus-Sol, atribuindo-lhe os predicados que pertencem a Deus.[2]

---

[1] HARRISON, Jane Ellen. *The Religion of Ancient Greece*. London: Archibald Constable and Co. Ltd., 1905, p. 52: "The Egiptians, possibly because their climate favoured the conservation of the body, developed very early a somewhat material doctrine of immortality, and this doctrine was intimately connected with the rites of the culture god and goddess Osiris and Isis."

[2] BUDGE, Ernest A. W. *Egyptian Ideas of the Future Life*, chapter II (Osiris the god of the resurrection): "The Egyptians of every period in which they are known to us believed that Osiris was of divine origin, that he suffered death and mutilation at the hands of the powers of evil, that after a great struggle with these powers he rose again, that he became henceforth the king of the underworld and judge of the dead, and that because he had conquered death the righteous also might conquer death; and they raised Osiris to such an exalted position in heaven that he became the equal and, in certain cases, the superior of Rã, the Sun-god, and ascribed to him the attributes which belong unto God."
Disponível em <https://platopagan.tripod.com/osiris_god_of_resurrection.htm>

Este era o ponto central de muitas religiões antigas, o qual, igualmente, fundamentou os dogmas do Império Católico do Mal. Encontramos a crença na imortalidade da alma em religiões muito mais antigas, como é o caso do zoroastrismo na Pérsia, onde vemos Ahura Mazda trazendo a imortalidade aos homens:

> A Ele, nas Yasnas de nossa Piedade, louvaremos com homenagem, que em Sua energia persistente era famoso por ser (na verdade) o Senhor Ahura Mazda, pois Ele estabeleceu em Seu reino, através de Sua Ordem sagrada e Sua Boa Mente, tanto o Bem quanto a Imortalidade, para conceder o eterno poder e força a esta nossa terra (e à criação).[1]

Os sumérios não formavam um povo de homens criminosos, cruéis e mentirosos, por isso entre eles não existia o dogma da imortalidade da alma, porquanto eles estavam mais preocupados com as ações justas dos homens aqui e agora: essa é a lição que podemos tirar das aventuras de Gilgamesh.

A população da Suméria pediu aos deuses que colocasse limites nas ações de Gilgamesh, o rei de Uruk na Suméria. Atendendo aos pedidos dos fiéis os deuses enviaram Enkidu, para destruí-lo, contudo, após uma luta inicial eles se tornam amigos vivendo diversas aventuras em terras estrangeiras.

Após um longo período, eles voltaram para à sua terra natal: ao ver Gilgamesh a deusa Inana (mais tarde Ishtar) tenta seduzi-lo; ele a desdenhou mandando-a embora, além de ofendê-la. Com muito ciúmes a deusa do Amor envia um touro, para matá-lo, mas Gilgamesh e Enkidu derrotaram o touro.

Os deuses ficaram irados com a participação de Enkidu na morte do touro, por isso o mataram; Gilgamesh percebeu que o

---

[1] *The Zend Avesta, Part III* (L. H. Mills, trad.), *Yasna*, XLV (10): "Him in the Yasnas of our Piety we seek to praise with homage, who in His persistent energy was famed to be (in truth) the Lord Ahura Mazda, for He hath appointed in His kingdom, through His holy Order and His Good Mind, both Weal and Immortality, to grant the eternal mighty pair to this our land (and the creation)." Disponível em <https://sacred-texts.com/zor/sbe31/sbe31015.htm>.

mesmo poderia acontecer com ele, devido a isso ele saiu em busca da imortalidade.

Nessa sua procura ele encontrou um sobrevivente do dilúvio, Utnapishtim, o qual havia se tornado imortal com a ajuda dos deuses. Mas, esse nada pode fazer por Gilgamesh, visto que o presente que recebeu nenhum outro homem poderia receber.

Apesar de não conseguir a imortalidade Gilgamesh descobriu uma planta que prolongaria a juventude; em seguida ele retornou à sua cidade natal. Ao descansar da longa viagem, ele dorme surgiu, nesse interregno apareceu uma cobra, a qual comeu a planta e fugiu. Deste dia em diante a cobra sempre se tornaria jovem trocando a sua pele, ao passo que os homens perderam a chance de uma vida longa e jovem.

Quando Gilgamesh chegou em Uruk, ele percebeu que os homens deveriam se orgulhar das suas obras, apesar de não terem uma vida eterna.

Os gregos e romanos não tinham nenhum problema em aceitar a imortalidade da alma, contudo ficavam confusos com o caso do burro crucificado, visto que ele foi julgado em um processo legal e foi legalmente condenado como um mal à sociedade. Esse era o motivo, porque os cidadãos do Império não aceitavam a sua imortalidade: todavia, os diretores da Facção Criminosa Católica apelavam, para a sua imortalidade como condição única da sua existência.

No Ocidente esta ideia absurda (imortalidade da alma) apareceu pela primeira vez com o Deus Pitágoras de Samos, o "Chefe dos Charlatães", o qual a plagiara do orfismo, que por sua vez a copiara da Religião Dionisíaca. A sua história é conhecida por todos, nela ficamos sabendo como ele foi um Deus pérfido: após fugir de Samos, foi morar em uma caverna em Crotona, onde todos os dias a sua mãe levava comida e um relato sobre o que aconteceu na cidade. Após algum tempo, ele voltou à cidade muito magro, branco e com cabelos longos e desalinhados, dizendo, que fora ao

Hades (para os gregos somente os Deuses tinham esse poder. Esse é o motivo, porque os diretores do Bando dos "Idólatras de Fato" insistiam que o carpinteiro seria um deus: foi somente a partir da sua ressurreição, que podemos falar, que eles o venderam como um deus).

Quando questionado sobre a verdade da sua história, o Deus Pitágoras recitava os fatos que ocorreram na sua "ausência" e isso fez com que alguns cidadãos o acolhessem como um Deus. Assim, ele pode vender o dogma da imortalidade da alma, o qual ecoou profundamente no Deus Platão, o "Moisés Ático", o homem mais depravado que já existiu. Ele se apropriou dos dogmas da Religião Pitagórica sobre a alma, os floreou nos seus pestilentos monólogos e levou-os ao extremo entregando-os prontos aos pedófilos diretores da Quadrilha Católica.

Uma alma justa, a qual agisse como o Deus Platão ordenou, ao se separar da sua prisão corporal, voltaria para a sua casa celestial, ao passo que a alma injusta passaria por diversas palingenesias, para se purificar. Caso a sua maldade fosse grande, a alma se encarnaria em um animal, ou, pior ainda, em uma mulher:

> Mas se ela falhasse nisso, nasceria uma segunda vez, agora como mulher.[1]

Desse modo, nasceu a mentira sobre a existência de uma alma imortal e espiritual (contrária à matéria) no mundo ocidental. Essa visão tresloucada do mundo ainda hoje é um sucesso de vendas entre uma enorme parcela da população: desde os analfabetos até os doutores (é por demais óbvio que o termo *doutor* se refere ao pedaço de papel, que confere um título e não o discernimento a esses indivíduos, porque em termos do uso da Razão, eles nada se diferem de um asno, são Comedores de Capim).

---

[1] PLATO (J. M. Cooper, ed.). *Timaeus*, 42c: "But if he failed in this, he would be born a second time, now as a woman."

Entre os judeus não houve um consenso sobre a imortalidade da alma, porquanto os saduceus (os representantes da elite da judaica, cuja característica principal foi seguir a Lei Mosaica em sentido literal) rejeitaram o dogma da imortalidade da alma, uma vez que Moisés nada falou sobre ele. Por outro lado, os fariseus também seguiam a Lei Mosaica, mas nem por isso deixaram de aceitar as contribuições dos outros povos: anjos, destino, punições e premiações futuras foram acrescentadas ao rol de suas crenças, além de aceitarem a imortalidade da alma:

> Porque os saduceus dizem que não há ressurreição, nem anjo, nem espírito; mas os fariseus professam ambas as coisas.[1]

Fílon de Alexandria, que tentou unir os dogmas da Religião Platônica com os da Religião Judaica, foi mais um tosco camelô da imortalidade da alma:

> o olfato e o paladar sustentam este corpo mortal, mas a visão e a audição servem à alma imortal.[2]

A alma imortal, como vemos, já era algo aceito muito antes do surgimento do Império Católico do Mal; os seus diretores apenas a usaram, para forjar um deus, bem como convencer os *pagãos* a se jogarem nas suas águas tóxicas.

O maior vendedor do burro crucificado foi Saul, o "patife e falso", contudo, ele não acreditava em um dos dogmas mais importante da sua Organização Criminosa: a imortalidade da alma, por isso afirmou que os homens não seriam imortais:

---

[1] LUCAS, *Atos dos Apóstolos*, 23 (8).
[2] FILO OF ALEXANDRIA. *Questions and Answers on Genesis*, III, 5: "smell and taste support this mortal body, but sight and hearing afford service to the immortal soul."

> Aquele que tem, ele só, a imortalidade, e habita na luz inacessível; a quem nenhum dos homens viu nem pode ver, ao qual seja honra e poder sempiterno. Amém.¹

Outra referência à imortalidade alma pode ser encontrada no livro sobre os macabeus:

> Mas os filhos de Abraão, com sua mãe vitoriosa, são reunidos no lugar de seus antepassados, tendo recebido almas puras e imortais de deus, a quem seja a glória por toda eternidade.²

No seu livro, *O Pastor*, Hermas defendeu todos os dogmas sobre o burro crucificado, malgrado tenha se calado sobre a sua ressurreição. Ao tratar da imortalidade da alma, ele deixou transparecer que concordaria com esse dogma:

> Era necessário, disse ele, que eles subissem pela água, para que pudessem descansar. Pois, de outra forma, eles não poderiam entrar no reino de deus, a não ser deixando de lado a mortalidade de sua vida anterior.³

Justino, "o Mais Tolo dos Pais Cristãos", na sua infantil tentativa de provar que a alma seria imortal, como, igualmente, sofreria punições por sua impiedade, além de poder ressuscitar, citou várias práticas e autores gregos, que trataram desse tema:

> e o que vocês consideram oráculos, tanto de Anfíloco, Dodana, Pítio, e tantos outros que existem; e as opiniões de seus autores, Empédocles e Pitágoras, Platão e Sócrates, e o fosso de Homero, e a descida de Ulisses para inspecionar

---

¹ SAUL, *Primeira Epístola a Timóteo*, 6 (16).
² *The Fourth Book of the Maccabees*, 34: "But the sons of Abraham, with their victorious mother, are gathered together unto the place of their ancestors, having received pure and immortal souls from God, to whom be glory for ever and ever."
³ HERMAS. *The Shepherd*, Similitude IX (The greatest mysteries of...), 151: "It was necessary, said he, for them to ascend by water, that they might be at rest. For they could not otherwise enter into the kingdom of God, but by laying aside the mortality of their former life."

essas coisas, e tudo o que foi proferido de maneira semelhante.¹

A alma imortal foi comercializada pelos redatores alexandrinos do livro *A Sabedoria de Salomão*, porquanto em Alexandria esse era um produto muito atrativo aos consumidores:

> Sua partida do nosso meio pareceu ser a destruição deles; mas eles estão em paz.
> Pois embora tenham sido punidos aos olhos dos homens, a esperança deles está cheia de imortalidade.²

Assim, concluímos que os diretores da Gangue de Almas "mais sujas do que todo lixo", foram gradualmente elaborando o dogma da imortalidade da alma, ora apanhando doutrinas *pagãs*, ora se apoiando em textos dos seus redatores. Independentemente, do modo como esse dogma foi construído fica evidente, que ela é uma organização *pagã* que vende a salvação da alma imortal.

Os criminosos da Quadrilha Católica defenderam a imortalidade da alma, porquanto desse modo, eles poderiam vender os seus sujos produtos a todos os *pagãos*:

> **1.** Saul, o "patife e falso", destarte tenha afirmado que a imortalidade pertenceria somente ao "Cadáver Judeu" (*Primeira Epístola a Timóteo*, 6, 16), quando foi necessário aumentar os seus lucros, ele defendeu a imortalidade da alma: *Epístola aos Romanos*, 2 (7), 6 (23), 8 (11); *Primeira Epístola a Timóteo*, 1 (17); *Primeira Epístola aos Coríntios*, 15 (49-54); *Primeira Epístola aos Tessalonicenses*; *Epístola aos Hebreus*, 2, (14), 9 (27);

---

[1] JUSTIN (Philip Schaff, ed.). *The First Apology*, chapter XVIII (Proof of immortality and the resurrection): "and what you repute as oracles, both of Amphilochus, Dodana, Pytho, and as many other such as exist; and the opinions of your authors, Empedocles and Pythagoras, Plato and Socrates, and the pit of Homer, and the descent of Ulysses to inspect these things, and all that has been uttered of a like kind."

[2] *Wisdom of Salomon*, wisdom 3: "[3] and their going from us to be their destruction; but they are at peace. [4] For though in the sight of men they were punished, their hope is full of immortality."

2. Levi, 7 (13-14),10 (28);
3. *Atos dos Apóstolos*, 2 (29),
4. João, 5 (24, 28-29);
5. João, *Primeira Epístola*, 2 (17);
6. *Apocalipse*, 20 (6), 21 (8).

3.5. A invenção de Satanás

Nesse tópico nos basearemos em *The Autobiography of Satan* de John R. Beard, porque ele fez uma pesquisa minuciosa sobre essa personagem tanto entre os *pagãos* antigos como entre os *pagãos* católicos.

A noção de Satanás vendida pela Quadrilha Católica teve inspiração de diversas religiões pagãs, como, por exemplo, a do povo Yazidi da Síria e Mesopotâmia; esse povo reconhecia a existência de um poder maligno extremo, Sheitan. Ao se dirigir a ele, os Yazidi o chamavam de Melek-el-Kout, sendo um anjo poderoso, eles o reconhecem como: "o chefe da hoste angélica"[1], um rebelde a deus.

Após o imperador Constantino, o Grande Traidor da Humanidade, comprar a Quadrilha Católica, e os seus diretores exterminarem os *pagãos*, bem como assassinar os *hereges*, eles não tinham mais um inimigo no dia a dia, portanto foi necessário inventar um inimigo metafísico: Satanás.

A Quadrilha Católica é uma organização *pagã* em todos os aspectos, contudo o que mais chama atenção é que eles comercializam a ficção Satanás com o intuito de aterrorizar os seus astutos consumidores. John R. Beard apresentou uma extensa lista de povos *pagãos*, os quais conheciam essa personagem:

> Chamado pelos gregos de *diabolos*, sou latinizado em *diabolus*, italianizado em *diavolo*, afrancesado em *diable* e teutonado em uma série de formas; por exemplo, o *tieval* gótico, o *djofull* islandês, o *djeoful* sueco, o *teufel* alemão, o *diabo* inglês. Como muitas denominações, tantas variedades.

---

[1] BEARD, John R. *The Autobiography of Satan*. London: Willian and Norgate, 1872, p. 15: "the chief of the angelic host"

A este diabo foram aplicados familiarmente os epítetos concedidos nos hinos de Yedic ao antagonista de Indra. Como Vrita, ele é frequentemente mencionado como o demônio ou o inimigo; mais frequentemente, ele é descrito como "o velho diabo" ou serpente, o ealda deofol de Caedmon, "o velho Nick" e "velho Davy" da fala inglesa comum atualmente. Como Pani, ele é Valant, o trapaceiro, ou sedutora, que aparece em uma forma feminina como Valandina. Mas para os alemães a queda do diabo do céu sugeria a ideia de que, como Hefesto (Vulcano), ele deve ter sido coxo [...] Como ele, o Valante é um ferreiro, e o nome, que assumiu em outros lugares as formas Falande, Phaland, Folande, Valande, passa para a forma inglesa Way land, [...] o homem Graumann ou Grey do folclore alemão. Este demônio negro é o eslavo Tschernebog (Zernebog, como no Frontispício) representado como o inimigo de Bjelbog, [...]. Como os faunos e outros seres míticos da mitologia grega e latina, ele tem um corpo que é total ou parcialmente o de uma besta. Algum tempo ele deixa para trás a impressão do casco de um cavalo, e o demônio inglês Grazt, outra forma provavelmente de Greudel, mostrou-se na forma de um diabo. O diabo das bruxas era um bode preto (compare Bog, Bogy, Bug, Puck) ou cabra; a dos Padres da Igreja Cristã era um lobo devorador. Como Ahi, novamente, e Python, e Echidna, ele não é apenas a velha serpente ou dragão, mas o verme do inferno, e o peixe-morsa ou leviatã (um nome no qual vemos novamente o Vala ou enganador). Como Baalzebu, ele assume a forma de uma mosca, como Psique pode denotar um espírito bom ou mau. Como o martelo que esmaga o mundo e inflige a penalidade do pecado ao pecador, ele desempenha o papel de Aloadai e Thor Miolnir. Como o guardião do submundo, ele é o guarda do inferno e o pastor do inferno ou anfitrião. O mesmo processo que converteu a bondosa Holda na maligna Unholda, atribuída às ocupações diabólicas emprestadas das do Odin teutônico e do Orion grego. "Senhor dos mortos", eu sou o governante da Terra do Homem Morto.[1]

---

[1] BEARD, John R. *The Autobiography of Satan*. London: Willian and Norgate, 1872, p. 240: "Called by the Greeks diabolos, I am Latinised into diabolus, Italianised into diavolo, Frenchified into diable, and Teutonised into a score of forms; e.g., the Gothic tieval, Icelandic djofull, Swedish djeoful, German teufel, English devil. As many denominations, so many varieties.

A Quadrilha Católica

Enquanto o "Homem Morto" recebeu apenas 51 apelidos, os diretores da Multinacional Católica de Crimes foram prolíficos em inventarem nomes, para identificarem aquele que mantém essa máfia viva nos últimos 2.000 anos: Satanás. A seguir mais uma longa e tediosa lista de nomes pelos quais o padroeiro do catolicismo é conhecido:

"O Diabo! É
(Bel-Allon) o Poderoso Senhor! Deus deste mundo!
(Bel-Geh) o Senhor da Saúde! —
(Bel-Ial) Belial, Senhor da Oposição!
(Baal-Zebub) Senhor do Escorpião!

"To this devil were applied familiarly those epithets which are bestowed in the Yedic hymns on the antagonist of Indra. Like Vrita, he is often spoken of as the fiend or the enemy; more often he is described as 'the old devil' or serpent, the ealda deofol of Caedmon, 'the old Nick' and 'old Davy' of common English speech at the present day. Like Pani, he is Valant, the cheat or seducer, who appears in a female form as Valandinne. But to the Germans the fall of the devil from heaven suggested the idea that, like Hephaistos (Vulcan), he must have been lamed by the descent, and hence we have the limping devil, or 'devil upon two sticks,' who represents the limping Hephaistos not only in his gait but in his office. Like him, the Valant is a smith, and the name, which has assumed elsewhere the forms Faland, Phaland, Foland, Valland, passes into the English form Way land, and gives us the Wayland smith whom Tresilian confronts in Scott's novel of Kenilworth. Like the robbers who steal Indra's cattle, he is also the dark, murky or black being, the Graumann or Grey man of German folk-lore. This black demon is the Slavonic Tschernebog (Zernebog, as in the Frontispiece) who is represented as the enemy of Bjelbog, the white god,—a dualism which Grimm regards as of late growth. Like the Fauns and other mythical beings of Greek and Latin mythology, he has a body which is either wholly or in part that of a beast. Some time he leaves behind him the print of a horse's hoof, and the English demon Grazt, another form probably of Greudel, shewed itself in the form of a devil. The devil of the witches was a black buck (compare bog, bogy, Bug, Puck) or goat; that of the Fathers of the Christian Church was a devouring wolf. Like Ahi, again, and Python, and Echidna, he is not only the old serpent or dragon, but the hell-worm, and the walfish or leviathan (a name in which we see again the Vala or deceiver). Like Baalzebub, he assumes the form of a fly, as Psyche may denote either a good or an evil spirit. As the hammer which crushes the world and inflicts the penalty of sin on the sinner, he plays the part of Aloadai and Thor Miolnir. As the guardian of the underworld, he is the hell-ward and the hell-shepherd or host. The same process which converted the kindly Holda into the malignant Unholda, attributed to the devil occupations borrowed from those of the Teutonic Odin and the Greek Orion." "Lord of the dead," I am the ruler of Deadman's Land."

(Baal-Berith) Senhor da Aliança! —
(Baal-Peor) Senhor da Abertura!
(Baal-Perizim) Senhor das Divisões! —
(Baal-Zephon) Senhor do Norte!
(Baal-Samen) Senhor do Céu!
(Adoni-Bezek) Senhor da Glória! —
Moloch-Zedek, Melquisedeque.
Rei da Justiça!
Anjo de Luz! —
Príncipe das Trevas!
Príncipe do Poder do Ar! —
Anjo do Poço sem Fundo!
Lúcifer, Filho da Manhã! —
A Estrela do Dia!
O Grande Dragão Vermelho! —
Acusador dos Irmãos! —
O tentador!
A Serpente! —
O Escorpião!
O Espírito Sujo! —
O Espírito Imundo! —
O Espírito Mentiroso!
Satanás! —
Mamom!
Abaddon!
Legião!
E entre seus títulos mais modernos estão os seguintes, alguns dos quais são complementares, outros nem tanto:
O Velho Cavalheiro!
Velho Groselha! —
Velho Nick! —
Velho Bogy!
Velho Harry! —
O velho Companheiro! —
O velho!
O Cavalheiro de Preto![1]

---

[1] BEARD, John R. *The Autobiography of Satan*. London: Willian and Norgate, 1872, pp. 291-292: "The Devil! is
(Bel-AUon) the mighty lord! god of this world!
(Bel-Geh) the lord of health! — (Bel-Ial) Belial, lord of the opposition!
(Baal-Zebub) lord of the scorpion!
(Baal-Berith) lord of the covenant! —
(Baal-Peor) lord of the aperture!

No *Livro Velho dos Judeus* e na *Collectio Perversionum* da Quadrilha Católica, Satanás aparece em vários momentos e em cada um deles, ele é mais assustador:

> Diabo *(caluniador*, Mateus IV. 1), o chefe dos anjos rebeldes. Ele também é chamado *de Satanás* (uma palavra hebraica que significa *adversário*), *demônio, grande dragão, velha serpente, Belzebu* (*Apocalipse* XII. 9, XX. 2; Lucas VIII. 29; Mateus XII. 24).
> [...] são também designados como *demônios, espíritos malignos, espíritos imundos, príncipes das trevas,* etc. (João VIII. 44; Judas 6; Marcos IX. 34; Lucas VIII. Marcos VI. 7; Efésios VI. 12).
> Conseguiu tomar posse de certas pessoas e atormentá-las (Mateus XII. 24; Gênesis III. 2; 2 Cor. XI. 3; *Atos* XXVI. 18; Levítico XVII. 7; Salmo. CVI. 37; 1 Cor. X. 20, *Apocalipse*. IX. 20; Lucas XIII. 16, XXII. 3, 31; Jó II. 7; Marcos XVI. 9).
> [...] e até mesmo realiza milagres para seduzi-los (Mateus IV. 1; *Gênesis* III. 15; 1 Pedro. V. 8; 2 *Tessalonicenses*. II. 9).
> Ele ainda preserva as relações com os anjos que permanecem fiéis, e, também, luta contra eles (Jó I. 6; 1 Reis XXII. 19-22; Zacarias. III. 1; Judas 9; *Apocalipse*. XII. 7).

(Baal-Perizim) lord of divisions! —
(Baal-Zephon) lord of the north!
(Baal-Samen) lord of heaven!
(Adoni-BezeJc) lord of glory! —
Moloch-Zedekc, Melchizedech.
King of righteousness!
Angel of light! — Prince of darkness!
Prince of the power of the air! — Angel of the bottomless pit Lucifer, son of the morning! — The day-star!
The great red dragon! — Accuser of the brethren! — The tempter!
The serpent! — The scorpion!
The foul spirit! — The unclean spirit! — The lying spirit!
Satan! — Mammon!
Abaddon!
Legion!
"And among his more modern titles are the following, some
of which are complimentary, others scarcely so :
The Old Gentleman!
Old Gooseberry! — Old Nick! — Old Bogy!
Old Harry! —The old Fellow! — The old One!
The Gentleman in Black!"

No entanto, os demônios tremem diante de deus, [...] (Tiago II. 19; Marcos I. 24, v. 7; Lucas VIII. 31).
O diabo será amarrado e aprisionado no abismo por mil anos; [...] (*Apocalipse* XX. 1-9).
Finalmente, ele será condenado, [...] (Mat. XXV. 41; Judas 6; *Apocalipse*, XX. 10).[1]

A Gangue de Almas "mais sujas do que todo lixo", não somente comercializou essa figura do *paganismo*, como até inventaram uma hierarquia, por ser uma Organização Criminosa que exige a obediência irrefletida aos seus comandos; assim, os seus diretores não somente venderam Satanás, como igualmente, criaram diversas nomenclaturas e classificações demoníacas. Enumeraremos a citação abaixo, a fim de que a tolice fique bem destacada:

> Lúcifer era um Serafim;
> Agares, Belial e Barbatos, eram da ordem das Virtudes; Bileth, Forcalor e Phoenix, da ordem dos Tronos;
> Goap, da Ordem dos Poderes;
> Purson, de Virtudes e Tronos;
> e Murmur, de Tronos e Anjos.
> [...]
> extensos distritos foram atribuídos a alguns dos meus principais subordinados.

---

[1] BEARD, John R. *The Autobiography of Satan*. London: Willian and Norgate, 1872, pp. 121-2: "Devil (calumniator, Matt. iv. 1), the chief of the rebel angels. He is also called Satan (a Hebrew word signifying adversary), demon, great dragon, old serpent, Beelzebub (Apoc. xii. 9, xx. 2; Luke viii. 29; Matt. xii. 24). [...] are called demons, evil spirits, unclean spirits, princes of darkness, &c. (John viii. 44; Jude 6; Mark ix. 34; Luke viii. 2; Mark vi. 7; Eph. vi. 12). [...] the has even succeeded in taking possession of certain persons and in tormenting them (Matt. xii. 24; Gen. iii. 2; 2 Cor. xi. 3; Acts xxvi. 18: Lev. xvii. 7; Ps. cvi. 37.; 1 Cor. x. 20; Apoc. ix. 20; Luke xiii. 16, xxii. 3, 31; Job ii. 7; Mark xvi. 9). [...] and even performs miracles in order to seduce them (Matt. iv. 1; Gen. iii. 15; 1 Pet. v. 8: 2 Thess. ii. 9. [...] He still preserves relations with the angels that remain faithful,and also struggles against them (Job i . 6; 1 Kings xxii. 19,22; Zach. iii. 1; Jude 9; Apoc. xii. 7). However, the demons tremble before God, [...] (James ii. 19; Mark i 24, v. 7; Luke viii 31). The devil will be bound and imprisoned in the abyss for a thousand years; after that he will be let Loose and will seduce men afresh (Apoc. xx. 1-9). Finally, he will be condemned, with all the demons, to eternal torments in hell (Matt, xxv. 41; Jude 6; Apoc. xx. 10)."

> Havia Zemimar, "o monarca senhorial do Norte", como Shakespeare o chama.
> Havia Gorson, rei do Sul;
> Amayon, rei do Oriente;
> e Goap, príncipe do Ocidente. [...]
> Eles foram classificados como Duques do Diabo,
> Marqueses do Diabo,
> Condes do Diabo,
> Cavaleiros do Diabo,
> Presidentes do Diabo
> e (infelizmente!) Prelados do Diabo.
> [...]
> no caso de muitos que ocuparam tronos terrenos e usavam coronetes brilhantes, para não falar dos chapéus dos cardeais e das tiaras papais.[1]

Satanás é um produto inventado e comercializado pelos diretores Quadrilha Católica, porque o crucificado estava mais preocupado com o "reino de deus" e não com Satanás. O surgimento dessa personagem, como vimos, é uma herança *pagã*, que esses rufiões utilizaram para aterrorizarem os seus ardilosos consumidores com o "reino de Satanás".

O Satanás *pagão* foi comercializado pelos pagãos da Gangue Cropódula, por vários motivos: primeiro, porque era um produto muito conhecido no Império Romano; o segundo motivo se relaciona com os altos lucros, que a sua venda proporcionava; o terceiro se liga diretamente ao controle totalitário dos seus astutos

---

[1] BEARD, John R. *The Autobiography of Satan*. London: Willian and Norgate, 1872, p. 47: "Lucifer was a Seraph; Agares, Belial and Barbatos, were of the order of Virtues; Bileth, Forcalor and Phoenix, of the order of Thrones; Goap, of the order of Powers; Purson, of Virtues and Thrones; and Murmur, of Thrones and Angels. [...]
"There was Zemimar, 'the lordly monarch of the North', as Shakespeare styles him. There was Gorson, king of the South; Amayon, king of the East; and Goap, prince of the West. These sovereigns had under them many spirits with blood as blue as that of the Howards or of William the Conqueror. They were classed as Devil Dukes, Devil Marquises, Devil Counts, Devil Earls, Devil Knights, Devil Presidents, and (alas!) Devil Prelates.
[...]
"in the case of many who have occupied earthly thrones and worn glittering coronets, to say nothing of cardinals' hats and papal tiaras."

consumidores; a quarta causa foi para impedir o culto à vida, visto que ele era o governante da vida na terra, portanto o consumidor dos impudentes produtos dessa Multinacional do Crime deveria abandonar o mundo aqui e agora e deixá-los para os seus diretores usufruírem das delícias oferecidas por ele:

> Mitologicamente, a concepção pode derivar do Diábolos ou "Adversário" da tradição persa, assim como Judas nos *Evangelhos* é chamado de "um diabo"; além disso, a tradição lhe deu cabelos ruivos e o assimilou a Tífon, o matador do Deus-Salvador egípcio, Osíris.[1]

A representação de Satanás pelos Genocidas da Cruz na vertente *pagã* grega foi uma adulteração dos valores representados pelo Deus Pã, o qual era identificado com a alegria, a sexualidade e a vida. Os diretores dessa Organização Criminosa lutaram para sujar o nome do Deus Pan, para impedir os seus consumidores de comemorar a vida, dedicando-se a comemorarem a morte, a qual propiciava enormes lucros aos seus pedófilos diretores.

Os primeiros judeus viram Satanás como um adversário e não necessariamente uma personagem em particular; somente mais tarde é que eles o identificaram a um ser sobrenatural, ao qual deram o nome *satanás*. Contudo, é preciso lembrar que Satanás teve pouca influência entre os judeus:

> Nem o nome, nem a ideia de Satanás, em qualquer sentido, entraram no pensamento e na fraseologia dos hebreus, desde que mantivessem suas características genuínas. Independentemente dos casos referidos como ocorrendo no *Livro de Jó*, a palavra ocorre nos escritos do *Antigo Testamento* apenas quatro vezes; por exemplo, 1 *Crônicas* xxi. 1; *Salmo* cix. 6; *Zacarias* iii. 1, 2. Todos esses casos aparecem

---

[1] ROBERTSON, John M. *A short history of christianity*. London: Watts & CO., 1902, p. 27: "Mythologically, the conception may derive from the Diabolos or 'Adversary' of Persian lore, as Judas in the Gospels is called "a devil'; and the tradition which gave him red hair assimilated him to Typhon, the slayer of the Egyptian Saviour-God, Osiris."

em escritos de data tardia ou muito tardia. Vou tomá-los na ordem em que estão acima.

1 *Crônicas* xxi. 1: "E Satanás se levantou contra Israel e provocou Davi a numerar Israel." Aqui provavelmente temos no termo *satanás* um exemplo da influência depravada exercida sobre o pensamento e a dicção dos judeus semíticos pela teoria dualista de Zoroastro. Se assim for, então Satanás, neste caso, é a forma hebraica para o Ahriman ariano. Sou mais inclinado a pensar que a palavra *satanás* aqui denota "o diabo", porque, ao contrário do que está no *Livro de Jó*, encontra-se sem o artigo tanto no hebraico como no grego. [...] No entanto, a força é tirada desse testemunho bíblico (tal como é) pela passagem paralela encontrada na história muito anterior de Samuel, onde, com lealdade à verdadeira ideia hebraica da origem do bem e do mal, Davi, na ocasião mencionada no texto de *Crônicas*, é dito ter sido movido por Deus. As palavras correm assim (2 Sam. xxiv. 1): "A ira de Jeová foi acesa contra Israel, e *ele* (não Satanás) moveu Davi contra eles para dizer: "Vá e numere Israel". Isso, às vezes, foi chamado de contradição quanto ao fato; é também uma contradição quanto à teologia.

A passagem dos *Salmos* (cix. 6) está cheia da amarga animosidade do espírito semítico, mas não faz nenhuma referência ao Satanás das escolas e claustros. Em nossa versão, as palavras são executadas assim:
"Põe sobre ele um homem iníquo,
E que Satanás fique à sua direita";
onde a lei do paralelismo exige que a palavra "Satanás" receba seu significado do termo correspondente na linha anterior, a saber, "um homem mau". Assim, os tradutores do Rei James [Bíblia do Rei James] colocaram "um adversário", como provavelmente a melhor tradução, na margem. Com maior propriedade, a tradução de *Wellbeloved*, revisada por Smith e Porter, dá o significado nestas palavras:
"Dai-lhe no comando", dizem eles, "a um homem mau,
E que *um acusador* fique à sua direita."[1]

---

[1] BEARD, John R. *The Autobiography of Satan*. London: Willian and Norgate, 1872, pp. 82-83: "Neither the name nor the idea of Satan in any sense entered into the thought and phraseology of the Hebrews so long as they retained their genuine characteristics. Independently of the instances referred to as occurring in the book of Job, the word occurs in the Old Testament writings only four times; viz. 1 Chronicles xxi. 1; Psalm cix. 6; Zechariah iii. 1, 2. All these instances appear in writings of late or very late date. I will take them in the order in which they stand above.

Os Mafiosos da Cruz ao se apropriarem dessa personagem judaica, tiveram como objetivo não somente justificar os males ocorridos no mundo, mas, principalmente, aterrorizar os seus trapaceiros consumidores, ameaçando deixá-los nas mãos desse Ser maléfico se por acaso, eles não se rebaixassem ao seu poder.

Nessas citações apareceram menções aos demônios, o que levou os diretores da Quadrilha Católica a explorar além dos limites dos textos a existência e o poder de Satanás; esse, conforme vendido por essa Organização Criminosa, não existe nem no *Livro Velho dos Judeus*, nem no *Liber Odium*. O Satanás comercializado por esses pedófilos foi uma invenção dos diretores da Facção Criminosa Católica, a qual não condiz os textos encontrados nesses dois *livros* maléficos. Assim, eles transformaram o mundano, o alegre e sexualmente ativo Satanás no próprio mal em contraposição

---

"1 Chronicles xxi. 1: 'And Satan stood up against Israel and provoked David to number Israel'. Here probably we have in the term Satan an instance of the depraving influence exercised on the thought and the diction of the Shemitic Jews by the dualistic theory of Zoroaster. If so, then Satan in this case is the Hebrew form for the Aryan Ahriman. I am the more inclined to think that the word Satan here denotes 'the devil', because, contrary to what it is in the book of Job, it is without the article, both in the Hebrew and the Greek. Yet the force is taken out of this scriptural testimony (such as it is) by the parallel passage found in the much earlier history of Samuel, where, with loyal regard to the true Hebrew idea of the origin of good and evil, David, on the occasion spoken of in the text of Chronicles, is said to have been moved of God. The words run thus (2 Sam. xxiv. 1): 'The anger of Jehovah was kindled against Israel, and *he* (not Satan) moved David against them to say, 'Go and number Israel'. This has sometimes been called a contradiction as to fact; it is also a contradiction as to theology.

"The passage in the Psalms (cix. 6) is full of the bitter animosity of the Shemitic spirit, but makes no reference whatever to the Satan of the schools and cloisters. In our version the words run thus:
"Set thou a wicked man over him,
"'And let Satan stand at his right hand';
"where the law of parallelism requires the word 'Satan' to receive its meaning from the corresponding term in the previous line, namely, 'a wicked man.' Accordingly, King James' translators put 'an adversary,' as probably the better rendering, in the margin. With greater propriety, Wellbeloved's translation, revised by Smith and Porter, gives the meaning in these words:
"'Give him in charge', they say, 'to a wicked man,
"And let *an accuser* stand at his right hand."

ao Sr. Münchhausen da Cruz, cuja representação é séria, assexuada e defensora da morte: é essa imagem, que se tornou uma gigantesca fonte de riquezas, por conseguinte é um dos produtos mais comercializados nos seus templos de consumo, mais até do que o patético crucificado.

O Império do Católico do Mal foi erguido não sobre o amor, todavia ele se constituiu por intermédio de uma demonologia aterrorizante, consequentemente os pedófilos católicos personificaram uma figura de linguagem e com ela aterrorizaram o mundo.

Os atos ultrajantes dos diretores da Associação Católica de Celerados, para conseguir as suas 30 moedas de prata não se limitavam à extrema violência física, porém eles criaram algo mais eficaz ao usar a violência existencial: isso foi conseguido com a introdução do mal-metafísico como uma força demoníaca, a qual assediaria a todos que não se submetessem ao poder absoluto, discricionário e abusivo dos seus diretores.

A Quadrilha Católica precisa de Satanás, para conseguir as suas 30 moedas de prata; a sua comercialização é a pedra fundamental da sua existência.

O Satanás comercializado pela Quadrilha Católica é a reprodução do Satanás *pagão*. Vejamos o exemplo do asqueroso *Apocalipse*: como toda história, cujo objetivo é aterrorizar as crianças, a fim de que elas se submetam às ordens dos pais, encontramos nele muitas ameaças àqueles, os quais não queiram aceitar os seus produtos de baixa qualidade:

> Mas os outros mortos não reviveram até que os mil anos se acabaram.[1]

Esse é um livro cheio de absurdos, o qual em diversas passagens chega a ser ultrajante: como pode um erro cometido no espaço e no tempo receber uma pena após a morte, fora do tempo e do espaço? Somente uma organização composta por indivíduos

---

[1] *APOCALIPSE*, 20 (5).

extremamente perversos, cruéis e vingativos poderia inventar tal falcatrua; bem como somente indivíduos no ponto mais alto grau de safadeza, hipocrisia e esperteza poderiam aceitar essa monstruosidade.

O catolicismo não tem relação com o crucificado, porquanto ele é uma Organização Criminosa *pagã*, a qual oficializou todas as práticas e dogmas dessas religiões: isso não foi diferente com a comercialização de Satanás. A fábula sobre a queda dos anjos teve origem nas religiões *pagãs*, depois ela foi incorporada no *Livro Velho dos Judeus*, por fim Satanás se tornou o produto mais lucrativo da Quadrilha Católica.

Os diretores da Gangue de Almas "mais sujas do que todo lixo", perceberam que o medo era algo que vendia mais do que as tolices fé, esperança e amor, por isso o seu *Ductor omnes ad Vitia* repete continuamente as ideias apocalípticas dos judeus:

> jesus foi um dos muitos profetas, anunciou, como os apocalíticos judeus, os essênios, João Batista, que sua geração era a última; ele pregou que o tempo presente havia chegado ao fim e alguns de seus discípulos "não provariam a morte até que vissem o reino de deus plenamente estabelecido"; que não terminariam a missão em Israel "até que chegue o filho do homem"; que o julgamento final de deus ocorreria "nesta mesma geração"; que não cessaria "até que tudo isso acontecesse".[1]

Tanto no *Livro Velho dos Judeus* como no *Liber Odium* da Quadrilha Católica encontramos Satanás descrito como trapaceiro, mentiroso e sanguinário; ora todo católico é trapaceiro, mentiroso

---

[1] DESCHENER, Karlheinz. *Historia Criminal del cristianismo*. Barcelona: Ediciones Martínez Roca, 1990, vol. IV, p. 32: "Jesús fue uno de los muchos profetas, anunció, como los Apocalipsis judíos, los esenios, Juan el Bautista, que su generación era la última; predicó que el tiempo presente se había acabado y que algunos de sus discípulos 'no probarían la muerte, hasta ver llegar con fuerza el reino de Dios'; que no acabarían con la misión en Israel 'hasta que llegue el Hijo del Hombre'; que el juicio final de Dios tendría lugar 'en esta misma generación'; que no cesaría 'hasta que no haya sucedido todo esto'."

e sanguinário; logo, podemos, sem nenhuma dúvida afirmar que todo católico é satânico.

Os criminosos diretores católicos não se cansaram de ameaçar os seus consumidores com Satanás: nos últimos 2.000 anos ele foi mais usado na conquista e fidelização dos consumidores do que o próprio "Homem Morto".

Os redatores da *Epístola de Barnabé* se dedicaram a comercializar Satanás; eles pouco falaram sobre os anjos bons (esses não vendem bem), por isso se debruçaram sobre os anjos maus, os quais são fontes de riquezas certas aos criminosos católicos.

Na sequência dos pedófilos católicos defensores do mal causado por Satanás encontramos um libelo cheios de alucinações e intimidações, *O Pastor*, subscrito por um tal de Hermas:

> porque nele não há poder, pois vem do diabo.[1]

A sua retórica é muito simplória, sem embargo ela tem um efeito devastador sobre o pensamento livre, porque todos devem pensar como os pedófilos católicos impõem, ao mesmo tempo, ele avisa que aquele que pensar diferente está sob o domínio de Satanás.

A seguir apresentaremos uma longa lista de *santos* da Gangue de Almas "mais sujas do que todo lixo", a fim de ilustrar como esses homens mórbidos aterrorizaram os seus ardilosos consumidores:

1. Policarpo de Esmirna, o Semeador da Morte: na sua luta para destruir os docetistas, chamou-os de anticristos, diabos e filhos de Satanás: "Porque quem não confessa que jesus cristo veio na carne é anticristo"; e quem não confessa

---

[1] HERMAS. *O Pastor*, décimo primeiro mandamento, 49 (55).

o testemunho da cruz, é do diabo; e quem perverte os oráculos do senhor a seus próprios desejos, e diz não haver ressurreição nem juízo, é o primogênito de Satanás."[1];

2. Inácio de Antioquia, o Suicida: esse diretor da Gangue Nicena também dirigiu o seu ódio contra os docetistas chamando-os de Satanás: "Soube que certos ministros de Satanás [docetistas] desejam perturbá-los, alguns deles afirmando que jesus nasceu [apenas] em aparência, foi crucificado em aparência e morreu em aparência; outros que ele não é o filho do criador, e outros que ele mesmo é deus sobre todos."[2];

3. Justino, "o Mais Tolo dos Pais Cristãos": Sempre que falamos dos mais depravados homens jamais pode faltar a presença de Justino, "o mais Tolo dos Pais Cristãos", o qual ornejava do seu palanque no templo de consumo da Quadrilha Católica sobre a relação entre Satanás e a alma dos homens maus, ou seja, aqueles que não aceitavam as impudências da Organização Criminosa: "Pois quando Ele se tornou homem, como já observei anteriormente, o diabo veio a ele – ou seja, aquele poder que é chamado de serpente e Satanás – tentando-o e tentando causar sua queda, pedindo-lhe que o adorasse."[3];

4. Irineu, o Inventor de Hereges: Irineu, o Inventor de Hereges, percebeu que o terror dava mais lucros do que a fé, esperança e amor, por isso ele se dedicou mais a vender Satanás do que o crucificado. Como o despudor é uma das marcas que o bom deus colocou nos católicos, ele aterrizou os seus consumidores vendendo a condenação eterna daqueles que não comprassem os produtos pobres católicos.

---

[1] POLICARPUS (Philip Schaff, ed.). *Epistle to the Philippians*, chapter VII (Avoid the Docetæ, and persevere in fasting and prayer): "'For whosoever does not confess that Jesus Christ has come in the flesh, is antichrist'; and whosoever does not confess the testimony of the cross, is of the devil; and whosoever perverts the oracles of the Lord to his own lusts, and says that there is neither a resurrection nor a judgment, he is the first-born of Satan."
[2] IGNATIUS OF ANTIOCH (Philip Schaff, ed.). *Epistle to the Tarsians*, chapter II (Cautions against false doctrine): "I have learned that certain of the ministers of Satan have wished to disturb you, some of them asserting that Jesus was born [only] in appearance, was crucified in appearance, and died in appearance; others that He is not the Son of the Creator, and others that He is Himself God over all."
[3] JUSTIN (Philip Schaff, ed.). *Dialogue with Trypho*: "For when He became man, as I previously remarked, the devil came to Him — i.e., that power which is called the serpent and Satan — tempting Him, and striving to effect His downfall by asking Him to worship him."

Ele perseguiu os seus inimigos, como se fosse um cachorro louco, acusando-os de estarem sob o poder de Satanás: "como os discípulos de Marcião, ou por uma perversão do sentido (da *Escritura*), como os de Valentino e todos os Gnósticos falsamente assim chamados, sejam reconhecidos como agentes de Satanás por todos que adoram a Deus; por cuja agência Satanás agora, e não antes, foi visto falar contra deus, [...] como também no início ele enganou o homem através da instrumentalidade da serpente, ocultando-se como que de deus. Verdadeiramente Justin observou: Que antes do aparecimento do senhor, Satanás nunca ousou blasfemar a deus, ao passo que ainda não conhecia sua própria sentença, porque estava contida em parábolas e alegorias; [...]."[1];

5. Teófilo, "o Amigo de Satanás": esse *santo* bem entendia a respeito das atividades de Satanás, afinal de contas foi ele quem ensinou todas as perversidades que Satanás praticaria após ser o seu discípulo: "Quando, então, Satanás viu Adão e sua esposa não só ainda vivos, mas também gerando filhos – sendo levado pelo despeito porque não havia conseguido matá-los – quando viu que Abel era agradável a deus, ele trabalhou no coração de seu irmão chamado Caim e o fez matar seu irmão Abel."[2];

6. Clemente, o Estúpido Assexuado: esse religioso platônico colocou-se a soldo da Quadrilha Católica, porque é o único lugar, o qual aceita os indivíduos mais celerados que existem; ele passou imediatamente a vender o produto mais

---

[1] IRENAEUS (Philip Schaff, ed.). *Against Heresies*, book V, chapter XXVI (John and Daniel have predicted...), 2: "Let those persons, therefore, who blaspheme the Creator, either by openly expressed words, such as the disciples of Marcion, or by a perversion of the sense (of Scripture), as those of Valentinus and all the Gnostics falsely so called, be recognised as agents of Satan by all those who worship God; through whose agency Satan now, and not before, has been seen to speak against God, even Him who has prepared eternal fire for every kind of apostasy. For he did not venture to blaspheme his Lord openly of himself; as also in the beginning he led man astray through the instrumentality of the serpent, concealing himself as it were from God. Truly has Justin remarked: That before the Lord's appearance Satan never dared to blaspheme God, inasmuch as he did not yet know his own sentence, because it was contained in parables and allegories; [...]."

[2] THEOPHILUS (Philip Schaff, ed.). *To Autolycus*, book II, chapter XXIX (Cain's crime): "When, then, Satan saw Adam and his wife not only still living, but also begetting children — being carried away with spite because he had not succeeded in putting them to death, — when he saw that Abel was well-pleasing to God, he wrought upon the heart of his brother called Cain, and caused him to kill his brother Abel."

rentável de organização: "'Portanto, te envio para os gentios', diz-se, 'para abrir seus olhos e convertê-los das trevas para a luz e do poder de Satanás para deus; para receberem o perdão dos pecados e a herança entre aqueles santificados pela fé que é em mim'. Tais, então, são os olhos dos cegos que são abertos. O conhecimento do pai pelo filho é a compreensão da 'circunlocução grega'; e se afastar do poder de Satanás é mudar do pecado, através do qual a servidão foi produzida."[1];

7. Tertuliano, o Inquisidor Mor: esse organizador do catolicismo dedicou-se a perseguir àqueles que não compravam os seus produtos, para isso ele inventou as mais pérfidas mentiras contra eles: "Mas se ele, afinal, concordar conosco, que o Anticristo é aqui mencionado, devo então também perguntar como ele encontra Satanás, um anjo do criador, necessário para seu propósito? Por que, também, o Anticristo deveria ser morto por ele, enquanto comissionado pelo criador para executar a função de inspirar os homens com seu amor pela desonestidade?"[2];

8. Hipólito, o Hipócrita: a sua virulência contra os *hereges*, aumentou na proporção direta, em que ele percebia o perigo de perder a sua fortuna, portanto ele os ligou a Satanás: "Agora, estes hereges foram enviados por Satanás para difamar o divino nome da igreja entre os gentios. E o objetivo do diabo é que os homens, ouvindo agora de uma maneira e agora de outra as doutrinas daqueles hereges, [...]."[3];

---

[1] CLEMENT OF ALEXANDRIA (Philip Schaff, ed.). *The Stromata, or Miscellanies*, book I, chapter XIX (That the philosophers have...): "'Wherefore, then, I send thee to the Gentiles', it is said, 'to open their eyes, and to turn them from darkness to light, and from the power of Satan unto God; that they may receive forgiveness of sins, and inheritance among them that are sanctified by faith which is in Me'. Such, then, are the eyes of the blind which are opened. The knowledge of the Father by the Son is the comprehension of the 'Greek circumlocution'; and to turn from the power of Satan is to change from sin, through which bondage was produced."
[2] TERTULLIAN (Philip Schaff, ed.). *The Second Epistle to the Thessalonians*..., chapter XVI (An Absurd Erasure of Marcion; ...): "But should he after all agree with us, that Antichrist is here meant, I must then likewise ask how it is that he finds Satan, an angel of the Creator, necessary to his purpose? Why, too, should Antichrist be slain by Him, whilst commissioned by the Creator to execute the function5938 of inspiring men with their love of untruth?"
[3] HIPPOLYTUS (Philip Schaff, ed.). The Refutation of All Heresies, book VII, chapter XX (The Heresy of Carpocrates...): "(Now these heretics) have themselves been sent forth by Satan, for the purpose of slandering before the Gentiles the divine name of the Church. (And the devil's object is,) that men hearing, now after one fashion and now after another, the doctrines of those (heretics), [...]."

9. Orígenes, o Prostituto de Padres: um indivíduo que se prostituiu por 30 moedas de prata é o típico defensor das mentiras católicas, por isso não é surpresa o maior *intelectual* da Gangue Nicena ser um feroz defensor da influência satânica: "vindo aquele cuja astúcia segue a operação de Satanás, com todo o poder, e sinais, e prodígios da mentira, e com todo o engano da injustiça para aqueles que perecem."[1];

10. Cipriano, o Pastor Mercenário: devemos considerar as palavras desse diretor da Gangue de Almas "mais sujas do que todo lixo", afinal de contas ele praticou os maiores vícios, os quais envergonhariam a Satanás, com a intenção de manter a sua vida fácil: "Por isso, o homem é entregue a Satanás para a destruição da carne, aquele que, pisoteando a lei da castidade, pratica os vícios da carne."[2]

Esse pequeno rol de *santos* (a marca do bom deus nos homens mais celerados da humanidade), pode muito bem ilustrar a base satânica sobre a qual foi erguido o Império Católico do Mal. Não devemos esquecer que os diretores da "Ninhada de Traidores" oferecem aos seus espertos consumidores o que eles desejam: se eles querem fábulas cheias de violências, extermínios, estupros e salvação, eles as fornecerão por um módico pagamento de 30 moedas de prata:

> O que se segue é de uma carta escrita em 1862 por Dom Anouilh, um bispo missionário francês na China. "Você acreditaria? Dez aldeias foram convertidas. O diabo está furioso e desfere golpes pesados. Durante a minha quinzena de pregação, houve cinco ou seis demoníacos. Nossos catecúmenos com água benta afastam os demônios e curam os doentes. Vi coisas maravilhosas. **O diabo me presta grandes**

---

[1] ORIGEN. *Contra Celsus*, book II, chapter 49: "even him, whose cunning is after the working of Satan, with all power, and signs, and lying wonders, and with all deceivableness of unrighteousness in them that perish." The Complete Works of Origen (8 Books): Cross-Linked to the Bible (p. 536). Amazon.com. Edição do Kindle.

[2] CYPRIAN (Philip Schaff, ed.). *Three Books of Testimonies Against the Jews*, book III, Of the Discipline and Advantage of Chastity: "Hence the man is delivered over unto Satan for the destruction of the flesh, who, treading under foot the law of chastity, practises the vices of the flesh."

serviços em meus esforços para converter os pagãos."
[Grifo nosso]¹

A invenção de Satanás foi uma excelente criação do setor de marketing da Associação Católica de Celerados, porquanto os seus diretores teriam condições de julgar o comportamento dos seus consumidores usando a régua moral, que eles inventaram.

Os seus diretores não levam a sério o seu *Liber de Artibus Deviantibus*, pois lá existem várias passagens sobre não julgar o outro². Mesmo assim, os diretores, acionistas e consumidores dessa Organização Criminosa sempre estão julgando pejorativamente todos aqueles, que não aceitam os seus intolerantes dogmas; ao mesmo tempo que os ameaçam dizendo, que não os obedecer é estar sob a influência de Satanás, bem como perecer por toda eternidade no inferno sob torturas excruciantes.

Desse modo, a pena imposta àqueles que não contribuam, para encher os cofres da Quadrilha Católica é o sofrimento eterno nas mãos de Satanás: eis a maldade levada aos pínçaros da perversidade. Isso porque nenhum homem comete um erro eternamente, todavia esses diretores, totalitariamente, elaboraram uma lei injusta, julgaram todos independentemente da jurisdição da lei e executaram-na com uma rapacidade inaudita. Como agem em nome do Sr. Münchhausen da Cruz, esses diretores, abjetamente, impõem penas eternas aos que não se sujeitarem às suas sevícias.

---

[1] BEARD, John R. *The Autobiography of Satan*. London: Willian and Norgate, 1872, pp. 56-57: "Anouilh, a French missionary bishop in China. 'Would you believe it? Ten villages have been converted. The devil is furious and deals Around heavy blows. During my fortnight's preaching, there have been five or six demoniacs. Our catechumens with holy water drive away the devils and heal the sick. I have seen marvellous things. The devil renders me great services in my efforts to convert the pagans.' [...]".

[2] **a.** LEVI, 7 (1): "Não julgueis, para que não sejais julgados";
b. LUCAS, 6 (37): "Não julgueis, e não sereis julgados; não condeneis, e não sereis condenados; perdoai, e sereis perdoados";
c. SAUL, *Epístola aos Romanos*, 14 (13): "Portanto não nos julguemos mais uns aos outros; mas antes decidi isto, em não pordes tropeço ou escândalo no caminho do seu irmão."

Os seus diretores foram muito espertos, visto que eles criaram Satanás, o qual trazia o mal aos homens; em contrapartida, somente eles poderiam ser a salvação para esse mal: obedeça-nos, porque somente nós podemos livrá-los de Satanás: uma publicidade infalível: eles inventaram o mal e a cura para o mal, como consequência passaram a ter o monopólio da cura, ou seja, a sua riqueza e poder aumentaram exponencialmente com a invenção de Satanás.

O mal metafísico tornou-se uma preocupação maior do que o mal moral, visto que os pobres não deveriam se preocupar com o presente, porquanto seriam beneficiados em uma vida futura. Para aqueles que aceitavam viver felizes aqui e agora sob a influência de Satanás, eles pereceriam por mil anos sem conseguir a salvação da sua alma: um minuto de prazer na vida e uma eternidade de sofrimento após a morte.

A rapinagem desses diretores pode ser vista na ameaça satânica: eles não estavam preocupados com a salvação da alma dos seus consumidores, ou com o céu, ou com o crucificado de 18 pênis: para eles é mais importante cultuar Satanás, o qual é controlado por eles, a fim de colocarem os seus inimigos, amedrontar os amigos, conseguir as 30 moedas de prata e manter as suas vidas de festas, drogas e estupros.

Satanás e o inferno transformaram-se no paraíso dos diretores católicos, visto que eles sentem mais prazer e esforçam-se mais em ameaçar os seus inimigos com o inferno e o sofrimento nas mãos de Satanás, do que salvar as almas dos seus ardilosos consumidores.

O céu e o inferno são criações helênicas, não judaicas como se pensa normalmente, destarte a ideia de uma vida após a morte existir nos escritos de Homero, somente os heróis cruéis sofreriam punições. Todavia, os diretores da Associação Católica de Celerados ao copiarem essa doutrina *pagã*, decidiram que todos os que não consumissem os seus produtos sofreriam no inferno.

A vingança após a morte contra os inimigos (como os judeus eram fracos para derrotarem-nos nessa vida, eles os ameaçaram após a morte), ganhou um matiz mais intenso com o malévolo *Livro de Daniel*, o qual os seus redatores se esmeraram em ameaçar com o sofrimento futuro, de quem não se rebaixassem ao seu profundo ódio à riqueza e ao poder:

> ¹haverá um tempo de angústia [...] mas naquele tempo livrar-se-á o teu povo, [...].
> ²E muitos dos que dormem no pó da terra ressuscitarão, uns para vida eterna, e outros para vergonha e desprezo eterno. [...]
> ¹¹ E desde o tempo em que o sacrifício contínuo for tirado, e posta a abominação desoladora, haverá mil duzentos e noventa dias.
> ¹³ Tu, porém, vai até ao fim; porque descansarás, e te levantarás na tua herança, no fim dos dias.[1]

Por mais ameaçador que fosse *Daniel*, ele ainda se encontrava na infância da maldade, porque ela se materializaria em Atenas: a crueldade contra os diferentes aumentou consideravelmente com a chegada do Deus Platão, o "Moisés Ático", uma vez que a punição aos inimigos atingiu níveis inimagináveis. O Deus Platão inventou um flagelo impensável aos seguidores de yhwh, o Senhor dos Holocaustos: ele criou o chicote da consciência, o qual persegue o homem dia e noite, em vigília ou dormindo, na mocidade ou na velhice: a invenção da consciência elevou ao infinito o sofrimento dos seus inimigos.

A consciência na Religião Platônica elevou a tortura a um nível que nem mesmo Satanás pode alcançar, porquanto o julgamento tornou-se subjetivo, constante e destruidor dos homens que desejavam agir sem imposições externas.

---

[1] DANIEL, 12 (1-2, 11, 13).

A perversidade platônica foi repetida inicialmente por Cícero, o Cristão; Plutarco e Luciano até ser recebida em êxtase pelos diretores, acionistas e consumidores da Facção Criminosa Católica: o mal metafísico para o povo seria Satanás, para os Comedores de Capim seria a consciência.

Com a expansão dessa Organização Criminosa, para a parte Oeste do Império Romano, os seus diretores perceberam que o perfil dos seus novos consumidores era diferente daqueles no Oriente: assim, eles abandonaram os bárbaros, paupérrimos e iletrados judeus, substituindo-os pelos civilizados, ricos e alfabetizados gregos e romanos: os quais estavam acorrentados nas mentidas da Religião Platônica, que pregava a existência de punições e premiações após a morte.

Essa ideia da existência de um lugar para as almas boas e outro para as más, somente foi colocada no cardápio de produtos da Quadrilha Ortodoxa pelos redatores das *Fábulas de Lucas* e de *João*; curiosamente os seus redatores estavam vendendo os seus produtos aos gregos e romanos.

Como o Sr. Münchhausen da Cruz usava uma linguagem chula, era agressivo e ameaçava constantemente os seus ouvintes, essa sua conduta serviu de modelo aos diretores da sua Multinacional do Crime. Ele se dirigiria de maneira bruta aos seus ouvintes, ameaçando-os com o fogo do inferno, caso não comprassem os produtos à venda:

> Serpentes, raça de víboras! como escapareis da condenação do inferno?[1]

O "Homem Morto" nos escandaliza, pois cada vez que ele abria a sua imunda boca, dela sai somente lixo, ofensas, ameaças e conselhos absurdos, bem como não faltam as intimidações sobre o inferno e Satanás:

---

[1] LEVI, 23 (33).

> Se o teu olho direito te faz tropeçar, arranca-o e lança-o de ti; pois te é melhor que se perca um dos teus membros do que seja todo o teu corpo lançado no inferno.
> E, se a tua mão direita te faz tropeçar, corta-a e lança-a de ti; pois te é melhor que se perca um dos teus membros do que vá todo o teu corpo para o inferno.[1]

Nesse ponto os diretores da Máfia de Preto mostram como são embusteiros, intransigentes e rancorosos, visto pregarem que o Garoto Propaganda criara todas as coisas, contudo eles negam que o mal seja criação dessa estulta personagem: eles perfidamente dizem, que o mal é de responsabilidade de Satanás. Mas, o próprio Satanás foi uma criação do cordeiro, "que falava como dragão", logo, eles não admitem que ele seja a origem do mal, da depravação e da pedofilia generalizada entre os católicos.

Não podemos deixar de ficar surpresos com a figura de Satanás ser o oponente do crucificado, porquanto a sua existência somente é possível, devido à ação de Satanás. Podemos concluir que nas fábulas da Multinacional Católica de Crimes, Satanás seja a figura mais importante, visto que o crucificado existe para se lançar contra Satanás em uma eterna e inútil luta. Essa é uma luta vil, porque é impossível retirar dos homens a alegria de se viver, mesmo após 2.000 anos sob a sujeira, o escárnio e a prostituição do Império Católico do Mal, os homens ainda ficam felizes em viver aqui e agora.

Essa luta entre os opostos não é uma novidade, podemos citar diversas fontes *pagãs* que escreveram sobre uma guerra entre forças contrárias:

   1. a luta entre os Olimpianos e os Titãs;
   2. a encruzilhada do Deus Hércules;
   3. a luta entre Osíris/Hórus contra Tífon;
   4. Ferecides de Siro falou sobre a luta entre Cronos e Ofione pela posse do céu;

---

[1] LEVI, 5 (29-30); essa tolice foi repetida em 18 (8-9).

5. o sacerdote Heráclito de Éfeso afirmava, que na Natureza tudo estava em constante oposição;
6. o Deus Pitágoras pregou a luta entre o Bem e o Mal;
7. Sófocles seguiu em muitos aspectos os *mythóus* homéricos, porque ele ainda considerava que fossem os Deuses a causa do bem e do mal que afligiam os homens;
8. na Mitologia Babilônia, Marduk ou Merodach (o Bem), derrotou Tiamath (o demônio das profundezas) e aniquilou o espírito do mal (Sicircuás, o Acusador).
9. o Deus Platão, a Meretriz de Atenas, inventou oposição entre Matéria e Espírito, o Bem e o mal;
10. no maniqueísmo existia a dicotomia entre a Luz e as Trevas;
11. o judaísmo apresentou a luta do Bem contra o Mal;
12. Aquiles X o Império bárbaro;
13. no Zend-Avesta temos a luta de Ahriman contra Ormuzd.

Na mitologia persa encontramos uma história de Satanás, a qual foi copiada pelos diretores da Associação Católica de Celerados: o primeiro homem e a primeira mulher viveram felizes, mas Ahriman enviou a eles um demônio em forma de uma cobra, que lhes ofereceu algumas frutas, as quais eles comeram perdendo a sua felicidade, em seguida sendo expulsos do paraíso. Por comerem o fruto do mal, eles e todas as gerações futuras foram amaldiçoados: qualquer semelhança com a fábula vendida no *Livro Velho dos Judeus*, não é para nos surpreender.

Independentemente da verdade sobre o crucificado de 18 pênis, o mal existente no mundo é produzido pelos próprios homens, do mesmo modo que as suas soluções são criações humanas. É óbvio que com o surgimento da Quadrilha Católica, o mal foi elevado à enésima potência, porque tanto mal físico como o mal metafísico é o elixir da vida desses degenerados, os quais espalharam a maldade no mundo por intermédio da fé, esperança e amor.

Quando lemos o *Liber Perversus* do Trinitarismo Atanasiano entendemos, porque os seus diretores são tão perversos, depravados e pedófilos. Porquanto, nesse livro horrendo ficamos sabendo essa Multinacional do Crime fora construída sobre uma base satânica escolhida pelo cordeiro, "que falava como dragão". Ou ninguém se lembra que certa vez Shimon Kaipha, o Príncipe das Traições, dirigiu-lhe uma pergunta e ele imediatamente pediu, para que ele se afastasse, porque Shimon Kaipha era Satanás:

> Deixa-te [Pedro] para trás de mim, Satanás.[1]

Pouco antes ficamos sabendo, que foi sob essa pedra satânica, que o Império Católico do Mal foi fundado:

> Pois também eu te digo que tu és Pedro, e sobre esta pedra edificarei a minha igreja, e as portas do inferno não prevalecerão contra ela;[2]

Por que as "portas do inferno não prevalecerão contra ela"? Porque a Quadrilha Católica é o Primogênito de Satanás: talvez seja por isso, que tudo o que há de pior na humanidade seja encontrado entre os católicos.

O Sr. Münchausen da Cruz não somente disse que a pedra, sobre a qual o Império Católico do Mal se ergueria era satânica, como igualmente afirmou ser uma ofensa a ele. Infelizmente, caso o crucificado fosse mais enfático, ele diria "tu és uma ofensa para" todos os homens honestos:

> Aquele que semeou a boa semente é o Filho do homem. O campo é o mundo, e a boa semente são os filhos do Reino. O joio são os filhos do Maligno, e o inimigo que o semeia é o diabo.[3]

São os seus diretores que lucram com a existência Satanás, ao espalharem o terror entre os homens, com um único objetivo:

---

[1] LEVI, 16 (23).
[2] LEVI, 16 (18).
[3] LEVI, 13 (37-39).

A Quadrilha Católica

conseguir as suas 30 moedas de prata, para manterem as suas vidas fáceis e pedófilas.

Os diretores católicos sabiam que uma das fontes de sucesso da sua Organização Criminosa foram as ameaças aos seus consumidores com Satanás; assim, eles conseguiram o apoio na defesa do único deus que esses diretores defendem com ferocidade: a Deusa Toda-Poderosa 30 moedas de prata:

> Mas o senhor não permitiu que fôssemos enganados pelo diabo, pois o repreendeu sempre que ele tramou tais delusões contra ele, dizendo: 'Sai de mim, Satanás, porque está escrito: Adorarás ao senhor teu deus e só a ele servirás' (Mateus 4:10).[1]

Na fundação do Império Católico do Mal, os seus diretores espalharam os demônios por todos os lados, desse modo eles conseguiram aterrorizar uma parte da população: foi a partir desse medo metafísico associado à violência física generalizada, que eles conseguiram tomar o poder político, econômico e cultural destruindo por completo a cultura greco-romana.

Todos os seus diretores passaram a ameaçar os consumidores com histórias sobre Satanás: Agostinho, o Brinquedo Sexual de *santo* Ambrósio, acreditava em faunos, demônios, bruxas, bem como ser possível ter relações sexuais com o diabo: nesse ponto ele deve estar certo, porquanto ele se jogou loucamente nos braços de todos os seus comparsas, principalmente nos de Ambrósio, o Pedófilo. Desse, ele conseguiu uma diretoria no Egito e algumas hemorroidas, as quais foram curadas pelo deus da Facção Criminosa Católica.

---

[1] ATHANASIUS. *Life of St. Anthony*. Toronto, 2016, His address to monks, 37: "But the Lord did not suffer us to be deceived by the devil, for He rebuked him whenever he framed such delusions against Him, saying: 'Get behind me, Satan: for it is written, You shall worship the Lord your God, and Him only shall you serve [Matthew 4:10]'."

Agostinho foi chamado de o "Teólogo da Loucura das Bruxas" devido aos seus escritos defendendo a existência de demônios, pois ele mesmo vira um. Foi essa visão que o fez comprar as ações da Quadrilha Católica e se tornar o mais estúpido escritor a tratar de demônios.

Ele foi um trapaceiro de marca maior, por isso recebeu a marca da maldade do bom deus: ele se tornou *santo*. Ele não acreditava do *Liber Mali* da Quadrilha Católica, nem conhecia o *Livro Velho dos* Judeus, por isso afirmou: que as almas pertenceriam a Satanás, destarte esse *Livro* dissesse que pertenceriam a yhwh, o Senhor dos Holocaustos.

Se os consumidores da Quadrilha Católica tirarem Satanás das suas vidas, nós veremos a maior, mais violenta e pedófila Organização Criminosa ruir, porque ninguém mais se submeterá aos poderes lascivos, perversos e totalitários desses diretores.

O tema *satanás* é o centro de todos os produtos comercializados pelos diretores da Gangue Pedófila, apesar de nas *Fábulas de João*, ele ser citado somente uma vez. Os redatores desse livro deixaram Satanás fora do texto, mesmo correndo o risco de ver a sua Organização Criminosa ser destruída, porque as suas bases não se apoiam sobre o amor ao crucificado, mas o amor às 30 moedas de prata proporcionado pelo medo a Satanás: é o terrorismo sob a forma de Satanás que esses diretores vendem aos consumidores, a fim de torná-los medrosos, por extensão domina-os com mais facilidade e, assim, tomam-lhes o seu dinheiro, as suas propriedades e estupram as suas criancinhas.

Essa quase ausência de Satanás, desse agourento livro, é algo que nos leva a pensar, pois João foi apresentado como *Aquele que pousou a cabeça no peito de cristo*, ou *O Discípulo Amado*. Portanto, ele andava com o seu parceiro, por todos os lugares e o via expulsando demônios em quase todos os momentos, mesmo assim João não citou Satanás: será que João se envergonhou do seu amado e das suas histórias infantis de exorcismos? Ou será que o público consumidor greco-romano não se interessava por essas tolices?

Uma resposta possível, para essa confusão de interesses, é que esse nefasto livro não trata de fatos históricos; ele é composto por diversos romances mais ou menos coerentes, cujo objetivo é realçar a divindade do burro crucificado recorrendo à imaginação, a partir de algumas lendas que já circulavam há muito tempo entre os *pagãos*.

Satanás teve origem no pensamento especulativo de homens malévolos, quanto mais cruéis eles foram, mais violenta foi a personagem que inventaram.

A representação do mal, da luxuria e da traição, em síntese a criação de Satanás foi a uma invenção tardia de homens astutos e indefectivelmente corruptos: eles criaram Satanás, o qual se tornou cada vez mais cruel com o passar dos séculos atingindo o seu ápice entre os católicos. Toda a perfídia de Satanás não tinha origem no próprio Satanás, mas era o espelho dos homens mais sombrios que existem, os pedófilos católicos:

> Construído sobre a fábula pagã dos "anjos caídos", o suposto satanismo não é nenhuma doutrina bíblica.[1]

O mal, assim como o bem, em sociedade é o mesmo em qualquer época e lugar: alguns povos são mais criminosos dos que os outros: coincidência ou não os povos mais mentirosos, corruptos, desonestos, violentos, falsos e traidores são aqueles que estão enlameados com a ética da católica: na atualidade podemos citar todos os latinos e, entre eles, os mais boçais são aqueles que vivem na Terra dos Covardes.

Caso tenham alguma dúvida sobre essa afirmação, verifiquem o atual mapa do mundo e a seguir localize os países que têm: uma corrupção como segunda pele; os grandes criminosos

---

[1] BEARD, John R. *The Autobiography of Satan*. London: Willian and Norgate, 1872, p. 118: "Built upon the pagan fable of 'the fallen angels', the alleged Satanism is no scriptural doctrine at all."

impunes; a pior educação; uma desigual distribuição de renda; os poderes Legislativo, Judiciário e Executivo mais deletérios à sociedade; os pedófilos mais ativos e assim ao infinito. Vocês perceberão, que todos eles têm algo em comum: todos são consumidores contumazes dos produtos de qualidade duvidosa do catolicismo.

Isso é de se esperar, porque todos os diretores, acionistas e consumidores católicos são, por princípio, defensores de falsidades, de corrupções e de vinganças: o que esperar de um indivíduo que glorifica *santos* e *mártires* e defendem pedófilos?

Antes de passarmos ao próximo tópico, seria interessante apresentar o posicionamento de Satanás sobre a sua relação com os devassos católicos. A existência e poder de Satanás tem raízes profundas no catolicismo, ao se destruir esse, aquele inequivocadamente desaparecerá:

> Quando o papado não existir mais, então a religião de jesus reinará e governará, e então também o meu império [de Satanás] desaparecerá com aquilo que, se não a sua origem, tem sido o seu principal apoio. O sacerdotalismo e a realeza não mais terão atingido seu ideal e, ao fazê-lo, fizeram com que meu governo [de Satanás] não fosse mais uma possibilidade. [...] Certamente, no momento em que eu vir a sombra do sacerdotalismo se retirando, farei minha reverência e abandonarei o palco. Onde o sacerdote não está, eu não posso viver; e onde eu não moro, o sacerdote deve morrer.[1]

Por outras palavras, onde quer que se encontre um ou mais católico, ali se encontrará Satanás.

"Quem tiver ouvidos para ouvir, ouça!"

---

[1] BEARD, John R. *The Autobiography of Satan*. London: Willian and Norgate, 1872, p. 240: "When the papacy is no more, then will the religion of Jesus reign and rule, and then too will my empire vanish with that which, if not its origin, has been it's principal support. Sacerdotalism and kingcraft no more, mankind will have reached its ideal, and in doing so made my rule no longer a possibility. [...] Certainly, the moment I see the retiring shadow of sacerdotalism, I shall make my bow and quit the stage. Where the priest is not, I cannot live; and where I do not live, the priest must die."

3.6. Missa

A maioria das reuniões do clube de compras de salvação da alma é chamada de missa[1], ou santa comunhão[2], a qual é um ponto central da diferenciação da Multinacional Católica de Crimes para os seus concorrentes. As missas estavam presentes desde os primeiros anos da organização, o que foi vital para a sua sobrevivência ao recorrer a vários ofícios, comunhões, sacramentos *pagãos*.

A Quadrilha Católica mantém o seu poder por intermédio de uma rígida hierarquização; a qual foi igualmente aplicada à missa, a qual é dividida em 4 partes principais:

> **1.** a primeira parte vai dos ritos iniciais até a tomada do dinheiro dos consumidores;
> **2.** a segunda vai até a liturgia da palavra;
> **3.** a terceira termina com a liturgia eucarística;
> **4.** a quarta parte encerra o ritual.

A missa *pagã* se tornou oficial no Império Católico do Mal durante a reunião mafiosa em Latrão, em 800 d.H., sob o comando do CEO Lotário dos Condes de Segni ou Lotário Conti, conhecido entre os pedófilos católicos sob a alguma papa Inocêncio III. Como havia dúvidas sobre esse ritual *pagão*, ele foi reafirmado na reunião mafiosa de Trento, na qual foi dito que a missa seria o próprio crucificado:

> Trento continuou dizendo: "A vítima é uma e a mesma", isto é, cristo é a vítima como Ele foi na cruz, "nesta Missa, o mesmo", sendo cristo, "agora oferecendo pelo ministério de sacerdotes que então se ofereceram na cruz." Então, você tem dezenas de milhares, milhões e milhões de sacrifícios de cristo feitos por sacerdotes, e é o mesmo cristo, o cristo

---

[1] A palavra *missa* tem a sua origem no hebraico *missach* (oferta livre) ou *mincha* ("oblação de refeição").
[2] Quando houve o Cisma do Ocidente a palavra *missa* foi substituída em alguns países pelo nome *santa comunhão*.

real, o cristo real e não apenas um cristo espiritual, mas o cristo real. Corpo, sangue, espírito e divindade.[1]

Na reunião da diretoria em 1106 d.H., na cidade de Trento, convocada pelo CEO João de Lourenço de Médici, mais conhecido no âmbito da criminalidade como papa Leão X, decidiu-se pela obrigatoriedade de se usar o termo *missa*.

Ulrich Zwinglio e João Calvino se colocaram contra o ritual *pagão* da missa católica, contudo coube a Martinho Lutero fazer os ataques mais veementes contra essa obrigação determinada pelo CEO da Máfia "Adoradora de Farinha e Água". Ele se referiu à missa como uma "abominação", "idolatria e impiedade":

> seria uma completa superstição e impiedade, introduzida por intermédio das abominações dos pontífices, assim como outras coisas.[2]

Lutero percebeu corretamente o papel da missa na Organização Criminosa Católica, por isso ele pediu o seu fim. Para ele era a missa a base do regime teocrático totalitário do CEO do Bando dos "Idólatras de Fato", desse modo o fim de uma levaria ao fim do outro.

A missa da Facção Criminosa Católica é um ritual de magia negra, no qual um pedaço de pão e um pouco de vinho são trans-

---

[1] MACARTHUR, John. *Explaining the Heresy of the Catholic Mass*, Part 1: "Trent went on to say, 'The victim is one and the same', that is, Christ is the victim as He was on the cross, 'in this Mass, the same', that is Christ, 'now offering by the ministry of priests who then offered Himself on the cross.' So, you've got tens of thousands, millions upon millions of sacrifices of Christ being made by priests, and it is the same Christ, the real Christ, the actual Christ and not just a spiritual Christ but the real Christ. Body, blood, spirit and divinity." Disponível em <https://www.gty.org/library/sermons-library/90-318/explaining-the-heresy-of-the-catholic-mass-part-1>.

[2] LUTHER, Martin. *Liturgical Writings*. Muhlenherg: Press Philadelphia, 1932, vol. VI, p. 93: "it would be an utter superstition and impiety, introduced through the abominations of the pontiffs, as also other things."

formados em corpo e sangue do crucificado; após esse ato de bruxaria, os seus associados são obrigados a praticarem a teo-antropofagia, uma vez que eles devem comer aquele corpo e beber o sangue conseguidos por intermédio de *maleficium*.

Esse ritual de se comer o próprio deus vivo ocorria entre muitos povos *pagãos*, ele era comum entre os adoradores do Grande Deus Osíris:

> O sangue de Osíris era um grande encanto, que, derramado em uma taça de vinho, fazia Ísis, ao bebê-lo, sentir amor por ele em seu coração. Quando o sangue não podia ser conseguido, seu lugar era tomado por um vinho simples, consagrado por este truque dito sete vezes: "Tu és vinho e não vinho, mas a cabeça de Atena. Tu és vinho e não vinho, mas as entranhas de Osíris".[1]

No culto à Poderosa Deusa Mitra ocorria, igualmente, esse ato de magia negra:

> nos mistérios de Mitras, ordenando que o mesmo fosse feito. Pois, que pão e um copo de água são colocados com certos encantamentos nos ritos místicos de quem está sendo iniciado, você sabe ou pode aprender.[2]

Justino, "o Mais Tolo dos Pais Cristãos", afirmou os sacerdotes do Deus Mitra copiaram esse ritual da Quadrilha Católica, contudo o Magnífico Deus Mitra já era reverenciado muito antes de o

---

[1] SMITH. *History of Christian Theophagy*, Chicago, London: The Open Court Publishing CO., 1922, p. 32: "The blood of Osiris was a great charm, which, poured in a cup of wine, made Isis drinking it feel love for him in her heart. When the blood could not be procured, its place was taken by simple wine, consecrated by this *hocus-pocus* said seven times: 'Thou art wine and not wine but the head of Athene. Thou art wine and not wine, but the bowels of Osiris'."

[2] JUSTIN (A. Roberts and J. Donaldson, eds.). *The First Apology*, chapter LXV (Administration of the sacraments): "in the mysteries of Mithras, commanding the same thing to be done. For, that bread and a cup of water are placed with certain incantations in the mystic rites of one who is being initiated, you either know or can learn."

burro crucificado sujar o mundo com a sua estupidez, covardia e ódio ao diferente.

A missa do Bando de Fetichistas é uma peça de teatro, a qual engloba elementos judaicos e *pagãos* gregos, principalmente a purificação e o sacrifício vicário; além de recorrer a vários outros aparatos *pagãos*, para prender a atenção dos consumidores durante a missa: incenso, água benta, música, sinos, vestimentas, etc., os quais nós já dedicamos a provar que se tratava de práticas *pagãs*.

Mais uma vez confrontamos com a desobediência dos católicos ao que se encontra no seu *Liber Odium*, pois na *Epístola aos Hebreus* vemos que os seus diretores estão em franca oposição a esse texto, porque nele está escrito que o sacrifício vicário foi feito uma única vez:

> Que não necessitasse, como os sumos sacerdotes, de oferecer cada dia sacrifícios, primeiramente por seus próprios pecados, e depois pelos do povo; porque isto fez ele, uma vez, oferecendo-se a si mesmo.
> Porque a lei constitui sumos sacerdotes a homens fracos, mas a palavra do juramento, que veio depois da lei, constitui ao Filho, perfeito para sempre.[1]

Portanto, os diretores da Quadrilha Católica agem como os sacerdotes *pagãos* ao fazerem o sacrifício todos os dias. Aos diretores, acionistas e consumidores não interessam o conteúdo do *Liber Mali*, mas a encenação do sacrifício, o qual por si só é falso e uma negação do crucificado, porquanto esse se ofereceu somente uma vez, ao passo que os diretores repetem esse ato diariamente.

3.7. Eucaristia

A palavra *eucaristia* tem origem no grego εὐχαριστία, cujo significado é *agradecimento*, *gratidão*; uma melhor tradução seria

---

[1] SAUL, *Epístola aos Hebreus*, 7 (27-28).

ação de graças. Na refeição eucarística os fiéis presenteiam àquele o qual tem muita estima.

Esse ritual *pagão* é uma prática teúrgica, consoante a qual os fiéis por intermédio de alguns ritos poderiam entrar em contato com os Deuses, a fim de que esse intercedessem por eles.

A eucaristia da Quadrilha Católica foi aperfeiçoada no século III a.H., quando os principais elementos a serem seguidos nos próximos séculos estavam quase todos definidos. Foi nesse século, que os seus diretores sequestraram esse ritual *pagão* do Magnânimo Deus Mitra:

> A Ceia do senhor é, de fato, por um lado, uma festa de amor fraternal e recordação, em memória do salvador; assim como os adeptos de Mitra costumavam realizar suas festas de amor (Ágape) em memória da última ceia do seu Deus com o seu próprio povo.[1]

A eucaristia da Gangue de Idólatras Romanos[2] foi copiada, em parte, do culto ao Portentoso Deus Mitra, como de vários outros rituais: essênios, pitagóricos, platônicos, gnósticos, etc. Contudo, esses diretores, descaradamente, dizem que foram os fiéis dessas religiões *pagãs*, que os imitaram.

Esses diretores transformaram essa festa de uma relação alegre com os Deuses *pagãos*, em uma reunião de cantos de

---

[1] DREWS, Arthur. *The Christ Myth*: "The Lord's Supper is indeed on one hand a feast of fraternal love and recollection, in memory of the Saviour; just as the adherents of Mithras used to hold their love-feasts (Agape) in memory of their God's parting feast with his own people." (Locais do Kindle 3010-3014).
[2] **a.** LEVI, 26 (26-29): "E, enquanto comiam, Jesus tomou o pão, e abençoando-o, *o* partiu, e *o* deu aos discípulos, e disse: Tomai, comei, isto é o meu corpo.";
b. MARCOS, 14 (22-26): "E, enquanto eles comiam, Jesus tomou o pão, e abençoou, e *o* partiu, e deu-lhos, e disse: Tomai, comei, isto é o meu corpo.";
c. LUCAS, 22 (19-20): "E ele tomando o pão, e tendo dado graças, partiu-*o* e deu-lho, dizendo: Isto é o meu corpo, que é dado por vós; fazei isso em minha memória. Semelhantemente também o cálice, depois da ceia, dizendo: Este cálice é o novo testamento no meu sangue, que é derramado por vós.";
d. JOÃO, 6 (51-59): "Quem come a minha carne, e bebe o meu sangue, tem a vida eterna, e eu o ressuscitarei no último dia."

guerra, leituras dogmáticas e gritos fanáticos pedindo o assassinato dos diferentes: o desejo de derramar o sangue de inocentes, aumenta, entre os seus consumidores, a cada palavra urrada pelos depravados diretores homoousianos.

A Gangue Ortodoxa copiou esse sacramento, primeiro no lado Leste do Império Romano, somente mais tarde ele foi incorporado à organização no Ocidente. A eucaristia foi uma adaptação de uma tradição ritualística das religiões *pagãs*:

> M. Dulaure, em sua história de Paris, observou que a explicação das doutrinas da Trindade e da Eucaristia constituía provavelmente os mistérios cristãos, e, em parte, ele certamente está certo. Mas ele poderia ter acrescentado também os mistérios gentios, pois o Trimurti gentil, não preciso descrever novamente, e a *Charistia* dos romanos era a Eucaristia do Χρτς, ou *Cristo* latino – o sacrifício de Pitágoras, do qual direi mais adiante.[1]

Todas as religiões *pagãs* praticavam uma refeição comunal, como pode ser visto na eucaristia nos Mistérios do Deus Dionísio, onde um pouco de vinho era servido aos fiéis, os quais durante a cerimônia deveriam repetir o nome do Deus Todo-Poderoso diversas vezes.

Os fiéis da Poderosa Deusa Inana (Ishtar, Astarte, A Rainha do Céu) comemoravam a sua ressurreição com a eucaristia, na qual alimentos e bebidas eram servidos aos convivas; do mesmo modo, nos Mistérios de Elêusis, os fiéis participavam do sacramento da eucaristia comendo o pão e bebendo o vinho:

---

[1] HIGGINS, Godfrey. *Anacalypsis*. New York: Macy-Masius Publishers, 1927, book X, chapter VI, section 13: "M. Dulaure, in his history of Paris, has observed, that the explanation of the doctrines of the Trinity and the Eucharist constituted probably the Christian mysteries, and, in part, he is certainly righ. But he might have added the Gentile mysteries also, for the Gentile Trimurti, I need not describe again, and the Charistia of the Romans was the Eucharist of the Χρτς, or Latin Christus – the sacrifice of Pythagoras, of which I shall say more by and by."

> 1. na iniciação nesses Mistérios somente participavam quem não tivesse nenhuma mácula na sua vida. Somente os puros compartilhavam a mesa com a divindade;
> 2. na entrada do templo os fiéis lavavam as mãos em água benta, em um claro sinal de que o mais importante seria o pensamento puro;
> 3. os responsáveis por essas solenidades eram os hierofantes, aqueles que revelavam as coisas divinas;
> 4. ao término das reuniões os sacerdotes se despediam dos seus fiéis desejando, que o Senhor os acompanhasse.

Nesses Mistérios os fiéis deveriam mostrar a sua pureza, ao mesmo tempo que eles deveriam ter uma grande autonegação, a fim de que os seus erros fossem expiados, a fim de conseguirem a proteção da Deusa.

O sacramento da eucaristia da Facção Criminosa Ortodoxa tem muitos aspectos daquela existente nos Mistérios de Elêusis; vejam a seguir:

> 1. na iniciação na Associação dos Criminosos Católicos, somente participariam quem não tivesse nenhuma mácula na sua vida. Somente os puros compartilhariam a mesa com o crucificado;
> 2. na entrada dos seus templos de consumo, os consumidores deveriam lavar as mãos em um claro sinal, de que o mais importante seria o pensamento puro;
> 3. nos seus rituais eucarísticos, os responsáveis pelas solenidades se autointitulavam os reveladores das coisas divinas;
> 4. ao término das reuniões os diretores da "Ninhada de Traidores", despediam-se dos seus consumidores desejando-lhes, que o senhor os acompanhasse.

Na Grécia Antiga acontecia um culto doméstico, principalmente entre os seguidores do Insuperável Deus Apolo, no qual os membros participavam de uma refeição ritual: a refeição sacrifical era uma prática, que deveria ser cumprida perto do altar; essa eucaristia tinha duas finalidades básicas:

> 1. fortalecer os laços fraternais entre os participantes;

2. os fiéis acreditavam que ao comerem a carne servida, eles alcançariam as mesmas qualidades do Deus adorado.

Ao apanharem as tradições desses sagrados cultos, os diretores da Gangue de Almas "mais sujas do que todo lixo" mantiveram muitas das suas características originais e as colocaram em uma nova embalagem: nas suas propagandas e publicidades não foi um herói ou um Poderoso Deus preso injustamente, julgado, morto, foi ao Hades e ressuscitou, porquanto foi um carpinteiro, que temendo a morte, chorou e implorou a um deus, para tirar-lhe aquele cálice.

Uma diferença marcante entre a eucaristia do Bando dos "Idólatras de Fato" e as eucaristias *pagãs* se encontra no controle absoluto, o qual os diretores dessa Organização Criminosa têm sobre essas atividades. Isso é muito distinto, por exemplo, do liberal ritual romano, segundo o qual qualquer mesa dedicada a um Deus poderia servir como altar; por outros termos, qualquer homem poderia construir o seu próprio altar e fazer a eucaristia em comemoração ao seu Deus sem precisar se submeter os desejos lascivos de um diretor pedófilo.

Outra diferença básica é que nas religiões *pagãs* não se comiam o próprio Deus em um frenesi canibal, contudo tratava-se de um animal que poderia ser um boi, um cordeiro, peixes, aves, etc.; era impensável para um grego, ou um romano, cometer qualquer ato de canibalismo como o que ocorre na eucaristia da Gangue Nicena.

O Deus Platão, o "Moisés Ático", exigia a prática da eucaristia dos seus fiéis, a qual ocorria no seu templo no dia do seu nascimento, que, curiosamente, era o mesmo que o do Magnífico Deus Apolo: dia 25 de dezembro. Antes de entrar no templo platônico (chamada de Academia pelos Comedores de Capim), esses religiosos (mais uma vez os Comedores de Capim não entendem sobre o que estão pregando, porquanto chamam esses sacerdotes de filósofos) se purificavam em uma fonte com água benta na entrada, após esse ritual de purificação, eles se reuniam para a eucaristia, seguida pela catequização dos perversos, criminosos e intolerantes dogmas platônicos.

A eucaristia somente entrou para o cardápio de produtos do Trinitarismo Atanasiano bem mais tarde; a passagem na *Primeira Epístola aos Coríntios* é um belo exemplo das falsificações criadas pelos diretores dessa Multinacional do Crime, para venderem os seus produtos; eles desejavam colocar no mercado a eucaristia como um produto original, contudo eles precisavam de um princípio de autoridade para fazê-lo. A solução foi interpolar a cena da eucaristia nesse texto:

> Porque eu recebi do senhor o que também vos ensinei: que o senhor jesus, na noite em que foi traído, tomou o pão; E, tendo dado graças, o partiu e disse: Tomai, comei; isto é o meu corpo que é partido por vós; fazei isto em memória de mim.
> Semelhantemente também, depois de cear, tomou o cálice, dizendo: Este cálice é o novo testamento no meu sangue; fazei isto, todas as vezes que beberdes, em memória de mim. Porque todas as vezes que comerdes este pão e beberdes este cálice anunciais a morte do senhor, até que venha. Portanto, qualquer que comer este pão, ou beber o cálice do senhor indignamente, será culpado do corpo e do sangue do senhor.
> Examine-se, pois, o homem a si mesmo, e assim coma deste pão e beba deste cálice. Porque o que come e bebe indignamente, come e bebe para sua própria condenação, não discernindo o corpo do senhor.[1]

Essa falsificação pode ser comprovada pela total ausência desse ritual em *O Pastor* do diretor Hermas, escrito na cidade de Roma no século III a.H.: não encontramos uma única referência sequer das alcunhas *jesus* ou *cristo*, não há nele nada que possa nos lembrar da crucificação ou da existência de uma eucaristia.

---

[1] SAUL, *Primeira Epístola aos Coríntios*, 11 (23-29).

O Paganismo oficializado

Essa *pia fraus* foi necessária, porque os diretores da Quadrilha Católica queriam vender os seus produtos aos gregos e romanos. Sendo assim, eles inventaram a teo-antropofagia do carpinteiro, a qual era uma simples repetição das eucaristias das religiões *pagãs*; por exemplo, o ponto central na adoração ao Deus Todo-Poderoso Dionísio, os fiéis comiam a carne de um animal, o qual seria a encarnação do Deus Dionísio. A Gangue Nicena ao inventar a sua eucaristia e a vendê-la no Império Romano, enganaram os consumidores, pois esses pensavam se tratar da refeição sagrada ao Deus Dionísio e não do burro crucificado.

A magia negra praticada no ato da eucaristia pelos diretores da Facção Criminosa Católica, foi defendia pelos redatores das *Fábulas de Levi*:

> E, quando comiam, jesus tomou o pão, e abençoando-o, o partiu, e o deu aos discípulos, e disse: Tomai, comei, isto é o meu corpo. E, tomando o cálice, e dando graças, deu-lho, dizendo: Bebei dele todos;
> Porque isto é o meu sangue, o sangue do novo testamento, que é derramado por muitos, para remissão dos pecados.[1]

Da mesma forma, os redatores das *Fábulas de Marcos* viram o potencial econômico desse ritual macabro, por isso eles o colocaram nesse malcheiroso livro:

> E, comendo, eles, tomou jesus o pão e, abençoando-o, o partiu e deu-lho, e disse: Tomai, comei, isto é o meu corpo. E, tomando o cálice, e dando graças, deu-lho; e todos beberam dele. E disse-lhes: Isto é o meu sangue, o sangue do novo testamento, que por muitos é derramado.[2]

Como esse produto era muito consumido entre os *pagãos*, os redatores das *Fábulas de Lucas* o inseriram entre os rituais mágicos da Quadrilha Católica:

---
[1] LEVI, 26 (26-28).
[2] MARCOS, 14 (22-24).

> E ele tomando o pão, e tendo dado graças, partiu-o e deu-lho, dizendo: Isto é o meu corpo, que é dado por vós; fazei isso em minha memória. Semelhantemente também o cálice, depois da ceia, dizendo: Este cálice é o novo testamento no meu sangue, que é derramado por vós.[1]

Essa farsa foi repetida nas *Fábulas de João*, os quais inventaram viagens do crucificado a Jerusalém, a fim de construir o cenário para a invenção da eucaristia:

> Quem come a minha carne e bebe o meu sangue tem a vida eterna, e eu o ressuscitarei no último dia.
> Porque a minha carne verdadeiramente é comida, e o meu sangue verdadeiramente é bebida.
> Quem come a minha carne e bebe o meu sangue permanece em mim e eu nele.[2]

O diretor da filial em Antioquia, Inácio, desejava uma salvação, a qual deveria ocorrer em uma "comunhão real" com o "Cadáver Judeu". Ele ultrapassou os limites da sanidade intelectual, ao afirmar a farsa católica: a eucaristia seria a carne do burro crucificado. Esse mal-intencionado homem pregava para todos, que sem a carne do burro a salvação não seria possível, portanto, a sua ressurreição seria a condição necessária para a salvação de todos:

> Portanto, cuidem para ter apenas uma eucaristia. Pois há uma só carne de nosso senhor jesus cristo e um só cálice para demonstrar a unidade de seu sangue; um só altar; assim como há um só bispo, juntamente com o presbitério e os diáconos, meus companheiros de serviço: para que, assim, tudo o que fizerem, façam segundo a vontade de deus.[3]

---

[1] LUCAS, 22 (19-20).
[2] JOÃO, 6 (54-56).
[3] IGNATIUS OF ANTIOCH (Alexander Roberts, ed.). *To the Philadelphians*, chapter IV: "Take ye heed, then, to have but one Eucharist. For there is one flesh of our Lord Jesus Christ, and one cup to [show forth] the unity of His blood; one altar; as there is one bishop, along with the presbytery and deacons, my fellow-servants: that so, whatsoever ye do, ye may do it according to the will of God."

Do alto da sua esperteza, Inácio de Antioquia, o Suicida, não se calou e repetiu essa asneira, para outros consumidores:

> Eles se abstêm da eucaristia e da oração, porque não confessam que a eucaristia seja a carne do nosso salvador jesus cristo, que padeceu pelos nossos pecados e que o pai, em sua bondade, ressuscitou.[1]

A magia negra da eucaristia foi defendida pelos malévolos diretores da Gangue Homoousiana, como vemos nos rabiscos de Atenágoras de Atenas. Após ofender os não-consumidores dos produtos da Multinacional do Crime, ele defendeu que a mágica eucarística seria um sacrifício, contudo ela seria distinta daquele oferecido pelos fiéis *pagãos*, por não haver derramamento de sangue:

> E, primeiro, quanto ao fato de não realizarmos sacrifícios: o criador e pai deste universo não precisa de sangue, nem do odor de ofertas queimadas, nem da fragrância de flores e incenso [...]. Quando consideramos deus como esse criador de todas as coisas, [...] que necessidade ele teria ainda de uma hecatombe?[2]

Justino, "o mais Tolo dos Pais Cristãos", desavergonhadamente afirmou que a tradição da eucaristia foi transmitida aos diretores, acionistas e consumidores da Quadrilha Católica por intermédio das memórias dos apóstolos, contudo é de conhecimento geral, que todos os evangelhos são falsificações tardias:

---

[1] IGNATIUS OF ANTIOCH (Alexander Roberts, ed.). *To the Smyrnæans*, chapter VII: "They abstain from the Eucharist and from prayer, because they confess not the Eucharist to be the flesh of our Saviour Jesus Christ, which suffered for our sins, and which the Father, of His goodness, raised up again."

[2] ATHENAGORAS (Philip Schaff, ed.). *A Plea for the christians*, chapter XIII (Why the christians do not offer sacrifices): "And first, as to our not sacrificing: the Framer and Father of this universe does not need blood, nor the odour of burnt-offerings, nor the fragrance of flowers and incense, [...]. When, holding God to be this Framer of all things, [...] what need has He further of a hecatomb?"

> Os demônios ímpios imitaram nos Mistérios de Mitra, ordenando que o mesmo fosse feito. Pois, um pão e um copo d'água são colocados com certos encantamentos nos ritos místicos daquele que está sendo iniciado, você já sabe ou pode aprender.[1]

Justino, "o mais Tolo dos Pais Cristãos", fez questão de atacar o Maravilhoso Deus Mitra urrando serem os demônios imitadores do cordeiro, "que falava como dragão": eis aqui mais uma mentira desse homem, porque todos sabemos que os diretores da Multinacional Católica de Crimes adoram o Todo-Poderoso Deus Mitra, mas sob a alcunha *jesus cristo*. Portanto, não existe um *jesus cristo*, o que esses diretores, acionistas e consumidores adoram nas reuniões pedófilas é o Magnânimo Deus Mitra, ou o Todo-Poderoso Sol Invicto, sob a nomenclatura *jesus cristo*.

O criador da Máfia de Preto, Tertuliano, o Inquisidor Mor, afirmava que os *pagãos* tinham práticas idênticas à Corporação Criminosa Católica, contudo eles agiam sob a influência de Satanás:

> Tomemos nota dos ardis do diabo, que costuma imitar algumas das coisas de deus com nenhum outro propósito senão envergonhar-nos, pela fidelidade de seus servos, e condenar-nos.[2]

Ele atacou os fiéis do Deus Salvador Mitra, os quais não aceitavam as suas ordens totalitárias e os seus dogmas pestilentos:

> e se a memória ainda me serve, Mitra lá (no reino de Satanás) coloca marcas na testa de seus soldados; celebra tam-

---

[1] JUSTIN (Philip Schaff, ed.) *The First Apology*, chapter LXVI (Of the Eucharist): "Which the wicked devils have imitated in the mysteries of Mithras, commanding the same thing to be done. For, that bread and a cup of water are placed with certain incantations in the mystic rites of one who is being initiated, you either know or can learn."

[2] TERTULLIAN (Philip Schaff, ed.). *De Corona*, chapter XV: "Let us take note of the devices of the devil, who is wont to ape some of God's things with no other design than, by the faithfulness of his servants, to put us to shame, and to condemn us."

bém a oblação do pão, e introduz uma imagem de ressurreição, e perante uma espada tece uma coroa. O que também devemos dizer sobre (Satanás) limitar seu sumo sacerdote a um único casamento? Ele também tem suas virgens; ele também tem seus proficientes em continência.[1]

A eucaristia católica é a manutenção viva do *paganismo*, uma vez que era um costume comum entre os *pagãos*, esses se reuniam para fazer uma refeição comunal, na qual eles consumiam o pão e bebiam o vinho, os quais eram o símbolo do corpo e do sangue do seu Deus.

No século III a.H. ficou decidido que somente o batismo não seria suficiente à salvação e à ressurreição da alma, portanto seria necessário que os consumidores da Facção Criminosa Católica participassem da eucaristia, a qual ocorreria no dia de domingo (Dia do Deus Sol Invicto).

3.8. Pão e vinho

O pão e o vinho foram usados muitos séculos antes de a Quadrilha Católica sujar o mundo; em diversas religiões *pagãs* esse ritual estava presente, foi por essa causa que os diretores dessa Multinacional do Crime mantiveram esse ritual, porquanto foi uma estratégia para conseguir mais consumidores:

> O cristão Sr. Faber praticamente admite isso, quando nos diz: "O diabo levou os pagãos a antecipar cristo com relação a várias coisas, como os mistérios da Eucaristia, etc." "E esta mesma solenidade (diz são Justino) o espírito maligno introduziu nos mistérios de Mitra". (Reeves, Justin, p. 86.) O Sr. Higgins observa: "Foi instituído centenas de anos antes da

---

[1] TERTULLIAN (Philip Schaff, ed.). *The Prescription Against Heretics*, chapter XL (No Difference in the Spirit of Idolatry and of Heresy...): "and if my memory still serves me, Mithra there, (in the kingdom of Satan,) sets his marks on the foreheads of his soldiers; celebrates also the oblation of bread, and introduces an image of a resurrection, and before a sword wreathes a crown. What also must we say to (Satan's) limiting his chief priest to a single marriage? He, too, has his virgins; he, too, has his proficients in continence."

morte do senhor acontecer". Entre as antigas ordens religiosas e nações que praticavam este rito, podemos citar os essênios, persas, pitagóricos, gnósticos, brâmanes e mexicanos. Para prova de sua existência e antiguidade entre a última nação nomeada, remetemos o leitor às "Viagens" (cap. ii.) daquele escritor cristão, Padre Acosta. O Sr. Marolles, em suas *Memórias* (p. 215) cita Tibulo dizendo: "O pagão apaziguou a divindade com santo pão". E Tibulo, em um panegírico sobre Marcela, escreveu: "Um pequeno bolo, um pequeno pedaço de pão, apaziguava as divindades".[1]

A tradição de se fazer sacrifícios com pães e vinhos era praticada em muitas religiões *pagãos*, além dos citados acima podemos acrescentar o culto ao Deus Adônis, Senhor e Salvador (muito mais famoso na época do que o burro crucificado), no qual a comemoração da sua eucaristia era feita usando o pão e o vinho.

Os persas adoravam o Grandioso Deus Mitra, cujo pai era carpinteiro e a mãe uma virgem (chamada de Mãe de Deus); ele se caracterizava por ser aquele, que fazia a relação entre o homem e Deus:

> Mitra é o Mediador e Redentor, tendo hierarquia, sacrifício, batismo e ceia sagrada [eucaristia], na qual o irmão iniciado come um pedaço de pão e bebe de um cálice de água.[2]

---

[1] GRAVES, Kersey. *The World's Sixteen Crucified Saviors*, chapter 27 (The Sacrament or Eucharist of Heathen Origin): "'The Christian Mr. Faber virtually admits it, when he tells us, 'The devil led the heathen to anticipate Christ with respect to several things, as the mysteries of the Eucharist, etc. 'And this very solemnity (says St. Justin) the evil spirit introduced into the mysteries of Mithra.' (Reeves, Justin, p. 86.) Mr. Higgins observes, 'It was instituted hundreds of years before the Lord's death took place.' Amongst the ancient religious orders and nations who practiced this rite, we may name the Essenes, Persians, Pythagoreans, Gnostics, Brahmins and Mexicans. For proof of its existence and antiquity among the last-named nation, we refer the reader to the 'Travels' (chap. ii.) of that Christian writer, Father Acosta. Mr. Marolles, in his Memoirs (p. 215) quotes Tibullus as saying, 'The pagan appeased the divinity with holy bread.' And Tibullus, in a panegyric on Marcella, wrote, 'A little cake, a little morsel of bread, appeased the divinities'."
[2] TIXERONT, J. *History of dogma*. Baden: B. Herder, 1910, p. 22: "Mithra is a mediator and a redeemer, having a hierarchy, sacrifice, baptism and a sacred supper, in which the initiated brother eats a piece of bread and drinks from a chalice of water."

Nesse culto a fraternidade era um valor considerável: a fim de garanti-la, os sacerdotes do mitraísmo faziam a eucaristia transformando o vinho e o pão em sangue e carne do Deus Mitra. Esse ritual foi apropriado pelos diretores da Quadrilha Católica, que o vendem em todas as suas reuniões mafiosas com o nome de milagre da transubstanciação: sendo apenas um nome bonito, para uma tolice desqualificável.

Encontramos, ainda, a refeição sacrifical com pão e vinho nos cultos à Bondosa Deusa Cibele e ao Magnífico Deus Átis: após a refeição (formada por pão, vinho e peixe) os fiéis diziam comerem o corpo e beberem o sangue da sua Deusa, portanto, agora eles seriam iniciados nos seus mistérios.

Nas *Fábulas de João*[1] encontramos uma cena, a qual agrada muito aos consumidores do Trinitarismo Atanasiano: a ceia segundo a qual o sacramento da eucaristia foi apresentado aos seus consumidores. Ao inventar essa fábula sobre o Sr. Münchhausen da Cruz, os redatores desse texto não se preocuparam com o conteúdo das três *Fábulas* anteriores, porque eles retiraram algumas dramatizações, que existiam naqueles textos, além de inventarem novas, como a sempre duvidosa pregação em Cafarnaum, sobre a qual ninguém sabia até os redatores da quarta *Fábula* a apresentarem: nessa pregação o Xamã crucificado mostrou toda a sua estupidez ao afirmar que seria o pão da vida, que deveria ser comido, bem como o seu sangue deveria ser bebido pelos fiéis:

> Quem come a minha carne e bebe o meu sangue tem a vida eterna, e eu o ressuscitarei no último dia.[2]

---

[1] Esse livro começou a ser escrito por Irineu, o Inventor de Hereges, contudo devido a sua extrema incapacidade intelectual ficou incompleto até que Orígenes, o Prostituto de Padres, o *encontrou* e o finalizou dando-lhe uma visão grega sobre a fábula do burro crucificado.
[2] JOÃO, 6 (54). Ver ainda, Levi, 26; Marcos, 14; Lucas, 22; Saul, *Primeira Epístola aos Coríntios*.

Quando os redatores da quarta *Fábula* inventaram a cena da eucaristia utilizando o vinho e o pão, eles deixaram claro que o "Cadáver Judeu" seria um pitagórico (era sob esse nome que eles ficaram conhecidos na Grécia), portanto eles ratificaram a separação da Multinacional do Crime Católica em relação ao Templo em Jerusalém e toda a tradição judaica.

Entre a Horda Católica é possível identificar a origem da eucaristia com vinho e pão entre os famigerados essênios, visto que eles haviam abandonado o Templo em Jerusalém, desse modo não tinham mais um local, para fazer os seus selvagens sacrifícios de animais. Para contornar essa dificuldade, eles elaboraram uma nova fórmula de fazer os sacrifícios ao seu crudelíssimo deus: a refeição de pão e vinho substituiu os sacrifícios físicos de animais por um sacrifício simbólico.

Outro motivo, para eles usarem o pão e o vinho nos seus diabólicos rituais, foi devido à extremada pobreza, na qual viviam (com o crescimento dos seus consumidores, eles se tornaram muito ricos, apesar de viverem em luxuosos palácios, os seus sacerdotes ainda pregavam a pobreza e se opunham com veemência redobrada à riqueza alheia).

3.9. Transubstanciação

Anteriormente falamos rapidamente sobre esse ritual de magia negra ao analisarmos a instituição da missa na Multinacional Católica de Crimes.

A transubstanciação no terceiro século a.H. já era o ritual mais importante da Quadrilha Ortodoxa, contudo foi somente um século depois, que os seus diretores ficaram responsáveis pela eucaristia, quando ocorreria a transformação das substâncias por um passe de mágica: essa trapaça de transformação do pão em corpo e vinho em sangue, servia para lembrar aos consumidores que o crucificado seria um deus e um homem ao mesmo tempo, o qual sofrera, morrera e ressuscitara para acabar com os pecados dos consumidores dessa Organização Criminosa.

Como esse passe de mágica é inconcebível a qualquer homem honesto, os diretores da Quadrilha dos "Idólatras de Fato" determinaram que se tratava de um artigo de fé, desse modo todos os consumidores teriam que aceitar essa prática de magia negra sem nenhum questionamento: assim, a transubstanciação transformou-se em um ritual, cuja finalidade era manter os seus consumidores assustados, o que por extensão servia à fidelização deles aos seus produtos, bem como manter os seus cofres cheios, além de proporcionar uma vida fácil aos seus pedófilos diretores.

A transubstanciação é uma prática, na qual os diretores nos seus templos de consumo utilizam feitiços, para tentarem transformar um pedaço de pão e um pouco de vinho no corpo e sangue do seu Garoto Propaganda: é uma prática maliciosa, porque os diretores, acionistas e consumidores da Gangue Ortodoxa afirmam consumirem o próprio corpo e sangue do crucificado vivo, a fim de que eles se tornem um com ele. Esse estúpido ritual não foi aceito por Martinho Lutero:

> Da mesma forma, não é necessário no sacramento que o pão e o vinho sejam transubstanciados e que cristo esteja contido sob seus acidentes para que o corpo real e o sangue real estejam presentes. Mas, ambos permanecem lá ao mesmo tempo, e é verdadeiramente dito: "Este pão é meu corpo; este vinho é meu sangue", e *vice-versa*.[1]

Essa prática era algo comum no *paganismo*, por exemplo, nos Mistérios Mitraicos os fiéis consumiam simbolicamente a carne (um pedaço de bolo) e o sangue (um pouco da bebida feita da

---

[1] LUTHER, Martin. *The Babylonian Captivity of the church*: "In like manner, it is not necessary in the sacrament that the bread and wine be transubstantiated and that Christ be contained under their accidents in order that the real body and real blood may be present. But both remain there at the same time, and it is truly said: 'This bread is my body; this wine is my blood', and *vice-versa*." Disponível em <https://www.onthewing.org/user/Luther%20-%20Babylonian%20Captivity.pdf>.

planta divina, Haoma) do seu Maravilhoso Deus, contudo eles não comiam o próprio Mitras como ocorre entre o Bando de Fetichistas.

Outro culto que praticava o ritual de transubstanciação era encontrado no Egito, onde os fiéis comiam bolinhos como se fossem a carne do Magnífico Deus Osíris, da mesma forma que ocorria na Religião Mitraica, eles não consumiam a carne e o sangue do seu Deus.

Quando os primeiros espanhóis entraram em contato com os astecas, eles presenciaram o ritual da transubstanciação:

> Desse interessante trecho, aprendemos que os antigos mexicanos, mesmo antes da chegada dos missionários cristãos, estavam plenamente familiarizados com a doutrina da transubstanciação e a praticavam nos solenes ritos de sua religião. Eles acreditavam que, consagrando o pão, seus sacerdotes podiam transformá-lo no próprio corpo de seu Deus, de modo que todos os que, em seguida, participavam do pão consagrado entravam em uma comunhão mística com a divindade, recebendo uma porção de sua substância divina em si.[1]

Entre alguns povos da Índia a transubstanciação era comum nos seus rituais religiosos; o bramanismo ensinava que o hábito de se comer um bolinho de arroz, seria um substituto ao sacrifício humano. Para eles, os seus sacerdotes ao manipularem esse bolinho o transformaria no corpo do seu Deus.

> Os brâmanes ensinavam que os bolos de arroz oferecidos em sacrifício eram substitutos de seres humanos e que eram

---

[1] FRAZER, James George. *The Golden Bough*: a Study of Magic and Religion, Eating the God, 2. Eating the God among the Aztecs: "From this interesting passage we learn that the ancient Mexicans, even before the arrival of Christian missionaries, were fully acquainted with the doctrine of transubstantiation and acted upon it in the solemn rites of their religion. They believed that by consecrating bread their priests could turn it into the very body of their god, so that all who thereupon partook of the consecrated bread entered into a mystic communion with the deity by receiving a portion of his divine substance into themselves." (Locais do Kindle 11322-11324). Edição do Kindle.

realmente convertidos nos corpos reais dos homens pela manipulação do sacerdote.[1]

Ressaltamos que havia uma enorme diferença entre esses rituais *pagãos* e o da Associação Católica de Celerados, uma vez que para os seus diretores, acionistas e consumidores a transformação não era simbólica; por mais absurdo que possa parecer era uma mudança real das substâncias, visto que é exigido dos consumidores aceitarem como uma modificação de fato: o pão virou o corpo e o vinho transformou-se no sangue do crucificado.

Nesse ritual católico, jesus cristo foi transformado em um cachorrinho adestrado, o qual sempre está em prontidão, quando o diretor da Quadrilha Católica deseja praticar as suas magias negras. Durante a transubstanciação, eles oferecem um corpo vivo, para que os seus consumidores se alimentem do Garoto Propaganda, em um frenesi alimentício só comparável à avidez dos porcos.

3.10. Hóstia

O termo *hóstia* vem do latim *hostiam* significando *sacrifício aos deuses*, ou simplesmente *vítima*. Os diretores da Quadrilha de Almas "mais sujas do que todo lixo" inventaram que a hóstia seria a representação do crucificado, o qual escolheu se tornar uma vítima de sacrifício, a fim de purificar os homens dos seus pecados: pecados esses, nunca é demasiado lembrar, os quais foram inventados pelos diretores dessa Organização Criminosa.

---

[1] FRAZER, James George. *The Golden Bough*: a Study of Magic and Religion, Eating the God, 2. Eating the God among the Aztecs: "The doctrine of transubstantiation, or the magical conversion of bread into flesh, was also familiar to the Aryans of ancient India long before the spread and even the rise of Christianity. The Brahmans taught that the rice-cakes offered in sacrifice were substitutes for human beings, and that they were actually converted into the real bodies of men by the manipulation of the priest." (Locais do Kindle 11324-11327). Edição do Kindle.

A hóstia era um pequeno biscoito feito de trigo, o qual por intermédio do uso de magia negra qualquer diretor da Facção Criminosa Católica transformava no corpo do burro crucificado: a essa mágica de baixo nível, eles batizaram de transubstanciação, ou seja, a substância *trigo* se transformou na substância *carne*, ou ainda, o trigo se transformou na carne do crucificado, a qual é comida pelos participantes dessa sessão de magia negra.

Os diretores da Associação Católica de Celerados entenderam o poder de encantamento, que esse pão eucarístico causava nos seus consumidores, mas eles somente o adotaram oficialmente no seu cardápio em meados do segundo século a.H.

Jean Meslier (814-899 d.H.), diretor da Quadrilha Católica (portanto, bem conhecedor da podridão desses empresários de vida fácil), afirmou, com todas as letras, que o uso da hóstia era o mesmo que adorar um ídolo de farinha sempre que provassem a hóstia:

> Não percebem eles, também, que o mesmo raciocínio que demonstra a vaidade dos Deuses ou ídolos de madeira, de pedra, etc., que os pagãos adoravam; mostra a mesma vaidade dos deuses e ídolos de massa ou de farinha que os nossos adoradores de cristo cultuam?[1]

No *paganismo* a hóstia era usada como sacrifício, a fim de aplacar a ira dos deuses; na Multinacional Católica de Crimes encontramos uma situação, no mínimo inusitada, visto que um carpinteiro se considerava um deus encarnado, o qual serviria de sacrifício, para diminuir a raiva de deus, que era ele mesmo só que encarnado. Isso tudo é muito complicado, todavia tentaremos explicar:

---

[1] MESLIER, Jean. *Abstract of the Testament of John Meslier*. New York: Peter Eckler Publishing Company, 1920, p. 339: "Do they not see, also, that the same reasoning which demonstrates the vanity of the gods or idols of wood, of stone, etc., which the Pagans worshiped, shows exactly the same vanity of the Gods and idols of paste or of flour which our Christ-worshipers adore?"

1. um deus espiritual perfeito ficou irritado (se ficou irritado, ele não pode ser perfeito, porque sofre paixões) com a sua criação que deveria ser perfeita, mas, talvez pela pressa do seu trabalho (seis dias) a sua criação ficou imperfeita;
2. Para tentar consertar o seu trabalho malfeito, ele, enquanto espírito perfeito, encarnou-se (transformou-se em carne imperfeita) como o seu próprio filho (isso é um absurdo, porquanto um deus perfeito se transubstanciou em algo imperfeito);
3. assim o filho encarnado (o qual é o próprio deus espiritual) foi sacrificado;
4. ele foi sacrificado, para acalmar o deus espiritual perfeito (o qual é ele mesmo), o qual estava irado (essa é uma paixão humana), por ser relapso e ter criado um mundo imperfeito (logo, ele não seria perfeito);
5. mesmo com a sua encarnação, esse deus relapso e incompetente não conseguiu consertar o seu trabalho porco, porque ele foi preso, condenado, levou uns tapas na cara, sendo morto em seguida (como um deus todo-poderoso não conseguiu se salvar?);
6. mas, dizem que ele ressuscitou e que voltaria em breve com a sua gangue de anjos, a fim de assassinar os seus inimigos (um deus cheio de ódio, não é um deus perfeito);
7. ele não voltou naquela época, por isso os diretores da Gangue Ortodoxa disseram, que ele voltaria no final dos tempos com uma quadrilha de anjos, para vingar os tapas que levou na cara e os chutes na bunda (já se passaram 2.000 anos, ele não voltou, mas o Império Católico do Mal tornou-se todo-poderoso).

O mais intrigante é que mesmo, quem não nunca teve a oportunidade de dar uns tapas na cara desse patife, será julgado por ele, por um crime que não cometera: essa é a justiça defendida pelos pedófilos católicos, os quais foram, corretamente, nomeados por Petiliano, o diretor donatista da filial de Cirta, de almas "mais sujas do que todo lixo".

Na antiguidade a hóstia tinha como objetivo o fortalecimento das relações tribais e do próprio fiel, o qual ao comer o seu Deus recebia os seus dons. O ritual de comer a hóstia existia em muitas religiões *pagãs*, em que um animal representando a tribo era adorado, morto e comido em uma refeição eucarística. Além disso, inúmeros Deuses eram, simbolicamente, comidos durante as refeições comunais: Quetzalcoatl; Dionísio; Odin; Krishna Cristo (Jeseus Cristo); Brahma; Indra; Soma; Hari; Perusha; Siva.

No ritual canibal da Facção Criminosa Católica o animal foi substituído pelo "Cadáver Judeu", o qual é representado por um pedaço de pão, consumido pelos comparsas da gangue, a fim de que adquiram os mesmos dons do criminoso crucificado: maldade, perversão, vingança, traição, mentira, em uma palavra: católicos.

Os diretores da "Ninhada de Traidores" copiaram a prática de usar o pão (hóstia) dos cultos egípcios: nessas cerimônias Osíris, o Poderoso Deus Sol, tomou a forma humana, para ser a vida e o alimento da alma: a sua hóstia tinha a forma de um disco solar, esse formato seria copiado pelo Bando de Fetichistas.

Entre os seguidores do Divino Zaratustra, existia o costume de se comer a hóstia, a qual era um bolinho de mel chamado de "Deus da Penitência".

O seu uso em celebrações religiosas era uma prática comum, também, na Arábia do século I a.H. durante o culto de comemoração à Rainha do Céu (que os diretores da Máfia "Adoradora de Farinha e Água" deram o nome de Maria Stada).

De todos os rituais da eucaristia, o ritual árabe, chamado coliridiano (*kollyride*, era um pãozinho), foi imitado quase que completamente pelos diretores da "Ninhada de Traidores"; o que o diferenciava era ser praticado pelas mulheres coliridianas, as quais cultuavam Maria e não o crucificado.

As coliridianas eram seguidoras de Maria Stada, elas a adoravam como uma Deusa, por isso ofereciam os colirídios (bolinhos) aos fiéis, do mesmo modo que as suas antepassadas ofereciam o bolinho à Maravilhosa Deusa Astarte (Ashtaroh) na Fenícia – Ishtar na Babilônia ou Inana na Suméria: o louvor dessas mulheres à Maria Stada foi enorme, o que quase se transformou em uma ortodoxia.

Essa prática da coliridianas foi marcada pelos diretores da Gangue Homoousiana como um ato demoníaco, visto que nessa Multinacional do Crime as mulheres ocupam um lugar secundário. Por isso, elas foram ameaçadas com as seguintes palavras:

> O senhor mandará sobre ti a maldição; a confusão e a derrota em tudo em que puseres a mão para fazer; até que sejas destruído, e até que repentinamente pereças, por causa da maldade das tuas obras, pelas quais me deixaste.
> O senhor fará pegar em ti a pestilência, até que te consuma da terra a que passas a possuir.
> O senhor te ferirá com a tísica e com a febre, e com a inflamação, e com o calor ardente, e com a secura, e com crestamento e com ferrugem; e te perseguirão até que pereças.[1]

Como bem disse Thomas Hobbes a palavra (*word*) sem a espada (*sword*) não tem força, por isso foi preciso que os seus diretores da Multinacional Católica de Crimes usassem a extrema violência física contra as mulheres do culto coliridiano, as quais foram perseguidas, presas, torturadas, estupradas e exterminadas sob as bençãos do bondoso e justo "Cadáver Judeu".

Outro povo *pagão* que comiam a hóstia foram os gregos, os quais cultuavam a Maravilhosa Deusa Ceres, Deusa da Agricultura e Mãe do Trigo. Nesse *mýthos* o trigo se transformaria no filho da Deusa Deméter, a qual também era chamada de Rainha do Céu: essa Deusa era uma Mãe Virgem, a qual era representada segurando uma espiga de milho em alusão à sua filha, a qual ressuscitava a cada primavera (páscoa), para trazer uma nova vida:

> Deméter foi a primeira a descobrir o uso do milho para se fazer pão, encontrando-o, por acaso, crescendo entre outras plantas e ervas; e ensinou a maneira de armazenar e assá-lo, e como semeá-lo. Pois ela descobriu o milho antes de Kore nascer; após cujo nascimento e casamento com Hades, ela ficou tão irritada com Zeus e tão triste pela perda de sua

---
[1] *Deuteronômio*, 20 (22). O festival de besteiras dito por yhwh, o Senhor dos Holocaustos, arrasta-se por vários outros versículos.

filha que ateou fogo em todo o milho. Mas quando encontrou Kore, reconciliou-se com Zeus e deu sementes de milho a Triptolemo, com a ordem de distribuí-las a todas os homens, além de ensiná-los a cultivá-los e usá-los.[1]

Entre os *pagãos* romanos era comum o uso da hóstia:

> um detalhe ainda parcialmente preservado no uso italiano de abençoar tanto um cordeiro como a figura assada de um cordeiro na época da páscoa, mas oficialmente substituída pela hóstia da missa – então no antigo culto persa a carne sacrificada era misturada com pão e assada em um bolo redondo chamado *Myazd* ou *Myazda* e comido sacramentalmente pelos adoradores.[2]

Um dos momentos mais importantes das cerimônias religiosas entre os essênios era a eucaristia, durante a qual eles partiam o pão e o dividiam entre os seus membros: é desnecessário lembrar que os primeiros cristãos na Palestina eram conhecidos como essênios; mais tarde a Associação Católica de Celerados os exterminou, roubando-lhes todas as práticas, menos a honestidade.

Entre os rituais mais importantes da Religião Pitagórica encontramos a eucaristia ou sacramento, a qual seria uma forma de adorar o Deus Pitágoras, o "Chefe dos Charlatães". Na sua eucaristia, eles bebiam água e comiam um bolinho de mel, devido à

---

[1] DIODORUS OF SICULUS (*Diodorus the Sicilian*). *The Historical Library*, book V, chapter IV: "Ceres was the first that discover'd the use of Bread-Corn, finding it by chance growing of it self amongst other Plants and Herbs; and taught the way of Housing and Baking it, and how to sow it. For she found out Corn before Proserpina was born; after whose Birth and Rape by Pluto, she was so incens'd at Jupiter, and in such grief for the loss of her Daughter, that she set all the Corn on Fire. But when she had found out Proserpina, she was reconciled to Jupiter, and gave Seed-Corn to Triptolemus, with order to impart it to all People, and teach them how to order it, and make use of it."

[2] ROBERTSON, John M. *Pagan Christs*, § 9. Mithraism and Christianity: "a detail still partly preserved in the Italian usage of blessing both a lamb and the baked figure of a lamb at the Easter season, but officially superseded by the wafer of the Mass – so in the old Persian cult the sacrificed flesh was mixed with bread and baked in a round cake called *Myazd* or *Myazda*, and sacramentally eaten by the worshippers." Disponível <https://sacred-texts.com/bib/cv/pch/pch70.htm>

proibição de beber vinho e comer carne. Como podemos ver, eles eram por demais pervertidos, mas não eram animalescos o suficiente, para beberem o sangue e comerem a carne do seu Deus.

Por ser um ato simbólico muito valorizado entre os *pagãos* na antiguidade, os diretores da *Peste Negra Inc.* decidiram que esse produto deveria ser apresentado no seu cardápio de vendas, por conseguinte lemos no *Liber Odium* que o ato de repartir o pão seria um momento único entre esses criminosos:

> E, tomando o pão, e havendo dado graças, partiu-o, e deu-lho, dizendo: Isto é o meu corpo, que por vós é dado; fazei isto em memória de mim.[1]

Por fim, relembraremos que o *pagão* Zaratustra, oferecia uma refeição ritual constituída de pão e vinho, os quais remetiam ao corpo e ao sangue do Deus-Homem. Os seus fiéis repetiam, enquanto comiam a hóstia:

> O Zardasht fala aos seus alunos com estas palavras: 'Aquele que não comer do meu corpo e beber do meu sangue, para que ele seja feito um comigo e eu com ele, o mesmo não conhecerá a salvação...[2]

Essa oração se encontra no *Depósito de Excrementos* da Máfia de Preto:

> Então jesus lhes disse: Na verdade, na verdade eu vos digo: Se não comerdes a carne do filho do homem, e não beberdes o seu sangue, não tereis vida em vós mesmos.
> Quem come a minha carne, e bebe o meu sangue, tem a vida eterna, e eu o ressuscitarei no último dia.
> Porque a minha carne **verdadeiramente** é comida, e o meu sangue **verdadeiramente** é bebida. **[Grifos nossos]**

---

[1] LUCAS, 22 (19).
[2] VERMASEREN, M. J. *Mithras, the Secret God*. New York: Barnes & Noble, 1963, p. 104: "The Zardasht speaks to his pupils in these words: 'He who will not eat of my body and drink of my blood, so that he will be made one with me and I with him, the same shall not know salvation'...".

Assim como o pai, que vive, me enviou, e eu vivo pelo pai; assim quem de mim se alimenta também viverá por mim. Este é o pão que desceu do céu; não é o caso de vossos pais, que comeram o maná e morreram; quem comer este pão viverá para sempre.[1]

Como ficou claro nesse estranho fragmento, os criminosos da Quadrilha Católica teriam que comer o burro vivo, para salvarem as suas almas no final dos tempos.

3.11. Peregrinações

As peregrinações não foram inventadas pelos diretores da Quadrilha Ortodoxa, contudo eles as levaram a outro patamar ao transformá-las em show. Entre os fiéis do *paganismo* era comum fazer peregrinações por vários motivos, desde penitência e busca por uma saúde melhor até para comemorar as ações de graças.

Durante os cinco primeiros séculos de fundação dessa Organização Criminosa, ainda era possível ver inúmeras peregrinações *pagãs* ocorrendo no Império Romano. Para esses fiéis, as peregrinações traziam consigo a certeza de ocorrências de milagres, bem como sabiam que os seus Sagrados Deuses tinham lugares e objetos preferidos, para se manifestarem: essa devoção colocava em xeque os interesses dos diretores da Facção Criminosa Católica, porque não aceitava a abjeta existência de um deus único.

Os seus consumidores passaram a fazer peregrinações a Jerusalém somente após a prostituta Helena, a mãe do imperador Constantino, o Grande Traidor da Humanidade, *descobrir* nessa cidade algumas *relíquias* ligadas ao cordeiro, "que falava como dragão". Ela era concubina do imperador Constâncio I, contudo o imperador teve que abandoná-la ao assumir a Púrpura, porquanto ele deveria ser casado com uma nobre romana; mesmo assim, ele continuou a manter relações sexuais com ela, o que na época valeu-lhe o título de Primeira Concubina do Império: o imperador

---

[1] JOÃO, 6 (53-58).

Constantino, o Grande Traidor da Humanidade, odiava os romanos por chamá-lo de Filho da Puta.

Ela viveu a sua vida na condição de Primeira Prostituta Imperial, o que foi um fator decisivo para receber o insidioso título de *santa* pelos diretores da Máfia "Adoradora de Farinha e Água". Outro motivo, para ela ser marcada com esse título foi dedicar grandes fortunas aos diretores dessa Multinacional do Crime, para a construção de templos de consumo, além de fazer riquíssimas doações em propriedades, ouro, prata e pedras preciosas, a fim de manter as vidas fáceis desses homens perversos; Helena ainda financiou viagens desses diretores à Jerusalém, cuja desculpa para fazer uma viagem tão longa, cara e desgastante foi visitar a cidade sagrada: contudo, não é segredo que eles desejavam fazer turismo sexual, o que é algo comum ainda hoje.

Nessa cidade, ao lado do não menos criminoso diretor da filial de Jerusalém, Macário I (futuramente também receberia o ignominioso título de *santo*), Helena, a Puta, em 89 a.H. *descobriu* a cruz na qual o farsante fora jogado, assim como os pregos que o prenderam e a placa que fora colocada acima da cruz.

Devido à *descoberta* da cruz, Jerusalém se transformou em um ponto turístico muito atrativo, o que levou a uma reforma completa da cidade que se encontrava em pedaços. A Primeira Concubina do Império, mandou erguer vários edifícios para a Associação Católica de Celerados, entre eles um templo de consumo no local que ficaria conhecido como Getsêmani.

A partir do século I a.H. o movimento de consumidores em direção à Jerusalém aumentou consideravelmente, eles desejavam ver, tocar e beijar a cruz; houve um caso em que um consumidor, ao beijar a cruz, arrancou um pedaço dela com uma mordida.

Ao pé da imunda cruz ocorriam milagres, tais como curas e expulsões de demônios, era o local para os cegos verem e os paralíticos recuperarem os seus movimentos (os únicos milagres que o crucificado sabe fazer). Não sabemos se houve ressurreições, mas como estamos tratando da maior organização mafiosa da História, não podemos descartar tais eventos.

Muitos nobres correram em peregrinações a Jerusalém, como foi o caso da Imperatriz Eudóxia; nessa sua viagem, ela foi presenteada com as correntes que Shimon Kaipha, o Príncipe das Traições, fora preso:

> Eudóxia, esposa de Teodósio, o jovem, estando em peregrinação a Jerusalém, recebeu como presente uma das correntes com as quais são Pedro estava preso na prisão quando foi libertado por um anjo.[1]

Outro local que se tornou centro de turismo sexual para os diretores da Organização Criminosa Católica foi Edessa: os diretores dessa filial forjaram uma carta entre o príncipe Abgar e o crucificado: os inventores da carta se deram o trabalho de criar um selo e uma assinatura do crucificado, a fim de validar a sua autenticidade. Como resultado dessa falsificação Edessa se tornou um importante centro de peregrinação, o que encheu os cofres dos seus diretores.

Quando os diretores da filial em Éfeso viram a quantidade de riquezas, que estavam enchendo os cofres dos diretores de Jerusalém e Edessa, eles trataram de transformar a sua cidade em um lugar seguro para o turismo sexual da Quadrilha Católica, assim, eles forjaram as *Fábulas de* João. Após a divulgação desse texto maléfico, os consumidores dessa Organização Criminosa fizeram grandes peregrinações ao templo de consumo dos efésios, para a alegria dos seus diretores, os quais se enriqueceram rapidamente.

Outros locais se tornaram centros de peregrinações, o que não passavam de parques de diversões dos seus consumidores,

---

[1] BEARD, John R. *The Autobiography of Satan*. London: Willian and Norgate, 1872, p. 24: "Eudoxia, wife of Theodosius the younger, being on a pilgrimage to Jerusalem, received as a present one of the chains with which St. Peter was bound in prison when he was liberated by an angel."

contudo esses homens astutos diziam fazerem essas viagens de turismo sexual, por amor e agradecimento ao crucificado, ou a algum dos seus prepostos:

> A veneração de relíquias era muito popular, especialmente na Idade Média. Os Contos de Canterbury de Chaucer giram em torno de peregrinos a caminho do santuário de são Tomás Becket. Os peregrinos de Santiago de Compostela vão venerar as relíquias de são Tiago, o Apóstolo, uma peregrinação popular que continua até hoje.[1]

Na farsa da peregrinação de agradecimento, é preciso que o penitente se caracterize adequadamente para esse evento, por isso alguns elementos são necessários, a fim de indicar a sua condição:

> Caminhar por uma rota de peregrinação é uma maneira poderosa de se conectar com o peregrino arquetípico. Os atributos simbólicos do Peregrino – cajado, chapéu de aba larga e cabaça para carregar água – há muito tempo são associados a peregrinos sagrados de muitas culturas. Odisseu, Odin, Brahma, são Tiago e muitos outros foram retratados com esses apetrechos.[2]

Os diretores da "Ninhada de Traidores" são homens pérfidos que procuram o lucro fácil a todo instante, por isso eles vendem tudo, a fim de conseguirem as suas tão sagradas 30 moedas de

---

[1] MILLER, Jennifer Gregory. *Catholics Do the Strangest Things*, 3. The Regulation of Relics: "Veneration of relics was very popular, especially in the Middle Ages. Chaucer's *Canterbury Tales* centered around pilgrims on their way to the shrine of St. Thomas Becket. Santiago de Compostela pilgrims go to venerate the relics of St. James the Apostle, a popular pilgrimage that continues today."
Disponível em <https://www.catholicculture.org/commentary/catholics-do-strangest-things/>.
[2] FLETCHER, Kate. *Pilgrimage for Pagans*: "Walking a pilgrimage route is a powerful way to connect with the archetypal wanderer. The symbolic attributes of the Pilgrim – staff, broad-brimmed hat and gourd for carrying water – have long been associated with sacred wanderers of many cultures. Odysseus, Odin, Brahma, St James and many others have all been depicted with these accoutrements."
Disponível em <http://ancientmusic.co.uk/pilgrimage_article.html>.

prata. Vejam o caso dos diretores da filial em Antuérpia, os quais inventaram uma estranha *relíquia*: o prepúcio do burro crucificado. Esse objeto fez com que milhares de peregrinos dirigissem à cidade, o que aumentou consideravelmente as riquezas dos seus diretores, por conseguinte muitas festas, muitas drogas e muitos atos de prostituição e pedofilia ocorreram nos seus riquíssimos palácios, para comemorar esse lucrativo negócio.

Como esse era um negócio altamente lucrativo, os diretores da matriz da Organização Criminosa em Roma, logo afirmaram que também possuíam um prepúcio do inútil crucificado. Para autenticar essa mentira, eles recorreram à *santa* Brígida, a qual confirmou a autenticidade do prepúcio em Roma, porquanto ela recebera o atestado de veracidade da própria Maria Stada, ou talvez porque conhecesse muitos prepúcios: imediatamente, os consumidores da Gangue de Almas "mais sujas do que todo lixo", fizeram inúmeras peregrinações à Roma, o que inundou os cofres dos seus diretores com imensas riquezas.

Quanto aos diretores da filial de Antuérpia, eles ao virem os seus cofres se esvaziarem rapidamente, entraram em pânico, porque as peregrinações a Roma lhes impediam de manter as suas vidas fáceis e o pior, eles seriam obrigados a trabalharem honestamente. Para evitar esse apocalipse, eles adotaram o seguinte estratagema: assumiram, que tinham uma parte considerável do prepúcio, como consequência os consumidores voltaram a peregrinar ao templo de consumo da Quadrilha Iconódula em Antuérpia:

> A peregrinação a Antuérpia tornou-se novamente ativa, especialmente depois que os cônegos de nossa senhora (e do santíssimo prepúcio de jesus) "demonstraram" sua autenticidade por meio de um longo memorando, vindo em parte da tradição de documentos antigos e em parte devido também ao "milagre do sangue" observado pelo Bispo de Cambray, assim como outros milagres.[1]

---

[1] DESCHENER, Karlheinz. *Historia Criminal del cristianismo*. Barcelona: Ediciones Martínez Roca, 1990, vol. IV, p. 141: "La peregrinación hacia Amberes volvió a activarse, sobre todo después de que los canónigos de Nuestra Señora (y del

Como o prepúcio estava provocando peregrinações de milhares de consumidores a Roma e à Antuérpia, logo outras filiais ganharam um prepúcio: os 18 pênis do crucificado renderam 18 prepúcios (um milagre que nem o "Cadáver Judeu" poderia imaginar), os quais atraem grandes peregrinações aos templos de consumo da Quadrilha Católica.

3.12. Procissões

Todas as religiões *pagãs* tinham procissões em honra aos seus Deuses: na adoração ao Deus Marduk, o Pastor de Ovelhas, os fiéis proporcionavam procissões com grande apelo emocional.

No Egito as procissões ocorriam em profusão, que em consonância a Siegfried Schott chegavam a 49 anualmente, as quais eram feitas tanto por terra como pelo rio. Eram festivais relacionados à agricultura por determinação do Faraó, o qual exigia que todas as cidades as promovessem:

> A procissão é o foco do antigo festival egípcio. A vida diária de um antigo templo egípcio girava em torno de oferendas de alimentos, confiadas a um pequeno número de homens; o templo foi construído principalmente para esse propósito, em vez de ser um lugar para congregações ou orações. Um número maior participava da vida do templo apenas nos grandes festivais, nos quais a imagem de uma divindade era levada para fora do templo e, em alguns casos, transportada de barco a grandes distâncias.[1]

Santísimo Prepucio de Jesús) 'demostraron' su autenticidad mediante un largo memorándum, procedente en parte de la tradición de antiguos documentos y en parte debido también el 'milagro de la sangre' que observó el obispo de Cambray, así como con otros milagros más."

[1] *Festivals in ancient Egypt*: "Procession is the focus of the ancient Egyptian festival. The daily life of an ancient Egyptian temple revolved around food offerings, entrusted to small numbers of men; the temple was constructed primarily for that purpose, rather than as a place for congregations or prayer. Greater numbers participated in temple life only at the great festivals, in which the image of a deity was carried out of the temple, and in some cases transported by boat across larger

As procissões eram momentos importantes entre os *pagãos*, porque eles podiam se aproximar dos Deuses, que estavam sendo transportados de um templo a outro; em alguns casos os fiéis faziam perguntas diretamente aos Deuses, os quais lhes respondiam afirmativa ou negativamente.

As mais famosas que ocorriam na Grécia, eram em homenagens ao Todo-Poderoso Deus Dionísio e à Maravilhosa Deusa Deméter na cidade de Elêusis. A adoração à Deusa Deméter tinha duas procissões: na primeira, os sacerdotes dos Mistérios de Elêusis caminhavam à frente dos fiéis carregando os objetos sagrados (*hiera*), que se encontravam em recipientes fechados com fitas. A segunda procissão conduzia os iniciados ao templo; a marcha era liderada por um homem carregando a imagem do Deus Baco (de Iaccus).

Essas procissões não só eram maravilhosas, como também eram disputadas por tantos fiéis, que os diretores da Quadrilha Católica não puderam ignorá-las, por isso eles tiveram que se referir a elas, mas com muitos insultos. É o que vemos em Clemente, o Estúpido Assexuado, o qual ao tratar das procissões e homenagens à Deusa Virgem Deméter, o fez, como todo e qualquer lacaio da Gangue Homoousiana, com ofensa, intolerância e selvageria:

> Deméter e Prosérpina tornaram-se heroínas de um drama místico; Elêusis celebra com procissões à luz de tochas suas andanças, convulsões e tristezas. Penso que a origem das orgias [sacramentos] e dos mistérios deve ser atribuída, as primeiras à ira (ὀργή) de Deméter contra Zeus, os últimos à maldade nefasta (μύσος) relativa a Dionísio; mas se for de Mios da Ática, que Polodoro diz ter sido morto na caça – não importa –, não invejo os seus mistérios a glória das honras fúnebres. Você pode entender *mysteria* de outra maneira, como *mytheria* (fábulas de caça), sendo as letras das duas palavras trocadas; pois certamente fábulas desse tipo caçam

distances." Disponível em <https://www.ucl.ac.uk/museums-static/digitalegypt/ideology/festivals.html>.

os mais bárbaros dos trácios, os mais insensatos dos frígios e os supersticiosos entre os gregos.¹

De todas as procissões romanas, as mais importantes eram as do Triunfo Imperial. Elas possuíam um caráter cívico-militar e religioso, todavia era o seu aspecto de ligação entre o cidadão e a sociedade o mais relevante nesses desfiles, além de ser um momento de agradecimento pela riqueza, poder e segurança que a sociedade lhes proporcionava:

> Para os romanos, não havia uma distinção clara entre religião e política. Os rituais de Estado eram celebrados para o povo às expensas do Estado por funcionários do Estado (Festus 284 L). Muitas cerimônias religiosas, especialmente festivais de Estado, eram caracterizadas pela procissão ou desfile que as acompanhava, [denominadas de] *pompa*, a palavra latina da qual deriva nossa "pompa". Uma das procissões mais espetaculares ocorria em um triunfo militar, quando o general vitorioso, vestido como o Deus Júpiter, entrava na cidade acompanhado por seus soldados, prisioneiros de guerra e uma exibição do butim que havia apreendido. Este desfile da vitória seguia pelo Fórum Romano até o templo de Júpiter no Monte Capitolino.²

---

[1] CLEMENT OF ALEXANDRIA (Philip Schaff, ed.). *Exhortation to the Heathen*, chapter II (The Absurdity and Impiety of the Heathen Mysteries and Fables...): "Demeter and Proserpine have become the heroines of a mystic drama; and their wanderings, and seizure, and grief, Eleusis celebrates by torchlight processions. I think that the derivation of orgies and mysteries ought to be traced, the former to the wrath (ὀργή) of Demeter against Zeus, the latter to the nefarious wickedness (μύσος) relating to Dionysus; but if from Myus of Attica, who Pollodorus says was killed in hunting — no matter, I don't grudge your mysteries the glory of funeral honours. You may understand mysteria in another way, as mytheria (hunting fables), the letters of the two words being interchanged; for certainly fables of this sort hunt after the most barbarous of the Thracians, the most senseless of the Phrygians, and the superstitious among the Greeks."

[2] WARRIOR, Valerie. *Roman Religion*. Cambridge: Cambridge University Press, 2006, chapter 01 (The gods and their worship), p. 07: "For the Romans there was no clear distinction between religion and politics. State rituals were celebrated for the people at the state's expense by state officials (Festus 284 L). Many religious ceremonies, especially state festivals, were made conspicuous by the accompanying procession or parade, pompa, the Latin word from which our "pomp" derives. One of the most spectacular processions occurred at a military

Equivocadamente, os Comedores de Capim ensinam que essas procissões eram comemorações do triunfo do imperador, representando o imperialismo romano; essa forma asinina de pensar não reflete a verdade sobre esses triunfos. Essas procissões não eram em homenagem aos imperadores, pelo contrário eram demonstrações de gratidão para com a cidade, a qual lhes garantia poder, riquezas e paz.

Além dessas procissões era comum, entre os romanos, fazerem diversas outras demonstrações de respeito e adoração à sociedade em vários momentos. Um exemplo para ilustrar essa afirmação, foi a procissão em III a.H. que Júlio Desmóstenes pediu autorização ao imperador Adriano, a fim de inaugurar a cidade Desmosteniana, em Oenoanda:

> Seus deveres [dos *sebastophoroi* – portadores do imperador] são particularmente interessantes, porque estão diretamente ligados à combinação de motivos religiosos locais e imperiais mencionados acima. Suas roupas brancas e coroa eram, mais uma vez, distintivas e buscavam impressionar os atendentes locais, enquanto carregavam imagens do imperador e do Deus ancestral Apolo. Isso significa que a representação de tais motivos não era apenas estática – como na coroa dos *agonothetês* [Presidente dos Jogos] – mas viva, que podia interagir com os espectadores do desfile cerimonial; exatamente como também ocorreu em Éfeso graças a Salutaris.[1]

---

triumph, when the victorious general, dressed as the god Jupiter, entered the city accompanied by his soldiers, war captives, and a display of the booty he had seized. This victory parade made its way through the Forum Romanum to the temple of Jupiter on the Capitoline Hill."

[1] *Imperial images and the Demostheneia under Hadrian*: "Their duties are particularly interesting because they are directly linked with the combination of local and imperial religious motives mentioned above. Their white clothes and crown were, once more, distinguishing and sought to impress the local attendants while they carried images of the emperor and the ancestral god Apollo. This means that the representation of such motives was not only static – as in the crown of the *agonothetês* – but a lively one, which had the power to interact with the viewers of the ceremonial parade; exactly as it also occurred in Ephesus thanks to

Nas procissões dos fiéis *pagãos* era muito comum eles levarem velas, incensos e imagens dos seus Deuses e heróis; os Mafiosos da Cruz rejeitavam essas procissões por identificarem-nas como ligadas a Satanás:

> Mais uma vez, eles acenderam o fogo nos altares, sujaram o chão com o sangue das vítimas e profanaram o ar com a fumaça de seus sacrifícios queimados. Enlouquecidos pelos demônios que serviam, eles corriam em frenesi coribântico pelas ruas, atacavam os santos com piadas chulas e com toda a indignação e obscenidade de suas procissões impuras.[1]

As suas procissões manifestaram-se, primeiro, em Constantinopla, já que Roma ainda era uma sociedade tipicamente voltada ao culto dos grandes Deuses *pagãos*, por isso elas tiveram um caráter civil. Foi o Imperador Teodósio I, *Extirpium Bonum*, como dono dessa Organização Criminosa, quem ordenou que as procissões deveriam levar a logomarca, estandartes e ícones da Quadrilha Católica.

Como as procissões eram momentos em que os sacerdotes *pagãos* conseguiam angariar grandes fortunas, os diretores do Trinitarismo Atanasiano atiçaram a cobiça nessas fortunas; assim, eles passaram a incentivar as procissões, contudo, afirmavam que as suas procissões eram guiadas pelo crucificado de 18 Pênis e não por Satanás como as dos *pagãos*.

Salutaris." Disponível em <https://www.judaism-and-rome.org/imperial-images-and-demostheneia-under-hadrian>

[1] THEODORET (Phillip Schaff, ed.). *The Ecclesiastical History*, book III, chapter III (Of the number and character of...): "Once more they kindled the fire on the altars, befouled the ground with victims' gore, and defiled the air with the smoke of their burnt sacrifices. Maddened by the demons they served they ran in corybantic frenzy round about the streets, attacked the saints with low stage jests, and with all the outrage and ribaldry of their impure processions."

Todas as procissões da Quadrilha Católica tem como objetivos mostrar a fama, fortuna e glória dos seus diretores. Além disso, toda a sua encenação existe, para mostrar aos consumidores o seu poder totalitário e a necessária obediência aos seus comandos.

Nesses desfiles de poder, o crucificado sempre fica em segundo plano, pois toda a cena é dominada pelos mafiosos diretores da Associação Católica de Celerados; eles se sobressaem devido aos seus vestidos riquíssimos, às suas maquiagens profissionais, aos seus penteados cuidadosos, aos seus perfumes raros, além de ostentarem muito ouro, prata e pedras preciosas.

Se em Roma as procissões tinham como finalidade mostrar aos cidadãos o poder da sociedade e o bem que ela lhes oferecia; as procissões da Máfia de Preto mais parecem desfiles de beleza, nos quais os pedófilos católicos se esmeram em parecer homens piedosos, o que transforma esses desfiles de ostentação em uma triste piada.

3.13. Cerimônias

As cerimônias da Facção Criminosa Católica têm como primeiro objetivo mostrar o seu despotismo à sociedade, porquanto por seu intermédio os seus diretores demonstram, que somente aceitaram a obediência cega aos seus comandos:

> A tirania eclesiástica gera despotismo civil. E assim duas outras pragas infestam a humanidade. No entanto, a submissão é o único caminho de salvação. O "castigo eterno" só pode ser evitado submetendo-se a ritos e cerimônias ou professando um credo. Cada um pode ser irracional, mas eles têm uma sanção divina. Portanto, ceda, ou "sem dúvida perecereis eternamente". Este é o eclesiástico.[1]

---

[1] BEARD, John R. The Autobiography of Satan. London: Willian and Norgate, 1872, p. 17: "Ecclesiastical tyranny begets civil despotism. And thus two other plagues infest the human race. Yet submission is the only way of salvation. 'Everlasting punishment' can be avoided only by submitting to rites and ceremonies or professing a creed. Each may be unreasonable, but they have a divine sanction. Therefore yield, or 'without doubt you will perish everlastingly'.
"This is the ecclesiasticism."

Desde o seu aparecimento, o cinismo, a mentira e malandragem sempre foram as principais características dos diretores, acionistas e consumidores da Quadrilha Católica. Isso pode ser visto nos seus primeiros passos em Alexandria, local do sagrado templo do Deus Serápis.

Em todos os lugares, em relação aos Deuses, acontecia uma união inextrincável entre o *paganismo* e a Máfia de Preto: aqueles que se diziam adoradores do sapientíssimo Deus Serápis eram, na verdade, diretores, acionistas e consumidores da Gangue de Almas "mais sujas do que todo lixo", da mesma maneira que os seus diretores eram sumos sacerdotes do Sapientíssimo Deus Serápis:

> Aqueles que adoram Serápis são, na verdade, cristãos, e aqueles que se chamam bispos de cristo são, na verdade, devotos de Serápis.[1]

Em Alexandria o Deus adorado pelos Mafiosos da Cruz era uma mistura do Deus gnóstico, judaico, grego, romano, persa, egípcio; esse sincretismo de religiões e Deuses é o que hoje chamamos de catolicismo: uma das poucas novidades trazidas pelos seus diretores, a qual não existia nas outras religiões, foi o seu descomedido charlatanismo, desvalorização do outro, o totalitarismo e a pedofilia desvairada, essas são as principais características desses empresários do lucro fácil e de vida mais fácil ainda.

Enumeraremos algumas dessas cerimônias, as quais pertenciam aos *pagãos*, que passaram a ser vendidas pelos diretores do Paganismo Católico como produtos originais:

---

[1] *The Scriptores Historiae Augustae*. Flavius Vopiscus Of Syracuse: Firmus, Saturninus, Proculus, and Bonosus: VIII (From Hadrian Augustus to Servianus, the consul, greeting): "There those who worship Serapis are, m fact, Christians, and those who call themselves bishops of Christ are, in fact, devotees of Serapis."

a. jejum: era uma prática comum entre os judeus, os orientais e vários cultos *pagãos* greco-romanos. Tertuliano, o Inquisidor Mor, pregava o jejum para todos, porque desse modo o corpo estaria preparado para o martírio, a pele dos martirizados resistiria aos ferros da tortura e teria menos sangue para ser derramado durante o flagelo;

b. festas comemorativas: são tantas que as analisaremos em um tópico específico;

c. procissões: essas homenagens aos Deuses e heróis, eram comuns em Roma, na Grécia e entre os caldeus. O seu objetivo era abençoar os participantes e os locais por onde ela passava;

d. símbolos religiosos: já eram usados a muitos séculos antes do advento da Organização Criminosa Católica (cruz, peixe, pomba, alfa e ômega, cordeiro, pão e vinho, o fogo, o arco-íris, *chi-rho*, âncora, etc.);

e. ressurreição: a história de Jonas[1] foi reproduzida na fábula da ressurreição[2]: na mitologia grega, a ressurreição era identificada com o álamo branco, enquanto o preto era uma representação de Hécate. Ela era comum no *paganismo* (veremos, com mais vagar em um tópico em particular);

f. cordeiro: o dogma do xamã crucificado ser um cordeiro, o qual deveria ser sacrificado na páscoa, para libertar os homens da morte era comum entre os *pagãos*. As festas anuais de sacrifícios do touro e do cordeiro coincidiam com o surgimento nos céus das constelações de Touro e Áries: era a época de cultivo do trigo, o qual simbolizava o bem entre os homens;

g. eucaristia: essa refeição comunal era uma prática comum nas diversas religiões *pagãs*;

h. batismo: foi uma prática comum no *paganismo*, simbolizando o renascimento do fiel;

---

[1] **a.** JONAS, 1 (17): "Mas o senhor havia preparado um grande peixe, para que engolisse Jonas. E ele esteve no ventre do peixe três dias e três noites."
b. LEVI, 12 (40): "Pois, como Jonas esteve três dias e três noites no ventre da baleia, assim estará o filho do homem três dias e três noites no coração da terra."
[2] LEVI, 20 (18, 19), 28 (5, 6); MARCOS, 16 (6); *Atos dos Apóstolos*, 26 (22, 23); LUCAS, 24 (6, 7); JOÃO, 11 (25,26), 20 (8, 9); SAUL, *Primeira Epístola aos Coríntios*, 5 (3-4, 14-15), 15 (21); *Primeira Epístola aos Tessalonicenses*, 4 (14); *Epístola aos Romanos*, 6 (5, 6); *Epístola aos Hebreus*, 13 (20, 21); *Primeira Epístola de Pedro* 3 (21), 1 (3); *Epístola aos Filipenses* 3 (10); *Apocalipse*, 20 (6, 12-13).

i. promessa de salvação: essa promessa também estava presente nas religiões *pagãs*, muitos séculos antes da Organização Criminosa Católica tornar o mundo um lugar ruim para se viver.

Como fica evidente os diretores, acionistas e consumidores do Bando de Fetichistas utilizam os ritos e sacramentos do *paganismo*: as suas cerimônias não se diferenciavam daquelas existentes nessas religiões.

É bem óbvio que os seus falastrões diretores tomaram para si muitas manifestações *pagãs*, porém eles foram seletivos nessa escolha, uma vez que somente interessava aquilo que podia fornecer um lucro rápido, uma vida fácil e criancinhas para serem estupradas.

Outro elemento *pagão* que esses diretores venderam, a fim de aumentar a sua base de consumidores, foi a adoração aos heróis e semideuses, os quais foram batizados sob os nomes de *santos* e *mártires*. A comercialização desse produto, mostra-nos como esses diretores têm uma visão mercadológica aguçada, para explorar quaisquer fontes de riqueza: foi devido ao alto seu lucro, que eles criaram uma indústria de *santos* e *mártires*. Com essa indústria, eles faturaram enormes riquezas, visto que, ao mesmo tempo, em que criava um inimigo externo comum, aumentava a coesão interna dos consumidores.

Os diretores da Quadrilha Católica nas suas cerimônias gostam de ostentar mais as suas trinta moedas de prata do que ao crucificado, nesse sentido eles idolatram o seu ouro e prata, deixando em segundo plano a verdade pregada pelo "homem morto". Para eles somente o ouro, a prata e as pedras preciosas devem ser considerados nas suas cerimônias, por esse motivo os seus templos de consumo, roupas, palácios e artefatos estão repletos desses materiais. Isso nos revela muito sobre o satanismo dessa Organização Criminosa:

E os outros homens, que não foram mortos por estas pragas, não se arrependeram das obras de suas mãos, para não adorarem os demônios, e os ídolos de ouro, e de prata, e de bronze, e de pedra, e de madeira, que nem podem ver, nem ouvir, nem andar.[1]

3.14. Aparência dos diretores

Toda a indumentária usada pelos diretores da Facção Criminosa Católica foi tomada de empréstimo das religiões *pagãs* e dos magistrados romanos:

> **a.** os vestidos nos remetem àqueles usados pelas sacerdotisas no culto ao Todo-Poderoso Deus Zeus ou à Maravilhosa Deusa Virgem, a Mãe Cibele;
> **b.** a touca frígia era usada pelo Magnífico Deus Átis, esposo da Deusa Cibele. Também, o troiano Páris era representado com esse barrete;
> **c.** o pálio (colarinho branco) é uma imitação do *efod* judaico;
> **d.** a estola já era usada pelos judeus e mesmo por povos pré-romanos na península itálica;
> **e.** as roupas sacerdotais são cópias dos modelos usados pelos magistrados romanos;
> **f.** as roupas também são imitações das ordens monásticas que existiam no Tibete e no Ceilão.

A primeira preocupação dos fundadores da Máfia "Adoradora de Farinha e Água" foi com as roupas, as quais eram usadas durante a venda dos seus produtos, porquanto para eles a aparência é tudo.

Nos primeiros anos da Organização Criminosa Católica, os seus funcionários eram aconselhados a não usarem roupas luxuosas, para não mostrar como aqueles homens pérfidos ficaram ricos à custa dos seus consumidores e do assassinato daqueles que não compravam os seus produtos. Eles, igualmente, não poderiam por-

---

[1] *Apocalipse*, 9 (20).

tar roupas muito simples, para não dar a entender, que a Multinacional do Crime não era séria, ou que os negócios não estavam dando lucros.

Na tentativa de diferenciar os seus funcionários daqueles que serviam às religiões pagãs, os diretores do Bando dos "Idólatras de Fato" exigiram que eles não usassem roupas totalmente pretas ou brancas, por se tratar de vestimentas típicas dos sacerdotes *pagãos*, por isso durante algum tempo eles usaram vestidos coloridos.

Quando Gangue Nicena tornou-se uma organização poderosa, os seus diretores exigiram que os seus empregados usassem um uniforme que identificasse quem pagava os seus salários. Assim, eles passaram a usar uma "roupa chamada de Caracala"; com relação ao vestido longo das sacerdotisas *pagãs*, ele somente foi adotado após o governo do imperador Constantino, o Grande Traidor da Humanidade.

A batina, um vestido longo até os calcanhares, era usada pelos cidadãos romanos, no momento de saldar ao imperador; outra origem para o uso do vestido longo a encontramos entre os fiéis do *paganismo*: nesses o papel central era privilégio das mulheres, pois eram as sacerdotisas que entravam em contato com os Deuses, para receber os seus oráculos.

Como dissemos os vestidos foram usados pelas sacerdotisas do culto à Deusa Grande Mãe, com o tempo os homens passaram a ocupar esse lugar de destaque, contudo era comum esses sacerdotes se vestirem como mulheres e até mesmo se castrarem fisicamente, como era o caso dos sacerdotes do Deus Tamuz. Esses sacerdotes mantiveram a tradição do uso do vestido longo: não é por outro motivo, que os diretores da Quadrilha Católica usam longos vestidos sendo *castrados de coração* (eles jamais deixaram de estuprar crianças), a fim de que pareçam ainda mais com uma sacerdotisa *pagã*.

Tácito no seu livro *Germânia* nos descreveu um ritual *pagão*, nos quais os sacerdotes Naarvalos se vestiam como mulheres:

> Entre os Naarvalos existe um silvedo [bosque] da antiga religião. Preside-a [a religião] um sacerdote que anda vestido com traje de mulher, [...].[1]

Essa prática de homens se vestirem com roupas de mulheres foi adotada pelos diretores católicos, os quais se esforçam para se comportarem como mulheres, desde o uso de roupas, perfumes, joias, relações sexuais passivas e outros elementos típicos femininos. Alguns tentam imitar os trejeitos, a voz e a maquiagem, mas a principal característica dessa feminilização é o excessivo zelo em pregar publicamente que não praticam sexo, pelo menos com as mulheres, porque as crianças desde os primeiros anos do catolicismo sempre serviram de objetos sexuais desses travestis.

Além da preocupação com as roupas, os diretores da Gangue Homoousiana exigiam que todos os funcionários não fossem totalmente calvos (porque era o costume dos sacerdotes egípcios) e nem mantivessem cabelos compridos (os quais eram comuns entre os filósofos, que eram ignóbeis religiosos como hoje), portanto todos deveriam raspar um círculo na cabeça, bem como raspar a barba até o rosto ficar igual a de uma mulher.

De imediato, podemos afirmar que os diretores do Trinitarismo Atanasiano, desde a fundação, estavam mais preocupados em manter as roupas limpas e a aparência atraente, do que em conhecer os perversos dogmas existentes no seu *Depósito de Excrementos*.

Jerônimo, o "Repugnante" Estuprador de Crianças, era um homem tão corrupto, cruel e desajustado que recebeu o título de *santo*. Mesmo na sua devassidão, ele considerou o modo de vida

---

[1] TÁCITO. *Germânia*, capítulo XLIII (Outros povos germânicos): "Apud Nahanarvalos antiquae religionis lucus ostenditur. Praesidet sacerdos muliebri ornatu, [...]."

dos diretores da Organização Criminosa Católica como algo deplorável. Ele escreveu sobre como os diretores, e demais funcionários se comportavam no século I a.H.; no seu *Tratado sobre a Virgindade*, lemos que a maior preocupação deles era andar bem-vestidos, com sapatos caríssimos, de barba feita, muito perfumados e com longos vestidos coloridos desfilando em busca de jovens:

> A vergonha me proíbe de dizer mais, pois minha linguagem pode parecer mais invectiva do que uma admoestação. Existem outros de quem falo, **aqueles da minha própria ordem [grifo nosso]** que buscam o presbiterado e o diaconato simplesmente para poder ver mulheres com menos restrição. Tais homens não pensam em nada além de suas roupas; eles usam perfumes em excesso e cuidam para não haver vincos em seus sapatos de couro. Seus cabelos cacheados mostram vestígios das pinças [modeladores]; seus dedos brilham com anéis; eles andam na ponta dos pés por uma estrada úmida, para não molhar os pés. Quando você vir homens agindo dessa maneira, pense neles mais como noivos [dessas mulheres] do que como clérigos. Certos indivíduos dedicaram toda a sua energia e vida ao único objetivo de conhecer os nomes, casas e caracteres de senhoras casadas.[1]

Eles andavam livremente com mulheres casadas, tendo como única preocupação descobrir onde as mulheres mais ricas moravam, a fim de assediá-las e tomar-lhes as suas fortunas. Para esses travestis, o *Manual do Consumidor* e a venda dos produtos sujos da Gangue Nicena ficavam em segundo plano: consoante,

---

[1] JEROME (Philip Shcaff, ed.). *Letter XXII* (To Eustochium, on the preservation of Virginity): "Shame forbids me to say more, for my language might appear more like invective than admonition. There are others I speak of those of my own order who seek the presbyterate and the diaconate simply that they may be able to see women with less restraint. Such men think of nothing but their dress; they use perfumes freely, and see that there are no creases in their leather shoes. Their curling hair shows traces of the tongs; their fingers glisten with rings; they walk on tiptoe across a damp road, not to splash their feet. When you see men acting in this way, think of them rather as bridegrooms than as clergymen. Certain persons have devoted the whole of their energies and life to the single object of knowing the names, houses, and characters of married ladies."

Jerônimo, o "Repugnante" Estuprador de Crianças, os diretores da Máfia de Preto eram homens depravados, os quais estavam mais preocupados com as bênçãos das riquezas.

Jerônimo, o "Repugnante" Estuprador de Crianças, afirmou isso sobre os seus comparsas da Quadrilha Católica, contudo ele foi acusado das mesmas coisas pelos seus adversários, principalmente em relação ao fascínio, que ele causava nas mulheres. Ao ser descoberto no seu próprio jogo sujo, esse facinoroso *santo* (sempre nos esquecemos dessas redundâncias) fugiu de Roma, com as suas várias concubinas, depois que estuprou uma criança que logo após morreu; assim, ele foi assediar as mulheres da Palestina em nome do burro crucificado: ele mudou de filial, como ocorre hoje com os pedófilos da Quadrilha Católica, porque assim eles podem continuar a cometer os seus crimes livremente.

Quando os diretores da Multinacional Católica de Crimes já possuíam muito poder e dinheiro, eles desafiaram os governantes do Império Romano. Para mostrar as suas fortunas, eles passaram a usar os sapatos e mantos roxos, os quais somente poderiam ser usados pelos imperadores romanos, todavia, essas indumentárias se tornaram parte indispensável dos seus guarda-roupas.

Não devemos nos surpreender que o catolicismo seja fundado na promiscuidade: essa afirmação nos foi relatada pelos seus próprios diretores; um dos primeiros a se indignar com a prostituição reinante entre esses diretores foi Clemente, o Estúpido Assexuado, o qual citou Sófocles, que condenara um jovem por usar roupas femininas:

Sófocles, repreendendo um jovem, diz: "Vestido de mulher".[1]

Na visão de Clemente, o Estúpido Assexuado, os homens não deveriam usar vestidos coloridos. Nessa sua contenda contra

---

[1] CLEMENT OF ALEXANDRIA. *The Instructor*, book III, chapter XL (A compendious view of the christian life): "Sophocles, reproaching a youth, says: 'Decked in women's clothes'."

o modo como os diretores católicos viviam, ele se opôs, igualmente, ao uso de brincos, aos cabelos encaracolados, aos rostos pintados, ao caminhar raivoso, aos excessos de banhos, às bebedeiras incontroláveis, aos jogos de dados, aos espetáculos públicos, etc.; ele atacou os diretores, acionistas e consumidores do Bando de Fetichistas, os quais se dedicavam a dar beijos lascivos entre si como se fossem beijos de caridade:

> Mas o amor não se prova por um beijo, mas por sentimentos bondosos. Há aqueles, porém, que nada fazem além de ecoar um beijo nas igrejas, sem ter o amor em si. Por esse mesmo motivo, o uso descarado do beijo, que deveria ser místico, ocasiona suspeitas infames e boatos malignos. [...] Mas há outro beijo profano, cheio de veneno, que falsifica a santidade. Vocês não sabem que as aranhas, apenas tocando a boca, afligem os homens com dor? E muitas vezes os beijos injetam o veneno da libertinagem. É muito manifesto para nós, então, que um beijo não é amor.[1]

Não é possível não notar que os templos de consumo da Associação Católica de Celerados são mais parecidos com bordeis, nos quais as mulheres foram substituídas por seus diretores protegidos pelo cordeiro, "que falava como dragão".

Mais tarde, João, o Boca de Ouro, repetiu as críticas de anteriores sobre as sevícias, libertinagens e infâmias que ocorriam nos templos de consumo, ou deveríamos dizer bordeis, da Quadrilha Católica:

> Como, por exemplo: Estão plantados em nós, como tantos espinhos, o perjúrio, a falsidade, a hipocrisia, o engano, a

---

[1] CLEMENT OF ALEXANDRIA (Philip Schaff, ed.). *Paedagogus*, book III, Love and the Kiss of Charity: "But there are those, that do nothing but make the churches resound with a kiss, not having love itself within. For this very thing, the shameless use of the kiss, which ought to be mystic, occasions foul suspicions and evil reports. [...] But there is another unholy kiss, full of poison, counterfeiting sanctity. Do you not know that spiders, merely by touching the mouth, afrlict men with pain? And often kisses inject the poison of licentiousness. It is then very manifest to us, that a kiss is not love."

desonestidade, a ofensa, a escárnio, a bufaria, a indecência, a vilania; novamente sob outro título, a cobiça, a rapacidade, a injustiça, a calúnia, a insídia; novamente, a concupiscência maligna, a impureza, a lascívia, a fornicação, o adultério; novamente, a inveja, a emulação, a ira, a cólera, o rancor, a vingança, a blasfêmia, e inúmeros outros.[1]

Por trás desse laivo de moralidade, escondia um homem vaidoso, o qual era recriminado nos lugares por onde ia, por se vestir e se maquiar como as prostitutas, procurando se tornar mais belo e jovial:

> Por que você usa pós e cosméticos no rosto como prostitutas?[2]

Para justificar o desejo dos diretores da Gangue Nicena em se vestirem, maquiarem e se comportarem como mulheres, eles se apresentam como eunucos:

> Porque há eunucos que assim nasceram do ventre da mãe; e há eunucos que foram castrados pelos homens; e há eunucos que se castraram a si, por causa do reino dos céus. Quem pode receber isto, receba-o.[3]

Apesar desse versículo exigir uma constrição sexual, o que ocorreu nos últimos séculos foi a oficialização dos estupros de homens, mulheres e crianças por parte dos diretores da Gangue de Almas "mais sujas do que todo lixo"; na atualidade quando esses

---

[1] CHRYSOSTOM, John. *Homily 8*: on the Acts of the Apostles: "As, for example: There are set in us, like so many thorns, perjury, falsehood hypocrisy, deceit, dishonesty, abusiveness, scoffing, buffoonery, indecency, scurrility; again under another head, covetousness, rapacity, injustice, calumny, insidiousness; again, wicked lust, uncleanness, lewdness, fornication, adultery; again, envy, emulation, anger, wrath, rancor, revenge, blasphemy, and numberless others." (36 Books) (p. 1389). Amazon.com. Edição do Kindle.
[2] DESCHENER, Karlheinz. *Historia Criminal del cristianismo*. Barcelona: Ediciones Martínez Roca, 1990, vol. III, p. 13: "¿Por qué lleváis polvos y afeites en el rostro como las prostitutas?"
[3] LUCAS, 19 (12).

estupradores são descobertos, eles fogem para o Vaticano, sendo o único Estado que oficialmente incentiva e protege os pedófilos.

Os diretores da Organização Criminosa Católica são os piores homens que a sociedade produziu, porquanto eles se preocupam mais com as roupas e aparências, do que com o maléfico conteúdo do *Liber Odium*. Sob o nome de catolicismo se reuniu o estrume social, mesmo assim os seus membros se apresentam como os únicos capazes de conceder a salvação àqueles que se prostituem à sombra da cruz.

3.15. As virgens da Quadrilha Católica

Os cultos *pagãos* tinham mulheres que dedicavam a sua virgindade aos Deuses; os diretores do Trinitarismo Atanasiano também criaram as virgens (freiras), para servirem não ao crucificado, porém aos seus desejos sexuais.

Agostinho, o Brinquedo Sexual de *santo* Ambrósio, sabedor da vida devassa que as virgens da Quadrilha Católica viviam, não teve saída a não ser defender a prostituição, afirmando que se tratava de uma instituição mantenedora da ordem social:

> Que haja um suprimento abundante de prostitutas públicas para todos que desejam usá-las, mas especialmente para aqueles que são muito pobres para manter uma para seu uso privado.[1]

Portanto, não devemos nos surpreender que prostituição sempre paute os caminhos da Facção Criminosa Católica, não só entre os diretores e os seus vestidos luxuosos e jovens ajudantes, como igualmente entre as chamadas virgens de cristo, cuja devassidão sempre foi a norma. Esse comportamento das prostitutas de

---

[1] AUGUSTINE (Philip Schaff, ed.). *The City od god*, chapter 20 (Of the kind of happiness and…): "Let there be a plentiful supply of public prostitutes for every one who wishes to use them, but specially for those who are too poor to keep one for their private use."

cristo causou horror até mesmo no pérfido Cipriano, "o Pastor Mercenário", o qual ficou chocado com a vida de prostituição, que essas virgens se entregavam:

> De resto, se você penteia o cabelo de forma suntuosa, caminha de maneira a chamar atenção em público, atrai os olhares dos jovens para si e arranca suspiros dos rapazes, alimenta a luxúria da concupiscência e inflama o combustível dos suspiros; de modo que, embora você mesma não pereça, faz com que outros pereçam e se ofereça, por assim dizer, como uma espada ou veneno aos espectadores; você não pode ser desculpada sob o pretexto de ser casta e modesta de espírito. Seu traje vergonhoso e ornamento imodesto a acusam; nem você pode ser contada agora entre as donzelas e virgens de cristo, já que vive de maneira a se tornar objeto de desejo.[1]

As virgens igualmente eram tão criminosas como os demais membros da Organização Criminosa Católica, elas amealhavam riquezas imensas e poder político inquestionável. A santidade dessas mulheres depravadas acabava no exato momento em que as suas riquezas eram ameaçadas, ou quando elas desejavam usufruir os prazeres da carne:

> Mas se, o que deus proíbe, bispos, sacerdotes, diáconos, monges, subdiáconos e outros clérigos, **gerarem filhos com freiras [grifo nosso]**, então a penitência deve ser aumentada assim: [...] Da mesma maneira, as freiras devem fazer penitência.[2]

---

[1] CYPRIAN (Philip Schaff, ed.). *On the Dress of Virgins*, 9: "For the rest, if you dress your hair sumptuously, and walk so as to draw attention in public, and attract the eyes of youth upon you, and draw the sighs of young men after you, nourish the lust of concupiscence, and inflame the fuel of sighs, so that, although you yourself perish not, yet you cause others to perish, and offer yourself, as it were, a sword or poison to the spectators; you cannot be excused on the pretence that you are chaste and modest in mind. Your shameful dress and immodest ornament accuse you; nor can you be counted now among Christ's maidens and virgins, since you live in such a manner as to make yourselves objects of desire."
[2] BEARD, John R. *The Autobiography of Satan*. London: Willian and Norgate, 1872, p. 306, 1 (3): "But if, which God forbid, bishops, priests, deacons, monks,

Ilustraremos a vida de prostituição dessas mulheres com um fato que ocorrera no convento das irmãs de Klurgenthal, criado em 882 d.H.; esse convento ficou famoso devido às relações nada ortodoxas das suas virgens com os homens ricos da cidade.

O *defensor* das virgens era o prior dominicano da Basileia, o qual não queria mais que os monges frequentassem o convento atrás de sexo fácil. No ano de 1015 d.H. os monges foram fazer mais uma visita íntima ao convento, mas eles foram barrados sendo avisados que não deveriam voltar mais.

Como todo o ódio que somente os diretores, acionistas e consumidores da Multinacional Católica de Crimes têm nos seus corações, esses "homens inúteis" passaram a falar, publicamente, os segredos das freiras, desde os seus vestidos luxuosos até as suas condutas sexuais libertinas, das quais eles sempre foram muito bem servidos.

Eles pediram que o CEO Rodrigo Borja (Bórgia), conhecido nos mais luxuosos prostíbulos como papa Alexandre VI, intercedesse, a fim de que a vida de prostitutas das virgens não fosse revelado ao público; o CEO atendeu aos reclamantes e enviou os seus funcionários, para fazer um inquérito sobre a vida depravada que as *santas* freiras levavam.

As freiras ouviram as acusações e saíram em silêncio em direção à cozinha, pouco depois elas voltaram armadas com vários utensílios e agrediram ferozmente os funcionários da Máfia de Preto, os quais após serem espancados, conseguiram fugir da extrema violência das *santas* prostitutas de cristo.

O CEO da Quadrilha Ortodoxa, Rodrigo Borja, ordenou que as prostitutas fossem expulsas da Organização Criminosa, porquanto elas não queriam satisfazer sexualmente a Gangue dos Monges. Elas pediram para ficar mais um tempo, para organizarem

---

sub-deacons, and other clergy, beget sons with nuns, then the penance must be augmented thus: [...] After the same manner the nuns must do penance."

os seus pertences, enquanto isso pediram ajuda aos homens ricos da cidade, os quais eram frequentadores contumazes daquele prostíbulo; imediatamente elas foram atendidas e até mesmo o imperador Conrado II apoiou as *santas* prostitutas de cristo, que tanta alegria trazia aos homens ricos da cidade, além de manterem a ordem social como apregoava Agostinho, o Brinquedo Sexual de *santo* Ambrósio.

O CEO Rodrigo Borja reconheceu que os monges apenas queriam tomar as riquezas das freiras e aproveitar das suas inocências, a fim de se satisfazerem sexualmente; imediatamente ele reconduziu as *santas* meninas ao convento, as quais voltaram parecendo rainhas poderosas e brilharam mais do que nunca. Em agradecimento aos seus defensores, elas se tornaram ainda mais acessíveis aos desejos sexuais de quem pudesse pagar mais.

Os prostíbulos mais movimentados onde quer que houvesse uma filial do Bando dos Facção Criminosa Católica sempre foram os conventos, onde os ricos e poderosos das cidades e os diretores da Gangue Nicena frequentavam constantemente. Ainda hoje, muitas freiras são tratadas como objetos sexuais, pelos *castrados* diretores da Quadrilha Católica:

> *De nativitate Sanctae Mariae*, com uma carta de Jerônimo falsificada, uma farsa de Pascasio Radbertus, abade de Corbie no meio do século IX e santo da igreja católica. (Ele se sentia ligado "de uma maneira especial" ao convento de Soisson, cuja abadessa Teodora tinha uma filha natural, Imma, que mais tarde se tornou também uma abadessa local.) Pias senhoras, é claro![1]

---

[1] DESCHENER, Karlheinz. *Historia Criminal del cristianismo*. Barcelona: Ediciones Martínez Roca, 1990, vol. IV, p. 62: "*De nativitate Sanctae Maríae,* con una carta de Jerónimo falsificada, un embuste de Pascasio Radbertus, abad de Corbie a mediados del siglo IX y santo de la Iglesia católica. (Se sintió unido 'de manera especial' al convento de Soisson, cuya abadesa Theodora tenía una hija natural, Imma, que más tarde fue también allí abadesa.) Damas piadosas, ¡cómo no!"

Os diretores do catolicismo não são somente homens depravados que viviam cercados de prostitutos e prostitutas, além de serem pedófilos profissionais; eles ainda se caracterizam pelo extremo cinismo, porque para imortalizar as *santas* da Organização Criminosa em pinturas, eles usaram como modelos as prostitutas, que lhes serviam de objeto sexual:

> O frei Filippo Lippi não pintou a freira Lucrezia Buti (mais tarde sua esposa, após raptá-la em 1456) com seu filho na figura de Maria com o bebê jesus? Dürer não eternizou as prostitutas do Cardeal de Mainz, Alberto II (1514-1545), Catarina Stolzenfeís e Ernestina Mehandel, como as filhas de Ló, e Lucas Cranach não representou Ernestina como "santa Úrsula", assim como Grünewald representou Catalina na figura de "santa Catalina nas bodas místicas"?[1]

As prostitutas dos diretores da Quadrilha Católica foram eternizadas como *santas*, o que para elas foi uma ofensa, porquanto o título de *santa* representa o que há de mais criminoso na espécie humana.

3.16. Velas e incensos

As velas eram usadas há séculos nos cultos egípcios simbolizando a luz que afastava as trevas; os judeus usavam-nas nos seus templos[2], os quais deveriam ficar iluminados a noite toda; esse costume tinha um caráter espiritual, contudo a sua importância era prática.

---

[1] DESCHENER, Karlheinz. *Historia Criminal del Cristianismo*. Barcelona: Ediciones Martínez Roca, 1990, vol. I, pp. 147-148: "¿Acaso no pintó Fray Filippo Lippi a la monja Lucrezia Buti (más tarde su mujer, después de raptarla en 1456) con su hijo em la figura de María con el niño Jesús? ¿No eternizó Durero a las concubinas del cardenal de Maguncia, Alberto II (1514-1545), Catalina Stolzenfeís y Ernestina Mehandel, como hijas de Lot, y Lucas Cranach a Ernestina como 'santa Úrsula', así como Grünewaid a Catalina en la figura de 'santa Catalina en las bodas místicas'?"

[2] *Êxodo*, 3 (1–17); 1 *Reis*, 18 (37–38); *Salmo*, 141 (2).

Os seguidores do Poderoso Deus Mitra usavam velas, para iluminar as cavernas (tumbas), nas quais eles o cultuavam: o uso de velas em cavernas foi muito marcante entre os diretores, acionistas e consumidores da Quadrilha Católica.

Elas podem ser encontradas ainda no culto a Buda Cristo; na adoração da Deusa Ártemis; nos Jogos Panatenaicos (*Lampadeforia*); no hinduísmo no Festival Diwali; etc.

Como era um costume muito enraizado no *paganismo*, que dificilmente seria abandonado, a Quadrilha Católica adotou o seu uso; logo ela percebeu que se tratava de uma ótima fonte de renda, por isso os seus diretores, acionistas e consumidores passaram a usá-las, contudo, eles afirmaram que a vela deveria ser vista como o símbolo do crucificado, bem como a representação da própria trindade (chama, pavio e cera).

O uso de velas pelos criminosos católicos foi uma prática tardia, pois nos primeiros séculos alguns dos seus diretores eram claramente contra o seu uso, o qual chegou a ser condenado pela reunião mafiosa ocorrida em Elvira:

> As velas não devem ser queimadas em um cemitério durante o dia. Essa prática está relacionada ao paganismo e é prejudicial aos cristãos. Aqueles que fizerem isso devem ser privados da comunhão da igreja.[1]

Essa decisão foi ignorada pelos diretores da Gangue Nicena, pois se trata de uma indústria que rende grandes fortunas, assim elas continuam a ser comercializadas ainda hoje.

Essa decisão foi ignorada pelos diretores da Gangue Nicena, pois se trata de uma indústria que rende grandes fortunas, assim elas continuam a ser comercializadas ainda hoje.

Tertuliano, o Inquisidor Mor, foi um profundo defensor desse ritual *pagão* nos templos de consumo da "Ninhada de Traidores";

---

[1] *Synod of Elvira*, 34: "Candles are not to be burned in a cemetery during the day. This practice is related to paganism and is harmful to Christians. Those who do this are to be denied the communion of the church."

do mesmo modo, Jerônimo, o "Repugnante" Estuprador de Crianças, defendeu o seu uso nas reuniões nos templos de consumo:

> Em toda a Igreja Oriental, mesmo quando não há *relíquias* dos mártires, sempre que o *Evangelho* deve ser lido, as velas são acesas, embora o amanhecer possa estar avermelhando o céu, não, é claro, para dispersar a escuridão, mas para evidenciar nossa alegria. E, consoante a isso, as virgens no *Evangelho* sempre têm suas lâmpadas acesas. E aos apóstolos é dito para terem os lombos cingidos e as lâmpadas acesas nas mãos. E de João Batista lemos: "Ele era a lâmpada que ardia e brilhava"; de modo que, sob a figura da luz corporal, é representada aquela luz da qual lemos no Salmo [119 (105)]: "A tua palavra é lâmpada para os meus pés, senhor, e luz para os meus caminhos".[1]

Agostinho, o Brinquedo Sexual de *santo* Ambrósio, ao adaptar o uso *pagão* de vela às práticas da Associação Católica de Celerados, afirmou

> Pois tu acenderás a minha lâmpada; o senhor meu deus iluminará as minhas trevas; [...].[2]

Por determinação do CEO Honório III (733-812 d.H.) seria obrigatório acender ao menos duas velas no altar dos templos de consumo.

A queima de velas e incensos adotada nos rituais da Facção Criminosa Católica nos remete diretamente ao costume do Império

---

[1] JEROME (Philip Schaff, ed.). *Against Vigilantius*, 7: "Throughout the whole Eastern Church, even when there are no relics of the martyrs, whenever the Gospel is to be read the candles are lighted, although the dawn may be reddening the sky, not of course to scatter the darkness, but by way of evidencing our joy. And accordingly the virgins in the Gospel always have their lamps lighted. And the Apostles are told to have their loins girded, and their lamps burning in their hands. And of John Baptist we read, 'He was the lamp that burneth and shineth'; so that, under the figure of corporeal light, that light is represented of which we read in the Psalter, 'Thy word is a lamp unto my feet, O Lord, and a light unto my paths'."

[2] AUGUSTIN (Philip Schaff, ed.). *The Confessions*, book IV, 25: "'For Thou wilt light my candle; the Lord my God will enlighten my darkness'; [...]."

Romano, segundo o qual os cidadãos deveriam acender velas e queimar essências agradáveis, sempre que recebessem o imperador. Além desse motivo, os romanos também as usavam, para honrar os seus gloriosos antepassados, bem como uma de forma de agradecimento pela paz, segurança e riquezas, as quais a sociedade havia proporcionado aos cidadãos:

> Alguém desconhecido dedicou uma lâmpada acesa perpetuamente em um pequeno santuário em Nemi [santuário da Deusa Diana] para a segurança do imperador Cláudio e sua família. As lâmpadas de terracota descobertas no bosque talvez tenham servido a um propósito semelhante para pessoas mais humildes. Se assim for, a analogia do costume com a prática católica de dedicar velas sagradas nas igrejas seria óbvia.[1]

Outra prática do *paganismo* adotada pela Quadrilha Católica foi o uso de incenso; os egípcios usavam incenso nas procissões, que seguiam o faraó, do mesmo modo os romanos o usavam, para acompanhar as procissões junto ao imperador.

O uso de incenso na adoração dos deuses era um costume das religiões *pagãs* egípcias, nas quais os seus sacerdotes queimavam-no em três momentos específicos: ao amanhecer, quando o sol se encontrava a pino e ao entardecer.

O incenso era um produto muito caro, pois era composto de diversas substâncias encontradas somente em regiões muito longínquas, destarte o seu alto valor ele era consumido em abundância. Por ser um valioso, sempre encontramos nas lendas sobre os nascimentos dos Deuses, magos presenteando-os com incenso. Na época em que o Deus Sócrates nasceu, ele foi visitado por magos que o presenteou com "ouro, incenso e mirra":

---

[1] FRAZER, James George. *The Golden Bough*. Edição do Kindle, locais do Kindle 262-263: "Some one unknown dedicated a perpetually burning lamp in a little shrine at Nemi for the safety of the Emperor Claudius and his family. The terracotta lamps which have been discovered in the grove may perhaps have served a like purpose for humbler persons. If so, the analogy of the custom to the Catholic practice of dedicating holy candles in churches would be obvious."

As observações de Calcídio provavelmente foram feitas sobre a história dos três Magos, que, segundo Platão, vieram do Oriente para oferecer presentes a Sócrates em seu nascimento, trazendo ouro, incenso e mirra.[1]

Arnóbio de Sica se mostrou intransigente ao uso de incenso pelos fiéis *pagãos*; para ele o seu uso, como o do vinho e outras oferendas, não fazia nenhum sentido, porque os deuses não podiam sentir o cheiro das oferendas[2]; o mesmo horror ao uso de incenso e velas podemos encontrar em Lactâncio, o Farsante.[3]

Tempos mais tarde, quando os diretores da Associação Católica de Celerados precisaram adaptar os seus produtos ao público *pagão* do Império Romano, esses rituais foram introduzidos nas reuniões nos seus templos de consumo.

Outro motivo para que esse ritual permanecesse na adoração do "Cadáver Judeu" foi devido à enorme fonte de renda secundária, para esses diretores manterem as suas vidas de luxo, bebedeiras e pedofilias.

O uso do incenso nos templos de consumo do *Cristianismo Inc.* foi condenado por muitos dos seus diretores. Mesmo assim, o

---

[1] HIGGINS, Godfrey. *Anacalypsis*. New York: Macy-Masius Publishers, 1927, book II, chapter III, p. 96, vol. I: "The observations of Chalcidius were probably made upon the story of the three Magi, who, according to Plato, came from the East to offer gifts to Socrates at his birth, bringing gold, frankincense, and myrrh."
[2] ARNOBIUS. *Adversus Gentes*, book I (3, 41), II (76); III (15, 24); IV (16, 30); V (3); VI (1, 3, 27); VIII (3, 12, 20, 26, 27, 28, 29, 32, 36, 37).
[3] LACTANTIUS (Philip Schaff, ed.). **a.** *The Divine Institutes*, book I (Of the False Worship of the Gods, ...), chap. XX (Of the gods peculiar to the Romans...); book II (Of the origin of error, ...), chap. IV (Of images, and the ornaments of temples...); book v (Of justice), chapter XIII (Of the increase and the punishment...), chap. XIX (Of virtue and the tortures of christians...); chap. XX (Of the vanity and crimes...), chap. XXI (Of the worship of other gods...), chap. XXV (Of sacrifice, and of an offering...; book vii (Of a happy life), chap. VI (Why the world and...);
b. *The epitome of the Divine Institutes*, chap. LVIII (Of the true worship...)
c. *A treatise on the anger of god*, chap. XXI (Of the anger of god and man);
d. *Of the manner in which the persecutors died*, chap. XV, XXXII.
e. *The Phoenix*.

"pasto de demônios" continuou a ser usado por seus diretores como uma forma de ganhar cada vez mais dinheiro.

3.17. Confissão

Nos primeiros séculos da Associação Católica de Celerados a confissão era feita em voz alta e publicamente; essa prática perdurou até o século I d.H., quando o CEO Leão I, em 44 d.H., aboliu essa prática por considerá-la perigosa para os seus negócios. Assim, os seus consumidores deveriam primeiro confessar ao inútil crucificado para somente depois, eles se dirigirem aos diretores da Máfia de Preto, para confessarem aos seus ouvidos os pecados cometidos:

> Em 452 encontramos são Leão I definindo uma confissão saudável como uma condição precedente para a reconciliação, sem especificar o caráter da confissão. Quando em 459 ele proibiu, em uma epístola aos bispos da Campânia, o costume de ler confissões em público, ele dificilmente poderia ter concebido a importância final de seu ato, pois séculos ainda se passariam antes que seu pleno significado fosse desenvolvido.[1]

A mudança da confissão de pública para privada, teve dois efeitos contraditórios, por um lado os seus consumidores puderam se desvencilhar das críticas públicas, por outro, os diretores passaram a ter um imenso poder sobre aquele que confessava.

Os diretores Gangue Cropódula exigiram que a confissão seria necessária a um dos seus diretores, a fim de que o perdão dos pecados após o batismo alcançado.

---

[1] LEA, Henry Charles. *A History Confession and Indulgences*. Philadelphia: Lea Brothers & CO. 1896, chapter VIII (Confessions), pp. 182-3: "In 452 we find St. Leo I. defining a wholesome confession as a condition precedent to reconciliation, without specifying the character of the confession. When in 459 he forbade, in an epistle to the bishops of Campania, the custom of reading confessions in public he could scarce have conceived the ultimate importance of his act, for centuries were still to elapse before its full significance was developed."

Em 800 d.H., o CEO Lottario dei Conti di Segni, mais conhecido nos prostíbulos como papa Inocêncio III, convocou a quarta reunião geral dos seus asseclas na cidade de Latrão, na Itália. Entre as decisões impostas aos seus consumidores, temos aquela decidiu sobre a obrigatoriedade da confissão auricular anualmente:

> Todos os fiéis de ambos os sexos, após terem atingido a idade do discernimento, devem confessar individualmente todos os seus pecados de maneira fiel ao seu próprio padre pelo menos uma vez por ano, e que eles tomem cuidado para fazer o que puderem para cumprir a penitência imposta a eles.[1]

Como a confissão auricular ainda era um tema controverso, o CEO João de Lourenço de Médici, conhecido entre os agiotas como papa Leão X, convocou no ano de 1106 d.H. uma reunião com os criminosos mais perigosos da História na cidade de Trento, na Itália. Após esse encontro de mafiosos foi publicado um decreto (referente à Sétima Sessão), segundo o qual a confissão auricular seria condição necessária para a salvação, porquanto ela fora instituída pelo crucificado de 18 pênis:

> Se alguém negar que a confissão sacramental foi instituída e é necessária para a salvação por direito divino; ou disser que o modo de confessar em segredo, só ao sacerdote, que a igreja desde o princípio sempre observou e ainda observa, é alheio à instituição de cristo e não passa de invenção humana — *seja excomungado* (cfr. Nº 899 s).[2]

---

[1] *Fourth Lateran Council*, 21 (On yearly confession to one's own priest, yearly communion, the confessional seal): "All the faithful of either sex, after they have reached the age of discernment, should individually confess all their sins in a faithful manner to their own priest at least once a year, and let them take care to do what they can to perform the penance imposed on them."
Disponível em <https://www.papalencyclicals.net/councils/ecum12-2.htm#2>.
[2] *Concílio De Trento*, sessão XIV, Cânones sobre o sacramento da Penitência, 916. Cânone 6.

Destarte, a ameaça de excomunhão não existe nenhuma passagem no *Liber Mali*, que justifique a confissão auricular. Para justificar o seu uso, os diretores da Organização Criminosa Católica cometeram uma fraude ao interpretar o versículo de Tiago, 5 (16):

> A palavra grega para "falhas" [erros] (*paraptomata*) é encontrada nos manuscritos E, F, G, H, S, V, Y e Ômega, além do restante da família *Textus Receptus* e da maioria das demais testemunhas. O texto de Nestle insere "pecados" (*tax amarties*) sem AUTORIDADE manuscrita alguma, e os homens equivocados da Lockman Foundation o aceitam sem evidência. Talvez haja mais jesuítas escondidos nas sombras do que pensamos! Qualquer um que aceitar uma leitura alternativa sem evidência NÃO pode ser considerado ético ou acadêmico.[1]

Encontramos onze versões no site https://biblehub.com/ que apresentam a tradução falsificada pela Quadrilha Católica:

> **1. Nova Versão Internacional**: "Portanto, confessem os seus **pecados [Grifo nosso]** uns aos outros e orem uns pelos outros para que sejam curados. A oração de um justo é poderosa e eficaz.";
> **2. Nova Tradução Viva**: "Confessem os seus **pecados [Grifo nosso]** uns aos outros e orem uns pelos outros para que sejam curados. A oração fervorosa de um justo tem grande poder e produz resultados maravilhosos.";

---

[1] GIPP, Sam. *An Understandable History of the Bible*, James, 5 (16): "The Greek word for 'faults' (*paraptomata*) is found in MSS E, F, G, H, S, V, Y, and Omega, plus the rest of the *Receptus* family and the greater number of all remaining witnesses. Nestle's text inserts 'sins' (tax amarties) with NO manuscript authority, and the misguided men of the Lockman Foundation accept it with no evidence. Perhaps there are more Jesuits lurking in the shadows than we think! Anyone accepting an alternate reading with no evidence CANNOT be credited with acting ethically or scholarly."
Disponível em <https://www.jesusisprecious.org/books/sam_gipp/an_understandable_history_of_the_bible.pdf>.

3. Versão Padrão Inglesa: "Portanto, confessem os seus **pecados [Grifo nosso]** uns aos outros e orem uns pelos outros, para que sejam curados. A oração de um justo tem grande poder, pois está operando.";

4. Bíblia Padrão Bereana: "Portanto, confessem os seus **pecados [Grifo nosso]** uns aos outros e orem uns pelos outros para que sejam curados. A oração de um justo tem grande poder para prevalecer.";

5. Bíblia Literal Bereana: "Portanto, confessem os seus **pecados** uns aos outros e orem uns pelos outros, para que sejam curados. *A oração de um justo sendo* eficaz prevalece muito.";

6. Nova Versão Internacional: "Portanto, confessai os vossos **pecados** uns aos outros e orai uns pelos outros, para que sejais curados. A oração de um justo, quando realizada, pode muito em seus efeitos.";

7. NASB 1995: "Portanto, confessai os vossos **pecados [Grifo nosso]** uns aos outros e orai uns pelos outros, para que sejais curados. A oração eficaz de um justo pode muito em seus efeitos.";

8. NASB 1977: "Portanto, confessai os vossos **pecados [Grifo nosso]** uns aos outros e orai uns pelos outros, para que sejais curados. A oração eficaz de um justo pode muito em seus efeitos.";

9. Legacy Standard Bible: "Portanto, confessai os vossos **pecados [Grifo nosso]** uns aos outros e orai uns pelos outros, para que sejais curados. A oração eficaz de um justo pode muito em seus efeitos.";

10. Bíblia Amplificada: "Portanto, confessem seus **pecados [Grifo nosso]** uns aos outros (seus passos em falso, suas ofensas), e orem uns pelos outros, para que vocês possam ser curados e restaurados. A oração sincera e persistente de um homem justo (crente) é capaz de realizar muito (quando colocada em ação e tornada efetiva por Deus — é dinâmica e pode ter um poder tremendo).";

11. Bíblia Padrão Cristã: "Portanto, confessem seus **pecados [Grifo nosso]** uns aos outros e orem uns pelos outros, para que vocês possam ser curados. A oração de uma pessoa justa é muito poderosa em seu efeito.";

E somente dois textos discordam das traduções anteriores:

1. Bíblia King James: Confessai *as vossas* **faltas [Grifo nosso]** uns aos outros, e orai uns pelos outros, para que sejais curados. A oração fervorosa e eficaz de um justo pode muito em seus efeitos.

2. Nova Versão Internacional: "Confessai *as vossas* **transgressões [Grifo nosso]** uns aos outros e orai uns pelos outros, para que sejais curados. A oração fervorosa e eficaz de um justo pode muito em seus efeitos."

A confissão mostrou-se uma excelente máquina de produzir saber e poder, os quais seriam usados pelos diretores da Gangue de Almas "mais sujas do que todo lixo", para controlar aquele que confessava; se antes da reunião mafiosa em Trento, era impossível pensar em um indivíduo confessando ao padre, porque tudo deveria ser confessado diretamente ao "Cadáver Judeu", a partir dessa reunião o padre tomou o lugar desse deus e se tornou o único a poder receber a confissão auricular, bem como o único a que poderia perdoar ou punir aqueles que confessavam.

Dentre as suas ações percebemos que a confissão mantinha o rebanho sob uma constante vigilância dos diretores da "Ninhada de Traidores": assim, foi decretado a invasão da consciência do indivíduo, o qual passou a ser pastoreado em todos os mínimos instantes da sua vida. No início, ela vinculava-se ao sacramento da penitência, mas

> por intermédio da condução das almas e da direção espiritual – *ars artium* – emigrou para a Pedagogia, para as relações entre adultos e crianças, para as relações familiares, a Medicina e a Psiquiatria.[1]

Desse momento em diante, de maneira infalível, o totalitário Império Católico exigiu a confissão de todos os diretores, acionistas e consumidores, assim a sua máxima norteadora tornou-se: "Confessa-te e eu direi que tu és".

---

[1] FOUCAULT, M. *História da Sexualidade*. Rio de Janeiro: Graal, 1988, p. 67.

A confissão está tão bem plantada nos umbrais do simbolismo dos Genocidas da Cruz que ela se tornou natural, ou melhor dizendo, não é possível vê-la como coação, violência ou totalitarismo: ela é um poder, que a todo instante exige que o consumidor conte os seus mais profundos segredos, que diga os mais recônditos sentimentos, que informe ao diretor pedófilo os seus pensamentos.

Com a confissão, os diretores da Quadrilha Católica conseguiram elaborar uma técnica, para controlar o seu rebanho de maneira mais padronizada. A sua origem foi o sacramento da penitência, todavia com o decorrer dos séculos se transformou em uma máquina de produzir verdades, no mais completo sentido técnico, pois cria e cria-se, produz e produz-se, aperfeiçoa e aperfeiçoa-se, multiplica e multiplica-se.

Por intermédio da confissão os diretores da Multinacional Católica de Crimes conseguiram ultrapassar a simples penitência *pagã*, porquanto invadiram os pensamentos mais íntimos dos seus consumidores, a fim de que pudessem usar esse conhecimento na produção de saberes e poderes, os quais tornariam esses consumidores mais dóceis e úteis.

3.18. Templos de consumo

Os templos de consumo do Trinitarismo Atanasiano passaram a ser chamados de *igrejas*, somente na época dos imperadores Graciano, Valentiniano e Teodósio I, os quais, como proprietários dessa Organização Criminosa, perseguiam os *hereges*, desse modo eles ordenaram que apenas os seus templos de consumo receberiam o nome de igreja, ao passo que os templos *hereges* seriam *conventículos*:

> Autorizamos os seguidores desta lei a assumir o título de *cristãos católicos*; mas com relação aos outros, visto que, a

nosso ver, são homens tolos, decretamos que serão marcados com o nome ignominioso de hereges, e não devem presumir dar aos seus conventículos o nome de igreja.[1]

Caso os *hereges* insistissem em chamar os seus locais de reuniões com o nome de *igreja*, eles sofreriam os castigos divinos e imperiais:

> Eles sofrerão, em primeiro lugar, o castigo da condenação divina e, em segundo, a punição que a nossa autoridade, consoante à vontade do céu, decidir infligir.[2]

O imperador Teodósio I ainda ordenou a destruição dos sagrados templos *pagãos* em 24 a.H.; Aproveitando esse decreto, Teófilo, "o Amigo de Satanás", pode mostrar ao mundo o amor cristão, porquanto ele, não só ordenou a destruição da do templo ao Glorioso Deus Serápis, como usou um machado para quebrar a magnífica estátua de Serápis, fruto dos trabalhos do escultor Bryaxis de Atenas. Não satisfeito em destruir o templo em Alexandria e roubar as suas riquezas, ele exigiu que os templos no Egito e em Gaza fossem colocados abaixo.

Foi essa intolerância dos diretores da Gangue Nicena que tornou essa Organização Criminosa a inimiga número 1 das religiões pagãs; para os seus diretores, acionistas e consumidores somente a sua quadrilha deveria existir, ao passo que todos os fiéis pagãos deveriam ser exterminados e os seus templos destruídos e semeados como sal.

---

[1] *Edict of Thessalonica*, 35 a.H.: "We authorize the followers of this law to assume the title of Catholic Christians; but as for the others, since in our judgement they are foolish madmen, we decree that they shall be branded with the ignominious name of heretics and shall not presume to give to their conventicles the name of churches."
Édito de Tessalônica também conhecido pelos malandros da Gangue Nicena como *De Fide catolica*, ou *Cunctos Populos*.
[2] *Edict of Thessalonica*, 35 a.H.: "They will suffer in the first place the chastisement of the divine condemnation and in the second the punishment of our authority that in accordance with the will of Heaven we shall decide to inflict."

Os diretores da Máfia "Adoradora de Farinha e Água" pretendiam que os seus templos de consumo fossem como os templos *pagãos*, isto é, locais sagrados; essa prática de se criar um espaço sagrado era comum no *paganismo*, mas os templos de consumo dessa Organização Criminosa têm uma característica idêntica à religião dos essênios e outra das religiões egípcias: os essênios viam o templo como a morada de yhwh, o Senhor dos Holocaustos; dos egípcios traz a marca de ser um local de arrecadação e depósito de riquezas com pouca ou nenhuma ligação com a divindade.

Os *pagãos* gregos tinham um costume de determinar um local, no qual os fugitivos poderiam se abrigar e fugir das perseguições: o mais famoso foi o templo a Teseu em Atenas (*Teseion*). Esse costume foi copiado pelos diretores da Quadrilha Católica, os quais estabeleceram como locais de refúgios os seus templos de consumo, a fim de proteger os seus criminosos amigos.

Além dessa herança os seus modelos foram copiados dos locais, nos quais os gregos faziam as assembleias dos cidadãos, por isso os templos de consumo da Facção Criminosa Católica receberam o nome de *igreja*, palavra que vem do grego *ekklesia* significando a Assembleia dos Cidadãos.

A influência *pagã* é marcante na construção dos templos de consumo da Multinacional Católica de Crimes, porque eles são construídos voltados para o Leste, em uma clara adoração ao Deus Todo-Poderoso Sol Invicto, ao Deus Mitras, o Salvador.

Ambrósio, o Pedófilo, escreveu algo que foi chamado de oração, para ser lida durante as reuniões criminosas que ocorriam nesses prostíbulos, chamados de *igrejas*. A oração bem nos mostra como os diretores da Quadrilha Católica são os piores delinquentes, que já andaram pelo mundo:

Tenho o coração e o corpo contaminados por minhas muitas ofensas, uma mente e uma língua sobre as quais não mantive uma boa vigilância. [...] Amém.[1]

Como os diretores da Organização Criminosa Católica sabem que os seus consumidores gostam muito mais de festas do que do burro crucificado, eles passaram a não só consagrar os templos de consumo como também passaram a fazer festa para a consagração dos altares e até dos sinos.

Nos seus templos de consumo foram proibidas reuniões (apesar de muitos encontros dos seus mafiosos diretores serem realizados nesses depósitos de lixo), refeições e dormir (os pobres que procurem outro lugar para comer e dormir, porque o Império Católico do Mal é somente para os ricos).

Os inúmeros vasos de ouro usados, para os rituais de magia negra durante as suas teatralizações eram guardados com muito cuidado, não porque fossem sagrados, todavia por serem caríssimos. Os diretores "Ninhada de Traidores" venderam a mentira sobre o imperador Juliano, o Sábio, tentar tomar esses vasos do templo de consumo de Antioquia. Como consequência desse ato ele recebeu como punição uma úlcera e morrer em seguida; todos aqueles dos quais os diretores da Máfia de Preto não gostam têm uma morte lenta e dolorosa: contudo, o imperador Juliano, o Sábio, é historicamente comprovado foi morto na guerra contra os persas por um membro da Associação Católica de Celerados.

Para entrar nesses riquíssimos templos de consumo os consumidores deveriam lavar as mãos e em alguns lugares eles entrariam descalços. Esse era um costume existente em todos os templos *pagãos*: era comum aos fiéis dos Mistérios de Elêusis, bem como nas reuniões no templo do Deus Platão, a Meretriz de Atenas, os seus fiéis (os Comedores de Capim os chamam de filósofos) deveriam lavar as mãos e participar da eucaristia em honra ao Deus Platão.

---

[1] AMBRÓSIO. *Oração antes da Missa.*

O Paganismo oficializado

Os consumidores da Quadrilha Católica, em alguns locais, se curvavam frente ao altar, principalmente naquelas regiões onde o judaísmo fora predominante entre os membros dessa Organização Criminosa.

Os reis e imperadores ao entrarem nos templos de consumo da Gangue Nicena o faziam pelo Portão Real, contudo eles deveriam retirar a coroa antes de entrar no recinto, porque seria ultrajante ao inútil crucificado, visto que ele seria o rei dos reis (um título roubado do Deus persa Ciro, o Grande).

Nesses templos de consumo durante muitos séculos as mulheres foram mantidas separadas dos homens, elas deveriam entrar por uma porta diferente, afinal elas são mais odiadas pelos diretores da Quadrilha Católica do que os apóstatas, *pagãos* e *hereges*. Essa tradição de manter as mulheres separadas dos homens nos templos de consumo do Cristianismo Inc. é bem antiga. Mas foi reforçada, quando o pervertido *são* João Gregório, em 1231 d.H., disse que no momento em que Noé estava orando junto aos seus filhos na arca, as mulheres que estavam em outro local responderam amém. Foi a partir dessa lenda estúpida, que ele justificou a segregação das mulheres nos templos de consumo da Multinacional Católica de Crimes.

Conforme o grande Porfírio de Tiro (182-110 a.H.) os locais de encontros da Gangue Homoousiana eram imitações dos templos *pagãos*:

> Além disso, os cristãos também, imitando a construção dos templos, constroem casas muito grandes, nas quais vão juntos e oram, embora nada os impeça de fazer isso em suas próprias casas, pois o senhor ouve certamente de todos os lugares.[1]

---

[1] PORPHYRY OF TYRE (Macarius Magnes, ed.). *Apocriticus*, book IV, chapter XXI (Objection based on the imortal...): "Moreover, the Christians also, imitating the erection of the temples, build very large houses, into which they go together and pray, although there is nothing to prevent them from doing this in their own houses, since the Lord certainly hears from every place."

Em um primeiro momento os templos de consumo da Gangue de Almas "mais sujas do que todo lixo" ficavam restritos às casas dos seus ricos consumidores. Contudo, a partir do século II a.H. a sua riqueza aumentou exponencialmente, por isso os seus diretores começaram a construir verdadeiros palácio em locais próprios e públicos.

A Quadrilha Iconódula ganhou um grande impulso com o seu novo proprietário, o imperador Constantino, o Grande Traidor da Humanidade: foi ele quem construiu grandes templos de consumo, os quais sempre se destacavam em meio da paisagem urbana, seja por suas alturas, seja por suas riquezas, por suas festas principescas, seja pela prostituição ocorridas neles. Por ordens do imperador, todos os seus templos deveriam ser construídos voltados para o sol nascente, pois, ele era adorador do Magnífico Deus Sol Invicto. Além de financiar a Máfia de Preto, ele ordenou a destruição dos templos *pagãos*:

> O imperador, consistente com sua prática habitual e pelo desejo de promover a adoração àquele que é simultaneamente um deus ciumento e o verdadeiro salvador, ordenou que este templo [Sagrado Templo do Deus Todo-Poderoso Asclépio] também fosse arrasado até o chão. [...] Este templo, assim como outros, foi tão completamente destruído que nenhum vestígio das antigas loucuras restou.[1]

A política estatal de perseguição ao *paganismo* e destruição dos seus templos foi seguida por vários imperadores que seguiram a Constantino, o Grande Traidor da Humanidade:

---

[1] EUSEBIUS. *The Life of Constantine*, book III, chapter LVI (destruction of the temple of Aesculapius at Aegae): "the emperor, consistently with his practice, and desire to advance the worship of Him who is at once a jealous God and the true Saviour, gave directions that this temple also should be razed to the ground. [...] this temple as well as others was so utterly overthrown, that not a vestige of the former follies was left behind."

> Agora, o devoto e fiel imperador [Constantino] dedicou suas energias à resistência ao paganismo e publicou éditos ordenando a destruição dos santuários dos ídolos. [...] Seus filhos seguiram os passos de seu pai. [...] Na ascensão de Juliano, mais uma vez proibiu a adoração de ídolos, e Valentiniano, o Grande, governou a Europa com leis semelhantes. [...] Quando o devoto e fiel Teodósio encontrou todos esses males, ele os arrancou pela raiz e os condenou ao esquecimento.[1]

Em qualquer templo *pagão* era comum encontrarmos a encenação dos rituais, os quais recorriam à aspersão de água para a purificação dos fiéis; esses templos ficavam rodeados por grandes estátuas dos seus Deuses sob os pés dos quais encontrávamos velas; andando entre os fiéis podíamos ver os sacerdotes, com longos vestidos brancos, espalhando um perfumado incenso no ambiente.

Essas características foram reproduzidas no Paganismo Católico, bem como fazer orações em uma língua desconhecida dos fiéis, o latim, (da mesma forma como as pitonisas se comunicavam com os sacerdotes no *paganismo*); o objetivo de se usar uma linguagem desconhecida, a fim de aumentar a respeitabilidade do sacerdote frente à multidão ignara: isso sempre favorecia à superstição e ao aumento de poder dos sacerdotes, afinal somente eles entendiam a língua do crucificado de 18 pênis.

A fim de agradar aos seus consumidores, os diretores da Máfia Ortodoxa adotaram essas e outras práticas *pagãs*, todavia mantiveram o nome da Organização Criminosa ligada à palavra *cristo*.

---

[1] THEODORET OF CYRUS. *The Ecclesiastical History*, book V, chapter XX (Of the destruction of the temples all over the Empire): "Now the right faithful emperor [Constantino] diverted his energies to resisting paganism, and published edicts in which he ordered the shrines of the idols to be destroyed. [...] His sons followed in their father's footsteps. [...] On the accession of Jovian he once more placed an interdict on the worship of idols, and Valentinian the Great governed Europe with like laws. [...] When the right faithful Theodosius found all these evils he pulled them up by the roots, and consigned them to oblivion."

Malgrado, pouco tenha em relação ao crucificado, a não ser o nome, visto que muitos dos seus dogmas foram criados pelos religiosos platônicos; além disso, a Facção Criminosa Católica somente pode se tornar uma multinacional devido aos esforços de Tertuliano, o Inquisidor Mor, o qual inventou alguns dos principais dogmas baseados no *paganismo*, os quais ainda são comercializados por essa organização: menos o deus que ele inventou, porque o que é adorado atualmente foi inventado por Marcião de Sinope, "o Primogênito de Satanás".

Em 19 a.H., os imperadores Arcádio e Honório publicaram um édito, segundo o qual todos os templos dos *hereges* seriam transferidos para o controle do Estado, por extensão se tornariam propriedades dos diretores da "Ninhada de Traidores":

> Todos os hereges devem saber, sem dúvida, que serão privados de qualquer lugar na cidade [Constantinopla], quer tal lugar seja mantido sob o nome de igreja, ou seja, chamado de diáconos ou mesmo decanatos, ou se eles parecem fornecer uma oportunidade para tais reuniões em casas ou lugares particulares; essas casas e lugares particulares serão incorporados ao nosso fisco.[1]

Na cidade de Constantinopla, em 42 d.H., nos imperadores Valentiniano e Marciano escreveram para Paládio, Prefeito Pretoriano exigindo que fosse proibida a construção de templos de consumo, ou mosteiros por parte dos *hereges* apolinários e eutiquianos com a intenção de praticar os seus ritos perigosos. Qualquer local usado, para o culto desses *hereges*, deveria ser transferido para a Quadrilha Católica:

---

[1] *Theodosian Code*, 16, 5 (30): "Emperors Arcadius and Honorius Augustuses to Clearchus, Prefect of the City. All heretics shall know without doubt that they shall be deprived of all place in the city, whether such place are held under the name of church or are called deaconries or even deaneries or whether they appear to furnish an opportunity for such meetings in private homes or places; such private houses and places shall be incorpored into our fisc." Disponível em <https://archive.org/details/theodosiancodeno0000unse/page/454/mode/2up?view=theater>.

Além disso, nenhum apolinariano ou eutiquiano deve construir igrejas ou mosteiros para seu uso, ou realizar quaisquer conventículos de dia ou de noite, seja na casa ou nas instalações de qualquer pessoa, ou em um mosteiro, ou em qualquer outro lugar, com o propósito de praticar os ritos de sua perigosa seita; se eles fizerem quaisquer dessas coisas, e ficar estabelecido que ocorreram com o consentimento do proprietário do imóvel, após o caso ser provado em um tribunal, ordenamos que a casa ou o imóvel da pessoa onde a reunião foi realizada, ou o mosteiro, seja adjudicado à igreja ortodoxa com jurisdição sobre o território.[1]

O imperador Anastácio, em 96 d.H., escreveu ao prefeito pretoriano, Erítio, exigindo que qualquer contrato de compra e venda de terrenos, deveria observar a conservação e restauração dos templos de consumo da Máfia de Preto existentes no local:

> Decretamos também que todas as terras e posses, que foram transferidas ou transmitidas a hereges, de qualquer forma, serão reivindicadas pelo Nosso Tesouro; e se as referidas terras permanecerem nas mãos de proprietários ou possuidores ortodoxos, ou forem adquiridas pelo Nosso Tesouro, será necessário que as referidas igrejas e capelas sejam restauradas diligente e cuidadosamente.[2]

---

[1] *The Code of Justinian*, book I (3): "Moreover, no Apollinarians or Eutychians shall build churches or monasteries for their use, or hold any conventicles by day or by night, either in the house or on the premises of anyone, or in a monastery, or in any other place whatsoever, for the purpose of practicing the rites of their most dangerous sect. If they should do any of these things, and it should be established that they were done with the consent of the owner of the property, after the matter has been proved in court, We order the house or the property of the person where the meeting was held, or the monastery, to be adjudged to the orthodox church having jurisdiction over the territory." Disponível em <https://droitromain.univ-grenoble-alpes.fr/Anglica/CJ1_Scott.htm#2>.

[2] *The Code of Justinian*, book I (9): "We also decree that all such lands and possessions which have been transferred or conveyed to heretics, in any way whatsoever, shall be claimed by our Treasury; and if the said lands should remain in the hands of orthodox owners or possessors, or should be acquired by Our Treasury, it will be necessary for the said churches and chapels to be diligently and carefully restored." Disponível em <https://droitromain.univ-grenoble-alpes.fr/Anglica/CJ1_Scott.htm#2>.

Quanto aos templos, Deuses, festas, rituais, etc. *pagãos*, os diretores da *Peste Negra Inc.* perceberam ser mais econômico simplesmente mudar os seus nomes batizando-os com a sua marca registrada; foi assim que muitos sagrados templos do *paganismo* se transformaram em templos de consumo dessa odiosa Multinacional do Crime. Vejamos alguns exemplos do que aconteceu em algumas cidades:

1. o sagrado templo da *Bona Dea* virou uma casa de reputação duvidosa dedicada à Maria Stada;
2. o templo do Brilhante Deus Apolo foi batizado em homenagem a uma *santa* Apolinária, que nunca existiu;
3. o templo do Corajoso Deus Ares foi dedicado a um tal *são* Martinho, o qual dedicou a vida a exterminar os fracos;
4. o Panteão Romano, dedicado ao Deus Todo-Poderoso Zeus por Agripa, a partir do reinado do CEO Bonifácio IV, se transformou na igreja da Mãe de um desqualificado e de todos os *santos* e mártires;
5. o templo em honra ao Deus Rômulo foi degradado para honrar um certo *são* Teodoro;
6. o templo da *Coelestis Dea* (Deusa Celeste) em Cartago foi transformado em um prostíbulo da Quadrilha Católica no ano de 25 a.H.;
7. em Florença, o templo de consumo de *santa* Reparada, era um templo dedicado à Grande Deusa Nutria;
8. o templo de consumo de *santo* Estêvão, em Bolonha, era um templo dedicado à Bondosa Deusa Ísis;
9. o Senado Romano, Cura Julia, foi dedicado a um tal *santo* Adriano;
10. o templo dedicado a Antonino e Faustina virou um lugar de má-fama em homenagem a um certo *são* Lourenço;
11. até a prisão Marmetina virou templos de consumo em honra a *são* Pedro no Cárcere;
12. o sagrado templo da Magnífica Deusa Minerva, transformou-se em uma casa de má-reputação dedicada a *santa* Maria;
13. o sagrado templo do Deus Vaticano apodreceu, quando se tornou o centro mundial de pedofilia católica.

O CEO Gregório I ordenou que Agostinho, o Brinquedo Sexual de *santo* Ambrósio, não destruísse os templos *pagãos*, mas destruísse somente as estátuas e transformasse os sagrados templos *pagãos* em templos de consumo da Quadrilha Católica:

> Diga a Agostinho que ele não deve destruir de forma alguma os templos dos Deuses, mas sim os ídolos dentro desses templos. Que ele, após purificá-los com água benta, coloque altares e relíquias dos santos neles. Pois, se esses templos forem bem construídos, eles devem ser convertidos da adoração de demônios para o serviço do deus verdadeiro.[1]

Sob a ameaça da espada os diretores da Gangue Nicena proibiram qualquer atividade de adoração aos magníficos deuses greco-romanos: os seus templos, estátuas e fiéis inicialmente foram destruídos, contudo, eles perceberam ser mais lucrativo *purificá-los* com a água poluída da "Ninhada de traidores".

Eusébio, "o Mais Repugnante dos Simpatizantes", afirmou que foi o imperador Constantino, o Grande Traidor da Humanidade, quem ordenou a construção da igreja do *santo* sepulcro no Gólgota. Esse local era muito visitado pelos *pagãos* por ser um Sagrado Templo da Deusa Vênus, erguido pelo imperador Adriano em 285 a.H.

A partir do ano de 78 d.H. os diretores da Facção Criminosa Católica resolveram tirar as suas máscaras e assumiram os Deuses, os templos, os rituais, as festas, as roupas, os sacramentos, os dogmas, etc. do *paganismo* ao criarem o pestilento Império da Quadrilha Católica: esse se ergueu sobre o sangue dos inocentes, bem como impulsionou a violência, a brutalidade e a crueldade pelo mundo até a atualidade.

---

[1] GREGORY I. *Letter to Abbot Mellitus*: "Tell Augustine that he should be no means destroy the temples of the gods but rather the idols within those temples. Let him, after he has purified them with holy water, place altars and relics of the saints in them. For, if those temples are well built, they should be converted from the worship of demons to the service of the true God."

T. W. Doane[1] apontou que dedicatórias nos sagrados templos aos Deuses foram simplesmente adaptadas a nomes pertencentes à Associação Católica de Celerados, quando os seus diretores os transformaram nos seus templos de consumo:

Inscrições anteriormente pagãs e Inscrições em templos cristãos hoje

	Templos	Igrejas
1.	Para Mercúrio e Minerva, Deuses Tutelares.	Para *santa* Maria e *são* Francisco, meus conselheiros tutelares.
2.	Aos Deuses que presidem este Templo.	Ao Divino Eustórgio que preside sobre este Templo.
3.	Para a Divindade de Mercúrio, o Auxiliador, o Poderoso, o Inconquistável.	À divindade de *são* Jorge, o auxiliador, o poderoso, o inconquistável.
4.	Sagrado para os Deuses e Deusas, com Zeus o Melhor e o Maior.	Sagrado para os ajudantes *são* Jorge e *santo* Estêvão, com deus o melhor e o maior.
5.	Pomba de Vênus.	O Espírito santo representado como uma pomba.
6.	As Letras Místicas I. H. S.	As Letras Místicas I. H. S.

A tumba de Alexandre, o Grande, em Alexandria, era muito visitada por homens comuns, nobres, políticos poderosos e por imperadores, mesmo sob o domínio do Império da Quadrilha Católica.

---

[1] DOANE, T. W. *Bible myths and their parallels...* Fourth edition. New York: The Truth Seeker Company, 1882, p. 397: "Inscriptions Formerly in Pagan and Inscriptions now in Christian Temples.

	Temples	Churches
1.	To Mercury and Minerva, Tutelary Gods.	To St. Mary and St. Francis, My Tutelaries.
2.	To the Gods who preside over this Temple.	To the Divine Eustrogius, who presides over this Temple.
3.	To the Divinity of Mercury the Availing, the Powerful, the Unconquered.	To the Divinity of St. George the Availing, the Powerful, the Unconquered.
4.	Sacred to the Gods and Godesses, with Jove the best and greatest.	Sacred to the presiding helpers, St. George and St. Stephen, with God the best and greatest.
5.	Venus' Pigeon.	The Holy Ghost represented as a Pigeon.
6.	The Mystical Letters I. H. S.	The Mystical Letters I. H. S."

Os seus diretores sentiam ciúmes da glorificação a esse Deus histórico, assim, eles criaram um plano: primeiro, apagaram o nome de Alexandre, o Grande (século I a.H.) da tumba; depois substituíram o seu nome pelo da personagem fictícia Marcos (século I d.H.). Contudo, os visitantes sabiam estarem adorando ao Deus Alexandre, o Grande, e não a uma personagem criada pelos perversos redatores da Gangue Trinitária.

No ano de 413 d.H. dois ladrões (no mínimo eram membros da Quadrilha Católica) roubaram a tumba de Alexandre, o Grande (falsamente chamado de Marcos) levando os ossos para Florença, onde se construiu um enorme templo de consumo, para receber as *relíquias* que os diretores da Quadrilha Católica vendiam como do insípido Marcos e não do Grande e Poderoso Deus Alexandre.

Os cultos pagãos tiveram o seu último suspiro sob o governo do imperador Juliano, o Sábio, o qual incentivou o renascimento da cultura greco-romana ao: construir e reformar os templos; aumentar as rendas dos seus sacerdotes; incentivar aos cidadãos a abandonarem a crueldade do Império Católico de Pedofilia e voltarem à sua origem de respeito ao diferente, à defesa da liberdade e serem seguidores da moral dos fortes. Sem embargo, todo o seu esforço foi um trabalho de Sísifo, porquanto a podridão católica já havia destruído aquela maravilhosa cultura.

Quem melhor definiu o que são os templos de consumo do Império Católico do Mal foi o cordeiro, "que falava como dragão", ao profetizar que não teria templos sagrados, mas um centro de crimes:

> E disse-lhes: Está escrito: A minha casa será chamada casa de oração; mas vós a tendes convertido em covil de ladrões.[1]

---

[1] LEVI, 21 (13).

Capítulo IV

Festas *pagãs* na Gangue Nicena

"Assim, as festas pagãs, carregadas de superstição, foram transformadas em louváveis festas dos mártires; e os templos idólatras foram mudados para igrejas sagradas, como mostra Teodoreto."

Barônio

Os diretores, acionistas e consumidores da Gangue Ortodoxa conseguiram quase exterminar os *pagãos*; contudo as suas festas estavam tão enraizadas na cultura greco-romana, que esses diretores simplesmente trocaram os seus nomes dando-lhes significados, os quais atendessem aos interesses mais universais da multinacional; destarte, no início as festas foram rejeitadas pelos diretores dessa Organização Criminosa, quando elas começaram a fazer parte do seu calendário de comemorações, o Império Romano proibiu as festas desses criminosos; foi somente quando a Quadrilha Católica se tornou o braço justiceiro do Império Romano é que as suas festas se tornaram aceitas.

Um motivo para que essas festas fossem proibidas nos foi apresentado por Justino, "o mais Tolo dos Pais Cristãos", o qual disse ao judeu Trifo que os diretores, acionistas e consumidores da Máfia de Preto foram acusados pelos judeus de comerem carne humana e participar de festas, nas quais as luzes eram apagadas e todos se envolviam em relações promíscuas:

> E eu pergunto isto: você também acreditou a nosso respeito, que comemos carne humana? E que depois da festa, apagadas as luzes, nos envolvemos em concubinato promíscuo?[1]

Quando os diretores da Quadrilha Católica conseguiram riquezas e poder, eles usaram essas mesmas acusações, para perseguir, prender, torturar e matar os *pagãos*.

Não se pode duvidar dessa versão antiga sobre os diretores da Quadrilha Homoousiana, porque seria duvidar que todos eles ou são estuprados, ou estupradores; seria esquecer os milhões de mulheres estupradas com a bênção do taumaturgo crucificado; seria não aceitar os milhares de denúncias atuais de pedofilias: os

---

[1] JUSTIN (Philip Schaff, ed.). *Dialogue with Trypho*, chapter X (Trypho blames the Christians for this alone...): "And I ask this: have you also believed concerning us, that we eat men; and that after the feast, having extinguished the lights, we engage in promiscuous concubinage?"

membros dessa Gangue afirmam serem falsas, sendo assim, por que várias filiais estão declarando falências em inúmeros países não-latinos, a fim de não pagarem as indenizações às crianças estupradas? Por que centenas de diretores dessa Organização Criminosa estão se refugiando no único país no mundo que incentiva e protege os pedófilos, o Vaticano?

As festas do Bando de Fetichistas eram malvistas pelos cidadãos e autoridades do Império Romano, porque, nas palavras de Orígenes, o Prostituto de Padres:

> Os cristãos entraram em associações secretas entre si, contrariando a lei, afirmando que "algumas associações, umas são públicas estando consoante às leis; outras, porém, são secretas e mantidas em violação das leis". E seu desejo é desacreditar os chamados "ágapes" dos cristãos, como se tivessem sua origem no perigo comum e fossem mais vinculativas do que qualquer juramento.[1]

Gregório Taumaturgo foi muito elogiado por outro bandido da Gangue Nicena, Gregório de Nissa, por conseguir mudar os nomes das festas das religiões *pagãs* dando-lhes nomes de interesse dos seus patrões; essa simples modificação de nomes teve como intenção de aumentar o público consumidor dos produtos vendidos pela Organização Criminosa.

A seguir analisaremos algumas festas *pagãs*, as quais foram roubadas pelos diretores da Organização Criminosa Católica.

---

[1] ORIGEN. *Against Celsus*, book I, 1: "christians entered into secret associations with each other contrary to law, saying, that 'of associations some are public, and that these are in accordance with the laws; others, again, secret, and maintained in violation of the laws'. And his wish is to bring into disrepute what are termed the 'love-feasts' of the Christians, as if they had their origin in the common danger, and were more binding than any oaths."

4.1. Festa de Ano Novo

Entre os egípcios era tradição comemorar a chegada do Ano Novo (*Wepet-renpet*) no período do equinócio vernal (20-21 de março): *renpet* em egípcio significa *ano*, cujo hieróglifo era uma mulher com uma palmeira na cabeça. Essa mulher era adorada como a *Senhora da Eternidade*, bem como era vista como a fertilidade e primavera.

Essa festa ocorria, quando o sol voltava (ressuscitava, pois eles acreditavam, que ele havia morrido durante o inverno) em todo o seu esplendor como promessa de uma nova vida de abundância:

> Celebrava a morte e o renascimento de Osíris e, por extensão, a renovação e o renascimento da terra e do povo. É firmemente atestado como tendo iniciado na parte final do Antigo Reino do Egito (por volta de 2613 a 3150 a.C.) e é uma clara evidência da popularidade do culto de Osíris naquela época. Banquetes e bebidas faziam parte deste festival, como em muitos outros, e a celebração durava dias; a duração variava dependendo do período. Rituais solenes relacionados à morte de Osíris eram observados, bem como cantos e danças para celebrar seu renascimento.[1]

A festa de Ano Novo (*Resh Shatti*) fazia parte do calendário comemorativo de diversos Deuses, como, por exemplo, o Deus Marduk da Babilônia: nessa festa se comemorava a sua vitória sobre o Grande Dragão Tiamath (uma representação do inverno). Por esse motivo, eles comemoravam essa conquista no equinócio vernal, a qual é a época em que os frutos da terra renascem em too o seu esplendor:

---

[1] KENNING, Douglas. *Ancient Egyptian Festivals*: "It celebrated the death and rebirth of Osiris, and by extension, the rejuvenation and rebirth of the land and the people. It is firmly attested to as initiating in the latter part of the Old Kingdom of Egypt (c. 2613 - c. 3150 BCE) and is clear evidence of the popularity of the Osiris cult at that time. Feasting and drinking were a part of this festival, as they were for most, and the celebration would last for days; the length varied depending on the time period. Solemn rituals related to the death of Osiris were observed as well as singing and dancing to celebrate his rebirth." Disponível em <https://olli.sonoma.edu/sites/olli/files/kenning-the-ancient-egyptian-festivals-spring2023week3.pdf>

> No mês de Nisânu, o mês da saída do Senhor dos Deuses, eu tomei as mãos do grande senhor, Marduk e Nabû, o rei de todo o céu e da terra, e terminei minha marcha (lit. estrada) para o templo da Festa do Ano Novo. Touros excepcionais e ovelhas gordas, gansos, patos juntamente com um suprimento ininterrupto de outros presentes, eu apresentei (lit. espalhei) diante deles. Ofereci sacrifícios puros aos Deuses das cidades sagradas da Suméria e da Acádia.[1]

Os romanos comemoravam o Ano Novo no mês de março, cuja data era uma homenagem ao Deus Marte, o qual seria o pai do Deus Rômulo. Devido às guerras em que Roma se encontrava, a data passou a ser comemorada no dia primeiro de janeiro por decreto do Cônsul Quinto Fúlvio Nobilior, em 983 a.H. O primeiro de janeiro se tornou a data oficial de comemoração ao Ano Novo, quando Júlio César introduziu o Calendário Juliano.

Nessa data os romanos dedicavam louvores ao Deus Janus (o Deus de Duas Caras), esse é o motivo de chamarmos o primeiro mês do ano de janeiro. No primeiro dia do ano, o Pontífice Máximo (título religioso do imperador) oferecia ao Deus Janus uma torta pedindo-lhe bons augúrios, para o ano que se iniciava.

As datas das festas de Ano Novo variavam de país para país, durante muitos séculos os diretores da Máfia "Adoradora de Farinha e Água" não conseguiram impor uma data padrão aos seus consumidores:

1. 25 de dezembro (até 185 d.H. na Espanha);
2. 25 de março (Inglaterra e Irlanda até 1337 d.H.);

---

[1] SPEK, R.J. van der. *Cyrus the Great, Exiles and Foreign Gods*, p. 16: "In the month of Nisânu, the month of the going forth of the lord of the gods, I took the hand(s) of the great lord, Marduk (and) Nabû, the king of all heaven and earth, and finished my march (lit. road) to the temple of the New Year's Feast. Outstanding bulls and fat sheep, geese, ducks together with (an) unceasing (supply) of (other) gifts, I presented (lit. spread out) before them. To the gods of the sacred cities of Sumer and Akkad I offered [pure] sacrifices." Disponível em <http://www.achemenet.com/pdf/in-press/VAN-DER-SPEK_Cyrus_the_Great_Exiles_and_Foreign_Gods_June_2013.pdf>

3. 01 de março (em Veneza até 1337 d.H.);
4. 25 de março (em Firenze).

Após a reforma do calendário em 1167 d.H. imposta pelo CEO Ugo Boncompagni, conhecido na roda da malandragem pela alcunha papa Gregório XIII (1087-1170 d.H.), essa festa passou a ser no dia primeiro de janeiro, tal como comemorava os *pagãos* romanos.

4.2. Festa do Dia de Reis (Epifania)

A data no nascimento do burro crucificado é incerta, porquanto em Roma se comemorava no dia 06 de janeiro (é a data que se celebrava o nascimento do Grandioso Deus Osíris, cujo culto em Roma já estava bem estabelecido): os diretores da "Ninhada de Traidores" transformaram essa festa romana ao Poderoso Deus Osíris na sua pútrida festa do Dia de Reis.

Na parte oriental do Império essa festa era comemorada dois dias depois; atualmente, na Espanha, assim como na América Latrina, é comemorada no dia 06 de janeiro.

Essa festa foi inventada pelos diretores do Trinitarismo Atanasiano, segundo os quais se tratava da visita dos três reis magos à criança recém-nascida; essa como outras festas dessa Organização Criminosa, equivalia à comemoração do solstício de inverno entre os diversos *pagãos*.

A Festa da Epifania é uma amostra da desorganização dessa Multinacional do Crime: isto porque os seus diretores dizem se tratar do encontro dos três reis magos com o burrinho, todavia os diretores que comercializam esses produtos no Oriente, dizem que se trata da comemoração do seu batizado.

4.3. Festa de *são* João Batista

A Festa de *são* João (primo da "Cadáver Judeu") é comemorada no dia 24 de junho, quando ocorre o solstício de verão no hemisfério norte; essa era uma data muito comemorada pelos *pagãos*, por se tratar de um evento relativo ao Todo-Poderoso Deus Sol:

> Havia um festival no Norte da África e possivelmente em Roma também chamado de "dies lampadarum" ou "dia das tochas" e era celebrado em 24 de junho. Este festival celebrava a busca de Ceres [Deméter] por sua filha Proserpina [Kore], enquanto ela a procurava, ela usava uma tocha. Alguns textos cristãos primitivos e outros textos implicavam ou mencionavam este festival.[1]

Em honra ao Deus Zoroastro, da Pérsia, durante à noite que antecedia o primeiro dia do verão, os fiéis carregavam tochas, cujo objetivo seria receber a luz de Zoroastro.

Na Babilônia a chegada do verão era um festival em homenagem ao seu Messias, Tamuz:

> Agora, se Tamuz era, como vimos, o mesmo que Zoroastro, o deus dos antigos "adoradores do fogo", e se seu festival na Babilônia sincronizava tão exatamente com a festa da Natividade de *são* João, que maravilha que essa festa ainda seja celebrada pelas ardentes "fogueiras de Baal"; e que apresente uma cópia tão fiel do que foi condenado por Jeová de antigamente em seu povo antigo, quando eles "fizeram seus filhos passarem pelo fogo para Moloque"? Mas quem conhece alguma coisa do *Evangelho* chamaria tal festival como este de festival cristão? Os padres papistas, se não ensinam abertamente, pelo menos permitem que seus devotos iludidos acreditem, como firmemente todos os antigos adoradores do fogo acreditavam, que o fogo material pode purgar a culpa e a mancha do pecado. Como isso tende a fixar nas

---

[1] *Why was June 24th chosen for the date of the Nativity of St. John the Baptist?*: "There was a festival in North Africa and possibly in Rome as well called "dies lampadarum" or "day of torches" and was celebrated on June 24th. This festival celebrated Ceres's search for her daughter Proserpine, while she was looking for her, she was using a torch. Some early Christian texts and some other texts implied or mentioned this festival." Disponível em <https://history.stackexchange.com/questions/71791/why-was-june-24th-chosen-for-the-date-of-the-nativity-of-st-john-the-baptist>

mentes de seus vassalos ignorantes uma das fábulas mais monstruosas, mas lucrativas de seu sistema, será considerado mais tarde.[1]

O povo Iazidi comemorava a chegada do verão seguindo a tradição milenar, a qual remontava à época em que o Deus Tamuz era adorado na região. Durante à noite milhares de crianças, mulheres e homens caminhavam pelas florestas com tochas acessas, as quais tinham como finalidade purificar os fiéis.

Entre os celtas era comum nesse período, eles fazerem festas e acenderem fogueiras, a fim de ajudar a aumentar o calor do sol:

> as nações celtas acendiam outras fogueiras na véspera do verão, que ainda são continuadas pelos católicos romanos da Irlanda; fazendo-as em todos os seus terrenos e carregando tochas flamejantes por seus campos de milho. Eles fazem isso também em toda a França e em algumas das ilhas escocesas. Esses fogos e sacrifícios de verão tinham o objetivo de obter uma bênção sobre os frutos da terra, agora

---

[1] HISLOP, Alexander. *The Two Babylons*, chapter III, section III (The Nativity of st. John): "Now, if Tammuz was, as we have seen, the same as Zoroaster, the god of the ancient 'fire-worshippers', and if his festival in Babylon so exactly synchronised with the feast of the Nativity of St. John, what wonder that that feast is still celebrated by the blazing 'Baal-fires', and that it presents so faithful a copy of what was condemned by Jehovah of old in His ancient people when they 'made their children pass through the fire to Moloch'? But who that knows anything of the Gospel would call such a festival as this a Christian festival? The Popish priests, if they do not openly teach, at least allow their deluded votaries to believe, as firmly s ever ancient fire worshipper did, that material fire can purge away the guilt and stain of sin. How that tends to rivet upon the minds of their benighted vassals one of the most monstrous but profitable fables of their system, will come to be afterwards considered." Disponível em < https://archive.org/details/theTwoBabylons>.

prontos para serem colhidos; assim como aqueles do primeiro de maio, para que eles pudessem crescer prosperamente; e aqueles do último de outubro, eram um agradecimento por terminar a colheita.[1]

Na Inglaterra as milenares festas pagãs em Stonehenge e Avebury à espera do primeiro sol do verão atraem multidões até hoje.

Em Roma essa era a data em que se comemorava a Vestalia, uma festa em honra à Deusa Vesta, a qual se ligava à fogueira e ao lar; durante esse evento um bezerro era sacrificado, além disso, os convivas acendiam fogueiras em sua homenagem.

Os diretores da Gangue Homoousiana comercializam a festa em homenagem a *são* João Batista no dia do seu nascimento, o que a distingue das demais festas, que ocorrem na morte dos *santos* e *mártires*. É uma festa que ocorre no solstício de verão (diminuição do calor do sol), enquanto a festa do nascimento do burro crucificado ocorre no solstício de inverno (renascimento do sol).

A data que os diretores da Organização Criminosa Católica escolheram, para inventar essa festa, coincidia com as demais festas que ocorriam nesse mesmo dia entre muitos povos *pagãos*, os quais comemoravam o festival de verão de água e banho:

> Alguns dos elementos da véspera de são João – o fogo, as guirlandas, os saltos através das chamas – tinham origens

---

[1] TOLAND, John. *History of the Druids*. Montrose: James Watt, 1814, p. 121: "the Celtic nations kindled other fires on midsummer eve, which are still continued by the Roman Catholics of Ireland; making them in all their grounds, and carrying flaming brands about their corn-fields. This they do likewise all over France, and in some of the Scottish iles. These midsummer fires and sacrifices, were to obtain a blessing on the fruits of the earth, now becoming ready for gathering; as those of the first of May, that they might prosperously grow : and those of the last of October, were a thanksgiving for finishing their harvest." Disponível em < https://archive.org/details/neweditionoftola00tola/page/n3/mode/2up?q=october>.

claras na adoração pré-cristã da Natureza, e a festa de são João carregaria essa associação por séculos.[1]

Nessa festa os *pagãos*, e depois os membros da Quadrilha Católica, pulavam sobre o fogo de uma fogueira, para se purificarem dos males: um fogo físico que purificaria um mal espiritual.

4.4. Festa da páscoa

A comemoração da páscoa é o festival *pagão* mais fácil de ser identificado no rol de produtos comercializados pelos Pedófilos Papistas, porquanto trata-se de uma festa comum a quase todos os povos da antiguidade: ela sempre ocorre no primeiro domingo da primavera. Na antiguidade *pagã* durante o equinócio vernal os fiéis comiam um cordeiro, para comemorar a primavera e o período de abundância que o Brilhante Deus Sol traria.

A festa da páscoa era comemorada pelos hindus com o sacrifício do cordeiro (Yajna), porque era o momento em que o sol estava entrando na constelação de Áries:

> Os hindus celebram este festival como Chaitra Varsha Pratipada ou Yugadi ou Cheti Chand ou Gudipadwa desde tempos imemoriais. Isso é seguido por oito dias de jejum para a Deusa Parvati. Isso é seguido por um banquete para Rama Nawami, o nascimento do Senhor Ram de Ayodhya.[2]

---

[1] *Today in festive history*: "Some of the element of St John's Eve – fire, the garlands, the jumping through flames – had clear origins in pre-christian nature worship, and the feast of St John would carry this association for centuries." Disponível em <https://pasttense.co.uk/2017/06/23/today-in-festive-history-its-st-johns-eve-for-fire-drink-dancing-and-dreams/comment-page-1/>.

[2] DHARMA, Vishwa. *Pagan Origin of Easter Festival*: "Hindus have been celebrating this festival as Chaitra Varsha Pratipada or Yugadi or Cheti Chand or Gudipadwa since times immemorial. This is followed by eight days of fasting for Goddess Parvati. This is followed by feasting for Rama Nawami, the birth of Lord Ram of Ayodhya." Disponível <https://hindugenius.blogspot.com/2007/06/pagan-origin-of-easter-festival.html>.

No Egito era no equinócio vernal, que se comemorava a passagem de ano; esse seria o período em que o Grandioso Deus Osíris entraria na Lua, sempre no primeiro domingo da primavera, logo depois da lua cheia:

> [A estrela] Órion era considerado sua morada no céu, e Sóthis [estrela Sírio] a de Ísis, por isso, em determinado período, Osíris foi identificado com a lua. Esse fato era bem conhecido por Plutarco, que diz que na lua nova do mês de Phamenoth, que cai no início da primavera, os egípcios celebram um festival expressamente chamado por eles de "Entrada de Osíris na Lua". Ele continua dizendo que por Osíris se entende o poder e a influência da lua, assim como por Ísis se entende a faculdade geradora que reside nela.[1]

Os judeus foram servos por muitos anos no Egito, por esse motivo eles adotaram essa data, para comemorarem a sua páscoa; essa foi chamada pelos samaritanos, baseados na Lei Mosaica, de Festa dos Primeiros Frutos, portanto eles somente comemoravam essa Festa depois que os primeiros frutos tivessem amadurecidos.

Entre os celtas encontramos um festival em homenagem à Deusa Eostre, que antecedeu em muitos séculos a farsa dos católicos; como podemos ver nas palavras de Beda, o Invenerável:

> *Eosturmonath* tem um nome que agora é traduzido como "mês pascal", mas que antigamente era chamado em homenagem a uma Deusa deles chamada Eostre, em cuja honra se celebravam festas naquele mês. Agora, eles designam essa época pascal pelo nome dela, chamando as alegrias do

---

[1] BUDGE, E. A. Wallis. *Osiris and the Egyptian resurrection*. London: Philip Lee Warner, 1911, vol. I, chapter XII (Osiris as a moon-god), p. 384: "Orion was regarded as his abode in the sky, and Sothis that of Isis, so at one period Osiris was identified with the moon. This fact was well known to Plutarch, who says that on the new moon of the month of Phamenoth, which falls in the beginning of the spring, the Egyptians celebrate a festival which is expressly called by them 'the Entrance of Osiris into the Moon'. He goes on to say that by Osiris are meant the power and influence of the moon, just as by Isis they understand the generative faculty which resides in it."

novo rito pelo nome consagrado pelo tempo da antiga observância.¹

Na mitologia anglo-saxã o termo *páscoa* se ligava diretamente ao nome da Deusa da Primavera, Eostre (Ostara). Essa Deusa representava a primavera, sendo o seu símbolo um ovo, o qual representava o renascimento e a fertilidade:

> A associação dos tempos cristãos com os da idolatria é ainda mais evidente em nossa palavra inglesa *easter* [páscoa]. Beda nos diz que é derivado de *Eostre*, o nome de uma Deusa anteriormente adorada pelos saxões neste período do ano. Ela era provavelmente a mesma que a Astarte síria, chamada na Bíblia de Astarote. A adoração do Sol ainda sobrevive nos rituais das fogueiras da páscoa, e em suas grandes festas nas fogueiras do tronco de *Yule*, no dia de Natal.²

Assim, páscoa do Império Católico do Mal ainda tem a sua origem ligada a uma Deusa caldeia chamada de Astarte (Rainha do Céu, Ishtar, Inana) na Babilônia. Ishtar era uma Maravilhosa Deusa, que representava a fertilidade e o amor, cujo símbolo era o ovo, do mesmo modo que a Deusa da Primavera Eostre. Na história de Astarte, um ovo caíra do céu e de dentro dele ela saía, por esse motivo o ovo representava o renascimento da Deusa.

A Deusa Virgem Ishtar foi adorada no governo do imperador Augusto, o Salvador, o Deus Todo-Poderoso, como Rainha do Céu

---

[1] BEDE. *The Reckoning of Time*. Liverpool: Liverpool University Press, 1999, p. 54: "Eosturmonath has a name which is now translated 'Paschal month', and which was once called after a goddess of theirs named Eostre, in whose honour feasts were celebrated in that month. Now they designate that Paschal season by her name, calling the joys of the new rite by the time-honoured name of the old observance."

[2] NESBIT, Edward P. *Jesus an Essene*. 1895 (2019), p. 116: "The association of Christian times with those of idolatry, is further shown in our English word Easter. Bede tells us it is derived from *Eostre*, the name of a goddess formerly worshiped by the Saxons at this period of the year. She was probably the same as the Syrian Astarté, called in the Bible Ashtoreth. The worship of the sun still survives in the rites of the Easter bonfires, and its great festivals in the yule log bonfires of Christmas Day." Disponível em <globalgreyebooks.com>.

ou Santíssima Virgem: curiosamente esses são alguns dos nomes que os diretores da Multinacional Católica de Crimes se referem à prostituta, que teria gerado o burro crucificado.

A Deusa Ishtar era esposa do Deus Tamuz, o Salvador, cuja festa em comemoração da sua ressurreição ocorria no equinócio da primavera; a ressurreição do Insuperável Deus Tamuz (conhecido como Adônis na região mediterrânica e como "Meu Senhor" no *Manual do Consumidor* da Quadrilha Católica) era muito importante para os fiéis *pagãos*; Tamuz era um Deus que representava a Natureza, ele morria no inverno (na mesma época da morte do burro crucificado) e renascia na primavera (no período da páscoa).

O Deus Adônis era adorado sob o nome Deus Tamuz em Jerusalém, nessa cidade o seu altar ficava no Templo do Senhor. Não havia desentendimento dos judeus em relação ao Deus Adônis, porque eles haviam adotado esse Deus como um protegido de yhwh, o Senhor dos Holocaustos. As comemorações pela ressurreição de Adônis eram realizadas em quase todo o Império Romano:

> Na Síria, como vimos, parece ter havido uma celebração vernal de Adônis; e encontraremos em breve uma instância indubitável de um festival oriental da primavera nos ritos de Átis. Enquanto isso, devemos retornar por um pouco ao festival de verão que leva o nome de são João.[1]

Em uma comemoração na cidade de Antioquia o imperador Juliano, o Sábio, participou dessas festividades e a sua presença foi vista como um mau presságio, pois os diretores, acionistas e consumidores da Quadrilha Católica odiavam o mais sábio de todos os imperadores romanos, é óbvio eles sempre preferiram a

---

[1] FRAZER, James G. *Adonis, Attis, Osiris*. London: Macmillan and CO. Limited, 1906, book I, p. 150: "In Syria, as we have seen, there appears to have been a vernal celebration of Adonis; and we shall presently meet with an undoubted instance of an Oriental festival of spring in the rites of Attis. Meantime we must return for a little to the midsummer festival which goes by the name of St. John."

burrice. Esse sentimento ruim foi devido ao imperador Juliano, o Sábio, ter festejado a grandeza do Deus Adônis, ao passo que os diretores, acionistas e consumidores da Quadrilha Ortodoxa comemoravam aquela data como se fosse a festa da ressurreição do seu imprestável Garoto Propaganda.

Ainda hoje os membros dessa Organização Criminosa comemoram a ressurreição do Fantástico Deus Adônis, todavia eles a apresentam dizendo se tratar da ressurreição do "Cadáver Judeu":

> As cerimônias realizadas em países católicos romanos na Sexta-feira Santa e no domingo de páscoa, não são nada mais do que o festival da morte e ressurreição de Adônis, [...].[1]

No dia 15 de março os romanos comemoravam a Deusa Ana Perena, que remete à Lua, como igualmente a Deusa Mãe etrusca. A sua comemoração ocorria com banquetes, os quais reuniam os amigos nos bosques da Deusa Ana Perena. Durante essa comemoração no início da primavera os casais aproveitavam, para manter as primeiras relações sexuais após o inverno. A consequência era nascimento de muitas crianças, o que ligou essa festa à noção de fertilidade e renascimento.

Essas festas *pagãs* foram apropriadas pelos diretores da Facção Criminosa Católica, os quais afirmaram que se tratava de uma confirmação de que o "Cadáver Judeu" era o próprio Deus Sol. O fundador dessa Quadrilha, Tertuliano, o Inquisidor Mor, admitia que os membros da sua Organização Criminosa, eram adoradores do Deus Sol Invicto:

> Outros, com maior consideração pelas boas maneiras, deve-se confessar, supõem que o Sol seja o deus dos cristãos, porque é sabido que rezamos para o Leste, ou porque fazemos do domingo um dia de festa. E daí? Vocês não fazem o

---

[1] DOANE, T. W. *Bible myths and their parallels...* Fourth edition. New York: The Truth Seeker Company, 1882, p. 219: "The ceremonies held in Roman Catholic countries on Good Friday and on Easter Sunday, are nothing more than the festival of the death and resurrection of Adonis, [...]."

mesmo? Muitos dentre vocês, com a afetação de às vezes adorar os corpos celestes da mesma forma, não movem os lábios na direção do nascer do sol? São vocês, de qualquer forma, que incluíram até mesmo o Sol no calendário da semana; e selecionaram seu dia, em detrimento do dia anterior, como o mais adequado na semana para se abster completamente do banho, ou para adiá-lo até a noite, ou para descansar e banquetear-se. Ao recorrer a esses costumes, vocês deliberadamente se desviam de seus próprios ritos religiosos para os de estrangeiros.[1]

Por serem adoradores do Deus Sol, os seus diretores, acionistas e consumidores deveriam sacrificar um cordeiro; esse era visto por eles como uma representação da bondade do crucificado. Contudo, o carneiro representa o signo zodiacal, no qual durante a época da páscoa marca o início do equinócio de primavera, quando o sol volta a aparecer em todo o seu esplendor sobre a terra: é melhor não lembrar que entre os *pagãos* gregos, o cordeiro era a representação do Deus Todo-Poderoso Zeus.

Esse era o significado do cordeiro nas comemorações dos *pagãos*, nos quais os seus fiéis estavam celebrando o Deus Sol que acabara de ressuscitar: o que não podia haver dúvida, uma vez que a constelação de Áries era visível a todos, o que comprovaria que o Deus Sol voltara, para reinar por mais um período de alegria; nesse dia os *pagãos* comemoravam gritando *aleluia*:

---

[1] TERTULLIAN (Philip Schaff, ed.). *Ad Nationes*, book I, chapter XIII (The Charge of Worshipping the Sun Met by a Retort): "Others, with greater regard to good manners, it must be confessed, suppose that the sun is the god of the Christians, because it is a well-known fact that we pray towards the east, or because we make Sunday a day of festivity. What then? Do you do less than this? Do not many among you, with an affectation of sometimes worshipping the heavenly bodies likewise, move your lips in the direction of the sunrise? It is you, at all events, who have even admitted the sun into the calendar of the week; and you have selected its day, in preference to the preceding day as the most suitable in the week for either an entire abstinence from the bath, or for its postponement until the evening, or for taking rest and for banqueting. By resorting to these customs, you deliberately deviate from your own religious rites to those of strangers."

> Todas as nossas cerimônias do sábado santo e sobretudo as do fogo novo, do famoso círio pascal, não têm outro significado nem outra origem senão o triunfo do Sol sobre as Trevas, que se realiza no equinócio vernal, na Páscoa. Um certo número de orações deste ofício nada mais são do que a reprodução quase literal dos hinos védicos, nos quais as palavras Aryas e Dasyous foram substituídas pelas dos hebreus e egípcios. A palavra Aleluia (*all*, elevados e *oulia*, brilhantes) foi o grito de alegria que os antigos adoradores persas do Sol proferiram, quando celebravam o seu retorno na páscoa.[1]

Entre os gregos, igualmente, era possível encontrar uma festa da páscoa, pois eles cultuavam o Deus Zagreus, o qual foi perseguido e morto, mas ressuscitou no início da primavera, como o seu próprio filho (Dionísio): o Pai encarnou como seu filho, essa história absurda tornou-se o ponto central das depravações contidas no *Liber Mali* da Associação Católica de Celerados. Na primavera (páscoa) o Deus Dionísio surgia trazendo nova vida às vinhas.

O Belo Deus Dionísio, o Corajoso Deus Hércules, o Magnífico Deus Osíris, o Amado Deus Adônis, etc. eram considerados os Deuses Salvadores da humanidade, os quais sofriam, morriam, ressuscitavam no terceiro dia durante o equinócio de primavera (muito mais tarde conhecido como a páscoa).

Os diretores da Facção Pedófila Católica tentaram acabar com essas festas *pagãs*, e com todas as outras semelhantes, as quais comemoravam a ressurreição dos seus Deuses; esses eram festivais que tinham uma participação muito grande dos cidadãos,

---

[1] BOSSI, Emilio. *Gesù cristo non è mai esistito*, Ragusa: La Fiaccola, 1976, p. 79: "Tutte le nostre cerimonie del sabato santo e sopra tutte quelle del fuoco nuovo, del famoso cero pasquale non hanno altro significato né altra origine che il trionfo del Sole sulle Tenebre, che ha luogo all'equinozio di primavera, a Pasqua. Un certo numero di orazioni di questo offizio non sono che la riproduzione quasi letterale degli inni vedici, in cui le parole Aryas e Dasyous furono sostituite con quelle di Ebrei ed Egiziani. La parola Alleluia (all, elevato e oulia, brillante) era il grido di gioia che pronunciavano gli antichi Persi adoratori del Sole quando celebravano, a Pasqua, il ritorno del Sole." Disponível em <http://www.e-text.it/>

por esse motivo esses diretores se apropriaram desses festivais da ressurreição e os renomeou como a páscoa que conhecemos hoje.

A data de comemoração páscoa foi motivo de muita luta entre os diretores da "Ninhada de Traidores", visto que por se tratar de uma Organização Criminosa nova, muitos dos seus rituais, dogmas e festas ainda não tinham datas oficiais. Essa falta de padronização nos produtos levou a uma luta sanguinária entre os seus diretores, porquanto cada um deles queria ter o controle total sobre a riqueza da clientela.

A celebração da páscoa acontece no primeiro dia da primavera (equinócio vernal), que ocorre no primeiro domingo após a primeira lua cheia: isso leva a uma situação inusitada, pois a ressurreição do "Cadáver Judeu" ocorre todos os anos em dias diferentes, entre 21 de março e 25 de abril. Isso levou vários diretores da Gangue de Almas "mais sujas do que todo lixo", afirmarem que a data que eles escolheram era a certa: ao disputarem sobre a data correta da ressurreição não houve uma intenção de encontrar fatos históricos que comprovasse esse evento, contudo, eles estavam mais interessados em monopolizar os lucros dessa festa, por conseguinte houve lutas violentas entre esses perversos criminosos.

Por exemplo, o diretor Sabácio comemorava a páscoa no mesmo dia em que os judeus se reuniam para a sua festa; ele conseguiu influenciar diversos diretores, acionistas e consumidores da Facção Criminosa a seguirem a data que ele propusera.

Outros diretores reunidos na Gangue dos Quartodecimanos também comemoravam a páscoa na mesma época dos judeus, isto é, no décimo quarto dia da lua, o que levou a um confronto com a matriz da Quadrilha Iconódula em Roma:

> Além disso, os Quartodecimanos afirmam que a observância do décimo quarto dia foi entregue a eles pelo apóstolo João: enquanto os romanos e aqueles nas partes ocidentais nos asseguram que seu uso se originou com os apóstolos Pedro

e Paulo. Nenhuma dessas partes, no entanto, pode apresentar qualquer testemunho escrito em confirmação do que afirmam.[1]

Igualmente, a Gangue Novaciana celebrava a páscoa seguindo a tradição judaica no décimo quarto dia da lua. Contudo, caso a páscoa caísse no primeiro dia da semana, eles celebravam após os judeus:

> Posso acrescentar que entre seitas heréticas, Montanistas, Novacianos, Audianos, que se conformavam mais ou menos estreitamente com o tempo judaico, não há nenhuma dica de que a páscoa já foi outra coisa senão uma festa. Até então, toda a igreja permaneceu "judaica", pois a páscoa carregava distintamente as marcas de um festival.
> A celebração era, como vimos, precedida por um jejum. Isso não estava sujeito a nenhuma regra fixa, mas era de duração variável em diferentes lugares.[2]

Os asseclas da Gangue Montanista[3] comemoravam a páscoa de maneira diferente das outras gangues, uma vez que para eles o tempo deveria ser contado a partir dos ciclos do sol e não dos da lua. Além disso, eles consideravam que os meses teriam trinta dias, desse modo aceitavam como o primeiro dia do ano, aquele que se seguia ao equinócio vernal.

---

[1] SOCRATES SCHOLASTICUS. *The Ecclesiastical History*, book V, chapter XXII (The Author's Views respecting...): "Moreover the Quartodecimans affirm that the observance of the fourteenth day was delivered to them by the apostle John: while the Romans and those in the Western parts assure us that their usage originated with the apostles Peter and Paul. Neither of these parties however can produce any written testimony in confirmation of what they assert."

[2] DRUMMOND, JAMES. *The Fourth Gospel and the Quartodecimais*: "I may add that among heretical sects, Montanists, Novatians, Audians, which conformed more or less closely to the Jewish time, there is no hint that the passover was ever anything but a feast. To this extent, then, the whole church remained 'Jewish', that the passover bore distinctly the marks of a festival.

"The celebration was, as we have seen, preceded by a fast. This was under no fixed rule, but was of varying length in different places." Disponível em <https://www.jstor.org/stable/3153245?seq=1>

[3] Eram também chamados de frígios, devido à região chamada Frígia onde se estabeleceram; ou pepusistas, devido à cidade de Pepusa.

Essa contagem de tempo dos montanistas se ligava à fábula da criação de "dois grandes luminares" responsáveis "pela indicação de tempos". Para eles a sua contagem estava certa, visto que a cada oito anos o sol e a lua "se encontravam no mesmo ponto do céu":

> O ciclo da lua de oito anos é realizado em noventa e nove meses e em dois mil novecentos e vinte e dois dias; e durante esse tempo há oito revoluções feitas pelo sol [para Sozomeno o sol girava em torno da terra], cada uma compreendendo trezentos e sessenta e cinco dias, e a quarta parte de um dia. Pois eles computam o dia da criação do sol, mencionado nas escrituras sagradas, como sendo o décimo quarto dia da lua, ocorrendo após o nono dia antes dos calendários do mês de abril, e correspondendo ao oitavo dia anterior aos idos do mesmo mês. Eles sempre celebram a páscoa neste dia, quando coincide com o dia da ressurreição; caso contrário, eles a celebram no próximo dia do senhor; pois está escrito, segundo sua afirmação, que a festa pode ser realizada em qualquer dia entre o décimo quarto e o vigésimo primeiro.[1]

Nem mesmo os chamados evangelistas sabiam em qual data eles deveriam comemorar a páscoa, porque Saul, o "patife e falso", e Shimon Kaipha, o Príncipe das Traições, não concordavam com a data em que João, "o mais indigno de confiança", comemorava: assim, essa festa acontecia no Ocidente em uma data diferente

---

[1] SOZOMENUS (Philip Schaff, ed.). *The Ecclesiastical History*, book VII, chapter XVIII (Another Heresy, that of the Sabbatians, ...): "The moon's cycle of eight years is accomplished in ninety-nine months, and in two thousand nine hundred and twenty-two days; and during that time there are eight revolutions made by the sun, each comprising three hundred and sixty-five days, and the fourth part of a day. For they compute the day of the creation of the sun, mentioned in Sacred Writ, to have been the fourteenth day of the moon, occurring after the ninth day before the calends of the month of April, and answering to the eighth day prior to ides of the same month. They always celebrate the Passover on this day, when it falls on the day of the resurrection; otherwise they celebrate it on the following Lord's day; for it is written according to their assertion that the feast may be held on any day between the fourteenth and twenty-first."

daquela no Oriente; por outros termos, a Quadrilha Católica ainda não decidira a data mais importante da Organização Criminosa.

A respeito da morte do Sr. Münchhausen da Cruz vemos que os redatores das *Fábulas de João*, foram enfáticos em dizer, que ele morrera no sábado na véspera da páscoa:

> Depois levaram jesus da casa de Caifás para a audiência. E era pela manhã cedo. E não entraram na audiência, para não se contaminarem, mas poderem comer a páscoa.[1]

Não há como aceitar essa data, inventada pelos redatores desse texto, porque ela não coincide com a data da *crucificação* do "Cadáver Judeu", pois a data mais próxima para a páscoa no período relatado teria ocorrido três anos antes do evento, ou cinco anos após.

Esse relato das *Fábulas de João* está em clara contradição não só com a astronomia como, igualmente, com os demais redatores dos sinópticos, os quais afirmaram que a morte do Cordeiro "que falava como dragão", ocorrera no dia da páscoa:

> No primeiro dia da festa dos pães sem fermento, os discípulos dirigiram-se a jesus e lhe perguntaram: "Onde queres que preparemos a refeição da páscoa?"
> Ele respondeu dizendo que entrassem na cidade, procurassem um certo homem e lhe dissessem: "O mestre diz: 'O meu tempo está próximo. Vou celebrar a páscoa com meus discípulos em sua casa'."
> Os discípulos fizeram como jesus os havia instruído e prepararam a páscoa.[2]

Essa data confere com as *Fábulas de Marcos*:

---

[1] JOÃO, 18 (28).
[2] LEVI, 26 (17-19).

> No primeiro dia da festa dos pães sem fermento, quando se costumava sacrificar o cordeiro pascal, os discípulos de jesus lhe perguntaram: "Aonde queres que vamos e te preparemos a refeição da páscoa?"[1]

Os redatores das *Fábulas de Lucas* igualmente registraram essa mesma informação:

> Chegou, porém, o dia dos ázimos, em que importava sacrificar a páscoa. [...]
> E, chegada a hora, pôs-se à mesa, e com ele os doze apóstolos.
> E disse-lhes: Desejei muito comer convosco esta páscoa, antes que padeça;[2]

Para citar outro exemplo de falta de padronização e a confusão reinante sobre esse produto, temos uma lenda criada por Eusébio, "o Mais Repugnante dos Simpatizantes", o qual dissera que Policarpo de Esmirna, o Semeador da Morte, teria visitado o CEO Aniceto no ano de 261-260 a.H., a fim de discutir sobre qual data a páscoa deveria ser comercializada.

O CEO Aniceto tentou convencer Policarpo, o Semeador da Morte, a mudar o seu costume de comemorá-la na data em que ele festejava, mas Policarpo, descaradamente, afirmou haver discutido essa data com o próprio João, "o mais indigno de confiança":

> No final de 154 [261 a.H.] ou no início de 155 [260 a.H.] Policarpo visitou Roma, na esperança de chegar a um entendimento com o papa Aniceto sobre a forma de celebração da páscoa, "mas nem Aniceto convenceu Policarpo a renunciar ao seu costume, que sempre observou com o apóstolo João, discípulo de nosso senhor, e com os outros apóstolos com quem conversara", nem Policarpo convenceu Aniceto a adotar esse costume, pois esse último **declarou ser obrigado a manter os costumes de seu antecessor [grifo nosso]**.[3]

---

[1] MARCOS, 14 (12).
[2] LUCAS, 22 (7, 14-15).
[3] BARDENHEWER, Otto. *Patrology*. Saint Louis: Herder, 1908, p. 36: "At the end of 154 or at the beginning of 155 Polycarp visited Rome, in the hope of coming to

Percebam que a data da páscoa foi convencionada pelos diretores da Gangue Cropódula no Ocidente, por isso o CEO Aniceto continuou a comemorar uma data, a qual não representava a ressurreição do Sr. Münchausen da Cruz: o resultado da reunião entre esses pedófilos diretores foi nulo, porque nenhum dos líderes mafiosos sabia, qual seria a data em que o burro crucificado teria ressuscitado:

> Assim, a tradição que colocou a morte de Cristo no dia 25 de março era antiga e profundamente enraizada. É ainda mais notável porque considerações astronômicas provam que ela não pode ter tido fundamento histórico. A inferência parece ser inevitável, a paixão de cristo deve ter sido arbitrariamente referida a essa data para harmonizar com um festival mais antigo do equinócio da primavera.[1]

Jerônimo, o "Repugnante" Estuprador de Crianças, repetiu essa mentira contada por Eusébio, como se fosse um fato histórico:

> Ele [Policarpo, o Semeador da Morte], devido a certas questões relativas ao dia da Páscoa, foi a Roma no tempo do imperador Antonino Pio, enquanto Aniceto governava a igreja nessa cidade.[2]

---

an understanding with Pope Anicetus concerning the manner of the celebration of Easter, 'but neither could Anicetus move Polycarp to give up his custom, which he had always observed with the Apostle John, the disciple of Our Lord, and with the other Apostles with whom he had conversed", nor could Polycarp move Anicetus to adopt that custom, the latter declaring that he was bound to keep up the customs of his predecessor."

[1] FRAZER, James. *The Golden Bough:* A Study of Magic and Religion, chapter XXXVII (Oriental Religions in the West): "Thus the tradition which placed the death of Christ on the twenty-fifth of March was ancient and deeply rooted. It is all the more remarkable because astronomical considerations prove that it can have had no historical foundation. The inference appears to be inevitable that the passion of Christ must have been arbitrarily referred to that date in order to harmonise with an older festival of the spring equinox." Locais do Kindle 8370-8377, Edição do Kindle.

[2] JEROME (Philip Schaff, ed.). *Lives of Illustrious Men*, chapter XVII (Polycarp the bishop): "He, on account of certain questions concerning the day of the Passover, went to Rome in the time of the emperor Antoninus Pius while Anicetus ruled the church in that city."

Até o século II a.H. a matriz da Quadrilha Católica em Roma não havia decretado uma festa, para comemorar a possível ressurreição do xamã crucificado, pois Irineu, o Inventor de Hereges, ao defender os pedófilos seus patrões, não nos deu essa informação. Durante a gestão do CEO Vítor I, Irineu se tornara a personagem principal na discussão sobre a melhor data, para se vender a páscoa. Irineu afirmou que o crucificado participara de 3 páscoas, ao descrever os seguintes momentos: 1. após o *milagre* de Caná; 2. após os *milagres* em Samaria; 3. ele saiu de Jerusalém foi para Tiberíades, daí para Efraim em seguida a Betânia e finalmente voltou para Jerusalém:

> É preciso que todos reconheçam que essas três celebrações da páscoa não ocorreram em um único ano. Além disso, o mês especial em que a páscoa era celebrada, e no qual o senhor também sofreu, não era o décimo segundo, mas o primeiro. Aqueles que se vangloriam de saber tudo, se desconhecem isso, podem aprender com Moisés.[1]

Na defesa de Irineu, o Inventor de Hereges, devemos lembrar que para ele, o "Homem Morto" ele teria vivido até próximo os 50 anos e morrera jogado em uma árvore.

A confusão sobre quando ocorrera a páscoa aumentou com o passar dos anos, uma vez que os diretores Organização Criminosa Católica são, prontamente, reconhecidos por sua violência, ignorância e crueldade. Por isso, encontramos Inácio de Antioquia, o Suicida, não aceitando a data de comemoração da páscoa na mesma época em que os judeus a celebravam, pelo simples fato

---

[1] IRENAEUS. *Against Heresies*, book II, 3: "Now, that these three occasions of the passover are not included within one year, every person Avhatever must acknowledge. And that the special month in which the passover was celebrated, and in which also the Lord suffered, was not the twelfth, but the first, those men who boast that they know all things, if they know not this, may learn it from Moses."

de não querer participar de uma festa com os *assassinos* do Sr. Münchausen da Cruz:

> Mais uma vez me despeço do bispo e dos presbíteros no senhor. Se alguém celebra a páscoa com os judeus, ou recebe os emblemas de sua festa, é participante da festa daqueles que mataram o senhor e seus apóstolos.¹

Esse é mais um estranho critério, para indicar a data mais importante dessa Multinacional do Crime, não bastasse não ter uma data fixa para esse acontecimento.

Foi somente na reunião da diretoria em Nicea no ano 90 a.H., convocada pelo proprietário da Quadrilha Católica, o imperador Constantino, o Grande Traidor da Humanidade, que ficou decidido uma data padrão para se comercializar esse produto. O imperador decretou que os diretores do Leste abandonariam as comemorações da páscoa na mesma data que os judeus, desse modo eles foram forçados seguirem a data que ele decretou:

> O seguinte não é encontrado no texto latino, mas é encontrado no texto grego:
> Também lhe enviamos a boa notícia do acordo relativo à santa páscoa, nomeadamente que, em resposta às suas orações, esta questão também foi resolvida. Todos os irmãos do Oriente, que seguiram até agora a prática judaica, observarão doravante o costume dos romanos e de vocês mesmos e de todos nós que desde os tempos antigos celebramos a páscoa com vocês.²

---

[1] IGNATIUS (Philip Schaff, ed.). *The Epistle to the Philippians*, chapter XIV (Farewells and cautions): "Once more I bid farewell to the bishop, and to the presbyters in the Lord. If any one celebrates the passover along with the Jews, or receives the emblems of their feast, he is a partaker with those that killed the Lord and His apostles."

[2] *The Letter of the Synod in Nicaea to the Egyptians*: "The following is not found in the latin text, but is found in the greek text: We also send you the good news of the settlement concerning the holy pasch, namely that in answer to your prayers this question also has been resolved. All the brethren in the East who have hitherto followed the Jewish practice will henceforth observe the custom of the Romans and of yourselves and of all of us who from ancient times have kept Easter together with you."

A imposição dessa data foi registrada por Teodoreto de Ciro, o qual reproduziu o decreto do imperador:

> Constantino Augusto às Igrejas. Estando então em debate a comemoração da santíssima páscoa, foi unanimemente decidido que seria bom que fosse celebrada em todo lugar no mesmo dia. [...] Foi, em primeiro lugar, declarado impróprio seguir o costume dos judeus na celebração desta festa santa, porque, tendo suas mãos manchadas de crime, as mentes desses miseráveis homens estão necessariamente cegas. [...] Uma forma ordenada e excelente de comemoração é observada em todas as igrejas das partes ocidentais, meridionais e setentrionais do mundo, e por algumas das orientais; [...].[1]

Mais uma vez encontramos outro critério, para se estabelecer a data correta da páscoa: não celebrar com os judeus, porque têm as "mãos manchadas de crime".

Como ficou provado nos primeiros séculos, a páscoa era comemorada em datas diferentes da que é comemorada atualmente pelos Pedófilos Papistas. Por que a data que eles inventaram é mantida até hoje? Porque os seus comparsas exterminaram todos os que negavam as suas mentiras.

O dia de comemoração da páscoa varia devido estar relacionado diretamente aos fenômenos astronômicos. O que nos leva a

---

Disponível em <https://catholiclibrary.org/library/view?docId=/Magisterium-EN/XCT.269.html&chunk.id=00000009>.

[1] THEODORET OF CYRUS. *The Ecclesiastical History*, book I, chapter IX (The Epistle of the Emperor Constantine, ...): "Constantinus Augustus to the Churches. The commemoration of the most sacred paschal feast being then debated, it was unanimously decided, that it would be well that it should be everywhere celebrated upon the same day. [...] It was, in the first place, declared improper to follow the custom of the Jews in the celebration of this holy festival, because, their hands having been stained with crime, the minds of these wretched men are necessarily blinded. [...] An orderly and excellent form of commemoration is observed in all the churches of the western, of the southern, and of the northern parts of the world, and by some of the eastern; [...]."

uma pergunta inocente: o burro crucificado ressuscitou em dias diferentes? Se não, por que todos os anos a sua ressurreição é comemorada em dias diferentes? A resposta é tão simples como a pergunta: trata-se de uma comemoração *pagã* milenar, na qual o Deus da Vegetação ressuscitava, portanto, a comemoração dessa ressurreição deveria seguir as mudanças das estações: esses festivais foram colocados no cardápio de produtos da Gangue de Almas "mais sujas do que todo lixo", por atraírem um enorme número consumidores, por extensão os seus cofres sempre estariam cheios, garantindo-lhes as suas vidas de pedofilias.

4.5. Festa de Todos os Santos

Os *pagãos* celtas comemoravam às vésperas do dia primeiro de novembro o *Samhain*, o início do ano novo, porquanto era o período do verão (identificado como a vida), quando as colheitas terminavam e começava o inverno (associado à morte):

> As colheitas terminavam e o gado era trazido dos campos. Porcos e bois eram abatidos, com apenas um pequeno número mantido para reprodução. Um dia celta começava quando o sol se punha, e assim Samhain começou com o início da escuridão em 31 de outubro, com uma festa celebrando a colheita recente e a abundância temporária de alimentos. Algumas evidências arqueológicas sugerem que Samhain pode ter sido a única época em que os celtas tiveram fácil acesso a uma abundância de álcool, e os relatos sobreviventes do festival — nos quais a embriaguez sempre parece ocorrer — também apoiam isso.[1]

---

[1] MORTON, Lisa. *Trick or treat*: a history of Halloween. London: Reaktion Books, 2012, p. 14: "Crops were gathered and livestock were brought in from the fields. Pigs and cattle were slaughtered, with only a small number kept for breeding stock. A Celtic day began when the sun went down, and so Samhain started with the onset of darkness on 31 October, with a feast celebrating the recent harvest and temporary abundance of food. Some archaeological evidence suggests that Samhain may have been the only time when the Celts had ready access to an abundance of alcohol, and the surviving accounts of the festival — in which drunkenness always seems to occur — support this as well."

Eles acreditavam que, neste dia específico, era possível se comunicar com os mortos: foram esses festejos celtas que originaram o *Halloween* (*All Hallows*, Todos os Santos), o qual por sua vez foi copiado pela Quadrilha Católica sob o nome de *Festa de Todos os Santos*.

Os romanos também tinham uma festa chamada *Feralia* (significando *trazer* ou *almoçar* perto da sepultura), a qual era comemorada no dia 21 de fevereiro; nesse festival orava-se pedindo paz aos mortos: era comum deixar feijões perto das sepulturas simbolizando as lágrimas pelos entes queridos:

> As oferendas da *Feralia* em fevereiro aparecem sob uma luz completamente diferente. Elas consistem em guirlandas e violetas espalhadas, de frutas, grãos de sal e trigo embebido em vinho. Por mais modestos que ainda possam ser, eles revelam uma mentalidade mais sensível a nuances simbólicas: o ofertante deseja ao mesmo tempo, sustentar e honrar os mortos. Desta vez, trata-se de verdadeiras oferendas destinadas a agradar aos falecidos. [...] Esse costume de "alimentar os mortos" era tão difundido que ainda existia entre os cristãos: santo Agostinho[1] conta como sua própria mãe, que mantinha esse hábito, ainda difundido na África, teve a entrada impedida no cemitério de Milão, pois santo Ambrósio havia proibido essas práticas funerárias.[2]

Não podemos estranhar que mais essa festa tenha sido roubada pelos corruptíssimos diretores da Gangue Homoousiana, a

---

[1] AGOSTINHO. *Confissões*, VI, 2.
[2] SCHILLING, Robert. *Roman Festivals and their Significance*, p. 46: "The offerings of the Feralia in February appear in a quite different light. They consist of garlands and scattered violets, of fruit, grains of salt, and wheat soaked in wine). However modest they still may be, they reveal a mentality more sensitive to shades of meaning: the offerer wishes at the same time to sustain and to honour the dead. This time it is a case of real offerings which are intended to please the deceased. [...] This custom of 'feeding the dead' was so widespread that it still existed among the Christians: St. Augustine tells how his own mother who had kept this habit, still widespread in Africa, found herself refused entrance to the cemetery of Milan, for St. Ambrose had forbidden these funerary practices." Disponível em <https://journals.co.za/doi/pdf/10.10520/AJA00651141_804>

fim de substituir as diversas festas *pagãs*, as quais lembravam os mortos:

> a festa de Todos os santos, em princípios de novembro, que, sob um tênue disfarce cristão, oculta uma antiga festa pagã dos mortos.[1]

Existe uma fábula a respeito dessa festa, segundo a qual um certo peregrino, voltando de Jerusalém, parou para descansar em uma ilha no mar Mediterrâneo. Ele encontrou um eremita, que lhe narrou que muitas almas dos pecadores eram atormentadas pelos vulcões da ilha: o eremita disse que se podia ouvir os gritos de raiva dos demônios, quando essas almas eram resgatadas pelas orações e esmolas dos criminosos da Gangue dos Monges de Cluny.

O peregrino, após chegar ao seu destino, contou essa lorota ao criminoso líder da Gangue dos Monges, Odilo de Cluny, o qual em 583 d.H. decretou que a sexta-feira deveria ser considerada *santa*, bem como dedicada à salvação das almas dos consumidores da Organização Criminosa:

> Odilo pensou em estabelecer um dia especial de intercessão pelas almas dos fiéis, a ser observado em todas as casas sob seu comando, ou seja, 2 de novembro, o dia seguinte ao Dia de Todos os santos. Salmos especiais, orações e esmolas foram designados.[2]

O Dia de Todos os *santos* foi instituído oficialmente pelo CEO da Quadrilha Católica, Bonifácio IV (135-200 d.H.), com a consagração do *Panteão de Agripa* à Maria Stada, aos *santos* e aos *mártires*; a partir desta data, os consumidores deveriam agradecer aos

---

[1] FRAZER, J. *O Ramo Dourado*. São Paulo: Zahar, 1982, p. 547.
[2] SMITH, L. M. *The Early History of the Monastery of Cluny*. London: Oxford University Press, 1920, p. 183: "Odilo bethought himself of setting aside a special day of intercession for the souls of the faithful, to be observed in all the houses under him, i.e. 2nd of November, the day following All Saints' Day. Special psalms, prayers, and giving of alms were appointed."

santos (deuses menores) desconhecidos; assim esses rituais *pagãos* tornaram-se comemorações oficiais no dia 13 de maio:

> Uma festa de todos os mártires foi mantida em 13 de maio na igreja oriental de acordo com Efraim Sírio (morreu c. 373), o que pode ter determinado a escolha de 13 de maio pelo Papa Bonifácio IV, quando dedicou o Panteão de Roma como uma igreja em honra da Santíssima Virgem e de todos os mártires em 609.[1]

O CEO Gregório IV fez mais uma adaptação na festa, a fim de conquistar o dinheiro dos *pagãos*, sendo assim, ele mudou a comemoração para o dia 01 de novembro, a fim de coincidir com as comemorações feitas pelos fiéis do *paganismo*, as quais eram comuns entre a população:

> Papa Gregório IV (844) transferiu a celebração para 1º de novembro. O motivo para essa transferência é bastante interessante, especialmente porque alguns estudiosos afirmaram que a Igreja atribuiu o Dia de Todos os Santos a 1º de novembro, para substituir uma festa de significado cristão pelas celebrações pagãs germânicas do culto demoníaco nessa época do ano.[2]

4.6. Semana Santa

A comemoração da Semana santa pelos criminosos da "Ninhada de Traidores" começou assim como todas as suas comemo-

---

[1] *All Saints' Day*: "A feast of all martyrs was kept on May 13 in the Eastern church according to Ephraem Syrus (died c. 373), which may have determined the choice of May 13 by Pope Boniface IV when he dedicated the Pantheon in Rome as a church in honour of the Blessed Virgin and all martyrs in 609." Disponível em <https://www.britannica.com/topic/All-Saints-Day>.

[2] WEISER, Francis. *Feast of all Saints*, chapter 26, p. 307: "Pope Gregory IV (844) transferred the celebration to November 1. The reason for this transfer is quite interesting, especially since some scholars have claimed that the Church assigned All Saints to November I in order to substitute a feast of Christian signiffcance for the pagan Germanic celebrations of the demon cult at that time of the year." Disponível em <https://www.latinmassfuneral.com/files/Weiser_Hallowtide.pdf>.

rações: os seus diretores adaptaram as festas *pagãs* em homenagem aos Deuses Átis, Héracles, Mitra, à Deusa Krishna Cristo (Jeseus Cristo), etc. os quais ressuscitavam.

Essa celebração *pagã* já existisse, a mais de 1.000 anos antes do crucificado, como uma festa de agradecimento aos seus Deuses pelo renascimento da Natureza. Os diretores da Quadrilha Católica quase exterminaram os *pagãos*, contudo, no segundo século a.H., eles incorporaram esse festival ao seu rol de vendas, afirmando que se tratava de uma festa em honra ao "Homem Morto".

O ponto alto dessas celebrações *pagãs* ocorria no domingo de páscoa, dia em que aqueles Deuses ressuscitaram, contudo, os diretores da Organização Criminosa Católica vendem essa festa como a ressurreição do "Cadáver Judeu".

A partir do I a.H, a Quadrilha Católica determinou que se deveria começar a preparação para a páscoa 40 dias antes: é o período conhecido como quaresma, no qual o jejum era obrigatório.

O *Liber Odium* é pródigo em falar sobre a semana que antecedeu a páscoa ao gastar um terço do seu conteúdo para descrevê-la, ao passo que o nascimento do crucificado compõe menos de 5% do texto.

As comemorações da Semana *santa* têm início 7 dias antes, no Domingo de Ramos, quando o cordeiro, "que falava como dragão", entrara em Jerusalém montado em um burro, a fim de cumprir a *profecia*:

> Alegra-te muito, ó filha de Sião; exulta, ó filha de Jerusalém; eis que o teu rei virá a ti, justo e Salvador, pobre, e montado sobre um jumento, e sobre um jumentinho, filho de jumenta.[1]

Na segunda-feira ficamos sabendo que o crucificado entrou alucinado no templo e atacou com uma virulência inaudita alguns comerciantes:

---

[1] ZACARIAS, 9 (9).

> E vieram a Jerusalém; e Jesus, entrando no templo, começou a expulsar os que vendiam e compravam no templo; e derrubou as mesas dos cambiadores e as cadeiras dos que vendiam pombas.[1]

No dia seguinte, o crucificado se deu conta do crime que havia cometido, por isso ele fugiu para o Monte das Oliveiras, falou sobre o fim dos tempos e anunciou a sua morte:

> Eis que vamos para Jerusalém, e o Filho do homem será entregue aos príncipes dos sacerdotes, e aos escribas, e condená-lo-ão à morte.[2]

A quarta-feira foi um dia livre, porque não tempos nenhuma informação sobre esse dia, apenas especulações segundo as quais o crucificado se escondera em Betânia.

A quinta-feira que foi um dia movimentado, porque o crucificado lavara os pés dos seus comparsas, fizera o ritual da eucaristia:

> Porque a minha carne verdadeiramente é comida, e o meu sangue verdadeiramente é bebida.
> Quem come a minha carne e bebe o meu sangue permanece em mim e eu nele.[3]

Mais à noite, ainda na quinta-feira, ele fora traído por Judas:

> E, estando ele ainda a falar, surgiu uma multidão; e um dos doze, que se chamava Judas, ia adiante dela, e chegou-se a Jesus para o beijar.[4]

---

[1] a. MARCOS, 11 (15); b. LEVI, 21 (12-13); LUCAS, 19 (45); JOÃO, 2 (15-16).
[2] a. LEVI, 20 (18); b. MARCOS, 10 (33); c. LUCAS, 18 (32); d. JOÃO, 12 (32-34).
[3] a. JOÃO, 6 (55-56); b. LUCAS, 22 (19); c. LEVI, 26 (28); d. MARCOS, 14 (22).
[4] a. LUCAS, 22 (47); b. LEVI, 26 (25); c. MARCOS, 14 (43); d. JOÃO, 13 (27).

Mas, a maior traição foi a de Shimon Kaipha, porquanto ele traiu o crucificado por três vezes: um crime muito maior do que o de Judas, por isso ele se tornou a pedra fundamental do Império Católico do Mal.

Na sexta-feira toda a farsa acabou, pois o cordeiro, "que falava como dragão", foi crucificado:

> E, achado na forma de homem, humilhou-se a si mesmo, sendo obediente até à morte, e morte de cruz.[1]

No sábado, houve vários eventos, muitos dos quais são contraditórios, mas os quais podem ser descritos como as preparações para cuidar do corpo. Um evento que nos chama atenção foi o plano da Gangue do crucificado em roubar o corpo e afirmarem que houve uma ressurreição. Para tentar evitar mais esse crime, Pilatos ordenou que o túmulo fosse vigiado:

> "Levem um destacamento", respondeu Pilatos. "Podem ir, e mantenham o sepulcro em segurança como acharem melhor".
> Eles foram e armaram um esquema de segurança no sepulcro; e além de deixarem um destacamento montando guarda, lacraram a pedra.[2]

Quando o domingo chega ficamos sabendo que o túmulo estava vazio e que houvera uma ressurreição:

> Ele não está aqui; ressuscitou, como tinha dito. Venham ver o lugar onde ele jazia.[3]

---

[1] **a.** SAUL, *Epístola aos Filipenses*, 2 (8); **b.** LEVI, 27 (50); **c.** MARCOS, 15 (33-34); **d.** LUCAS, 23 (46); **e.** JOÃO, 19 (30).
[2] **a.** LEVI, 27 (65-66); **b.** MARCOS, 16 (1); **c.** LUCAS, 24 (6); **d.** JOÃO, 19 (40).
[3] **a.** LEVI, 28 (6); **b.** MARCOS, 16 (6); **c.** LUCAS, 24 (6); **d.** JOÃO, 20 (9).

Não devemos esquecer que em nenhuma passagem do *Liber Odium* encontramos alguma ordem, para se comemorar a Semana santa. Portanto, todos esses festejos da Gangue de Almas "mais sujas do que todo lixo", são festas *pagãs*, as quais foram adotadas, a fim de manter ganhar as suas 30 moedas de prata.

4.7. Festa da Assunção da Virgem

O dia 15 de agosto era o feriado de *Ferragosto* (*feriae Augustis*) em Roma; esse dia foi instituído pelo Deus Salvador, Pacificador e Redentor o imperador Augusto:

> O imperador instituiu este festival em 18 a.C. para celebrar o fim do trabalho agrícola de verão e os deuses da fertilidade *Conso* e *Opi*.
> Como parte das festividades, corridas de cavalos eram realizadas em todo o império, e animais de tração — bois, burros e mulas — eram dispensados do trabalho e decorados com flores.[1]

Muito antes do Deus Augusto decretar esse feriado, ele já era comemorado como uma festa da colheita desde o IX a.H.; era, ainda, uma festa tradicional muito importante em homenagem à Deusa Ísis do Mar, a qual teria nascido nesse dia.

A Festa da Assunção da Virgem, que ocorre em agosto, foi a maneira como os criminosos da Quadrilha Católica usaram, para destruir as comemorações *pagãs*, que ocorriam nesse dia, como era o caso da festa em homenagem à Deusa Diana (Ártemis): essa

---

[1] *A Holiday with Ancient Origins*: "The emperor instituted this festival in 18 B.C. to celebrate the end of summer agricultural work and the fertility gods Conso and Opi.
"As part of the festivities, horse races were held throughout the empire, and draft animals-oxes, donkeys, and mules-were dispensed from work and decorated with flowers."
Disponível em <https://swissfederalism.ch/en/august-15-holiday-with-different-traditions/>

Deusa era louvada por trazer a fertilidade à terra, bem como auxiliaria as mulheres durante o parto. Originalmente essa festa recebia o nome de *Nemoralia*, a qual ocorria nos dias 13, 14 e 15 de agosto; o seu nome deriva do local onde começou as celebrações: o Lago Nemi a poucos quilômetros de Roma.

Essa festa também era conhecida como *Festa das Lanternas* (ou Festa das Tochas, ou Idos Hecateanos), porque os fiéis carregavam tochas a caminho do santuário. Era um festival muito concorrido entre os romanos, o que levou Ovídio a nos dar um relato sobre essas comemorações:

> No vale de Arícia há um lago cercado por bosques sombrios e santificado pela religião desde os tempos remotos. [...] A longa cerca é coberta com fios pendurados, e muitas tábuas ali atestam o mérito da Deusa [Diana]. Frequentemente, uma mulher, cuja prece foi atendida, carrega da cidade tochas acesas, enquanto guirlandas enfeitam suas testas. [...] Os homens adiam a selvageria, a justiça era mais poderosa que as armas, o cidadão achava vergonhoso lutar com o cidadão, e aquele que agora se mostrava truculento se transformaria à vista de um altar e ofereceria vinho e trigo salgado nas lareiras quentes.[1]

Por quase mil anos os *pagãos* adoraram a Deusa Diana, contudo a Facção Criminosa Católica, ao tomar o poder político-econômico, mudou o nome desse Sagrado Festival para Assunção da Virgem:

> A crença na Assunção de Maria tem suas raízes nas primeiras tradições cristãs e textos apócrifos, em vez das Escrituras canônicas. A doutrina foi formalmente definida pelo Papa

---

[1] OVID. *Fasti*, 259-284: "In the Arician vale there is a lake begirt by shady woods and hallowed byreligion from of old. [...] The long fenceis draped with hanging threads, and many a tablet there attests the merit of the goddess. Often doth a woman, whose prayer has been answered, carry from the city burning torches, while garlands wreathe her brows. [...] Men put off savagery, justice was more puissant than arms, citizen thought shame to fight with citizen, andhe who but now had shown himself truculent wouldat the sight of an altar be transformed and offer wine and salted spelt on the warm hearths."

O Paganismo oficializado

Pio XII em 1º de novembro de 1950, na constituição apostólica *Munificentissimus Deus*. Ele declarou:

> "Nós pronunciamos, declaramos e definimos como um dogma divinamente revelado que a Imaculada Mãe de deus, a sempre Virgem Maria, tendo completado o curso de sua vida terrena, foi assumida em corpo e alma à glória celestial."

Entretanto, a falta de evidências bíblicas para esse evento confirma que não é uma doutrina válida.[1]

A fábula da assunção de Maria Stada desloca o senso de honestidade de qualquer um: primeiro, porque não tem nenhum fundamento no *Liber Odium*, apesar dos mafiosos católicos forjarem provas citando esse livro maléfico:

> E, entrando o anjo aonde ela estava, disse: Salve, agraciada; o senhor é contigo; bendita és tu entre as mulheres.[2]

Como a criminalidade é a marca registrada da Quadrilha Católica, eles anda tentaram transformar essa mentira em verdade citando mais uma vez o *Depósito de Excremento*:

> E viu-se um grande sinal no céu: uma mulher vestida do sol, tendo a lua debaixo dos seus pés, e uma coroa de doze estrelas sobre a sua cabeça.[3]

---

[1] SANGWA, Sixbert. *What is the Assumption of Mary and What is the Hidden Truth Behind It?*: "The belief in the Assumption of Mary has its roots in early Christian traditions and apocryphal texts rather than the canonical Scriptures. The doctrine was formally defined by Pope Pius XII on November 1, 1950, in the apostolic constitution *Munificentissimus Deus*. He declared:
'We pronounce, declare, and define it to be a divinely revealed dogma that the Immaculate Mother of God, the ever Virgin Mary, having completed the course of her earthly life, was assumed body and soul into heavenly glory'.
"However, the lack of scriptural evidence for this event confirms that it is not a valid doctrine."
[2] LUCAS, 1 (28).
[3] *Apocalipse*, 12 (1).

Ambos os versículos não afirmam nada sobre a assunção de Maria Stada, quem inventou essa mentira relacionando "uma mulher vestida do sol" com Maria Stada foi Teófilo, "o Amigo de Satanás":

> A mulher que mencionamos acima é Maria, a mãe de jesus. Ela é verdadeiramente a Rainha de todas as mulheres. O sol em que ela está revestida é nosso senhor e salvador jesus cristo, que habitou nela e iluminou todo o seu corpo, e a lua é João Batista, iluminado pelo batismo de cristo, com o qual nos vestimos para o perdão dos pecados.[1]

Isso nos mostra que o Império Católico do Mal é *pagão*, porquanto os seus diretores afirmam que o corpo e alma de Maria Stada foram levados para o céu, tal como ocorreu com muitos Deuses no *paganismo*: Ísis, Hércules, Rômulo, Perseu, etc.

Os seus diretores ao se apropriarem da festa da Deus Diana e a ligarem a Maria Stada mostram todo o desprezo que têm para com as mulheres, uma vez que o termo *assunção* significa que Maria Stada foi para o céu com a ajuda do imprestável "Cadáver Judeu", porque ela seria incapaz de fazer isso sozinha; diferentemente do seu filho, que foi para o céu devido ao poder da sua magia negra.

4.8. Festa do Dia dos Mortos

A veneração dos mortos é mais um ritual *pagão*, que os diretores da Máfia de Preto adotaram no seu cardápio de produtos tóxicos. Encontramos o culto aos mortos entre os babilônios: a história relata que Ninrode (Divino Filho do Céu) ao morrer teve o seu

---

[1] THEOPHILUS. *Vision of Theophilus*. Cambridge: W. Heffer & Sons Limited, 1931, p. 11: "The woman whom we have mentioned above is Mary, the mother of Jesus. She is truly the Queen of all women. The sun in which she is arrayed is our Lord and Saviour Jesus Christ, who dwelt in her and illuminated all her body, and the moon is John the Baptist who was illuminated by the baptism of Christ, with which we clothed ourselves for the forgiveness of sins."

corpo desmembrado e enterrado em vários locais, a fim de torná-los santos:

> Aqui, então, é evidente que a adoração de relíquias é apenas uma parte daquelas cerimônias instituídas para comemorar a morte trágica de Osíris ou Nimrod, que, como o leitor pode se lembrar, foi dividido em quatorze pedaços, enviados para várias regiões diferentes [...].[1]

Essa lenda em que um Deus é morto, cortado em partes e essas partes são espalhadas por várias regiões também pode ser encontrada no Egito com o Deus Osíris (o Deus dos Mortos), ou na Grécia com o Deus-Menino Zagreus, ou ainda Orfeu.

Outros povos que faziam festas, para honrar os seus mortos foram: Koyukon; Huroniano; Wyandot; Iroquês; Dakota.[2]

Na Grécia antiga, já é bem-sabido, que os mortos eram reverenciados, alguns dos quais foram adorados mais tarde como Deuses: Hércules, Perseu, Asclépio e outros.

Tanto os gregos como os romanos acreditavam que não havia uma vida após a morte, para eles as almas dos mortos continuavam com o corpo na sepultura, pois admitiam que a alma estaria viva:

> Era costume, no fim da cerimônia fúnebre, chamar três vezes a alma do morto pelo nome do falecido, desejando-lhe vida feliz sob a terra. Diziam-lhe três vezes: Passe bem. — E acrescentavam: Que a terra lhe seja leve — tanta era a certeza de que a criatura continuava a viver sob a terra, conservando a sensação de bem-estar ou de sofrimento.[3]

---

[1] HISLOP, Alexander. *The Two Babylons*, p. 122: "Here, then, it is evident that the worship of relics is just a part of those ceremonies instituted to commemorate the tragic death of Osiris or Nimrod, who, as the reader may remember, was divided into fourteen pieces, which were sent into so many different regions [...]." Disponível em <https://famguardian.org/Publications/TheTwoBabylons/THE_ TWO_BABYLONS.pdf>.
[2] *The Encyclopedia of Religion*. New York: Macmillan Publishing Company, 1987. Várias páginas.
[3] COULANGES, Fustel de. *A Cidade Antiga*. Capítulo I.

A crença sobre a alma estar viva era tão arraigada na mentalidade popular, que os indivíduos levavam alimentos, roupas e outros objetos para os mortos. É por este motivo, que era preciso enterrá-los, a fim de que a alma pudesse viver junto ao corpo e não viver vagando pelo mundo.

O Deus Platão, a Meretriz de Atenas, narrou um fato na vida do Deus Sócrates, o "Bufão Ático", que nos remete a esta tradição: esse asqueroso Deus se absteve de participar d política, quando teve que ir ao

> julgamento dos dez capitães que na batalha de Arginusas não recolheram os mortos e os náufragos.[1]

Por não recuperarem os corpos, os capitães foram julgados, porque para os gregos era um crime grave não os enterrar, porquanto sem o enterro as suas almas não estariam em paz e errariam pelo mundo.

Homero chamou a atenção, para a necessidade de se enterrar os corpos imediatamente, a fim de que a alma não fosse prejudicada:

> e ele [Pátroclo] ficou acima da cabeça de Aquiles e falou com ele, dizendo: "Tu dormes e te esqueceste de mim, Aquiles. Não em minha vida foste esquecido de mim, mas agora em minha morte! Enterra-me com toda a rapidez, para que eu passe pelos portões do Hades. [...]."[2]

Para os gregos e romanos uma alma não sepultada andava pelo mundo e não recebia as oferendas, por isso tornava-se má e prejudicava os vivos. Deste modo, o enterro era tornava a alma feliz, bem como garantia a segurança dos vivos. Suetônio narrou o

---

[1] DAU, Sandro. *Sócrates*. Vitória: 2015. Texto não publicado.
[2] HOMER. *Iliad*, book 23 (Funeral Games of Patroclus): "and he stood above Achilles' head and spake to him, saying: 'Thou sleepest, and hast forgotten me, Achilles. Not in my life wast thou unmindful of me, but now in my death! Bury me with all speed, that I pass within the gates of Hades. [...]'."

que acontecera com a alma de Calígula, o qual não fora enterrado da maneira apropriada:

> [Calígula] Viveu 29 anos (252), reinou três anos, dez meses e oito dias (253). Seu cadáver, levado às escondidas para os jardins de Lâmia e semicremado em uma pira improvisada, foi recoberto ligeiramente com relva. Mais tarde foi exumado pelas suas irmãs retornadas do exílio, incinerado e sepultado. Sabe-se que, antes desta exumação, guardas dos jardins se viram perseguidos por fantasmas. Do mesmo modo não se passou uma só noite em que, quer o palácio, quer o local em que ele sucumbira, não estivessem expostos a qualquer assombração, até que essa casa houvesse sido devorada por um incêndio.[1 e 2]

O homem antigo temia mais não ter um sepultamento do que a própria morte: mesmo entre os mais perversos criminosos a pena, a qual eles não queriam era a de não poder ser sepultado, o que impediria as orações pelo morto.

Na Quadrilha Católica quem introduziu a adoração aos mortos foi o imperador Constantino, o Grande Traidor da Humanidade; este ritual perpetua-se até hoje no mundo dominado por essa Multinacional do Crime. Esta é uma comemoração tipicamente *pagã*, a qual esses diretores abraçaram, porque era um produto cujo retorno econômico era imenso.

Mesmo antes desse período, os diretores da Gangue de Almas "mais sujas do que todo lixo" (Tertuliano, o Inquisidor Mor e Cirilo, o "Depósito de Lixo Alexandrino") ladravam existir o costume dos seus asseclas orarem pelos mortos nas catacumbas.

---

[1] SUETÔNIO. *A vida dos doze Césares*. Brasília: Senado Federal, 2012, pp.: 173-174. Volume 171.
[2] Ver também COULANGES, Fustel de. *A cidade antiga*. Capítulo I: "Suetônio conta que o corpo de Calígula, enterrado antes de se completar a cerimônia fúnebre, fez com que a sua alma se tornasse errante, aparecendo a diversas pessoas, até o dia em que o desenterraram, sepultando-o novamente de acordo com as regras."

Durante séculos os diretores, acionistas e consumidores da Associação Católica de Celerados comemoravam esse Dia em épocas diferentes, portanto, por uma necessidade mercadológica, foi necessário padronizar a sua comemoração no dia primeiro de novembro.

Capítulo V

Os milagres

Eu conto o milagre, o milagre aconteceu"
Ovídio

Os diretores da Gangue de Almas "mais sujas do que todo lixo", não acreditam nos milagres que eles vendem, eles acreditam nas 30 moedas de prata que esses milagres proporcionam. Por não acreditar neles, esses diretores puderam inventar as maiores insanidades e as venderam como milagres feitos pelos bandidos que pululam nas suas hordas. Antes de começarmos esse capítulo teremos que nos lembrar de João, o Boca de Ouro, o qual afirmou que os milagres são eventos para os tolos:

> São Crisóstomo declara que "os milagres não são feitos para homens sensatos, mas apenas para mentes preguiçosas". Entender-se-á, portanto, que o que escrevemos aqui sobre o assunto não será destinado a pessoas de bom senso, mas apenas aos ignorantes e supersticiosos.[1]

Desde o início os fundadores da Máfia de Preto sabiam que a utilização das artes taumatúrgicas lhes renderia enormes fortunas, por esse motivo eles se dedicaram a vender esse tipo de magia negra: eles narraram milagres, os quais já eram conhecidos pelo público que eles estavam se dirigindo. A única novidade que esses criminosos trouxeram foi substituir os nomes dos Deuses e heróis antigos por personagens ligados à quadrilha.

O *Liber Odium* está repleto de fábulas a respeito dos milagres feitos pelo necromante crucificado. Como a sua divindade foi inventada muito tempo após os demais Deuses, os criadores das suas fábulas puderam, não somente transcreverem os milagres desses Deuses como igualmente, elevaram em grau máximo os *milagres* do seu Garoto Propaganda, a fim de mostrar que ele seria

---

[1] GRAVES, Kersey. *The Bible Of Bibles*, chapter XX (miracles, erroneous belief in), 3: "St. Chrysostom declares that "miracles are not designed for men of sense, but only for sluggish minds." It will be understood, therefore, that what we write here on the subject will not be designed for persons of sense, but only for the ignorant and superstitious."

superior aos Deuses *pagãos*: não há nenhum milagre, por exemplo, no *Livro Velho dos Judeus* que não tenha sido suplantado pelo *Liber Odium*.

Os diretores do Bando de Fetichistas ao venderem o carpinteiro apresentaram-no como um fazedor de milagres, contudo muitos dos seus *milagres* já se encontravam no *Livro Velho dos Judeus*, ou foram praticados por outros Deuses, ou imperadores romanos. Desse modo, vemos que o crucificado era apenas mais um típico milagreiro de esquina, o qual foi vendido aos seus consumidores como um produto de alta qualidade. Todavia, ele não passava de um mágico de fim de feira em uma nova embalagem, além de ser sustentado por um marketing violento.

Os milagres relatados pelos diretores da Máfia "Adoradora de Farinha e Água" foram para os homens daquela época tão absurdos, tolos e falsos, como para nós hoje em dia. Os redatores que adaptaram os milagres antigos ao crucificado, não se deram ao trabalho de ler o que os outros inventores das *Fábulas* sobre o "Homem Morto" escreveram. Por isso, ao analisarmos os seus milagres, imediatamente encontramos diversas contradições, como é o caso das *Fábulas de Levi*, onde lemos que o crucificado não ficara surpreso com a multidão, ele apenas não quisera fazer milagres:

> E não realizou muitos milagres ali, por causa da incredulidade deles.[1]

Vemos, em contraposição, que nas *Fábulas de Marcos*, os seus redatores escreveram que o crucificado, ao ver a incredulidade da multidão, ficara surpreso por isso não fizera muitos milagres:

> E não podia fazer ali nenhuma obra maravilhosa; somente curou alguns poucos enfermos, impondo-lhes as mãos.

---

[1] LEVI, 13 (58).

E estava admirado da incredulidade deles. E percorreu as aldeias vizinhas, ensinando.¹

Não faremos a pergunta: como pode um homem que se apresenta como deus onisciente ter ficado "admirado" com o ceticismo da sua plateia?

Os seus comparsas nos indicaram, que ele fizera 38 milagres:

> Os evangelistas relatam que jesus realiza 38 milagres, dos quais curiosamente 19, a metade, são descritos por um único autor: dois Marcos, dois Mateus, oito Lucas e sete João.²

Essas "obras maravilhosas" ocorreram com os diversos outros Deuses, contudo os diretores da Gangue Nicena as rotularam de magias, necromancias, falsificações e intervenções diabólicas; o que os levou a concluírem que somente os *milagres* que se referiam ao "Cadáver Judeu" teriam origem no deus, o qual estavam comercializando.

Quando abrimos o *Liber Mali* fica evidente que a intensidade e grandeza dos *milagres* vão aumentando gradativamente até chegarmos às *Fábulas de João*, cujos redatores inventaram milagres, os quais não foram relatados nos sinópticos:

> **1. a transubstanciação da água em vinho:** "E, logo que o mestre-sala provou a água feita vinho (não sabendo de onde viera, se bem que o sabiam os serventes que tinham tirado a água), chamou o mestre-sala ao esposo,"³;
> **2. a cura em Betesda:** "Jesus disse-lhe: Levanta-te, toma o teu leito, e anda."⁴;

---

¹ MARCOS, 6 (5-6).
² DESCHENER, Karlheinz. *Historia Criminal del cristianismo*. Barcelona: Ediciones Martínez Roca, 1990, vol. IV, p. 94: "Los evangelistas relatan que Jesús realiza 38 milagros, de los que curiosamente 19, la mitad, los describe un único autor: dos Marcos, dos Mateo, ocho Lucas y siete Juan."
³ JOÃO, 2 (9).
⁴ JOÃO, 5 (8).

3. a ressurreição do filho do nobre: "Disse-lhe jesus: Vai, o teu filho vive."[1];

4. o cego em Siloé: "Ele respondeu: 'O homem chamado jesus misturou terra com saliva, colocou-a nos meus olhos e me disse que fosse lavar-me em Siloé. Fui, lavei-me, e agora vejo'."[2];

5. a ressurreição de Lázaro: E o defunto saiu, tendo as mãos e os pés ligados com faixas, e o seu rosto envolto num lenço. Disse-lhes Jesus: "Desligai-o, e deixai-o ir."[3];

6. a segunda pesca: "E ele lhes disse: Lançai a rede para o lado direito do barco, e achareis. Lançaram-na, pois, e já não a podiam tirar, pela multidão dos peixes."[4]

De todos os milagres que os redatores do *Crimen Libri* apresentaram nenhum deles foi uma novidade, porque todos eles não somente eram conhecidos na antiguidade, como eram uma prática comum aos Deuses e a alguns homens *pagãos*:

1. o nascimento virginal[5]: aconteceu com a Deusa Krishna Cristo (Jeseus Cristo), Buda Cristo, o Deus Pitágoras, o Deus Platão, o Deus Osíris, o Deus Mitra e quase todos os outros Deuses;

2. a ressurreição[6]: ocorrera com a Deusa Krishna Cristo (Jeseus Cristo), Buda Cristo, o Deus Mitra, o Deus Adônis, o Deus Tamuz, o Deus Osíris, o Deus Hércules, o Deus Perseu, o Deus Rômulo (Quirino), o Deus Sócrates, etc.;

3. aparecimentos após a ressurreição[7]: foram vistos pelos fiéis o Deus Rômulo (Quirino), Buda Cristo;

4. a subida aos céus[8]: igualmente, foi um evento testemunhado pelos adoradores da Deusa Krishna Cristo (Jeseus Cristo), Deus Osíris, Deus Adônis, Deus Rômulo (Quirino), Deus Perseu, Deus Hércules, Deus Pitágoras, Deus Sócrates, Deus Platão, Deus Apolônio de Tiana, Buda Cristo, Júlio César e muitos outros;

---

[1] JOÃO, 4 (50).
[2] JOÃO, 9 (11).
[3] JOÃO, 11 (44).
4 JOÃO, 21 (6).
[5] LEVI, 1 (18-25); LUCAS, 1 (26-38).
[6] LEVI, 28 (1-8); MARCOS, 16 (1-8); LUCAS, 24 (1-10); JOÃO, 20 (1-8).
[7] LEVI, 28; MARCOS, 16; LUCAS, 24; JOÃO, 20-21; *Atos dos apóstolos*, 1)
[8] LUCAS, 24 (50-53); *Atos dos apóstolos*, 1 (1-11).

5. a transformação de água em vinho[1]: foi uma cópia de um milagre muito admirado pelos seguidores do Deus Dionísio, o qual ainda deu a Oino, filha do rei de Delos, Anius, o poder de transformar o que quisesse em vinho;
6. a dissipação de uma tempestade[2]: foi praticada pelo Deus Poseidon; Deus Pitágoras; Deus Apolônio de Tiana; Deus Simão, o Mago;
7. a multiplicação dos alimentos[3]: encontramos em Moisés, Eliseu, Odin;
8. andar sobre as águas[4]: causava admiração nos fiéis da Deusa Krishna Cristo (Jeseus Cristo); Buda Cristo; Deus Apolônio de Tiana; Deus Poseidon;
9. a pesca milagrosa[5]: foi um plágio daquela que o Deus Pitágoras fizera, mas, diferente do crucificado, ele liberou os 153 peixes (por uma coincidência inacreditável é o mesmo número de peixes que os redatores de João relataram);
10. a expulsão de demônios[6]: causava um grande impacto nos admiradores de Buda Cristo, da Deusa Krishna Cristo (Jeseus Cristo), do Deus Apolônio de Tiana, do Deus Simão, o Mago;
11. a cura do paralítico[7]: era algo tão trivial na antiguidade que até o imperador Vespasiano fizera esse milagre, além do Deus Asclépio, Deus Apolônio de Tiana, Deusa Krishna Cristo (Jeseus Cristo), Deus Simão, o Mago;
12. a cura de cegos[8]: era outro milagre comum, o qual também foi praticado pelo imperador Vespasiano, por Buda Cristo, pela Deusa Krishna Cristo (Jeseus Cristo), pelo Deus Apolônio de Tiana, pelo Deus Simão, o Mago;
13. curar um mudo[9]: foi um milagre feito por Buda Cristo, pelo Deus Apolônio de Tiana, pela Deusa Krishna Cristo (Jeseus Cristo), pelo Deus Simão, o Mago e outros.

---

[1] JOÃO, 2 (1-11).
[2] LEVI, 8 (23-27); MARCOS 4 (37-41); LUCAS, 8 (22-25).
[3] **a. Primeira vez:** Levi, 14 (15-21); MARCOS 6 (35-44); LUCAS 9 (12-17); JOÃO 6 (6-13);
b. Segunda vez: LEVI, 15 (32-38); MARCOS, 8 (1-9).
[4] LEVI, 14 (25-33); MARCOS, 6 (48-51); JOÃO, 6 (19-21).
[5] **a. Primeira vez:** LUCAS, 5 (4-11);
b. Segunda vez: JOÃO, 21 (1-11).
[6] LEVI, 8 (28-34); MARCOS, 5 (1-15); LUCAS, 8 (26-35).
[7] LEVI, 9 (2-7); MARCOS, 2 (3-12); LUCAS, 6 (18-25).
[8] LEVI, 9 (27-31).
[9] LEVI, 12 (22); LUCAS, 11 (14).

O crucificado era reconhecido pelos seus consumidores como um feiticeiro, o qual usava uma varinha mágica: essa imagem ainda pode ser vista no Museu Gregoriano Etrusco em Roma: nessa pintura podemos vê-lo sem a barba e com a sua varinha na mão ressuscitando Lázaro; ele, igualmente, foi representado segurando a varinha ao fazer mágica da multiplicação dos pães e da transformação da água em vinho: o uso da varinha para fazer milagres era um costume do Grandioso Deus Hórus, o Salvador da Humanidade, bem como era usada pelo Deus Dionísio para criar uma fonte de vinho no chão; outro milagreiro que utilizava uma varinha, para fazer as suas magias foi Moisés, que possuía uma varinha da adivinhação ou "Vara de deus", com a qual criou uma fonte de água no deserto.

As mágicas feitas pelo crucificado, desde o início foram vistas como fraudes por homens do mais ilibado gabarito como Tácito, Sossiano Hiérocles, Luciano de Samósata, Celso de Pérgamo, Porfírio de Tiro e o imperador Juliano, o Sábio:

> Você observa, então, como era antigo entre os judeus este trabalho de feitiçaria, ou seja, dormir entre túmulos em busca de visões no sonho. E de fato é provável que seus apóstolos, após a morte de seu mestre, praticassem isso e o transmitissem a você desde o início; quero dizer, àqueles que primeiro adotaram sua fé, e que eles próprios executassem seus feitiços com mais habilidade do que você e mostrassem abertamente àqueles que vieram depois deles os lugares em que praticaram essa feitiçaria e abominação.[1]

---

[1] JULIAN. *Against Galileans*, 340: "You observe, then, how ancient among the Jews was this work of witchcraft, namely, sleeping among tombs for the sake of dream visions. And indeed it is likely that your apostles, after their teacher's death, practised this and handed it down to you from the beginning, I mean to those who first adopted your faith, and that they themselves performed their spells more skilfully than you do, and displayed openly to those who came after them the places in which they performed this witchcraft and abomination." From *The Works of the Emperor Julian*, volume III (1923) by Wilmer Cave Wright.

Esses *milagres* alardeados pelos diretores, acionistas e consumidores da Máfia "Adoradora de Farinha e Água" não eram incomuns entre os *pagãos*, até mesmo alguns diretores da Organização Criminosa conseguiam fazê-los, desde curas até ressurreições.

Os diretores do Bando de Fetichistas inventaram inúmeros milagres para o Garoto Propaganda, os quais não se encontravam no *Depósito de Excrementos*. Vejamos o caso de Arnóbio de Sica, o qual após fazer uma longa e cansativa série de perguntas sobre os *milagres* feitos pelo crucificado, inventou mais um:

> Era ele um de nós que, ao proferir uma única palavra, era percebido por nações distantes entre si e de fala diferente como se estivesse usando sons conhecidos e a língua peculiar de cada uma?[1]

Esse milagre era muito conhecido na época, porquanto ele estava ligado umbilicalmente ao Apolônio de Tiana (Jesus Cristo Grego), bem como à Deusa Krishna Cristo (Jeseus Cristo), os quais conseguiam falar todas as línguas sem jamais as ter escutado anteriormente.

A seguir apresentaremos alguns fazedores de milagres, para sustentar a nossa tese: os milagres vendidos pelo Império Católico do Mal, foram milagres copiados dos *pagãos*.

5.1. O Sr. Münchhausen da Cruz

A refutação ou afirmação científica é feita por intermédio de provas materiais, portanto tentar negar a existência do deus inventado pelos diretores da Facção Criminosa Católica é, no mínimo, perda de tempo, uma vez que não é possível refutar com provas uma fábula.

---

[1] ARNOBIUS. *Seven books*. Edinburgh: T. & T. Clark, 1895, book I (46), p. 37: "Was he one of us, who, when he uttered a single word, was thought by nations far removed from one another and of different speech to be using wellknown sounds, and the peculiar language of each?"

Os milagres que ele *fizera* são dignos de um mágico de rua e não de um deus que se apresentava como todo-poderoso; as curas praticadas por ele nem sequer servem, para distingui-lo dos demais milagreiros que existiam nas feiras na sua época.

O milagre da transformação da água em vinho era comum ao Deus Dionísio; um milagre parecido com esse foi executado pelo diretor da Quadrilha Católica em *Aelia* Capitolina, Jerusalém, Narciso: durante a páscoa faltou azeite para as lamparinas, o que levou muitos a ficarem desanimados. Narciso, vendo a tristeza dos seus consumidores, pediu, para que os seus comparsas responsáveis pelas lamparinas levassem água até ele, assim que todos estavam com a suas vasilhas cheias de água, Narciso a transformou em azeite:

> Dizem que uma vez, durante a grande vigília de páscoa, faltou o azeite aos diáconos, devido a isso apoderou-se da multidão um grande desânimo. Narciso mandou então aos que preparavam as luzes que pegassem água e a levassem a ele.
> Feito isto, orou sobre a água e com toda a sinceridade de sua fé no senhor ordenou que a derramassem nas lâmpadas. Feito também isto, por um poder maravilhoso e divino e contra toda Razão, a natureza da água mudou sua qualidade para a do azeite, e muitos dos irmãos que ali estavam conservaram por longo tempo, desde então até nossos dias, um pouco daquele azeite como prova do milagre de então.[1]

Muitos dos milagres do crucificado se encontravam no *Livro Velho dos Judeus*; mais uma vez enumeraremos o trecho original, a fim de que visualizemos e compararemos cada passagem como os milagres do crucificado:

> **1.** O episódio demoníaco gadareno (Marcos 5:1-20), com o envio de um rebanho de porcos "gentios" para o mar saltando do precipício, simboliza as *blitzkriegs* de Moisés (e depois de

---

[1] EUSÉBIO. *História Eclesiástica*, Livro VI, capítulo IX (Dos milagres de Narciso), 2-3.

Josué) invadindo os cananeus, assim como o inicial desdém de jesus pela mulher cananeia (Marcos 7:27).

2. As técnicas de cura xamânica que jesus usa no cego de Marcos (Marcos 8:23) e surdo-mudo (Marcos 7:33-34) e no cego de João (João 9:6) lembram a magia simpática empregada por Eliseu para reviver o filho da mulher sunamita (2 Reis 4:32-35).

3. A ressurreição da filha de Jairo (Marcos 5:35-42) lembra o mesmo milagre de Eliseu (1 Reis 7:17-24).

4. Quando jesus envia o cego para se lavar no tanque de Siloé em João 9:7, pensamos em Eliseu enviando Naamã, o sírio, para lavar sua lepra no Jordão em 2 Reis 5:10.

5. A atenção paciente mostrada por jesus à mulher com hemorragia (Marcos 5:32-34) é paralela ao milagre de Elias e Eliseu das viúvas de Israel e Zarefate (1 Reis 17:8-16; 2 Reis 4:1-7).[1]

Desejamos lembrar que ninguém respeitava o crucificado, nem mesmo os seus comparsas, porque disse àqueles que estavam presentes durante a sessão de magia negra, em que ele ressuscitou a filha de Jairo, para que não contasse nada a ninguém. Sendo assim, como foi que Marcos ficou sabendo desse milagre, ou os seus comparsas o traíram, ou os redatores das *Fábulas de Marcos* inventaram a história.

Queremos chamar atenção para o milagre da expulsão dos demônios, os quais entraram em alguns porcos, assustaram uma cidade e morreram afogados:

---

[1] PRICE, M. Robert. *Deconstructing Jesus*. New York: Prometeu Books, 2000, p. 52: "The Gadarene demoniac episode (Mark 5:1-20), with its sending of a herd of 'Gentile' swine off the cliff into the sea, symbolizes Moses' (and then Joshua's) blitzkriegs overrunning the Canaanites, as does Jesus' initial disdain for the Canaanite woman (Mark 7:27). The shamanistic healing techniques Jesus uses on Mark's blind man (Mark 8:23) and deaf-mute (Mark 7:33-34) and on John's blind man (John 9:6) recall the sympathetic magic employed by Elisha to revive the son of the Shunammite woman (2 Kings 4:32-35). The raising of Jairus' daughter (Mark 5:35-42) recalls the same miracle of Elisha's (1 Kings 7:17-24). When Jesus sends the blind man to wash in the pool of Siloam in John 9:7, we think of Elisha sending Naaman the Syrian to wash away his leprosy in the Jordan in 2 Kings 5:10. The patient attention shown by Jesus to the woman with the hemorrhage (Mark 5:32-34) parallels Elijah's and Elisha's patronage of the widows of Israel and Zarephath (1 Kings 17:8-16; 2 Kings 4:1-7)."

Assim os demônios imploraram-lhe, dizendo: Se nos expulsas, permite-nos que entremos naquela manada de porcos. E ele lhes disse: Ide. E, saindo eles, entraram na manada dos porcos; e eis que toda aquela manada de porcos desceu violentamente pela encosta no mar, e pereceu nas águas.[1]

Os redatores de *Marcos* não ficaram satisfeitos com a quantidade de porcos, por isso eles aumentaram o seu número escandalosamente:

E ele perguntou-lhe: Qual é o teu nome? E lhe respondeu, dizendo: Meu nome é Legião, porque somos muitos.[2]

Porfírio não se conteve com toda essa mentira: 2.000 porcos morrendo afogados só poderia ser estupidez ou uma comédia que esses homens estavam narrando. Caso seja verdade essa história, ela mostrou como o crucificado seria um homem mau, porque para expulsar dois demônios matou milhares de porcos e assustou toda uma cidade.

Além disso, o crucificado se vangloriou de ter curado o mal de uns poucos homens, quando, na verdade, ele disse que veio para curar a todos. Ao libertar um homem dos seus demônios, ele acabou por lançar o terror no coração dos outros homens: isso não é característica de uma boa ação.

Por outro lado, o crucificado ao expulsar os demônios daquela região, acabou por enviá-los a outro local: ele tirou o mau de um lugar e enviou para outro; portanto, podemos concluir que ele não exterminou o mau; na opinião de Porfírio de Tiro essa história era uma invenção, na nossa é simplesmente canalhice.

---

[1] LEVI, 8 (31-32).
[2] MARCOS, 5 (8-13).

Porfírio disse que essa história faria os seus ouvintes rirem, se por acaso se descobrisse que não era uma invenção, mas que estava relacionada com a verdade:

> Mais uma vez, se você considerar que não é ficção, mas tendo alguma relação com a verdade, há realmente muito do que rir para quem se satisfaz em rir de tudo.[1]

Não ocorreu a ninguém perguntar, por que se criava tantos porcos naquela região, uma vez que os judeus os consideram impuros? E como os porcos se afogaram se o lago não era profundo? Porfírio, pensou que fosse melhor deixar que as crianças decidissem essas questões e abandonou essas tolices aos tolos.

Já dissemos uma vez, todavia se faz necessário repetir: os diretores, acionistas e consumidores da Associação Católica de Celerados, quando confrontados com as infantilidades do seu produto, afirmam que o *Genocidia Manual* não deve ser interpretado literalmente, porque ele é uma alegoria; quando explicamos a eles que se forem alegorias significaria que o xamã crucificado não existiu, outros deles imediatamente afirmam que todo o livro é um relato verídico de fatos históricos; ao se lhes pedirem as provas históricas, recebemos em troca a ameaça para não tentar o seu vingativo Garoto Propaganda; se insistirmos em saber a verdade contida nesse livro maléfico, recebemos como resposta que tudo é um mistério, o qual somente deve ser revelado àqueles que não bebem leite; caso alguém pressione para saber a verdade sobre o crucificado, geralmente, a resposta é que não se deve colocar "vinho novo em odres velhos".

Desse modo, eles vão jogando o seu pestilento *Absurdum Manual* de um lado para o outro segundo os seus interesses econômicos: qualquer um pode afirmar que essa atitude não é honesta

---

[1] PORPHYRY OF TYRE (Macarius Magnes, ed.). New York: The Macmillan Company: 1919, Book III, 4, p. 64: "Once more, if you regard it as not fiction, but bearing some relation to truth, there is really plenty to laugh at for those who like to open their mouths."

(mas, desde quando os católicos foram uma única vez honestos em todas as suas pervertidas vidas?). Essa é uma prática contumaz, a qual revela toda a criminalidade deles, contudo, nós concordamos que essa estratégia de venda, tem dado certo nos últimos 2.000 anos.

Voltemos aos *milagres* do Sr. Münchhausen da Cruz: nas *Fábulas de João* encontramos uma narrativa, segundo a qual o carpinteiro fez um cego enxergar usando saliva misturada à terra:

> Tendo dito isso, cuspiu na terra, e fez lama com a saliva, e ungiu os olhos do homem cego com a lama, e disse-lhe: Vai, lava-te no tanque de Siloé (que significa: *Enviado*). Portanto, ele foi no seu caminho, lavou-se, e voltou vendo.[1]

Não devíamos fazer uma pergunta inconveniente, sem embargo os nossos leitores certamente a fariam: se ele era um deus todo-poderoso, porque a necessidade de saliva, terra e ter que lavar "no tanque de Silóe"? Isso não é coisa de um deus todo-poderoso, porquanto mais parece ser típico de diversos mágicos *pagãos*.

Milagre como esse, fazer os cegos voltarem a enxergar, era comum na antiguidade, pois encontramos relatos sobre vários Deuses *pagãos*, o quais fizeram esse milagre. Relembremos que o imperador Vespasiano fez milagres, com o apoio dos Deuses do Egito: quando ele se encontrava em Alexandria, ele curou um homem da cegueira usando apenas a saliva, além de outro, que não conseguia mexer a mão, ser curado no momento, em que o imperador o tocou:

> O próprio Vespasiano curou dois indivíduos, um com a mão ressequida e o outro cego, que vieram a ele devido a uma

---

[1] JOÃO, 9 (6-7).

visão que tiveram em sonhos; ele curou um pisando em sua mão e o outro cuspindo em seus olhos.[1]

Talvez esse milagre não fosse tão difícil de executar, porque até o satânico Shimon Kaipha também o fizera:

> Viajando por toda parte, Pedro foi visitar os santos que viviam em Lida.
> Ali encontrou um paralítico chamado Enéias, que estava acamado fazia oito anos.
> Disse-lhe Pedro: "Enéias, jesus cristo vai curá-lo! Levante-se e arrume a sua cama". Ele se levantou imediatamente.[2]

Outro milagre do cordeiro, "que falava como dragão", comum no *paganismo* era andar sobre as águas: tal ação seria a prova divina do controle sobre a Natureza; podemos ler essas lendas na Grécia onde Poseidon controlava as águas, desse modo ele poderia caminhar sobre elas. No *Livro Velho dos Judeus* lemos uma fábula parecida sobre o controle da Natureza, consoante a qual Moisés, o Genocida, abriu o Mar Vermelho, para os fugitivos atravessarem. Muito antes deles encontramos a Deusa Krishna Cristo (Jeseus Cristo) andando sobre as águas. Apolônio de Tiana também andou sobre as águas, o que nos mostra que na antiguidade andar sobre as águas não era incomum:

> e todos eles [35 Deuses da antiguidade], tomados em conjunto, fornecem um protótipo e paralelo para quase todos os incidentes importantes e milagres, doutrinas e preceitos que

---

[1] DIO, Cassius. *Roman History*, book LXV, 8 (1): "Vespasian himself healed two persons, one having a withered hand, the other being blind, who had come to him because of a vision seen in dreams; he cured the one by stepping on his hand and the other by spitting upon his eyes." Disponível em <https://penelope.uchicago.edu/Thayer/E/Roman/Texts/Cassius_Dio/65*.html>.
[2] LUCAS, *Atos dos Apóstolos*, 9 (32-34).

incitam maravilhas registradas no *Novo Testamento*, do salvador cristão. Certamente, com tantos salvadores, o mundo não pode, ou não deveria, ser perdido.[1]

Alexandre, o Grande, na sua luta contra os persas ao se ver impossibilitado pelo mar de continuar a sua guerra, ordenou que as águas se abrissem, para que o seu exército passar e, imediatamente, o mar se abriu:

> o Mar Panfílico se retirou e lhes proporcionou uma passagem por si, não tinha outro caminho a percorrer; Quero dizer, quando era a vontade de deus destruir a monarquia dos persas: e isso é confessado como verdade por todos os que escreveram sobre as ações de Alexandre.[2]

O milagre da multiplicação dos pães, segundo o qual o crucificado alimentou 5.000 homens no deserto (4.000 em outro milagre), nada mais é do que uma reedição de Moisés, o Genocida, alimentando os fugitivos no deserto, onde lhes ofereceu o maná:

> Mas agora a nossa alma se seca; coisa nenhuma há senão este maná diante dos nossos olhos. E era o maná como semente de coentro, e a sua cor como a cor de bdélio. Espalhava-se o povo e o colhia, e em moinhos o moía, ou num gral o pisava, e em panelas o cozia, e dele fazia bolos; e o seu sabor era como o sabor de azeite fresco. E, quando o orvalho descia de noite sobre o arraial, o maná descia sobre ele.[3]

---

[1] GRAVES, Kersey. *The World's Sixteen Crucified Saviors*. 1875, pp. 18-20: "and all of them, taken together, furnish a prototype and parallel for nearly every important incident and wonder-inciting miracle, doctrine and precept recorded in the New Testament, of the Christian's Savior. Surely, with so many Saviors the world cannot, or should not, be lost." Disponível em <globalgreyebooks.com>

[2] JOSEPHUS, Flavius. *The Antiquities of the Jews*, book II (Containing The Interval Of Two Hundred And Twenty Year), chapter 16 (How The Sea Was Divided Asunder...), 5: "the Pamphylian Sea retired and afforded them a passage through itself, had no other way to go; I mean, when it was the will of God to destroy the monarchy of the Persians: and this is confessed to be true by all that have written about the actions of Alexander."

[3] *Números*, 11 (6-9).

Como o povo desejava comer carne, Moisés, o Genocida, fez outro milagre de multiplicação da comida:

> Então o povo se levantou todo aquele dia e toda aquela noite, e todo o dia seguinte, e colheram as codornizes; o que menos tinha, colhera dez ômeres; e as estenderam para si ao redor do arraial.[1]

O milagre da multiplicação dos alimentos pode ser encontrado em Eliseu:

> Porém seu servo disse: Como hei de pôr isto diante de cem homens? E disse ele: Dá ao povo, para que coma; porque assim diz o senhor: Comerão, e sobejará. Então lhos pôs diante, e comeram e ainda sobrou, conforme a palavra do senhor.[2]

Esse devia ser um milagre bem fácil de ser executado, porquanto o Deus *pagão* Odin, igualmente, alimentava diariamente milhares de guerreiros com um só javali:

> Então disse Gangleri: "Tu dizes que todos aqueles homens que caíram em batalha desde o começo do mundo agora chegaram a Odin em Valhala. O que ele tem para dar a eles como alimento? Imagino que deva haver uma grande hoste lá". Então Hárr respondeu "O que tu dizes é verdade: uma multidão muito poderosa está lá, mas muitos mais virão, apesar disso, parecerá muito pequena, na época em que o Lobo vier. Mas nunca há uma multidão tão vasta em Valhala que não os alimente a carne daquele javali, o qual é chamado Sæhrímnir; ele é cozido diariamente e está inteiro à noite."[3]

---

[1] *Números*, 11 (31-32).
[2] *2 Reis*, 4 (43-44).
[3] GYLFAGINNING: "XXXVIII. Then said Gangleri: 'Thou sayest that all those men who have fallen in battle from the beginning of the world are now come to Odin in Valhall. What has he to give them for food? I should think that a very great host must be there.' Then Hárr answered: 'That which thou sayest is true: a very mighty multitude is there, but many more shall be, notwithstanding which it will seem all too small, in the time when the Wolf shall come. But never is so vast a multitude in Valhall that the flesh of that boar shall fail, which s called Sæhrímnir; he is boiled

O milagre da ressurreição era admirado pelos gregos e romanos, sendo esse o que mais rende enormes lucros para a Máfia de Preto, bem como foi o pilar para transformar um reles carpinteiro em um deus. Nessa Multinacional do Crime não era difícil realizar esse ato taumatúrgico, pois qualquer um o faria, caso fosse em nome do "Cadáver Judeu". Esse milagre não foi tão espetacular, uma vez que todos os Deuses e grandes homens da antiguidade o praticavam, até mesmo os homens mais criminosos da história, os diretores da Quadrilha Católica, fizeram esse tolo milagre:

> Tiago, bispo de Antioquia, cidade de Migdônia, chamada de Nisibis pelos sírios e assírios, ressuscitou os mortos e os restaurou à vida, e realizou muitas outras maravilhas [milagres] que seria supérfluo mencionar novamente em detalhes esta história, como já contei em meu trabalho, intitulado "Filoteu".[1]

O Deus Apolônio de Tiana fez muitos milagres, curou doentes, cegos, coxos, contudo de todos os seus milagres o que causava mais admiração dos seus seguidores era a ressurreição dos mortos. Ele ressuscitara uma jovem noiva recentemente morta:

> mas apenas a tocando e sussurrando em segredo algum feitiço sobre ela, acordou imediatamente a donzela de sua aparente morte; e a garota falou alto e retornou à casa de seu pai, exatamente como Alceste fez quando foi ressuscitada por Hércules.[2]

---

every day and is whole at evening'." Disponível <https://sacred-texts.com/neu/pre/pre04.htm>.

[1] THEODORET. *Ecclesiastical History*, book II, chapter VI (General Council of Nicoea): "James, bishop of Antioch, a city of Mygdonia, which is called Nisibis by the Syrians and Assyrians, raised the dead and restored them to life, and performed many Other wonders which it would be superfluous to mention again in detail in this history, as I have already given an account of them in my work, entitled 'Philotheus'."

[2] PHILOSTRATUS. *The Life of Apollonius of Tyana*, chapter XLV: "but merely touching her and whispering in secret some spell over her, at once woke up the

Shimon Kaipha, o Príncipe das Traições, também conseguia ressuscitar os mortos:

> Pedro mandou que todos saíssem do quarto; depois, ajoelhou-se e orou. Voltando-se para a mulher morta, disse: "Tabita, levante-se". Ela abriu os olhos e, vendo Pedro, sentou-se.
> Tomando-a pela mão, ajudou-a a pôr-se de pé. Então, chamando os santos e as viúvas, apresentou-a viva.[1]

Existe uma fábula segundo a qual uma consumidora, chamada Valéria, dos produtos podres da Facção Criminosa Católica deveria se casar com o duque Estêvão, contudo ela oferecera a sua virgindade aos diretores dessa Multinacional do Crime: o duque ao saber que não haveria o casamento mandou decapitá-la.

Pouco antes do cumprimento da sentença, ela orou e, imediatamente, ouviu vozes vindas do céu encorajando-a naquele momento (ou seja, ela foi incentivada a cometer suicídio). Antes de ser decapitada, ela disse ao carrasco que o duque morreria em breve; o escudeiro relatou essa história, e em seguida caiu morto: matar o mensageiro é algo desonesto, contudo, para os criminosos da Máfia de Preto é algo a ser comemorado.

O duque chamou Marcial, exigindo que ele ressuscitasse o escudeiro; após algumas orações o escudeiro ressuscitou, ao ver essa cena o duque pediu perdão a Marcial e ofereceu uma grande fortuna para ele, o qual perdoou o assassinato da virgem Valéria e batizou o duque e todos os seus súditos:

> Então, o escudeiro que a decapitou ouviu os anjos cantarem, enquanto levavam a alma da santa virgem para o céu, com muita alegria e solenidade, e logo ele retornou ao seu mestre e contou-lhe tudo o que vira e ouvira, e caiu morto a seus pés. Consequentemente, o duque e toda a sua companhia

---

maiden from her seeming death; and the girl spoke out loud, and returned to her father's house, just as Alcestis did when she was brought back to life by Heracles."
[1] LUCAS, *Atos dos Apóstolos*, 9 (40-41).

> ficaram apavorados, e o próprio duque vestiu-se com uma camisa de pelo áspero e duro, próxima à pele, para simbolizar o seu arrependimento, e rezou a *são* Marcial para que deus ressuscitasse seu escudeiro, e prometendo que acreditaria na fé de jesus cristo e seria batizado.
> Logo depois que *são* Marcial orou, nosso senhor ressuscitou o escudeiro. Então, o duque e cerca de quinze mil pessoas em sua companhia foram batizados.[1]

Moral da história: dê dinheiro aos diretores da Quadrilha Católica e terá todos os seus pecados perdoados.

Após a sua conversão, o ódio do duque passou dos diretores, acionistas e consumidores da Gangue Nicena para os fiéis das religiões *pagãs*, os quais foram perseguidos na Gália com uma fúria assassina digna de Martinho de Tours.

A pobre Valéria sofreu diversas iniquidades: foi decapitada; morreu virgem; foi para o céu inventado pelos diretores da Gangue Nicena; mas o pior estava por acontecer, porque ela foi sujada por toda eternidade com o satânico título de *santa* do Império Católico do Mal.

As fábulas sobre a ressurreição poluem todo o universo católico, porquanto encontramos centenas desses celerados praticando essa magia negra:

> Depois dos Apóstolos, os santos continuaram a seguir o comando de jesus para *"curar os enfermos e ressuscitar os mortos."* O excelente livro **"Saints Who Raised The**

---

[1] VORAGINE, Jacobus de (F. S. Ellis, ed.). *The Golden Legend*, The Life of saint Marcial. Michigan: Christian Classics Ethereal Library, 1900: "Then the squire that beheaded her heard the angels sing, that bare the soul of the holy virgin into heaven, with much great joy and solemnity, and anon he returned unto his master and told him all that he had seen and heard, and sith fell down dead at his feet. Then the duke and all his company had much great dread, and the duke himself clad him next his flesh in a sharp hair and hard, for great repentance, and prayed St. Marcial that he would pray God that it might please him to raise his squire from death to life, and he would believe in the faith of Jesu Christ and be christened. "Anon after that St. Marcial had prayed, our Lord raised the squire. Then the duke and well fifteen thousand persons in his company were baptized." Disponível em <https://www.christianiconography.info/goldenLegend/ marcial.htm>.

Dead" (Tan Books, Father Alfred J. Hebert SM, 2004) documenta mais de 400 histórias verdadeiras de milagres de ressurreição na vida dos santos. Alguns dos muitos santos listados neste livro são: [...].[1]

Devido à imensidão de criminosos católicos que têm o poder de ressuscitar, cremos ser desnecessário continuar a escrever sobre essa tolice.

A seguir apresentamos todos os *milagres* do taumaturgo crucificado, a fim de que os interessados possam comparar com os milagres dos outros Deuses, bem como com os praticados pelos criminosos da Quadrilha Católica[2]:

#	Milagres	Mateus	Marcos	Lucas	João
1	Jesus transforma água em vinho nas bodas de Caná				2:1-11
2	Jesus cura o filho de um oficial em Cafarnaum, na Galileia				4:43-54
3	Jesus expulsa um espírito maligno de um homem em Cafarnaum		1:21-27	4:31-36	
4	Jesus cura a sogra de Pedro que estava com febre	8:14-15	1:29-31	4:38-39	
5	Jesus cura muitos doentes e oprimidos à noite	8:16-17	1:32-34	4:40-41	
6	Primeira captura milagrosa de peixes no lago de Genesaré			5:1-11	

---

[1] *Miracles of the Saints*: "After the Apostles, the Saints continued to follow Jesus' command to *"heal the sick and raise the dead."* The excellent book ***"Saints Who Raised The Dead"*** (Tan Books, Father Alfred J. Hebert S.M., 2004) documents over 400 true stories of resurrection miracles in the lives of the Saints. Some of the many Saints listed in this book are: [...]."
Disponível em < https://www.miraclesofthesaints.com/2010/10/saints-who-raised-dead-people-brought.html#:~:text=Francis%20Jerome%2C%20Brother%20Antony%20Pereyra,the%20dead%2D%20St%20Vincent%20Ferrer.&text=One%20of%20greatest%20miracle%20workers,was%20the%20Dominican%20priest%20St.>.

[2] *The 37 Miracles of Jesus in Chronological Order* disponível em <https://sunnyhillschurch.com/3301/the-37-miracles-of-jesus-in-chronological-order/>.

7	Jesus cura um homem com lepra	8:1-4	1:40-45	5:12-14	
8	Jesus cura o servo paralítico de um centurião em Cafarnaum	8:5-13		7:1-10	
9	Jesus cura um paralítico que foi baixado do telhado	9:1-8	2:1-12	5:17-26	
10	Jesus cura a mão ressequida de um homem no sábado	12:9-14	3:1-6	6:6-11	
11	Jesus ressuscita o filho de uma viúva em Naim			7:11-17	
12	Jesus acalma uma tempestade no mar	8:23-27	4:35-41	8:22-25	
13	Jesus lança demônios em uma manada de porcos	8:28-33	5:1-20	8:26-39	
14	Jesus cura uma mulher com fluxo de sangue na multidão	9:20-22	5:25-34	8:42-48	
15	Jesus ressuscita a filha de Jairo	9:18, 23-26	5:21-24, 35-43	8:40-42, 49-56	
16	Jesus cura dois cegos	9:27-31			
17	Jesus cura um homem que não conseguia falar	9:32-34			
18	Jesus cura um inválido em Betesda				5:1-15
19	Jesus alimenta mais de 5.000 mulheres e crianças	14:13-21	6:30-44	9:10-17	6:1-15
20	Jesus anda sobre as águas	14:22-33	6:45-52		6:16-21
21	Jesus cura muitos doentes em Genesaré quando eles tocam em suas vestes	14:34-36	6:53-56		
22	Jesus cura a filha possuída por demônio de uma mulher gentia	15:21-28	7:24-30		
23	Jesus cura um homem surdo e mudo		7:31-37		
24	Jesus alimenta mais de 4.000 mulheres e crianças	15:32-39	8:1-13		
25	Jesus cura um cego em Betsaida		8:22-26		
26	Jesus cura um homem cego de nascença cuspindo em seus olhos				9:1-12
27	Jesus cura um menino com um espírito imundo	17:14-20	9:14-29	9:37-43	
28	Imposto milagroso do templo na boca de um peixe	17:24-27			

29	Jesus cura um endemoninhado cego e mudo	12:22-23		11:14-23	
30	Jesus cura uma mulher que estava aleijada há 18 anos			13:10-17	
31	Jesus cura um homem com hidropisia no sábado			14:1-6	
32	Jesus purifica dez leprosos no caminho para Jerusalém			17:11-19	
33	Jesus ressuscita Lázaro dos mortos em Betânia				11:1-45
34	Jesus restaura a visão de Bartimeu em Jericó	20:29-34	10:46-52	18:35-43	
35	Jesus seca a figueira na estrada de Betânia	21:18:2	11:12-14		
36	Jesus cura a orelha decepada de um servo enquanto ele está preso			22:50-51	
37	A segunda pesca milagrosa de peixes no mar de Tiberíades				21:4-11

5.2. Outros milagres vendidos

O Império Católico do Mal consegue grandes fortunas apoiando ditadores, assassinando os liberais, perseguindo os opositores das elites, lavando dinheiro de sangue da máfia e do narcotráfico, contudo, existem outras fontes de renda que nunca secam, por exemplo, a fabricação e venda de milagres. Esses eventos expressam o quanto os seus consumidores são espertos, visto que as histórias são absurdas, mas eles compram, a fim de pertencerem ao grupo dominante. Eles se mostram encantados com torpezas, tais como:

> Fábulas do tipo abundam na literatura popular e lendária do Romanismo onde quer que ele tenha influência. Limito-me a alguns casos da França. A mais alta santidade não é proteção contra a superstição, a credulidade e a ilusão monásticas e sacerdotais. São Bento viu a alma de são Germano de Cápua levada para o céu por anjos. Dois monges viram a alma de são Bento caminhando sobre um tapete esticado do céu até o Monte Cassino. Santo Eutério foi levado por um anjo para o inferno, onde viu a alma de Carlos Martel. Um

santo eremita da Itália viu demônios, que apressaram a alma de Dagoberto em uma barca, espancando-o o tempo todo com paus.[1]

Os diretores dessa Organização Criminosa afirmam o seu Garoto Propaganda é um deus, porque ele ressuscitou, fez milagres, deixou inúmeras máximas morais, além de a sua vinda ter sido profetizada pelos textos do *Livro Velho dos Judeus*: esses são os pilares da *Peste Negra Inc.*, portanto se for demonstrado que um deles é falso, todo o Império Católico do Mal desaba.

Quanto aos milagres essa seria uma base frágil, porque todas as religiões *pagãs* apresentaram Deuses capazes de fazerem milagres.

Mais abaixo apresentaremos uma seleção de outras tolices, as quais são comercializadas a preço barato sendo compradas pelos seus consumidores espertalhões.

5.2.1. Verônica e o lenço

Os redatores das *Fábulas de Levi* inventaram a fábula de uma mulher que tinha sérios problemas de sangramentos, a qual foi curada pelo carpinteiro:

> E eis que uma mulher que havia já doze anos padecia de um fluxo de sangue, chegando por detrás dele, tocou a orla de sua roupa; Porque dizia consigo: Se eu tão-somente tocar a sua roupa, ficarei sã. E jesus, voltando-se, e vendo-a, disse:

---

[1] BEARD, John R. *The Autobiography of Satan*. London: Willian and Norgate, 1872, p. 27: "Fables of the kind abound in the popular and legendary literature of Romanism wherever it bears sway. I confine myself to a few instances from France. The highest sanctity is no protection against monkish and sacerdotal superstition, credulity and delusion. St. Benedict saw the soul of St. Germain of Capua carried up to heaven by angels. Two monks saw the soul of St. Benedict walking on a carpet stretched from heaven down to mount Cassino. Saint Eucherius was conveyed by an angel down into hell, where he saw the soul of Charles Martel. A holy hermit of Italy saw devils, who hurried the soul of Dagobert into a barque, beating him all the while with sticks."

> Tem ânimo, filha, a tua fé te salvou. E imediatamente a mulher ficou sã.[1]

Apesar de não aparecer o nome dessa mulher na fábula inventada pelos redatores de Levi, os demais diretores se apressaram em dar-lhe um nome: os diretores ocidentais a apelidaram-na de Marta de Betânia, ao passo que os do Oriente a nomearam como Berenice (Verônica em latim). O que nos mostra que esse milagre era apenas mais uma farsa da Gangue de Almas "mais sujas do que todo lixo".

A alegria de Verônica (Berenice, Marta de Betânia) era tão grande que ela queria ter uma pintura dele, por esse motivo ela pediu a Lucas, para pintá-lo. Todavia, o crucificado se recusou em ser transformado em um ícone, contudo após a terceira tentativa, ele desistiu ao ver a mulher angustiada, disse que a ajudaria se ela preparasse uma refeição, Verônica correu para cumprir o pedido dele; antes de comer o xamã crucificado lavou o rosto e pediu à Verônica um pano para se enxugar, após passar o pano no rosto a sua imagem revelou-se nele; tempos depois esse pano realizava diversos milagres.

Ao saber desse milagre o imperador Tibério exigira a presença de Verônica com o pano mágico; ao chegar em Roma o imperador olhou para o pano e ficou curado imediatamente (não sabemos o que ele tinha, mas ele ficou curado):

> Nessa ocasião, alguém chamado Marcos mencionou Verônica, a mulher curada por jesus de um fluxo de sangue, que havia pintado a imagem de jesus com suas próprias mãos. Ele disse que ela havia sido levada a Tiro, onde vivia naquela época, e apresentada a Volusiano com a imagem. Volusiano, por sua vez, levou consigo para Roma tanto a imagem divina, que ele adorava, como Verônica e Pilatos. Lá, ele apresentou ambos a Tibério, contando-lhe sobre Pilatos e Verônica: que Pilatos havia sido exilado e preso, mas que Verônica, após Tibério ter se curado de uma doença ao contemplar a

---

[1] LEVI, 9 (20-22).

imagem de cristo, havia sido recompensada com muito dinheiro e a própria imagem havia sido envolta em ouro e pedras preciosas.¹

Quanto mais lemos essa mentira sobre Verônica (Berenice, Marta de Betânia), mais ficamos surpresos, porque nesse fragmento vemos que foi a própria Verônica quem pintou o lenço milagroso.

Como toda essa história é uma grande mentira, encontramos outra versão sobre esse lenço fruto de magia negra:

> Verônica disse: "Meu senhor e meu mestre, quando ele ia pregando, eu muitas vezes me ausentei dele. Eu pintei a sua imagem para ter sempre a sua presença comigo, porque a figura de sua imagem me daria algum consolo. E assim, como eu carregava um lenço de linho no meu peito, nosso senhor encontrou-me e perguntou para onde eu ia. Quando eu lhe disse para onde eu ia e a razão, ele pediu meu lenço, e logo ele imprimiu seu rosto e o figurou nele".²

Mas, existe mais uma versão, para essa falsificação: os diretores do Trinitarismo Atanasiano inventaram que Verônica estava

---

¹ THILO, Ioannis Caroli. *Codex Apocriphus Novi Testamenti*. 1832, p. 138, nota 138: "Hac occasione hominem nomine Marcum de Veronica, muliere illa sanguinis profluvio a Jesu liberata, quae ipsius imaginem grata manu sibi depinxisset, memoravisse; eamque à "Tyro, ubi tum temporis habitaret, ad Volusianum ductam esse cum imagine illa. Sic Volusianum divinam hanc imaginem, quam ipse adoraret, et Veronicam nec non Pilato Romam secum reporlavisse. Itaque ibi eundem ad Tiberium retulisse et de Pilato et deVerônica: Illum in exilium ejectum et in carcerem missum; hanc vero, cum Tiberius Christi imaginem intuitus e morbo convaluisset, multa pecunia donatam, ipsamque imaginem auro et pretiosis lapidibus inclusam esse." Disponível em <https://archive.org/details/codexapocryphusn00thil/page/n159/mode/2up>

² VORAGINE, Jacobus de. *The Golden Legend*. Michigan: Christian Classics Ethereal Library, vol. I, *The Passion of our Lord*: "To whom Veronica said: My lord and my master when he went preaching, I absented me oft from him, I did do paint his image, for to have alway with me his presence, because that the figure of his image should give me some solace. And thus as I bare a linen kerchief in my bosom, our Lord met me, and demanded whither I went, and when I told him whither I went and the cause, he demanded my kerchief, and anon he emprinted his face and figured it therein."

presente na paixão, quando viu todo aquele sofrimento, por ser muito compassiva, ela se aproximou e enxugou o rosto dele, ao olhar para o pano viu a imagem do Garoto Propaganda gravada nele: essa fábula apareceu pela primeira vez no *Liber Odium* editado por Roger d'Argentuil no século VIII d.H.

Essa mesma Verônica (depois foi transformada em irmã de Lázaro) se encontraria no navio de Maria e Lázaro que aportou em Marselha; ela, como a maioria dos diretores, acionistas e consumidores da Gangue Nicena, fora perseguida, presa e sofrera o martírio talvez em Provença ou Aquitania, ninguém sabe ao certo.

Duas observações antes de encerrarmos essa farsa: o carpinteiro, que era chamado de rabino pelos seus comparsas, não lera o *Livro Velho dos Judeus*, porque temos alguns versículos que proíbem fazer imagens:

> Não farás para ti imagem de escultura, nem alguma semelhança do que há em cima nos céus, nem em baixo na terra, nem nas águas debaixo da terra.[1]

Outra observação diz respeito à palavra *verônica*, que revela a mentira por trás dessas ficções, uma vez que é formada pelos radicais *vero* (verdade) e *ikon* (imagem): *verônica* significaria *a verdadeira imagem*. Esse tipo mentira usando o nome do protagonista, a encontramos na lenda do *mártir* Estêvão, cujo nome nos remete a uma personagem geral: *aquele que tem uma coroa*.

5.2.2. Ambrósio, o Pedófilo

Ambrósio, o Pedófilo, para conseguir mais dinheiro e poder na sua luta contra o Império Romano, milagrosamente descobriu

---

[1] *Êxodo*, 20 (4); ver ainda: *Deuteronômio*, 27 (15); *Levítico*, 19 (4), 26 (1); HABACUQUE, 2 (18-20); JEREMIAS, 10 (3-5, 14-15); ISAÍAS, 40 (18-20), 44 (16-20); MIQUÉIAS, 5 (13); *Salmo*, 115 (4-8); *Atos dos Apóstolos*, 17 (29-30); *Primeira Epístola de João*, 5 (21); *Epístola aos Romanos*, 1 (22-23); *Primeira Epístola aos Coríntios*, 10 (19-20).

vários mártires. Frente ao ceticismo generalizado pelos seus milagres, ele afirmou que até mesmo a sombra dos apóstolos curaram muitos consumidores da sua filial:

> Os apóstolos passaram e suas sombras curaram os enfermos. Suas vestes foram tocadas e a saúde foi concedida.[1]

A primeira frase é uma repetição das mentiras sobre a sombra de Shimon Kaipha, o Príncipe dos Traidores, curar os doentes[2]; quanto à segunda, ele repetiu a tolice sobre Verônica tocar nas roupas do "Cadáver Judeu": são torpezas como essas, que transformam um pedófilo em *santo* para os criminosos da Máfia "Adoradora de Farinha e Água".

Ele disse essa mentira, para a sua irmã Marcelina em uma carta; temos dúvidas sobre qual mentira mostrou toda a sua hipocrisia: plagiar outros redatores da Associação Católica de Celerados, ou mentir para a sua irmã chamando de a "mais querida para ele do que seus olhos e sua vida".

Após de *descobrir* as *relíquias* dos *mártires* Gervásio e Protásio, ele cortou-as em inúmeras partes e as enviou, para diversos templos de consumo da Quadrilha Católica no Ocidente, onde elas fizeram muitos milagres:

> Muitos são libertos de espíritos malignos, e incontáveis outros se veem livres de suas doenças simplesmente tocando as vestes dos santos. [...] Até mesmo as sombras desses corpos sagrados parecem possuir poder de cura! Inúmeros lenços são distribuídos, e roupas colocadas sobre as *relíquias* dos santos são reivindicadas por suas propriedades

---

[1] AMBROSE (Philip Schaff, ed.). *On the Duties of the Clergy*, book III, chapter 1 (We are taught by David and Solomon how...), 3: "The apostles passed by and their shadows cured the sick. Their garments were touched and health was granted."
[2] LUCAS, *Atos dos Apóstolos*, 5 (14-15).

curativas. Todos anseiam por tocar até mesmo os fios externos, acreditando que um simples roçar trará cura.[1]

Ambrósio, o Pedófilo, não se limitou à destruição dos seus inimigos, à perseguição aos *pagãos*, aos insultos aos *hereges*, a descobrir ossos de mártires, os quais ninguém jamais ouvira falar; ele, igualmente, tinha um poder gigantesco, o qual o possibilitava ressuscitar os mortos. Ele ressuscitou Pansófio, o filho Decenzio um riquíssimo cidadão em Florença:

> Ambrósio, que naquela época estava fora de casa, voltou e encontrou o menino morto na cama. Então, compadeceu-se da mãe e observando a sua fé, semelhante a Eliseu (2 Reis 4, 34) se deitou sobre o corpo do menino e com a oração obteve de devolver à mãe aquele que estava morto.[2]

Tal como Eliseu, isso não foi um milagre da ressurreição, porém um ato de pedofilia.

Ambrósio, o Pedófilo, era um bandido que não só fazia ressurreições, ele, igualmente, curava paralíticos, não sabemos se curava cegos, todavia não duvidamos desses criminosos católicos:

> Existem diversas histórias de milagres atribuídos a santo Ambrósio. Um ocorreu em 382, quando uma mulher, acamada devido à paralisia, foi transportada para onde Ambró-

---

[1] AMBROSE. *Letter 22* (To Marcellina), 9: "many are cleansed from evil spirits, that very many also, having touched with their hands the robe of the saints, are freed from those ailments which oppressed them; [...] and that many bodies are healed as it were by the shadow of the holy bodies. How many napkins are passed about! How many garments, laid upon the holy relics and endowed with healing power, are claimed! All are glad to touch even the outside thread, and whosoever touches will be made whole."

[2] PAOLINO. *Vita di sant'Ambrogio*, 28: "Ambrogio, che in quel tempo era stato fuori casa, tornò e trovò il bambino morto nel letto. Allora, commiserando la madre e osservando la sua fede, simile ad Eliseo (2 Re 4, 34) si dispose sopra il corpo del bambino e con la preghiera ottenne di rendere vivo alla madre quello che aveva trovato morto." Disponível em <http://www.cassiciaco.it/navigazione/_cassiciaco/ambrogio/paolino.html>.

sio estava rezando a missa. Enquanto Santo Ambrósio rezava e impunha as mãos sobre ela, ela se levantou e caminhou.[1]

Não perderemos o nosso tempo em compará-lo ao burro crucificado, pois em termos de milagres, Ambrósio, o Pedófilo, superava em muito o taumaturgo crucificado.

5.2.3. Agostinho

Ambrósio, o Pedófilo, teve um amante, que o ultrapassou nas artes da hipocrisia, mentira e desfaçatez: Agostinho, o Brinquedo Sexual de *santo* Ambrósio. Ele foi um malandro de primeira linha, não fosse por isso, não teria recebido o título mais repugnante já inventado: *santo*. Para fazer jus à sua podridão, ele defendia que mesmo as menores partes das *relíquias* dos apóstolos, *santos*, *mártires* e *monges* fariam *milagres*.

Em contrapartida, ele criticava os milagres daqueles, os quais não faziam parte do Império Católico do Mal, afirmando que se tratava de artes mágicas (*maleficium*):

> Costumam apresentar seu Apolônio e Apuleio, e outros homens que professavam artes mágicas, cujos milagres afirmavam ser maiores que os do senhor.[2]

Agostinho, o "Patrono de Todos os Burros", ficou muito decepcionado devido na sua época os milagres fossem escassos, por isso ele exigiu que os diretores da Gangue Nicena relatassem todos os milagres, que ocorressem nas suas filiais. Para divulgar as

---

[1] *One of the "Original Four"*: St. Ambrose: "There are several stories of miracles attributed to St. Ambrose. One occurred in 382, when a woman, bedridden due to palsy, had herself transported to where Ambrose was saying mMass. As St. Ambrose was praying and laid hands upon her, she arose and walked." Disponível em <https://marian.org/articles/one-original-four-st-ambrose>.

[2] AUGUSTINE (Philip Schaff, ed.). *Letter 136*: "They are accustomed to bring forward their Apollonius and Apuleius, and other men who professed magical arts, whose miracles they maintained to have been greater than the Lord's."

taumaturgias praticadas pelos membros da sua Organização Criminosa, ele teve que acrescentar um capítulo no seu pachorrento *Cidade de deus*[1]; ele encheu páginas e mais páginas desses relatos infantis, defendendo ferozmente a divulgação dos milagres praticados pelos membros da sua Quadrilha. Ele apresentou 25 milagres, são os mesmos casos de magias negras de sempre: um cego que voltou a enxergar (ele afirmou que presenciou essa taumaturgia, quando estava em Milão); câncer no seio; cura de gota, paralisia, hérnia; expulsão de espíritos malignos não somente dos homens e mulheres, como também do gado; cura de uma jovem e um jovem endemoniados; peixe com anel na barriga; etc.

Nesse capítulo ficamos espantados ao saber que o deus todo-poderoso dessa Organização Criminosa parou tudo o que estava fazendo, em todo o universo, para vir à terra e curar as hemorroidas de Agostinho, o Brinquedo Sexual de *santo* Ambrósio. O deus comercializado pelo Império Católico do Mal dedica-se às situações mais humilhantes, para satisfazer os seus espertos consumidores: recusamo-nos a comentar tal atitude.

O que ele não nos disse foi como conseguiu as hemorroidas, mas após de longos anos como amigo íntimo de Ambrósio, o Pedófilo, ele conseguiu a direção da filial da Gangue de Almas "mais sujas do que todo lixo" na cidade de Hipona, como igualmente muitas hemorroidas, que o deixavam de cama por longos períodos:

> Em espírito, graças a deus e à força que ele nos concede, estamos bem. Mas, no que diz respeito ao corpo, estou acamado. Não consigo andar, nem ficar em pé, nem mesmo sentar devido à dor e do inchaço causados por fissuras e hemorroidas.[2]

---

[1] AUGUSTINE. *City of god*, book XXII, chapter VIII.
[2] AUGUSTINE. *Letters*, letter 38. New York: New City Press Hyde Park, 1990, part II – Letters, volume 1: Letters 1- 99: "1. In terms of the spirit, to the extent it pleases the Lord and he himself deigns to give us strength, we are doing fine, but as far as the body goes, I am in bed. For I can neither walk nor stand nor sit from the pain and swelling of fissures and hemorrhoids."

Talvez uma das origens das suas hemorroidas seja essa sua relação com Ambrósio, o Pedófilo, pois ele próprio nos disse que teve uma vida de devassidão nas suas *Confissões*. Independente com quem Agostinho, o "Patrono de todos os burros", tenha se relacionado sexualmente é fato que o seu santo ânus pagou o preço por sua longa vida depravada.

Ao tratar dos grandes milagres feitos pelos magníficos deuses dos Tradicionais Cultos, Agostinho, o Brinquedo Sexual de *santo* Ambrósio, atacou-os com uma ferocidade inaudita, porquanto a Quadrilha Católica arriscava perder os seus consumidores. Foi por esse motivo que ele ordenou, que os seus consumidores vissem os milagres daqueles Deuses como ações dos demônios.

Os milagres dos seus comparsas da Facção Criminosa Católica eram totalmente defensáveis, mesmo os mais absurdos. Ele conseguiu ver nas *Fábulas de João*[1] que os 153 peixes pescados por Shimon Kaipha, o Príncipe dos Traidores, eram apenas um símbolo. O número 153 representaria, na sua exegese, todos aqueles escolhidos para entrarem no céu. Para provar isso, ele começou afirmando que o número:

> É a essa época [destruição da morte] que pertence o número dos 153 peixes. Pois se o próprio número 17 for o lado de um triângulo aritmético [triângulo de Pascal], formado pela colocação de fileiras de unidades, umas sobre as outras, aumentando em número de 1 a 17, a soma dessas unidades será 153: já que 1 e 2 perfazem 3; 3 e 3, 6; 6 e 4, 10; 10 e 5, 15; 15 e 6, 21; e assim por diante: continue até 17, o total é 153.[2]

---

[1] JOÃO, 21 (11).
[2] AUGUSTINE. *Letter LV*, or Book II (of Replies to Questions of Januarius), chapter XVII (31): "It is to that time that the number of the 153 fishes pertains. For if the number 17 itself be the side of an arithmetical triangle, formed by placing above each other rows of units, increasing in number from 1 to 17, the whole sum of these units is 153: since 1 and 2 make 3; 3 and 3, 6; 6 and 4, 10; 10 and 5, 15; 15 and 6, 21; and so on: continue this up to 17, the total is 153."

Para justificar o *milagre* dos 153 peixes, ele inventou que

    a. 7 seria a espírito santo e os seus dons;
    b. 10 representaria a lei e os mandamentos;
    c. 17 (10 + 7) seria a graça da espírito santo;
    d. 153 seria a soma de todos os números de 0 a 17.

5.2.4. CEO Leão I

Quando Átila, o rei dos hunos, decidiu invadir Roma no ano de 38 d.H., ele foi recebido pelo CEO Leão I, o Anti-Evangélico, o qual com as suas vestes luxuosas esperava causar temor ao supersticioso guerreiro.

Os diretores, acionistas e consumidores do Império Católico do Mal inventaram a fábula sobre a presença de Shimon Kaipha, o Príncipe das Traições, e Saul, a Pandora de Tarso, ao lado do CEO Leão I, o Anti-Evangélico, durante esse encontro; nesse conto de fadas os dois leões de chácara da boate de pedofilia chamada igreja católica ameaçaram de morte ao invasor: Átila o mais temido de todos os inimigos de Roma, rapidamente se retirou do campo de batalha após a intimidação sofrida:

> A aparição dos dois apóstolos, são Pedro e são Paulo, que ameaçaram o bárbaro de morte instantânea se ele rejeitasse a oração do seu sucessor, é uma das lendas mais nobres da tradição eclesiástica.[1]

Mas, a presença desses dois criminosos não foi suficiente, para impedir o projeto de Átila, assim, o CEO fez uma oferta para Átila não invadir Roma: ele ofereceu Honória, irmã de Valentiniano III, para ser a sua esposa, além de pagar um dote generoso. Quanto ao dinheiro não vemos problema algum, mas oferecer uma

---

[1] GIBBON, Edward. *The Decline And Fall Of The Roman Empire*, chapter 35, Attila gives peace to the Romans: "The apparition of the two apostles of St. Peter and St. Paul, who menaced the barbarian with instant death if he rejected the prayer of their successor, is one of the noblest legends of ecclesiastical tradition."

mulher em troca, a fim de impedir a invasão bem mostra o nível de covardia, traição e medo nos corações católicos: o guerreiro romano já não mais existia.

Outro *milagre* protagonizado pelo CEO Leão I, o Anti-Evangélico, ocorreu após uma fiel ter-lhe beijado a mão; o seu desejo sexual tornou-se tão incontrolável, que ele cortou a sua mão e a jogou fora, afinal é isso que ordena o *Liber Odium*[1]. Depois ele se arrependeu do seu ato, não o de ter desejado estuprar a fiel, mas ter cortado a mão, por isso ele orou e pediu ajuda a Maria Stada:

> Então, Leão se voltou para a santíssima virgem, nossa senhora, e se entregou completamente à sua providência. Assim, ela lhe apareceu e restituiu-lhe a mão e a reformou com suas santas mãos, ordenando que ele saísse e oferecesse um sacrifício ao seu filho. Então, este santo homem Leão pregou a todo o povo que ali veio, e mostrou evidentemente como sua mão lhe foi restituída.[2]

Não sabemos quais meios, ele utilizou para diminuir o seu desejo sexual por mulheres, contudo, tratando-se de um católico é bem provável que ele tenha estuprado algumas criancinhas.

5.2.5. CEO Silvestre

Os diretores da Gangue de Almas "mais sujas do que todo lixo", inventaram uma fábula tendo o CEO Silvestre, o Herege,

---

[1] **a.** LEVI, 5 (30): "E, se a tua mão direita te escandalizar, corta-a e atira-a para longe de ti";
b. LEVI, 18 (8): "Portanto, se a tua mão ou o teu pé te escandalizar, corta-o, e atira-o para longe de ti".
[2] VORAGINE, Jacobus de. *The Golden Legend*. Michigan: Christian Classics Ethereal Library, vol. 4, The Life of S. Leo the Pope: "Then Leo turned him unto the Blessed Virgin, our Lady, and committed himself wholly to her providence. Then she anon appeared to him and restored to him his hand and reformed it with her holy hands, commanding that he should go forth and offer sacrifice unto her son. Then this holy man Leo preached unto all the people that came thither, and showed evidently how his hand was restored to him again."

como protagonista. A infantil história narra, que em um embate entre os judeus e os seus diretores, presenciado pelo imperador Constantino, o Grande Traidor da Humanidade, e a sua mãe *santa* Helena, a Prostituta. Como não tinha um vencedor bem-definido, que pudesse colocar fim ao impasse, o líder dos judeus trouxe um touro, sussurrando ao seu ouvido algo, imediatamente o touro caiu morto aos pés do imperador, para o delírio dos judeus que gritaram de felicidade, pois o touro ao ouvir o nome do deus dos judeus morrera.

Claro que essa narrativa é uma mentira, porque contraria o terceiro mandamento judaico:

> Não jurarás pelo nome do senhor teu deus em juramento vão; pois deus não absolverá ninguém que use seu nome em vão.

Ou então, o líder dos judeus pouco se importava com o conteúdo do *Livro Velho dos Judeus*, nem temia a yhwh, o Senhor dos Holocaustos.

O CEO Silvestre, sendo muito astuto (a astúcia é uma das infinitas malandragens dos católicos), perguntou aos judeus se eles acreditariam no inútil crucificado se ao falar o nome dele o touro voltasse à vida; ao que os judeus concordaram. Então, ele ordenou que o touro se levantasse em nome do deus Associação Católica de Celerados, o que aconteceu imediatamente:

> Levanta-te o touro: E após dizer estas coisas, o touro levantou-se com toda mansidão, tendo recuperado o fôlego. [...] E imediatamente todos os judeus caíram aos pés do bem-aventurado Silvestre, confessando que acreditavam em cristo, e pediram para que ele orasse por eles, para que nada lhes acontecesse.[1]

---

[1] BONINUS MOMBRITIUS. *Sanctuarium seu Vitae Sanctorum*, Parisiis: Fontemoing et Socios, 1910, tomus secundus, Sylverter, Liber Secvndvs Gestorvm Eorvmdem, 281 (40): "Taure surge: Et cum haec dixisset: recuperato flatu taurus surrexit cum omni mansuetudine: [...] Statimque omnes iudtei pedibus beati Syluestri

A nosso ver o maior milagre não foi os judeus aceitarem ser batizados pelo CEO Silvestre, mas o bom deus perder o seu tempo, para ressuscitar o touro a pedido de um protetor de pedófilos.

5.2.6. A ira do crucificado

Essa fábula, destarte seja falsa, bem nos apresenta todo ódio, crueldade e desejo de destruição, que o crucificado tem em relação àquele que não se ajoelha em sinal de submissão total. Ela foi inventada na época em que o imperador Juliano, o Sábio, tentava implantar um governo liberal em contraposição aos governos totalitários dos imperadores controlados pelos diretores da Quadrilha Católica: o imperador havia autorizado os judeus a reconstruírem o seu templo, cujas obras começaram imediatamente.

O *historiador* Sozomeno escreveu que após os judeus limparem o solo houve um terremoto, o qual destruíra todo o trabalho executado:

> e na noite seguinte, um poderoso terremoto rasgou as pedras das antigas fundações do templo e as dispersou todas, juntamente com os edifícios adjacentes.[1]

Todavia, os judeus voltaram ao trabalho, todavia foi interrompido pelo surgimento de chamas do fundo da terra, que matou alguns trabalhadores: os presentes concluíram que seria um claro sinal, segundo o qual o "Cadáver Judeu" não queria que o templo dos judeus fosse reconstruído.

---

prouoluti fatentes se Christo credere precabantur: ut pro eis oraret ne quid eis adueniret aduersi."

[1] SOZOMENUS. *The Ecclesiastical History*, book III, chapter XIII (The Jews instigated by the Emperor...): "and on the night following, a mighty earthquake tore up the stones of the old foundations of the temple and dispersed them all together with the adjacent edifices."

Não satisfeito com esses *milagres* (assustar e assassinar simples trabalhadores), Sozomeno ainda acrescentou que apareceram várias cruzes nas roupas daqueles que estavam executando a obra, o que fez com que diversos deles se convertessem em consumidores dos desprezíveis produtos da Máfia de Preto.

5.2.7. A amante de Saul

Saul, o "patife e falso", após abandonar a esposa e filhos saiu pelo mundo vendendo suas mentiras; em uma dessas viagens ele desejou ter a virgem Tecla, por isso ele a convenceu a se tornar um membro da sua quadrilha, entretanto ela estaria prometida em casamento ao rico Tamires.

Não fiquem surpresos, ao perceberem que essa fábula é parecida com a que vimos um pouco acima: a virgem Valéria foi incentivada pelo deus inventado pelos diretores da Associação Católica de Celerados a cometer suicídio pelas mãos do Estado, para não se casar com o duque Estêvão (outro homem riquíssimo).

Ao saberem que Tecla desejava fugir com o seu amante Saul, a Pandora de Tarso, os seus parentes e amigos pediram-lhe que cumprisse a promessa de casamento, mas ela não desistiu de entregar a sua virgindade a Saul, como consequência ela foi condenada a ser devorada por animais selvagens.

Tecla foi enviada nua ao anfiteatro cheia de tigres, leões e leopardos, quando os animais famintos e furiosos foram soltos, eles correram em direção à virgem, deitaram-se aos seus pés e os beijaram (várias fábulas da Facção Criminosa Católica repetem esse roteiro); como os animais selvagens viraram cordeiros frente à virgem, ela foi condenada a ser queimada, contudo, as chamas não tocaram o seu corpo (essa ficção começou com Policarpo de Esmirna, o Semeador da Morte):

> E ela, tendo feito o sinal da cruz, subiu na pira; e eles a acenderam. Embora ardesse um grande fogo, não a tocou; pois deus, tendo compaixão, fez um estrondo embaixo da terra, e uma nuvem os cobriu por cima, cheia de água e granizo; e

tudo o que estava nela foi derramado, de modo que muitos correram risco de morte. O fogo foi apagado, e Tecla foi salva.¹

Após essa segunda tentativa de matá-la ter fracassado, ela correu ao encontro do seu amante Saul, a Pandora de Tarso, o qual fugira e a deixara para morrer sozinha.

Mais tarde Tecla recebeu o nada honroso título de *santa*, talvez por ser a prostituta de Saul, a Pandora de Tarso; devido aos seus *milagres* foram construídos diversos templos de consumo para ela, em Roma, inclusive.

Malgrado, toda essa adoração não existe nenhuma fonte histórica, que comprove a sua existência (como tudo o que se refere a essa Organização Criminosa). Os seus diretores, acionistas e consumidores somente tomaram conhecimento da sua existência, a partir da publicação de dois livros: *Atos de Tecla* e *Atos de Paulo e Tecla*. O que se sabe desses livros é que eles foram falsificados por um diretor da Máfia "Adoradora de Farinha e Água", na Ásia Menor, por volta de 235 a.H.:

> Tertuliano, mais tarde um "herege", e o pai da igreja Jerônimo, que era um falsificador, um santo difamador sem consciência, julgaram o trabalho do monge de maneira devastadora.²

Para Tertuliano, o Inquisidor Mor, a fábula sobre a *santa* Tecla contrariaria os perversos ensinamentos de Saul, a Pandora de

---

¹ *Acts of Paul and Thecla*: "And she, having made the sign of the cross, went up on the faggots; and they lighted them. And though a great fire was blazing, it did not touch her; for God, having compassion upon her, made an underground rumbling, and a cloud overshadowed them from above, full of water and hail; and all that was in the cavity of it was poured out, so that many were in danger of death. And the fire was put out, and Thecla saved."

² DESCHENER, Karlheinz. *Historia Criminal del cristianismo*. Barcelona: Ediciones Martínez Roca, 1990, vol. IV, p. 154: "Tertuliano, más tarde un 'hereje', y el Padre de la Iglesia Jerónimo, que era un falsificador, un santo difamador sin conciencia, juzgaron de modo demoledor la obra del monje."

Tarso, bem como seria claramente uma fraude, cujo autor acabou sendo punido:

> Porém, se escritos falsamente atribuídos a Paulo [*Atos de Paulo e Tecla*] usam o exemplo de Tecla como licença para as mulheres ensinarem e batizarem; saibam que, na Ásia, o presbítero que compôs esse texto, como se aumentasse a fama de Paulo com invenções próprias, foi destituído do cargo após ser condenado e confessar que o fez por amor a Paulo.[1]

O culto à Tecla iniciou-se em Selêucia, a fim de que a Facção Criminosa Católica destruísse a adoração *pagã* ao Deus Sarpedon e à Deusa Palas Atena, a fim de conseguir as riquezas dos seus fiéis, bem como roubar as propriedades dos sacerdotes desses Deuses:

> Ela se fortaleceu contra o demônio Sarpedon, que ocupou uma cordilheira sobre o mar e enganou muitos e os desviou da fé por intermédio de vários enganos e oráculos fraudulentos. Ela também se fortaleceu contra a altivo e guerreiro demônio Atena, que como um abutre (de acordo com Homero) talvez agora ocupasse a torre que leva seu nome; aos tecelões que moram naquela região e aos pequenos tolos ela grita e brande sua égide suja e franjada, para podermos zombar um pouco de todas aquelas pessoas que, à maneira ateniense, moram na acrópole e reverenciam Palas.[2]

---

[1] TERTULLIAN (Philip Schaff, ed.). *On Baptism*, chapter XVII (Of the Power of Conferring Baptism): "But if the writings which wrongly go under Paul's name, claim Thecla's example as a licence for women's teaching and baptizing, let them know that, in Asia, the presbyter who composed that writing, as if he were augmenting Paul's fame from his own store, after being convicted, and confessing that he had done it from love of Paul, was removed from his office."

[2] BASIL. *Life of Thecla*, chapter 27: "She fortified herself against the demon Sarpedon, who occupied a ridge over the sea and deceived many and led them astray from the faith through various deceptions and fraudulent oracles. She also fortified herself against the lofty and warlike demon Athena, who like a vulture (according to Homer) perhaps even now was occupying the tower named for her; to the weavers dwelling in that area and to the foolish little people she cries out and brandishes her grimy and fringed aegis, so that we might make a little fun of all those people there who, in an Athenian manner, dwell on the acropolis and revere Pallas."

No século I a.H. o seu culto era maior do que ao de Maria Stada; havia peregrinações de todas as regiões à Selêucia em busca de milagres.

Para continuar a explorar a crendice dos seus consumidores, Basílio escreveu dois livros sobre a *santa* Tecla; para ele a mentira sobre ela deveria continuar, porque essa era a única maneira dele manter a sua vida fácil.

Ele apresentou mais de 40 milagres, contudo, afirmou serem tantos, que ele não conseguira coletar todos: um desses milagres foi o fim de uma dor de ouvido que ele próprio sofria. Não há nenhuma dúvida que a *santa* Tecla é infinitamente superior ao burro crucificado, ele fez somente fez 18 míseros milagres em toda a sua vida inútil (um para cada um dos seus 18 pênis):

> Tendo pregado as boas novas da palavra salvadora e catequizado e selado e alistado muitos no exército de cristo, e tendo realizado um número ainda maior de milagres – como Pedro em Antioquia e na maior Roma, Paulo em Atenas e entre todas as nações, [...].[1]

Basílio, era um arrivista que fazia qualquer coisa por 30 moedas de prata, por isso ele não mediu esforços, para manter a mentira sobre a *santa* Tecla, que levava aos cofres da filial em Selêucia riquezas de todas as partes do Império Romano e até mesmo dos persas e árabes.

Outro diretor que aproveitou, para lucrar com os milagres de Tecla foi Gregório de Nazianzo; ele forjou várias cartas como se fossem para Tecla, ou para o seu irmão, Sacerdos:

> Dado que você sabe disso, ore por mim e mantenha-se confiante em tudo, pois não encontrará ninguém mais genuíno

---

[1] BASIL. *Life of Thecla*, chapter 28: "Having preached the good news of the saving word and catechized and sealed and enlisted many in Christ's army, and having performed an even greater number of miracles – like Peter in Antioch and greatest Rome, Paul in Athens and among all the nations, [...]."

do que eu, nem ninguém que compartilhe mais os seus interesses, mesmo que nem a intimidade substancial, nem a experiência tenham ensinado isso ainda.[1]

Outro milagre da *santa* Tecla foi o assassinato do diretor da filial de Tarso, Mariano, o qual havia brigado com o diretor da filial de Selêucia, Dexiano; por causa dessa disputa pelas riquezas dos consumidores, Mariano proibiu os seus consumidores de fazerem peregrinação à *santa* Tecla em Selêucia. A *santa* ficou furiosa com o desrespeito de Mariano, por isso ela o puniu por intermédio das mãos de Castor, que perseguira Mariano por toda a cidade por uma semana, ao fim da qual Mariano foi morto:

> Nessa história, o autor relata uma disputa entre Mariano, o bispo de Tarso, e o mencionado Dexianos, o bispo de Selêucia. Em uma manobra política contra Dexianos, Marianos emite uma interdição contra Selêucia e *Hagia Tecla* bem no meio da festa da virgem, a época do ano em que as rotas de peregrinação estavam mais cheias de viajantes. Quando Mariano morre apenas cinco ou seis dias depois, o autor interpreta seu destino como o rápido julgamento de santa Tecla.[2]

Tecla, Prostituta de Saul, além de assassinar os seus inimigos, trazia os maridos adúlteros de volta, curava as doenças dos rebanhos, curava a cegueira com a sua água milagrosa: obvia-

---

[1] GREGORY OF NAZIANZUS (Trans. Bradley K. Storin). *Letter LVII*. Califórnia: University of California Press, 2019, p. 196: "2. Given that you know this, pray for me and remain confident about everything, since you'll find no one more genuine than me, nor anyone who shares your interests more, even if neither substantial intimacy nor experience has taught this yet."
[2] STEPHEN, J. Davis. *The Cult of saint Thecla*. Oxford: Oxford University Press, 2008, pp. 78-9: "In that story, the author reports a dispute between Marianos, the bishop of Tarsus, and the aforementioned Dexianos, the bishop of Seleucia. In a political manœuvre against Dexianos, Marianos issues an interdiction against Seleucia and Hagia Thekla right in the midst of the festival of the virgin, the time of year when the pilgrimage routes were most crowded with travellers. When Marianos dies only five or six days later, the author interprets his fate as the swift judgement of Saint Thecla."

mente, que essas bênçãos recaíam somente sobre os consumidores dos produtos da "Ninhada de Traidores", ao passo que os não-consumidores eram assassinados.

Segundo os diretores dessa Multinacional do Crime ela morrera aos 90 anos, sendo a primeira mártir (entenda como suicídio pelas mãos do Estado) da Gangue de Almas "mais sujas do que todo lixo", os seus restos mortais foram colocados no templo de consumo na cidade de Milão.

A vida promíscua de Saul, a Pandora de Tarso, sempre foi protegida a ferro e fogo pelos seus sequazes. Veja o caso de João que demitiu um funcionário da Organização Criminosa, porque ele relatou as relações sexuais entre Saul, a Pandora de Tarso, e a virgem Tecla.

5.2.8. A virgem Cecília

A fábula sobre *santa* Cecília repete o enredo das tolices inventadas pelos pedófilos católicos: uma virgem; uma proposta de casamento; um noivo *pagão* muito rico; a conversão dos *pagãos*.

Pedro de Natalibo inventou a fábula sobre Cecília, a virgem e nobre, que morreu no ano de 215 a.H.; ele disse que Cecília tinha uma voz tão linda que os anjos desciam dos céus, para ouvi-la cantar e fazerem coro ela.

A maior ênfase é colocada sobre a autoridade da história de *santa* Cecília, como celebridade musical, que tendo sido forçada a se casar com um certo Valério, suplicou sinceramente a seu noivo que evitasse a vingança de um anjo, que tinha o encargo de sua pureza virgem. Valério concordou em renunciar a seus direitos e prometeu crer em cristo, desde que visse seu rival celestial. Mas, Cecília declarou que tal visão não poderia ser obtida sem o batismo prévio; a curiosidade do noivo o levou a declarar a sua prontidão em aceitar o acordo:

> Se queres que acredite no que me dizes, mostra-me esse anjo do qual falas; e se eu acreditar que sejas o verdadeiro

anjo de deus, farei o que dizes, e se assim for provado que amas outro homem que não eu, matarei a ti e a ele com minha espada. Cecília respondeu-lhe: Se quiseres crer e te batizares, verás bem agora.[1]

Após a cerimônia, o anjo se mostrou a Valério e, posteriormente, a seu irmão que entrara em segredo. Espantado com a visão, assim que se recuperou da sua estupefação, mandou chamar seu irmão Tibúrcio, que, tendo sido imbuído por Cecília a crer em cristo, foi recompensado com uma visão do mesmo anjo que seu irmão vira.

Ambos os homens, pouco tempo depois, sofreram o martírio sob o prefeito Almáquio. O fabulista continua seu espetáculo de estupidez afirmando que o prefeito tentou matar Cecília, mas não queria derramar o sangue romano, por isso ele a colocou em uma sauna excessivamente quente: ela foi condenada à morte pelo fogo em um *caldarium* (sauna), todavia depois de um dia e uma noite inteira o fogo não conseguia destruir o seu corpo (do mesmo modo como ocorreu com Policarpo de Esmirna, e Tecla, a amante de Saul):

> Esse expediente covarde, no entanto, fracassou. Cecília entrou alegremente no lugar de seu martírio, e lá permaneceu o resto do dia, e a noite que se seguiu, sem a que atmosfera ardente que respirava, produzisse a menor umidade sobre sua pele.[2]

---

[1] VORAGINE, Jacobus de (F. S. Ellis, ed.). *The Golden Legend*, The Life of S. Longinus. Michigan: Christian Classics Ethereal Library, 1900, vol. 06: "Then Valerian, corrected by the will of God, having dread, said to her: If thou wilt that I believe that thou sayest to me, show to me that angel that thou speakest of, and if I find veritable that he be the angel of God, I shall do that thou sayest, and if so be that thou love another man than me, I shall slay both him and thee with my sword. Cecilia answered to him: If thou wilt believe and baptize thee, thou shalt well now see him."

[2] PROSPER GUERANGER. *Life of saint Cecilia*. Philadelphia: Peter F. Cunningham, 1866, p.125: "This cowardly expedient, however, failed. Cecilia joyfully entered the place of her martyrdom, and remained there the rest of the day, and the

Almáquio decidiu que a decapitaria, contudo, mais uma vez o seu expediente não ocorrera como planejado, porquanto o carrasco tentou três vezes cumprir a sua tarefa e não conseguira; Cecília teve que ser liberta, visto que ele errou os três golpes permitido por lei. Porém, após três dias perdendo sangue devido aos seus ferimentos, Cecília distribuiu as suas riquezas aos pobres, pediu ao CEO Urbano para transformar a sua casa em um templo de consumo da Máfia de Preto, morrendo em seguida.

5.3. Milagres de outros Deuses

Os diretores da Gangue de Almas "mais sujas do que todo lixo", por mais que tentassem, não foram capazes de destruir todas as histórias a respeito de outros homens e Deuses que fizeram muitos milagres: Deus Asclépio; Deusa Krishna Cristo (Jeseus Cristo); Deus Dionísio; Buda Cristo; Moisés; Apolônio de Tiana; Deus Simão, o Mago; imperador Júlio César; imperador Vespasiano; Alexandre, o Grande; etc.

Por não conseguir apagar os grandes feitos desses homens e Deuses a Associação Católica de Celerados adaptou as suas vidas ao seu Garoto Propaganda.

Nesse tópico faremos uma abordagem muito superficial sobre os seus milagres, porquanto em um futuro muito breve faremos uma copiosa comparação entre eles e o "homem morto".

5.3.1. Milagres de Moisés

Muitos dos milagres de Moisés foram plágios, que os judeus fizeram dos *mýthous* gregos, dos egípcios, dos babilônios e outros povos. O seu milagre da abertura do Mar Vermelho nada mais é do

---

ensuing night, without the fiery atmosphere she breathed, producing even the slightest moisture upon her skin."

que uma repetição do *mythos* do Deus Poseidon, o qual era poderoso o suficiente para controlar a água, sem precisar da ajuda do Deus Euro:

> Então Moisés estendeu a sua mão sobre o mar, e o senhor fez retirar o mar por um forte vento oriental toda aquela noite; e o mar tornou-se em seco, e as águas foram partidas.[1]

Moisés fazia curas milagrosas, o que era comum entre os *pagãos*, porque todos os antigos Deuses eram taumaturgos. As suas curas em nada diferenciavam daquelas feitas pelos Deuses, ou magos da antiguidade, ou trapaceiros de fim de feira:

> Clamou, pois, Moisés ao senhor, dizendo: Ó Deus, rogo-te que a cures.[2]

Já vimos mais acima que o milagre de alimentar milhares de famintos foi feito pelo Maravilhoso Deus Dionísio, ou pelo Deus Odin; esse milagre foi copiado pelos autores do *Livro Velho dos Judeus*, os quais disseram que Eliseu e Moisés praticaram essa magia:

> Então o povo se levantou todo aquele dia e toda aquela noite, e todo o dia seguinte, e colheram as codornizes; o que menos tinha, colhera dez ômeres; e as estenderam para si ao redor do arraial.[3]

O *Livro Velho dos Judeus* registrou o número de fugitivos do Egito:

> Assim partiram os filhos de Israel de Ramessés para Sucote, cerca de seiscentos mil a pé, somente de homens, sem contar os meninos.[4]

---

[1] *Êxodo*, 14 (21).
[2] *Números*, 12 (13).
[3] *Números*, 11 (31-32).
[4] *Êxodo*, 12 (37).

Se contarmos os meninos, as mulheres e os velhos teremos um número perto de 3.000.000 indivíduos participando do êxodo. Assim, podemos fazer um cálculo muito simples: 3.000.000 (de fugitivos) X 10 ômeres ("o que menos tinha") X 2,3 quilos (cada ômer tem 2,3 quilos) isso seria o equivalente a 69.000.000 quilos. Cada codorna pesa 100 gramas, logo foram apanhadas aproximadamente 6.900.000 de codornizes: esse número absurdo foi a captura em 2 dias!

Sabemos que 10 ômeres foi o mínimo apanhado, portanto o número é muito maior; isso nos leva à seguinte pergunta: como um deserto pode alimentar tantas codornizes? Pois, uma codorniz adulta come 25 gramas por dia; como foram capturadas no mínimo 6.900.000, temos que elas consomem por dia 172.500 quilos de comida.

Quando os judeus estavam com sede, Moisés bateu com o seu cajado em uma pedra e dela aflorou a água, para matar a sede do seu povo:

> Então Moisés ergueu o braço e bateu na rocha duas vezes com a vara. Jorrou água, e a comunidade e os rebanhos beberam.[1]

Esse é mais um *mýthos* grego, no qual o Deus Poseidon, em disputa com a Deusa Palas Atenas sobre o domínio da Ática, bateu em uma pedra e dela saiu água.

Por fim, outro milagre de Moisés baseado nos *mýthous* gregos foi o seu discurso, no qual ele consegue levantar o moral dos exércitos de Jesus (Josué), para destroçarem impiedosamente Amaleque e os seus seguidores. Esses tipos de discursos eram comuns entre os gregos e romanos; em todas as batalhas encontramos os grandes líderes incentivando os seus exércitos:

---
[1] *Números*, 20 (11).

Por isso disse Moisés a Josué [Jesus]: Escolhe-nos homens, e sai, peleja contra Amaleque; amanhã eu estarei sobre o cume do outeiro, e a vara de deus estará na minha mão.[1]

Ao todo foram relatados 42 milagres praticados por Moisés[2]:

a. *Êxodo*, 4 (2-3, 4, 6-7, 30), 7 (9-12, 14-25), 8 (1-24, 29-32), 9 (1-35), 10 (1-29), 11 (7-12), 14 (21-22, 26-28), 15 (23-26), 16 (4-35), 17 (1-17);
b. *Números*, 11 (1-2), 12 (13-16, 28-33, 44-50), 20 (10-13), 21 (5-9);
c. JOÃO, 3 (14).

Além desses encontramos 16 outros milagres, os quais foram feitos por yhwh, o Senhor dos Holocaustos, na presença de Moisés:

a. *ÊXODO*, 40 (34);
b. *LEVÍTICO*, 9 (24), 10 (2),
c. *NÚMEROS*, 11 (2, 19-35), 12 (10, 13-16), 14 (37), 16 (32, 35, 49), 17 (8), 20 (11), 21 (5-9), 25 (9).

Esses e outros milagres seriam vendidos pelos diretores do Bando de Fetichistas como exclusivos do burro crucificado.

Em tempo o uso de uma varinha para descobrir água, metais, pedras, preciosas, etc. (radiestesia), malgrado tenha sido usada por Moisés e o "homem morto" foi proibido pela Associação Católica de Celerados, o que foi mais tarde acompanhado por Martinho Lutero. O que nos possibilita concluir que o Sr. Münchhausen da Cruz era somente mais um feiticeiro antes de se transformar em deus por um decreto do imperador Constantino, o Grande Traidor da Humanidade.

---

[1] *Êxodo*, 17 (9).
[2] *Miracles by Moses*. Disponível em <https://faithfamilybillings.com/wp-content/uploads/2016/08/42-Miracles-and-wonders-done-through-Moses.pdf>.

5.3.2. Deus Asclépio

Asclépio (*Incessantemente Amado*[1]) era filho do Deus Apolo com a mortal Corônis; ele foi criado em uma caverna pelo centauro Quíron, ou como encontramos em outras versões, os seus primeiros tutores foram pastores: não precisamos lembrar, vários aspectos relativos ao Deus Asclépio foram indecorosamente copiados pelos diretores da Gangue Nicena e aplicados ao seu Garoto Propaganda: nascimento virginal; um pai divino; a caverna; os pastores; as curas; a ressurreição; e muitas outras características.

Devido ao seu profundo conhecimento das práticas de cirurgias e do uso de medicamentos nas suas curas, ele, ainda hoje, é considerado o Pai da Medicina.

O Deus Asclépio foi outra figura mitológica sincretizada com o "Cadáver Judeu": ele foi adorado como o Deus da Cura, o Salvador, Redentor e Remediador; ele podia ressuscitar os mortos, entre os mais famosos foram: Licurgo, Capaneu; Tíndaro; Glauco (filho de Minos); Órion e Hipólito:

> Separada das demais está uma antiga estela, que diz que Hipólito ofereceu vinte cavalos ao Deus. Consoante à inscrição nesta estela, os de Arícia dizem que Asclépio ressuscitou Hipólito, que havia falecido em consequência das maldições de Teseu; e quando voltou a viver não quis perdoar o pai e, desprezando os seus apelos, foi para a Itália com os de Arícia, ali foi rei, e ofereceu um recinto sagrado a Ártemis onde até o meu tempo, o prêmio para o vencedor no combate individual era também o sacerdócio da Deusa.[2]

---

[1] Entre os latinos, ele ficou conhecido como Esculápio (*O que está pendurado no carvalho esculento*).

[2] PAUSANIAS. *Descripción de Grecia*, libro II (Corinto e Argólida), 4: "Separada de las otras hay una estela antigua, que dice que Hipólito ofrendó veinte caballos al dios. De acuerdo con la inscripción de esta estela, dicen los de Aricia que Asclepio resucitó a Hipólito que había muerto como consecuencia de las maldiciones de Teseo; y cuando vivió de nuevo no quiso perdonar a su padre y, despreciando sus súplicas, se marchó a Italia junto a los de Aricia, fue rey allí, y ofrendó un recinto sagrado a Ártemis donde hasta mi época el premio para el vencedor en combate singular era también el sacerdocio de la diosa."

Ele foi um Deus tão importante na antiguidade que mesmo Eusébio, "o Mais Repugnante dos Simpatizantes", não teve como esconder que o Deus Asclépio fora autor de inúmeros milagres, os quais, para esse desprezível homem, seriam frutos da ação do demônio:

> Pois aconteceu que muitos desses pretendentes à sabedoria eram devotos iludidos do demônio adorado na Cilícia, a quem milhares consideravam com reverência o possuidor de poder salvador e curador, que às vezes aparecia para aqueles que passavam a noite em seu templo, às vezes restaurava a saúde aos enfermos [...].[1]

Como Deus da Medicina, Asclépio fez inúmeros milagres, mesmo muitos anos após a sua morte:

1. curava todas as doenças malignas;
2. ressuscitava os mortos;
3. aqueles que sonhassem com ele se curavam;
4. os doentes levados ao seu templo, eram imediatamente curados;
5. bastava dizer os sintomas da doença, que o remédio já aparecia com o nome escrito nele.

Os fiéis em agradecimento às bençãos alcançadas mandavam reproduzir as partes dos seus corpos, as quais foram curadas pelo Deus: olhos, pernas, braços, bocas, etc.

Destarte, os fiéis pensassem que as curas fossem milagres do Deus Esculápio, a maioria das suas curas tinha origem na Medicina e na manipulação de remédios; a base das suas curas era a Ciência.

---

[1] EUSEBIUS. *Life of Constantine*, book III, chapter LVI (destruction op the temple of Aesculapius at Aegean): "For since it happened that many of these pretenders to wisdom were deluded votaries of the demon worshipped in Cilicia, whom thousands regarded with reverence as the possessor of saving and healing power, who sometimes appeared to those who passed the night in his temple, sometimes restored the dis eased to health [...]."

Quando a Facção Criminosa Católica começou a destruir a cultura greco-romana, os seus diretores fizeram um ataque feroz contra os cientistas, principalmente a partir do século II a.H.; os diretores dessa Organização Criminosa consideravam a Ciência como uma *heresia*, visto que os cientistas não estavam associados a eles.

Devido à visão negativa dos diretores, acionistas e consumidores em relação à Ciência, eles expulsaram das cidades os médicos contratados pelo imperador Antonino Pio, os quais foram substituídos pelos diretores da Facção Criminosa Católica, os quais faziam orações e exorcismos, para tentarem acabar com as doenças.

Assim, após o domínio do Império Católico do Mal, os seus diretores fecharam os templos dedicados ao Deus Esculápio, desse modo a Medicina no Império Romano foi substituída pelas magias negras em nome do burro crucificado.

5.3.3. Krishna Cristo

A Deusa Krishna Cristo (Jeseus Cristo) nascera de uma mãe virgem (Devaki) no dia 25 de dezembro; no momento do seu nascimento uma estrela apareceu no céu e guiou 3 reis magos até ela, os quais levaram presentes: mirra, ouro e incenso. Quando era uma criança o seu pai teve que fugir com ela, ao chegarem às margens de um rio com correntes fortes, as águas se abriram e eles atravessaram tranquilamente:

> Devido às chuvas constantes enviadas pelo semideus Indra, o rio Yamunā encheu-se de águas profundas, espumando com ferozes ondas rodopiantes. Mas como o grande Oceano Índico havia anteriormente dado lugar ao Senhor Rāmacandra, permitindo-Lhe construir uma ponte, o Rio Yamunā deu lugar a Vasudeva [pai de Krishna] e permitiu-lhe atravessá-lo.[1]

---

[1] PRABHUPADA. *Srimad-bhagavatam*, chapter III (The birth of Lord Krishna), text 50: "Because of constant rain sent by the demigod Indra, the River Yamunā was

Ela era conhecida pelos títulos: Deus do Universo; a Senhora de Todas as Coisas; Primogênito Filho de Deus; a Divina Redentora; o Começo, o Meio e o Fim.

Ainda criança o seu pai a enviara aos brâmanes, para que eles pudessem ensiná-la todos os conhecimentos, contudo ela aprendeu as mais variadas ciências em um só dia.

Em virtude das suas pregações sobre justiça, bondade e paz, bem como pela sua defesa dos pobres, ela foi crucificada; após a sua morte, essa Deusa poderosa voltou para sua Casa Celestial.

O Grande Deus Krishna (Jeseus Cristo) estava em constante luta contra o mal, nessa atividade contínua, ele fazia inúmeros milagres:

1. ressuscitava os mortos;
2. curava os doentes;
3. restituía os membros aos mutilados;
4. acabava com a surdez;
5. fazia os cegos enxergarem;
6. controlava as águas;
7. bebeu leite envenenado e não morreu;
8. parou o sol, a fim de que a guerra de Kurukshetra acabasse;
9. ainda recém-nascida, ela pediu aos seus pais que a levassem ao palácio de Nandha Maharaja;
10. ela mostrou todo o seu esplendor (transfiguração) a Arjuna;
11. alimentava multidões.

Por todos os lugares por, onde passava o Deus Krishna Cristo (Jeseus Cristo) apoiava os fracos nas lutas por justiça; nesse seu caminhar ele sempre era recebido por uma multidão, que o adoravam devido aos seus maravilhosos milagres.

---

filled with deep water, foaming about with fiercely whirling waves. But as the great Indian Ocean had formerly given way to Lord Rāmacandra by allowing Him to construct a bridge, the River Yamunā gave way to Vasudeva and allowed him to cross." Disponível em <https://prabhupadabooks.com/sb/10/3>

A sua história seria copiada, quase que por completo, pelos diretores da "Ninhada de Traidores" ao criarem o seu Garoto Propaganda.

5.3.4. Apolônio de Tiana

O Deus Apolônio de Tiana (Jesus Cristo Grego), nasceu na Capadócia; a sua fama era demasiada entre os gregos, o que causou um rebuliço nas hostes criminosas do Bando de Fetichistas: ele foi adorado como o Curador, o Salvador, o Filho de Deus, o Pai Eterno Encarnado.

Antes de nascer, a sua mãe foi avisada por um Deus, que traria à luz uma criança divina mesmo sendo virgem; na sua infância todos reconheceram a sua divindade devido a inúmeros eventos, entre os quais a sua enorme sabedoria, que fazia sombra aos homens mais sábios da terra.

O Grande Deus Apolônio de Tiana era quatro anos mais novo do que o carpinteiro, contudo morreu em idade muito avançada; ele recebera do Deus Apolo o poder de curar as doenças e prever os eventos; a multidão admirava a sua imortalidade.

Ele viajou por muitas regiões, do Egito à Índia, mesmo assim ele jamais teve dificuldades em se comunicar com os homens de regiões tão distantes, porque ele falava quaisquer línguas que existiam, mesmo sem jamais as ter estudado.

A fim de mostrar toda a sua divindade ao seu amado apóstolo, Dâmis, ele se mostrou em toda a sua plenitude divina (transfiguração).

Dos seus inúmeros milagres, destacamos:

1. o seu nascimento foi anunciado por um anjo;
2. a virgindade da sua mãe;
3. ainda criança superou todos os seus mestres;
4. acabava com pragas;
5. expulsava demônios;
6. curava os doentes;
7. os coxos, cegos e aleijados tornavam-se normais;

8. ressuscitava os mortos;
9. curou um jovem que havia sido mordido por um cão e estava com raiva;
10. transfigurou-se, mostrando toda sua divindade;
11. controlava os fenômenos naturais;
12. alimentava multidões;
13. quando foi preso, simplesmente ele desapareceu do tribunal, ao meio-dia, na frente de todos, aparecendo em outra cidade a 160 quilômetros de distância ao anoitecer.

Depois dessa fuga, os seus discípulos estavam em dúvidas se aquele Apolônio, o qual estava junto a eles, seria um espírito ou não; para dirimir todas as dúvidas, o Deus Apolônio de Tiana pediu, para que eles o tocassem.

Os diretores da Quadrilha Católica não podendo negar a capacidade infinitamente superior do Deus Apolônio de Tiana de fazer milagres em relação ao seu Garoto Propaganda, simplesmente afirmaram que tudo o que foi feito pelo digníssimo Deus Apolônio tivera influências de espíritos malignos.

5.3.5. Dionísio

Quando criança ainda na sua manjedoura, o Deus Zagreus foi perseguido e morto pelos titãs, todavia ele encarnou na forma do Deus Dionísio: o Deus Pai se fez carne na pessoa do Deus Filho.

Panteus, o rei de Tebas, odiava o Deus Dionísio chamando-o de "líder vagabundo de uma facção"; certa vez ele enviou os seus oficiais para prendê-lo, contudo, a multidão impediu que se consumasse a ordem do rei, mas não conseguiram impedir, que os soldados prendesse Acetes, o seu amado apóstolo. Acetes foi jogado na prisão, quando preparavam para matá-lo, as portas da prisão abriram-se milagrosamente e Acetes desapareceu.

O Deus Dionísio foi ao Tártaro, ressuscitou a sua mãe, a Deusa Virgem Sêmele, depois ele a levou para o templo de Ártemis em Trezena, a seguir a conduziu ao Olimpo.

Por onde passava fazia grandes milagres:

1. transformava a água em vinho;
2. tornava a vida de todos mais alegre pela sua simples presença;
3. curava doenças;
4. acabava com as pragas;
5. legislava com justiça visando a paz;
6. dava a sabedoria a todos;
7. revelava o futuro;
8. ressuscitava os mortos;
9. conduziu uma multidão, após abrir o Mar Vermelho;
10. parou o sol;
11. fazia vinho brotar do chão usando uma varinha mágica;
12. tivera uma concepção imaculada.

O Estado romano tentou eliminar o culto ao Deus Dionísio no século III a.H., contudo os governantes perceberam que ele não era um perigo, por isso as suas comemorações foram atreladas às festas em homenagem ao Deus Líber.

5.3.6. Buda Cristo

Diferentemente da mãe do burro crucificado, cujo filho a odiava (por esse motivo os redatores do *Genocidia Manual* quase não a citaram), a mãe de Buda Cristo era adorada por ele e pelos seus fiéis: a sua pureza era tamanha, que onde os seus pés tocassem imediatamente nasciam flores, as árvores se curvavam à sua presença.

A sua mãe foi louvada como Santa Virgem e Rainha do Céu; logo após conceber Buda Cristo, esse se levantou e declarou a sua missão: acabar com os sofrimentos e tristezas no mundo.

Buda era adorado como "o Salvador, Criador e Sabedoria de Deus". A mitologia hindu é rica em inventar personagens sagradas, tal é o caso de Menu[1], o qual se identificava com Buda Cristo, com

---

[1] HIGGINS, Godfrey. *Anacalypsis*: An Attempt to Draw Aside the Veil of The Saitic Isis or an Inquiry into the Origin of Languages, Nations and Religions. 1833, book V, chapter V, vol. I.

o Sol e é chamado de Filho Auto-Existente, ou seja, o Filho de Deus. Menu é mais um nome entre dezenas que Buda Cristo recebeu; na língua hindu a palavra *menu* pode ser entendida como *mente, sabedoria*.

Em busca da purificação Buda Cristo se retirou do mundo, mas ele foi tentado pelo demônio, o qual lhe oferecerá inúmeras riquezas, que obviamente foram recusadas.

Os seus fiéis narram diversos milagres atribuídos a ele, como os milagres são os fundamentos do budismo, não é incomum encontrarmos narrativas cheias de prodígios maravilhosos. Enumerarmos somente algumas das suas proezas:

1. voava sempre que desejava;
2. conhecia os pensamentos de todos os seres;
3. curava os cegos, os surdos, os doentes;
4. sarava a alma dos homens;
5. confortava os pobres;
6. acabava com as pestes;
7. reconstituía os membros arrancados do corpo;
8. fazia duplicatas de si;
9. expulsava demônios;
10. alimentou multidões;
11. controlava os elementos da Natureza;
12. teletransportava-se;
13. andava sobre a água;
14. voava.

Não era somente Buda Cristo que fazia milagres, porque as suas roupas e sapatos, quando tocadas por alguém, o tornava abençoado:

> O Cânone Pali ("Mahavagga") menciona que o Buda realizou 3.500 milagres. E o sânscrito agamas sarvastivada ("Chattushparishatsutra") menciona 18 feitos milagrosos.[1]

---

[1] *Miracles of Buddha*: "The Pali Canon ('Mahavagga') mentions that the Buddha performed 3,500 miracles. And the Sanskrit agamas sarvastivada ('Chattushparishatsutra') mentions 18 miraculous deeds." Disponível em <https://zen-buddha.com/blogs/articles/miracles-of-buddha>

O motivo pelo qual Buda Cristo foi crucificado deveu-se a ele ter arrancado uma flor do jardim; do mesmo modo, lemos no *Liber Crimem* da Gangue Nicena, que o "Cadáver Judeu" foi crucificado, porque ele colheu algumas espigas no sábado:

> Naquele tempo passou Jesus pelas searas, em um sábado; e os seus discípulos, tendo fome, começaram a colher espigas, e a comer.[1]

É desnecessário dizer que as aventuras de Buda Cristo foram indecorosamente copiadas pelos diretores da Máfia "Adoradora de Farinha e Água".

5.3.7. Deus Simão, o Mago

Existia na tradição folclórica judaica um certo Simão Mago (Semo Megas), que era uma alusão ao Deus Sol adorado pelos politeístas de Samaria; ele foi considerado o Deus Supremo pelos samaritanos e outras regiões, onde devido aos seus milagres era adorado por onde passava.

Em Roma Simão se apresentou como o espírito encarnado de Deus: os romanos o consideraram como um Deus, por isso eles ergueram uma estátua para ele, perto de uma ponte com os dizeres sobre a sua divindade. O diretor da Quadrilha Católica Justino, "o mais Tolo dos Pais Cristãos", afirmou que os maravilhosos milagres do Deus Simão tinha origem no demônio, ele fazia essa acusação a todos os grandes Deuses *pagãos*:

> Havia um samaritano, Simão, natural da aldeia chamada Gitto, que no reinado de Cláudio César, e em sua cidade real de Roma, fazia poderosos atos de magia, em virtude da arte dos demônios operando nele. Ele era considerado um Deus, e como um Deus foi homenageado por eles com uma estátua, erguida no rio Tibre, entre as duas pontes, e trazia esta

---

[1] LEVI, 12 (1).

inscrição, na língua de Roma: – "Simoni Deo Sancto", "A Simão, o Deus Santo". E quase todos os samaritanos, e alguns até de outras nações, o adoram e o reconhecem como o primeiro Deus; [...].¹

Ele foi contemporâneo do crucificado, mas diferentemente desse pífio milagreiro, o Deus Simão foi um dos maiores taumaturgos da sua época: os seus fiéis tinham um *Evangelho* com as suas sagradas palavras. Ele se apresentava como o Logos de Deus, ou a Sabedoria de Deus; Simão viajou pregando a paz entre os homens:

> Simão viajava pregando e conquistava muitos prosélitos. Ele se autoproclamava ser "A Sabedoria de Deus", "A Palavra de Deus", "O Paráclito, ou Consolador", "A Imagem do Pai Eterno, Manifestado na Carne", e seus seguidores afirmavam que ele era "o Primogênito do Supremo". Todos esses títulos são aqueles, que anos depois, foram aplicados a cristo jesus. Seus seguidores tinham um evangelho chamado "Os Quatro Cantos do Mundo", o que nos lembra o motivo apresentado por Ireneu, de haver quatro *Evangelhos* entre os cristãos.²

Os apóstolos e fiéis do Deus Simão, o Mago, o adoravam como o Filho de Deus, a Palavra, a Imagem do Pai Eterno, o Filho

---

[1] JUSTIN (Philip Schaff, ed.). *First Apology*, chapter XXVI (Magicians not trusted by Christians): "There was a Samaritan, Simon, a native of the village called Gitto, who in the reign of Claudius Cæsar, and in your royal city of Rome, did mighty acts of magic, by virtue of the art of the devils operating in him. He was considered a god, and as a god was honoured by you with a statue, which statue was erected on the river Tiber, between the two bridges, and bore this inscription, in the language of Rome: – 'Simoni Deo Sancto', 'To Simon the holy God'. And almost all the Samaritans, and a few even of other nations, worship him, and acknowledge him as the first god; [...]."

[2] DOANE, T. W. *Bible myths and their parallels in other religions*. 7th edition. USA, 1882, p. 165: "Simon traveled about preaching, and made many proselytes. He professed to be 'The Wisdom of God', 'The Word of God', 'The Paraclete, or Comforter', 'The Image of the Eternal Father, Manifested in the Flesh', and his followers claimed that he was 'he First Born of the Supreme'. All of these are titles, which, in after years, were applied to Christ Jesus. His followers had a gospel called 'The Four Corners of the World', which reminds us of the reason given by Irenæus, for there being four Gospels among the Christians."

Primogênito de Deus, o Paráclito, o Consolador, o Salvador, o Redentor, o Unigênito do Pai do Mundo, a Segunda Hipóstase da trindade.

A influência do Deus Simão foi muito grande, que fazia sombra ao deus inventado pelos diretores do Trinitarismo Atanasiano. Devido ao amplo reconhecimento e admiração de muitos homens e em vários lugares, os diretores dessa Organização Criminosa não puderam ignorá-lo e falaram mal dele em algumas passagens do *Genocidia Manual*:

> Um homem chamado Simão vinha praticando feitiçaria durante algum tempo naquela cidade, impressionando todo o povo de Samaria. Ele se dizia muito importante, e todo o povo, do mais simples ao mais rico, dava-lhe atenção e exclamava: "Este homem é o poder divino conhecido como Grande Poder".[1]

Os diretores da Facção Criminosa Católica, principalmente o CEO Clemente Romano, inventaram uma história sobre a derrota de Simão Mago por Shimon Kaipha, o Príncipe das Traições, contudo essa e todas as suas histórias são mais uma fábula difundida pelos seus diretores. Clemente Romano forjou essa mentira, para sustentar a sua amizade com Shimon Kaipha, o Príncipe das Traições, a qual ele usou para assumir o comando da Multinacional do Crime, ao afirmar que o Príncipe das Traições o havia feito o seu sucessor.

Dentre os seus milagres mais famosos contam-se:

1. previsão de eventos;
2. curas de várias doenças;
3. controle da Natureza (andar sobre a água, impedir tempestades, etc.);
4. invocação de espíritos;
5. aparecimento em qualquer lugar, no momento que desejasse (onipresença);

---

[1] LUCAS, *Atos dos Apóstolos*, 8 (9-10).

6. capacidade de voar;
7. movimentação de objetos sem os ver;
8. fazia árvores nascer de repente;
9. transformar-se em outros homens ou animais;
10. cair de lugares altos sem se machucar;
11. "andar pelas ruas com os espíritos dos mortos."

Os pervertidos diretores da Quadrilha Católica apresentaram o Deus Simão em conluio com o diabo[1], a fim de que os seus fiéis o abandonassem em prol dos asquerosos produtos vendidos por essa Multinacional do Crime.

Os primeiros consumidores dos produtos da Associação Católica de Celerados, na Palestina odiavam Saul, a Pandora de Tarso, de maneira intensa, que

> Esse antagonismo permeia as quatro grandes epístolas de Paulo, Romanos, 1 e 2 Coríntios e Gálatas. O ódio a Paulo perdurou entre os cristãos palestinos, que o satirizavam como Simão Mago, e adotaram a descrição pessoal realista dele que ainda sobrevive nos "Atos de Tecla" como uma imagem do Anticristo.[2]

É óbvio que essa identificação foi a pior ofensa que fora feita ao Deus Simão, o Mago, porquanto a perversidade de Saul, a Pandora de Tarso, só não é maior do que a do Deus Platão, a Meretriz de Atenas, ou a de Shimon Kaipha, o Príncipe das Traições, o verdadeiro Satanás identificado por jesus cristo.

O Deus Simão não fora criado, porque existiria desde o princípio ao lado de Deus, mas por amor aos homens, a Palavra se fez carne com a missão de destruir o mal e redimir os homens de todos

---

[1] **a.** JUSTIN. *First Apology*, chapter XXVI;
b. IRENAEUS. *Against Heresies*, book III, chapter XI;
c. EUSÉBIO *História Eclesiástica*, livro 2, capítulo XIV.
[2] CONYBEARE, F. C. *History of New Testament Criticism*. London: G. P. Putnam's Sons, 1910, pp. 130-131: "This antagonism colours the four great epistles of Paul, Romans, 1 and 2 Corinthians, and Galatians, and the hatred of Paul long continued among the Palestinian Christians, who caricatured him as Simon Magus, and adopted the lifelike personal description of him which still survives in the 'Acts of Thekla' as a picture of the Anti-Christ."

os seus pecados: o seu poder era demasiado, que só de se pronunciar o seu nome, os homens conseguiriam a salvação.

O Deus Simão, o Mago, controlava os elementos da Natureza, podia ordenar que qualquer coisa se movesse, apenas dizendo: "Seja movido".

Após "a Luz de todos os Homens", ressuscitar, ela voltou para a sua casa celestial sentando-se ao lado do Pai.

5.3.8. Deus Menandro

O Deus Menandro viveu no século IV a.H., ele foi chamado pelos seus contemporâneos de "o Milagroso", Cristo e Salvador; ele fez diversos milagres, bem como era visto como um enviado dos céus com a missão de salvar os homens.

Ele teve muitos seguidores e por muito tempo a sua influência manteve-se em alta, o que fez com que Justino, "o mais Tolo dos Pais Cristãos", e outros diretores da Quadrilha Católica escrevessem de maneira acrimoniosa contra ele:

> E um homem, Menandro, também samaritano, da cidade Caparetea, discípulo de Simão, e inspirado por demônios, enganou muitos com sua arte mágica, enquanto estava em Antioquia. Ele persuadiu os seus fiéis de que nunca morreriam, e mesmo agora existem alguns que acreditam nele.[1]

Outro diretor da Máfia de Preto que se dedicou a sujar a imagem do Grande Deus Menandro foi sobre Eusébio, "o Mais Repugnante dos Simpatizantes", o qual disse que se tratava de mais um mágico, o qual se apoiaria no poder do diabo, para fazer os seus milagres:

---

[1] JUSTIN (Philip Schaff, ed.) *First Apology*, chapter XXVI (Magicians not trusted by Christians): "And a man, Menander, also a Samaritan, of the town Capparetæa, a disciple of Simon, and inspired by devils, we know to have deceived many while he was in Antioch by his magical art. He persuaded those who adhered to him that they should never die, and even now there are some living who hold this opinion of his."

O mago Simão foi sucedido por Menandro, [...] uma segunda arma do poder diabólico [...] até abundou em milagres ainda maiores. Os que são considerados dignos deste [batismo] participarão já nesta vida da imortalidade perdurável e não morrerão jamais. [...] Era sem dúvida obra de influência diabólica lançar mão de tais feiticeiros revestidos do nome de cristãos [...].[1]

Entre esses milagres podemos citar:

1. chamar as almas dos mortos;
2. interpretar os espíritos;
3. fazer os espíritos falarem;
4. prever eventos;
5. ressuscitar os mortos.

5.4. Milagres da Gangue Nicena

A crença nos milagres era uma constante nas religiões *pagãs*, mas os diretores, acionistas e consumidores do Trinitarismo Atanasiano os levaram ao extremo, porque os seus milagres eram sempre mais fantásticos.

Nos séculos I a.H. e I d.H. com a ascensão do Império Católico do Mal a sociedade foi completamente tomada pela crença em milagres, os quais se tornavam cada vez mais absurdos: essa crença se espalhou até os mais longínquos rincões afetando a todos os criminosos católicos, independentemente da posição econômica, social, política ou intelectual.

A partir do século I a.H. os milagres dos *mártires* (suicidas pelas mãos do Estado) começaram a ser esquecidos pelos diretores, acionistas e consumidores da Multinacional Católica de Crimes, porque os *mártires* devido ao excessivo uso de drogas causavam muitas brigas e atrapalhavam os negócios da Organização Criminosa; por isso foi necessário inventar outro produto, o qual fizesse milagres, todavia não causavam transtornos na sociedade, por isso foram inventados os chamados *santos*.

---

[1] EUSÉBIO. *História eclesiástica*, Livro III [Em que partes da terra os apóstolos pregaram sobre Cristo], XXVI [Sobre o mago Menandro], 1 – 4.

Os diretores da "Ninhada de Traidores" inventaram tantos *santos*, que foi preciso plagiar os milagres uns dos outros: ressurreições, curas, andar sobre a água, controlar pestes, acabar com tempestades, etc.

Não somente os *mártires*, os monges, os *santos* e o burro crucificado fizeram milagres, pois muitos diretores, acionistas e consumidores da Multinacional Católica de Crimes também eram taumaturgos, o que fez com que muitos deles quase fossem divinizados. Os milagres praticados por todos eles não difeririam da dos outros milagreiros, por isso vemos uma enorme quantidade de curas de doentes, aleijados e cegos, controles de tempestades, mortes de dragões furiosos. Com as suas orações faziam chover, aparecer peixes para alimentar uma multidão faminta, conseguiram diversas ressurreições, expulsaram vários demônios, inclusive demônios que se encontravam em vacas. Esses diretores ainda andavam sobre a água, alimentavam multidões, etc.: se um décimo de todos os milagreiros da Quadrilha Católica conseguissem realizar os seus prodígios nos últimos 2.000 anos é bem certo que estaríamos vivendo no paraíso e não no Império Católico de Pedofilia.

Os diretores da Máfia de Preto afirmam que todos os milagres tiveram origens no crucificado, porque somente ele é o único que pode recorrer à magia negra na Organização Criminosa.

5.4.1. Maria Stada

Maria Stada foi pródiga em castigar os homens com os seus milagres: cegou ladrões, ou cortou os pés e as mãos de um ator que a perturbava. De todos os seus *milagres*, o maior sem dúvida para nós, foi a concepção virginal, malgrado esse ser um tipo muito comum de nascimento dos Deuses *pagãos*:

> E, respondendo o anjo, disse-lhe: Descerá sobre ti o espírito santo, e a virtude do altíssimo te cobrirá com a sua sombra;

por isso também o santo, que de ti há de nascer, será chamado filho de deus.[1]

Maria Stada foi pródiga em fazer milagres o livro *Miracles of our Lady saint Mary* apresentou 25 desses atos mágicos, os quais vão desde alimentar um faminto a salvar uma criança. De Todos os milagres o mais tolo foi a sua aparição a Teófilo, "o Amigo de Satanás", a fim de esclarecer o motivo da viagem da sua família ao Egito:

> E a santa Virgem Maria, mãe de Deus, falou e me disse: "Levanta-te e não temas, ó Teófilo, nosso servo e o atleta que luta pelos cristãos. Salve, ó Teófilo! Levanta-te, fortalece-te, olha e vê que sou a mãe de jesus cristo, o senhor do céu e da terra, a mãe daquele a quem nem o céu, nem a terra conseguem compreender, aquele que esteve nove meses em meu ventre por sua vontade. Sou sua mãe e dei leite de meu seio àquele que alimenta o mundo por sua vontade. Sou Maria, filha de Joaquim, e minha mãe é Ana da tribo de Judá e da casa de Davi. Eu me revelei a ti pela vontade do meu amado filho: Eu te mostrarei aquele que estava comigo, que agarrou meus joelhos e olhou para meu rosto como todas as outras crianças fazem quando choram diante de suas mães até que são carregadas por elas. [...]."[2]

Será que Maria Stada não sabia, que Teófilo, "o Amigo de Satanás", era um homem pérfido, traiçoeiro e mentiroso? Qualquer um que dirija um olhar, ou uma palavra a alguém tão depravado

---

[1] LUCAS, 1 (35).
[2] THEOPHILUS. *Vision of Theophilus*. Cambridge: W. Heffer & Sons Limited, 1931, pp. 18-19: "And the holy Virgin Mary, mother of God, spoke and said to me: "Arise and fear not, O Theophilus, our servant and the athlete who fights for the Christians. Hail, O Theophilus! Arise, be strengthened, look and see that I am the mother of Jesus Christ, the Lord of heaven and earth, the mother of the one whom neither heaven nor earth are able to comprehend, the one who was nine months in my womb by His Will. I am His mother and I gave milk from my breast to the one who feeds the world by His will. I am Mary, the daughter of Yonakhir, and my mother is Hannah of the tribe of Judah and of the house of David. I have revealed myself to you by the will of my beloved Son : I shall show you the One who was with me, who grasped at my knees and looked at my face as all other children do when they weep before their mothers until they are carried by them. [...]."

fica imediatamente corrompido. Ou será que Maria Stada seria da mesma corja criminosa de Teófilo, "o Amigo de Satanás"?

Entre os seus possíveis *milagres* citamos:

1. anunciação da concepção;
2. concepção divina;
3. curou um cego;
4. fez ressurreições;
5. assunção ao céu inventado pela Quadrilha Católica;
6. a sua dormição;
7. apareceu à histérica Bernadete;
8. o pedófilo padre (desculpem-nos a redundância) Henry Lemke jurou que ela lhe indicou o caminho em meio a uma tempestade;
9. apareceu em várias cidades, as quais se tornaram centro de peregrinações (turismo sexual pedófilo) e enriqueceram os diretores do Império Católico do Mal.

Conforme os diretores da Máfia de Preto do templo de consumo dedicado a ela na Terra dos Covardes nos últimos dois séculos ela teria feito mais de 6 dezenas de milagres e curou mais de 5.000 indivíduos: sejamos sinceros, isso é bem pouco, para a uma mulher que concebeu virginalmente um deus.

5.4.2. Saul, a Pandora de Tarso

Os diretores da Quadrilha Homoousiana inventaram diversos milagres para os comparsas do "Cadáver Judeu"; no *Liber Mali* ficamos sabendo que Saul, a Pandora de Tarso, fez muitos milagres.

Os redatores do *Atos dos Apóstolos* apresentou dez milagres:

1. cegou Jesus, 13 (4-11);
2. com Barnabé fez maravilhas, 14 (3);
3. curou um coxo, 14 (8-10);
4. expulsou um demônio, 16 (16-18);
5. fuga da prisão, 16 (19-34);
6. converteu 12 efésios, 19 (1-7);
7. curava por contato de lenços e aventais, 19 (11-12);
8. ressuscitou Êutico (20.7-12);

9. não morreu ao ser picado por uma cobra venenosa (28.1-6);
10. curou vários enfermos, 28 (7-10).

O motivo para os redatores desse texto apresentarem tanto milagres de Saul, a Pandora de Tarso, foi convencer os seus consumidores que a personagem inventada por eles seria um apóstolo do crucificado, bem como para mostrá-lo tão poderoso como Shimon Kaipha, o Príncipe das Traições. Mas, ele era mais poderoso do que esses dois juntos, uma vez que batizou um leão, como se encontra no apêndice do *Atos dos Apóstolos* em copta:

> Uma história verdadeiramente bizarra contada sobre Paulo vem do apêndice dos Atos Apócrifos de Paulo. Um leão cruza o caminho de Paulo um dia e se deita aos pés do apóstolo. Paulo pergunta ao leão: "O que você quer?" E o leão responde: "Eu quero ser batizado!" Paulo louva a Deus por dar voz ao leão. Ele então leva a fera até um rio próximo e a mergulha três vezes na água em nome de Jesus. Ao sair da água, o leão sacudiu a água de sua juba, virou-se para Paulo e disse: "A graça seja contigo!" Paulo respondeu: "E também contigo!" Com isso, o leão correu para o campo, regozijando-se. Ainda mais bizarro é o final da história. Enquanto o leão caminhava, uma leoa o encontrou, mas ele não quis acasalar com ela porque havia sido batizado![1]

Mais adiante, nesse manuscrito, vemos que Saul, o "patife e falso", encontrou com esse leão, quando o governador de Éfeso o jogou na arena, para ser devorado pelos leões; Saul reconheceu o

---

[1] *Paul and the Lion:* "A truly bizarre tale told about Paul is from the appendix to the apocryphal *Acts of Paul*. A lion crosses Paul's path one day and lays down at the apostle's feet. Paul asks the lion, "What do you want." And the lion answers, "I want to be baptized!" Paul praises God for giving the lion a voice. He then takes the beast down to a nearby river and plunges him under the water three times in the name of Jesus. Upon coming out of the water the lion shakes the water out of his mane, turns to Paul and says, "Grace be with you!" Paul replied, "And also with you!" With that, the lion runs off into the countryside rejoicing. More bizarre still is the conclusion of the story. As the lion ambled away, a lioness met him, but he would not mate with her because he had been baptized!" Disponível em <http://www2.dsbiblecentre.org/index.py?lang=en&page=Showbible&index=00045>.

leão que batizara antes e conversaram amigavelmente, após esse bate-papo, ele saiu tranquilamente da arena.

De todos esses *milagres* o que nos chama atenção foi Saul, o Anticristo ter cegado Jesus:

> Mas Bar Jesus, cujo outro nome era Elimas, era contra eles e até tentou impedir que o governador tivesse fé no senhor.[1]

Das 44 traduções existentes no site <https://biblehub.com/parallel/acts/13-8.htm> somente uma encontramos o verdadeiro nome do feiticeiro: Jesus; outras duas versões apresentam Jesus, o Feiticeiro, como Bar Shuma (*Aramaic Bible in Plain English* e a Lamsa Bible).

É óbvio que os diretores, acionistas e consumidores do Império Católico do Mal dirão que se tratava de outro Jesus; se for esse o caso porque ele foi chamado de o Anticristo no *Atos de Tecla*?

5.4.3. Levi

Após o seu batismo Levi dirigiu-se para a Etiópia, onde fez alguns milagres:

> 1. falava e entendia muitas línguas, porque a espírito santo deu esse poder a todos os asseclas do crucificado (uma cópia da história sagrada do Deus Apolônio de Tiana);
> 2. quando dois dragões ferozes o viram, eles mansamente se deitaram aos seus pés;
> 3. ordenou que os dragões fossem embora sem ferir ninguém;
> 4. ressuscitou o filho do rei Egito da Etiópia;
> 5. após a sua morte, ele apareceu para salvar Efigênia;
> 6. converteu inúmeros *pagãos*.

---

[1] LUKE, *Acts of Apostles*, 13 (8): *Contemporary English Version*: "But Bar Jesus, whose other name was Elymas, was against them. He even tried to keep the governor from having faith in the Lord."

5.4.4. Marcos

É vendido pelos diretores do Império Católico do Mal que Marcos além de escrever as suas *Fábulas* fez numerosos *milagres* (duas mentiras em uma frase tão curta!):

> Então, são Pedro, vendo a constância de são Marcos na fé, o enviou a Aquileia, para pregar a fé de jesus cristo. Lá, ele pregou a palavra de deus, realizou muitos milagres e converteu inúmeras multidões à fé de cristo.[1]

Não sabemos quais foram esses "muitos milagres", todavia temos o relato que ele utilizou a mesma magia negra do crucificado, ao usar saliva e terra para curar um pequeno ferimento de um sapateiro:

> Então, são Marcos foi a um sapateiro para consertar seus sapatos. Enquanto trabalhava, ele se espetou e feriu gravemente a mão esquerda com o furador. Quando sentiu a dor, gritou: "Um só deus!" Ao ouvir isso, são Marcos disse a ele: "Agora sei que deus fez minha jornada próspera". Então, pegou um pouco de barro e saliva, misturou-os e colocou sobre o ferimento, e imediatamente o sapateiro ficou curado.[2]

Outros milagres feitos por Marcos ocorreram após a sua morte; a seguir apresentaremos aqueles que se encontram em *The Gold Legend*:

---

[1] VORAGINE, Jacobus de. *The Gold Legend*, The Life of S. Mark the Evangelist, volume III: "And then S. Peter seeing S. Mark constant in the faith, he sent him into Aquilegia for to preach the faith of Jesu Christ, where he preached the word of God, and did many miracles, and converted innumerable multitudes of people to the faith of Christ."

[2] VORAGINE, Jacobus de. *The Gold Legend*, The Life of S. Mark the Evangelist, volume III: "Then went S. Mark to a shoemaker for to amend his shoes, and as he would work he pricked and sore hurted his left hand with his awl, and when he felt him hurt he cried on high: "One God!' when S. Mark heard that he said to him: 'Now know I well that God hath made my journey prosperous.' Then he took a little clay and spittle and meddled them together and laid it on the wound, and anon he was whole."

1. o seu corpo ao ser retirado da tumba encheu o ar de Alexandria com um perfume agradável;
2. quando um marinheiro disse que o corpo que estava sendo levado para Veneza era de um egípcio e não de Marcos, o navio onde o seu corpo se encontrava, virou rapidamente e destruiu um lado do barco daquele marinheiro;
3. durante a viagem os marinheiros se perderam no meio da escuridão, mas Marcos apareceu e ordenou a um monge, responsável pelo seu corpo, para que batesse nas velas e assim eles alcançaram uma ilha;
4. todos os marinheiros no navio, que carregava o corpo de Marcos, fizeram uma viagem muito feliz;
5. havia um marinheiro que, atormentado pelo demônio, não acreditava que se tratava do corpo de Marcos, ao ser levado até ele, o diabo fugiu e o marinheiro se tornou devoto;
6. corpo de Marcos foi oculto em um pilar de mármore, contudo aqueles que sabiam do local morreram, para descobrir onde se encontrava o seu corpo, os diretores, acionistas e consumidores da Gangue Nicena oraram e jejuaram, após esse sacrifício o mármore se despedaçou mostrando as relíquias;
7. ele apareceu e curou um jovem com câncer no peito;
8. um marinheiro sarraceno ao ter o navio destroçado pediu auxílio a Marcos, sendo salvo em seguida;
9. um homem caiu de um campanário, durante a queda ele gritou o nome de Marcos, desse modo ele caiu sobre um galho e não sofreu nenhum dano;
10. um servo desobedeceu ao seu senhor fazendo uma peregrinação a Marcos. Ao saber dessa conduta, o senhor ordenou que os olhos do servo fossem arrancados, mas os tenazes não conseguiam penetrar os seus olhos. O senhor exigiu que ele tivesse as pernas cortadas, contudo o machado se tornou macio; ele ordenou que os dentes do servo fossem quebrados e mais uma vez o ferro se tornou muito macio, para fazer o serviço: ao ver esses milagres o senhor tornou-se seguidor de Marcos;
11. um cavaleiro teve a mão despedaçada, ela seria certamente amputada, todavia ele pediu a Marcos para auxiliá-lo e a sua mão voltou ao normal, apenas a cicatriz permaneceu;
12. um cavaleiro caiu com o seu cavalo de uma ponte, na iminência de morrer, ele pediu ajuda a Marcos, o qual o salvou;
13. um homem fora preso injustamente, ao pedir auxílio a Marcos os seus grilhões se abriram milagrosamente;

14. a fome grassou em Apúlia, os moradores desolados recorreram a Marcos e imediatamente a fome cessou e a região se tornou uma grande produtora de bens;
15. em Papia um monge estava em perigo de morte, quando Marcos apareceu e o consolou, logo apareceu uma multidão de branco, a qual dissera estar ali, para apresentar a alma do monge a deus.

5.4.5. Lucas

Os redatores do *Atos dos Apóstolos* inventaram, que os comparsas da quadrilha do crucificado também fizeram inúmeros *milagres*:

1. os asseclas do crucificado aprenderam a falar línguas: 2 (1–13);
2. Shimon Kaipha, o Príncipe das Traições, e João, "o mais indigno de confiança", curam um homem cego: 3 (1–11);
3. Shimon Kaipha, o Príncipe das Traições, curou enfermos e expulsou demônios: 5 (15–18);
4. um anjo auxiliou os criminosos (Saul, a Pandora de Tarso, e Shimon Kaipha, o Príncipe das Traições) a fugirem da prisão: 5 (19–24);
5. Filipe curou paralíticos e expulsou demônios: 8 (5–13);
6. Ananias (um dos 70 ou 72) curou a cegueira de Saul, a Pandora de Tarso: 9 (17–21);
7. Shimon Kaipha, o Príncipe das Traições, curou o paralítico Eneias: 9 (32–35);
8. Shimon Kaipha, o Príncipe das Traições, ressuscitou Tábita (Dorcas): 9 (36–42);
9. Shimon Kaipha, o Príncipe das Traições, e o anjo que o ajudou a fugir da cadeia: 12 (6–16);
10. Saul, o "patife e falso", cegou o feiticeiro Jesus: 13 (8–12);
11. Saul, a Pandora de Tarso, curou um paralítico: 14 (6–11);
12. Saul, a Pandora de Tarso, expulsou um espírito de um adivinho: 16 (16–23);
13. um terremoto abriu as portas da prisão para a fuga de Saul, o Anticristo, e Silas: 16 (26–33);
14. um homem possuído pelo demônio atacou os exorcistas judeus: 19 (13–17);

15. Saul, o "patife e falso", ressuscitou Eutiques: 20 (9–12);
16. Saul, a Pandora de Tarso, foi picado por uma cobra venenosa; curou o pai de Públio: 28 (7–9).

5.4.5. João

João, "o mais indigno de confiança", não conseguia converter nenhum homem, por isso tiveram que inventar para ele alguns *milagres*.

Durante a aplicação das leis romanas aos diversos criminosos que andavam vendendo novos deuses pelo Império, ele foi levado à Roma, para ser julgado. Como pena por vender mentiras, ele jogado em um caldeirão de óleo fervente, contudo ele não sentiu o calor, ele foi retirado do caldeirão mais puro, além de continuar a sua pregação, por isso o Grande imperador Domiciano o enviou para Patmos:

> Nessa época, Domiciano era imperador de Roma, o que resultou em grandes perseguições aos cristãos. Ele mandou prender são João e levá-lo a Roma, onde o jogou em uma tina ou tonel cheio de óleo quente na presença dos senadores. No entanto, com a ajuda de deus, são João saiu da tina mais puro e mais belo do que antes, sem sentir nenhum calor ou queimadura. Ao ver que são João não parava de pregar a fé cristã, o imperador o exilou para uma ilha chamada Patmos.[1]

Um dos *milagres* de João, o Assassino de Inocentes, foi a destruição do Sagrado Templo da Deusa Ártemis, em Éfeso:

---

[1] VORAGINE, Jacobus de. *The Life of S. John the Evangelist*, volume II: "In this time Domitian was Emperor of Rome, which made right great persecutions unto christian men, and did do take S. John, and did him to be brought to Rome and made him to be cast into a vat or a ton full of hot oil in the presence of the senators, of which he issued out, by the help of God, more pure and more fair, without feeling of any more heat or chauffing, than he entered in. After this that emperor saw that he ceased not to preach the christian faith, he sent him into exile unto an isle called Patmos."

E quando João falou estas coisas, imediatamente o altar de Ártemis foi dividido em muitos pedaços, e todas as coisas dedicadas no Templo caíram, e (aquilo que lhe parecia bom) foi despedaçado, e da mesma forma mais sete imagens dos Deuses. E a metade do Templo caiu, de modo que o sacerdote foi morto de uma só vez pela queda do (telhado?, viga?).[1]

Certa noite João, "o mais indigno de confiança", e os seus comparsas não conseguiam dormir devido aos percevejos; em nome do deus da Organização Criminosa, ele expulsou da sua cama e dos seus comparsas os percevejos que os incomodavam:

> Mas ele, quando se deitou, foi incomodado pelos percevejos, e como eles continuavam a se tornar ainda mais incômodos para ele, quando já era quase meio da noite, na presença de todos nós, ele lhes disse: eu lhes digo, Ó insetos, comportem-se, todos e cada um, e deixem sua morada por esta noite e permaneçam quietos em um lugar, e mantenham distância dos servos de deus.[2]

O deus todo-poderoso da Organização Criminosa não tem muito o que fazer, pois ele usa o seu enorme poder, o qual uma fagulha pode abrasar a terra, para assustar percevejos, matar figueira e curar as hemorroidas do seu assecla.

---

[1] JOHN, *Acts*, 42: "And as John spake these things, immediately the altar of Artemis was parted into many pieces, and all the things that were dedicated in the temple fell, and [MS. that which seemed good to him] was rent asunder, and likewise of the images of the gods more than seven. And the half of the temple fell down, so that the priest was slain at one blow by the falling of the (roof?, beam?)." Disponível em <http://www.gnosis.org/library/actjohn.htm#60>.

[2] JOHN. *Acts*: 60: "But he when he lay down was troubled by the bugs, and as they continued to become yet more troublesome to him, when it was now about the middle of the night, in the hearing of us all he said to them: I say unto you, O bugs, behave yourselves, one and all, and leave your abode for this night and remain quiet in one place, and keep your distance from the servants of God." Disponível em <http://www.gnosis.org/library/actjohn.htm#60>.

5.4.6. Shimon Kaipha

Os milagres de Shimon Kaipha, o Príncipe dos Traidores, assim como os demais membros da Quadrilha Católica não se diferenciam muito daqueles praticados pelo crucificado, os quais, por sua vez, eram repetições dos milagres *pagãos*.

Vejamos a fábula sobre a cura de Enéias na aldeia de Lida:

> Disse-lhe Pedro: "Enéias, jesus cristo vai curá-lo! Levante-se e arrume a sua cama."[1]

Esse *milagre* foi uma reprodução daquele feito pelo taumaturgo crucificado:

> Levanta-te, toma a tua cama, e vai para tua casa.[2]

Os redatores do *Liber Odium* não se deram ao trabalho de modificar a cena da cama.

Outros milagres *praticados* por Shimon Kaipha, o Príncipe dos Traidores, conforme os redatores de *Atos dos Apóstolos* foram:

1. a cura do mendigo: 3 (7);
2. sua a sombra curou os doentes e multidões se dirigiram a Jerusalém, onde ele expulsou os espíritos malignos e curou todos: 5 (14-15);
3. em Lida, ele curou o paralítico Enéias: 9 (32-34);
4. ele ressuscitou Tábita (Dorcas) na aldeia de Jope: 9 (40);
5. como um feroz chefe mafioso, ele assassinou Ananias e Safira, porque não queriam pagar a proteção: 5 (1–11);
6. devido aos seus serviços prestados à Gangue do crucificado, ele foi preso, porém, fugiu da prisão com ajuda de um anjo: 12 (1-12);
7. foi alimentado por animais enviados pelo burro crucificado: 10 (9–23).

---

[1] LUCAS, *Atos dos Apóstolos*, 9 (34).
[2] LUCAS, 5 (24).

Shimon Kaipha, o Príncipe dos Traidores, fez um *milagre* que se coloca bem próximo na insanidade, ao fazer um cachorro falar:

> E Pedro, vendo um grande cão preso com uma forte corrente, foi até ele e o soltou, e quando ele foi solto o cão recebeu uma voz de homem e disse a Pedro: O que me ordenas que faça, servo do deus vivo e indizível?[1]

Não satisfeito ainda ordenou que o cachorro fosse à procura do Deus Simão, o Mago, a fim de levar um recado:

> Pedro disse-lhe: Entra e dize a Simão no meio da sua companhia: "Pedro te diz: Sai, por amor de ti vim a Roma, tu, o mais perverso e enganador de almas simples." E, imediatamente, o cão correu e entrou, precipitando-se para o meio dos que estavam com Simão, e levantou as patas dianteiras e em alta voz disse: "Simão, Pedro, o servo de Cristo que está à porta, te diz: 'Sai, por amor de ti vim a Roma, tu, o mais perverso e enganador de almas simples'."[2]

Esse milagre de Shimon Kaipha, o Príncipe dos Traidores, é uma repetição do milagre feito Saul, a Pandora de Tarso, o qual batizara um leão falante, como vimos anteriormente.

Os diretores da Máfia "Adoradora de Farinha e Água" fazem de tudo para conseguirem as suas 30 moedas de prata; eles venderam a mentira sobre Shimon Kaipha, o Príncipe dos Traidores, fazer um camelo passar várias vezes pelo buraco de uma agulha:

---

[1] PETER. *Acts*, 9: "And Peter seeing a great dog bound with a strong chain, went to him and loosed him, and when he was loosed the dog received a man's voice and said unto Peter: What dost thou bid me to do, thou servant of the unspeakable and living God?"
Disponível em <https://www.earlychristianwritings.com/text/actspeter.html>

[2] PETER. *Acts*, 9: "Peter said unto him: Go in and say unto Simon in the midst of his company: Peter saith unto thee, Come forth abroad, for thy sake am I come to Rome, thou wicked one and deceiver of simple souls. And immediately the dog ran and entered in, and rushed into the midst of them that were with Simon, and lifted up his forefeet and in a loud voice said: Thou Simon, Peter the servant of Christ who standeth at the door saith unto thee: Come forth abroad, for thy sake am I come to Rome, thou most wicked one and deceiver of simple souls."
Disponível em <https://www.earlychristianwritings.com/text/actspeter.html>

E depois que a agulha foi trazida, e toda a multidão da cidade estava ali para ver, Pedro ergueu os olhos e viu um camelo vindo. E ele ordenou que o trouxessem. Então ele fixou a agulha no chão e gritou em alta voz, dizendo: Em nome de jesus cristo, que foi crucificado sob Pôncio Pilatos, ordeno-te, ó camelo, que passe pelo fundo da agulha. Então o fundo da agulha se abriu como uma porta, e o camelo passou por ele, e toda a multidão viu. Novamente Pedro diz ao camelo: Passe novamente pela agulha. E o camelo foi pela segunda vez. Quando Onésimo viu isso, disse a Pedro; Verdadeiramente você é um grande feiticeiro; mas não acredito a menos que eu envie e traga um camelo e uma agulha. E chamou um dos seus servos, e disse-lhe em particular: Vai e traz-me aqui um camelo e uma agulha; encontre também uma mulher poluída e force-a a vir aqui: pois esses homens são feiticeiros. E Pedro, tendo aprendido o mistério pelo espírito, diz a Onésimo: Envia e traz o camelo, e a mulher, e a agulha. E quando os trouxeram, Pedro pegou a agulha e fixou-a no chão. E a mulher estava sentada no camelo. Então Pedro diz: Em nome de nosso senhor jesus cristo, o crucificado, ordeno-te, ó camelo, que passes por esta agulha. E imediatamente o fundo da agulha se abriu e tornou-se como uma porta, e o camelo passou por ela. Pedro diz novamente ao camelo: Passe novamente por ele, para que todos vejam a glória de nosso senhor jesus cristo, para que alguns possam crer nele. Então o camelo passou novamente pela agulha.[1]

---

[1] *The Acts of Peter and Andrew*: "And after the needle had been brought, and all the multitude of the city were standing by to see, Peter looked up and saw a camel coming. And he ordered her to be brought. Then he fixed the needle in the ground, and cried out with a loud voice, saying: In the name of Jesus Christ, who was crucified under Pontius Pilate, I order you, O camel, to go through the eye of the needle. Then the eye of the needle was opened like a gate, and the camel went through it, and all the multitude saw it. Again Peter says to the camel: Go again through the needle. And the camel went a second time. When Onesiphorus saw this, he said to Peter; Truly you are a great sorcerer; but I do not believe unless I send and bring a camel and a needle. And he called one of his servants, and said to him privately: Go and bring me here a camel and a needle; find also a polluted woman, and force her to come here: for these men are sorcerers. And Peter having learned the mystery through the Spirit, says to Onesiphorus: Send and bring the camel, and the woman, and the needle. And when they brought them, Peter took the needle, and fixed it in the ground. And the woman was sitting on the camel. Then Peter says: In the name of our Lord Jesus Christ the crucified, I order you, O camel, to go through this needle. And immediately the eye of the needle was

Os criminosos da Máfia de Preto são *experts* em inventar *milagres*, mas cremos que o mais extremo de todos foi Shimon Kaipha, o Príncipe dos Traidores, trazer à vida o arenque defumado:

> E Pedro virou-se e viu um arenque (sardinha) pendurado numa janela, e pegou-o e disse ao povo: Se agora virdes isto nadando na água como um peixe, crereis naquele a quem prego? [...] E ele lançou o arenque no tanque, e ele viveu e começou a nadar.[1]

Não foi por outro motivo, que o bom deus marcou os homens mais criminosos, mentirosos e pedófilos com o título de *santo*. Ao vermos todos esses milagres, não tem como não concordar com *são* João Crisóstomo, o qual afirmou que os homens sensatos na acreditam em milagres.

Para quem tiver interesse em milagres estranhos pode consultar o *Golden Legend* de Jacobus Voragine, onde é possível contar centenas dessas aberrações espalhadas em 7 volumes.

---

opened, and became like a gate, and the camel went through it. Peter again says to the camel: Go through it again, that all may see the glory of our Lord Jesus Christ, in order that some may believe in Him. Then the camel again went through the needle." Disponível em < https://www.newadvent.org/fathers/0821.htm >.

[1] *Acts of Peter*, XIII: "And Peter turned and saw a herring (sardine) hung in a window, and took it and said to the people: If ye now see this swimming in the water like a fish, will ye be able to believe in him whom I preach? [...] And he cast the herring into the bath, and it lived and began to swim."
Disponível em <https://www.earlychristianwritings.com/text/actspeter.html>.

Capítulo VI

A natividade

> Não é fácil refutar, o que não existiu.
>
> **Quintiliano**

...

A origem da comemoração da natividade se encontra em Roma: durante os festejos em comemoração ao Deus Sol Invicto, os participantes trocavam estátuas dos Deuses, as quais eram expostas em um altar. Era uma comemoração em homenagem também ao Magnífico Deus Dionísio; ao Deus Hércules, o Salvador; ao Deus Adônis, o Pastor de Ovelhas; ao Portentoso Deus Mitra, o Redentor; ao Digníssimo Deus Tamuz, o Vivificador; ao Belo Deus Adônis, o Senhor.

Até o primeiro século a.H., o Deus mais importante no Império Romano era o Todo-Poderoso Sol Invicto. No ano de 141 a.H. o imperador Aureliano ordenou a construção de um magnífico templo em honra a esse Invencível Deus.

Em Roma a comemoração do *Dies Natalis Solis Invicti*, era apenas a festa de encerramento da Saturnália (festas em homenagem ao Deus Saturno/Zeus), cujos festejos se iniciavam no dia 17 de dezembro. Essas festas se caracterizavam por serem regadas a muita bebida e comida, além de troca de presentes entre os familiares e amigos.

A festa da natividade da Quadrilha Católica foi muito influenciada pela comemoração do nascimento do imperador Augusto, porquanto ele foi adorado como o Deus Salvador de toda a Humanidade: após a sua vitória sobre Marco Antônio e Cleópatra no ano de 442 a.H. o Senado Romano aprovou um novo título para ele: *Imperator Caesar Divi Filius Augustus* (Imperador César, Filho de Deus, Augusto).

Ele foi adorado como o Salvador, o Portador do Evangelho, Aquele que Trazia a Boa Nova; visto ser devido ao Imperador Augusto que se iniciava uma Nova Era, em que a paz, a justiça e a harmonia reinariam. Em diversas cidades era possível encontrar textos de louvores ao Grandioso Deus Augusto:

> Pode-se perguntar se o dia do nascimento do Divino César [23 de setembro] foi mais agradável ou mais útil, o dia que temos o direito de colocar como o começo de todas as coisas... O mundo caminhava para a ruína se, para a felicidade

de todos, César não tivesse nascido... A Providência despertou e adornou excelentemente a vida humana, dando-nos Augusto, a quem encheu de virtudes, para ser o benfeitor dos homens, nosso Salvador, por nós e aqueles que virão depois de nós, para acabar com a guerra e trazer ordem em todos os lugares. O dia do nascimento do Deus [Augusto] foi o começo de Boas Notícias (*evangelikon*) para o mundo trazidas por ele... A Natureza eterna e imortal colocou o clímax em seus benefícios, enviando aos homens, para a felicidade de nossa existência, Augusto, às vezes Pai de sua Pátria, a Deusa Roma e Júpiter Nacional, Salvador da espécie humana.[1]

É desnecessário dizer que os diretores da Quadrilha Católica utilizaram diversas partes dessa homenagem *pagã* ao Grande, Vitorioso e Corajoso Deus Augusto, para criar o seu pequeno, derrotado e medroso Garoto Propaganda.

6.1. A fábula do nascimento

Nos primeiros séculos "Ninhada de Traidores", a comemoração o nascimento do crucificado ocorria em datas distintas, porquanto eles não chegaram a um acordo sobre o dia, mês ou ano em que ele nascera: essa falta de padronização sobre o produto *natividade* fez com que uns a comemorassem em janeiro, outros em abril e alguns acreditavam que ele nascera em maio:

---

[1] BOUCHÉ-LECLERCQ. A. *L'Intolérance religieuse et la politique*. Paris: Ernest Flammarion, 1911, p. 42: "On peut se demander si le jour de naissance du divin César [le 23 septembre] a été plus agréable ou plus utile, le jour que nous sommes en droit de mettre de pair avec le commencement de toutes choses... Le monde allait à la ruine si, pour le bonheur de tous, César ne fut né... La Providence a suscité et orné excellemment la vie humaine en nous donnant Auguste, qu'elle a comblé de vertus pour eu faire le bienfaiteur des hommes, notre Sauveur, pour nous et ceux qui viendront après nous, pour faire cesser la guerre et faire régner l'ordre partout. Le jour de naissance du dieu a été pour le monde le début des bonnes nouvelles (*evangelikon*) apportées par lui... L'éternelle et immortelle Nature a mis le comble â ses bienfaits en envoyant aux hommes, pour le bonheur de notre existence, Auguste, à la fois père de sa patrie la déesse Rome et Jupiter national, Sauveur commun de l'espèce humaine."

> O Sr. Kennedy nos apresenta trezentos sistemas cronológicos diferentes, elaborados por vários escritores cristãos, todos baseados na bíblia, provando que a data de seus vários eventos está inextricavelmente envolvida em um labirinto de dúvida, escuridão e incerteza.[1]

Somente no século III a.H. ficou decidido como seria vendido o nascimento do burro crucificado, o qual ocorrera por geração "super-terrestre": esse evento mágico foi defendido como uma geração eterna, sendo admitido dogmaticamente como uma "característica suprema da segunda hipóstase". Contudo, foi só a partir do século I d.H. que o natal passou a ser oficialmente comemorado pelos diretores, acionistas e consumidores da Gangue de Almas "mais sujas do que todo lixo".

Os redatores da Quadrilha Iconódula, ao inventarem as suas fábulas sobre o nascimento do "Homem Morto" esforçaram-se para fazer uma ligação entre ele e Abraão, o Alcoviteiro, porque as fábulas contidas no *Livro Velho dos Judeus* diziam que viria um salvador da família de Abraão, para tirar os judeus da opressão de outros povos:

> Que deveras te abençoarei, e grandissimamente multiplicarei a tua descendência como as estrelas dos céus, e como a areia que está na praia do mar; e a tua descendência possuirá a porta dos seus inimigos;
> E em tua descendência serão benditas todas as nações da terra; porquanto obedeceste à minha voz.[2]

Ao mesmo tempo, esse projeto de salvador deveria pertencer a uma família nobre como o último Salvador judeu, o crudelíssimo Davi:

---

[1] GRAVES, Kersey. *The World's Sixteen Crucified Saviors*. 1875, p. 51: "A Mr. Kennedy presents us with three hundred different chronological systems, by different Christian writers, all founded on the bible, and proving that the date of its various events are inextricably involved in a labyrinth of doubt, darkness and uncertainty." Disponível em <globalgreyebooks.com>
[2] *Gênesis*, 22 (17-18).

> Lembra-te de que jesus cristo, que é da descendência de Davi, ressuscitou dentre os mortos, segundo o meu evangelho;[1]

Para tentar atender a esses dois critérios exigidos para a existência do salvador judaico, os escritores das fábulas contidas na *Collectio Perversionum* acabaram por elaborar textos não só contraditórios como flagrantemente falsos.

Os redatores de *Levi* e *Lucas* inventaram várias fábulas sobre o crucificado, contudo eles esqueceram de acrescentar o ponto fundamental nas suas mentiras: que o carpinteiro seria filho do deus da Organização Criminosa Católica, eles simplesmente disseram, que o crucificado seria filho de Maria e José:

> Eis como nasceu jesus cristo: Maria, sua mãe, estava desposada com José. Antes de coabitarem, aconteceu que ela concebeu por virtude do espírito santo.
> José, seu esposo, que era homem de bem, não querendo difamá-la, resolveu rejeitá-la secretamente.[2]

Os redatores das *Fábulas de Levi*, tentando agradar aos demais membros da corporação criminosa, elaboraram uma árvore genealógica que forçava uma ligação entre o mísero carpinteiro à família real de Abraão. Para eles, Abraão e o carpinteiro estariam unidos por 42 gerações: de Abraão a Davi; de Davi à Babilônia; da Babilônia ao ignóbil crucificado:

> De sorte que todas as gerações, desde Abraão até Davi, são catorze gerações; e desde Davi até a deportação para a babilônia, catorze gerações; e desde a deportação para a babilônia até cristo, catorze gerações.[3]

---

[1] SAUL, *Segunda Epístola a Timóteo*, 2 (8).
[2] LEVI, 1 (18-19).
[3] LEVI, 1 (17).

Toda essa falsificação era para torná-lo um descendente de Davi, o que por extensão o condicionaria a ser o rei dos judeus, bem como o messias que salvaria os judeus do domínio estrangeiro, além de dominar tiranicamente s demais povos. Essa fábula levou a um conflito no *Ductor omnes ad Vitia,* porque os redatores das *Fábulas de Levi* traçaram a sua árvore genealógica por intermédio da família de José, como vimos acima, ao passo que os redatores das *Fábulas de Lucas* disseram, que a descendência de Davi era por parte de Maria Stada:

> Disse-lhe, então, o anjo: Maria, não temas, porque achaste graça diante de deus.
> E eis que em teu ventre conceberás e darás à luz um filho, e por-lhe-ás o nome de jesus.
> Este será grande, e será chamado filho do altíssimo; e o senhor deus lhe dará o trono de Davi, seu pai;
> E reinará eternamente na casa de Jacó, e o seu reino não terá fim.[1]

Nessas *Fábulas* o lugar do nascimento do "Cadáver Judeu" foi em Nazaré:

> E subiu também José da Galileia, da cidade de Nazaré, à Judéia, à cidade de Davi, chamada Belém (porque era da casa e família de Davi),
> A fim de alistar-se com Maria, sua esposa, que estava grávida.
> E aconteceu que, estando eles ali, se cumpriram os dias em que ela havia de dar à luz.[2]

Entre os judeus era senso-comum admitir que o messias deveria nascer em Belém, como todos os descendentes de Davi que pretendiam ser rei dos judeus deveriam fazê-lo. Portanto, foi necessário acrescentar essa *pia fraus* à fábula do nascimento.

---

[1] LUCAS, 1 (30-33).
[2] LUCAS, 2 (4-6).

É evidente que os redatores dessas *Fábulas* não sabiam nada sobre o produto que estavam comercializando, portanto, eles criaram um salvador visando a agradarem o seu público consumidor do momento, os judeus.

Igualmente, por não conhecer nada sobre o nascimento mágico do carpinteiro, Saul, o Anticristo, não o ligou à linhagem de Davi (da mesma forma que vemos em *João*) como os outros diretores da Quadrilha Católica haviam feito, para agradar os consumidores judeus. Como a sua preocupação era dominar o rico mercado greco-romano de bens místicos, ele preferiu identificar o seu crucificado com o dogma do Logos de Fílon de Alexandria.

Os redatores das *Fábulas de Levi* inventaram que alguns magos (os caldeus chamavam os seus sábios de magos) visitaram o jumentinho em Belém, logo que ele nasceu:

> E, tendo nascido jesus em Belém de Judéia, no tempo do rei Herodes, eis que uns magos vieram do Oriente a Jerusalém,[1]

Essa visita só aparece em *Levi*; reparem que não foi dito a quantidade de sábios, mas lemos que foram *uns magos*. Foi somente no século IV d.H. que um gângster dos Genocidas da Cruz, Agnello, inventou serem três, bem como eram reis, além de lhes dar nomes:

> Mas por que eles foram retratados com vestimentas variadas e não todos com um único traje? Neste aspecto, porque o divino pintor seguiu as *Escrituras*. Pois Gaspar ofereceu ouro numa vestimenta de jacinto, e a própria vestimenta significa matrimônio. Baltasar ofereceu incenso em uma vestimenta amarela, e a própria vestimenta significa virgindade. Melquior ofereceu mirra em uma vestimenta colorida, e a mesma vestimenta significa arrependimento.[2]

---

[1] LEVI, 2 (1).
[2] AGNELLUS RAVENNATIS. *Liber Pontificalis Ecclesiae Ravennatis*: "88. Sed tamen cur variis vestimentis et non omnes unum indumentum habuisset depicti sunt? Idcirco, quia ipse divinam pictor secutus est Scripturam. Nam Gaspar aurum optulit in vestimento iacintino, et in ipso vestimento cuniugium significat. Balthasar

Se prestarmos atenção à lista de presentes (ouro, incenso e mirra), imediatamente, lembraremos que se tratava dos presentes que os *pagãos* dedicavam aos seus deuses: os pedófilos da Quadrilha Católica tiveram que citar esses presentes, porquanto os *pagãos* sabiam que tais oferendas eram dadas aos seus Deuses.

Kersey Graves apontou algumas contradições existentes no *Liber Mali* a respeito desses magos:

[a] **Quem veio adorar a cristo quando ele nasceu?**
Mateus diz: "sábios do Oriente" (Mateus 2. 5).
Lucas diz que eles eram pastores do mesmo país (Lucas 2. 8).

[b] **Como foram conduzidos?**
Mateus diz que eles foram guiados por uma estrela (Mateus 2.6).
Lucas diz por anjo (Lucas 2. 3).[1]

Assim, no século IV d.H. os diretores da Gangue Cropódula adotaram a cerimônia em que três reis magos visitavam o burrinho, tal como acontecia no culto ao Magnânimo Deus Mitra, ou à incomparável Deusa Krishna Cristo (Jeseus Cristo), ou ao Deus Sócrates, o "Bufão Ático"; em tempo: todos foram presentados com ouro, mirra e incenso.

---

thus optulit in vestimento flavo, et in ipso vestimento virginitatem significat. Melchior mirrm optulit in vestito vario, et in ipso vestito poenitentiam significat." Disponível em <https://penelope.uchicago.edu/Thayer/L/Roman/Texts/Agnellus/Liber_Pontificalis_Ecclesiae_Ravennatis/C*.html>.

[1] GRAVES, Kersey. *The Bible of the Bible*, chapter XXII (Bible Contradictions-Two Hundred And Seventy-Seven), I. Contradictions In Matters Of Fact And In Doctrines. New-Testament Contradictions: "154. Who came to worship Christ when he was born? Matthew says, "wise men from the East" (Matt. ii. 5). Luke says they were shepherds of the same country (Luke ii. 8).
155. How were they led? Matthew says they were led by a star (Matt. ii. 6). Lake says by on angel (Luke ii. 3)."
Disponível em <https://www.gutenberg.org/files/43550/43550-h/43550-h.htm#link2H CH0012>.

Nas *Fábulas de Marcos* não existem as contradições como as dos livros de *Levi* e *Lucas*, pelo simples fato de ele não ter abordado a genealogia do crucificado. Ao relatarem o nascimento do seu Garoto Propaganda, os redatores das *Fábulas de Marcos* não se preocuparam em descrever eventos milagrosos do nascimento, porque a sua personagem somente apareceu no seu batismo por João Batista:

> E aconteceu naqueles dias que veio jesus de Nazaré da Galileia, e foi batizado por João no Jordão.[1]

Os redatores das *Fábulas de Levi* perceberam que os consumidores não estavam satisfeitos com a condição humana do taumaturgo crucificado, por esse motivo eles o venderam como um deus. Assim, eles começaram por inventar a inacreditável história do nascimento milagroso, durante o qual apareceu uma estrela:

> Dizendo: Onde está aquele que é nascido rei dos judeus? porque vimos a sua estrela no oriente, e viemos a adorá-lo.[2]

A crença sobre o surgimento de uma estrela anunciando um acontecimento extraordinário, era lugar-comum na antiguidade, pois todos se preocupavam com a astrologia e a influência dos astros na vida dos homens. Portanto, o aparecimento de uma estrela, quando o crucificado nascera, não era nada expressivo, porque diversos povos contavam lendas semelhantes.

Os redatores *Lucas* inventaram outras fábulas sobre o dia em que o crucificado fora concebido, por exemplo, a fábula da Canção do Anfitrião Celestial:

---

[1] MARCOS, 1 (9).
[2] LEVI, 2 (2).

> E, no mesmo instante, apareceu com o anjo uma multidão dos exércitos celestiais, louvando a deus, e dizendo: Glória a deus nas alturas, paz na terra, boa vontade para com os homens.[1]

Em síntese, essa fábula infantil dizia que um anjo apareceu para alguns pastores à noite, dizendo-lhes que na cidade de Davi nascera um salvador; logo após essas palavras surgiu um coro de anjos glorificando aquele deus e pedindo paz. Essa canção aparece somente no livro de *Lucas*, porquanto todos os outros redatores do *Liber de Artibus Deviantibus* não mencionaram essa estupidez:

> Se o leitor consultar o evangelho apócrifo chamado *Protoevangelho* (capítulo XIII), verá uma das razões pelas quais se considerou melhor deixar este *Evangelho* fora do cânone do *Novo Testamento*. Ele relata os "Milagres do parto de Maria", semelhante ao narrador de Lucas, mas de uma forma ainda mais maravilhosa. É provável ser deste *Evangelho* apócrifo que o editor de Lucas copiou.[2]

Histórias semelhantes sobre o nascimento de um Deus, durante o qual o céu se enche de alegria, em que há aparições de mensageiros divinos e estrelas, além de músicas e cheiros agradáveis podem ser vistas no nascimento de Deuses como Krishna Cristo (Jeseus Cristo), Osíris, Apolônio, Apolo, Hércules, Asclépio, Pitágoras, o "Chefe dos Charlatães", Platão, a Meretriz de Atenas, etc.; ou mesmo homens como Buda Cristo, Confúcio, Alexandre, o Grande; Júlio Cesar; o imperador Augusto e outros. Existem outros inúmeros nascimentos mágicos, todavia já é possível perceber que

---

[1] LUCAS, 2 (8-15).
[2] DOANE, T. W. *Bible myths and their parallels...* Fourth edition. New York: The Truth Seeker Company, 1882, p. 149: "If the reader will turn to the apocryphal Gospel called *Protevangelion* (chapter XIII), he will there see one of the reasons why it was thought best to leave this Gospel out of the canon of the Hew Testament. It relates the 'Miracles at Mary's labor', similar to the Luke narrator, but in a still more wonderful form. It is probably from this apocryphal Gospel that the Luke narrator copied."

o nascimento do Sr. Münchhausen da Cruz não trouxera nenhum relato, o qual não fosse conhecido pelos homens da época.

Os redatores de *Levi* roubaram diversas histórias das religiões *pagãs*, entre elas citamos a chegada de alguns magos vindo do Oriente com presentes para a criança divina. Ocorre que esses redatores eram homens semianalfabetos escrevendo para outros homens semianalfabetos (mas, todos eram extremamente malandros), porquanto nessa fábula, os magos perguntaram ao rei Herodes:

> Onde está aquele que é nascido rei dos judeus? porque vimos a sua estrela no Oriente, e viemos a adorá-lo.[1]

Esse versículo é mais um dos estúpidos absurdos contidos no *Compendium Immoralitatum*, pois ficamos sabendo que os sábios eram caldeus (a Caldeia fica no Oriente), que eles viram uma estrela no Oriente e eles foram para Jerusalém no... Ocidente. O que nos leva a concluir que os sábios do Oriente não seguiram a estrela que estava no Oriente, mas se afastaram dela em direção ao Ocidente, o que é um disparate, porque os magos afirmaram que a estrela sempre estava à frente no Oriente.

Esse imbróglio existe, porque essa fábula foi uma cópia da história do nascimento da Poderosa Deusa Krishna Cristo (Jeseus Cristo), do Grandioso Deus Mitra, bem como de Buda Cristo, todos nascidos no Oriente, para onde a estrela levou os sábios:

> Pois estes magos nada mais são do que as três estrelas no cinturão de Órion, que no solstício de inverno se opõem no Ocidente à constelação de Virgem no Oriente; estrelas que, segundo ideias persas, nessa época procuram o filho da Rainha do Céu – isto é, o sol recentemente rejuvenescido, Mitra.[2]

---

[1] LEVI, 2 (2).
[2] DREWS, Arthur. *The Christ Myth* (Locais do Kindle 1361-1363): "For these Magi are nothing else than the three stars in the sword-belt of Orion, which at the winter solstice are opposed in the West to the constellation of the Virgin in the East; stars

Estranhamente, os redatores das *Fábulas de João* não aceitaram o nascimento miraculoso do principal produto da Gangue Homoousiana, uma vez que ele não nascera de uma mãe virgem, como foi narrado nas demais *Fábulas*: o seu crucificado era filho de José:

> Filipe encontrou Natanael e lhe disse: "Achamos aquele sobre quem Moisés escreveu na Lei, e a respeito de quem os profetas também escreveram: jesus de Nazaré, filho de José". Perguntou Natanael: "Nazaré? Pode vir alguma coisa boa de lá?" Disse Filipe: "Venha e veja".[1]

A respeito da fábula contada sobre o desprezível de Nazaré, o grande pensador Celso de Pérgamo não poupou questionamento a essa farsa ao questionar: como pode ele ser filho de deus e, ao mesmo tempo, ser da linhagem de Davi:

> Não é verdade que, longe de nascer na cidade real de Davi, Belém, você nasceu em uma pobre cidade do interior, de uma mulher que ganhava a vida fiando? Não é verdade que, quando sua mentira foi descoberta, ou seja, que estava grávida de um soldado romano chamado Pantera, ela foi expulsa por seu marido, o carpinteiro, e condenada por adultério?[2]

Saul, a Pandora de Tarso, escreveu as suas fábulas sobre um crucificado, sobre o qual ele não tinha o menor conhecimento. Ele não sabia nem do seu nascimento miraculoso, porque ele disse que o crucificado somente se tornou o filho do deus, que ele estava

---

which according to Persian ideas at this time seek the son of the Queen of Heaven – that is, the lately rejuvenated sun, Mithras."

[1] JOÃO, 1 (45-46).
[2] CELSUS OF PERGAMUM. *On The True Doctrine*, II (The unoriginality of the christian Faith): "Is it not the case that far from being born in royal David's city of Bethlehem, you were born in a poor country town, and of a woman who earned her living by spinning? Is it not the case that when her deceit was discovered, to w it, that she was pregnant by a Roman soldier name Panther she was driven away by her husband - the carpenter - and convicted of adultery?"

vendendo, quando ele ressuscitou. Essa era uma prática comum entre os *pagãos* romanos, considerar um imperador como um Deus somente após a sua morte:

> E que o ressuscitaria dentre os mortos, para nunca mais tornar à corrupção, disse-o assim: as santas e fiéis bênçãos de Davi vos darei.[1]

A respeito do nascimento virginal encontramos vários Deuses *pagãos*, cuja concepção fora imaculada, entre os quais destacamos os Deuses: Hórus; Mitra; Átis; Dionísio, Krishna Cristo (Jeseus Cristo); Hércules; Perseu; Platão, o "Moisés Ático".

Entre os próprios criminosos do Trinitarismo Atanasiano encontramos uma relação de nascimentos virginais apresentada por Jerônimo, o "Repugnante" Estuprador de Crianças:

> E não precisamos nos surpreender com isso no caso dos bárbaros, quando a própria Grécia culta acreditava que Minerva saltou da cabeça de Júpiter em seu nascimento, e o Deus Baco de sua coxa. Espeusipo (sobrinho de Platão) também, Clearco em seu elogio a Platão e Anaxílides no segundo livro de sua filosofia, relatam que Perictione, a mãe de Platão, foi visitada por uma aparição de Apolo, e todos concordam em pensar que o príncipe da sabedoria nasceu de uma virgem. Timeu escreve que a filha virgem de Pitágoras liderava um grupo de virgens e as instruía na castidade. Diódoros, o discípulo de Sócrates, teve cinco filhas habilidosas em dialética e conhecidas por sua castidade, das quais Filo, o mestre de Carneades, dá um relato completo. E a poderosa Roma não pode nos insultar como se tivéssemos inventado a história do nascimento de nosso senhor e salvador de uma virgem; pois os próprios romanos acreditam que os fundadores de sua cidade e raça eram descendentes da virgem Ília e de Marte.[2]

---

[1] LUCAS, *Atos dos apóstolos*, 13 (32-34).
[2] JEROME. *Against Jovinianus*, book I, 42: "And we need not wonder at this in the case of Barbarians when cultured Greece supposed that Minerva at her birth sprang from the head of Jove, and Father Bacchus from his thigh. Speusippus also, Plato's nephew, and Clearchus in his eulogy of Plato, and Anaxelides in the

O nascimento desse desprezível homem não tem nada de fantástico (um deus engravidando uma virgem, fenômenos naturais extraordinários, sábios, presentes, cantorias, alucinações, etc.), visto que na mitologia greco-romana já era conhecida a história de Deuses se relacionando com mortais: Perseu e a Deusa Minos; a Deusa Tétis e Peleu; Coronis e o Deus Apolo; o Deus Zeus e Alcmena; o Deus Zeus e Sêmele; o Deus Zeus e Dânae; o Deus Zeus e Leda; o Deus Zeus e Europa, etc.: a lista de relacionamentos de entre Deuses e mortais é longa e em todas essas relações as mulheres conceberam filhos ainda virgens.

Portanto, a fábula do nascimento do "Cadáver Judeu" além de ser uma cópia de inúmeros outros nascimentos milagrosos *pagãos*, ainda se torna insustentável, porque temos duas versões divergentes: a dos redatores das *Fábulas de Levi* e *de Lucas*. Eles inventaram a mentira de um nascimento cheio de milagres, mas sobre esse evento eles estavam em completo desacordo, pelo simples fato de estarem escrevendo, a partir do nada, sem nenhuma referência histórica, porque o "homem morto" foi inventado, a partir de lendas bem conhecidas.

6.2. O dia do nascimento

Se as fábulas a respeito da natividade transbordam de mentiras, incoerências e trapaças, não nos surpreendemos com as sandices apresentadas sobre o dia do nascimento, o qual foi, igualmente, copiado das religiões *pagãs*. Em Roma a comemoração em homenagem ao Grandioso Deus Saturno (Cronos) ocorria durante

---

second book of his philosophy, relates that Perictione, the mother of Plato, was violated by an apparition of Apollo, and they agree in thinking that the prince of wisdom was born of a virgin. Timaeus writes that the virgin daughter of Pythagoras was at the head of a band of virgins, and instructed them in chastity. Diodorus, the disciple of Socrates, is said to have had five daughters skilled in dialectics and distinguished for chastity, of whom a full account is given by Philo the master of Carneades. And mighty Rome cannot taunt us as though we had invented the story of the birth of our Lord and Saviour from a virgin; for the Romans believe that the founders of their city and race were the offspring of the virgin Ilia and of Mars."

o período de 17 a 23 de dezembro: era tradição haver canções, danças, banquetes, comemorações pela nova vida, etc.

Eles, ainda, comemoravam no dia 25 de dezembro o nascimento do Corajoso Deus Mitra; essa data ocorria 3 dias após o solstício de inverno no hemisfério norte, sendo comemorada por diversas culturas como o nascimento do Deus Sol. No Império Romano era uma festa em homenagem ao *Natalis Solis Invicti* (*Brumalia*) instituída pelo imperador Aureliano no ano de 141 a.H.: era um feriado em que todos os assuntos públicos ficavam pendentes, havia uma troca de presentes, festas e muitos servos ganhavam a liberdade.

Os druidas celtas também faziam festejos nesta época do ano, pois acreditavam que estava ocorrendo uma luta entre o gelo (a morte) e o sol (a vida): eles acendiam fogueiras, para incentivar o Deus Sol nessa luta contra as trevas.

Mesmo em outras culturas *pagãs* o dia 25 de dezembro era destinado à comemoração do nascimento dos seus Deuses, tais como: Rá no Egito; Apolo na Grécia e em Roma; Tamuz-Baal na Fenícia; Surya na Índia; Utu na Suméria; Saturno (Cronos) em Roma.

Agostinho, o Brinquedo Sexual de *santo* Ambrósio, nada sabia sobre o crucificado, o qual estava vendendo, assim ele pediu aos consumidores, para não comemorarem o natal no dia 25 de dezembro, porque essa era uma data em que os homens honestos comemoravam o nascimento do Insuperável Deus Mitra:

> Que este dia, meus irmãos, seja então para nós um dia solene. Celebremo-lo, não como os infiéis [no dia 25 de dezembro], em consideração ao sol [Deus Sol], mas em consideração àquele que criou o próprio sol, pois, se o Verbo se fez carne, foi para viver por amor a nós sob o sol.[1]

---

[1] AGOSTINHO. *Sermão 190*, 1.

Para Agostinho, "o Patrono de Todos os Burros", o crucificado nascera e morrera no dia 25 de março, portanto esse seria o momento a ser comemorado:

> Pois se acredita que ele fora concebido em 25 de março, dia em que também sofreu; assim, o ventre da Virgem, no qual ele foi concebido, onde nenhum mortal foi gerado, corresponde ao novo sepulcro em que ele foi sepultado, onde nunca o homem foi colocado, nem antes, nem depois.[1]

Entre os diretores, acionistas e consumidores do Bando de Fetichistas não havia um entendimento sobre o dia em que se deveria dizer que o "Cadáver Judeu" nascera, visto que podemos encontrar as seguintes datas: 05 de janeiro; 06 de janeiro; 25 de março; 19 de abril; 20 de abril; 20 de maio; 25 de dezembro.

Quem determinou que a festa de natal *pagã* seria uma festa católica foi o CEO Giuliano della Rovere, mais conhecido pelos pedófilos amigos como papa Júlio I (115-63 a.H.), que no ano de 65 a.H. determinou que os seus consumidores comemorariam o nascimento do seu Garoto Propaganda:

> Em 385, portanto, 25 de dezembro não foi observado em Jerusalém [a festa da natividade]. Isso contradiz a suposta correspondência entre Cirilo de Jerusalém (348-386) e o papa Júlio I (337-352), citado por John de Nikiû (c. 900) para converter a Armênia a 25 de dezembro (ver PL, VIII, 964 sqq.). Cirilo declara que seu clero não pode, na única festa do Nascimento e Batismo, fazer uma procissão dupla para Belém e para o Jordão. (Esta prática posterior é aqui um anacronismo.) Ele pede a Júlio para atribuir a verdadeira data da natividade "a partir de documentos do censo trazidos por Tito para Roma"; Júlio atribui 25 de dezembro.[2]

---

[1] AUGUSTINE (Philip Schaff, ed.). *On the trinity*, Book IV, p. 74: "For He is believed to have been conceived on the 25th of March, upon which day also He suffered; so the womb of the Virgin, in which He was conceived, where no one of mortals was begotten, corresponds to the new grave in which He was buried, wherein was never man laid, neither before nor since."

[2] CHRISTMAS, *Jerusalém*: "In 385, therefore, 25 December was not observed at Jerusalem. This checks the so-called correspondence between Cyril of Jerusalem (348-386) and Pope Julius I (337-352), quoted by John of Nikiû (c. 900) to

A festa do nascimento do crucificado era feita no dia 06 de janeiro até o ano de 62-61 a.H.; temos alguns relatos que a decisão de mudar a data para o dia 25 de dezembro foi o CEO Libério, sucessor de Júlio I.

Igualmente, é afirmado que essa nova data foi criada, a fim de coincidir com o decreto do imperador Justiniano de se comemorar no dia 25 de dezembro o nascimento do Deus Sol Invicto.

Independente das calorosas e inúteis discussões dos Comedores de Capim é fato que essa mudança foi necessária, para atrair o público *pagão* romano; pouco depois as outras regiões do Império Romano seguiram a decisão de se festejar o nascimento no dia 25 de dezembro:

> Uma vez que Roma aceitou a data de dezembro para o "nascimento" de cristo, o festival rapidamente se espalhou para o resto do Império Romano. Constantinopla aceitou o festival de Natal em 380 d.C., partes da Ásia Menor em 382, Alexandria, Egito, por volta de 430, e Jerusalém por volta de 440.[1]

Assim, o nascimento do crucificado passou a ser vendido no mesmo dia em que os demais deuses *pagãos* ligados ao sol nasceram:

> **1.** Buda Cristo, o Salvador, filho da virgem Maria (Maia) que foi visitada pela espírito santo;
> **2.** Mitra Cristo, o Salvador, filho de uma virgem;

---

convert Armenia to 25 December (see P.L., VIII, 964 sqq.). Cyril declares that his clergy cannot, on the single feast of Birth and Baptism, make a double procession to Bethlehem and Jordan. (This later practice is here an anachronism.) He asks Julius to assign the true date of the nativity 'from census documents brought by Titus to Rome'; Julius assigns 25 December." Disponível em <https://www.newadvent.org/cathen/03724b.htm>

[1] MARX, Gerhard. *The First Christmas in Rome*, **Plain Truth Magazine**, december 1976, vol. XLI, nº 11: "Once Rome had accepted the December date for Christ's 'birth', the festival quickly spread to the rest of the Roman Empire. Constantinople accepted the Christmas festival in A.D. 380, parts of Asia Minor in 382, Alexandria, Egypt, around 430, and Jerusalem about 440."

3. Hórus Cristo, o Salvador, filho da Deusa virgem Ísis, nasceu em uma manjedoura;
4. Osíris, o Salvador, nasceu também nesse dia;
5. Hércules, o Salvador, era filho do Deus Todo-Poderoso Zeus;
6. o Deus Dionísio, o Salvador, nasceu de uma mãe virgem, nesse dia ele era apresentado aos fiéis como uma criança;
7. Adônis e Tamuz, os Salvadores, tinham a festa do seu nascimento comemorada na mesma gruta que o crucificado teria nascido (Tertuliano, o Inquisidor Mor, e Jerônimo, o "Repugnante" Estuprador de Crianças, diziam que a gruta era do burro crucificado, mas o nascimento dos Deuses Adônis e Tamuz era comemorado lá);
8. o Deus Apolo na Grécia e Roma;
9. o Deus Platão, o "Moisés Ático", igualmente, nascera nesse dia;
10. Átis nasceu também nesse dia.

Foi o diretor Dionísio, o Exíguo quem, no ano de 117 d.H. decidiu que os diretores, acionistas e consumidores da Multinacional Católica de Crimes não deveriam seguir o calendário da época, introduzido pelo imperador Diocleciano, porque o imperador havia aplicado a lei romana aos pérfidos membros da sua gangue. O critério que ele usou, para definir a data de nascimento do burro crucificado foi a fundação de Roma, portanto a sua data de nascimento deveria ser 753 anos após essa fundação.

Esse ano de 753 passou a ser considerado pelos diretores, acionistas e consumidores da Quadrilha Ortodoxa como o primeiro ano do nascimento do seu Garoto Propaganda. Como os conhecimentos de astronomia de Dionísio eram exíguos, ele acabou por demarcar que o Sr. Münchhausen da Cruz havia nascido no dia 25 de dezembro:

> Do oitavo dia antes das calendas de abril até o oitavo dia antes das calendas de janeiro, contam-se 271 dias. Portanto, segundo o número de dias, nosso senhor cristo foi concebido em um domingo, no oitavo dia antes das calendas de abril **[25 de março]**, e nasceu em uma quarta-feira, no décimo terceiro dia antes das calendas de janeiro. No dia em que

sofreu, completaram-se 133 (? 33) anos e 3 meses, equivalendo a 12.314 dias. Portanto, segundo o número de seus dias, segue-se que ele nasceu em uma quarta-feira e sofreu em uma sexta-feira: nasceu no oitavo dia antes das calendas de janeiro e sofreu no oitavo dia antes das calendas de abril **[25 de dezembro e sofreu a morte em 25 de março.]**.[1]

Foi somente no ano de 40 a.H. que essa data passou a ser comemorada na parte oriental do Império Romano: ela começou com João, o Boca de Ouro, no ano de 27 a.H., em Antioquia; ele denominou essa sua invenção de "mãe de todas as solenidades."[2]

Os diretores da Associação Católica de Celerados usaram esse dia, para a elaboração da fábula sobre o nascimento do seu insignificante Garoto Propaganda: como vimos no dia 25 de dezembro já havia muitas comemorações de natividades de notáveis, honrados e bondosos Deuses *pagãos*, assim a comemoração de mais um nascimento passou despercebida pelos cidadãos romanos.

Como é de fácil inferência, a definição do nascimento do bêbado crucificado no dia 25 de dezembro não é um dado histórico, contudo trata-se apenas de mais uma *lenda contraditória* vendida pelos católicos, porquanto muitos Deuses da época haviam nascido nessa data, ou em data bem próxima.

Essa festa *pagã* era denominada festa do nascimento do Filho Amado (Deus do Sol): era uma data importante na antiguidade, porque era o momento em que o sol passava a durar mais tempo

---

[1] DIONYSIUS EXIGUUS. *Argumenta Paschalia*: "Argumento XV. De die aequinoctii et solstiti.
Ex VIII calendas Aprilis et in VIII calendas Januarii, dies numerantur CCLXXI. Unde secundum numerum dierum conceptus est Christus Dominus noster nas dominica VIII calendas Aprilis, et natus est in III feria XIII calendas Januarii Christus Dominus noster. In die qua passus est, fiunt anni CXXXIII [? XXXIII] et menses III, qui sunt dies XII CCCCXIIII. Unde secundum numerum dierum ejus stat cum III feria natum, et passum VI feria: natum VIII calendas Januarii, passum VIII calendas Aprilis."
Disponível em <https://www.tha.de/~harsch/Chronologia/Lspost06/DionysiusExiguus/dio_lp15.html>.
[2] CRISÓSTOMO, João. *Homilia 171*, Natividade de Cristo, XLIX, 351.

no céu, a partir desse período os dias passavam a durar mais, o que por extensão era, simbolicamente, comemorado como o renascimento do Deus Sol: muitas religiões *pagãs* comemoravam essa data como o nascimento dos Deuses ligados ao sol, ou à vegetação.

Era uma festa que comemorava o nascimento, devido ao movimento astronômico que ocorria no dia 25 de dezembro, quando a estrela Sírio vinha do Oriente e se encontrava com a constelação de Virgem também no Oriente:

> No momento em que Sírio, a estrela do Oriente, chegasse ao Meridiano à meia-noite sinalizava o novo nascimento do Sol, a [constelação de] Virgem era vista subindo no céu oriental – a linha do horizonte passando por seu centro.[1]

O Deus Supremo da Babilônia e dos Quatro Cantos Mundo, Marduk, nascia no dia 25 de dezembro:

> O festival em homenagem à ressurreição de Marduk corresponde à celebração da morte do Deus do ano (Natureza moribunda). O solstício de inverno (25 de dezembro) foi o aniversário do Deus do ano, enquanto o solstício de verão foi o festival da morte de Tamuz.[2]

Mais uma última explicação, para se comemorar o dia 25 de dezembro como o nascimento de uma nova vida, é encontrada no *paganismo* egípcio: a Constelação de Virgem era representada no templo de Denderah, no Egito, como uma mulher segurando uma

---

[1] CARPENTER, Edward. *Pagan & Christian Creeds*: their Origin and Meaning. New York: Harcourt, Brace and Company, 1920, pp. 36-37: "At the moment then when Sirius, the star from the East, by coming to the Meridian at midnight signalled the Sun's new birth, the Virgin was seen just rising on the Eastern sky - the horizon line passing through her centre."

[2] FRIEDLANDER, Gerald. *Hellenism and christianity*. London P. Vallentine & Son's, 1912: "The festival in honor of the resurrection of Marduk corresponds to the celebration of the death of the god of the year (dying nature). The winter solstice (December 25) was the birthday of the god of the year, while the summer solstice was the festival of the death of Tammuz."

espiga de milho: sobre a relação mágica do milho com os deuses existem diversas lendas que relatam as histórias dos reis-grãos, dos quais a fábula do burro crucificado foi copiada.

Após considerarem as diversas datas, os diretores da *Peste Negra Inc.* concluíram que a melhor época, para se vender o nascimento do seu produto seria o dia 25 de dezembro: uma afirmação falsa difundida pelos diretores, acionistas e consumidores dessa Organização Criminosa afirma que a primeira missa à meia-noite nesse dia ocorreu sob o reinado do CEO Telésforo, no século III a.H.

6.3. O ano do nascimento

As farsas sobre a natividade, o dia e o mês do nascimento originaram diversas controvérsias entre os seus diretores e os sempre serviçais os Comedores de Capim: o que confirma que o crucificado era somente um produto criado a partir do nada, pelos diretores da Organização Criminosa Católica.

Após séculos de existência eles não chegaram a um acordo nem mesmo sobre o ano em que ele *nascera*. Irineu, o Inventor de Hereges, chegou a afirmar que o crucificado vivera mais do que os 33 anos comercializados no *Liber Perversus* dos Mafiosos da Cruz:

> Pois quando o senhor lhes [aos judeus] disse: "Seu pai Abraão se alegrou em ver o meu dia; e ele viu, e ficou feliz" [JOÃO, 8, 56], eles responderam, "Tu ainda não tens cinquenta anos, e viste Abraão?" Agora, tal linguagem é apropriadamente aplicada a alguém que já passou dos quarenta anos, sem ter ainda atingido seu quinquagésimo ano, mas não está longe deste último período. Mas para alguém que tem apenas trinta anos, seria inquestionavelmente dito: "Você ainda não tem quarenta anos".[1]

---

[1] IRENAEUS (Philip Schaff, ed.). *Against Heresies*, book II, chapter XXII (The thirty Æons are not typified by...): 6: "For when the Lord said to them, 'Your father Abraham rejoiced to see My day; and he saw it, and was glad,' they answered Him, 'Thou art not yet fifty years old, and hast Thou seen Abraham?' Now, such language is fittingly applied to one who has already passed the age of forty, without

Portanto, a data do seu nascimento poderia ter sido 435 a.H. como queria Irineu, o Inventor de Hereges, ou 430, ou 420, ou 419, ou 418 a.H. no dia 25 de dezembro (como defendeu Jerônimo, o "Repugnante" Estuprador de Crianças), ou em janeiro de 417 a.H. (no dizer de Eusébio, "o Mais Repugnante dos Simpatizantes"); o que é certo é que ninguém sabe quando o evento mais importante dessa Multinacional de Crimes ocorrera: o que nos leva a uma suspeita a respeito da existência histórica do burro crucificado.

Nem mesmo os *evangelistas* podem servir de fonte confiável sobre o nascimento do produto que eles vendiam, porque eles não chegaram a um acordo nem sobre a cidade, ou o lugar em que houve o nascimento mais importante da história dos Genocidas da Cruz.

Os judeus aceitavam que o burro crucificado nascera no século V a.H., enquanto outros identificaram ser no século VII a.H.; já no livro da *Sabedoria de Salomão* existe um fragmento em que narrava a existência de um homem, no ano de 665 a.H., o qual tinha as mesmas características do "Cadáver Judeu":

> Ele professa ter conhecimento de deus e chama a si de filho do senhor.
> Tornou-se para nós uma censura aos nossos pensamentos. Ele é doloroso para nós até mesmo de olhar por sua vida ser diferente da dos outros homens, e seus caminhos são estranhos.
> Éramos considerados por ele como algo sem valor, e ele se abstém de nossos caminhos como de impureza. Ele julga feliz a morte dos justos. Ele se gaba de que deus é seu pai.
> Vejamos se suas palavras são verdadeiras. Testemos o que acontecerá no final de sua vida.
> Porque, se o justo é filho de deus, ele o sustentará e o livrará das mãos de seus adversários.
> Vamos prová-lo com insultos e torturas, para podermos ver quão gentil ele é, e testar sua paciência.

---

having as yet reached his fiftieth year, yet is not far from this latter period. But to one who is only thirty years old it would unquestionably be said, 'Thou art not yet forty years old'."

Vamos condená-lo a uma morte vergonhosa, pois será protegido, conforme suas palavras.[1]

Ao tratar desse tema, os redatores das *Fábulas de Lucas* disseram que o burro crucificado não nascera antes do ano 405 a.H., porque eles deixaram evidente que o nascimento ocorrera sob o governo de Quirino (Cirênio) governador da Síria. Para tentar provar que conhecia os fatos relativos ao Sr. Münchhausen da Cruz esses redatores, inclusive, citaram um censo para pagamento de impostos, ordenado pelo Deus-Imperador Augusto na época em que Quirino (Cirênio) era o governador da Síria; segundo os escritores dessas *mentiras sagradas* foi nessa época que ocorrera o nascimento do crucificado:

> E aconteceu naqueles dias que saiu um decreto da parte de César Augusto, para que todo o mundo se alistasse (Este primeiro alistamento foi feito sendo Quirino presidente da Síria). E todos iam alistar-se, cada um à sua própria cidade. E subiu também José da Galileia, da cidade de Nazaré, à Judéia, à cidade de Davi, chamada Belém (porque era da Casa e Família de Davi), A fim de alistar-se com Maria, sua esposa, que estava grávida. E aconteceu que, estando eles ali, se cumpriram os dias em que ela havia de dar à luz.[2]

Como é de fácil conclusão os redatores das *Fábulas de Lucas* eram homens extremamente mal-intencionados, ou seja, típicos católicos: eles não conheciam nada sobre o crucificado, muito menos sobre a história dos romanos, ou a dos judeus, visto que

---

[1] *Wisdom of Solomon*, 2 (13-20): "'13 He professes to have knowledge of God, and calls himself a child of the Lord. 14 He became to us a reproof of our thoughts. 15 He is grievous to us even to look at, because his life is unlike other men's, and his paths are strange. 16 We were regarded by him as something worthless, and he abstains from our ways as from uncleanness. He calls the latter end of the righteous happy. He boasts that God is his father. 17 Let's see if his words are true. Let's test what will happen at the end of his life. 18 For if the righteous man is God's son, he will uphold him, and he will deliver him out of the hand of his adversaries. 19 Let's test him with insult and torture, that we may find out how gentle he is, and test his patience. 20 Let's condemn him to a shameful death, for he will be protected, according to his words'."
[2] LUCAS, 2 (1-6).

colocaram censo de Quirino (Cirênio) sob o governo de Herodes, o que nunca ocorreu: em síntese, os católicos são mentirosos contumazes.

Para esses redatores o ano do *nascimento* ocorrera sob o governador da Síria, Quirino (Cirênio), ou um pouco depois: essa datação mostra o total desconhecimento daqueles que escreveram esse texto, porque Quirino (Cirênio) somente governou a Síria 10 anos após a morte de Herodes.

Os redatores de *Lucas* mentiram sobre tudo o que se relacionava à natividade, porque eles copiaram a história do nascimento da maravilhosa Deusa Krishna Cristo (Jeseus Cristo), o qual ocorrera na época em que o seu pai deveria pagar os impostos; é devido a essa Esplêndida Deusa, que os redatores das *Fábulas de Lucas* disseram que José teve que pagar impostos, todavia como eles eram de uma estultice digna de um diretor da Quadrilha Cropódula, eles não perceberam que o governo de Herodes e o de Quirino (Cirênio) estavam separados por uma década.

Além disso, os documentos romanos mostram, que o primeiro censo desse tipo ocorreu bem mais tarde no governo do imperador Vespasiano no ano 341 a.H.

Os diretores do Bando de Fetichistas no anseio de ganharem dinheiro fácil vendendo os seus produtos a qualquer um, que pudesse pagar, não se atentaram que as suas explicações negavam as afirmações do *Livro Velho dos Judeus*, bem como com as mentiras apresentadas nas *Fábulas de* Lucas, as quais contrariavam a publicidade feita nas *Fábulas de Levi*:

> As datas de nascimento e morte de jesus estão em contradição insolúvel: se Lucas está certo quando afirma inequivocamente que jesus nasceu em 6 d.C., então Mateus não pode estar certo quando afirma claramente que jesus nasceu antes de 4 a.C. (E mesmo que fosse encontrada uma maneira de fazer Mateus e Lucas concordarem sobre o ano de nascimento de jesus, as duas histórias da natividade ainda se contradizem em todos os pontos! Por suas próprias declarações,

eles se excluem; simplesmente não podem estar ambas corretas).[1]

Eusébio, "o Mais Repugnante dos Simpatizantes", pouco conhecia sobre a história de Roma e muito menos ainda sobre a fábula do burro crucificado; para identificar o ano do seu possível nascimento, ele partiu das mentiras contadas pelos redatores de *Lucas*. Ele quis se mostrar um historiador rigoroso, por isso identificou a data do nascimento utilizando três datas muito bem documentadas na história antiga:

> Corria pois o ano 42 do reinado de Augusto e o vigésimo oitavo desde a submissão do Egito e da morte de Antônio e de Cleópatra (com a qual se extinguiu a dinastia egípcia dos Ptolomeus), quando nosso salvador e senhor jesus cristo nasceu em Belém da Judéia, conforme as profecias a seu respeito, nos tempos do primeiro recenseamento, e sendo Quirino [Cirênio] governador da Síria.[2]

A partir dessa informação podemos concluir, que ele era somente um capacho dos diretores do Bando dos "Idólatras de Fato", porque o seu conhecimento de história era pífio e as datas citadas não comprovam o ano do nascimento, mas simplesmente promove o engano dos seus consumidores e torna clarividente a ignorância sobre todo o conteúdo do *Liber Odium*:

> **1.** em primeiro lugar ele citou que o nascimento ocorrera 42 anos do reinado do imperador Augusto (478-401 a.H.): nesse

---

[1] FITZGERALD, David. *Ten Beautiful Lies About Jesus*. San Francisco, pp. 48-49: "The years of Jesus' birth and death are in irresolvable contradiction: If Luke is right when he unmistakably states that Jesus was born in 6 CE, then Matthew cannot be right when he just as plainly states that Jesus was born sometime before 4 BCE. (And even if a way were found to make Matthew and Luke agree on the year Jesus was born, the two nativity stories still contradict themselves at every point! By their own statements they exclude each other; they simply cannot both be correct)."

[2] EUSÉBIO. *História Eclesiástica*. São Paulo: Novo Século, 2002, livro I, capítulo V (**De quando cristo se manifestou aos homens**), 2.

ano conforme o *Excrementum Depositum* o burro crucificado teria 15 anos;

2. a segunda data foi 28 anos após as mortes de Antônio e Cleópatra, culminando com o domínio romano sobre o Egito: nessa época o "Cadáver Judeu" teria nascido 3 anos antes do que se é comercializado pelos seus diretores;

3. por fim, ele indicou a cobrança de impostos feita pelo governador da Síria, Quirino (Cirênio): como vimos acima, esse censo não existiu, bem como os governos de Herodes e Quirino (Cirênio) estão separados por 10 anos.

A Gangue Nicena está repleta de homens espertos, os quais não conhecem nada sobre o crucificado, mas gritam o máximo que podem, a fim de impor as suas mentiras; esse é o caso de Paulo Orósio, que escreveu uma *história*, afirmando que o crucificado nascera no ano 400 a.H., ou seja, ele nasceu 15 anos após a data vendida pelos seus diretores:

> Mais tarde, cristo nasceu no tempo de Augusto César, o primeiro de todos os imperadores romanos, embora seu pai César o tivesse precedido, mas mais como administrador do Império do que como imperador. Perto do fim do quadragésimo segundo ano de seu governo imperial, eu digo, cristo nasceu, que havia sido prometido a Abraão no tempo de Nino, o primeiro rei.[1]

A fábula sobre o nascimento do burro crucificado é uma das mais insanas já contadas, porque nem mesmo os diretores da gangue Homoousiana, após 2.000 anos, conseguiram colocar uma mínima coerência lógica nos seus estúpidos textos. Em uma tentativa de se encontrar uma data exata para o seu nascimento, os estudiosos conseguiram encontrar um total de 133 datas diferentes, para o evento mais importante dessa Organização Criminosa:

---

[1] OROSIUS, Paulus. *Histórias contra os Pagãos*, livro VII (14): "Later, Christ was born in the time of Augustus Caesar, who was the first of all the Roman emperors though his father Caesar had preceded him, but more as a surveyor of the Empire than as emperor. Toward the close of the forty-second year of his imperial rule, I say, Christ was born, who had been promised to Abraham in the time of Ninus, the first king."

Em relação à época do nascimento de cristo, a 'Enciclopédia Britânica' diz: "Os cristãos contam cento e trinta e três opiniões contrárias de diferentes autores a respeito do ano em que o messias apareceu na terra – muitos deles escritores célebres".[1]

6.4. A cidade do nascimento

O ano, mês e dia de nascimento do taumaturgo crucificado foram instituídos séculos depois, o mesmo acontecendo com a cidade desse evento: com relação à cidade do seu nascimento a confusão continua, porque também não temos nenhuma indicação precisa; o próprio *Depósito de Excrementos* transborda de incoerências.

Os relatos encontrados nas *Fábulas de Levi* podem ser sintetizados da maneira a seguir: o crucificado nascera na sua casa (não em uma caverna ou estrebaria) em Belém (não em Nazaré), depois a família fugiu para o Egito (não foi para o Egito, ficou em Nazaré), porque o rei Herodes com medo desse nascimento mandou matar todas as crianças com menos de 2 anos; após a morte de Herodes a família voltou para Nazaré na Galileia.

Existem vários casos que podem confirmar a estultice dessa fábula, porém basta citar um: a ida do jumentinho e a sua família para o Egito e depois o retorno à Palestina.

Os redatores das *Fábulas de Levi* afirmaram, que a família fugiu para o Egito pouco após o nascimento, onde eles ficaram até a morte do rei Herodes seis anos depois:

> E, tendo eles se retirado, eis que o anjo do senhor apareceu a José num sonho, dizendo: Levanta-te, e toma o menino e sua mãe, e foge para o Egito, e demora-te lá até que eu te diga; porque Herodes há de procurar o menino para o matar.

---

[1] GRAVES, Kersey. *The World's Sixteen Crucified Saviors*. 1875, p. 56: "Relative to the time of Christ's birth, the 'Encyclopedia Britannica' says: 'Christians count one hundred and thirty-three contrary opinions of different authors concerning the year the Messiah appeared on Earth – many of them celebrated writers'." Disponível em <globalgreyebooks.com>

> E, levantando-se ele, tomou o menino e sua mãe, de noite, e foi para o Egito.
> E esteve lá, até à morte de Herodes, para que se cumprisse o que foi dito da parte do senhor pelo profeta, que diz: Do Egito chamei o meu filho.[1]

Nas *Fábulas de Lucas* é de conhecimento geral que Maria Stada levou o jumentinho a Jerusalém, a fim de apresentá-lo a yhwh, o Senhor dos Holocaustos, ou seja, segundo a tradição judaica isso deveria ter ocorrido um mês após o nascimento. Ainda podemos ler que depois de todos os rituais, eles retornaram para Nazaré na Galileia, onde viveram por anos:

> E, quando acabaram de cumprir tudo segundo a lei do senhor, voltaram à Galileia, para a sua cidade de Nazaré.
> E o menino crescia, e se fortalecia em espírito, cheio de sabedoria; e a graça de deus estava sobre ele.[2]

O que vemos nesses relatos é a criação de uma fábula sobre uma personagem que não existira, pois ambas as histórias se contradizem, o que nos leva a afirmar: ou os redatores de *Levi* estão mentindo, ou os de *Lucas* não estão dizendo a verdade. O mais certo é dizer: os redatores dessas fábulas são mentirosos, as suas personagens são meras ficções e os seus consumidores são homens espertalhões, por não questionarem essas fraudes.

Na fábula escrita pelos redatores de *João*, mais uma vez vemos que ele teria nascido em Nazaré, na Galileia, e não em Belém:

> Outros diziam: Este é o cristo; mas diziam outros: Vem, pois, o cristo da Galileia? Não diz a Escritura que o cristo vem da descendência de Davi, e de Belém, da aldeia de onde era Davi? Assim entre o povo havia dissensão por causa dele. E alguns deles queriam prendê-lo, mas ninguém lançou mão dele.[3]

---

[1] LEVI, 2 (13-15).
[2] LUCAS, 2 (39, 40).
[3] JOÃO, 7 (41-44).

Marcos, que foi comercializado como um conhecedor do "Cadáver Judeu", não nos deu nenhuma indicação do lugar do seu nascimento: para alguém que andou diuturnamente com Shimon Kaipha, o Príncipe das Traições, é muito estranho não oferecer nenhuma informação sobre o nascimento do crucificado.

Nas *Fábulas de Levi* lemos, que o burro crucificado nascera em Belém:

> E, tendo nascido Jesus em Belém de Judéia, no tempo do rei Herodes, eis que uns magos vieram do oriente a Jerusalém,[1]

Os redatores de *Lucas* inventaram uma fábula, segundo a qual os pais do crucificado foram obrigados a irem para Belém, a fim de participarem de um censo imperial, chegando a essa cidade houve o nascimento (já vimos que esse censo nunca existiu):

> E José também subiu da Galileia, da cidade de Nazaré, à Judeia, até a cidade de Davi, que é chamada Belém, (porque ele era da Casa e da Linhagem de Davi); [...].[2]

Ao chegarmos às *Fábulas de João* encontramos mais uma contradição na narrativa sobre a cidade do nascimento, porquanto os redatores das *Fábulas de Levi* e *Lucas* afirmaram que o Sr. Münchhausen da Cruz nascera em Belém; ao passo que os redatores de *João*, disseram que o nascimento ocorrera em Nazaré:

> Filipe encontrou Natanael e lhe disse: "Achamos aquele sobre quem Moisés escreveu na Lei, e a respeito de quem os profetas também escreveram: jesus de Nazaré, filho de José". Perguntou Natanael: "Nazaré? Pode vir alguma coisa boa de lá?" Disse Filipe: "Venha e veja".[3]

---

[1] LEVI, 2 (1); ver ainda 2 (5).
[2] LUCAS, 2 (4).
[3] JOÃO, 1 (45-46).

Como se as confusões, enganos, mentiras, falsidades, improbabilidades e impossibilidades a respeito do local do nascimento do crucificado não fossem tão grandes, ainda encontramos um grupo de autores, o qual defende que nunca existiu uma cidade chamada Nazaré:

> Um exame textual de "Nazaré" e seus cognatos no *Novo Testamento* deve ser deixado para outro trabalho, mas pode-se pelo menos reconhecer que se Nazaré não existia na época de jesus, muitos dos problemas mencionados acima se aproximam da resolução: porque não foi mencionado nas escrituras judaicas, no *Talmude* ou em Josefo; porque as primeiras gerações cristãs ignoraram o lugar e pareciam não saber onde ficava; e porque os evangelhos gregos tantas vezes escreveram "Jesus, o Nazareno" em vez de "Jesus de Nazaré".[1]

6.5. O local de nascimento

Os diretores da Quadrilha Católica igualmente não chegaram a um acordo sobre o local de nascimento do "Homem Morto", malgrado já tenha se passado 2.000 anos. Isso se deve ao fato de o seu *Genocidia Manual* ter sido escrito, para agradar ao público consumidor de cada região onde ele era vendido, consequentemente, os seus redatores tiveram que indicar vários lugares para o possível nascimento:

1. os redatores de *Levi* disseram que foi em uma casa:
"E, entrando na casa, acharam o menino com Maria sua mãe

---

[1] SALM, René J. *The myth of Nazareth*: the invented town of Jesus. Cranford, New Jersey: American Atheist Press, 2008, p. XIII: "A textual examination of "Nazareth" and its cognates in the New Testament must be left for another work, but it can at least be recognized that if Nazareth did not exist in the time of Jesus then many of the problems mentioned above come closer to resolution: why it was not mentioned in the Jewish scriptures, the *Talmud*, or Josephus; why the first Christian generations ignored the place and appeared not to know where it was; and why the Greek gospels so often wrote 'Jesus the Nazarene' instead of 'Jesus of Nazareth'."

e, prostrando-se, o adoraram; e abrindo os seus tesouros, ofertaram-lhe dádivas: ouro, incenso e mirra."[1];

2. nas *Fábulas de Lucas* lemos que ocorrera em um estábulo: "Enquanto estavam lá, chegou o tempo de nascer o bebê, e ela deu à luz ao seu primogênito. Envolveu-o em panos e o colocou numa manjedoura, porque não havia lugar para eles na hospedaria."[2];

3. José nos relatou, que ela dera à luz em uma caverna: "Entra na caverna onde encontrarás uma mulher em trabalho de parto."[3];

4. Tiago nas suas *Fábulas* narrou que fora em uma caverna: "'E quem é, acrescentou, a que está dando à luz na caverna?' 'É minha esposa', lhe disse eu."[4];

5. no *Pseudo-Levi* foi indicado que o nascimento ocorrera, igualmente, em uma caverna: "Quando os encontrou, voltou para a caverna e encontrou Maria com o bebê que ela havia gerado."[5];

6. o crucificado afirmou ter nascido em uma caverna: "E Maria, minha mãe, me trouxe em Belém, numa caverna, muito perto do sepulcro de Rachel, esposa do patriarca Jacó, e mãe de José e Benjamim."[6];

7. nas histórias de Maria Stada ela disse que dera à luz em uma caverna: "E José disse a ela: 'É Maria, que está grávida pelo espírito santo'. E aquela mulher disse: 'Você acredita no que diz?' E José disse: (Fol. 82b, col. 2) 'Venha até ela'; e os dois foram juntos para dentro da caverna. E eles viram uma nuvem de luz que coroava Maria, e também saiu de dentro da caverna uma grande luz, e ela brilhou em toda aquela terra; e eles viram uma criança deitada em uma manjedoura."[7]

---

[1] LEVI, 2 (11).
[2] LUCAS, 2 (6-7).
[3] Fábula Árabe da Infância de Jesus, 2.
[4] *Fábulas de Tiago*, 19 (1); ver 18 (1) e 21 (3).
[5] *The Gospel of Pseudo-Matthew*, XIII: "When he had found them, he returned to the cave, and found Mary with the infant she had borne."
[6] *The History of Joseph the Carpenter*, VII: "And Mary, my mother, brought me forth at Bethlehem in a cave, very nigh to the sepulchre of Bachel, the wife of Jacob the patriarch, and mother of Joseph and Benjamin." Na tradução em português não aparece a palavra *caverna*.
[7] *The History of the Virgin Mary*: "'And Joseph said unto her', It is Mary, who is with child by the Holy Spirit". And that woman said, 'Dost thou believe what thou sayest?' And Joseph said, (Fol. 82b, col. 2) 'Come to her'; and the two of them went together into the cave. And they saw a cloud of light which crowned Mary, and also

Além desses 3 locais foi indicado, que ele nascera em um bosque em homenagem ao Deus Todo-Poderoso Adônis, Tamuz:

> Quanto a isso, uma declaração bem conhecida de *são* Jerônimo talvez seja significativa. Ele nos diz que Belém, segundo a tradição o lugar de nascimento de nosso senhor, ficava à sombra de um bosque daquele Senhor sírio ainda mais antigo, Adônis, e que, ali onde o menino jesus havia emitido seu primeiro choro, o amante de Vênus era pranteado.[1]

Como é fácil concluir, o local que os diretores o Bando dos Idólatras de Fato escolheram, para dizer que o seu Garoto Propaganda nascera, já era um lugar famoso, para onde iam milhares de fiéis comemorar o nascimento dos Deuses Mitra, Adônis e Tamuz. Os diretores da Gangue Nicena trocaram os nomes desses Gloriosos Deuses, colocando no seu lugar o nome do burro crucificado, o qual muitas vezes é chamado de *Senhor* (Adônis, Adonai) no *Absurdum Manual*.

Portanto, nesse bosque, que os diretores da Gangue Homo-ousiana disseram que o crucificado nascera, era o local de nascimentos de Deuses mais famosos e mais importantes do que o do reles "Cadáver Judeu", porque foi em uma caverna aí, que a Grandiosa Deusa Mitra, o Belo Deus Adônis e o Deus Salvador Tamuz nasceram; esse local era adorado pelos *pagãos* séculos antes dos

---

there went forth from the inside of the cave a great light, and it shone in all that land ; and they saw a child lying in a manger."
[1] a. FRAZER, J. *O Ramo de Ouro*. São Paulo: Zahar Editores, 1982, p. 336.
b. JEROME (Philip Schaff, ed.). *Letter LVIII* (To Paulinus), 3: "The original persecutors, indeed, supposed that by polluting our holy places they would deprive us of our faith in the passion and in the resurrection. Even my own Bethlehem, as it now is, that most venerable spot in the whole world of which the psalmist sings: the truth has sprung out of the earth, was overshadowed by a grove of Tammuz, Ezekiel 8:14 that is of Adonis; and in the very cave where the infant Christ had uttered His earliest cry lamentation was made for the paramour of Venus." Disponível em <https://www.newadvent.org/fathers/3001058.htm>.

diretores do Bando de Fetichistas o sujarem afirmando se tratar do local de nascimento do xamã crucificado.

Os diretores da Organização Criminosa Católica tomaram esse bosque e a caverna sagrada dos Magníficos Deuses Mitra, Adônis e Tamuz, e construíram à sua volta um palácio suntuoso; ainda hoje os católicos vão a essa caverna e adoram à Deusa Mitra, a Redentora; o Deus Adônis, o Salvador; e o Deus Tamuz, o Remediador, como se fosse o crucificado.

O nascimento em uma caverna, ou ser criado em uma caverna fazia parte do imaginário *pagão* grego, por isso ele foi incorporado ao *Liber Odium*:

> **1. a virgem Maia (Maria) deu à luz em uma caverna ao Deus Hermes (Mercúrio):** "[1] Oh! Musa, canta a Hermes, filho de Zeus e Maia, senhor de Cilene e Arcádia rico em rebanhos, o mensageiro dos imortais que traz a sorte, que Maia deu à luz, a ninfa de tranças ricas, quando ela se apaixonou por Zeus, [5] – uma Deusa tímida, pois evitava a companhia dos Deuses abençoados e vivia em uma caverna profunda e sombreada."[1]
> **2. o Deus Zeus, Deus dos Deuses, fora criado em uma caverna que ficava em um bosque:** "De lá veio a Terra carregando-o [Zeus] rapidamente pela noite escura, primeiro, até Licto, e o tomou em seus braços e o escondeu em uma caverna remota sob os lugares secretos da terra sagrada no Monte Egeu de floresta densa; [...]."[2]
> **3. o Deus Zagreus, o Pai que encarnou no Filho, foi criado em uma caverna:** "Então Zeus, pegando a criança, entregou-a aos cuidados de Hermes, e ordenou-lhe que a levasse para a caverna de Nisa, que ficava entre a Fenícia e o

---

[1] HOMER. *Hymn to Hermes*, [1-5]: "Muse, sing of Hermes, the son of Zeus and Maia, lord of Cyllene and Arcadia rich in flocks, the luck-bringing messenger of the immortals whom Maia bare, the rich-tressed nymph, when she was joined in love with Zeus, [5] – a shy goddess, for she avoided the company of the blessed gods, and lived within a deep, shady cave." Disponível em < https://www.theoi.com/Library.html>.
[2] HESIOD. *Teogony*, Children of Cronus, 453: "Thither came Earth carrying him swiftly through the black night to Lyctus first, and took him in her arms and hid him in a remote cave beneath the secret places of the holy earth on thick-wooded Mount Aegeum; [...]." Disponível em < https://www.theoi.com/Library.html>.

Nilo, onde deveria entregá-la às ninfas que deveriam criar e com grande solicitude lhe concedesse o melhor cuidado."¹;

4. o Deus Apolo, o Bom Pastor, era adorado em uma caverna: "Pã, Apolo e as Caritas (ou, na verdade, uma Caris) eram adorados na caverna [em Vari, na Ática] com as Ninfas, como atestam relevos e inscrições rupestres."²;

5. o deus Pitágoras, o "Chefe dos Charlatães", morou em uma caverna: "Simula a morte, esconde-se em uma caverna, condena-se a essa vida por uns sete anos, durante os quais aprende com sua mãe, que foi sua única cúmplice e assistente, o que devia relatar para a crença do mundo a respeito de quem morrera desde sua reclusão; [...]."³;

6. o Deus Zalmóxis (apóstolo do deus Pitágoras) viveu em uma caverna: "Enquanto isso, ele permaneceu em sua caverna por três anos inteiros, após os quais saiu de seu esconderijo e se mostrou mais uma vez aos seus compatriotas, que foram assim levados a acreditar na verdade do que ele lhes havia ensinado."⁴

7. A adoração à Deusa Mitra (*Nascida da Rocha, Deusa da Pedra*, Θεὸς ἐκ πέτρας), ocorria em uma caverna: "A grande particularidade desse culto, como aprendemos com vários autores, é que ele foi realizado em cavernas – pelo menos no que diz respeito aos seus mistérios especiais – a

---

[1] DIODORUS SICULUS. *History*, book IV, 4.2.3: "Thereupon Zeus, taking up the child, handed it over to the care of Hermes, and ordered him to take it to the cave in Nysa, which lay between Phoenicia and the Nile, where he should deliver it to the nymphs that they should rear it and with great solicitude bestow upon it the best of care."

[2] USTINOVA, Yulia. *Caves and the Ancient Greek Mind*. New York: Oxford University Press, 2009, p. 61: "Pan, Apollo, and the Charites (or actually one Charis) were worshipped in the cave alongside the Nymphs, as rock reliefs and inscriptions testify."

[3] TERTULLIAN, (Philip Schaff, ed.). *A Treatise on the Soul*, chap. XXVIII (*The Pythagorean Doctrine of Transmigration...*), p. 438: "He feigns death, he conceals himself underground, he condemns himself to that endurance for some seven years, during which he learns from his mother, who was his sole accomplice and attendant, what he was to relate for the belief of the world concerning those who had died since his seclusion; [...]."

[4] HERODOTUS. *The History*, book IV: "He meanwhile abode in his secret chamber three full years, after which he came forth from his concealment, and showed himself once more to his countrymen, who were thus brought to believe in the truth of what he had taught them."

caverna sendo considerada tão importante que, onde as cavernas naturais não existiam, os devotos faziam cavernas artificiais."[1]

Como a falta de pudor é a marca que o bom deus colocou nos católicos, eles roubaram quase todas as características das religiões *pagãs* e, ato contínuo, acusaram os seus fiéis de plagiarem as mentiras vendidas pela Organização Criminosa Católica:

> E quando aqueles que registram os mistérios de Mitra dizem que ele foi gerado de uma rocha, e chamam de caverna o lugar onde são iniciados aqueles que acreditam nele, não percebo aqui a declaração de Daniel, que uma pedra foi cortada sem mãos de uma grande montanha? E que eles também tentaram imitar todas as palavras de Isaías?[2]

Eusébio, "o Mais Repugnante dos Simpatizantes", assim como Tertuliano, o Inquisidor Mor, disse que o Sr. Münchhausen da Cruz nascera em uma caverna, mas a colocou em Belém:

> Ao prestar a devida adoração aos passos do salvador, seguindo a palavra profética que diz: "Adoremos no lugar onde pisaram os seus pés" (*Salmo*, 132/131: 7), ela [a prostituta Helena] imediatamente legou aos seus sucessores também o fruto de sua piedade pessoal. 43 (1) Ela imediatamente consagrou ao deus que ela adorava dois santuários, um na caverna de seu nascimento, o outro na montanha da ascensão. Pois o deus conosco [Emanuel] se permitiu sofrer até o nascimento por nossa causa, e o lugar de seu nascimento

---

[1] ROBERTSON, John M. *Pagan Christs*: studies in comparative hierology. Second edition, revised and expanded, 1911, p. 398: "The great specialty of this worship, as we learn from several writers, is that it was carried on in caves — so far at least as its special mysteries were concerned — the cave being considered so all-important that, where natural caves did not exist, the devotees made artificial ones." Disponível em <globalgreyebooks.com>.

[2] JUSTIN (Philip Schaff, ed.). *Dialogue with Trypho*, chapter LXX (So also the mysteries of Mithras...): "And when those who record the mysteries of Mithras say that he was begotten of a rock, and call the place where those who believe in him are initiated a cave, do I not perceive here that the utterance of Daniel, that a stone without hands was cut out of a great mountain, has been imitated by them, and that they have attempted likewise to imitate the whole of Isaiah's words?"

na carne foi anunciado entre os hebreus pelo nome de Belém.¹

Os criminosos da Associação Católica de Celerados corriam por todos os lados, a fim de adaptar os seus produtos a consumidores específicos, por isso os redatores de *Lucas* inventaram a fábula sobre o nascimento do crucificado ocorrer em uma manjedoura, cercado por animais:

> E deu à luz a seu filho primogênito, e envolveu-o em panos, e deitou-o numa manjedoura, porque não havia lugar para eles na estalagem.²

Esse versículo é uma cópia do *mýthos* homérico sobre o nascimento do Poderoso Deus Hermes, o qual quando criança roubara o gado do Deus Apolo e o levava para a sua caverna:

> Nascido ao amanhecer, ao meio-dia tocava lira, e à tarde roubava o gado de Apolo, o arqueiro de longo alcance, no quarto dia do mês; pois nesse dia a Rainha Maia [Rainha Maria] o deu à luz.³

Os diretores da "Ninhada de Traidores" ao plagiarem as histórias da Deusa Mitra e adaptá-las ao burro crucificado no seu *Depósito de Excrementos*, afirmam que ele nascera em um estábulo,

---

[1] EUSEBIUS. *Life of Constantine*. Oxford: Clarendon Press, 1999, book III, 42-43, p. 137: "As she accorded suitable adoration to the footsteps of the Saviour, following the prophetic word which says, 'Let us adore in the place where his feet have stood' (Ps 132/131: 7), she forthwith bequeathed to her successors also the fruit of her person-al piety. 43 (1) She immediately consecrated to the God she adored two shrines, one by the cave of his birth, the other on the mountain of the ascension. For the God with us allowed himself to suffer even birth for our sake, and the place of his birth in the flesh was announced among the Hebrews by the name of Bethlehem."
[2] LUCAS, 2 (7).
[3] HOMER. *Hymn to Hermes*, 16-19: "Born with the dawning, at mid-day he played on the lyre, and in the evening he stole the cattle of far-shooting Apollo on the fourth day of the month; for on that day queenly Maia bare him."

contudo na época que essa fábula foi inventada muitos admitiam que ele nascera em uma caverna.

Mais uma vez encontramos Justino, "o Mais Tolo dos Pais Cristãos", falando sobre aquilo que ele não sabia, porquanto reafirmou a versão do nascimento do "Cadáver Judeu" em uma manjedoura:

> Mas quando o menino nasceu em Belém, como José não encontrava alojamento naquela aldeia, ele se instalou em uma certa caverna perto da aldeia; e enquanto eles estavam lá, Maria deu à luz a cristo colocando-o em uma manjedoura, e foi aí que os Magos vindos da Arábia o encontraram.[1]

Orígenes, o Prostituto de Padres, seguiu o texto de Justino, "o Mais Tolo dos Pais Cristãos", ao mentir sobre a caverna e a existência de uma manjedoura:

> Com relação ao nascimento de jesus em Belém, se alguém desejar – após a profecia de Miqueias e após a história registrada nos *Evangelhos* pelos discípulos de jesus – ter evidências adicionais de outras fontes; saiba que, segundo a narrativa do *Evangelho* sobre o seu nascimento, é mostrado em Belém a caverna onde ele nasceu e a manjedoura na caverna onde foi envolvido em panos.[2]

---

[1] JUSTIN (Philip Schaff, ed.). *Dialogue with Trypho*, chapter LXX (So also the mysteries of Mithras...): "But when the Child was born in Bethlehem, since Joseph could not find a lodging in that village, he took up his quarters in a certain cave near the village; and while they were there Mary brought forth the Christ and placed Him in a manger, and here the Magi who came from Arabia found Him."

[2] ORIGEN (Philip Schaff, ed.). *Against Celsus*, book I, chapter LI: "With respect to the birth of Jesus in Bethlehem, if any one desires, after the prophecy of Micah and after the history recorded in the Gospels by the disciples of Jesus, to have additional evidence from other sources, let him know that, in conformity with the narrative in the Gospel regarding His birth, there is shown at Bethlehem the cave where He was born, and the manger in the cave where He was wrapped in swaddling-clothes."

Jerônimo, o "Repugnante" Estuprador de Crianças, igualmente admitiu que o crucificado nascera em uma caverna e fora colocado em uma manjedoura:

> Com que expressões e que linguagem podemos apresentar diante de vocês a caverna do salvador? O estábulo onde ele chorou como um bebê pode ser melhor honrado pelo silêncio; [...].[1]

Ele voltou a repetir essa *mentira sagrada* sobre a manjedoura:

> Então, apressando-me, voltei imediatamente para Belém, que agora é meu lar, e lá derramei meu perfume sobre a manjedoura e berço do salvador.[2]

O nascimento em uma caverna foi uma tentativa dos diretores da Máfia de Preto em vender o seu produto como algo de origem humilde, mas de grandioso espírito. Essa fábula vendeu pouco entre os helenos e romanos, porque era uma característica muito comum entre os Deuses *pagãos* nascerem, ou viverem, em uma caverna. Devido ao baixo retorno econômico de um nascimento em uma caverna, esses diretores decidiram mudar o local do seu nascimento para um estábulo e inventaram a manjedoura.

Eles jamais puderam chegar a um acordo onde ele *nascera*, visto que toda a história era uma enorme *pia fraus* sobre a qual nem mesmo eles concordavam. Como consequência, houve uma disputa sobre o local de nascimento do Cordeiro "que falava como dragão", o que levou os diretores dessa Organização Criminosa a

---

[1] JEROME. *Letter 46*, 11: "With what expressions and what language can we set before you the cave of the Saviour? The stall where he cried as a babe can be best honored by silence; [...]."

[2] JEROME. *Apology Against Rufinus*, book III, 22: "Then making haste I at once returned to Bethlehem, which is now my home, and there poured my perfume upon the manger and cradle of the Saviour"

espalharem o ódio, a violência e a tortura contra aqueles que não aceitavam os seus perversos dogmas.

6.6. Nascimentos divinos

O nascimento do "Cadáver Judeu", como já dissemos, foi uma criação literária baseada em diversas lendas sobre nascimentos divinos, as quais eram conhecidas há séculos. Se essa história do nascimento de um novo rei e salvador é verdadeira, então isso suscita algumas questões:

> **1.** por que o carpinteiro não exigiu a Coroa do seu reino?
> **2.** por que ele preferiu continuar escondido, com medo, vagando pelo mundo em uma existência miserável, se ele era o verdadeiro filho de um deus e herdeiro do trono judaico?
> **3.** por que um deus escolheria governar esses bárbaros orientais, se no Ocidente existia a maravilhosa cultura greco-romana?

São perguntas, as quais temos certeza que os criminosos da Quadrilha Católica terão as mais belas respostas para apresentarem, contudo todas serão falsas.

A seguir apresentaremos a fábula do nascimento desse deus moleirão em comparação com as lendas dos nascimentos de dois outros Maravilhosos Deuses, porque consideramos o suficiente, para demonstrar os plágios existentes nas suas fábulas.

6.6.1. Buda Cristo

Os fragmentos grafados em negrito foram copiados pelos diretores da Facção Criminosa Católica da história do nascimento de Buda Cristo:

> **1. o nascimento de Buda Cristo foi um milagre, porque ele nasceu de uma virgem chamada Maria** (Maia): "Foi assim o nascimento de jesus cristo: Maria, sua mãe, estava

prometida em casamento a José, mas, antes que se unissem, achou-se grávida pelo espírito santo."[1]

2. Buda Cristo encarnou com a ajuda do espírito santo: "Mas, depois de ter pensado nisso, apareceu-lhe um anjo do senhor em sonho e disse: 'José, filho de Davi, não tema receber Maria como sua esposa, pois o que nela foi gerado procede do espírito santo'."[2]

3. o nascimento de Buda Cristo foi anunciado pela estrela messiânica, a qual surgiu no céu: "Onde está aquele que é nascido rei dos judeus? porque vimos a sua estrela no oriente, e viemos a adorá-lo."[3]

4. a festa do nascimento de Buda Cristo era comemorada sob o nome de Dia de Natal;

5. no momento do nascimento de Buda Cristo surgiram no céu diversas luzes e os anjos cantaram louvando o Abençoado dizendo glória a Deus e paz na terra: "E, no mesmo instante, apareceu com o anjo uma multidão dos exércitos celestiais, louvando a deus, e dizendo: Glória a deus nas alturas, Paz na terra, boa vontade para com os homens."[4]

6. os sábios que visitaram Buda Cristo, saudaram-no como Deus: "Dizendo: Onde está aquele que é nascido rei dos judeus? porque vimos a sua estrela no oriente, e viemos a adorá-lo."[5];

7. para comemorar o nascimento de Buda Cristo foram ofertados presentes caros: "Ao entrarem na casa, viram o menino com Maria, sua mãe, e, prostrando-se, o adoraram. Então abriram os seus tesouros e lhe deram presentes: ouro, incenso e mirra."[6]

Não é necessária nenhuma análise sobre as *mentiras brancas* contidas no *Depósito de Excrementos*, pois evidenciamos as cópias da história do nascimento de Buda Cristo feitas pelos diretores dessa Organização Criminosa.

---

[1] LEVI, 1 (18).
[2] LEVI, 1 (20).
[3] LEVI, 2 (1-2)
[4] LUCAS, 2 (2).
[5] LEVI, 2 (1-11).
[6] LEVI, 2 (11).

6.6.2. Krishna Cristo

Vamos agora comparar o nascimento do "Cadáver Judeu" com o da Deusa Toda Poderosa Krishna Cristo (Jeseus Cristo). O objetivo dessa comparação é mostrar, que a fábula da imaculada concepção foi uma transcrição, quase que literal, dos relatos sobre o nascimento de Krishna Cristo; o que os diferenciam são algumas insignificantes adaptações aos gostos dos consumidores dos produtos da Organização Criminosa Católica.

Para facilitar as comparações entre os nascimentos desses cristos, mais uma vez, colocaremos em negrito as passagens presentes no texto sobre o nascimento da Maravilhosa Deusa Krishna Cristo (Jeseus Cristo):

> 1. **a Deusa Krishna Cristo (Jeseus Cristo) foi trazida ao mundo no ventre da virgem Maria (Maia), a fim de que o seu nascimento não se tornasse impuro; esse evento foi anunciado a todos pelo aparecimento de uma nova estrela no céu;**
> 2. **no momento do nascimento da Deusa Krishna Cristo (Jeseus Cristo) ocorreram alguns milagres:** "no momento do seu nascimento uma luz muito brilhante surgiu, o feriu os olhos dos presentes."[1]
> 3. **ao nascer a Deusa Krishna Cristo (Jeseus Cristo) foi recebida por anjos que cantaram no céu e as nuvens emitiram músicas agradáveis:** "E, no mesmo instante, apareceu com o anjo uma multidão dos exércitos celestiais, louvando a deus, e dizendo: Glória a deus nas alturas, Paz na terra, boa vontade para com os homens."[2];
> 4. **Eles [os pais da Deusa Krishna Cristo] foram para a sua cidade natal, porque o seu pai tinha que pagar o imposto anual ao Governo:** "E todos iam alistar-se, cada um à sua própria cidade."[3]
> 5. **Ao saber do nascimento divino [da Deusa Krishna Cristo] alguns pastores dirigiram-se a ele, adorando-o:**

---

[1] *Protevangelion*, chapters, 19.
[2] LUCAS, 2 (13-14).
[3] LUCAS, 2 (3).

"E voltaram os pastores, glorificando e louvando a deus por tudo o que tinham ouvido e visto, como lhes havia sido dito."[1]

6. Para comemorar a vinda do messias à terra, [a Deusa Krishna Cristo] recebeu muitos presentes (ouro, incenso e mirra": "Então abriram os seus tesouros e lhe deram presentes: ouro, incenso e mirra."[2]

7. Uma voz divina avisou ao seu pai [da Deusa Krishna Cristo] para fugir, porque o governante queria matar a criança: "E, tendo eles se retirado, eis que o anjo do senhor apareceu a José num sonho, dizendo: Levanta-te, e toma o menino e sua mãe, e foge para o Egito, e demora-te lá até que eu te diga; porque Herodes há de procurar o menino para o matar."[3]

8. Com a fuga o governante não sabia quem era a criança [Deusa Krishna Cristo], por esse motivo mandou matar todas as crianças que nasceram no mesmo dia que ela: "mandou matar todos os meninos que havia em Belém, e em todos os seus entornos, de dois anos para baixo [...]."[4]

Quando os redatores das *Fábulas de Lucas* foram contratados, para inventarem o nascimento do burro crucificado, eles não conheciam nada sobre ele, portanto não devemos estranhar por eles não citarem os magos[5], os quais foram muito importantes nas *Fábulas de Levi* e demais divulgadores dos produtos sujos da Máfia "Adoradora de Farinha e Água".

Ao tentar narrar o nascimento, os redatores de *Lucas* tinham conhecimento do nascimento da Magnífica Deusa Mitra, ou do Bondoso Buda Cristo, ou da Poderosa Deusa Krishna Cristo (Jeseus Cristo), ou mesmo copiaram a história similar no *Evangelho dos Egípcios*. Nessas histórias, e outras mais, a criança divina foi reverenciada por pastores, portanto os redatores das *Fábulas de Lucas* colocaram no lugar dos magos de Levi um grupo de pastores; esses seriam os mesmos que, consoante as *Fábulas de Lucas*, teriam ouvido a Canção do Anfitrião Celestial.

---

[1] LUCAS, 2 (20).
[2] LEVI, 2 (11).
[3] LEVI, 2 (13).
[4] LEVI, 2 (16).
[5] LUCAS, 2 (8-16).

Não encerraremos esse capítulo sem fazer uma longa citação, sintetizando tudo o que desmascaramos a respeito do Império Católico do Mal:

1. Houve muitos casos do nascimento milagroso de Deuses relatados na história antes do caso de jesus cristo.
2. Também muitos outros casos de deuses nascidos de mães virgens.
3. Muitos destes deuses, como cristo, nasceram (supostamente) a 25 de Dezembro.
4. O seu advento no mundo, como o de jesus cristo, é em muitos casos afirmado como tendo sido predito por "profetas inspirados".
5. Estrelas figuradas no nascimento de várias delas, como no caso de cristo.
6. Também anjos, pastores e magos, ou "homens sábios".
7. Muitos deles, como cristo, foram reivindicados como de ascendência real ou principesca.
8. As suas vidas, como a dele, também foram ameaçadas na infância pelo governante do país.
9. Vários deles, como ele, deram a primeira prova da divindade.
10. E, como ele, retirou-se do mundo e jejuou.
11. Além disso, como ele, declarou: "O meu reino não é deste mundo."
12. Alguns deles pregavam também uma religião espiritual como a sua.
13. E foram "ungidos com óleo", como ele.
14. Muitos deles, como ele, foram "crucificados pelos pecados do mundo".
15. E depois de três dias de sepultamento "ressuscitou dos mortos".
16. E, finalmente, como ele, são relatados como ascendendo de volta ao céu.
17. As mesmas convulsões violentas da Natureza na crucificação de vários desses Deuses são relatadas.
18. Quase todos eles eram chamados de "Salvadores", "Filho de Deus", "Messias", "Redentor", "Senhor" e outros.

19. Cada um era o segundo membro da trindade do "Pai, Filho e Espírito Santo". [...].¹

Cremos que sobre essa fábula já dissemos o bastante, para confirmar que se trata de uma mentira dos diretores da Gangue Nicena, por isso vamos ao próximo tópico, mas, em breve, publicaremos outro livro com muito mais fraudes piedosas a respeito do crucificado.

---

¹ GRAVES, Kersey. *The World's Sixteen Crucified Saviors*. 1875, pp. 11-12: "1. There were many cases of the miraculous birth of Gods reported in history before the case of Jesus Christ. 2. Also many other cases of Gods being born of virgin mothers. 3. Many of these Gods, like Christ, were (reputedly) born on the 25th of December. 4. Their advent into the world, like that of Jesus Christ, is in many cases claimed to have been foretold by 'inspired prophets.' 5. Stars figured at the birth of several of them, as in the case of Christ. 6. Also angels, shepherds, and magi, or 'wise men.' 7. Many of them, like Christ, were claimed to be of royal or princely descent. 8. Their lives, like his, were also threatened in infancy by the ruler of the country. 9. Several of them, like him, gave early proof of divinity. 10. And, like him, retired from the world and fasted. 11. Also, like him, declared, 'My kingdom is not of this world'. 12. Some of them preached a spiritual religion, too, like his. 13. And were 'anointed with oil,' like him. 14. Many of them, like him, were 'crucified for the sins of the world'. 15. And after three days' interment 'rose from the dead'. 16. And, finally, like him, are reported as ascending back to heaven. 17. The same violent convulsions of nature at the crucifixion of several are reported. 18. They were nearly all called 'Saviors,' 'Son of God,' 'Messiah,' 'Redeemer,' 'Lord,' &c. 19. Each one was the second member of the trinity of 'Father, Son and Holy Ghost'. [...]." Disponível em <globalgreyebooks.com>

Capítulo VII

Batismo

"Para onde foi cristo após de ser batizado?
Marcos diz que ele foi imediatamente
para o deserto e ficou lá quarenta
dias (Marcos 1. 12).
João diz que três dias depois ele
estava em Caná (João 2.12)."
Kersey Graves

O batismo é praticado com a imersão ou aspersão de água, cujo objetivo é a purificação e consequente salvação do fiel: no *paganismo* a mensagem era muito simples: sem o batismo não haveria salvação. Portanto, os *pagãos* faziam esse ritual com a intenção de limpar a alma dos erros, dando-lhes o sentimento de um segundo nascimento.

Esse ritual que é tão importante no Império Católico do Mal, foi copiado do *paganismo*, não obstante Justino, "o mais Tolo dos Pais Cristãos", ter afirmado que as práticas *pagãs* eram frutos do demônio:

> E os demônios, de fato, tendo ouvido falar dessa purificação proclamada pelo profeta, instigaram aqueles que entram em seus templos, e estão prestes a se aproximar deles com libações e holocaustos, também a se borrifarem; e, do mesmo modo, eles os fazem se lavarem completamente, ao saírem (do sacrifício), antes de entrarem nos santuários nos quais suas imagens estão colocadas.[1]

O ato de batizar era uma prática comum em quase todas as religiões *pagãs*, porque o desejo de nascer de novo seguido pelo sentimento de uma nova vida era algo, que já fazia parte de diversas culturas muitos séculos antes de a Associação Católica de Celerados poluir o mundo. A sua antiguidade pode ser atestada por inúmeras referências a esse ritual no *paganismo*:

> a seguir, com um ramo de oliveira próspera, aspergiu três vezes seus companheiros com água purificadora. E com sua espada, sacrificou em honra à Mãe das Erínias [Eumênides]

---

[1] JUSTIN. *The First Apology*, chapter LXII (It's imitation by demons): "And the devils, indeed, having heard this washing published by the prophet, instigated those who enter their temples, and are about to approach them with libations and burnt-offerings, also to sprinkle themselves; and they cause them also to wash themselves entirely, as they depart [from the sacrifice], before they enter into the shrines in which their images are set."

e à sua Grande Irmã uma ovelha de lã negra, e a ti, ó Perséfone, uma vaca estéril.[1]

Ovídio, igualmente, nos apresentou um ritual de batismo com oferendas e aspersão de água benta, a fim de que os fiéis pudessem renascer puros das suas falhas:

> Tenho certeza de que muitas vezes trouxe as mãos cheias com as cinzas do bezerro e os feijões, em casta purificação [*februa*]. De fato, pulei sobre as chamas dispostas em três fileiras, e o ramo molhado de louro me aspergiu com água [*misit aquas*]. A Deusa está comovida e abençoa o empreendimento que tenho em vista. Meu barco foi lançado; agora ventos favoráveis enchem minhas velas.[2]

Os judeus praticavam o batismo, o qual servia como um momento em que as ofensas às Leis Mosaicas seriam purificadas, bem como seria um ato de iniciação do fiel à religião:

> No geral, como vimos, os mesmos princípios são consistentemente entrelaçados em diferentes contextos, mas retêm características comuns, o que os estabelece como ordenados por deus.

Componentes	O Êxodo	O *mikveh*	Batismo de João	Contexto bíblico/histórico
Redenção/salvação	Anteriormente redimido, poupado da praga da morte e liberto da escravidão	Não relacionado	Não determinou a salvação de uma pessoa	Segue uma mudança interna anterior

---

[1] VIRGILIO. *La Eneida*, sexto libro: "enseguida, con un ramo de feliz olivo, roció tres veces a sus compañeros con agua purificadora, y su espada inmola en honor de la madre de las Euménides y en el de su grande hermana una cordera de negro vellón, y a ti, ¡Oh Proserpina! una vaca estéril." Disponível em <www.luarna.com>.
[2] OVID. *Fasti*. London: William Heinemann Ltd, 1959, IV (715-738), XI. Kal. 21st: "Sure it is that I have often brought with full hands the ashes of the calf and the beanstraws, chaste means of expiation. Sure it is that I have leaped over the flames ranged three in a row, and the moist laurelbough has sprinkled water on me. The goddess is moved and favours the work I have in hand. My bark is launched ; now fair winds fill my sails."

			Imersão total	
Água	Água mais alta que suas cabeças	Imersão total	Gr. *batizado* / Heb. *tevilah* = "mergulhar"	Imersão total
Significado	Capaz de servir a deus e ser abençoado por ele	Nova vida de bênçãos e serviço na nação	Nova vida de bênçãos e serviço na comunidade	Nova vida de bênçãos e serviço na Igreja[1]

Duas observações devem ser feitas, a partir desse quadro; a primeira diz a quem, aquele que foi batizado deve servir:

> 1. no *Êxodo* temos uma visão restrita de mundo, segundo a qual se deveria servir a yhwh, o Senhor dos Holocaustos;
> 2. no *Mikveh*, os serviços deveriam ser voltados à nação;
> 3. quando João batista fez esse ritual, ele desejava que o fiel se submetesse à comunidade;
> 4. com a Quadrilha de Pedofilia Católica os seus criminosos deveriam servir somente à Associação Católica de Celerados.

O segundo ponto a ser notado diz sobre a condição do povo judeu, o qual por viver sob a servidão por séculos, adotou as histórias dos seus conquistadores como se fossem a sua própria história. Por esse motivo, eles adaptaram as lendas dos diversos povos, a fim de construir a sua cultura, por extensão o batismo foi uma cópia de tradições *pagãs* muito mais antigas.

---

[1] PETERSON, Galen. *The Jewish Way Of Baptism*: "Altogether, as we have seen, the same principles are consistently interwoven into different contexts, yet retaining common characteristics, which establishes them as being ordained of God."

Component	The Exodus	The *mikveh*	John's Baptism	Biblical/historical context
Redemption/salvation	Previously redeemed, spared the plague of Death and released from slavery	Unrelated	Did not determine a person's salvation	Follows a previous inward change
Water	Water higher than their heads	Total immersion	Total immersion Gr. *baptizo* / Heb. *tevilah* = "to dip"	Total immersion
Signified	Able to serve God and to be blessed by Him	New life of blessings and service in the nation	New life of blessings and service in the community	New life of blessings and service in the Church

Disponível em <http://remnant.net/baptism.htm>.

Na religião dos essênios existia quatro etapas de iniciação: batismo; eucaristia; juramento de manter os segredos aprendidos; salvação por intermédio da ressurreição. A semelhança entre o batismo dos essênios e o da Associação Católica de Celerados nos certifica, que os diretores dessa Multinacional do Crime copiaram completamente o ritual dos essênios:

> A semelhança entre o direito de iniciação praticado pelos judeus essênios e o adotado pelos cristãos é certamente muito impressionante, para não sugerir a ideia de que eles tinham uma origem comum.[1]

Não devemos esquecer que os primeiros membros do Bando dos "Idólatras de Fato" eram conhecidos na Palestina como essênios, por isso não é de admirar que o seu batismo seja repetido na Gangue Nicena.

Os *pagãos* gregos, ao adotarem o ritual do batismo, o fizeram de maneira nunca pensada pelos judeus, visto que para os gregos o sacramento de se lavar mudava por completo, de maneira mágica, a natureza do homem:

> Aqui, assim como com Osíris, vemos que os elementos-chave que distinguem o batismo cristão dos rituais judaicos anteriores de água são exatamente os elementos que vêm do paganismo grego: o batismo emula ou compartilha da morte e ressurreição do deus salvador (como Paulo explica em Romanos 6:3-4, assim como seus sucessores em Colossenses 2:12), trazendo algum tipo de união ou comunhão com esse deus salvador que garante a salvação (como Paulo explica em 1 Coríntios 12:13), e como resultado, simplesmente se assumia que alguém poderia ser batizado como

---

[1] NESBIT, Edward P. *Jesus an Essene*. 1895 (2019), p. 21: "The similarity between the right of initiation practised by the Essenes, and that adopted by christians, is certainly too striking not to be suggestive of the idea that they had a common origin." Disponível em <globalgreyebooks.com>

um representante dos mortos (como Paulo explica em 1 Coríntios 15:29) e assim transferir a mesma salvação para eles [...].¹

O batismo era um ritual comum aos fiéis da Deusa Virgem Ísis, no qual era aspergida água nos participantes da religião: ao serem batizados, eles se sentiam como se recebessem um dom espiritual:

> E quando o tempo, como disse o sacerdote, o exigiu, ele me conduziu ao banho mais próximo, que era cercado por uma companhia de homens religiosos; e quando me colocou no banho costumeiro, ele mesmo me lavou e me aspergiu com água da maneira mais pura, após primeiro implorar o perdão dos Deuses. Novamente, também, ele me trouxe de volta ao templo e me colocou diante dos pés da Deusa [Ísis], tendo passado duas partes do dia; e tendo dado certos mandamentos em segredo, os quais são muito sagrados para serem pronunciados, ele claramente ordenou, diante de todos os presentes, que eu deveria abster-me de comida requintada durante aqueles dez dias contínuos, e que não deveria comer a carne de nenhum animal e deveria abster-me de vinho. Portanto, tendo observado esses preceitos adequadamente, com uma venerável continência, o dia havia chegado em que eu deveria aparecer diante da imagem da Deusa Ísis, para ser iniciado, e o sol poente conduzia a noite.²

---

¹ CARRIER, Richard. *Baptism: It's Pagan, Guys. Get Over It*: "Here, just as with Osiris, we see the key elements that distinguish Christian baptism from prior Jewish water rituals are the very elements that come from Greek paganism: the baptism emulates or shares in the death and resurrection of the savior god (as Paul explains ¹ in Romans 6:3–4, as well as his successors in Colossians 2:12), bringing some kind of union or communion with that savior god that ensures salvation (as Paul explains in ¹ 1 Corinthians 12:13), and in result, it was simply assumed one could be baptized as a proxy for the dead (as Paul explains in ¹ 1 Corinthians 15:29) and thus transfer the same salvation to them (if perhaps they died before they could undergo the ritual: see the study by Mormon analysts David L. Paulsen and Brock M. Mason, "Baptism for the Dead in Early Christianity," *Journal of the Book of Mormon and Other Restoration Scripture* 19/2 (2010): 22–49)."
Disponível em <https://www.richardcarrier.info/archives/30551>
² APULEIUS. *Metamorphosis or Golden Ass*, book XI: "And when the time, as the priest said, required it, he led me to the nearest bath, which was surrounded by a company of religious men; and when he had placed me in the accustomed bath, he himself washed me, and sprinkled me with water in the purest manner, after he

No mitraísmo o ato de batizar os seus fiéis, era uma forma de purificar os novos membros: o batismo se transformou em regeneração, o nascer para uma nova vida. Entre os adoradores da Poderosa Deusa Mitra era comum serem batizados nus, após a imersão eles vestiam roupas brancas, usavam uma coroa e caminhavam até o templo carregando tochas:

> Várias cerimônias figuravam na liturgia mitraica que eram calculadas, para induzir esse processo de renovação espiritual. Entre as mais importantes estavam as abluções que desde os primeiros tempos foram proeminentes no culto a Mitra. A cerimônia consistia em aspersão como com água benta, ou imersão completa como na prática isíaca. Nas grutas do Deus persa, a água estava sempre à mão, e em certos casos, em Óstia [perto de Roma], por exemplo, foram encontradas piscinas que podem ter servido ao propósito de imersão. O batismo mitraico, como o rito cristão posterior, prometia purificação da culpa e a limpeza dos pecados. Os padres cristãos notaram a similaridade e foram rápidos em acusar o Diabo de plágio nesse ponto.[1]

---

had first implored the pardon of the Gods. Again, also, he brought me back to the temple, and there placed me before the footsteps of the Goddess, two parts of the day having been now passed over; and having given certain mandates in secret, which are too holy to be uttered, he clearly ordered, before all that were present, that I should abstain from luxurious food, during those ten continued days, and that I should not eat the flesh of any animal, and should refrain from wine. These precepts therefore, having been properly observed by me, with a venerable continence, the day had now arrived in which I was to appear before the image of the Goddess Isis, in order to be initiated, and the sun descending led on the evening."

[1] WILLOUGHBY, Harold R. *Pagan Regeneration*: A Study of Mystery Initiations in the Graeco Roman World, chapter VI (Death and new birth in mithraism), III: "Various ceremonies figured in the Mithraic liturgy which were calculated to induce this process of spiritual renewal. Among the most important were the ablutions which from the earliest times were prominent in the cult of Mithra. The ceremony consisted either of sprinkling as with holy water, or of complete immersion as in Isiac practice. In the grottoes of the Persian god, water was always at hand, and in certain instances, at Ostia, for example, vaults have been found which may have served the purpose of immersion. Mithraic baptism, like the later Christian rite, promised purification from guilt and the washing away of sins. Christian Fathers noted the similarity and were quick to charge the Devil with plagiarism at this point."

A liturgia mitraica reafirmava o renascimento espiritual do fiel, para isso ocorrer ele era mergulhado por completo na água, ou simplesmente recebia uma aspersão de água benta.

No *Cristianismo Inc.* primevo, os seguidores do "Cadáver Judeu" eram batizados nus, depois eles vestiam roupas brancas, usavam uma coroa e caminhavam até o templo. Isso não é uma coincidência em relação ao batismo no mitraísmo, visto que quase todas as histórias que conhecemos sobre o fracassado crucificado, eram histórias contadas a respeito do Majestoso Deus Mitra.

Se substituirmos o nome do Sr. Münchhausen da Cruz pelo do Deus Todo-Poderoso Mitra entenderemos, porque os antigos se uniram à Quadrilha Católica com todo o fervor, visto que a Maravilhosa Deusa Mitra foi comercializada pela Máfia de Preto como o reles, pútrido e covarde crucificado.

Os criminosos Justino, "o mais Tolo dos Pais Cristãos", e Tertuliano, o Inquisidor Mor, colocaram-se contra o batismo da Religião do Deus Mitra. Sem nenhum pudor eles afirmaram se tratar de um ritual, o qual foi copiado pelo Diabo, apesar de todos saberem que o mitraísmo existia muitos séculos antes da Multinacional Católica de Crimes tornar norma a violência, a crueldade e a pedofilia.

Tertuliano, o Inquisidor Mor, era um trapaceiro, ou seja, era tipicamente um católico, porquanto defendia as práticas *pagãs* da Organização Criminosa Católica, afirmando que se tratava de produtos originais, ao passo que as práticas da Religião Mitraica foram conduzidas por ordem do Diabo:

> Tomemos nota dos ardis do Diabo, que costuma imitar algumas das coisas de deus com o único propósito de, pela fidelidade de seus servos, nos envergonhar e nos condenar.[1]

---

[1] TERTULLIAN (Philip Schaff, ed.). *The Chaplet, or De Corona*, chapter XV: "Let us take note of the devices of the devil, who is wont to ape some of god's things with no other design than, by the faithfulness of his servants, to put us to shame, and to condemn us."

São Justino, "o Mais Tolo dos Pais Cristãos", e *são* Tertuliano, o Inquisidor Mor, atacaram violentamente esse culto *pagão* ao defenderem que o batismo e a sua confirmação, além da consagração do pão e da água, seriam rituais demoníacos, visando conduzir os homens para longe da Gangue Nicena. Destarte, essa oposição, o batismo passou a fazer parte dessa Organização Criminosa, o que nos leva a concluir, em consonância com os *santos* acima, que ou a Quadrilha Católica é a própria religião do Deus Todo-Poderoso Mitra, ou é obra de demônios: nunca é demais lembrar que a pedra sobre a qual ela foi erguida, foi rotulada como Satanás pelo próprio crucificado.

De todos os rituais de batismo, o mais extravagante era o dedicado à Majestosa Deusa Cibele; no mundo grego essa Deusa da Natureza era conhecida como a Grande Mãe de Todas as Coisas e de Todos os Deuses (os diretores da Facção Criminosa Católica sujaram essa bela Deusa chamando-a de Maria Stada); os antigos a adoravam em um ritual denominado de taurobólio:

> Então, em ocasiões mais solenes, uma cerimônia de grande importância foi realizada: – o taurobólio, o sacrifício expiatório por excelência, em que o sangue da vítima [um touro] deveria purificar as faltas, e "regenerar para a eternidade" aqueles sobre quem ele fluía.[1]

O taurobólio, igualmente, era comum entre os adoradores do Magnífico Deus Átis; nesse ritual os iniciados eram colocados sob uma plataforma onde o sangue de um touro abatido pelos sacerdotes eunucos[2] os banhava. Esse ritual de batismo, significava a ressurreição do Deus Átis e o renascimento para uma vida melhor:

---

[1] TIXERONT, J. *History of Dogma*. Baden: B. Herder, 1910, p. 17: "the taurobolium, the expiatory sacrifice by excellence, in which the blood of the victim was to purify from their faults, and "regenerate for eternity" those on whom it flowed."
[2] Os diretores da Quadrilha Católica se apresentam como eunucos de coração (simbolizado pelo celibato) em uma clara continuação das práticas rituais *pagãs* das sacerdotisas da Grande Mãe. Mas, o efeito do celibato sobre esses homens perversos foi um desastre para a sociedade civilizada, porque esses eunucos de

No batismo, o devoto, coroado com ouro e enfeitado com fitas, descia para um poço, cuja boca era coberta com uma grade de madeira. Um touro, adornado com guirlandas de flores, sua testa brilhando com folhas de ouro, era então levado para a grade e ali esfaqueado até a morte com uma lança consagrada. Seu sangue quente e fétido jorrava em torrentes pelas aberturas, e era recebido com devota ânsia pelo adorador em cada parte de sua pessoa e vestimentas; até que ele emergisse do poço, encharcado, pingando e escarlate da cabeça aos pés, para receber a homenagem, ou melhor, a adoração, de seus companheiros como alguém que havia nascido de novo para a vida eterna e havia lavado suas falhas no sangue do touro.[1]

Essa iniciação foi empobrecida pelos diretores, acionistas e consumidores do Bando de Fetichistas (como tudo aquilo tocado pelas mãos sujas desses depravadíssimos homens), a qual, por motivos econômicos, retirou de cena o touro, substituindo-o por um cordeiro; mas, por fim, eles passaram a usar o corpo e o sangue do seu Garoto Propaganda, o qual se apresentaria pessoalmente em todos os rituais de magia negra executada nos seus templos de consumo.[2]

---

coração, para darem vazão aos seus desejos lascivos, se tornaram os maiores pedófilos de toda a história da humanidade: mostre-me um católico e eu te mostrarei um pedófilo.

[1] FRAZER, James G. *Adonis*, Attis, Osiris. New York: The Macmillan Company, 1906, p. 172, book II (The myth and ritual of Attis): "In the baptism the devotee, crowned with gold and wreathed with fillets, descended into a pit, the mouth of which was covered with a wooden grating. A bull, adorned with garlands of flowers, its forehead glittering with gold leaf, was then driven on to the grating and there stabbed to death with a consecrated spear. Its hot reeking blood poured in torrents through the apertures, and was received with devout eagerness by the worshipper on every part of his person and garments, till he emerged from the pit, drenched, dripping, and scarlet from head to foot, to receive the homage, nay the adoration, of his fellows as one who had been born again to eternal life and had washed away his sins in the blood of the bull."

[2] **a.** *Apocalipse*, 7 (14): "E eu lhe disse: senhor, tu sabes. E ele me disse: Estes são aqueles que vieram da grande tribulação, e lavaram as suas túnicas, e as tornaram brancas no sangue do cordeiro."

Nos Mistérios de Elêusis havia o batismo, contudo o depravadíssimo Tertuliano, o Inquisidor Mor, disse que esse ritual estava vinculado aos demônios, ao passo que o batismo da sua Organização Criminosa se ligaria ao seu decrépito crucificado:

> Ao reconhecermos este ritual [o batismo], percebemos também o zelo do Diabo rivalizando com as coisas de deus, pois o encontramos também praticando o batismo em seus súditos.¹

Como nunca trabalhou honestamente na sua vida, Tertuliano, o Inquisidor Mor, teve muito tempo livre, para transformar os sacramentos *pagãos* em sacramentos católicos; isso é muito visível, quando ele escreveu sobre o batismo:

> Quando estamos prestes a entrar na água, mas pouco antes, na presença da congregação e sob a direção do presidente, professamos solenemente que renunciamos ao Diabo, à sua pompa e aos seus anjos. Em seguida, **somos imersos três vezes [Grifo nosso],** fazendo um compromisso um pouco mais amplo do que o senhor determinou no *Evangelho*.²

Reparem que Tertuliano, o Inquisidor Mor, viveu na época em que o ritual de iniciação na Máfia "Adoradora de Farinha e Água"

---

b. PEDRO, *Primeira Epístola*, 1 (2): "Eleitos segundo a presciência de deus, o pai, através da santificação do espírito, para a obediência e aspersão do sangue de jesus cristo: Graça e paz vos sejam multiplicadas."
c. SAUL, *Epístola aos Romanos*, 6 (4): "Portanto, fomos sepultados com ele para morte pelo batismo, para que assim como cristo foi ressuscitado dentre os mortos pela glória do pai, assim também nós andemos em novidade de vida."
¹ TERTULLIAN (Philip Schaff, ed.). *On Baptism*, chapter V (Use made of water by the heathen...): "Which fact being acknowledged, we recognise here also the zeal of the devil rivalling the things of God, while we find him, too, practising baptism in his subjects."
² TERTULLIAN (Philip Schaff, ed.). *The Chaplet, or De Corona*, chapter III: "When we are going to enter the water, but a little before, in the presence of the congregation and under the hand of the president, we solemnly profess that we disown the devil, and his pomp, and his angels. Hereupon we are thrice immersed, making a somewhat ampler pledge than the Lord has appointed in the Gospel."

ainda era feito por imersão, tal como os batismos *pagãos*: nos primeiros quatro séculos dessa Organização Criminosa era por intermédio da imersão na água que os consumidores deviam se submeter ao poder e lascívia dos diretores: a partir do século I d.H. essa encenação já não fazia parte do seu cardápio, porquanto a submersão foi substituída pela aspersão de água benta.

Quando um homem é calhorda, basta dar-lhe 30 moedas de prata e ele atenderá a todos os mais torpes e lascivos desejos daquele quem paga: não devemos esquecer que quaisquer diretores, acionistas e consumidores do Bando de fetichistas são, em primeiro lugar, homens que se vendem e se entregam a luxúrias por dinheiro, portanto as palavras desse verme não devem ser consideradas.

Como ficou evidente, esse foi mais um ritual roubado dos *pagãos* pelos católicos, porque em todas as regiões nas quais eles abriram uma filial, os seus diretores procuravam adaptar os seus produtos aos gostos dos novos consumidores. Isso não foi diferente com o batismo, uma vez que o ato de lavar o corpo como símbolo de renascimento para uma vida nova, era uma tradição muito enraizada em todas as religiões *pagãs*: fica fácil perceber o ritual *pagão* de se mergulhar na água, para conseguir a purificação pode ser encontrado em diversos cultos em diferentes países e épocas: na Índia tinha-se o costume de se banhar nas águas do Ganges, para se fazer uma limpeza moral; os gregos e os romanos permitiram até mesmo os assassinos se lavarem, para purgar o mal cometido.

O batismo com a Gangue Nicena amalgamou os elementos da religião judaica e *pagã*, sendo vendido como uma cláusula de imortalidade:

> Do lado da cerimônia externa, sempre a essência da questão para a maioria, assim como no mito e na teoria, o cristianismo agora havia assimilado quase todas as atrações pagãs: o batismo, como dito anteriormente, tornou-se uma cópia próxima de uma iniciação aos mistérios pagãos, sendo

celebrado duas vezes por ano à noite sob o brilho das luzes; [...].¹

Na Gangue Homoousiana, o batismo marca o momento de perdão de todos os pecados (o bandido crucificado perdoa imediatamente qualquer maldade, criminalidade e atos pedófilos) e a regeneração do batizado, porque todos os homens são considerados frutos de um pecado original: esse dogma é exclusivo dessa Multinacional do Crime.

Os primeiros consumidores dos depravados produtos do Trinitarismo Atanasiano não conheciam o produto *pecado original* (que serve de base, para a doutrina da expiação vicária do pecado), esse produto somente entrou no seu cardápio na reunião mafiosa em Trento em 1131 d.H.:

> Se alguém não confessar que o primeiro homem, Adão, quando transgrediu o mandamento de deus no Paraíso, imediatamente perdeu a santidade e a justiça em que havia sido constituído; e que ele incorreu, pela ofensa daquela prevaricação, na ira e indignação de deus, e consequentemente na morte, com a qual deus o havia ameaçado anteriormente, e, junto com a morte, cativeiro sob seu poder que dali em diante teve o império da morte, isto é, o diabo, e que todo o Adão, por aquela ofensa de prevaricação, foi mudado, em corpo e alma, para pior; que ele seja anátema.²

---

[1] ROBERTSON, John M. *A Short History of christianity*. London: Watts & CO., 1902, p. 114: "On the side of external ceremony, always the gist of the matter for the majority, as well as in myth and theory, Christianity had now assimilated nearly every pagan attraction: baptism, as aforesaid, was become a close copy of an initiation into pagan mysteries, being celebrated twice a year by night with a blaze of lights; [...]."

[2] *The Council of Trent* (Ed. and trans. J. Waterworth. London: Dolman, 1848): Session the fifth, Celebrated on the seventeenth day of the month of June, in the year MDXLVI.
Decree Concerning Original Sin
"1. If any one does not confess that the first man, Adam, when he had transgressed the commandment of God in Paradise, immediately lost the holiness and justice wherein he had been constituted; and that he incurred, through the offence of that prevarication, the wrath and indignation of God, and consequently death, with which God had previously threatened him, and, together with death, captivity under

A experiência mística do batismo foi monopolizada pelos diretores da Organização Criminosa Católica, a fim de definir o seu mercado consumidor, porquanto só poderia fazer parte do seu clube de compras aquele que fosse batizado. Esse ritual servia para fortalecer a fidelização dos consumidores, ao mesmo tempo que aumentava do sentimento de serem os escolhidos, para entrar no paraíso da Organização Criminosa, bem como elevada ao infinito o poder de controle dos diretores sobre os consumidores.

Os seus diretores afirmavam que a ideia subjacente ao batismo seria o simbolismo do renascimento do homem, o qual ocorreria em uma nova vida em comunidade tendo o apoio espiritual do crucificado: o nascimento após o batismo diferiria do primeiro nascimento, no qual ele viera ao mundo sozinho, desamparado e pecador.

Com o Bando de Fetichistas, o batismo tornou-se a forma de aceitação em fazer parte da Organização Criminosa, porquanto esse ritual seria a repetição de um fato *histórico*, porquanto ocorrera com o seu Garoto Propaganda, que teve os seus pecados purificados por João Batista (um deus sendo purificado por um mortal: ah! Os católicos são malandros).

O batismo até o início do século I a.H. era um sacramento que os ricos consumidores da Máfia Multinacional Católica de Crimes pediam pouco antes de morrer, o que muito agradava aos seus diretores, porque assim eles tinham condições de roubar as heranças das viúvas: esse roubo às viúvas ainda é comum, onde quer que haja uma poluída cruz.

Caso fizéssemos as seguintes perguntas: por que os mais deploráveis, perversos e sádicos homens se associam à Quadrilha Católica? Por que essa Organização Criminosa está infestada dos piores malfeitores? Por que a pedofilia é uma prática comum dos

---

his power who thenceforth had the empire of death, that is to say, the devil, and that the entire Adam, through that offence of prevarication, was changed, in body and soul, for the worse; let him be anathema."

seus diretores e aceita pelos seus espertos consumidores? A resposta se encontra no batismo, segundo o qual o mero mencionar do nome do crucificado e ser aspergido por um pouco de água suja, purificaria e libertaria o homem de todos as suas maldades.

É um engano pensar que os diretores do Bando dos "Idólatras de Fato" se preocupam com a moralidade dos seus consumidores, visto que somente o lucro interessa a eles, por isso não se importam com a origem podre das suas riquezas. Para eles o dinheiro não tem cheiro: para comprovar essa máxima basta dizer que o Vaticano lava o dinheiro de todas as máfias ao redor do mundo e, principalmente, da máfia italiana, e dos maiores narcotraficantes que existem.

Atualmente, os seus consumidores sabem que o dinheiro que lhes garante uma vida fácil tem origem na máfia italiana (a qual mata, sequestra, trafica drogas, explora escravas sexuais), no tráfico internacional de drogas, no roubo às viúvas, na expropriação dos seus consumidores mais pobres. Ao serem confrontados com essa violenta realidade, eles simplesmente respondem: "Apesar de tudo sou católico".

Caso tenham alguma dúvida, vejam as atuais relações comerciais e financeiras que a Organização Criminosa Católica mantém com a máfia ou tinha com os nazistas, as quais são ricamente documentadas. Ou podem ver a origem do dinheiro sujo oriundo dos narcotraficantes latinos enchendo os cofres da Organização Criminosa no Vaticano. Será uma coincidência que as violentíssimas máfias e os bestiais narcotraficantes não matarem nenhum diretor da Gangue Homoousiana? Ainda existe alguém que acredita, que eles não os assassinam devido às suas mães se sujarem na podridão da cruz, ou por terem as suas fortunas depositadas no banco do Vaticano (chamado cinicamente de Instituto para as Obras de Religião)? Não indicaremos uma bibliografia específica, porquanto basta ler os processos, abertos contra essa Multinacional do Crime em diversos países, principalmente fora da imundície latina na América e Europa.

Nos primeiros séculos após o batismo, os consumidores do Trinitarismo Atanasiano eram obrigados a trocar os seus nomes por outros referentes a personagens da Organização Criminosa, desse modo todo nome ligado às religiões *pagãs* passou a ser proibido.

A Multinacional Católica de Crimes oficializou a violência, o genocídio e o estupro desregrados contra todos os que não compartilhavam com os seus criminosos ideais: o batismo transforma o católico em uma besta com sede de sangue.

Esses diretores aproveitaram várias das características dos batismos, e as suas confirmações, das religiões *pagãs*: a única diferença eles implementaram é que a nova vida trazia consigo o ódio, o desrespeito, a difamação e o desejo de extermínio daqueles, os quais não foram aspergidos pela sua água de esgoto. Como não lembrar das palavras de Diógenes de Sinope:

> Vendo alguém que realizava abluções de purificação, exclamou: "Miserável, não sabes que, assim como não podes te livrar de teus erros gramaticais por mais abluções que realizes, tampouco te purificarás dos erros de tua vida?"[1]

Entre os diretores da Multinacional Católica de Crimes não havia um consenso sobre a necessidade, ou não do batismo, porque nas *Fábulas de Levi* lemos, que o batismo fora ordenado:

> Vá, portanto, e ensine todas as nações, batizando-as em nome do pai, do filho e do espírito santo.[2]

---

[1] DIÓGENES LAERCIO. *Vidas y Opiniones de los Filósofos Ilustres*, 42: "Viendo a uno que hacía abluciones de purificación, le espetó: 'Desgraciado, ¿no sabes que, así como no puedes librarte de tus errores de gramática por más abluciones que hagas, tampoco te purificarás de los de tu vida?'."
[2] LEVI, 28 (19).

Uma visão contrária pode ser vista na *Primeira Epístola aos Coríntios*, onde Saul, a Pandora de Tarso, afirmou a sua missão não seria o batizado:

> Dou graças a deus, porque a nenhum de vós batizei, senão a Crispo e a Gaio, Para que ninguém diga que fostes batizados em meu nome. E batizei também a família de Estéfanas; além destes, não sei se batizei algum outro. Porque cristo enviou-me, não para batizar, mas para evangelizar; [1]

Mesmo assim, Saul, o "patife e falso", vendeu o batismo, ele pouco se importava com o crucificado e sim com as suas 30 moedas de prata, desse modo ele repetiu a tradição *pagã* de se batizar:

> Ou vocês não sabem que todos nós, que fomos batizados em cristo jesus, fomos batizados em sua morte?
> Portanto, fomos sepultados com ele na morte por meio do batismo, a fim de que, assim como cristo foi ressuscitado dos mortos mediante a glória do pai, também nós vivamos uma vida nova.
> Se dessa forma fomos unidos a ele na semelhança da sua morte, certamente o seremos também na semelhança da sua ressurreição.[2]

A saga da defesa do batismo na Quadrilha Ortodoxa durou vários séculos e envolveu várias discussões inúteis, porquanto diversas gangues desejavam controlar as riquezas da Organização Criminosa nascente. Assim, na *Epístola de Barnabé* é possível ler que o batismo deveria ser por imersão:

> Isso significa que descemos para a água carregados de pecados e poluição, mas subimos dela para dar frutos em nosso coração, tendo no espírito o temor e a esperança em jesus.[3]

---

[1] SAUL, *Primeira Epístola aos Coríntios*, 1 (14-17).
[2] SAUL, *Segunda Epístola aos Romanos*, 6 (3-5).
[3] BARNABÉ, *Epístola*, capítulo 11.

Para os redatores da *Epístola de Barnabé* o batismo seria o único caminho, para a purificação e à vida eterna. Eles desejavam mostrar que o *Livro Velho dos Judeus* era apenas uma antecipação do batismo da Facção Criminosa Católica, malgrado, eles não fizeram referências ao seu *Liber Crimen* sobre a necessidade do batismo.

O fanático Hermas, um servo liberto (por isso, a sua verve vingativa, cruel e incontrolada), escreveu um opúsculo apocalíptico, *O Pastor*, sem nenhuma referência ao *Liber Mali*; os seus redatores interpretaram o batismo com a passagem da morte para a vida eterna:

> Agora, esse selo é a água do batismo, na qual os homens descem sob a obrigação de morrer, mas sobem designados para a vida.[1]

Na defesa do batismo temos Justino, "o Mais Tolo dos Pais Cristãos", o qual disse que a água da sua Gangue regeneraria de todos os pecados:

> Todos os que estão persuadidos e acreditam que o que ensinamos e dizemos é verdade, e se comprometem a viverem em conformidade, são instruídos a orar e suplicar a deus com jejum, pela remissão de seus pecados passados, nós orando e jejuando com eles. Então eles são levados por nós, para onde há água, sendo regenerados da mesma maneira em que nós mesmos fomos regenerados.[2]

---

[1] HERMAS, *The Shepherd*, 154: "Now that seal is the water of baptism, into which men go down under the obligation unto death, but come up appointed unto life."

[2] JUSTIN (Philip Schaff, ed.). *First Apology*, chapter LXI (christian Baptism): "As many as are persuaded and believe that what we teach and say is true, and undertake to be able to live accordingly, are instructed to pray and to entreat God with fasting, for the remission of their sins that are past, we praying and fasting with them. Then they are brought by us where there is water, and are regenerated in the same manner in which we were ourselves regenerated."

A técnica usada pela Associação Católica de Celerados, para alcançar a purificação segue os mesmos passos das religiões *pagãs*: persuasão, crença, compromisso, oração, súplica, jejum, remissão dos pecados, imersão na água e regeneração.

Outro defensor do batismo do Bando de fetichistas foi Clemente de Alexandria, o Estúpido Assexuado, o qual nada sabia sobre os maléficos dogmas dessa Organização Criminosa. Ele comparou o batismo dos seus consumidores com o do burro crucificado, o que, por extensão, colocou-os no mesmo nível do crucificado:

> Bem, eu afirmo, simultaneamente com seu batismo por João, ele se torna perfeito?
> Manifestamente.
> Ele não aprendeu mais nada com ele?
> Certamente não.
> Mas, ele é aperfeiçoado pela lavagem – do batismo – somente, sendo santificado pela descida do espírito?
> Esse é o caso.
> O mesmo também acontece em nosso caso, cujo exemplar cristo se tornou. Sendo batizados, somos iluminados; iluminados, nos tornamos filhos; sendo filhos, somos aperfeiçoados; sendo perfeitos, somos imortais. "Eu", falou ele, "disse que sois deuses, e todos os filhos do altíssimo." Esta obra é chamada de graça, iluminação, perfeição e lavagem: lavagem, pela qual purificamos nossos pecados; graça, pela qual as penalidades decorrentes das transgressões são remidas; e iluminação, pela qual aquela luz sagrada da salvação é contemplada, isto é, pela qual vemos deus claramente.[1]

---

[1] CLEMENT OF ALEXANDRIA. *Paedagogus*, or *The Instructor*, book I, chapter VI (The name children does not...): "Well, I assert, simultaneously with His baptism by John, He becomes perfect? Manifestly. He did not then learn anything more from him? Certainly not. But He is perfected by the washing – of baptism – alone, and is sanctified by the descent of the Spirit? Such is the case. The same also takes place in our case, whose exemplar Christ became. Being baptized, we are illuminated; illuminated, we become sons; being made sons, we are made perfect; being made perfect, we are made immortal. 'I', says He, 'have said that ye are gods, and all sons of the Highest.' This work is variously called grace, and illumination, and perfection, and washing: washing, by which we cleanse away our sins;

Irineu, o Inventor de Hereges, também se colocou em campo contra o batismo *pagão* e a favor da farsa realizada pelos seus pedófilos patrões:

> "E mergulhou-se", diz (a *Escritura*), "sete vezes no Jordão". Não foi à toa que Naamã, antigamente, quando sofria de lepra, foi purificado ao ser batizado, mas (serviu) como uma indicação para nós. Pois, como somos leprosos em pecado, somos purificados, por meio da água sagrada e da invocação do senhor, de nossas antigas transgressões; sendo espiritualmente regenerados como recém-nascidos, assim como o senhor declarou: "A menos que o homem nasça de novo pela água e pelo espírito, ele não entrará no reino dos céus".[1]

Nessa lista de farsantes, que copiaram o batismo *pagão* e o venderam como produto original da Organização Criminosa Católica, não poderia faltar o seu fundador Tertuliano, o Inquisidor Mor. Ele dedicou muitas páginas a atacar o batismo *pagão*, a fim de comercializar o batismo dos seus patrões:

> "Bem, mas as nações, que são estranhas a todo entendimento de poderes espirituais, atribuem a seus ídolos a aspersão de águas com a mesma eficácia." (Assim o fazem), mas enganam a si com águas que são apenas água. Pois a lavagem é o meio pelo qual são iniciados em alguns ritos sagrados – de alguma notória Ísis ou Mitra. Os próprios Deuses, eles também honram com lavagens. Além disso, carregando água e aspergindo-a em todos os lugares, eles purgam sedes de campo, casas, templos e cidades inteiras: em todos os eventos, nos jogos Apolinários e Eleusinos eles são

---

grace, by which the penalties accruing to transgressions are remitted; and illumination, by which that holy light of salvation is beheld, that is, by which we see God clearly."

[1] IRENAEUS. *Fragment* XXXIV: "'And dipped himself', says [the Scripture], 'seven times in Jordan'. It was not for nothing that Naaman of old, when suffering from leprosy, was purified upon his being baptized, but [it served] as an indication to us. For as we are lepers in sin, we are made clean, by means of the sacred water and the invocation of the Lord, from our old transgressions; being spiritually regenerated as new-born babes, even as the Lord has declared: 'Except a man be born again through water and the Spirit, he shall not enter into the kingdom of heaven'."

batizados; e presumem que o efeito de fazerem isso é sua regeneração e a remissão das penalidades devidas a seus perjúrios.[1]

Para esse fanático fundador da Quadrilha Católica tudo o que se referia aos *pagãos* era devido à interferência do Diabo: como o batismo dessa Organização Criminosa é uma imitação do batismo *pagão*, concluímos que o batismo católico é um ritual satânico (lembrem-se que Pedro foi chamado de Satanás pelo "homem morto").

Os diretores da Facção Criminosa Católica, na tentativa de controlar os cofres da organização, não se deram por satisfeito em brigarem, para decidir se teria ou não batismo, se seria por imersão ou aspersão, se diferiria do paganismo ou não. Em cada disputa dessa, a gangue rival era eliminada, desse modo o poder estava se concentrando cada vez mais em mão de poucos chefes mafiosos.

Nessa luta pelas riquezas Hipólito, o Hipócrita, inventou outro motivo para exterminar os competidores, ao defender que as crianças deveriam ser batizadas, ou por aceitação, ou por imposição:

> Os batizandos se despirão e serão batizados, primeiro, as crianças. Todos os que puderem falar por si, falem; contudo, os pais ou alguém da família falem por aqueles que não puderem falar por si.[2]

---

[1] TERTULLIAN (Philip Schaff, ed.). *On Baptism*, chapter V (Use Made of Water by the Heathen...): "'Well, but the nations, who are strangers to all understanding of spiritual powers, ascribe to their idols the imbuing of waters with the self-same efficacy'. (So they do) but they cheat themselves with waters which are widowed. For washing is the channel through which they are initiated into some sacred rites – of some notorious Isis or Mithras. The gods themselves likewise they honour by washings. Moreover, by carrying water around, and sprinkling it, they everywhere expiate country-seats, houses, temples, and whole cities: at all events, at the Apollinarian and Eleusinian games they are baptized; and they presume that the effect of their doing that is their regeneration and the remission of the penalties due to their perjuries."

[2] HIPÓLITO. *Tradição Apostólica*, o batismo, 3.5.

A obrigação do batismo infantil foi comprada durante a reunião dos mafiosos da Gangue Nicena em Cartago em 04 d.H.; após essa reunião foi imposto a todos a aceitação do batismo infantil sob a ameaça de anatematização:

> e quando as próprias crianças não fossem, devido à sua tenra idade, capazes de responder a respeito da concessão dos sacramentos a elas, todas essas crianças deveriam ser batizadas sem escrúpulos, para que uma hesitação não as privasse da purificação dos sacramentos.[1]

Mesmo antes dessa decisão diversos diretores da Quadrilha Ortodoxa se colocaram a favor do batismo infantil. Cipriano, "o Pastor Mercenário", foi um tenaz defensor dessa violência contra as crianças:

> O que, devendo ser observado e mantido em relação a todos, consideramos que deva ser ainda mais observado em relação às crianças e recém-nascidos. Por esse mesmo motivo, eles merecem mais da nossa ajuda e da misericórdia divina, pois logo no início de seu nascimento, lamentando e chorando, nada mais fazem do que implorar.[2]

Orígenes, o Prostituto de Padres, manteve uma posição semelhante em relação ao batismo infantil; tanto ele como Cipriano, o "Pastor Mercenário", questionaram sobre quais pecados as crianças estariam sendo purificadas. Para Orígenes se referia ao pecado original,

---

[1] *Council of Carthage* (Philip Schaff, ed.). *Canon LXXII.* (Greek LXXV.). *Of the baptism of infants when there is some doubt of their being already baptized*: "[...] and when the children themselves were not, on account of their tender age, able to answer concerning the giving of the sacraments to them, all such children should be baptized without scruple, lest a hesitation should deprive them of the cleansing of the sacraments." Ver, igualmente, o canon Canon CX, (Grego CXII).

[2] CYPRIAN (Philip Schaff, ed.). *Epistle LVIII*: To Fidus, on the Baptism of Infants, 6: "Which, since it is to be observed and maintained in respect of all, we think is to be even more observed in respect of infants and newly-born persons, who on this very account deserve more from our help and from the divine mercy, that immediately, on the very beginning of their birth, lamenting and weeping, they o nothing else but entreat."

como já mencionamos anteriormente, "Ninguém está livre da impureza, mesmo que sua vida dure apenas um dia". A isto podemos acrescentar o motivo pelo qual é necessário, uma vez que o batismo da igreja é concedido para o perdão dos pecados, que, consoante os costumes da igreja, esse batismo também seja dado às crianças. Pois, certamente, se não houvesse nada nas crianças que precisasse de perdão e indulgência, então a graça do batismo pareceria supérflua.[1]

Alguns anos depois, ele reforçou o seu posicionamento em relação ao batismo infantil ao admitir, nos *Comentários sobre os Romanos*, que o batismo foi uma tradição que a Quadrilha Católica recebera dos apóstolos. A esses foram confiados segredos divinos, entre os quais aqueles que afirmam que todos são pecadores, portanto, deveriam se livrar deles por intermédio da água e da espírito santo: é óbvio que o maior *pensador* do Império Católico do Mal não leu a *Primeira Epístola aos Coríntios*, 1 (14-17).

Na Facção Criminosa Católica não faltam indivíduos perversos que desejam agradar aos seus patrões; esse foi o caso de Gregório de Nazianzo, o qual se colocou favorável ao batismo infantil:

> Seja assim, alguns dirão, no caso daqueles que pedem o batismo; o que você tem a dizer sobre aqueles que ainda são crianças, e não estão conscientes nem da perda, nem da graça? Devemos batizá-los também? Certamente, se algum perigo pressionar. Pois é melhor que eles sejam inconscientemente santificados, do que partirem sem selo e sem iniciação.[2]

---

[1] ORIGEN. *Homily on Leviticus*, 5: "what we already have recalled above, 'no one is pure from uncleanness even if his life is only one day long'. To these things can be added the reason why it is required, since the baptism of the Church is given for the forgiveness of sins, that, according to the observance of the Church, that baptism also be given to infants; since, certainly, if there were nothing in infants that ought to pertain to forgiveness and indulgence, then the grace of baptism would appear superfluous."

[2] GREGORY OF NAZIANZUS. *The Oration on Holy Baptism*, XXVIII (Be it so, somewill say...): "Be it so, some will say, in the case of those who ask for Baptism; what have you to say about those who are still children, and conscious neither of the loss nor of the grace? Are we to baptize them too? Certainly, if any danger

João, o Boca de Ouro, que se considerava a mais alta autoridade intelectual na Quadrilha Católica, consequentemente após as tolices que bradava no palanque do seu templo de consumo, todos deveriam se curvar a ele. Como muitos outros pervertidos diretores, ele foi um proeminente defensor do batismo infantil, destarte não aceitasse o pecado original:

> Embora muitos homens pensem que o único presente que ela confere é a remissão dos pecados, contamos suas honras ao número de dez. É por isso que **batizamos até mesmo crianças, embora sejam sem pecado [grifo nosso]**, para que possam receber a graça adicional dons de santificação, justiça, adoção filial e herança, para serem irmãos e tenham fraternidade em cristo, e se tornem moradas do espírito.[1]

O maior defensor do batismo infantil foi Ambrósio, o Pedófilo, ele adorava batizar as crianças nuas, porque sentia enorme prazer em tocar nos seus corpos nus:

> A menos que alguém nasça de novo da água e do espírito santo, ele não pode entrar no reino de deus. Ele não excluiu ninguém, nem mesmo a criança, nem mesmo aquele impe-

---

presses. For it is better that they should be unconsciously sanctified than that they should depart unsealed and uninitiated." Disponível em <https://catholiclibrary.org/library/view?docId=Synchronized-EN/npnf.000377. SaintGregoryNazianzen.TheOrationonHolyBaptism.html;query=selo;chunk.id=00000059>.

[1] CHRYSOSTOM. *Baptismal Instructions*, The Third Instruction, 6: "Blessed be God, who alone does wonderful things! You have seen how numerous are the gifts of baptism. Although many men think that the only gift it confers is the remission of sins, we have counted its honors to the number of ten. It is on this account that we baptize even infants, although they are sinless, that they may be given the further gifts of sanctification, justice, filial adoption, and inheritance, that they may be brothers and members of Christ, and become dwelling places for the Spirit." Disponível em < https://archive.org/stream/20191212st.johnchrysostombaptismalinstructions/20191212_ST.%20JOHN%20CHRYSOSTOM_%20BAPTISMAL%20INSTRUCTIONS_djvu.txt>

dido de alguma forma: mesmo que eles tenham essa misteriosa imunidade de punição, não sei se eles terão a glória do reino.[1]

Agostinho, o Brinquedo Sexual de *santo* Ambrósio, foi um feroz defensor dos pagadores dos seus salários, por isso ele apoiava todas as formas de roubar inventadas pelos seus patrões, além de inventar as mais pérfidas mentiras, para sustentá-las. Com relação ao batizado, ele afirmou que uma criança seria pecadora desde o seu nascimento, portanto elas deveriam ser batizadas. Os choros delas ao serem batizadas confirmariam, que elas estariam professando a fé nicena:

> Então, novamente, se elas [as crianças] são (embora já iluminadas) impróprias para entrar no reino de deus, elas devem, em todo caso, receber com alegria o batismo, pelo qual estão aptas para isso; mas, por estranho que pareça, vemos como as crianças são relutantes em submeter-se ao batismo, resistindo mesmo com choro forte. E essa ignorância delas, nessa fase da vida, nós a menosprezamos, de modo que administramos plenamente os sacramentos, que sabemos ser úteis para elas, mesmo que lutem contra eles.[2]

Ele defendia o batismo infantil, contudo, ele mesmo não fora batizado antes dos trinta anos, embora desde a infância ele já fosse

---

[1] AMBROGIO. *Abramo*. Milano/Roma: Città Nuova Editrice, 1984, p. 249, 84: "Se uno non sarà rinato dall'acqua e dallo Spirito Santo, non può entrare nel regno di Dio. Non ha eccettuato nessuno, nemmeno il bimbo, nemmeno colui che è stato in qualche modo impedito: se pure costoro avranno quella misteriosa immunità dalle pene, non so se avranno la gloria del regno."

[2] AUGUSTINE. *On merit and the forgiveness of sins, and the baptism of infants*, book I, chapter 36 (Infants not enlightened as soon as they are born): "Then, again, if they are (though already illuminated) thus unfit for entrance into the kingdom of God, they at all events ought gladly to receive the baptism, by which they are fitted for it; but, strange to say, we see how reluctant infants are to submit to baptism, resisting even with strong crying. And this ignorance of theirs we think lightly of at their time of life, so that we fully administer the sacraments, which we know to be serviceable to them, even although they struggle against them." **Ver ainda:** *Sobre o Batismo; Contra os Donatistas; A Interpretação Literal de Gênesis; Carta 166; O Perdão e os Justos Desertos do Pecado e o Batismo das Crianças*.

um catecúmeno, talvez ele recusasse o batismo, a fim de manter a sua vida depravada:

> "Dá-me castidade e continência, mas não agora" – pois temia que me atendesse muito depressa, e que me curasses logo da doença de minha concupiscência, que eu mais queria saciar do que extinguir. E caminhei pelas sendas ruins de uma superstição sacrílega, não porque estivesse certo dela, mas porque a preferia às demais doutrinas, que eu não estudava piedosamente, mas que hostilmente combatia.[1]

O seu deus o atendeu, por esse motivo ele ganhou de presente de Ambrósio, o Pedófilo, algumas hemorroidas, mas que foram prontamente curadas pelo deus inventado pelos diretores do Bando dos "Idólatras de Fato".

Isidoro de Pelúsio, no Egito, não era um diretor muito coerente, porque ele acusava o seu superior por ser rigoroso com os Nestorianos (uma gangue que disputava as riquezas com a Gangue Nicena), mas no ano de 35 d.H. ele o atacava dizendo, que ele aceitara as condições impostas por Cirilo, o "Depósito de Lixo Alexandrino", com pouca resistência. Ele defendia que o batismo, o infantil, inclusive, seria um novo nascimento e não somente a purificação dos pecados; além do que seria necessário ser batizado e ter participado da eucaristia, para que se conseguir a salvação:

> o homem através do batismo incorpora o corpo de cristo, ou seja, ele entra para a igreja. Isidoro fala dos casos das crianças. Elas devem ser batizadas cedo, não apenas para a remissão do pecado original, mas também porque através do batismo um homem é dotado e ganha com muitos e esplêndidos dons.[2]

---

[1] AGOSTINHO. *Confissões*, livro oitavo, capítulo VII.
[2] FOUSKAS, C. *St Isidore of Pelusium and New Testament*, 10. The sacraments, b. Baptism: "man through baptism embodied tlle body of christ, that is to say he enters the church Isidore speaks of the of infants. They must be baptized early not for the remission of the original sin, but also because through tne a man is endowed and decorated with many and splendid gifts."

Com o imperador Justiniano (conhecido pelos seus sequazes criminosos como são Justiniano) a Império Católico do Mal conseguiu destruir as religiões pagãs por completo: a sua estratégia foi forçar todos os súditos a se molharem com a água podre da Organização Criminosa; as crianças, principalmente, as quais deveriam ser educadas sob a tutela dos pedófilos católicos, a fim de que com o desaparecimento da geração dos seus pais, elas se tornassem consumidoras ativas dos seus produtos tóxicos:

> Ele decretou que "tais pais que ainda não eram batizados deveriam se apresentar, com suas esposas e filhos, e tudo que lhes pertencia, na igreja; e lá deveriam fazer com que seus pequenos fossem imediatamente batizados, e o resto assim que fossem ensinados as Escrituras conforme os cânones."[1]

Jerônimo, o "Repugnante" Estuprador de Crianças, mostrou-se favorável ao batismo infantil ao alegar que salvaria as crianças, além de trazer vantagens para os pais, porém ele não apresentou quais seriam essas vantagens e muito menos como as crianças poderiam ser salvas:

> Enquanto o filho é uma criança e pensa como uma criança e até que chegue aos anos de discernimento para escolher entre os dois caminhos apontados pela carta de Pitágoras, seus pais são responsáveis por suas ações, sejam elas boas ou más. Mas, talvez você imagine que, se não forem batizados, os filhos dos cristãos serão responsáveis pelos seus próprios pecados; e que nenhuma culpa é atribuída aos pais, os quais recusam o batismo aqueles que devido às suas tenras idades, não podem fazer objeções a ele. A verdade é que, como

---

[1] SAM, Hughey. *Christian Intolerance* — Justinian's Law, enjoining Infant-Baptism...): "It enacted, 'that such parents as were yet unbaptized should present themselves, with their wives and children, and all that appertained to them, in the Church; and there they should cause their little ones immediately to be baptized, and the rest as soon as they were taught the Scriptures according to the canons'." Disponível em
<https://www.reformedreader.org/history/cramp/s02ch02.htm#footnotes.>

o batismo garante a salvação da criança, isso traz vantagens para os pais.¹

Como todo e qualquer diretor da Máfia de Preto, Jerônimo, o "Repugnante" Estuprador de Crianças, sempre falou tolices, por exemplo, ele afirmou que quem se batizasse não precisaria tomar banho pelo resto da sua vida:

> Sua pele está áspera e escamosa porque você não toma mais banho? Aquele que uma vez foi lavado em cristo não precisa lavar-se novamente.²

Antes de aceitarmos as ordens desse rufião, não devemos esquecer, que ele fugiu da depravada Roma, com várias jovens prostitutas, por estuprar e matar uma criancinha.

O batismo católico tanto o infantil como o adulto é uma farsa, primeiro porque é uma prática *pagã*, segundo por ser uma obrigação imposta pelo imperador Justiniano, terceiro por afirmar que expulsa o diabo salvando os seus consumidores:

> O clero católico romano transmuta o que eles chamam de "filho do Diabo" em um "filho de deus" pelo sacramento do batismo, e por outros sacramentos assegura a essa criança, como santa aos olhos da mãe igreja, uma entrada no paraíso.³

---

[1] JEROME (Philip Schaff, ed.). *Letter CVII*, To Laeta, 6: "While the son is a child and thinks as a child and until he comes to years of discretion to choose between the two roads to which the letter of Pythagoras points, his parents are responsible for his actions whether these be good or bad. But perhaps you imagine that, if they are not baptized, the children of Christians are liable for their own sins; and that no guilt attaches to parents who withhold from baptism those who by reason of their tender age can offer no objection to it. The truth is that, as baptism ensures the salvation of the child, this in turn brings advantage to the parents."

[2] JEROME (Philip Schaff, ed.). *Letter XIV*, To Heliodorus, 10: "Is your skin rough and scaly because you no longer bathe? He that is once washed in Christ needeth not to wash again."

[3] BEARD, John R. *The Autobiography of Satan*. London: Willian and Norgate, 1872, Chapter 3 (Am i a person or am i power? – The crucial test), p. 281: "The Roman Catholic clergy transmute what they call a 'child of the devil' into a 'child of God' by the sacrament of baptism, and by other sacraments secure that child, as holy in the eyes of Mother Church, an entrance into paradise."

Capítulo VIII

A cruz

"Em suma, se recolhêssemos todos estes pedaços da verdadeira cruz expostos em várias partes, formariam uma carga inteira de navio."

João Calvino

A cruz é um dos mais antigos símbolos religiosos *pagãos* já encontrados; os primeiros exemplares podem ser datados em 12.000 anos: são pequenos pedaços de argila com a marca da cruz gravada neles.

Os primeiros homens já cultuavam a cruz, entretanto há uma diferença fundamental entre a adoração destes povos *pagãos* e a dos diretores, acionistas e consumidores do Bando de Fetichistas: aqueles percebiam a cruz como algo divino e enaltecedor da vida, ao passo que esses têm uma visão cósmica da cruz, a qual representa uma apologia à morte: ela se tornou o símbolo do sacrifício expiatório, o qual justificaria o assassinato de todos os seus inimigos.

Muito antes desses homens rapaces adotarem a cruz como a logomarca do Império do Mal, ela já era usada pelos *pagãos* celtas, os quais a utilizavam para representar os quatro cantos-do-mundo, com o seu centro simbolizando a vida:

> A forma da cruz celta existia muito antes do cristianismo, sendo um símbolo dos poderes universais do sol e da lua, provavelmente acompanhada do significado da cruz como um símbolo de forças superiores ou do Pai Celestial, que algumas tribos celtas diziam adorar. Na visão celta antiga, a cruz e um círculo eram associados à prosperidade e à fertilidade.[1]

Os budistas usavam a cruz, adorando-a como a árvore do conhecimento ou a árvore da vida: os diretores da Máfia "Adoradora de Farinha e Água" utilizaram essa mesma nomenclatura, para lembrar o poderio do seu sanguinário Império:

---

[1] VANÍČKOVÁ, Eliška. *The Celtic Cross*: "The shape of the Celtic cross existed long before Christianity and functioned as a symbol of universe powers of sun and moon, probably accompanied by the meaning of the cross as a symbol of higher forces or the Godfather, who are some Celtic tribes said to have worshipped. In ancient Celtic view, the cross and a circle were associated with prosperity and fertility." Disponível em <https://is.muni.cz/th/km7d9/The_Celtic_Cross.pdf>.

O símbolo sagrado de todas as religiões da Índia é uma cruz equilátera cujas pontas são viradas todas na mesma direção em ângulos retos, portanto 卐 ou 卍. É chamada de suástica ou cruz budista, mas é anterior à era de Buda e pode ser rastreada até os tempos pré-históricos. É chamada pelos budistas de roda da lei e as linhas quebradas supostamente indicam o movimento dos raios.[1]

Entre os egípcios podíamos encontrar o culto à cruz ligado ao Portentoso Deus Osíris, o Deus Sol que trazia a vida aos homens e à Natureza. De todos os tipos de cruzes adoradas pelos egípcios, a mais famosa era a cruz ansata, uma cruz cuja parte superior é um anel:

> O *Ankh* é o antigo símbolo egípcio para a chave da vida ou a cruz da vida. Consoante os historiadores, ele data do Período Pré-Dinástico (c. 3150 – 2613 a.C.) da antiga cultura egípcia. O *Ankh* é uma cruz com um laço. Ele é mais famoso ornamentado com pedras preciosas valiosas e é sempre dourado ou feito de ouro. O *Ankh* era considerado o símbolo da vida na Terra e da vida após a morte.[2]

Essa cruz foi adotada pelos diretores, acionistas e consumidores do Bando dos "Idólatras de Fato" como representação do crucificado, todavia eles não a adoram como "o símbolo da vida na Terra", e sim como a negação da vida.

---

[1] *The Cross and its Significance*, pp.159-160: "The sacred symbol of all the religions of India is an equilateral cross whose ends are turned all in the same direction at right angles, thus 卐 or 卍. It is called the Swastika or Buddhist cross, but antedates the age of Buddha and can be traced to prehistoric times. It is called by Buddhists the wheel of the law and the broken lines are supposed to indicate the motion of the spokes." Disponível em <https://opensiuc.lib.siu.edu/cgi/viewcontent.cgi?article=1023&context=ocj>.

[2] JOE, Jimmy. *Ankh vs Cross: Which of These Religious Symbols Came First?*: "Ankh is **the ancient Egyptian symbol for the key of life or the cross of life**. According to historians, it dates back to the Early Dynastic Period (c. 3150 – 2613 BCE) of the ancient Egyptian culture. The Ankh is a cross with a loop. It is most famously ornated with valuable gems and is always golden plated or made of gold. "The Ankh was considered **as the symbol of life on Earth and also the afterlife**." Disponível em <https://www.timelessmyths.com/history/ankh-vs-cross/>.

O culto à cruz, igualmente, se encontrava na adoração da Incomparável Deusa Ishtar, a qual portava um cajado cuja ponta terminava em uma cruz latina. O noivo da Deusa Ishtar, o Eterno Deus Tamuz, também era adorado com uma cruz; a cruz da Gangue Nicena é uma herança direta da cruz do Deus Tamuz cultuado na Caldeia e no Egito. Ele era representado pela letra T com um Ovo (a Deusa da Natureza) em cima, essa cruz (cruz ansata) era segurada pelos reis e Deuses antigos:

> Historicamente, o sinal pagão do místico "Tau" dos caldeus e egípcios, uma cruz, era um símbolo do Deus romano Mitra e do grego Átis, e seu precursor Tamuz, o Deus solar sumério, consorte da Deusa Ishtar. Convenientemente, a forma original da letra "T" era a letra inicial do Deus Tamuz. Durante as cerimônias de batismo, esta cruz era marcada nas testas pelo hierofante pagão.[1]

Hoje quando vemos a cruz do Garoto Propaganda da Máfia Homoousiana esquecemos, que ela é uma homenagem ao T do Glorioso Deus Tamuz, portanto ao olharmos para uma cruz devemos ter bem claro, que estamos adorando ao Maravilhoso Deus Tamuz. É triste dizer, mas temos que falar: as estátuas do redentor, na qual nos disseram ser o cristo dessa Organização Criminosa com os braços abertos, não passa de uma representação da cruz do Maravilhoso Deus Tamuz.

Também podemos encontrar o uso da cruz no *Livro Velho dos Judeus*, onde vemos que yhwh, o Senhor dos Holocaustos, no seu desejo sanguinário de eliminar os seus inimigos, pedir para os israelitas usarem a cruz, porquanto queria diferi-los daqueles que seriam sumariamente executados:

---

[1] TSUDRAS, Constantine. *Origins of the Cross*: "Historically, the pagan sign of the mystic 'Tau' of the Chaldeans and the Egyptians, a cross, was a symbol of the Roman god Mithras and the Greek Attis, and their forerunner Tammuz, the Sumerian solar god, consort of the goddess Ishtar. Conveniently, the original form of the letter 'T' was the initial letter of the god of Tammuz. During baptism ceremonies, this cross was marked on the foreheads by the pagan priest/hierophant." Disponível < https://werdsmith.com/genesology/7tDrdNERvZk5n".

> Percorre a cidade, o centro de Jerusalém, e marca com uma cruz na fronte os que gemem e suspiram devido a tantas abominações que na cidade se cometem.¹

É desnecessário dizer que o derramamento de sangue foi bíblico, porque em nome desse pestilento, horrendo e cruel deus tudo pode e deve ser feito.

Em outro momento, yhwh, Aquele que se Delicia com o Sangue dos seus Inimigos, querendo a morte dos primogênitos egípcios, ordenou que os seus sequazes pintassem a cruz nas portas das suas casas, a fim de que o anjo da morte não os confundisse com os egípcios:

> Porque o senhor passará para ferir aos egípcios, porém quando vir o sangue na verga da porta, e em ambas as ombreiras, o senhor passará aquela porta, e não deixará o destruidor entrar em vossas casas, para vos ferir.²

Não é preciso nem comentar, que o sanguinolento yhwh e o anjo da morte eram dois bobalhões, porque eles nem sabiam reconhecer aqueles, os quais fariam parte da sua festa de sangue.

Desde o século XII a.H. encontramos na Grécia a cruz em diversos objetos; os gregos também associavam a cruz ao Magnífico Deus Dionísio, o qual trazia diversas cruzes na cabeça:

> o próprio Dionísio e outras figuras dionisíacas eram 'amarrados à árvore', ele sugere que também havia uma antiga tradição da crucificação de Orfeu. É apenas um acidente que nos destroços da literatura grega que chegaram até nós nenhuma lembrança dela foi preservada.³

---

¹ EZEQUIEL, 9 (4).
² *Êxodo*, 12 (23).
³ GUTHRIE, W. C. K. *Orpheus and Greek Religion*, The crucified Orpheus: "Dionysos himself and other Dionysiac figures were 'bound to the tree', he suggests that there was also an old tradition of the crucifixion of Orpheus. It is only an

Com todo respeito que Guthrie merece, entretanto, discordamos completamente dele, porque não foi um "acidente" que impediu essas tradições de chegarem até nós: foi uma limpeza étnica e cultural colocada em prática pelos membros do Império Católico do Mal.

Também na Roma *pagã* se cultuava a cruz com os lados iguais, a qual é conhecida como cruz latina; é possível ainda encontrarmos diversas moedas romanas adornadas com essa a cruz em homenagem ao Poderoso Deus Júpiter (Zeus). Os romanos ainda adoravam a cruz, a qual era representada com três lados iguais, os quais simbolizavam o céu, o purgatório e o inferno; a parte maior desta cruz latina nos remetia à vida. Tertuliano, o Inquisidor Mor, afirmou que a cruz era usada nos estandartes dos soldados romanos e não pelos seus comparsas de crimes da Gangue Nicena:

> Mostramos antes que suas divindades são derivadas de formas modeladas a partir da cruz. Mas vocês igualmente adoram vitórias, pois em seus troféus a cruz é o coração do troféu. A religião do acampamento dos romanos ocorrem por adoração aos estandartes, a colocação das bandeiras acima de todos os Deuses. Bem, como aquelas imagens que enfeitam os estandartes são ornamentos de cruzes. Todos aqueles penduricalhos de seus estandartes e bandeiras são vestes de cruzes. Louvo seu zelo: você não consagraria cruzes despidas e sem adornos.[1]

---

accident that in the wreck of Greek literature which has come down to us no memory of it has been preserved." Disponível em <https://archive.org/details/orpheusgreekreli0000wkcg/page/264/mode/2up?q=crucified&view=theater>

[1] TERTULLIAN (Philip Schaff, ed.). *The Apology*, chapter XVI: "We have shown before that your deities are derived from shapes modelled from the cross. But you also worship victories, for in your trophies the cross is the heart of the trophy. The camp religion of the Romans is all through a worship of the standards, a setting the standards above all gods. Well, as those images decking out the standards are ornaments of crosses. All those hangings of your standards and banners are robes of crosses. I praise your zeal: you would not consecrate crosses unclothed and unadorned."

Na Babilônia, Assíria, Egito e em Roma era comum utilizar a cruz nas sepulturas ou até mesmo como colar, a fim de que afastasse o mal: os romanos antigos não só usavam a cruz como proteção, mas também como punição.

Um aspecto importante, porém, ignorado a respeito do uso da cruz se refere aos soldados romanos: o famoso *Chi-Rô* (monograma em homenagem ao Esplendoroso Deus Osíris) usado nos escudos dos seus soldados, já era usado pelo rei Herodes e pelos reis ptolomaicos no Egito. Mesmo antes da farsa do sonho promovida por Constantino, o Grande Traidor da Humanidade, os soldados romanos utilizavam a cruz como sinal de vida e uma homenagem ao Glorioso Deus Sol Invicto ou Deus Mitra.

Ela também representou em Roma a dinastia do imperador Augusto e dos imperadores Flavianos (esses foram os primeiros e principais acionistas do catolicismo no Império Romano) e no Egito a dinastia de Ptolomeu, cujas estátuas e pinturas eram adornadas com uma águia carregando a cruz.

Todos os povos antigos viam a cruz como um símbolo universal de fraternidade e vida, cujo apelo, reconhecimento e devoção públicas eram por demais conhecidos:

> **1.** os templos na Índia eram construídos em forma de cruz, particularmente aqueles dedicados à Inigualável Deusa Krishna Cristo (Jeseus Cristo);
> **2.** a cruz adorada na Índia representava a Luz do Mundo;
> **3.** os budistas reverenciavam a vida representada pela cruz, eles a usavam marcada na testa;
> **4.** no Egito a cruz era encontrada nas diversas imagens de diferentes Deuses; o Incomparável Deus Hórus, o Salvador, podia ser visto segurando uma cruz;
> **5.** do mesmo modo era possível encontrar entre os egípcios o símbolo da cruz ⲣ ou ⲣ, como representação do Todo-Poderoso Zeus-Amon;
> **6.** as mulheres egípcias tinham o costume de usarem uma cruz pendurada no pescoço, para afastarem o mal;
> **7.** na Babilônia os seguidores do Deus Anu sempre usavam uma cruz em sua homenagem;

8. na Ásia Menor é possível encontrar moedas, que de um lado estampavam uma cruz e do outro um cordeiro;
9. Na Grécia as cruzes eram adoradas muito tempo antes do crucificado sujar o mundo com as suas insolentes palavras: o templo do lendário Rei Midas era adornado com cruzes, o Deus Hércules carregou uma cruz, o Deus Prometeu foi crucificado, o Deus Dionísio, igualmente, foi crucificado.

Em síntese, diversos povos *pagãos* usavam a cruz como símbolo sagrado: egípcios; assírios; persas; gregos; trácios; gauleses; etruscos; romanos; fenícios; babilônios; hindus, etc. Não podemos esquecer de arrolar outros bondosos Deuses representados pela cruz: Apolo; Deméter; Diana; Hércules; Astarte; Ishtar; Serápis; Thor; Osíris; Dionísio; Prometeu e outros.

Vemos que a cruz era um símbolo muito usado pelos cultos *pagãos* por diversas gerações e em muitos lugares, para retratar a fraternidade, a paz e a vida. Bem como, a encontramos sendo usada como símbolo religioso em inúmeras regiões séculos antes do nascimento da Multinacional Católica de Crimes e a invenção da crucificação do "Cadáver Judeu".

Foi vendida pelos pedófilos católicos uma fábula sobre a origem da cruz: quando Adão adoeceu, o seu filho Seth foi ao portão do paraíso, a fim de conseguir um remédio para o seu pai. Ele foi recebido por um anjo, o qual lhe dissera que o remédio que ele desejava só poderia ser usado após 5.500 anos. O anjo lhe deu um ramo da árvore proibida, quando Seth voltou o seu pai morrera; então, ele plantou a árvore no túmulo do seu pai.

Essa árvore podia ser vista até o reinado de Salomão, mas quando a rainha de Sabá visitou Salomão, ela viu a árvore e disse que ela simbolizava o fim do povo judeu; o rei ao ouvir essa profecia se apressou em ocultar a árvore, por isso ordenou que ela fosse enterrada o mais profundo possível. Séculos depois os judeus decidiram fazer uma piscina, para purificar os animais a serem sacrificados; ao cavarem eles encontraram a árvore. Próximo à paixão do "homem morto", a árvore boiou, a qual foi apanhada pelos judeus, que fizeram a cruz usada para crucificar o carpinteiro.

A cruz foi enterrada por mais de cem anos até que Helena, a Prostituta, a *encontrou*: veremos mais abaixo a fábula sobre essa *decoberta*.

Como a canalhice desses diretores não tem limites, eles procuraram de várias formas justificar o uso da cruz. Vejamos a trapaça que Justino, "o mais Tolo dos Pais Cristãos", tentou fazer ao afirmar que no diálogo *Timeu*, o Deus Platão, o "Moisés Ático", usou a letra X (*chi*) para se referir à Alma do Mundo (*pneuma*), como uma clara referência à cruz do pútrido crucificado:

> E a discussão fisiológica (1) a respeito do filho de deus no *Timeu* de Platão, onde ele diz: "ele o colocou na forma de uma cruz (2) no universo", ele emprestou de Moisés da mesma maneira; [...].[1]

Outra fábula vendida por esses diretores, diz a respeito da matança que eles fizeram no Sagrado Templo do Deus Serápis em Alexandria: logo após a publicação do édito do imperador Teodósio I, *Extirpium Bonum*, os criminosos da *Peste Negra Inc.* deram vazão à violência e à crueldade contra os fiéis do *paganismo*. Em grande festa, liderados por Teófilo, "o Amigo de Satanás", os criminosos católicos entraram no templo do Inigualável Deus Serápis e começaram a demoli-lo; foi relatado que eles encontraram diversos hieróglifos em forma de cruzes. Ao serem analisados esses hieróglifos, concluíram ser um símbolo muito antigo em forma de cruz em adoração à vida futura:

> Mas depois que outros hieróglifos foram decifrados contendo uma predição de que "Quando a cruz aparecesse" – pois isto

---

[1] JUSTIN (Philip Schaff, ed.). *Apology*, chapter LX: "And the physiological discussion (1) concerning the Son of God in the *Timoeus* of Plato, where he says, 'He placed him crosswise (2) in the universe,' he borrowed in like manner from Moses; [...]."

era "vida futura" – "o Templo de Serápis seria destruído", assim numerosos pagãos abraçaram o cristianismo, e confessando seus pecados, foram batizados.[1]

Assim, os depravados diretores dessa Organização Criminosa disseram, que essa descoberta seria uma prova, de que o demente crucificado aprovaria a demolição do sagrado templo. Como consequência imediata dessa escabrosa mentira, eles conseguiram novos consumidores para os seus tóxicos produtos, mas antes assassinaram todos os que rejeitaram a podridão da cruz católica.

Os diretores da Associação Católica de Celerados são prolíficos em inventarem fábulas, para conseguir tirar dinheiro dos seus espertos consumidores; eles inventaram duas fábulas sobre a descoberta da cruz, na qual o carpinteiro fora jogado.

Quem fez essa descoberta foi a prostituta Helena, mãe do imperador Constantino, o Grande Traidor da Humanidade; o que criou um problema, porque outros falsários da Máfia de Preto disseram que a cruz foi encontrada por Patrônica (Protononice), esposa do imperador Cláudio: para evitar uma disputa sobre a *descoberta*, os diretores inventaram que as duas mulheres *encontraram* a cruz.

Na primeira dessas fábulas, eles disseram que Patrônica ao saber dos milagres inventados pelos diretores da Organização Criminosa Católica, abandonou os cultos *pagãos* passando a seguir os fétidos dogmas católicos. Tempos depois Patrônica e os seus três filhos foram para Jerusalém visitar os locais, onde presumivelmente o carpinteiro teria espalhado o seu ódio à vida; ao chegar,

---

[1] SOCRATES SCHOLASTICUS. *The Ecclesiastical History*, book V, chapter XVII (Of the Hieroglyphics found in the Temple of Serapis): "But after other hieroglyphics had been deciphered containing a prediction that 'When the cross should appear', — for this was 'life to come', — 'the Temple of Serapis would be destroyed', a very great number of the pagans embraced Christianity, and confessing their sins, were baptized."

ela foi recebida pelos diretores da Organização Criminosa na cidade:

> Patrônica, a esposa de Cláudio César, a quem Tibério constituiu o segundo de seu império, *p2* tendo estado em Roma, quando Simão Cefas residia lá, e observando os milagres e maravilhas que ele operou em nome de jesus cristo, ela renunciou ao paganismo de seus antepassados, como também aos ídolos que eles adoravam, e creram em nosso senhor cristo, e levantou-se atenciosamente, e desceu de Roma para Jerusalém, e seus dois filhos e uma filha virgem a acompanharam; e Jerusalém saiu para encontrá-la, e eles a receberam com grande honra: e Tiago foi feito lá um *p3* bispo, e líder da igreja em Jerusalém.[1]

Patrônica visitou o Gólgota, onde se dizia que o burro fora jogado na cruz, ela ainda viu essa cruz e o seu túmulo.

O diretor do templo de consumo em Jerusalém, Tiago (irmão do carpinteiro), disse a Patrônica que esses locais e a cruz estavam sob o controle dos judeus, os quais não permitiam o acesso dos diretores, acionistas e consumidores do *Cristianismo Inc.*: aproveitando a presença da imperatriz, Tiago, como todo membro dessa ímpia organização, fez intrigas para tomar as fortunas dos judeus, afirmando que eles perseguiam os comparsas da sua quadrilha.

A imperatriz ao ouvir essa fofoca mandou que fossem levados à sua presença os líderes judaicos, aos quais ela ordenou que

---

[1] LOFTUS, Dudley. *An History of the Twofold Invention of the Cross...*, Dublin, Printed Anno 1686, *p1* A narrative concerning the wood of the cross of our redeemer...: "PATRONICA, the Wife of Claudius Cæsar, whom Tiberius constituted the second of his Empire, p2having been at Rome, when Simon Cephas resided there, and observing the Miracles and Wonders which he wrought in the Name of Jesus Christ, she renounced the Heathenism of her forefathers, as also the Idols which they had worshiped, and did believe in our Lord Christ, and arose considerately, and descended from Rome to Hierusalem, and her two Sons and one Virgin Daughter accompanied her ; and Hierusalem went out to meet her, and they received her with great Honour : and James was made there a p3Bishop, and Commander in the Church which was built there." Disponível em <https://penelope.uchicago.edu/barhebraeus/invention.html>

fossem entregues a Tiago o controle da cruz, do Gólgota e do túmulo. Após ter dado essa ordem, ela partiu em direção ao sepulcro do burro crucificado onde encontrou as três cruzes. Durante essa visita a sua filha morreu, ela orou ao carpinteiro; nesse momento o seu filho disse-lhe que a morte da sua irmã teria sido um ato maravilhoso do deus inventado pelos diretores do *Cristianismo Inc.* A imperatriz entendeu o que o seu filho queria dizer e, imediatamente, ela colocou uma cruz na mão da sua filha que estava morta, mas nada aconteceu, ela colocou a segunda cruz, mas a sua filha continuava morta; ao se aproximar com a terceira cruz a sua filha imediatamente ressuscitou. Ao ver esse *milagre* a imperatriz ordenou que fosse construído um templo de consumo sobre o Gólgota e sobre o sepulcro.

Depois que a imperatriz voltou para Roma, ela relatou o que ocorrera em Jerusalém; ao ouvir o que a sua esposa lhe dissera, o imperador decretou que todos os judeus deveriam ser expulsos tanto de Roma como de toda a Itália.

Em Jerusalém os judeus voltaram a tomar posse da cruz, ela foi novamente enterrada como um aviso sobre a proibição de se adorar o garoto propaganda do Multinacional Católica de Crimes. Essa cena final serviu de pretexto, para se inventar a fábula da Primeira Prostituta do Império e a cruz.

A outra fábula que envolve a cruz afirma que o imperador Constantino, o Grande Traidor da Humanidade, teve um sonho com um símbolo antes de uma batalha; ele chamou os sacerdotes para saber a qual deus pertenceria o símbolo que ele vira: eles responderam que pertenceriam aos nazarenos.

Ao ouvir a história do crucificado o imperador exigiu que ele, a sua mãe e todo o Palácio fossem batizados. A seguir, ordenou à sua mãe, Helena, que fosse a Jerusalém procurar a cruz, na qual o carpinteiro possivelmente fora crucificado.

Judas ao saber que Helena, a Prostituta, procurava a cruz, reuniu os seus companheiros afirmando que ele sabia onde a cruz se encontraria, contudo, ele afirmou que a sua descoberta seria o fim do povo judeu, por isso não poderiam informar a sua localização.

Helena ordenou que os principais membros da sociedade judaica revelassem onde a cruz se encontrava ou todos seriam queimados; com medo da ferocidade da Prostituta, eles afirmaram que Judas sabia o local exato:

> Senhora, este homem é filho de um profeta e de um homem justo, e conhece bem a Lei, e pode dizer-vos todas as coisas que exigirdes dele. Então a rainha deixou todos os outros irem e reteve Judas sem mais. A seguir ela mostrou para ele sua vida e morte, e pediu-lhe que escolhesse o que ele faria. Mostre-me, disse ela, o lugar chamado Gólgota, onde nosso senhor foi crucificado, para podermos encontrar a cruz.[1]

Judas disse que não sabia onde a cruz se encontrava, ao que a imperatriz exigiu que ele indicasse onde seria o Gólgota, porque ela mesma encontraria a cruz; ele respondeu que não sabia onde ficava esse lugar.

Usando de toda piedade comum aos membros da Quadrilha Católica e em nome do "homem morto", Helena ordenou que Judas fosse torturado: ele foi jogado em um poço por sete dias sem comida ou água, para que confessasse onde ficava o Gólgota; após o prazo estabelecido ter se encerrado, Judas disse que mostraria o local da crucificação: a violência católica sempre vence.

Judas levantou as mãos para o céu, pedindo que o seu deus lhe mostrasse onde se encontraria o Gólgota; após a sua oração

---

[1] VORAGINE, Jacobus de. *Golden Legend*, The Invention of the Holy Cross, volume III: "Lady, this man is the son of a prophet and of a just man, and knoweth right well the law, and can tell to you all things that ye shall demand him. Then the queen let all the others go and retained Judas without more. Then she showed to him his life and death, and bade him choose which he would. Show to me, said she, the place named Golgotha where our Lord was crucified, because and to the end that we may find the cross."

houve um trovão e um perfume espalhou-se pelo ar, ao testemunhar esse milagre, Judas se converteu ao crucificado. Assim, ele começou a cavar até encontrar três cruzes, as quais foram entregues à *Augusta Imperatrix*; ela questionou qual seria a cruz verdadeira, mas Judas não sabia informar.

Quem descobriu a cruz foi Judas, mas Ambrósio, o Pedófilo, afirmou que a *descoberta* da cruz fora obra de Helena, a Prostituta, contudo, como sempre, ele estava apenas bajulando os poderosos:

> Ambrósio não estava realmente presente para testemunhar os eventos que ele transmitiu; seu elogio revelou o que era importante para ele, em vez do que realmente aconteceu. O que se sabe sobre as atividades de Helena enquanto viajava pela terra santa vem dos registros do bispo Eusébio Panfílio de Cesareia – um contemporâneo da Augusta que a acompanhou em grande parte de sua jornada. Eusébio nunca mencionou Helena ter encontrado a cruz.[1]

Após a *descoberta* da cruz, eles foram para o centro da cidade, quando na parte da tarde passou um féretro; Judas ao ver aquele movimento trouxe o jovem morto para perto das cruzes, ao aproximá-lo da terceira cruz, o jovem ressuscitou.

A imperatriz após de presenciar esse milagre ordenou que a cruz fosse colocada em uma caixa de prata, ao mesmo tempo que mandou construir um templo de consumo da "Máfia Adoradora de Farinha e Água" sobre o Gólgota. Eusébio, "o Mais Repugnante dos Simpatizantes", que participou de toda essa encenação, afirmou que foi Constantino, o Grande Traidor da Humanidade, quem

---

[1] WILLIAMSON, Jeff. How *Saint Helena and the True Cross Changed an Empire*. *In* **The Collector**, may 30, 2024: "Ambrose was not actually present to witness the events he conveyed; his eulogy revealed what was important to him rather than what really happened. What is known of Helena's activities while touring the Holy Land comes from the records of Bishop Eusebius Pamphilus of Caesarea – a contemporary of the Augusta who accompanied her on much of her journey. Eusebius never mentioned Helena finding the Cross." Disponível <https://www.thecollector.com/helena-true-cross/>.

ordenou a construção do templo de consumo, onde antes se encontrava o Templo Sagrado da Deusa Afrodite (Vênus): esse templo fora construído pelo imperador Adriano, a fim de que todos os fiéis a adorassem; Helena, ordenou imediatamente a sua destruição.

Não satisfeita a imperatriz exigiu que todo judeu, que não se molhasse nas águas imundas do Bando de Fetichistas fosse expulso de Jerusalém:

> E quando a Imperatriz ouviu essas palavras, ela admirou o poder de deus e a verdadeira fé de Judas, e deu ordem estrita a respeito da madeira da cruz, e mandou fazer para ela uma caixa de prata, e colocou-a lá dentro, e depositou-a naquela Igreja construída no Gólgota: E ela chamou Eusébio, Bispo de Roma, e ele deu a Judas o batismo, e o chamou pelo nome batismal de Curiaco, e impôs sobre ele a mão de um Bispo, e o colocou na cidade de Jerusalém; e então Helena, a Imperatriz, ordenou que os judeus, que não acreditavam em cristo, fossem perseguidos, e naquele tempo os judeus foram expulsos da terra de Jerusalém.[1]

Agora como diretor da filial da Quadrilha Católica em Jerusalém, Judas (Curiaco, Quiríaco) pediu ao seu novo deus, que lhe mostrasse onde se encontravam os pregos usados na crucificação. O crucificado, como um bom funcionário público, imediatamente lhe obedeceu e lhe entregou os pregos, os quais foram repassados à imperatriz. Ela enviou ao seu filho, para que ele usasse na sua

---

[1] LOFTUS, Dudley. An History of the Twofold Invention of the Cross, whereon our saviour was crucified, pp. 42-43: "And when the Empress heard these words, she admired the Power of God, and the true Faith of Judas, and strictly gave order concerning the Wood of the Cross, and she caused to be made for it a Chest of Silver, and put it therein, and deposited it in that Church which was built in Golgotha : And she called for Eusebius Bishop of Rome, and he gave unto Judas the signature of Baptism, and called him by the baptismal name of Kuriacus, and laid upon him the Hand of a Bishop, and placed him in the City of Hierusalem ; and then Helen the Empress commanded, that the Jews, who did not believe in Christ, should be persecuted, and at that time the Jews were driven from the land of Hierusalem."
Disponível em <https://penelope.uchicago.edu/barhebraeus/invention.html>

armadura e fizesse um freio para o seu cavalo de guerra, a fim de que a profecia[1] fosse cumprida:

> pois, era necessário que esta escritura do profeta fosse cumprida, que naquele tempo haveria santidade no freio dos cavalos para o senhor todo-poderoso.[2]

Em consonância a essa *descoberta* da cruz, a prostituta Helena, durante o seu governo autoritário em Jerusalém, instituiu uma festa em "*Comemoração à cruz* no dia 14 de setembro."

Na versão do *historiador* Sozomeno, a principal dificuldade foi descobrir o local da pretensa ressurreição e o Gólgota, porque os fiéis do *paganismo* cobriram esses lugares com muito lixo, além de terem colocado uma parede e adornado, para que ninguém conseguisse encontrá-los.

Ele disse que no local que a prostituta Helena procurava existia um Templo Sagrado em honra à Deusa Afrodite; nesse templo encontrava-se uma pequena imagem, para que os consumidores da "Máfia Adoradora de Farinha e Água", ao frequentarem o templo, fossem enganados a adorarem à Grandiosa Afrodite e não o burro crucificado. O objetivo desse estratagema, afirmou Sozomeno, era que com o passar do tempo todos esqueceriam o burro e adorariam à Magnífica Deusa Afrodite naquele lugar.

A prostituta mandou destruir o Sagrado Templo de Afrodite e limpar o terreno, foi nesse momento que eles *encontraram* três cruzes, nas quais os três criminosos foram jogados.

Helena conseguiu *descobrir* o local com a ajuda de um judeu, contudo Sozomeno, no alto do seu cinismo, jurou que o lugar fora

---

[1] ZACARIAS, 14 (20): "Naquele dia será gravado sobre as campainhas dos cavalos: santidade ao senhor; e as panelas na casa do senhor serão como as bacias diante do altar."
[2] LOFTUS, Dudley. *An history of the twofold invention of the cross, whereon our saviour was crucified*, p. 44: "for it behooved, that this Writing of the Prophet should be fulfilled, that there shall be at that time on the Horses Bridle holiness to the Lord Almighty." Disponível em <https://archive.org/details/bim_early-english-books-1641-1700_an-history-of-the-twofol_dudley-loftus_1686>

encontrado com a ajuda do deus decretado pelo imperador Constantino, o Grande Traidor da Humanidade, por intermédio de sonhos e sinais:

> Quando por ordem do imperador o local foi escavado profundamente, a caverna de onde nosso senhor ressuscitou dos mortos foi descoberta; e não muito longe, três cruzes foram encontradas e outro pedaço de madeira separado, no qual estavam inscritos em letras brancas em hebraico, em grego e em latim, as seguintes palavras: "jesus de nazaré, o rei dos judeus".[1]

Ela ficou em dúvida se aquela seria a cruz, na qual o Sr. Münchhausen havia sido pendurado, contudo, o diretor da filial de Jerusalém, Macário, propôs um teste para saber se era a cruz sagrada. Ele enviou a cruz a uma mulher, que estava muito doente à beira da morte, pedindo-a para que ela tocasse nas cruzes: ao tocar nas duas primeiras não ocorrera nenhuma melhora do seu estado, contudo ao tocar na terceira, ela imediatamente recobrou toda a sua saúde.

Após essa rigorosíssima prova científica sobre a veracidade da cruz, uma parte dela foi colocada em uma caixa de prata, a qual se encontra no templo de consumo do Bando dos "Idólatras de Fato" em Jerusalém; outra parte, além dos pregos usados na crucificação, a prostituta Helena enviou para o imperador Constantino, o Grande Traidor da Humanidade, o qual mandou colocá-la em uma das suas estátuas, que se encontravam em Constantinopla.

Para cultuar esse pedaço de madeira podre, a desvairada prostituta mandou construir a imundície templo de consumo apelidado de santo sepulcro no lugar do Templo Sagrado da Magnífica

---

[1] SOZOMENUS (Philip Schaff, ed.). *The Ecclesiastical History*, book II, chapter I (The Discovery of the Life-Bringing Cross...): "When by command of the emperor the place was excavated deeply, the cave whence our Lord arose from the dead was discovered; and at no great distance, three crosses were found and another separate piece of wood, on which were inscribed in white letters in Hebrew, in Greek, and in Latin, the following words: 'Jesus of Nazareth, the king of the Jews'."

Deusa Afrodite: o imperador enviou ao diretor da filial da Gangue Nicena em Jerusalém, Macário, uma fortuna imensa, para fazer um templo de consumo que fosse o mais luxuoso e imponente possível: esse foi mais um dos inúmeros milagres que os diretores da Gangue Homoousiana premiou a humanidade: pela primeira vez o lodo nasceu da pérola.

Helena, a prostituta, ainda descobriu a caverna na qual o crucificado nascera em Belém, em seguida mandou construir um templo de consumo tão rico como o da Nova Jerusalém. Outro templo de consumo que a Primeira Prostituta mandou erguer foi no monte, o qual Sr. Münchhausen da Cruz usara para subir ao céu inventado pelos diretores da Organização Criminosa Católica.

Ao ler essas insanidades defendidas pelos diretores da Gangue de Almas "mais sujas do que todo lixo", e os seus capachos, os Comedores de Capim, surgiu-nos uma questão: por que uma senhora octogenária sairia em uma viagem longa e cansativa em direção à longínqua e decrépita Jerusalém? Uma explicação racional para essa excursão foi o medo de ser morta pelo seu filho. Pois, em 89 a.H. o imperador Constantino, o Grande Traidor da Humanidade, ordenou o assassinato do seu filho, com a concubina Minerva; poucas semanas depois ordenou que a sua esposa Fausta fosse morta. Consequentemente, o terror tomou conta do Palácio, porquanto ficou bem claro que o desejo de sangue de *são* Constantino não tinha limites.

Como é de se esperar os diretores da Quadrilha Católica venderam muitos *milagres*, os quais foram feitos pela cruz (os *milagres* de sempre):

> um morto foi ressuscitado, e quatro homens tomados com paralisia foram curados e sarados, dez leprosos foram limpos, e quinze cegos receberam sua visão novamente. Demônios foram expulsos de homens, e muitos ficaram livres das suas doenças e enfermidades.[1]

---

[1] VORAGINE, Jacobus de. *Golden Legend*, The Exaltation of the Holy Cross, volume V: "For a dead man was raised to life, and four men taken with the palsy were

A cruz tem uma ampla utilização na Quadrilha Católica, pois durante o governo do imperador Valente, o Covarde, ele a utilizou para dar um tratamento cruel contra os fiéis do paganismo; ele não mediu esforços em exterminar todos os que não se ajoelhassem em reverência à imunda cruz da Quadrilha Católica. Muitos cientistas, filósofos (religiosos), retóricos, poetas, etc., por não aceitarem tamanha humilhação, preferiram abandonar não somente as suas vidas públicas como, igualmente, as suas atividades particulares; enquanto outra quantidade fugiu para além dos limites do Império Romano levando consigo a Ciência e deixando que o Império Católico do Mal se afundasse na ignorância.

No início dessa Organização Criminosa a cruz não somente não era adotada como logomarca, mas era identificada com o *paganismo*; o que, por si só, causava enorme desprezo aos diretores, acionistas e consumidores da Multinacional Católica de Crimes, como vimos mais acima com Tertuliano, o Inquisidor Mor, mas não custa relembrar que a cruz pertencia ao *paganismo*:

> A imagem da cruz era algo que já existia muito antes do cristianismo.
> A cruz era um símbolo difundido do sol, do céu e do vento, já em tempos pré-históricos. Nenhuma representação da cruz cristã, em contraste, é documentada com segurança antes do terceiro século. É certo que, desde tempos muito remotos, a cruz serviu de sinal protetor a alguns sarcófagos de judeus e que, em termos gerais, na Palestina judaica a cruz era conhecida como proteção contra o mal.[1]

---

cured and healed, ten lepers were made clean, and fifteen blind received their sight again. Devils were put out of men, and much people and many were delivered of divers sickness and maladies."

[1] DESCHENER, Karlheinz. *Historia Criminal del cristianismo*. Barcelona: Ediciones Martínez Roca, 1990, vol. V, p. 77: "La imagen de la cruz era algo que ya existía mucho antes del cristianismo.
La cruz era un símbolo muy difundido del sol, del cielo y del viento, ya en la prehistoria. Ninguna representación de la cruz cristiana, en cambio, está documentada con seguridad antes del siglo III. Seguro es que, desde época muy antigua, la cruz

Minúcio Félix (265-135 a.H.), um diretor da Máfia de Preto e violento defensor dos produtos da Organização Criminosa, deixou bem evidente que a cruz não era adorada pelos membros da sua quadrilha, porque era um costume *pagão* adorar a cruz: "Não adoramos cruzes nem desejamos por elas." Para ele quem adorava cruzes não eram os criminosos da Quadrilha Católica, contudo eram os fiéis do *paganismo*, os quais adoravam Deuses feitos de madeira, portanto eram eles quem adoravam as "cruzes de madeira como partes de seus Deuses."

Além disso, continuou Minúcio Félix, os "estandartes, bandeiras e insígnias," dos *pagãos* eram "cruzes douradas e decoradas"; o que causou indignação nele foi a acusação de que seriam os diretores, acionistas e consumidores da Quadrilha Ortodoxa os adoradores de cruzes, quando todos sabiam ser os *pagãos* que tinham essa prática, porque até mesmo os troféus de vitória dos fiéis desses cultos apresentavam-se em forma de cruzes, bem como traziam um homem crucificado nelas.

O motivo para essa adoração à cruz por parte dos *pagãos*, era, para Minúcio Félix, devido às diferentes formas de cruzes que faziam parte da vida dos homens:

> Certamente, vemos o sinal da cruz representado de maneira natural em um navio, quando ele cavalga sobre as ondas com velas inchadas ou desliza suavemente com remos abertos: novamente, quando um jugo é erguido, é como o sinal da cruz, e da mesma maneira quando um homem com as mãos estendidas adora a Deus com um coração puro. Assim, há uma explicação natural para o sinal da cruz, ou ela incorpora a forma de sua religião.[1]

---

servía de signo protector en algunos sarcófagos judíos y que, en términos generales, en la Palestina judía se conocía la cruz como protección contra el mal."

[1] MINUCIUS FELIX (Philip Schaff, ed.). *Octavius*, p. 82, New York: The Macmillan Company, 1912: "We neither worship crosses nor wish for them. Certainly, you, who consecrate gods of wood, may perhaps worship wooden crosses as parts of your gods. For what are your standards, banners, and ensigns but gilded and decorated crosses? Your trophies of victory not only present the appearance of a simple cross but also that of one crucified. Certainly, we see the sign of the cross

Como é fácil concluir, os diretores, acionistas e consumidores da "Ninhada de Traidores" não adoravam o carpinteiro jogado em uma cruz, porque esse era um costume *pagão*, como igualmente consideravam desprezível adorar as cruzes, além de honrar uma cruz como um homem pendurado nela.

Nessa mesma linha de desprezo ao homem crucificado e à cruz encontramos o horrendo fundador da Facção Criminosa Católica, Tertuliano, o Inquisidor Mor, o qual mostrou todo o seu nojo por aquela figura pendurada na cruz. Como todo pedófilo católico Tertuliano, o Inquisidor Mor, na defesa da sua Organização Criminosa atacou os que se opunham a ela:

> Então, se algum de vocês pensam que prestamos adoração supersticiosa à cruz, nessa adoração ele é compartilhador conosco. Se vocês oferecem homenagem a um pedaço de madeira, pouco importa como é quando a substância é a mesma: não tem importância a forma, se vocês têm o próprio corpo do deus. E ainda assim, até que ponto a Palas ateniense difere do tronco da cruz, ou a Ceres Fariana quando ela é colocada sem entalhe para venda, uma mera estaca áspera e pedaço de madeira sem forma? Cada estaca fixada em uma posição vertical é uma porção da cruz; prestamos nossa adoração, se vocês assim o quiserem, a um deus inteiro e completo. Mostramos antes que suas divindades são derivadas de formas modeladas a partir da cruz.[1]

---

representado in a natural manner on a ship, when it rides over the waves with swelling sails or glides along gently with outspread oars: again, when a yoke is set up, it is like the sign of the cross, and in like manner when a man with outstretched hands worships God with a pure heart. Thus, there is either some natural explanation of the sign of the cross or it embodies the form of your religion."

[1] TERTULLIAN (Philip Schaff,ed.). *The Apology*, chapter XVI: "Then, if any of you think we render superstitious adoration to the cross, in that adoration he is sharer with us. If you offer homage to a piece of wood at all, it matters little what it is like when the substance is the same: it is of no consequence the form, if you have the very body of the god. And yet how far does the Athenian Pallas differ from the stock of the cross, or the Pharian Ceres as she is put up uncarved to sale, a mere rough stake and piece of shapeless wood? Every stake fixed in an upright position is a portion of the cross; we render our adoration, if you will have it so, to a god

T. W. Doane afirmou que até o início do século II a.H., e muito tempo depois, os diretores, acionistas e consumidores da Associação Católica de Celerados não adoravam a cruz e muito menos aquela em que um homem estava jogado nela. O modo como eles adoravam o seu Garoto Propaganda era representação do cordeiro, o qual tiraria os males do mundo:

> Quando comparamos isso com o fato de séculos após a época atribuída ao nascimento de cristo jesus, ele não era representado como um homem pregado em uma cruz, e que os cristãos não tinham tal coisa como um crucifixo; somos inclinados a pensar que as efígies de um homem crucificado negro ou de pele escura, que podiam ser vistas em muitos lugares da Itália até mesmo durante o século passado [século XVII], podem ter tido algo a ver com isso.[1]

A isso podemos acrescentar, que os fiéis da Grandioso Deus Mitra o adoravam como um cordeiro, o que nos leva a inferir que não somente os símbolos de adoração dos consumidores dos produtos da Quadrilha Católica pertencem ao *paganismo*; como igualmente a própria Deusa Mitra, a Salvadora, foi batizada por esses diretores dando-lhe um novo nome: os diretores dessa Quadrilha mergulharam o Todo-Poderoso Deus Mitra nas suas águas imundas, após essa lavagem ele se ergueu como o todo-covarde jesus cristo.

Os fiéis da Gloriosa Deusa Mitra, após passarem por diversos rituais de iniciação durante vários dias (o número de rituais e dias variam muito entre os autores), receberiam o símbolo da vida

---

entire and complete. We have shown before that your deities are derived from shapes modelled from the cross."
[1] DOANE, T. W. *Bible myths and their parallels...* Fourth edition. New York: The Truth Seeker Company, 1882, p. 197: "When we compare this with the fact that for centuries after the time assigned for the birth of Christ Jesus, he was not represented as a mail on a cross, and that the Christians did not have such a thing as a crucifix, we are inclined to think that the effigies of a black or dark-skinned crucified man, which were to be seen in many places in Italy even during the last century, may have had something to do with it."

e imortalidade na testa, o sinal da cruz, que era característico dos adoradores do Deus Sol.

Um dos deuses crucificados que os antigos adoravam, muitos séculos antes dos Homicidas da Cruz estuprarem a vida, foi o magnífico Deus Sol, isso pode ser provado pela existência em diversas pinturas em que está inscrito *Deo Soli*.

Por muitos séculos, os depravados consumidores da Quadrilha Iconódula foram honrados homens adoradores dos Deuses *pagãos*, por esse motivo é possível encontrar diversas moedas com o símbolo da cruz. Apesar de terem se deixado enlamear com a água católica, eles ainda carregavam consigo as suas tradições religiosas *pagãs*, entre elas a adoração da cruz e um homem pendurado nela. Portanto, devemos ressaltar que não foram os fiéis do *paganismo* que passaram a adorar a cruz, mas que foram os diretores da Quadrilha Católica, que a utilizaram como uma estratégia de marketing, para atrair novos consumidores.

Uma das primeiras logomarcas dos Mafiosos da Cruz foi o *peixe* (*Ichytios*[1]), somente muito mais tarde os seus diretores adotaram a cruz, como a marca registrada do seu poderoso e inescrupuloso Império do Mal: mais precisamente na Segunda Reunião da Diretoria em Éfeso conhecido como *Concílio de Ladrões* (*Latrocinium*), convocado pelo Imperador Marciano em 34 d.H., a cruz se tornaria a sua principal logomarca:

> Sempre vitorioso, o Cristo será o vencedor – a Cruz vitoriosa sempre será a vencedora.[2]

---

[1] *Ichthys* (íctio, peixe) é um acrônimo para identificar os diretores, acionistas e consumidores da Gangue Nicena: ΙΧΘΥΣ, (᾽*Ιησοῦς Χριστὸς Θεοῦ Υἱὸς Σωτήρ* = jesus cristo filho de deus, o salvador). Essas 5 palavras eram usadas para adorar não somente os Deuses *pagãos*, como, igualmente, muitos imperadores.

[2] *The Second Council of Ephesus*. Kent: Dartford, 1881, p. 307: "Always victorious, the Christ will be victor – the victorious Cross will always be victor."

Em 277 d.H. na reunião mafiosa em Trullo foi decretado que todas as cruzes, pintadas no chão fossem apagadas, porque não se deveria pisar na logomarca da Organização Criminosa Católica:

> Já que a cruz vivificante nos mostrou a salvação, devemos ter cuidado para render a devida honra àquilo pelo qual fomos salvos da antiga queda. Portanto, em mente, em palavra, em sentimento dando veneração (προσκύνησιν) a ela, ordenamos que a figura da cruz, que alguns colocaram no chão, seja totalmente removida dela, para que o troféu da vitória conquistada para nós, não seja profanado pelo pisoteio daqueles que andam sobre ela. Portanto, aqueles que deste presente representam no pavimento o sinal da cruz, decretamos que sejam excomungados.[1]

A sua adoração foi reafirmada, quando esses mafiosos se reuniram pela segunda vez em Nicea (372 d.H.): uma das decisões imposta aos seus consumidores foi a necessidade de se cultuar a cruz:

> Decretamos com plena precisão e cuidado que,
> - assim como a imagem da honrada e vivificante cruz,
> - também as veneradas e santas imagens,
>   - sejam pintadas ou
>   - feitas de mosaico
>   - ou de outro material adequado,
> devem ser expostas
>   - nas santas igrejas de deus,
>   - em instrumentos e vestimentas sagrados,
>   - em paredes e painéis,
>   - em casas e em lugares públicos,
> sendo estas as imagens de

---

[1] *The Canons of the Council In Trullo*, Canon LXXIII: "SINCE the life-giving cross has shewn to us Salvation, we should be careful that we render due honour to that by which we were saved from the ancient fall. Wherefore, in mind, in word, in feeling giving veneration (προσκύνησιν) to it, we command that the figure of the cross, which some have placed on the floor, be entirely removed therefrom, lest the trophy of the victory won for us be desecrated by the trampling under foot of those who walk over it. Therefore those who from this present represent on the pavement the sign of the cross, we decree are to be cut off."

- nosso senhor, deus e salvador, jesus cristo, e de
- nossa senhora imaculada, a *santa* mãe de deus, e de
- veneráveis anjos e de
- qualquer *santo* homem.[1]

Na fábula vendida pelos diretores do Trinitarismo Atanasiano, o "Cadáver Judeu" foi humilhado e crucificado, porque estava cumprindo uma profecia: uma profecia, que ele mesmo predissera. É uma excelente forma de se fazer cumprir uma profecia: basta seguir o que diz o manual, que você mesmo escreveu.

Não nos enganemos, porque estamos em território dos mais sagazes embusteiros. Séculos antes de se tornar a logomarca da Quadrilha Ortodoxa, a cruz era o símbolo que representava o Rei-Sacerdote Samsi-Wul na Assíria: essa cruz ainda é encontrada nas vestes dos diretores da Gangue de Almas "mais sujas do que todo lixo".

Ao adotar a cruz como a sua logomarca, esses diretores sabiam que ela seria perfeita, para amalgamar os mais diferentes povos *pagãos* e as suas tradições. Assim, eles deram um decisivo

---

[1] *Second Council of Nicaea*: "{Council formulates for the first time what the Church has always believed regarding icons} [...]
we decree with full precision and care that,
- like the figure of the honoured and life-giving cross,
- the revered and holy images,
  - whether painted or
  - made of mosaic
  - or of other suitable material,
are to be exposed
  - in the holy churches of God,
  - on sacred instruments and vestments,
  - on walls and panels,
  - in houses and by public ways,
these are the images of
- our Lord, God and saviour, Jesus Christ, and of
- our Lady without blemish, the holy God-bearer, and of
- the revered angels and of
- any of the saintly holy men."
Disponível em <https://www.documentacatholicaomnia.eu/03d/0787-0787,_Concilium_Nicaenum_II,_Documenta_Omnia_EN.pdf>.

passo, para construir a primeira multinacional do mundo, pois a sua logomarca era usada desde a Inglaterra, passando pela Gália, Roma, Grécia, Egito, Oriente Próximo, Pérsia e chegando à Índia: com a comercialização da cruz, eles conseguiram a fidelização de vários povos *pagãos* aos seus produtos, pois a semelhança do seu logotipo com o símbolo sagrado das diversas religiões *pagãs* era total.

É necessário sempre ter bem claro, que os primeiros os diretores do Bando de Fetichistas não usavam a palavra *cruz*, para se referirem ao suicídio do crucificado pelas mãos do Estado:

> Cristo nos resgatou da maldição da lei, fazendo-se maldição por nós; porque está escrito: "Maldito todo aquele que for pendurado em uma árvore";[1]

Nem mesmo no *Ato dos Apóstolos* o local onde o carpinteiro fora jogado não sugeriu que fosse uma cruz. Em *Atos dos Apóstolos* foi sugerido, por três vezes, que o alucinado fora jogado em uma árvore:

> O deus de nossos antepassados ressuscitou Jesus, a quem vocês assassinaram, pendurando-o numa árvore.[2]

Essa mentira foi repetida por Shimon Kaipha, o Príncipe das Traições:

---

[1] SAUL, *Epistle to the Galatians*, 3 (13): "Christ hath redeemed us from the curse of the law, being made a curse for us: for it is written, Cursed *is* every one that hangeth on a tree:" *King James Bible*

[2] **a.** LUKE, *Acts of the Apostles*, 5 (30): "The God of our fathers raised up Jesus, whom ye slew and hanged on a tree." *King James Bible*.
b. LUKE, *Acts of the Apostles*, 10 (39): "And we are witnesses of all things which he did both in the land of the Jews, and in Jerusalem; whom they slew and hanged on a tree:" *King James Bible*.
c. LUKE, *Acts of the Apostles*, 13 (29): "And when they had fulfilled all that was written of him, they took *him* down from the tree, and laid *him* in a sepulchre." *King James Bible*.

> Quem, ele mesmo, levou os nossos pecados no seu próprio corpo sobre a árvore, para que, mortos para o pecado, vivêssemos para a justiça; pelas suas feridas fostes sarados.[1]

Como vimos somente séculos após fundação da Quadrilha Católica é que a cruz foi adotada como logotipo oficial, isso porque o seu potencial econômico era enorme, pois englobava quase todos os *pagãos* conhecidos naquela época. Assim, os mais diversos diretores passaram a exigir o uso da cruz como identificação do seu público consumidor, ou mesmo fazer o sinal da cruz, a fim de não deixar acontecer algo ruim; essa era uma prática tipicamente *pagã*:

> Durante a tentação, fazei piedosamente na fronte, o sinal da cruz, pois este é o sinal da paixão reconhecidamente provado contra o demônio, desde que feito com fé e não para vos exibir diante dos homens, servindo eficazmente como um escudo: o Adversário, vendo quão grande é a força que sai do coração do homem que serve o Verbo (pois mostra o sinal interior do Verbo projetado no exterior), fugirá imediatamente, repelido pelo espírito que está no homem.[2]

A adoração de um condenado na cruz é a prova cabal da indizível perversidade dos diretores, acionistas e consumidores da Quadrilha Católica, porquanto, somente os degenerados defendem degenerados.

O importante de tudo o que foi dito até aqui, é ressaltar que o símbolo máximo do Império Católico do Mal é uma indecente apropriação de culturas *pagãs*: a partir do que devemos repetir, jamais existiram católicos, porque todos eles são apenas adoradores do *paganismo*.

---

[1] PETER, *First Epistle*, 2 (24): "Who his own self bare our sins in his own body on the tree, that we, being dead to sins, should live unto righteousness: by whose stripes ye were healed." King James Bible
[2] HIPÓLITO. *Tradição Apostólica*, 4 (15): O sinal da cruz.

Capítulo IX

Crucificação

> "E por dizerem: Matamos o Messias, Jesus, filho de Maria, o Mensageiro de Deus, embora não sendo, na realidade, certo que o mataram, nem o crucificaram, senão que isso lhes foi simulado."
>
> **An-Nisaa, 4:157**

Já repetimos, e provamos, por diversas vezes, que o *Depósito de Excrementos* foi:

1. iniciado por homens de má-fé;
2. desenvolvido por perniciosos redatores;
3. finalizado por criminosos de todas as espécies;
4. vendido pelos homens mais pérfidos que existem;
5. organizado com produtos de baixíssimas qualidades;
6. comprado por seus espertos consumidores.

Os diretores da Associação Católica de Celerados perceberam o enorme retorno econômico que a venda da cruz proporcionava, por isso criaram a fábula da crucificação do Garoto Propaganda:

> Como, então, surgiu a ideia de que jesus não morreu em uma simples forca, mas sim em uma madeira com a conhecida forma de cruz? Surgiu de um mal-entendido, por considerar como mesmas e mesclar duas ideias originalmente distintas, mas descritas pela mesma palavra *madeira, árvore, xúlon, lignum, caramanchão.* Esta palavra significa, como já dissemos, por um lado, de fato, *estaca* ou *forca* (*staurós, crux*) sobre a qual o criminoso era executado; mas essa palavra, correspondendo ao texto hebraico do *Antigo Testamento*, também se referia à "madeira", "a árvore-da-vida", que se supunha estar no paraíso.[1]

A fábula da crucificação rende bilhões aos cofres do Bando de Fetichistas, contudo uma leitura um pouco atenta do *Liber Mali*, perceberemos que não existe uma harmonia entre o que é narrado a respeito da crucificação. Nesse momento, compete-nos mostrar

---

[1] DREWS, Arthur. *The christ Myth* (Locais do Kindle 2377-2380): "How, then, did the idea come into existence that Jesus did not die upon a simple gallows, but rather upon wood having the well-known form of the cross? It arose out of a misunderstanding, from considering as the same and mingling two ideas which were originally distinct but described by the same word wood, tree, xúlon, lignum, arbor. This word signifies, as we have already said, on the one hand indeed the stake or gallows (staurós, crux) upon which the criminal was executed; but the same word, corresponding to the Hebrew text of the Old Testament, also referred to the 'wood', 'the tree of life', which was supposed to stand in Paradise."

que a crucificação é uma mentira, a qual nem mesmo os redatores desse perverso livro concordavam entre si, além de ser imposta séculos depois da fundação da Organização Criminosa:

> Por este motivo, veneramos a imagem da crucificação e colocamos diante de nossas mentes Cristo pendurado na cruz para nossa salvação, e a tais semelhantes inclinamos a cabeça e dobramos os joelhos em ação de graças.[1]

Todo o discurso sobre a crucificação não passa de uma fantasia recortada do *Livro Velho dos Judeus*, cujas passagens eram bem conhecidas do público ao qual estava sendo vendida, os judeus:

> Na verdade, toda a cena da crucificação é uma fabricação, um mosaico montado a partir de versículos dos *Salmos*, a fim de retratar jesus como um arquétipo judaico padrão do "homem justo afligido e morto por malfeitores, mas vindicado e ressuscitado por deus". Vários *Salmos* foram explorados para esse fim, mas especialmente o *Salmo 22*: [...].[2]

Na busca da confirmação dessa tese utilizaremos o que foi escrito por esses falsários no *Crimen Libri*, mas devemos chamar atenção para três pontos muito importantes:

> 1. os quatro *evangelistas* são personagens de ficção, assim como o crucificado;

---

[1] *The Second of Nice*, question IV: "For this reason we venerate the image of the crucifixion, and place before our minds Christ hung upon the cross for our salvation, and to such like we bow the head, and bend the knee with thanksgiving." Disponível em <https://origin-rh.web.fordham.edu/Halsall/basis/nicea2.asp>.

[2] CARRIER, Richard. *On The Historicity of Jesus*. Sheffield: Phoenix Press, 2014, p. 408: "In fact, the entire crucifixion scene is a fabrication, a patchwork assembled from verses in the *Psalms*, in order to depict Jesus as a standard Jewish mythotype of 'the just man afflicted and put to death by evildoers, but vindicated and raised up by God'.48 Numerous *Psalms* were mined for this purpose, but especially *Psalm* 22: [...]."

2. os redatores desse livro pornográfico não conheceram o crucificado (lembrem-se, que ele é a construção teórica de um tipo ideal de salvador);

3. por conseguinte, os organizadores do *Genocidia Manual* não criaram um enredo coerente, nem mesmo conseguiram harmonizar as diversas mentiras, que transbordam a cada versículo desse asqueroso livro.

Os redatores das *Fábulas de Levi* afirmaram, que a crucificação ocorrera no dia seguinte à páscoa:

> E, no primeiro dia da festa dos pães ázimos, chegaram os discípulos junto de jesus, dizendo: Onde queres que façamos os preparativos para comeres a páscoa?[1]

Os redatores das *Fábulas de Marcos*, ao venderem o seu produto recorreram a vários textos do *Livro Velho dos Judeus*, a fim de criarem a cena da crucificação:

> Até mesmo o conceito de um escolhido de deus crucificado, organizado e testemunhado por judeus vem do *Salmo 22.16*, onde "a sinagoga dos ímpios me cercou e perfurou minhas mãos e pés". Outros textos que Marcos usou para construir sua narrativa da crucificação incluem o *Salmo 69*, *Amós 8.9* e elementos de *Zacarias 9-14*, *Isaías 53* e *Sabedoria 2.49*. Isso é mito, não memória.[2]

---

[1] LEVI, 26 (17).
[2] CARRIER, Richard. *On The Historicity of Jesus*. Sheffield: Phoenix Press, 2014, p. 408: "In fact, the entire crucifixion scene is a fabrication, a patchwork assembled from verses in the *Psalms*, in order to depict Jesus as a standard Jewish mythotype of 'the just man afflicted and put to death by evildoers, but vindicated and raised up by God'.48 Numerous *Psalms* were mined for this purpose, but especially *Psalm 22*: [...]
"Even the whole concept of a crucifixion of God's chosen one arranged and witnessed by Jews comes from Ps. 22.16, where 'the synagogue of the wicked has surrounded me and pierced my hands and feet'. Other texts Mark used to construct his crucifixion narrative include Psalm 69, Amos 8.9, and elements of Zechariah 9-14, Isaiah 53, and Wisdom 2.49 This is myth, not memory."

Na Quadrilha Católica existe a máxima: uma mentira ser repetida mil vezes, torna-se verdade. Assim sendo, os redatores das *Fábulas de Lucas* repetiram a mentira já aceita:

> Chegou, porém, o dia dos ázimos, em que importava sacrificar a páscoa.[1]

Como uma mentira é mais difícil, para se manter do que uma verdade, vemos que os redatores das *Fábulas de João* discordaram do conteúdo dos sinópticos, pois estavam mais interessados em inventar eventos de magia negra, a fim de vender o seu produto. Malgrado, as *Fábulas de João* terem sido inventadas alguns séculos após as três primeiras, os seus redatores admitiram que a crucificação ocorrera antes da páscoa:

> Em seguida, de Caifás os judeus levaram jesus para o Pretório. Já estava amanhecendo e, para evitar contaminação cerimonial, os judeus não entraram no Pretório; pois queriam participar da páscoa.[2]

Como todos os diretores, acionistas ou consumidores da Máfia "Adoradora de Farinha e Água" são malandros de primeira cepa, eles não se importam que o seu *Absurdum Manual* negue tudo, o que eles dizem sobre a crucificação. É o que lemos nas *Fábulas de João*, onde foi afirmado que o Garoto Propaganda morrera em idade avançada:

> Disseram-lhe, pois, os judeus: Ainda não tens cinquenta anos, e viste Abraão?[3]

Mais uma vez encontramos uma mentira criminosa sobre a crucificação (ou *pia fraus* como os diretores da Quadrilha Católica

---
[1] LUCAS, 22 (7).
[2] JOÃO, 28 (28).
[3] JOÃO, 8 (54).

gostam de dizer e os Comedores de Capim repetem continuamente):

> **1.** os redatores das *Fábulas de Levi* afirmaram que ele morrera aos 37 anos;
> **2.** os redatores das *Fábulas de Lucas* disseram que ele fora crucificado, quando tinha 27 anos;
> **3.** os redatores das *Fábulas de João* o mostraram muito mais velho com quase 50 anos!

A Quadrilha Católica tem milhões de Comedores de Capim à sua disposição, para defenderem as falsidades existentes no seu *Excrementum Depositum*, contudo nem eles conseguem chegar a um acordo sobre a idade em que o cordeiro, "que falava como dragão", fora crucificado:

> **1.** Irineu, o Inventor de Hereges, disse que ele morrera aos 53 anos;
> **2.** Eusébio, "o Mais Repugnante dos Simpatizantes", afirmou que ele tinha 35 anos;
> **3.** o *historiador* da Quadrilha Católica, Paulo Orósio, afirmou que a sua morte foi aos 31 anos;
> **4.** Jerônimo, o "Repugnante" Estuprador de Crianças, não conseguiu decidir qual seria a idade, afirmando que a sua morte ocorrera, quando tinha ou 48, ou 38, ou 37, ou 36 anos (um excelente método científico para datar um evento tão importante): com esse *santo* protetor das universidades, é possível entender o esgoto em que se encontra a educação.

Nos primeiros séculos depois da fundação do Bando dos "Idólatras de Fato", muitos dos seus diretores, acionistas e consumidores não aceitavam, que o "Cadáver Judeu" morrera na cruz. Entre os mais famosos que se opuseram à *mentira branca* sobre a crucificação encontramos Policarpo de Esmirna, o Semeador da Morte, e Irineu, o Inventor de Hereges. Esse se baseou na autoridade do analfabeto Policarpo, o qual dissera que o Garoto Propaganda não fora crucificado, mas que vivera muito mais do que 33 anos, como vimos anteriormente. Mas, não custa nada repetir, para não deixar dúvidas:

Além disso, os próprios judeus que debatiam na época com o senhor jesus cristo indicaram claramente o mesmo. Pois quando o senhor lhes disse: "Abraão, vosso pai, regozijou-se por ver o meu dia; e ele viu e ficou feliz", eles lhe responderam: "Ainda não tens cinquenta anos e viste Abraão?" Ora, tal linguagem é apropriadamente aplicada a alguém que já passou dos quarenta anos, sem ter ainda completado os cinquenta anos, mas não está longe deste último período.[1]

Quando alguns diretores insistiram que o burro fora crucificado, eles sofreram uma enorme pressão, para que essa farsa não fosse vendida aos seus consumidores. Para aqueles que não aceitavam a crucificação, o que ocorrera fora algo simbólico, que representaria uma vida cheia de santidade do "Cadáver Judeu".

Não é preciso lembrar, que não existe nem um único registro da prisão, julgamento e crucificação do Sr. Münchhausen da Cruz, destarte o Império Romano fosse altamente burocrático se dedicando a registrar tudo o que ocorria, mesmo que não fosse importante.

A única *prova* que os defensores da crucificação apresentaram foram relatos dos seus comparsas sobre escuridão dos céus "sobre a terra", o templo de Jerusalém sendo destruído, terremotos, túmulos se abrindo e mortos andando pelas ruas de Jerusalém:

> E desde a hora sexta houve trevas sobre toda a terra, até à hora nona
> E eis que o véu do templo se rasgou em dois, de alto a baixo; e tremeu a terra, e fenderam-se as pedras;
> E abriram-se os sepulcros, e muitos corpos de santos que dormiam foram ressuscitados;

---

[1] IRENAEUS (Philip Schaff, ed.). *Against Heresies*, book II, chapter XXII (The thirty Æons are not typified by the...), 6: "But, besides this, those very Jews who then disputed with the Lord Jesus Christ have most clearly indicated the same thing. For when the Lord said to them, "Your father Abraham rejoiced to see My day; and he saw it, and was glad," they answered Him, "Thou art not yet fifty years old, and hast Thou seen Abraham?" Now, such language is fittingly applied to one who has already passed the age of forty, without having as yet reached his fiftieth year, yet is not far from this latter period."

> E, saindo dos sepulcros, depois da ressurreição dele, entraram na cidade santa, e apareceram a muitos.¹

Essa é uma narrativa tão inacreditável, que nenhum dos outros autores do *Liber Odium*, narrou essa fábula sobre a morte do burro crucificado, nem mesmo falaram sobre uma escuridão vista em todo o mundo durante três horas, ou escreveram a respeito dos dois terremotos, bem como não registraram o desfile macabro dos mortos. Somente os redatores das *Fábulas de Levi* narraram esses eventos fantásticos ao escreverem sobre a crucificação do Sr. Münchhausen da Cruz, os demais esqueceram de citar esses eventos fenomenais.

Sobre a crucificação do "Cadáver Judeu", os redatores das *Fábulas de Levi, de Marcos, de Lucas* e *de João* não chegaram a um acordo, mesmo após 2.000 anos de existência da Associação Católica de Celerados: a narração dessa fábula toma caminhos diferentes dependendo do grau de criminalidade dos redatores, dos consumidores que estão comprando o produto, bem como da época em que está sendo vendida.

O que nos leva a ter versões diferentes para o mesmo evento, no qual os inventores da fábula afirmaram ter conhecimento, apesar de não terem visto nada:

> E aquilo que ele viu e ouviu isso testifica; e ninguém aceita o seu testemunho.²

Isso ocorreu porque todas as histórias do crucificado são *mentiras sagradas*, as quais se tornavam cada vez mais incoerentes, quando os seus inventores tentavam acrescentar detalhes, a fim de aumentar o seu conteúdo fabuloso.

Os diretores, acionistas e consumidores do Trinitarismo Atanasiano não têm sérios problemas intelectuais e morais, eles são trapaceiros mesmo, assim como qualquer católico; porquanto não

---

[1] LEVI, 27 (45, 51-53).
[2] JOÃO, 3 (32).

conseguem nem indicar qual o horário e o dia, no qual o depravado foi crucificado: o público consumidor sempre quis saber detalhes das histórias sobre as suas personagens favoritas, desse modo eles perguntaram aos redatores das *Fábulas de Marcos* em qual horário ocorrera a *crucificação*: como bons camelôs querendo fazer uma venda rápida, eles inventaram que a crucificação ocorrera na nona hora (15 horas) durante a páscoa:

> E, à hora nona, jesus exclamou com grande voz, dizendo: Eloí, Eloí, lamá sabactâni? que, traduzido, é: deus meu, deus meu, por que me desamparaste?[1]

Como Marcos ficou sabendo que o crucificado dissera essas palavras? Ele não estava presente, nem mesmo era um *apóstolo*.

Quando lemos a fábula da crucificação inventada pelos editores de *Levi*, percebemos que eles acrescentam diversos elementos fantásticos. Nesse caso, *Levi* estava sendo vendido a um público crédulo, o qual se satisfazia com eventos miraculosos. Ao tentar mostrar os detalhes da crucificação os seus editores copiaram muitas passagens de *Marcos*, repetindo a *mentira sagrada* que ocorrera na nona hora do dia da páscoa:

> E perto da hora nona exclamou jesus em alta voz, dizendo: Eli, Eli, lamá sabactâni; isto é, deus meu, deus meu, por que me desamparaste?[2]

Como sabemos que ele copiou essa passagem de *Marcos*, pelo simples fato de ele não estar presente no momento da pretensa *crucificação*.

Sobre o horário da crucificação os editores das *Fábulas de Lucas*, os quais, como os editores de *Levi*, plagiaram inúmeras passagens de *Marcos*, igualmente mantiveram que a crucificação ocorrera na nona hora da tarde da páscoa:

---

[1] MARCOS, 15 (34).
[2] LEVI, 27 (46).

> E era já quase a hora sexta, e houve trevas em toda a terra até à hora nona, escurecendo-se o sol;[1]

Quando a farsa da crucificação passou a ser comercializada entre os gregos, por intermédio das *Fábulas de João*, percebemos que os seus editores não consultaram os falsários anteriores, por isso ele disse três vezes que a crucificação acontecera na véspera da páscoa na sexta hora.

Na primeira vez, os seus redatores disseram:

> E era a preparação da páscoa, e cerca da hora sexta; e ele disse aos judeus: Eis o vosso rei![2]

Um pouco mais adiante, eles repetiram:

> Os judeus, pois, porque era a preparação, para que os corpos não ficassem na cruz no dia do *shabat*, (porque foi aquele *shabat* um grande dia), pediram a Pilatos que se lhes quebrassem as pernas, e que fossem tirados dali.[3]

Por fim, eles afirmaram:

> Eles colocaram jesus ali, por ser dia da preparação dos judeus, e visto que o sepulcro ficava perto.[4]

A crucificação inventada pelos redatores das *Fábulas de João* está em franca contradição com os *sinópticos* ao colocarem Maria Stada e Shimon Kaipha, o Príncipe das Traições, na teatralização da crucificação. Nem os redatores de *Levi*, nem os de *Marcos*, e muito menos os de *Lucas* falaram sobre a presença deles nessa encenação.

Nos primeiros anos da Gangue de Almas "mais sujas do que todo lixo", os seus produtos eram vendidos, exclusivamente, aos

---

[1] LUCAS, 23 (44).
[2] JOÃO, 19 (14).
[3] JOÃO, 19 (31).
[4] JOÃO, 19 (42).

judeus, por isso eles plagiaram o covarde grito do crucificado, por ser uma passagem bem conhecida do seu público consumidor:

> Deus meu, deus meu, por que me desamparaste?[1]

A fábula da crucificação do Garoto Propaganda foi baseada, quase que por completo, na vida de Simão Bar Gi'ora, o Filho do Homem, o qual se levantara contra o Império Romano. Após a derrota dos judeus, o general Tito destruiu o Templo, a seguir levou o líder dos revoltosos, para receber o seu Triunfo em Roma como o Deus Salvador e Redentor.

Essa é a origem de haver dúvidas sobre o local da crucificação, pois os redatores da *Collectio Perversionum* afirmaram, que ela ocorrera em Jerusalém. Contudo, eles esqueceram de revisar esse chatíssimo texto, por isso podemos ler no *Apocalipse* (o qual só conseguiu revelar que jesus cristo seria a besta que destruiria tudo), que a crucificação ocorrera em outro lugar:

> E jazerão os seus corpos mortos na praça da grande cidade que espiritualmente se chama Sodoma e Egito, onde o nosso senhor também foi crucificado.[2]

Por que os redatores de *Apocalipse* fizeram essa afirmação sobre a crucificação? Porque eles sabiam que a crucificação de Simão Bar Gi'ora ocorrera em Roma (Sodoma) em frente ao templo da Deusa Ísis (Egito), onde ocorriam muitos rituais *pagãos*.

Quando alguns (como Barnabé) duvidaram do produto que Saul, a Pandora de Tarso, estava vendendo, ele disse, de maneira autoritária, que o seu burro fora crucificado:

> Porque nada me propus saber entre vós, senão a jesus cristo, e este crucificado.[3]

---

[1] *Salmo*, 22 (1).
[2] *Apocalipse*, 11 (8).
[3] SAUL, Primeira Epístola aos Coríntios, 2 (2).

Ao afirmar de modo tão peremptório a validade do seu produto, parece-nos que Saul, o "patife e falso", o fizera, porque havia muita dúvida sobre a crucificação, que ele estava vendendo. A sua solução foi fazer *tabula rasa* de todos os fatos relativos ao seu produto e comercializar somente a sua crucificação, bem como deixar de lado todas as histórias dos grandiosos Deuses, que antecederam o taumaturgo crucificado, muitos dos quais foram crucificados.

Kersey Graves[1] enumerou 16 Magníficos Deuses, os quais sofreram a crucificação, para que com os seus sofrimentos os homens pudessem ser salvos. Em todas essas crucificações ocorreram eventos miraculosos:

1. Krishna Cristo (Jeseus Cristo), 1600 a.H.;
2. Sakia na Índia (1015 a.H.);
3. Buda Cristo (1015 a.H.);
4. Tamuz (1575 a.H.);
5. Wittoba de Telingonesa (967 a.H.);
6. Iao (Jao) do Nepal (967 a.H.);
7. Hiesus dos Druidas (1275 a.H.);
8. Quezalcoatle do México (1002 a.H.);
9. Quirino (Rômulo) de Roma (921 a.H.);
10. Prometeu Crucificado (962 a.H.);
11. Tulis, ou Zulis, do Egito (2115 a.H.);
12. Indra do Tibete (1130 a.H.);
13. Alceste (1015 a.H.) [Hércules na Grécia];
14. Átis da Frígia (1585 a.H.);
15. Crito da Caldeia (1615 a.H.);
16. Bali (Baliu ou Bel) de Orissa (1140 a.H.).

Os diretores, acionistas e consumidores da Máfia de Preto afirmam que a crucificação do deus inventado pelos seus diretores, difere dos sacrifícios praticados pelos diversos Deuses *pagãos*. Para eles, o burro se oferecera para o sacrifício vicário, ao contrário dos demais Deuses que não foram voluntariamente em busca do seu cálice.

---

[1] GRAVES, Kersey. *The World's Sixteen Crucified Saviors*, chapter XVI, 1875. Disponível em <https://www.gutenberg.org/files/38600/38600-h/38600-h.htm>.

Essa defesa do sacrifício do burro crucificado contém uma mentira e um absurdo: é mentira, porque todos os Magníficos Deuses *pagãos* se ofereceram, para se sacrificar pela humanidade; é um absurdo por ir contra toda a noção de justiça, honestidade e amor-próprio, pois não existe nenhum sistema jurídico que aceite alguém se oferecer, para pagar pelos crimes alheios:

> Aqui, no entanto, às vezes nos confrontam com o argumento sobre a oferta de jesus cristo ser um ato voluntário, feito por livre vontade. Mas a alegação não elimina nem a injustiça, nem a criminalidade do ato. Nenhum inocente tem o direito de sofrer pelos culpados, e os tribunais não têm o direito de aceitar a oferta ou admitir o substituto.[1]

Por fim, desejamos evidenciar que não foi o filho do pai que fora crucificado, mas um homem, em estado de alucinação, que se autodenominou como ungido (cristo). Na época da páscoa os judeus apanhavam dois bodes, um dos quais seria sacrificado com todos os pecados, enquanto o outro era colocado em liberdade. Os redatores do *Liber Odium*, aproveitaram essa tradição para afirmar que Pôncio Pilatos fez a oferta de libertar um prisioneiro (o que nunca foi uma tradição romana):

> **1.** jesus cristo, cujo significado dessa locução é *salvador ungido*, o qual foi chamado de Rei dos Judeus;
> **2.** Jesus Barrabás, que pode ser traduzido como Jesus Filho (*bar*) do Pai (*abas*).

---

[1] GRAVES, Kersey. *The World's Sixteen Crucified Saviors*, 1875, chapter XXI (The atonement – it's oriental or heathen origin): "Here, however, we are sometimes met with the plea, that the offering of Jesus Christ was a voluntary act, that it was made with his own free will. But the plea don't do away with either the injustice or criminality of the act.
"No innocent person has a right to suffer for the guilty, and the courts have no right to accept the offer or admit the substitute." Disponível em <globalgreyebooks.com>

Quando Pilatos perguntou se queriam, que libertasse o Rei dos Judeus, a multidão gritou: libertem o Filho do Pai (Filho de yhwh).

Os diretores da Facção Criminosa Católica abandonaram o Filho do Pai (Jesus Barrabás) passando a vender a história do crucificado (jesus cristo), porquanto essa história era mais rentável, uma vez que a desgraça alheia sempre vende muito bem. Em síntese, eles se tornaram apóstatas ao trocarem a adoração ao Filho do Pai (Barrabás) por 30 moedas de prata, conseguidas com a venda das fábulas sobre o *Salvador Ungido* (jesus cristo).

A fábula da crucificação é uma criação a partir do nada, o que pode ser comprovado pelo desconhecimento dos seus próprios redatores. Em *Atos dos Apóstolos* eles afirmaram, por três vezes, que o carpinteiro fora preso em uma árvore:

> O Deus de nossos pais ressuscitou a Jesus, ao qual vós matastes, suspendendo-o em uma árvore.[1]

Pela segunda vez foi dito que a pena ocorrera em uma árvore:

> E nós somos testemunhas de todas as coisas que fez, tanto na terra da Judéia como em Jerusalém; ao qual mataram, pendurando-o em uma árvore.[2]

Eles repetiram que a pena foi cumprida em uma árvore um pouco mais adiante:

---

[1] LUKE, *Acts of the Apostles*, 5 (30): "The God of our fathers raised up Jesus, whom ye slew and hanged on a tree." *King James Bible*.
[2] LUKE, *Acts of the Apostles*, 5 (30): "And we are witnesses of all things which he did both in the land of the Jews, and in Jerusalem; whom they slew and hanged on a tree:" *King James Bible*.

E, havendo eles cumprido todas as coisas que dele estavam escritas, tirando-o da árvore, o puseram na sepultura;[1]

Essa mentira foi reafirmada na *Primeira Epístola de Pedro*, onde ainda podemos ler:

> Quem, ele mesmo, levou os nossos pecados no seu próprio corpo sobre a árvore, para que, mortos para o pecado, vivêssemos para a justiça; pelas suas feridas fostes sarados.[2]

Por fim, os redatores de Saul, o "patife e falso", escreveram:

> Cristo nos resgatou da maldição da lei, fazendo-se maldição por nós; porque está escrito: "Maldito todo aquele que for pendurado em uma árvore";[3]

Qualquer que seja minimamente bem-intencionado (ou seja, excluímos todos os católicos) perceberá que tanto as narrativas sobre a cruz e a crucificação são criações *ex nihilo*, as quais rendem enormes fortunas à Gangue de Almas "mais sujas do que todo lixo".

Quem deseja uma leitura enfadonha e sádica pode ler o *Livro Velho dos Judeus*, no qual é possível ler que o burro não foi crucificado:

> Aquele que habita no esconderijo do Altíssimo, à sombra do onipotente descansará.
> Direi do senhor: Ele é o meu deus, o meu refúgio, a minha fortaleza, e nele confiarei. [...]
> Mil cairão ao teu lado, e dez mil à tua direita, mas não chegará a ti. [...]

---

[1] LUKE, *Acts of the Apostles*, 13 (29): "And when they had fulfilled all that was written of him, they took *him* down from the tree, and laid *him* in a sepulchre." *King James Bible*.
[2] PETER, *First Epistle*, 2 (24): "Who his own self bare our sins in his own body on the tree, that we, being dead to sins, should live unto righteousness: by whose stripes ye were healed." *King James Bible*
[3] SAUL, *Epistle to the Galatians*, 3 (13): "Christ hath redeemed us from the curse of the law, being made a curse for us: for it is written, Cursed *is* every one that hangeth on a tree:" *King James Bible*

> Nenhum mal te sucederá, nem praga alguma chegará à tua tenda. [...]
> Porquanto tão encarecidamente me amou, também eu o livrarei; pô-lo-ei em retiro alto, porque conheceu o meu nome.
> Ele me invocará, e eu lhe responderei; estarei com ele na angústia; dela o retirarei, e o glorificarei.
> Fartá-lo-ei com longura de dias, e lhe mostrarei a minha salvação.[1]

Mais adiante foi repetido que o Garoto Propaganda da Quadrilha Católica não seria crucificado:

> Ó senhor, deveras sou teu servo; sou teu servo, filho da tua serva; soltaste as minhas ataduras.
> Oferecer-te-ei sacrifícios de louvor, e invocarei o nome do senhor.
> Pagarei os meus votos ao senhor, na presença de todo o meu povo,
> Nos átrios da casa do senhor, no meio de ti, ó Jerusalém. Louvai ao senhor.[2]

O *Livro Velho dos Judeus* confirmou pela terceira vez que o cordeiro, "que falava como dragão", não foi crucificado:

> Contudo foi da vontade do senhor esmagá-lo e fazê-lo sofrer, e, embora o senhor faça da vida dele uma oferta pela culpa, ele verá sua prole e prolongará seus dias, e a vontade do senhor prosperará em sua mão.[3]

---

[1] *Salmo*, 91 (1-2, 7, 10, 14-16).
[2] *Salmo*, 116 (16-19).
[3] ISAÍAS, 53 (10).

Capítulo X

A fábula da ressurreição

"Um dos traços característicos do Deuses Redentores é a descida ao inferno, do momento que vai da morte até a ressurreição. Assim, antes de cristo, e em condições idênticas, Baco, Osíris, Krishna, Mitras e Adônis aproveitaram a sua morte
para visitar os falecidos."

Emilio Bosi

O principal produto sobre o qual Quadrilha Católica se sustenta é o seu salvador, o qual, diz a fábula, foi crucificado, ficou três dias no Hades e ressuscitou prometendo uma vida futura, eterna e melhor a todos os seus consumidores. A fábula da ressurreição se apoiou sob três pilares:

> 1. **as mentiras contadas pelos seus membros:** diversos criminosos apresentaram uma defesa pífia sobre esse evento;
> 2. **o *relato* dos guardas da tumba:** uma história tão tosca criada pelos redatores das *Fábulas de Levi*, que os redatores dos demais textos do *Liber Perversus* se recusaram a repetir tal tolice;
> 3. ***Livro Velho dos Judeus*:** a ressurreição foi adaptada ao que dizia as *profecias* desse livro imundo.

É fato indiscutível que os asseclas do crucificado não apresentaram nenhuma informação de fontes externas à quadrilha sobre a veracidade da sua história. Quando eles apresentaram as provas, ficou evidenciado que seriam todas falsas, por exemplo:

> 1. eles ornejam que Flávio Josefo, ou Plínio, o Jovem, reconheceram a existência do Sr. Münchhausen da Cruz. Mas, é de conhecimento comum que esses fragmentos foram incluídos nos textos originais muito séculos após os seus autores falecerem;
> 2. falsificações mais longas como as cartas de Pilatos sobre a crucificação;
> 3. ou ainda testemunho de Estêvão, uma simples personagem de ficção; além do que não tem nenhum valor como testemunha, porquanto ele não vira o crucificado, nem antes, nem após a possível ressurreição.

Não podemos aceitar como provas históricas as invenções de Saul, o Anticristo, o qual vendeu na sinagoga de Antioquia, na Síria, o dogma da ressurreição:

> Tendo cumprido tudo o que estava escrito a respeito dele, tiraram-no da árvore e o colocaram num sepulcro. Mas deus o ressuscitou dos mortos,[1]

Essa mentira é tão escandalosa, que os redatores do *Compendium Immoralitatum* ainda não conseguiram apresentá-la sem contradições, mesmo após 2.000 anos.

Os redatores das *Fábulas de Levi* não ficaram satisfeitos com a mentira encontrada em *Marcos* sobre os acontecimentos no dia da crucificação:

> E o véu do templo se rasgou em dois, de alto a baixo.[2]

Por isso, eles aumentaram ainda mais a mentira, ao narrarem que após a morte do crucificado houve gigantescos eventos naturais e sobrenaturais: eclipse em todo o mundo por 3 horas, dois terremotos, mortos saindo dos túmulos e andando pelas ruas de Jerusalém:

> E eis que o véu do templo se rasgou em dois, de alto a baixo; e tremeu a terra, e fenderam-se as pedras;
> E abriram-se os sepulcros, e muitos corpos de santos que dormiam foram ressuscitados;
> E, saindo dos sepulcros, depois da ressurreição dele, entraram na cidade santa, e apareceram a muitos.[3]

Eles são péssimos criadores de fábulas, as quais são tão fantasiosas que os redatores de *Lucas* e *João* se recusaram a repetir essas mentiras excessivamente ridículas.

Na antiguidade era comum retratar morte e a ressurreição de Deuses, ou a de homens famosos, com eventos extraordinários: quando a Deusa Krishna Cristo (Jeseus Cristo) morreu, ao meio-dia o sol deu lugar a uma profunda escuridão, ao mesmo tempo,

---
[1] LUCAS, *Atos dos Apóstolos*, 13 (29-30).
[2] MARCOS, 15 (38).
[3] LEVI, 27 (51-53).

fogo e cinzas caíram do céu. Após a sua morte, ela foi ao inferno, na tentativa de tirar de lá as almas que se arrependessem das suas injustiças, a fim de que elas pudessem ir para o céu.

Não faltaram eventos fantásticos nas lendas sobre o Deus Osíris, o qual foi agraciado com dois eclipses: um no seu nascimento e outro na sua morte:

> Há alguns que fariam da lenda uma referência alegórica a questões que tocam eclipses; pois a Lua é eclipsada em seu plenilúnio, com o Sol diretamente oposto a ela, e ela entra na sombra da Terra, como dizem que Osíris entrou em seu caixão.[1]

Quando o Deus Prometeu foi punido pelo Deus Zeus, foram registrados vários terremotos, a terra foi rasgada como se fosse uma folha de papiro, as sepulturas foram abertas, os mortos caminharam pelas ruas e uma tempestade gigantesca se abateu sobre a terra:

> No entanto, para o inimigo sofrer mal do inimigo não é nenhuma desgraça. Portanto, que a onda bifurcada do relâmpago serpenteie sobre minha cabeça e que o céu seja convulsionado com trovões e a devastação de ventos selvagens; que o furacão sacuda a terra de sua base enraizada, e que as ondas do mar se misturem com sua onda selvagem nos cursos das estrelas; e que ele me eleve ao alto e me atire para o negro Tártaro com as inundações rodopiantes da severa Necessidade: faça o que quiser, ele nunca me levará à morte.[2]

---

[1] PLUTARCH. *On Isis and Osiris*, XLIV: "Some make an allegory out of the rule of the eclipses, for the Moon is eclipsed at her full, when the Sun holds the station opposite to her when she falls into the shadow of the earth, in the same way as they tell Osiris did into the coffer; [...]."
[2] AESCHYLUS. *Prometheus Bound*, 1040: "Therefore let the lightning's forked curl be cast upon my head and let the sky be convulsed with thunder and the wrack of savage winds; let the hurricane shake the earth from its rooted base, and let the waves of the sea mingle with their savage surge the courses of the stars in heaven; and let him lift me on high and hurl me down to black Tartarus with the swirling floods of stern Necessity: do what he will, me he shall never bring to death." Disponível em <https://www.theoi.com/Text/AeschylusPrometheus.html>.

A vida de Rômulo, fundador de Roma, tem muitos pontos em comum com a do burro crucificado: os relatos sobre a sua morte apresentaram-no como um Deus que ressuscitou; havia algumas desconfianças sobre a sua morte; outros afirmaram que os seus amigos ocultaram do cadáver. Todavia, os romanos ficaram convencidos da divindade de Rômulo, quando o eminente Próculo Júlio foi à assembleia para relatar o seu encontro com ele após a sua ressurreição e momentos antes dele ir para o céu:

> Quirites! Ao raiar do dia, o Pai desta Cidade de repente desceu do céu e apareceu para mim. Enquanto, comovido de espanto, fiquei absorto diante dele na mais profunda reverência, implorando para ser perdoado por olhar para ele, ele disse-me: "Vá e diga aos romanos que é a vontade do céu que minha Roma seja a líder de todo o mundo. Deixe-os doravante cultivar as artes da guerra, e deixe-os saber disso com certeza, e passe esse conhecimento para posteridade, que nenhum humano resistirá às armas romanas".[1]

---

[1] TITO LÍVIO. *História de Roma*, libro 1, 16: Las primeras leyendas: "Suplicaron por su gracia y favor, y rezaron para que fuera propicio a sus hijos y les guardase y protegiese. Creo, sin embargo, que aun entonces hubo algunos que secretamente dieron a entender que había sido descuartizado por los senadores (una tradición en este sentido, aunque ciertamente muy tenue, ha llegado a nosotros). La otra, que yo sigo, ha prevalecido debido, sin duda, a la admiracón sentida por los hombre y la aprensión causada por su desaparición. Esta creencia generalmente aceptada fue reforzada por la disposición inteligente de un hombre. La tradición cuenta que Próculo Julio, un hombre cuya autoridad tenía peso en los asuntos de la mayor importante, viendo cuán profundamente sentía la plebe la pérdida del rey y lo indignados que estaban contra los senadores, se adelantó en la asamblea y dijo: '¡Quirites! al rayar el alba, hoy, el Padre de esta Ciudad de repente bajó del cielo y se me apareció. Mientras que, emocionado de asombro, quedé absorto ante él en la más profunda reverencia, rogando ser perdonado por mirarle, me dijo: 'Ve y di a los romanos que es la voluntad del cielo que mi Roma debe ser la cabeza de todo el mundo'. Que en adelante cultiven las artes de la guerra, y hazles saber con seguridad, y que transmitan este conocimiento a la posteridad, que ningún humano podrá resistir las armas romanas'." Disponível em < http://books.google.es/books?id=2IpR9cBM2dwC>.

Outro romano que morreu, ressuscitou e ascendeu ao céu foi Júlio César:

> E quanto aos imperadores que morrem entre vocês, a quem vocês consideram dignos de deificação, e em nome dos quais vocês apresentam alguém que jura ter visto o César em chamas subir ao céu da pira funerária?[1]

As histórias sobre ressurreições de Deuses era algo comum no *paganismo* antigo, elas são encontradas entre os mais distintos povos:

> 1. a Deusa Krishna Cristo (Jeseus Cristo) tirou do inferno as almas arrependidas;
> 2. o Deus Quexalcote foi ao inferno antes da sua ressurreição;
> 3. o Deus Adônis foi ao mundo ínfero, para logo depois ressuscitar para a imortalidade;
> 4. o Deus Prometeu desceu ao Hades, em seguida ressuscitou indo para a sua morada celeste;
> 5. assim que morreu, o Deus Osíris foi ao inferno, onde ficou por três dias, mas ele venceu Tifão (o Mal), ressuscitou e viveu por toda eternidade.

A essa lista de ressurreições podemos acrescentar vários outros Deuses e homens: Deus Orfeu; Deus Hércules; Hipólito; Ulisses; Eneias; Deus Pitágoras, o "Chefe dos Charlatães"; Deus Sócrates, o "Bufão Ático".

Essa vitória sobre a morte temem comum diversos aspectos, mas chamaremos atenção para os relatos, que a descrevem ocorrer em março e durar três dias. Essas lendas sobre a morte por três dias teve a sua origem na observação do ciclo do sol, quando durante a páscoa (renascimento) parecia, que ele ficava parado no mesmo lugar por esse curto período:

---

[1] JUSTIN. (Philip Schaff, ed.). *The First Apology*, chapter XXI (*Analogies to the history of Christ*): "And what of the emperors who die among yourselves, whom you deem worthy of deification, and in whose behalf you produce some one who swears he has seen the burning Caesar rise to heaven from the funeral pyre?"

E a história do sepultamento de três dias é igualmente uma referência ao incidente astronômico do sol aparentemente morto, e enterrado, e imóvel por quase três dias no período da época vernal, do vigésimo primeiro ao vigésimo quinto de março. Era uma questão de crença ou fantasia que o sol permaneceu parado por cerca de três dias, quando ele gradualmente se levantou novamente "para uma nova vida".[1]

A ressurreição do burro crucificado foi convencionada a ser comemorada no início da primavera, mas antes de o imperador Constantino, o Grande Traidor da Humanidade, decretar que ele seria um deus na reunião mafiosa de Nicea em 90 a.H., outros Deuses ressuscitaram nessa data:

> Agora observe, Quexalcote do México, Chris da Caldeia, Quirino [Rômulo] de Roma, Prometeu do Cáucaso, Osíris do Egito, Átis da Frígia e "Mitra, o Mediador" da Pérsia, consoante suas respectivas histórias, ressuscitaram dos mortos após três dias enterrados, e o tempo de sua ressurreição é, em vários casos, fixado para o dia 25 de março.[2]

Para Orígenes, o Prostituto de Padres, a fábula da ressurreição era algo aceito entre os *pagãos*, que eles não se admiraram com a ressurreição do "Cadáver Judeu"; as lendas sobre ressurrei-

---

[1] GRAVES, Kersey. *The World's Sixteen Crucified Saviors*, 1875, chapter XVIII (Descent of the saviors into hell): "And the story of the three day's entombment is likewise clearly traceable in appearance to the astronomical incident of the sun's lying apparently dead, and buried, and motionless for nearly three days at the period of the vernal epoch, from the twenty-first to the twenty-fifth of March. It was a matter of belief or fancy that the sun remained stationary for about three days, when he gradually rose again 'into newness of life'." Disponível em <globalgreyebooks.com>

[2] GRAVES, Kersey. *The World's Sixteen Crucified Saviors*. 1875, p. 112: "Now mark, Quexalcote of Mexico, Chris of Chaldea, Quirinus of Rome, Prometheus of Caucasus, Osiris of Egypt, Atys of Phrygia, and 'Mithra the Mediator' of Persia did, according to their respective histories, rise from the dead after three days' burial, and the time of their resurrection is in several cases fixed for the twenty-fifth of March." Disponível em <globalgreyebooks.com>

ções de homens e Deuses na antiguidade fazia parte de quase todas as religiões *pagãs*, malgrado os diretores da Quadrilha Católica defenderem, com muita violência, que somente o deus inventado por eles ressuscitara.

Na mitologia babilônica encontramos a ressurreição do Deus Marduk, a qual era comemorado com um festival com procissões fantásticas:

> Marduk é a contraparte de Tamuz, mas diferentemente dele, salvou não somente os homens, mas também os Deuses. Ele era o Rei do Céu, "pastoreando os Deuses como ovelhas". Seu culto incluía um festival de ressurreição grandioso com procissões esplêndidas. [...] O festival em homenagem à ressurreição de Marduk corresponde à celebração da morte do Deus do ano (a Natureza moribunda). O solstício de inverno (25 de dezembro) foi o aniversário do Deus do ano, enquanto o solstício de verão [23 de junho] foi o festival da morte de Tamuz.[1]

Quanto ao Deus Tamuz da Suméria (Deus Marduk da Babilônia), ele viveu no século XIX a.H.; ele sofreu e morreu na cruz, depois ressuscitou, para garantir a salvação dos homens. Tamuz (Marduk, ou Adônis) são Deuses relacionados à Natureza, os quais durante o inverno morrem, ou dormem, mas renascem na primavera trazendo nova e melhor vida aos homens:

> Diz-se que aquele chamado Adônis entre os gregos é chamado Tamuz entre os hebreus e sírios. Então, em termos da leitura literal, as mulheres foram vistas sentadas na "entrada do portão voltado para o norte da Casa do senhor" (i.e., o templo) e "luto por Tamuz" de acordo com uma certa prática

---

[1] FRIEDLANDER, Gerald. *Hellenism and christianity*. London P. Vallentine & Son's, 1912, pp. 157-159: "Marduk is the counterpart of Tammuz, he saved not only man, but also the gods. He was the king of heaven 'herding the gods like sheep'. His worship included a brilliant resurrection festival with splendid processions. [...] The festival in honor of the resurrection of Marduk corresponds to the celebration of the death of the god of the year (dying nature). The winter solstice (December 25) was the birthday of the god of the year, while the summer solstice was the festival of the death of Tammuz."

gentia pertencente àqueles que estão fora das portas da religião verdadeira.¹

Na Caldeia existia um Deus chamado Crito, ou Cris, (1615 a.H.), o qual era adorado como "O Redentor", "O Filho Sempre Abençoado de Deus", "O Salvador da Raça", "A Oferta Expiatória a um Deus Irado"; a sua vida foi dedicada à purificação dos homens; após a sua morte, o céu e a terra passaram por grandes agitações, depois tudo voltou ao normal e o Deus Crito voltou para a sua casa celestial.

Outro Deus que ressuscitou foi o Salvador Átis da Frígia (1585 a.H.); após se oferecer como sacrifício vicário, ele morreu na cruz, mas ressuscitou 3 dias depois e voltou para os céus:

> Agora, a morte e ressurreição de Átis eram oficialmente celebradas em Roma, nos dias 24 e 25 de março; sendo este último considerado o equinócio da primavera e, portanto, o dia mais apropriado para o renascimento de um Deus da vegetação que morreu ou estava dormindo durante todo o inverno.²

No Tibete viveu o Deus Salvador Indra (1130 a.H.), nascido de uma virgem; ele tinha como missão tornar a vida dos homens mais benéfica; ele foi crucificado e o seu corpo apresentava cinco perfurações de pregos, uma bem ao lado do corpo; após a sua

---

[1] ORIGEN. *Homilies on Ezekiel*: "It is said that the one called Adonis among the Greeks is named Tammuz among the Hebrews and Syrians. So then, in terms of the literal reading, the women were seen sitting at "the entry of the north-facing gate of the Lord's house" [i.e., the temple] and "mourning for Tammuz" in keeping with a certain Gentile practice belonging to those who are outside the doors of true religion."

[2] FRAZER, J. G. *Adonis, Attis, Osiris*. London: Macmillan and Co, Limited, 1906, book II, chapter VI (Oriental religions in the west), p. 199: "Now the death and resurrection of Attis were officially celebrated at Rome on the twenty-fourth and twenty-fifth of March, the latter being regarded as the spring equinox, and therefore as the most appropriate day for the revival of a god of vegetation who had been dead or sleeping throughout the winter."

morte, ele ressuscitou 3 dias depois e voltou para a sua morada celestial:

> Suchiquecal é chamada de Rainha do Céu. Ela concebeu um filho, sem conexão com o homem, ele é o Deus do Ar. Esta é a concepção imaculada, e o Deus Indra, que encontramos crucificado e ressuscitado dos mortos em Nepal.[1]

Buda Shakia (Sidarta Gautama) devido às suas pregações sobre bondade, justiça e paz, foi perseguido pelo governante e preso pelos seus inimigos, em seguida foi crucificado, todavia ele ressuscitou e foi para o céu:

> O seguinte trecho de Georgius revelará que a crucificação e a ressurreição de Buda aconteceram exatamente na mesma época que as demais: "In plenilunio mensis tertii, quo mors Xacae accidit" ["Na noite de lua cheia do terceiro mês, foi quando Shakia faleceu"].[2]

O Deus Todo-Poderoso do México, Quezalcoatle (1002 a.H.), foi gerado por uma virgem, para conseguir a purificação da sua alma, ele se retirou da sociedade por 40 dias durante os quais, ele jejuou sendo tentado pelo demônio; depois ele voltou ao templo, para completar a sua purificação sendo batizado com água. Devido às suas pregações, ele foi preso e crucificado entre dois ladrões; após a sua morte ele foi ao inferno onde permaneceu por três dias, ao término desse período, ele ressuscitou e foi para os céus:

---

[1] HIGGINS, Godfrey. *Anacalypsis*. New York: Macy-Masius Publishers, 1927, book I, chapter IV, section XI, p. 33: "Suchiquecal is called the Queen of Heaven. She conceived a son, without connexion with man, who is the God of Air. This is the immaculate conception, and the God Indra, whom we found crucified and raised from the dead in Nepaul."

[2] HIGGINS, Godfrey. *Anacalypsis*. New York: Macy-Masius Publishers, 1927, book II, chapter III, section III, p. 105, vol. I: "The following passage from Georgius will shew, that the crucifixion and resurrection of Buddha took place precisely at the same time as all the others: In plenilunio mensis tertii, quo mors Xacae accidit."

As muitas semelhanças de Quetzalcoatle com jesus incluem seu nascimento virginal, sua crucificação e sua ressurreição dos mortos, onde ele é retratado como um pássaro que renasce das cinzas, como a famosa Fênix, com quem jesus foi identificado desde os primeiros tempos pelos pais da Igreja. Antes de sua ressurreição, o deus mexicano "vagou pelo submundo", assim como jesus.[1]

O Deus Adônis, chamado de "o Senhor", nasceu de uma virgem, morreu, foi levado ao Hades, mas ressuscitou e alcançou a imortalidade:

> E aqueles hábeis na interpretação simbólica dos mitos gregos e, na prática da "teologia mítica" dizem que Adônis é um símbolo dos frutos da terra, (lamentados como mortos) quando são semeados, mas depois ressuscitam e por isso fazem os fazendeiros se alegrarem enquanto crescem.[2]

No Egito encontramos o Deus Osíris (Hórus), o qual depois da sua morte foi para o inferno, aí ele ficou por três dias, todavia ele venceu a morte (Tifão) e ressuscitou, para trazer aos homens justiça, paz e felicidade:

> Em resposta a essas palavras, Thoth, voltando-se para Ísis e Néftis, ordenou que não temessem e não tivessem ansiedade sobre Hórus, "Pois", disse ele, "eu vim do céu para curar a criança para sua mãe." Ele então, afirmou que Hórus estava sob proteção como o Morador em seu Disco (Aton), o Grande Anão, o Poderoso Carneiro, o Grande Falcão, o Be-

---

[1] ACHARYA, S. *Suns of God Krishna, Buddha And Christ Unveiled*. Illinois: Adventures Unlimited Press, 2004, p. 140: "Quetzalcoatl's many similarities to Jesus include his virgin birth, his crucifixion, and his resurrection from the dead, wherein he is depicted as a bird rising from ashes, like the famed Phoenix, with whom Jesus was identified from earliest times by the Church fathers. Before his resurrection, the Mexican god 'wandered in the underworld', as did Jesus."

[2] ORIGEN. *Homilies on Ezekiel*: "And those who are skilled in the symbolic interpretation of Greek myths and in the practice of "mythical theology" say that Adonis is a symbol of the fruits of the earth, which are lamented [as dead] when they are sown, but afterwards rise again and for this reason cause the farmers to rejoice as they grow."

souro Sagrado, o Corpo Oculto, o Divino Bennu, etc., e procedeu a proferir o grande feitiço que restaurou Hórus à vida. Com suas palavras de poder, Thoth transferiu o "fluido da vida" de Rá, e assim que isso veio sobre o corpo da criança, o veneno do escorpião fluiu para fora dele, e ele mais uma vez respirou e viveu.[1]

O Deus Rômulo (Deus Quirino) de Roma (921 a.H.), foi adorado como o Salvador, ele nascera de uma mãe virgem; o rei Amúlio ao saber do nascimento da criança tentou matá-la, mas ele conseguiu fugir, o que lhe proporcionou fazer as suas pregações sobre justiça, bondade e piedade; como as suas falas contrariavam muitos poderosos da época, ele foi crucificado, nesse momento uma escuridão cobriu toda a terra, mas logo depois todos o viram ressuscitar e ascender aos céus: mais acima citamos a passagem sobre a sua ressurreição.

Ésquilo, o dramaturgo grego, nos contou que o Deus Prometeu (962 a.H.) foi crucificado; esse evento causou uma fúria nunca vista na Natureza, a qual parecia descontrolada, ocorreram vários terremotos e as sepulturas se abriram. Todo dia uma águia comia o seu fígado (simbolizando a sua morte), mas à noite ele ressuscitava; assim, o Deus Prometeu, "Nosso Senhor e Salvador", ressuscitava a cada dia; até que o Deus Hércules o libertou da sua crucificação para sempre, levando-o para o Olimpo:

> Primeiro, o Pai despedaçará este penhasco irregular com trovões e relâmpagos, e sepultará a tua estrutura, enquanto a rocha ainda te manterá preso em seu abraço. Mas quando

---

[1] *VIII. The Legend of the Death and Resurrection of Horus, and other Magical Texts*: "In answer to these words Thoth, turning to Isis and Nephthys, bade them to fear not, and to have no anxiety about Horus, 'For', said he, "I have come from heaven to heal the child for his mother." He then pointed out that Horus was under protection as the Dweller in his Disk (Aten), the Great Dwarf, the Mighty Ram, the Great Hawk, the Holy Beetle, the Hidden Body, the Divine Bennu, etc., and proceeded to utter the great spell which restored Horus to life. By his words of power Thoth transferred the 'fluid of life' of Ra, and as soon as this came upon the child's body the poison of the scorpion flowed out of him, and he once more breathed and lived." Disponível em <https://archive.sacred-texts.com/egy/leg/leg11.htm>.

tiveres completado um longo período, voltarás novamente para a luz. Então, de fato, o cão alado de Zeus, a águia voraz, vindo como um comensal não convidado durante todo o dia, com apetite selvagem, rasgará seu corpo em grandes pedaços e se banqueteará com seu fígado até que ele fique preto devido à mastigação.[1]

Depois que o Deus Zalmóxis morreu, ele foi ao Hades, onde permaneceu por três anos, depois ressuscitou, foi visto por todos, não só pelos membros da sua religião, não muito depois ele retornou para a sua morada celestial:

> Enquanto assim procedia perante seus compatriotas, entretendo-os com esses discursos, construía em sigilo um subterrâneo. Concluído este, esquivou-se da vista dos Trácios e desceu ao mesmo, onde permaneceu cerca de três anos. Foi lamentado e chorado como morto. Finalmente, passado esse período reapareceu aos olhos de todos, convencendo-os, com esse artifício, de tudo que lhes havia dito.[2]

Dentre os milagres do Deus Hércules os mais destacados são as ressurreições de muitos mortos, entre os mais famosos encontramos as de Tíndaro e Hipólito, bem com a sua. Após dedicar-se à salvação dos homens, o Deus Hércules morreu, logo em seguida dirigiu-se para o Hades, a morada dos mortos, contudo por ser um Deus Todo-Poderoso, ele derrotou a morte (representada pelo Deus Hades), em seguida subiu ao Olimpo: essa sua ascensão ao Reino dos Deuses foi acompanhada por inúmeras testemunhas:

---

[1] AESCHYLUS. *Prometheus Bound*, 1007: "First, the Father will shatter this jagged cliff with thunder and lightning-flame, and will entomb your frame, while the rock shall still hold you clasped in its embrace. But when you have completed a long stretch of time, you shall come back again to the light. Then indeed the winged hound of Zeus, the ravening eagle, coming an unbidden banqueter the whole day long, with savage appetite shall tear your body piecemeal into great rents and feast his fill upon your liver until it is black with gnawing."
[2] HERÓDOTO. *História*, livro IV (Melpômene), XCV. Disponível em eBooksBrasil.

Para o filho de Zeus, iniciava-se uma vida de imortalidade entre os Deuses. Seu pai o acolheu e o levou ao Olimpo celestial em sua carruagem de quatro cavalos. Atena, segurando-lhe a mão, o apresentou aos demais imortais.[1]

Outro Deus que igualmente ressuscitou foi Apolônio de Tiana, o qual nascera de uma virgem, viveu para fazer o bem, foi perseguido, e após a sua morte ascendeu aos céus, o que foi presenciado por alguns indivíduos, os quais não eram os seus discípulos:

> Mas por volta da meia-noite ele afrouxou suas amarras, e após chamar aqueles que o amarraram, para testemunharem o espetáculo, ele correu para as portas do templo, que se abriram para recebê-lo; e quando ele entrou, elas se fecharam novamente, como haviam sido fechadas, e ouviu-se um coro de donzelas cantando de dentro do templo, e sua canção era esta. "Apressa-te da terra, apressa-te para o céu, apressa-te". Em outras palavras: "Suba da terra".[2]

Em Roma foi erguida uma estátua para o Deus Salvador Simão, o qual foi ofendido pelos diretores da "Ninhada dos Traidores" com o epíteto *mago* no sentido de trapaceiro, malgrado *mago* significasse *o maior, rabino, mestre*. Ele foi adorado como o Filho de Deus; o Primogênito de Deus; a Palavra; o Paráclito; o Consolador; o Salvador e o Redentor. O Deus Simão, o Maior, dedicou a sua vida a melhorar a vida dos outros, ele ressuscitou diversos homens;

---

[1] MOROZ, George. *Hercules*: the complete myths of a legendary hero. New York: Dell, 1997, p. 118: "For the son of Zeus, a life of immortality among the deities was starting. His father welcomed him and drove him to the Olympian Heaven in his four-horse chariot. Athena, holding his hand, introduced him to his fellow immortals."

[2] PHILOSTRATUS. *The Life of Apollonius of Tyana*, chapter XXX: "But about midnight he loosened his bonds, and after calling those who had bound him, in order that they might witness the spectacle, he ran to the doors of the temple, which opened wide to receive him; and when he had passed within, they closed afresh, as they had been shut, and there was heard a chorus of maidens singing from within the temple, and their song was this. 'Hasten thou from earth, hasten thou to Heaven, hasten'. In other words: 'Do thou go upwards from earth'."

após a sua morte, ele, igualmente, ressuscitou por seus próprios poderes:

> Após três dias ele se levantou das pilhas de mortos de baixo do lugar onde antes ficava o templo, e que havia se tornado seu túmulo temporário. Envolto no manto carmesim flamejante de sua realeza, ele fez sua ressurreição repentina entre os guardas romanos.[1]

Como dissemos entre os *pagãos*, morrer, ir ao inferno, ressuscitar e ser levado para os céus não era nada incomum; grandes homens ressuscitavam:

> Depois disso, o judeu, em *Celso*, diz, aos seus concidadãos que acreditavam em jesus, o seguinte: "Concedamos que jesus previu a sua ressurreição: mas, quantos outros empregaram prodígios semelhantes, a fim de, por intermédio de uma narrativa fabulosa, alcançar os seus objetivos? Persuadindo os ouvintes ingênuos a acreditarem nesses milagres? Zamolxis entre os citas, que era servo de Pitágoras, também usou esse artifício; o próprio Pitágoras na Itália e Ramsés no Egito. Pois, conta-se que ele jogou dados com Ceres no Hades, trazendo consigo como presente dela uma toalha de ouro. Artifícios semelhantes foram igualmente empregados por Orfeu entre os odrísios, por Protesilau entre os Tessálios e por Hércules e Teseu em Tainaro.[2]

---

[1] RIEGEL, JOHN I. and JORDAN, JOHN H. *Simon Son of Man*. Boston: Sherman, French & Company, 1917, chapter V (The whirlwind of Kadesh), p. 46: "and after three days he arose as from the heaps of the dead from beneath the place where formerly stood the temple, and which had become his temporary tomb. Wrapped in the flaming crimson robe of his royalty, he made his sudden resurrection in the midst of the Roman guards."

[2] CELSUS. *Against christians*: "After this, the Jew in Celsus says to his fellow-citizens who believed in Jesus, as follows: 'Let us grant you that Jesus predicted his resurrection: but how many others have employed such-like prodigies, in order by a fabulous narration to effect what they wished; persuading stupid auditors to believe in these miracles? Zamolxis among the Scythians, who was a slave of Pythagoras, used this artifice; Pythagoras also himself, in Italy; and in Egypt, Rhampsinitus. For it is related of the latter that he played at dice with Ceres in Hades, and that he brought back with him as a gift from her a golden towel. Similar

A ressurreição era algo que os essênios (os primeiros cristãos) acreditavam profundamente, porque essa era a sua única esperança de se conseguir uma vida melhor, uma vez que eles viviam no limbo da sociedade judaica:

> mas quando são libertas [as almas] das amarras da carne, então, como libertas de uma longa servidão, regozijam-se e ascendem. E isso é semelhante às opiniões dos gregos, de que as boas almas têm suas habitações além do [titã] Oceano, em uma região que não é oprimida por tempestades de chuva ou neve, ou por calor intenso, mas que este lugar é refrescado pela suave respiração de um Vento Oeste [Deus Zéfiro], que sopra perpetuamente do Oceano; enquanto atribuem às almas más uma caverna escura e tempestuosa, cheia de castigos incessantes.[1]

Nesse mesmo tópico Flávio Josefo, o Caluniador, comparou essa visão da ressurreição essênia com a dos gregos:

> E de fato, os gregos parecem ter seguido a mesma noção, quando atribuem as ilhas dos bem-aventurados aos seus bravos homens, a quem chamam de heróis e semideuses; e às almas dos ímpios, a região dos ímpios, no Hades, onde suas fábulas relatam que certas pessoas, como Sísifo, Tântalo, Íxion e Títio, são punidas; o que se fundamenta sobre essa primeira suposição, é que as almas são imortais; e daí são coletadas essas exortações à excelência e dissuasões da maldade; pelas quais os bons homens são melhorados

---

artifices were likewise employed by Orpheus among the Odryssians; by Protesilaus among the Thessalians; and by Hercules and Theseus in Tænarus." (Locais do Kindle 317-323).

[1] JOSEPHUS, Flavius. *The Wars of the Jews*, book II (Containing the Interval of Sixty-Nine Years...), chapter 8 (Archelaus's Ethnarchy Is Reduced, ...) 11: "but that when they are set free from the bonds of the flesh, they then, as released from a long bondage, rejoice and mount upward. And this is like the opinions of the Greeks, that good souls have their habitations beyond the ocean, in a region that is neither oppressed with storms of rain or snow, or with intense heat, but that this place is such as is refreshed by the gentle breathing of a west wind, that is perpetually blowing from the ocean; while they allot to bad souls a dark and tempestuous den, full of never-ceasing punishments."

na conduta de sua vida pela esperança que têm de recompensa após a morte; e pelas quais as veementes inclinações dos homens maus ao vício são contidas pelo medo e expectativa em que estão, de que, embora possam estar ocultos nesta vida, sofrerão castigo eterno após a morte.[1]

Flávio Josefo, "o traidor de sua raça", mentiu ao afirmar que foram os gregos que seguiram a noção de premiações e punições dos essênios; ele estaria mais próximo da verdade se afirmasse o contrário.

Um dos primeiros diretores da Máfia de Preto a defender a ressurreição *pagã* foi Saul, o Anticristo; ele apelou para essa mentira, porque não tinha condições intelectuais que o possibilitassem a elaborar um sistema teológico, para erigir solidamente a Organização Criminosa que estava criando. Devido a essa incapacidade intelectual e o excesso de malandragem, os seus escritos foram redigidos especificamente, para agradar aos seus consumidores, os quais por serem demasiadamente espertos compraram alegremente esse produto.

Por não conseguir sistematizar teologicamente as suas mentiras, ele substituiu a luz da Razão pela fanática fé no "Cadáver Judeu"; para justificar essa trapaça, ele dizia a todos que o viu após a ressurreição. Assim, ele ficou livre de ter que provar o que inventava sobre a sua personagem, possibilitando-o vender livremente a fábula sobre a morte do seu Garoto Propaganda, além da sua

---

[1] JOSEPHUS, Flavius. *The Wars of the Jews*, book II (Containing the Interval of Sixty-Nine Years...), chapter 8 (Archelaus's Ethnarchy Is Reduced,...) 11: "And indeed the Greeks seem to me to have followed the same notion, when they allot the islands of the blessed to their brave men, whom they call heroes and demigods; and to the souls of the wicked, the region of the ungodly, in Hades, where their fables relate that certain persons, such as Sisyphus, and Tantalus, and Ixion, and Tityus, are punished; which is built on this first supposition, that souls are immortal; and thence are those exhortations to virtue and dehortations from wickedness collected; whereby good men are bettered in the conduct of their life by the hope they have of reward after their death; and whereby the vehement inclinations of bad men to vice are restrained, by the fear and expectation they are in, that although they should lie concealed in this life, they should suffer immortal punishment after their death."

consequente ressurreição: esses seriam os principais produtos, que definiriam a salvação dos homens, redimindo-os de todos os pecados (nunca é demais lembrar que esses pecados foram inventados por ele).

Saul, o "patife e falso", percebeu o grande potencial de vendas desse produto essênio, por conseguinte ele o acrescentou como o principal da sua Organização Criminosa:

> Semeia-se corpo natural, ressuscitará corpo espiritual. Se há corpo natural, há também corpo espiritual.[1]

Na tentativa de explicar o inexplicável, a ressurreição, Saul recorreu a dois subterfúgios. O primeiro foi utilizar um mistério apocalíptico, para *provar* que houve uma ressurreição:

> Eis aqui vos digo um mistério: Na verdade, nem todos dormiremos, mas todos seremos transformados;[2]

Como esse mistério poderia não surtir o efeito esperado (trazer mais consumidores para os produtos da sua gangue), Saul, a Pandora de Tarso, apelou para a violenta tradição escatológica:

> Porque convém que reine até que haja posto a todos os inimigos debaixo de seus pés.
> Ora, o último inimigo que há de ser aniquilado é a morte. Porque todas as coisas sujeitou debaixo de seus pés.[3]

Ao apelar para a aniquilação dos seus inimigos, ele estava aterrorizando os seus astutos consumidores com a parusia, a fim de que eles não abandonassem as suas hordas. A sua malandragem atingiu o ponto máximo ao dizer:

---

[1] SAUL, *Primeira Epístola aos Coríntios*, 15 (44).
[2] SAUL, *Primeira Epístola aos Coríntios*, 15 (51).
[3] SAUL, *Primeira Epístola aos Coríntios*, 15 (25-27).

E, se não há ressurreição de mortos, também cristo não ressuscitou.[1]

A essa ignávia acrescentaremos: se não há ressurreição, cristo não ressuscitou, logo a Quadrilha Católica foi erguida e se mantém sobre uma mentira.

A ressurreição era tão comum entre os *pagãos*, já o dissemos, que tanto o *Livro Velho dos Judeus* como o *Liber Odium* da Associação Católica de Celerados encontramos numerosas ressurreições:

 Ressurreição do filho da viúva em Sarepta (1 Reis 17:17–22)
 Ressurreição do filho da sunamita (2 Reis 4:18–37)
 Ressurreição do homem lançado na sepultura de Eliseu (2 Reis 13:20)
 Ressurreição da filha de Jairo (Marcos 5:41)
 Ressurreição do jovem de Naim (Lucas 7:14)
 Ressurreição de Lázaro (João 11:38–44)
 Ressurreição de santos desconhecidos durante a crucificação (Mateus 27:52–53)
 Ressurreição de Cristo (Mateus 28,1-6)
 Ressurreição de Tabita/Dorcas (*Atos* 9:36–42)
 Ressurreição de Êutico (*Atos* 20:7–12)
 Ressurreição da Igreja (isto é, Arrebatamento, 1 *Tessalonicenses* 4:13-18; 1 *Coríntios* 15:23) **[Milhões ressuscitarão, grifo nosso]**
 Ressurreição das Duas Testemunhas (*Apocalipse* 11:7–11)
 Ressurreição dos Santos e Mártires do *Antigo Testamento* (*Apocalipse* 20:4) **[Milhões ressuscitarão, grifo nosso]**
 Ressurreição dos ímpios (*Apocalipse* 20:5) **[Milhões ressuscitarão, grifo nosso]**
 Considerando o feedback útil que recebi sobre a lista, também decidi incluir uma lista de "menções honrosas" que, pessoalmente, não considero ressurreições, mas que alguns consideram assim.
 Jonas e o peixe (*Jonas* 1–2)
 Paulo na cidade de Listra (*Atos* 14:19–20)
 A besta/cabeça da besta (*Apocalipse* 13:3)[2]

---

[1] SAUL, Primeira Epístola aos Coríntios, 15 (13).
[2] GOEMAN, Peter. *Full List of Resurrections in the Bible*:

A ressurreição de Lázaro foi uma tolice inventada pelos redatores das *Fábulas de João*, a qual por ser demasiadamente estúpida, os criminosos redatores dos demais textos do *Depósito de Excrementos* não puderam imaginar trapaça tão grotesca, para se conseguir as 30 moedas de prata.

Ao tratar da ressurreição, os redatores das *Fábulas de Filipe* a ligaram diretamente aos sacramentos, porquanto somente por intermédio deles é que os consumidores da Máfia "Adoradora de Farinha e Água" alcançariam a ressurreição. Eles se recusaram aceitar a abominável doutrina da ressurreição dos corpos, mesmo assim, eles abriram uma exceção para o corpo do "Cadáver Judeu":

> [O senhor ressuscitou] de entre os mortos [...]. Mas seu corpo era perfeito: [tinha, sim,] uma carne, mas esta [era uma carne] de verdade. [Nossa carne, ao contrário], não é autêntica, [mas] uma imagem da verdadeira.[1]

"Resurrection of the widow's son in Zarephath (1 Kgs 17:17–22)
Resurrection of the Shunammite's son (2 Kgs 4:18–37)
Resurrection of the man thrown into Elisha's grave (2 Kgs 13:20)
Resurrection of Jairus' daughter (Mark 5:41)
Resurrection of the young man at Nain (Luke 7:14)
Resurrection of Lazarus (John 11:38–44)
Resurrection of unknown saints during the crucifixion (Matt 27:52–53)
Resurrection of Christ (Matt 28:1-6)
Resurrection of Tabitha/Dorcas (Acts 9:36–42)
Resurrection of Eutychus (Acts 20:7–12)
Resurrection of the Church (i.e., Rapture, 1 Thess 4:13-18; 1 Cor 15:23)
Resurrection of the Two Witnesses (Rev 11:7–11)
Resurrection of *OT* Saints and Martyrs (Revelation 20:4)
Resurrection of the Wicked (Revelation 20:5)
Given the helpful feedback I received on the list, I have also decided to include a list of "honorable mentions" which I personally don't think are resurrections but have been thought so by some.
Jonah and the fish (Jonah 1–2)
Paul in the city of Lystra (Acts 14:19–20)
The beast/head of the beast (Rev 13:3)"
Disponível em <https://petergoeman.com/full-list-of-resurrections-in-the-bible/>.
[1] FILIPE, 72.

Nesse texto vemos, que os redatores das *Fábulas de Filipe* seguiram os passos dos essênios e de Saul, o Anticristo, o qual negava uma herança escatológica ao corpo:

> Irmãos, eu lhes declaro que carne e sangue não podem herdar o Reino de deus, nem o que é perecível pode herdar o imperecível.[1]

Para tentar sustentar esse absurdo dogma, os redatores das *Fábulas de Filipe* recorreram à autoridade dos redatores das *Fábulas de João*, os quais afirmaram que o espírito vivificava, mas a carne não; portanto, as palavras entregues pelo crucificado seriam espírito e vida:

> O espírito é o que vivifica, a carne para nada aproveita; as palavras que eu vos digo são espírito e vida.[2]

Outra distinção entre a mentira sobre ressurreição encontrada nas *Fábulas de Filipe*, é que ela ocorreria em vida e não após a morte:

> Os que dizem que o senhor primeiro morreu e depois ressuscitou, enganam-se, pois primeiro ressuscitou e depois morreu. Se alguém não consegue primeiro a ressurreição não morrerá; tão verdade quanto deus vive, este [morrerá].[3]

Talvez os redatores quisessem dizer que aquele que aceitasse os dogmas ou o batismo da Gangue Nicena alcançaria um renascimento para uma vida nova; mas como tudo relativo a esses bandidos é tortuoso e adaptável a cada cliente, preferimos nos eximir de quaisquer tentativas de interpretação desse embuste.

---

[1] SAUL, *Primeira Epístola aos Coríntios*, 15 (50).
[2] JOÃO, 6 (63).
[3] FILIPE, 20.

O inigualável Celso de Pérgamo fez uma irônica reflexão sobre esse abominável dogma da Quadrilha Católica:

> E em todos os seus escritos (é feita menção) da árvore-da-vida e da ressurreição da carne por intermédio da "árvore", porque, imagino, seu mestre foi pregado a uma cruz e era carpinteiro de profissão. De modo que, se por acaso ele tivesse sido jogado de um precipício; jogado em um poço; morto por enforcamento; ou se fosse curtidor de couro; pedreiro; ou trabalhador em metal, teriam inventado um precipício da vida além nos céus, ou um poço de ressurreição, ou um cordão da imortalidade, ou uma pedra abençoada, ou um ferro do amor, ou um couro sagrado! Ora, que velha não teria vergonha de dizer essas coisas em um sussurro, mesmo para embalar um bebê para dormir?[1]

Se Celso de Pérgamo riu da ressurreição comercializada pelos diretores da Facção Criminosa Católica, para o grande Porfírio de Tiro, ela causava asco por ser uma noção ilógica e estúpida, pelo simples fato de ter que ressuscitar todos os homens desde os mais antigos:

> Então, seria ilógico que a ressurreição seguisse à destruição do todo, que ressuscitaria tudo que houvesse morrido três dias antes da ressurreição; e com ele [o crucificado] Príamo e Heitor, que haviam perecido mil anos antes, e outros que morreram antes, desde as origens do homem. Quem se dispõe a considerar tudo isso descobrirá que a ideia da ressurreição é uma completa estupidez.[2]

---

[1] ORIGEN. *Against Celsus*, chapter XXXIV: "And in all their writings (is mention made) of the tree of life, and a resurrection of the flesh by means of the 'tree,' because, I imagine, their teacher was nailed to a cross, and was a carpenter by craft; so that if he had chanced to have been cast from a precipice, or thrust into a pit, or suffocated by hanging, or had been a leather-cutter, or stone-cutter, or worker in iron, there would have been (invented) a precipice of life beyond the heavens, or a pit of resurrection, or a cord of immortality, or a blessed stone, or an iron of love, or a sacred leather! Now what old woman would not be ashamed to utter such things in a whisper, even when making stories to lull an infant to sleep?"

[2] PORFÍRIO. *Contra los Cristanos*, (Mac. Magn. IV 24): "Luego sería ilógico que la resurrección siguiese a la destrucción del todo, que resucitara al que hubiese muerto tres días antes, si acaso, de la resurrección, y con él a Príamo y a Héctor,

Como é possível, perguntou sarcasticamente Porfírio de Tiro, ressuscitar um homem que morreu no mar:

> Sendo comido pelos peixes?
> Que foram comidos pelos homens?
> Que foram comidos por abutres?
> Como é possível ressuscitar o corpo de alguém, morto pelo fogo e teve os restos mortais consumidos pelos vermes?

Os diretores, acionistas e consumidores do Bando dos "Idólatras de Fato" respondem a esses honestos questionamentos da forma como sempre fizeram nos últimos 2.000 anos: falaciosa, cínica e espertamente, eles urram que ao deus inventado pelos diretores da Organização Criminosa tudo seria possível. Frente a essa resposta pronta, Porfírio de Tiro demonstrou que a esse deus nem tudo seria possível:

> Mas você me dirá que isso é possível para deus, o que não é verdade, porque deus não pode fazer tudo: é óbvio que ele não pode garantir que Homero não tenha sido poeta, nem que Ílio não tenha sido levado, nem poderia sequer garantir que dois vezes dois, que matematicamente são quatro, somem cinco, não importa o quanto ele decida assim. E deus nunca poderia tornar-se mau, mesmo que quisesse, e, sendo bom, não poderia falhar com a sua natureza.[1]

De todas as ressurreições que ocorreram duas chamam muito atenção, porque mais parecem estupro de vulnerável:

---

que habían muerto mil años antes, y a otros que murieron antes desde los orígenes del hombre. El que se ponga a considerar todo esto descubrirá que lo de la resurrección es una absoluta estupidez."

[1] PORFÍRIO. *Contra los Cristanos*, (Mac. Magn. IV 24): "Pero me dirás que esto es posible para Dios, lo que no es verdad, pues Dios no lo pude todo: es obvio que no puede hacer que Homero no haya sido poeta, ni que Ilión no haya sido tomada, ni siquiera podría hacer que dos por dos, que son matemáticamente cuatro, sumen cinco, por mucho que así lo decidiera. Y tampoco podría Dios hacerse malo jamás, aunque quisiera, y, por ser bueno, no podría faltar a su naturaleza."

> E, chegando Eliseu àquela casa, eis que o menino jazia morto sobre a sua cama. Então, entrou ele, e fechou a porta sobre eles ambos, e orou ao senhor. E subiu à cama e deitou-se sobre o menino, e, pondo a sua boca sobre a boca dele, e os seus olhos sobre os olhos dele, e as suas mãos sobre as mãos dele, se estendeu sobre ele; e a carne do menino aqueceu. Depois desceu, e andou naquela casa de uma parte para a outra, e tornou a subir, e se estendeu sobre ele, então o menino espirrou sete vezes, e abriu os olhos.[1]

Outro pedófilo que usou o seu poder, para estuprar uma criancinha e não ser punido foi Ambrósio:

> Outra vez, uma mãe colocou seu filho morto na cama de Ambrósio, enquanto ele estava no exterior. Ao retornar, ele se deitou sobre a criança, como fez o profeta Eliseu em 2 *Reis* 4:32-37, e a criança foi ressuscitada.[2]

Não há como negar: isso é pedofilia e não ressurreição.

Para sustentar a fábula da ressurreição, os diretores do Império Católico do Mal inventaram até uma personagem (Estêvão), o qual fora apedrejado ao defender essa tolice. O que os diretores dessa Organização Criminosa não dizem aos seus consumidores, foi que eles usaram palavra genérica *estevão*, *stephanos*, significa *coroa* sendo utilizada para se referir a qualquer um, como vimos mais acima.

Como os redatores do *Crimen Libri* não tinham como provar a existência da personagem *Estêvão*, eles, muito espertamente, recorreram ao *Livro Velho dos Judeus*, para justificar as suas mentiras. Porque todas as mentiras, crimes, assassinatos e estupros podem ser justificados pelo *Livro Velho dos Judeus* e pelo *Depósito*

---

[1] 2 *Reis*, 4 (32-35).
[2] BRUCE, Kimberly. *One of the "Original Four"*: St. Ambrose: "Another time, a mother laid her dead infant on Ambrose's bed while he was abroad. Upon his return he laid himself upon the child, as the prophet Elisha did in 2 Kings 4:32-37, and the child was raised again to life." Disponível em <https://marian.org/articles/one-original-four-st-ambrose>.

de Excrementos da Quadrilha Católica, porque em nome do deus católico tudo pode e deve ser feito.

Saul, a Pandora de Tarso, tentou provar a historicidade da ressurreição do burro crucificado, quando se encontrava no templo de consumo dos judeus em Antioquia:

> Mas deus o ressuscitou dentre os mortos.
> E nós vos anunciamos que a promessa que foi feita aos pais, deus a cumpriu a nós, seus filhos, ressuscitando a jesus; [...]
> E que o ressuscitaria dentre os mortos, para nunca mais tornar à corrupção, disse-o assim: [...]
> Mas aquele a quem deus ressuscitou nenhuma corrupção viu.[1]

Como ele era um trapaceiro da pior espécie, o seu discurso não provou nada, porque citar a palavra *deus* somente prova que, ele estava enganando os seus consumidores:

> Assim, é bastante claro que a antiga evidência das *Escrituras* sobre a ressurreição de jesus nunca pode ser provada diante do tribunal da sã Razão, e contém apenas uma *petitio principii per circulum* miserável e palpável.[2]

Saul, a Pandora de Tarso, não acreditava muito no poder do crucificado, porquanto até a sua própria ressurreição foi um trabalho do deus, que ele estava inventando:

> E assim somos também considerados como falsas testemunhas de deus, pois testificamos de deus, que ressuscitou a cristo, ao qual, porém, não ressuscitou, se, na verdade, os mortos não ressuscitam.[3]

---

[1] LUCAS, *Atos dos Apóstolos*, 13 (30-32, 34, 37).
[2] LESSING, G. E. *Fragments of Reimarus*. London and Edinbuegh: Williams and Norgate,1879, **Section XXXV**, p. 44: "Thus it is quite clear that the old Scripture evidence of the resurrection of Jesus never can stand proof before the judgment-seat of sound reason, and only contains a miserable and palpable *petitionem principii per circulum*."
[3] SAUL, *Primeira Epístola aos Coríntios*, 15 (15).

A perfídia de Saul, o "patife e falso", não tinha limites, pois ele afirmou que o "Cadáver Judeu" somente ressuscitou, porque Saul escrevera um *evangelho*:

> Lembra-te de que jesus cristo, que é da descendência de Davi, ressuscitou dentre os mortos, segundo o meu *evangelho*;[1]

Reparem que o Garoto Propaganda da sua Organização Criminosa ressuscitou não por ser um deus, contudo foi devido ao seu *evangelho*, ou ao poder de um deus.

A má-fé dos diretores da Organização Criminosa Católica é algo sem limites, porquanto eles citaram a fábula de Jonas, a fim de tentar mostrar que o Sr. Münchausen da Cruz ressuscitara:

> Preparou, pois, o senhor um grande peixe, para que tragasse a Jonas; e esteve Jonas três dias e três noites nas entranhas do peixe.[2]

A tentativa de *provar* que houve uma ressurreição, levou os redatores da Facção Criminosa Católica a inventarem fábulas cada vez mais infantis. Nas *Fábulas de Levi*, vemos como eles eram homens de pouca imaginação, e muita safadeza, ao inventarem a fábula sobre os guardas no sepulcro, os quais teriam presenciado a ressurreição, cuja finalidade era provar a sua historicidade:

> E, quando iam, eis que alguns da guarda, chegando à cidade, anunciaram aos príncipes dos sacerdotes todas as coisas que haviam acontecido.[3]

É uma fábula de uma infantilidade ímpar, que nenhum outro rabisco do *Genocidia Manual* fez alusão a ela, por ser incoerente e

---

[1] SAUL, *Segunda Epístola a Timóteo*, 2 (8).
[2] JONAS, 1 (17).
[3] LEVI, 28 (11).

improvável. Os judeus riam dessa história e entre gargalhadas diziam, que os criminosos seguidores do crucificado roubaram o corpo:

> E, congregados eles com os anciãos, e tomando conselho entre si, deram muito dinheiro aos soldados, Dizendo: Dizei: Vieram de noite os seus discípulos e, dormindo nós, o furtaram.[1]

No *Toledot Yeshu* ficamos sabendo sobre roubo do corpo do crucificado:

> Os sábios ficaram perplexos e não sabiam o que responder a ela [Helena], porque um homem veio à noite e o tirou do túmulo levando-o para seu jardim, depois cortou o fluxo de água, então cavou na areia e o enterrou. Ele restabeleceu o fluxo e restaurou a água ao seu caminho original no jardim.[2]

As únicas informações que temos sobre a ressurreição do burro crucificado vem do seu *Absurdum Manual*, cujas fábulas são tão tresloucadas, que só podemos dizer que o deus da Multinacional Católica de Crimes é o mais inepto que existe, porquanto não conseguiu fazer com que os seus comparsas elaborassem fábulas que não fossem tão contraditórias, absurdas e tolas: é muito estranho, que o criador do universo, cuja única fagulha do seu amor abrase a terra, não consiga fazer com que os seus asseclas escrevam uma única frase com coerência!

Sobre o momento da descoberta da ressurreição temos três versões diferentes para o mesmo evento. Ao lermos sobre a res-

---

[1] LEVI, 28 (11-13).
[2] GOLDSTEIN, Miriam. *The Toledot Yeshu*. Tübingen: Mohr Siebeck, 2023, 5. RNL Evr.-Arab. II:1033, chapter 6 (Oldest Texts), burial, p. 79: "The sages were bewildered, and they did not know what to answer her, because a man had come at night and lifted him out of the grave and brought him to his garden and cut off the stream of water, then dug in the sand and buried him. He had re-established the stream and restored the water to its original path in the garden."

surreição na *Collectio Perversionum*, encontramos diferenças gritantes nas suas narrativas, porque os editores das *Epístolas de Paulo* afirmaram, que ela ocorrera três dias após a morte do burro crucificado:

> E que foi sepultado, e que ressuscitou ao terceiro dia, segundo as *Escrituras*.[1]

Os redatores das *Fábulas de Levi* foram muito desatentos, porque eles seguiram o que foi dito pelos redatores anteriores e repetiram a mentira:

> E o entregarão aos gentios para que dele escarneçam, e o açoitem e crucifiquem, e ao terceiro dia ressuscitará.[2]

Todos esses redatores esqueceram que momentos antes, eles haviam afirmado que a ressurreição ocorrera quatro dias após o evento:

> Pois, como Jonas esteve três dias e três noites no ventre da baleia, assim estará o filho do homem três dias e três noites no seio da terra.[3]

Se ele ficou "três dias e três noites no seio da terra", ele, inegavelmente, *ressuscitaria* no quarto dia, porquanto a contagem do início e término do dia entre os judeus é diferente da nossa, porque para eles o dia começa às 18 horas, por conseguinte ele termina no outro dia às 18 horas: noite, manhã e tarde (diferente da nossa marcação que começa com manhã, tarde e noite):

Quinta – sexta-feira	Sexta-feira – sábado	Sábado - domingo
Primeiro dia	Segundo dia	Terceiro dia

---

[1] SAUL, *Primeira Epístola aos Coríntios* 15 (3, 4).
[2] LEVI, 20 (18, 19).
[3] LEVI, 12 (40-41).

Do entardecer da quinta-feira ao entardecer da sexta-feira	Do entardecer da sexta-feira ao entardecer do sábado	Do entardecer do sábado ao entardecer da do domingo
Fim do sexto dia e início do sétimo dia da semana	Fim do sétimo dia e início do primeiro dia da semana	Fim do sétimo dia e início do segundo dia da semana

Se o crucificado ficou três dias e três noites no Hades, então ele *ressuscitou* no quarto dia.

Os redatores das *Fábulas de Levi* disseram, que a ressurreição ocorreu no final do sábado, desse modo a ressurreição ocorrera no segundo dia:

> E, no fim do sábado, quando já despontava o primeiro dia da semana, Maria Madalena e a outra Maria foram ver o sepulcro.[1]

Ao lermos essa fábula, a partir dos redatores de *Marcos*, ficamos sabendo, que a ressurreição foi descoberta na manhã do primeiro dia da semana:

> E, no primeiro dia da semana, foram ao sepulcro, de manhã cedo, ao nascer do sol.[2]

Nessa contagem realmente a ressurreição ocorrera no terceiro dia.

Os redatores das *Fábulas de Lucas* não quiseram correr nenhum risco, por isso repetiram o que disseram os editores de *Marcos*, isto é, a ressurreição teria acontecido no terceiro dia, no domingo pela manhã:

> No primeiro dia da semana, bem cedo, ao nascer do sol, elas se dirigiram ao sepulcro,[3]

---

[1] LEVI, 28 (1).
[2] MARCOS, 16 (2).
[3] MARCOS, 16 (2).

Os redatores das *Fábulas de João* entraram em cena, porque nos informaram que o "Cadáver Judeu", assim, como nas *Fábulas de Marcos* a ressurreição acontecera no terceiro dia:

> E no primeiro dia da semana, Maria Madalena foi ao sepulcro de madrugada, sendo ainda escuro, e viu a pedra tirada do sepulcro.[1]

Esses redatores reafirmaram que no terceiro dia:

> Chegada, pois, a tarde daquele dia, o primeiro da semana, e cerradas as portas onde os discípulos, com medo dos judeus, se tinham ajuntado, chegou jesus, e pôs-se no meio, e disse-lhes: Paz seja convosco.[2]

A mentira sobre a ressurreição fica configura ao lermos as *Fábulas de Lucas*, na qual os seus redatores afirmaram que a ressurreição ocorreria no mesmo dia:

> E disse-lhe Jesus: Em verdade te digo que hoje estarás comigo no Paraíso.[3]

Como os redatores do *Liber Odium* estão mais preocupados com as suas 30 moedas de prata, do que com a verdade, eles disseram pouco mais adiante que a ressurreição ocorrera no terceiro dia:

> Dizendo: Convém que o filho do homem seja entregue nas mãos de homens pecadores, e seja crucificado, e ao terceiro dia ressuscite.[4]

Após lermos essas *Fábulas* e as *Epístolas* não sabemos quando o crucificado ressuscitou, pois temos redatores escrevendo

---

[1] JOÃO, 20 (1).
[2] JOÃO, 20 (19).
[3] LUCAS, 23 (43).
[4] LUCAS, 24 (6,7).

que foi no mesmo dia, no segundo, no terceiro, ou quarto dia. Esse relato a respeito do dia da ressurreição é muito grave, não porque tenha relação com o dia em que *ocorrera*, todavia por essas fábulas serem baseadas em histórias de Deuses distintos: o Deus Osíris ressuscitou no terceiro dia, ao passo que o Deus Átis o fizera no quarto:

> As variações dos *Evangelhos* entre o terceiro e o quarto dias (depois de três dias!) têm sua origem no fato de que a ressurreição de Osíris ocorre no terceiro dia e a de Átis no quarto dia após sua morte.[1]

Quanto mais lemos as *Malae Fabulae* mais ficamos assombrados com as grotescas falácias que enchem as páginas desse livro maléfico; os seus redatores não conseguiram chegar a um acordo sobre quem e nem quando se *descobriu a ressurreição*.

Os redatores das *Fábulas Levi* foram contundentes ao dizerem que foram duas mulheres, Maria Madalena e outra Maria, não identificada:

> E, no fim do sábado, quando já despontava o primeiro dia da semana, Maria Madalena e a outra Maria foram ver o sepulcro.[2]

Quando os redatores das *Fábulas de Lucas* inventaram o romance sobre a ressurreição, eles apresentaram várias testemunhas, talvez para conferir credibilidade ao inacreditável:

---

[1] DESCHENER, Karlheinz. *Historia Criminal del cristianismo*. Barcelona: Ediciones Martínez Roca, 1990, vol. IV, p. 96: "Las variaciones de los Evangelios entre el tercero y el cuarto días (¡Después de tres días!) tienen su origen en que la resurrección de Osiris tiene lugar el tercer día y la de Attis el cuarto después de su muerte."
[2] LEVI, 28 (1).

> E eram Maria Madalena, e Joana, e Maria, mãe de Tiago, e as outras que com elas estavam, as que diziam estas coisas aos apóstolos.[1]

Quando chegamos às *Fábulas de João* somos surpreendidos, porque os seus redatores afirmaram, enfaticamente, que somente Maria Madalena testemunhara a ressurreição:

> E no primeiro dia da semana, Maria Madalena foi ao sepulcro de madrugada, sendo ainda escuro, e viu a pedra tirada do sepulcro.[2]

O festival de besteiras aumenta, quanto mais lemos esse *Excrementum Depositum*, pois os redatores dessas perversas falsificações não sabiam o que ocorrera no sepulcro, por isso cada grupo inventou uma *pia fraus* diferente.

Os redatores de *Levi* disseram que um anjo, sentado à entrada do sepulcro, anunciara às mulheres que o crucificado ressuscitara:

> E eis que houvera um grande terremoto, porque um anjo do senhor, descendo do céu, chegou, removendo a pedra da porta, e sentou-se sobre ela.[3]

Quando inventaram as *Fábulas de Lucas*, os redatores afirmaram ser dois homens e não um anjo, os quais se encontravam em pé no túmulo e não sentado sobre a pedra da porta:

> E aconteceu que, estando elas muito perplexas a esse respeito, eis que pararam junto delas dois homens, com vestes resplandecentes.[4]

---

[1] LUCAS, 24 (10).
[2] JOÃO, 20 (1).
[3] LEVI, 28 (2).
[4] LUCAS, 24 (4).

Ao lermos a mesma fanfarronice em *Marcos*, vemos que os redatores causaram mais confusão, porque eles disseram haver um jovem sentado no sepulcro:

> Entrando no sepulcro, viram um jovem vestido de roupas brancas assentado à direita, e ficaram amedrontadas.[1]

Nessa versão temos um jovem e não um anjo (como afirmou *Levi*) e não dois homens (relatado por *Lucas*), o qual estava sentado no sepulcro e não na pedra (da forma como foi exposta por *Levi*), como igualmente não estava em pé (conforme afirmara *Lucas*).

Caso queiramos desbravar esse ninho de víboras, que é o *Liber Odium* da Quadrilha Ortodoxa, ficaremos estarrecidos a cada parágrafo, porque esses homens não conseguiram inventar uma fábula minimamente coerente: vejamos o papel de Shimon Kaipha, o Príncipe das Traições, nessa história de má-reputação.

Nas *Fábulas de Lucas* está claramente dito que Shimon Kaipha, o Príncipe das Traições, não entrara no túmulo:

> Pedro, porém, levantando-se, correu ao sepulcro e, abaixando-se [para olhar lá dentro, portanto ele não entrara], viu só os lençóis ali postos; e retirou-se, admirando consigo aquele caso.[2]

Podemos conjecturar, que ele não entrara no sepulcro, porque talvez tivesse participado do roubo do cadáver momentos antes.

Ao chegarmos ao relato feito pelos redatores de *João* vemos que Shimon Kaipha, o Príncipe das Traições, entrou no sepulcro, mas foi o seu acompanhante misterioso quem somente olhou de longe:

---

[1] MARCOS, 16 (5).
[2] LUCAS, 24 (12).

> Chegou, pois, Simão Pedro, que o seguia, e entrou no sepulcro, e viu no chão os lençóis,
> E que o lenço, que tinha estado sobre a sua cabeça, não estava com os lençóis, mas enrolado num lugar à parte.[1]

Mais uma vez vemos que os redatores do *Liber Perversus*, igualmente, não se entenderam ao inventarem o que ocorrera após a provável ressurreição. Em *Levi* deparamos com uma fábula cheia de euforia, segundo a qual os comparsas do "Cadáver Judeu" o adoraram imediatamente ao vê-lo ressuscitado:

> E, indo elas a dar as novas aos seus discípulos, eis que jesus lhes sai ao encontro, dizendo: Eu vos saúdo. E elas, chegando, abraçaram os seus pés, e o adoraram.[2]

Quando os redatores das *Fábulas de João* narraram esse *acontecimento*, eles contradisseram os redatores de *Levi*, porque afirmaram que o crucificado não deixou que, inicialmente, Maria Madalena, a sua esposa, o tocasse:

> Disse-lhe jesus: Não me detenhas, porque ainda não subi para meu pai, mas vai para meus irmãos, e dize-lhes que eu subo para meu pai e vosso pai, meu deus e vosso deus.[3]

A primeira testemunha que vira o burro crucificado após a ressurreição foi apresentada como Maria Madalena, contudo os redatores do *Depósito de Excrementos* mais uma vez não se entenderam, porque na quarta *Fábula* narra que Maria Madalena o viu no próprio sepulcro:

> Disse-lhe jesus: Maria! Ela, voltando-se, disse-lhe: Raboni, que quer dizer: Mestre.[4]

---

[1] JOÃO, 20 (6, 7).
[2] LEVI, 28 (9).
[3] JOÃO, 20 (17).
[4] JOÃO, 20 (16).

O local do primeiro encontro foi apresentado pelos redatores de *Levi*, quando as mulheres (e não só Maria Madalena) estavam retornando, para contar sobre a ressurreição aos medrosos membros da gangue do crucificado, os quais ficaram em casa escondidos esperando que as mulheres trouxessem notícias:

> E, indo elas a dar as novas aos seus discípulos, eis que jesus lhes sai ao encontro, dizendo: Eu vos saúdo. E elas, chegando, abraçaram os seus pés, e o adoraram.[1]

Quando ele apareceu aos seus comparsas pela primeira vez, os redatores de *Lucas*, disseram que a sua gangue ficou assustada pensando se tratar de um fantasma:

> E eles, espantados e atemorizados, pensavam que viam algum espírito.[2]

Esse versículo, e outros mais, foi inserido, para evitar a *heresia* docética, a qual defendia que somente uma imagem do cordeiro, "que falava como dragão", fora crucificada.

Ao tratar desse primeiro encontro vemos que aqueles que redigiram as *Fábulas de João*, escreveram que não houve medo, mas alegria, afinal ele estava vendendo esse produto aos corajosos gregos:

> E, dizendo isto, mostrou-lhes as suas mãos e o lado. De sorte que os discípulos se alegraram, vendo o senhor.[3]

É muito estranho lermos nas *Fábulas de Levi* que o Sr. Münchhausen da Cruz ao se apresentar à sua quadrilha, todos os membros estavam presentes:

---

[1] LEVI, 28, (9).
[2] LUCAS, 24 (37).
[3] JOÃO, 20 (20).

> E os onze discípulos partiram para a Galileia, para o monte que jesus lhes tinha designado.[1]

Não é isso que está escrito nas *Fábulas de João*, nas quais foi narrado que faltava um membro da gangue:

> Ora, Tomé, um dos doze, chamado Dídimo, não estava com eles quando veio jesus.[2]

Os redatores das *Fábulas de João* não ficaram satisfeitos com essa tentativa de mostrar a ressurreição do corpo do crucificado, por isso eles criaram mais uma fábula, na qual eles apresentaram o ceticismo de Tomé. Em rápidas palavras essa fábula é como se segue: oito dias depois da sua última aparição (já perfazem 11 dias após a crucificação e ele não subiu aos céus, o que deveria ocorrer em apenas 3 dias, ou em 4, ou no mesmo dia como vimos anteriormente), o ressuscitado voltou a se encontrar com os membros da sua quadrilha, entre os quais se encontrava Tomé, o qual tinha dúvidas sobre a tolice divulgada pelos seus comparsas; ao vê-lo o chefe da quadrilha o chamou, pedindo-o para que o tocasse:

> Depois disse a Tomé: Põe aqui o teu dedo, e vê as minhas mãos; e chega a tua mão, e põe-na no meu lado; e não sejas incrédulo, mas crente.[3]

Com essa historinha os redatores de *João* acreditaram, que conseguiram combater o docetismo, cuja presença na Quadrilha Católica disputava os consumidores com a matriz em Roma. Foi preciso caçar e exterminar os docetistas, porque a mentira de João não deu certo.

---

[1] LEVI, 28 (16).
[2] JOÃO 20 (24).
[3] JOÃO 20 (27).

Com relação à ressurreição vemos nas *Fábulas de Levi* que os seguidores do crucificado o adoraram, quando ele se levantou do túmulo, malgrado alguns tivessem duvidado desse evento:

> E, quando o viram, o adoraram; mas alguns duvidaram.[1]

Quando os redatores de *Marcos* narraram o mesmo evento, eles acrescentaram duas novas aparições, porque não queriam que existisse qualquer dúvida sobre a ressurreição do Garoto Propaganda. Quem o viu primeiro foi Maria Madalena, a "Histérica", a qual avisou aos demais:

> E jesus, tendo ressuscitado na manhã do primeiro dia da semana, apareceu primeiramente a Maria Madalena, da qual tinha expulsado sete demônios.[2]

Mais tarde, continuaram os redatores, ele teria aparecido novamente, para os membros da sua gangue:

> E, ouvindo eles que vivia, e que tinha sido visto por ela, não o creram. E depois manifestou-se de outra forma a dois deles, que iam de caminho para o campo. E, indo estes, anunciaram-no aos outros, mas nem ainda estes creram.[3]

Como ninguém estava convencido da mentira sobre a ressurreição, os redatores das *Fábulas de Marcos* tiveram que inventar uma nova aparição:

> Finalmente apareceu aos onze, estando eles assentados juntamente, e lançou-lhes em rosto a sua incredulidade e dureza de coração, por não haverem crido nos que o tinham visto já ressuscitado.[4]

---

[1] LEVI, 28 (17).
[2] MARCOS, 16 (3).
[3] MARCOS 16 (11-13)
[4] MARCOS, 14 (14).

Nas *Fábulas de Levi* e nas *de Marcos*, não ficamos sabendo se a ressurreição foi do corpo ou do espírito; isso é importante porque os diretores da Quadrilha Católica inventaram a fábula de uma ressurreição material e um incrível "corpo espiritual". Como sabemos essa questão terminaria com a morte de milhões de inocentes pelas espadas dos diretores, acionistas e consumidores dessa Multinacional do Crime devido a um simples *i*.

Para tentar corrigir os outros fabulistas, foi preciso que os redatores das *Fábulas de Lucas* escrevessem de maneira bem clara, que a ressurreição foi do corpo:

> Então eles apresentaram-lhe parte de um peixe assado, e um favo de mel; O que ele tomou, e comeu diante deles.[1]

O que contradiz a Saul, o "patife e falso", e João, "o mais indigno de confiança", como vimos mais acima, pois ele somente vendia a ressurreição do espírito:

> Semeia-se corpo natural, ressuscitará corpo espiritual. Se há corpo natural, há também corpo espiritual.[2]

Para provar que teria ocorrido a ressurreição do corpo, eles inventaram uma passagem segundo a qual os seguidores do crucificado estavam apavorados, porque pensaram ter visto um espírito:

> E eles, espantados e atemorizados, pensavam que viam algum espírito.[3]

Vimos, anteriormente, que a Gangue do Crucificado teria ficado alegre ao vê-lo após a ressurreição.

---

[1] LUCAS, 24 (42-43).
[2] SAUL, Primeira Epístola aos Coríntios, 15 (44).
[3] LUCAS, 24 (37).

Para mostrar que não era um espírito, o Sr. Münchhausen da Cruz mostrou os seus ferimentos, ao verem que se tratava de um corpo, os seus comparsas deram-lhe pão, mel e peixe para comer:

> se a história do peixe e do favo de mel era verdade, por que o "Mateus" e os narradores de Marcos não mencionam isso? O narrador "Lucas", como seus antecessores, também exagerara o assunto, e em vez de convencer o cético, ele só animou seu ridículo.[1]

Nas *Fábulas de Lucas* o "Cadáver Judeu" após a ressurreição recebera a comida dos seus asseclas:

> Então eles apresentaram-lhe parte de um peixe assado, e um favo de mel; O que ele tomou, e comeu diante deles.[2]

Essa é mais uma passagem criada *ad hoc*, a fim de combater os defensores da ressurreição da alma e não do corpo, que ficariam conhecidos como docetistas.

Os próximos a tentarem melhorar a história infantil sobre a ressurreição do alucinado foram os redatores das *Fábulas de João*; os quais falaram sobre a refeição do crucificado com os seus amigos de crimes, mas contradisseram os redatores de *Lucas*:

> Disse-lhes jesus: Vinde, comei. E nenhum dos discípulos ousava perguntar-lhe: Quem és tu? sabendo que era o senhor. Chegou, pois, jesus, e tomou o pão, e deu-lhes e, semelhantemente o peixe.[3]

---

[1] DOANE, T. W. *Bible myths and their parallels...* Fourth edition. New York: The Truth Seeker Company, 1882, p. 229: "but, if the fish and honeycomb story was true, why did the 'Matthew' and 'Mark' narrators fail to mention it? The 'Lucas' narrator, like his predecessors, had also overdone the matter, and instead of convincing the skeptical, he only excited their ridicule."
[2] LUCAS, 24 (42-43).
[3] JOÃO, 21 (12, 13).

Percebam que na fábula criada pelos redatores de *João* fora o "Cadáver Judeu" quem oferecera a comida, ao passo que na fábula criada pelos redatores de *Lucas* foram os seus comparsas, que lhe ofereceram o alimento.

Com essa passagem podemos concluir que a luta contra os *hereges* do docetismo era intensa nessa época, porque os diretores da Facção Criminosa Católica tiveram que inventar outro trecho, para combater o dogma da impossibilidade da ressurreição do corpo.

Nunca é demais perguntar: por que um acontecimento como esse tão incomum e importante não foi relatado pelos outros redatores?

A desfaçatez é crônica entre os católicos, eles não têm vergonha em inventarem histórias absurdas, para conseguirem as suas 30 moedas de prata; é o que vemos com relação ao número de testemunhas da ressurreição, o qual se restringia aos membros da gangue do crucificado, por isso os redatores de *Atos dos Apóstolos*, tiveram que aumentar a quantidade daqueles que o viram:

> E naqueles dias, levantando-se Pedro no meio dos discípulos (ora a multidão junta era de quase cento e vinte pessoas)[1]

Mais uma vez ao abrirmos o *Liber de Artibus Deviantibus* encontramos mais uma inconsistência, porque Saul, a Pandora de Tarso, disse que o "Cadáver Judeu" fora visto por mais de 500 membros da sua quadrilha após a sua *ressurreição*. Esse aumento do número de testemunhas tinha como objetivo convencer aos demais consumidores, não somente os comparsas do crucificado:

> Depois foi visto, uma vez, por mais de quinhentos irmãos, dos quais vive ainda a maior parte, mas alguns já dormem também.[2]

---

[1] LUCAS, *Atos dos Apóstolos*, 1 (15).
[2] SAUL, Primeira Epístola aos Coríntios, 15 (6).

Nunca é demais lembrar que nenhum dos envolvidos nas narrativas do nascimento, crucificação e ressurreição presenciaram esses *fatos*, todavia para impor a aceitação por parte dos seus consumidores, os redatores do *Depósito de Excrementos* usaram termos imperativos, os quais não deixam espaços para o questionamento: "Aconteceu"; "Em verdade"; "a tua palavra é a verdade"; "e todo aquele que conhece a Deus nos ouve" e muitas outras mais. Ora, se pensarmos que os falsificadores se diziam inspirados pelo deus inventado pelos diretores da Gangue Nicena, não cabia outro comportamento aos seus consumidores a não ser aceitarem as fábulas, as quais estavam sendo impostas.

A ressurreição do "homem morto" não fora registrada por ninguém de fora da sua quadrilha: não temos uma linha sequer de qualquer escritor da época, que comprove a sua veracidade, ou ao menos legitime os eventos catastróficos ocorridos naquele momento. As informações sobre esse evento se encontram somente no *Liber Odium*:

1. LEVI, 28 (8-20);
2. MARCOS, 16 (9-20);
3. LUCAS, 24 (9-49);
4. JOÃO, 19 (25), 20 (15-31), 21 (1-23);
5. *Atos dos Apóstolos*, 1 (4-12), 7 (55-60), 9 (3-8, 17), 12(19), 16 (27), 18 (9-10), 22 (6-11, 14-15, 17-21), 23 (11);
6. SAUL, *Primeira Epístola aos Coríntios*, 9 (1), 15 (5-8);
7. SAUL, *Segunda Epístola aos Coríntios*, 12 (1-4);
8. *Apocalipse*, 1 (9-20).

Existe uma passagem no livro de Flávio Josefo, "o Enganador por excelência", sobre a ressurreição do taumaturgo crucificado. Todavia, aqueles que estudam os textos da e sobre a "Ninhada de Traidores" a consideram como uma *pia fraus*, isto é, uma falsificação grotesca (talvez seja uma das maravilhosas obras de Eusébio, "o Mais Repugnante dos Simpatizantes"). No texto desse traidor lemos que existia um homem de nome jesus, o qual atraiu muitos judeus e não-judeus; ele fora condenado por Pilatos a ser crucificado por exigência dos judeus; todavia, os "que o amaram desde o início não o abandonaram"; três dias depois ele ressuscitou:

> Ora, havia nessa época jesus, um homem sábio, se é lícito chamá-lo de homem; pois ele realizava obras maravilhosas, um professor de homens que recebem a verdade com prazer. Ele atraiu para si muitos dos judeus e muitos dos gentios. Ele era cristo. E quando Pilatos, por sugestão dos principais homens entre nós, o condenou à cruz, aqueles que o amaram desde o início não o abandonaram; pois ele lhes apareceu vivo novamente no terceiro dia; como os profetas divinos haviam predito estas e dez mil outras coisas maravilhosas a seu respeito. E a tribo dos cristãos, assim chamada por causa dele, não se extinguiu até hoje.[1]

Sobre esse fragmento dedicaremos a analisá-lo com um pouco mais de acuidade:

1. "havia nessa época jesus": o próprio Josefo, "o traidor de sua raça", apresentou uma lista com 18 homens chamados *jesus*, portanto poderia ser qualquer um;

2. "ele realizava obras maravilhosas": significa que ele usava truques para enganar a audiência, ervas para curar as doenças e magia negra, para se promover como o salvador;

3. "Ele era o cristo": na antiguidade e, principalmente, naquele "lugar de má-fama" o que mais existiam eram cristos pregando a salvação, portanto, essa afirmação não prova nada;

3. "E quando Pilatos, por sugestão dos principais homens entre nós, o condenou à cruz": essa acusação somente foi usada, quando a Quadrilha Católica aumentou o

---

[1] JOSEPHUS, Flavius. *The Antiquities of the Jews*, book XVIII, chapter 3: "Now there was about this time Jesus, a wise man, if it be lawful to call him a man; for he was a doer of wonderful works, a teacher of such men as receive the truth with pleasure. He drew over to him both many of the Jews and many of the Gentiles. He was [the] Christ. And when Pilate, at the suggestion of the principal men amongst us, had condemned him to the cross, those that loved him at the first did do not forsake him; for he appeared to them alive again the third day; as the divine prophets had foretold these and ten thousand Other wonderful things concerning him. And the tribe of Christians, so named from him, are not extinct at this day."

seu poder, a partir do século III a.H., porque nas primeiras *Fábulas* do *Liber Odium* vemos uma defesa veemente dos judeus. Portanto, está provado que o fragmento acima foi interpolado quase 2 séculos após a morte de Josefo. Além disso, vimos que a Quadrilha Católica adotou a cruz séculos mais tarde;

4. **"aqueles que o amaram desde o início não o abandonaram;":** logo, Shimon Kaipha, o Príncipe das Traições, e demais membros da Gangue do crucificado não o amavam, porque eles foram os primeiros a fugirem;

5. **"como os profetas divinos haviam predito estas e dez mil outras coisas maravilhosas a seu respeito.":** esse é um excesso comum aos assalariados da Gangue de Almas "mais sujas do que todo lixo", porque em todo o *Liber Mali* não existem mais de 50 relatos de mágicas feitas pelo crucificado e no *Livro Velho dos Judeus* não existe um único parágrafo que o citou;

6. **"E a tribo dos cristãos, assim chamada por causa dele,":** mais uma frase que mostra que o trecho acima é falso, porque a Gangue Nicena somente passou a ser chamada de *cristãos* quatro séculos após o início dessa Organização Criminosa.

Existe uma história sobre o diretor Quadrato de Atenas (morreu em 286 a.H.) ter enviado ao imperador Adriano uma apologia aos gângsteres da Máfia de Preto, contudo, como quase sempre acontece com esses criminosos, essa carta estaria perdida. O objetivo da sua carta seria convencer o imperador sobre o poder da mágica do deus inventado pelos diretores dessa Multinacional do Crime; ele até afirmou que alguns ressuscitados ainda caminhavam entre eles naquele momento (ou seja, alguns desses ressuscitados teriam mais de cem anos: isso sim é um milagre).

O que nos restou dessa carta foi somente um trecho que se encontra em Eusébio, "o Mais Repugnante dos Simpatizantes", portanto, devemos tomar cuidado ao tratarmos da sua veracidade:

> Ele mesmo deixa entrever sua antiguidade nisto que nos conta, em suas próprias palavras: Mas as obras de nosso

> salvador estavam sempre presentes, porque eram verdadeiras: os que haviam sido curados, os ressuscitados dentre os mortos, os quais não foram vistos apenas no instante de serem curados e ressuscitados, mas também estiveram sempre presentes, e não apenas enquanto vivia o salvador, mas também depois de ele morrer, todos viveram tempo suficiente, de forma que alguns deles chegaram mesmo aos nossos tempos.[1]

Esse fragmento contém todas as mentiras contadas pelos diretores, acionistas e consumidores da Organização Criminosa Católica, porque ela retratou os produtos mais insidiosos, que se possa vender: os milagres (magias negras) e a ressurreição do crucificado.

Ambrósio, o Pedófilo fez uma comparação entre vida dos animais e as fábulas da *Collectio Perversionum* da sua Organização Criminosa; em uma passagem desse horrendo texto, ele tentou provar que o "Cadáver Judeu" ressuscitou. Para conferir credibilidade a essa mentira, ele citou a vida da fênix, a qual, para ele, viveria 500 anos e ressuscitaria das suas cinzas. É uma passagem tão absurda, que a citaremos por completo:

> Na Arábia, existe uma ave chamada Fênix. Dizem que, renovada pelos sucos de sua própria carne, ela volta à vida após a morte. Será que devemos acreditar que somente os homens não ressuscitarão? Sabemos, por relatos comuns e pela autoridade dos escritos, que a referida ave tem um período fixo de vida de quinhentos anos. Quando, por algum aviso da Natureza, ela percebe que o fim de sua vida se aproxima, constrói para si um caixão de incenso, mirra e outros perfumes. Concluídos, ao mesmo tempo, o trabalho e o seu ciclo de vida, ela entra no caixão e morre. Então, de seus sucos surge um verme que, gradualmente, se transforma na mesma ave, recuperando seus antigos hábitos. Sustentada pelas remadas de suas asas, recomeça o curso de sua vida renovada e demonstra gratidão. Ela carrega o caixão, seja a tumba de seu corpo ou o berço de sua ressurreição, no qual, abandonando a vida, morreu, e morrendo, ressuscitou nova-

---

[1] EUSÉBIO. *História Eclesiástica*, livro 4, capítulo 3 (2).

mente. Leva-o da Etiópia para a Licônia; e assim, pela ressurreição dessa ave, os povos dessas regiões compreendem que se cumpre um período de quinhentos anos. Para a Fênix, quinhentos é o ano da ressurreição, mas para nós, o milésimo. Sua ressurreição ocorre neste mundo, a nossa, no final dos tempos. Muitos também acreditam que essa ave ateia sua própria pira funerária e volta à vida das próprias cinzas.[1]

A conclusão que ele tirou dessa lenda foi que a ressurreição do burro crucificado seria algo possível: como todo membro da Máfia "Adoradora de Farinha e Água", ele não se envergonhou de repetir essa asneira no seu *Obra dos Seis Dias*.[2]

Por um lado, concluímos que o conhecimento ambrosiano sobre ornitologia é fantástico, tal como o seu conhecimento a respeito do "Cadáver Judeu". Por outro, concordamos por completo com Ambrósio, o Pedófilo, quando ele comparou o burro crucificado à Fênix, desse modo, ele evidenciou que o crucificado seria tão verdadeiro como a própria Fênix, uma vez que somente acreditaria no crucificado, quem acreditasse na lenda da Fênix.

---

[1] AMBROSE. *On the Decease of his Brother Saytrus*, book II (On the Belief in the Resurrection), 59: "That bird in the country of Arabia, which is called the Phoenix, restored by the renovating juices of its flesh, after being dead comes to life again: shall we believe that men alone are not raised up again? Yet we know this by common report and the authority of writings, namely, that the bird referred to has a fixed period of life of five hundred years, and when by some warning of nature it knows that the end of its life is at hand, it furnishes for itself a casket of frankincense and myrrh and other perfumes, and its work and the time being together ended, it enters the casket and dies. Then from its juices a worm comes forth, and grows by degrees into the fashion of the same bird, and its former habits are restored, and borne up by the oarage of its wings it commences once more the course of its renewed life, and discharges a debt of gratitude. For it conveys that casket, whether the tomb of its body or the cradle of its resurrection, in which quitting life it died, and dying it rose again, from Ethiopia to Lycaonia; and so by the resurrection of this bird the people of those regions understand that a period of five hundred years is accomplished. So to that bird the five hundredth is the year of resurrection, but to us the thousandth: it has its resurrection in this world, we have ours at the end of the world. Many think also that this bird kindles its own funeral pile, and comes to life again from its own ashes."
[2] AMBROSE. *Hexaemeron*, dia 5, capítulo 23, 79.

Desde quando foi vendida a lenda da ressurreição do cordeiro "que falava como dragão", a quase 2.000 anos, os estudiosos do *Ductor omnes ad Vitia* tentam harmonizar as fábulas contidas nesse abjeto livro. De todas as aberrações desse livro, a que mais deixa os homens honestos estupefatos é a fábula da ressurreição, pois não há como atingir um ponto comum entre os redatores desse nefasto manual.

Relembremos dois importantes criminosos da Gangue Nicena, os quais não aceitavam o dogma da ressurreição da carne. O primeiro, como vimos acima, Saul, o "patife e falso", o qual negou a herança escatológica ao corpo, porquanto pregava o dogma essênio da ressurreição somente do espírito:

> Irmãos, eu lhes declaro que carne e sangue não podem herdar o Reino de deus, nem o que é perecível pode herdar o imperecível.[1]

Outro foi *João*, cujos redatores ao venderem o Garoto Propaganda da Gangue de Almas "mais sujas do que todo lixo", aos gregos, recusaram-se a aceitar a ressurreição da carne; não por serem essênios, mas porque para os racionais gregos a ressurreição da carne seria uma estupidez inimaginável:

> O espírito é o que vivifica, a carne para nada aproveita; as palavras que eu vos digo são espírito e vida.[2]

Existiram outros diretores, acionistas e consumidores do Império Católico do Mal que rejeitaram não só a ressurreição da carne, como a própria fábula da ressurreição, tais como os carpocratianos, coríntios, etc. Cremos que, por enquanto, essa apresentação serve, para mostrar a infantilidade da fábula sobre a ressurreição, bem como ela foi uma repetição de uma tradição *pagã*.

---

[1] SAUL, *Primeira Epístola aos Coríntios*, 15 (50).
[2] JOÃO, 6 (63).

Tudo o que a Quadrilha Católica defendeu virulentamente nos últimos milênios são mentiras baseadas na ressurreição:

> Se não há ressurreição dos mortos, então nem mesmo cristo ressuscitou;
> e, se cristo não ressuscitou, é inútil a nossa pregação, como também é inútil a fé que vocês têm.[1]

Todo roubo praticado, todo sangue derramado, todas as mulheres assassinadas e todas as crianças estupradas tiveram como causa a mentira da ressurreição.

---

[1] SAUL, *Primeira Epístola aos Coríntios*, 15 (13, 14).

Capítulo XI

A fábula da ascensão

"**Elias Subiu ao Céu**
E Elias subiu ao céu num redemoinho.
(2 Reis 2:11)

"**Somente Cristo Ascendeu ao Céu**
Ninguém subiu ao céu, senão aquele
que desceu do céu, o Filho do Homem.
(João, 3:13)"
William Henry Burr

Nesse capítulo analisaremos a fábula da ascensão; se as *mentiras sagradas* sobre a ressurreição são difíceis de se manterem, as da ascensão não estão em melhores condições. A busca por uma verdade sobre a ascensão do Sr. Münchhausen da Cruz é um trabalho inútil, porquanto os diretores da "Ninhada de Traidores" encheram o seu maléfico livro com tantas falsidades, incoerências e absurdos que é impossível não se sujar ao entrar em contato com *Liber Odium*.

Já vimos que as fábulas sobre a ressurreição e o aparecimento do burro crucificado aos membros da sua gangue são excessivamente incongruentes, para não dizermos que são falsificações despudoradas: o mesmo sentimento nos enche o coração, quando lemos as narrativas da sua subida aos céus.

A fábula da ascensão é mais uma tradição *pagã* que os diretores da Gangue de Almas "mais sujas do que todo lixo", adotaram para conseguir mais consumidores:

> Ascensão (*anabasis*) e presença (*parousia*) eram termos técnicos de mistérios pagãos. Aqui, então, há uma referência a um deus que em seus mistérios desaparece na morte, então ascende e está presente.[1]

Saul, o "patife e falso", que não conhecera o cordeiro "que falava como dragão", pode ficar livre para inventar as suas fábulas sobre ele; por isso, para se mostrar superior aos demais criminosos da Gangue do Crucificado, ele afirmou, com toda convicção de um mestre da mentira, que fora o último a vê-lo antes da sua ascensão. Isso nos prova o quão mentiroso ele era, porquanto conforme Lucas o crucificado ascendeu aos céus no mesmo dia:

---

[1] COUCHOUD, P. L. *The Creation of Christ*. London: Watts & CO., 1939, volume I, p. 92: "Ascension (anabasis) and presence (parousia) were technical terms of pagan mysteries. Here, then, is a reference to a god who in his mysteries disappears in death, then ascends, and is present."

E disse-lhe Jesus: Em verdade te digo que hoje estarás comigo no Paraíso.[1]

Como é possível perceber, ele nada sabia sobre a possível ascensão, por isso ele nada pode acrescentar a essa fábula, a qual é até mais importante do que a própria ressurreição, quando se trata de harmonizar os dogmas da Quadrilha Católica. O seu relato sobre a ascensão do "Cadáver Judeu" beira ao ridículo, por não conseguir fornecer detalhes sobre esse evento tão importante, para a sustentação da Organização Criminosa:

Mas a justiça que é pela fé diz assim: Não digas em teu coração: Quem subirá ao céu? (isto é, a trazer do alto a cristo).[2]

Ele reafirmou essa imbecilidade dogmática ao se dirigir aos efésios:

Por isso diz: Subindo ao alto, levou cativo o cativeiro, e deu dons aos homens.
Ora, isto – ele subiu – que é, senão que também antes tinha descido às partes mais baixas da terra?
Aquele que desceu é também o mesmo que subiu acima de todos os céus, para cumprir todas as coisas.[3]

Somente homens extremamente cafajestes, ou seja, católicos, conseguem dizer que entenderam essa bazófia.

Os redatores das *Fábulas de Marcos* tiveram que mentir ao dizerem, que o burro crucificado chegara aos céus; ele não nos informou como conseguiu verificar a verdade sobre essa afirmação, para defendê-la tão autoritariamente:

Ora, o senhor, depois de lhes ter falado, foi recebido no céu, e assentou-se à direita de deus.[4]

---

[1] LUCAS, 23 (43).
[2] SAUL, Primeira Epístola aos Romanos, 10 (6).
[3] SAUL, *Epístola aos Efésios*, 4 (8-10).
[4] MARCOS, 16 (19).

A Quadrilha Católica

Apesar de a fábula da ascensão ser narrada pelas personagens Saul, Marcos e Lucas, eles não fizeram parte do grupo inicial dos doze gângsteres que fundaram a Multinacional Católica de Crimes. As duas únicas personagens que pertenceram a esse primeiro grupo de facínoras foram Levi e João, contudo eles não falaram nada sobre uma possível ascensão aos céus. Os redatores das *Fábulas de Levi* nada escreveram sobre a fantasiosa volta à morada celeste por parte do inútil crucificado.

Os redatores de *Marcos* não revelaram o local da fantástica volta do crucificado ao seu pai, enquanto as *Fábulas de Lucas* afirmaram que foi em Betânia durante a páscoa, contrariando os redatores dos *Atos dos Apóstolos* (que está subscrito por Lucas). Esses identificaram o local como o Monte das Oliveiras quarenta dias após a morte do crucificado:

> Quando Marcos foi escrito, a doutrina da Ascensão não estava desenvolvida, pois tudo após o versículo oitavo no capítulo dezesseis de *Marcos* não se encontra nos manuscritos mais antigos.[1]

A farsa da ascensão era nova, assim os diretores do Bando de Fetichistas não tinham controle sobre esse produto, por conseguinte foram inventados relatos distintos e contraditórios:

> Os últimos quatro versos do texto comum de Lucas, em que o estupendo milagre é escassamente relacionado, não são encontrados no *Sinaítico* ou no texto mais antigo desse *Evangelho*.[2]

---

[1] RIEGEL, John I. and JORDAN, John H. *Simon Son of Man*. Boston: Sherman, French & Company, 1917, p. 240-241: "When Mark was written, the doctrine of the Ascension had not been evolved, for all after the eighth verse in the sixteenth chapter of Mark is not found in the earliest manuscripts."

[2] RIEGEL, John I. and JORDAN, John H. *Simon Son of Man*. Boston: Sherman, French & Company, 1917, p. 241: "The last four verses of the common text of Luke, in which the stupendous miracle is meagerli related, are not found in the Sinaitic or oldest text of that Gospel."

A *pia fraus* sobre a ascensão é encontrada na sua totalidade nas *Fábulas de Lucas* e nos *Atos dos Apóstolos*, mesmo assim todos sabem que os redatores desses textos deixaram claro que a sua personagem, Lucas, não convivera com o crucificado, portanto eles puderam fantasiar as suas fábulas sob o álibi de as terem recebido da forma como estavam apresentando:

> Segundo nos transmitiram os mesmos que os presenciaram desde o princípio, e foram ministros da palavra,[1]

Os redatores das *Fábulas de Lucas* ao inventarem a tolice da ascensão, esqueceram do que disseram antes e afirmaram, que o burro crucificado foi para o céu da Organização Criminosa três dias após a sua crucificação:

> E aconteceu que, abençoando-os ele, se apartou deles e foi elevado ao céu.[2]

Como a lorota da ascensão é insustentável os redatores do *Atos dos Apóstolos*, contradisseram os versículos anteriores ao narrarem que o Garoto Propaganda retornou à sua morada celestial após 40 dias. Isso nos leva a concluir que Lucas ao escrever as *Fábulas de Lucas* não leu o *Atos dos Apóstolos*, o qual Lucas escrevera:

> Depois do seu sofrimento, jesus apresentou-se a eles e deu-lhes muitas provas indiscutíveis de que estava vivo. Apareceu-lhes por um período de quarenta dias falando-lhes acerca do Reino de deus.[3]

---

[1] LUCAS, 1 (2).
[2] LUCAS, 24 (51).
[3] LUCAS, Atos dos Apóstolos, 1 (3).

Entre as *mentiras sagradas* dos redatores das *Fábulas de Lucas* e as do *Atos dos Apóstolos* encontramos uma terceira versão para a ascensão aos céus, porque o próprio "Cadáver Judeu" disse que naquele mesmo dia da crucificação, ele iria ao paraíso:

> E disse-lhe jesus: Em verdade te digo que hoje estarás comigo no paraíso.[1]

Por se tratar de uma fábula inventada séculos após o surgimento da Multinacional Católica de Crimes, ela não fora relatada pelos redatores das *Fábulas de João*, as quais foram *encontradas* séculos após a ascensão:

> Mesmo o João, o mais recente de todos os *Evangelhos*, não apresenta nenhum relato da Ascensão.[2]

Se não encontramos coerência sobre a ascensão é muita presunção da nossa parte querer uma informação exata do local em que ela ocorrera, pois *Levi* nos disse que foi na Galileia:

> Então jesus disse-lhes: Não temais; ide dizer a meus irmãos que vão à Galileia, e lá me verão.[3]

Os redatores de *Lucas*, que não viram nada, mas ouviram muitos boatos, inventaram que esse importante evento teve lugar em Betânia:

> E levou-os fora, até Betânia; e, levantando as suas mãos, os abençoou.
> E aconteceu que, abençoando-os ele, se apartou deles e foi elevado ao céu.[4]

---

[1] LUCAS, 23 (43).
[2] RIEGEL, John I. and JORDAN, John H. *Simon Son of Man*. Boston: Sherman, French & Company, 1917, p. 241: "Even the John, the latest of all the Gospels, gives no report of the Ascension."
[3] LEVI, 28 (10).
[4] LUCAS, 24 (50-51).

No *Atos dos Apóstolos*, que teria sido escrito por Lucas, lemos que a ascensão tivera como lugar o Monte das Oliveiras:

> E, quando dizia isto, vendo-o eles, foi elevado às alturas, e uma nuvem o recebeu, ocultando-o a seus olhos.
> [...]
> Então voltaram para Jerusalém, do monte chamado das Oliveiras, o qual está perto de Jerusalém, à distância do caminho de um sábado.[1]

Quanto mais lemos sobre a ascensão do Garoto Propaganda da Máfia "Adoradora de Farinha e Água", mais falsa torna-se a história, pois Irineu, o Inventor de Hereges, reafirmou o que se encontra das *Fábulas de João*: o cordeiro, "que falava como dragão", vivera até uma idade bem avançada. Nós já fizemos essa citação mais acima, contudo pedimos desculpas para nos referir a ela novamente, porque é fundamental para provar que a ressurreição e a ascensão são criações *ex nihilo*, a fim de agradar aos consumidores *pagãos*:

> Pois quando o senhor lhes [aos judeus] disse: "Seu pai Abraão se regozijou em ver o meu dia; e ele viu, e ficou feliz", eles responderam, "Tu ainda não tens cinquenta anos, e viste Abraão?" Agora, tal linguagem é apropriadamente aplicada a alguém que já passou dos quarenta anos, sem ter ainda atingido seu quinquagésimo ano, mas não está longe deste último período. Mas para alguém que tem apenas trinta anos, seria inquestionavelmente dito: "Você ainda não tem quarenta anos".[2]

---

[1] LUCAS, *Atos dos Apóstolos*, 1 (9, 12).
[2] IRENAEUS (Philip Schaff, ed.). *Against Heresies*, book II, chapter XXII (The thirty Æons are not typified by...): "6. For when the Lord said to them, 'Your father Abraham rejoiced to see My day; and he saw it, and was glad,' they answered Him, 'Thou art not yet fifty years old, and hast Thou seen Abraham?' Now, such language is fittingly applied to one who has already passed the age of forty, without having as yet reached his fiftieth year, yet is not far from this latter period. But to one who is only thirty years old it would unquestionably be said, 'Thou art not yet forty years old'."

Vejamos essa passagem nas *Fábulas de João*, a fim de que os criminosos da Gangue de Almas "mais sujas do que todo lixo", não digam que estamos errados:

> "Abraão, pai de vocês, regozijou-se porque veria o meu dia; ele o viu e alegrou-se".
> Disseram-lhe os judeus: "Você ainda não tem cinquenta anos, e viu Abraão?"
> Respondeu Jesus: "Eu lhes afirmo que antes de Abraão nascer, eu sou!"
> Então eles apanharam pedras para apedrejá-lo, mas jesus escondeu-se e saiu do templo.[1]

Dessas citações podemos inferir, ou o crucificado não morreu aos 33 anos, ou Irineu, o Inventor de Hereges, e *João* estão mentindo, ou o *Absurdum Manual* não é divinamente inspirado. De Irineu é esperado a falsidade, dos redatores de *João* a mentira é sempre certa, contudo, como explicar que o *Liber Odium* esteja errado? Essa é uma questão que deixamos aos homens honestos responderem, isto é, aquele que não seja católico.

A fábula da ascensão fica cada vez mais patética, ao consultarmos outras fontes, que nos apresentam datas distintas sobre quando ela ocorrera:

> O Reverendo Dr. Martineau, em sua recente revisão do *Evangelho de São Pedro*, cita três autoridades relacionadas a esse assunto, pelas quais agradece ao crítico alemão, [Adolf von] Harnack.
> São elas: –
> "Valentiniano, conforme Irineu. I. III. 2: Um ano e meio após a ressurreição."
> "*Ascensão de Isaías* (um apocalipse judaico cristão): 545 dias após a ressurreição."
> "*Pistis Sophia* (um apocalipse judaico cristão): onze anos após a ressurreição."[2]

---

[1] JOÃO, 8 (56-59).
[2] NESBIT, Edward P. *Jesus an Essene*. 1895 (2019), p. 160: "The Rev. Dr. Martineau, in his recent review of the *Gospel of St. Peter*, cites three authorities bearing

A fábula da ascensão do crucificado é mais uma herança *pagã* na Facção Criminosa Católica, porque existiram mais de 30 Deuses *pagãos*, os quais morreram, ressuscitaram e foram para o céu. A seguir apresentaremos os nomes de alguns desses Deuses, que ascenderam ao céu:

> 1. **Hércules:** "Iolo, depois procurando por seus ossos, não encontrou nenhum; daí surgiu a opinião de que Hércules (como o oráculo havia predito) foi transladado dos homens para os Deuses."[1]
> 2. **Buda Cristo:** "Obviamente, se o Buda não tivesse um corpo enquanto ascendia, ele não poderia ter deixado pegadas, o que significa que, por essa história de pegadas, comum no mundo budista, devemos presumir que havia uma tradição de uma ascensão corpórea. No entanto, esse tema é igualmente mítico, pois as "pegadas dos Deuses" podem ser encontradas em vários lugares associados a uma variedade de deidades."[2]
> 3. **Quetzalcoatl:** "A história da crucificação de Quetzalcoatl do México, seguida de seu enterro, ressurreição e ascensão, é distintamente relacionada nos 'sagrados' e inspirados 'evangelhos' daquele país, que Lord Kingsborough admitiu terem mais de dois mil anos."[3]

---

upon this subject, for which he makes acknowledgment to a German critic, Harnack. These are as follows: —
'Valentinians, according to Iren. I. iii. 2: A year and a half after resurrection.'
'Ascensio Isaiae (a Christianized Jewish apocalypse): 545 days after resurrection.'
'*Pistis Sophia* (a Christianized Jewish apocalypse): eleven years after resurrection'." Disponível em <globalgreyebooks.com>.

[1] DIODORUS, THE SICILIAN. *Historical Library*. London: W. MacDowall, 1814, volume I, book IV, p. 252: "Iolus afterwards seeking for his bones, could find none at all; whence arose an opinion that Hercules (as the oracle had foretold) was translated from men to the gods."

[2] ACHARYA, S. *Suns of God Krishna, Buddha And Christ Unveiled*. Illinois: Adventures Unlimited Press, 2004, p. 356: "Obviously, if the Buddha did not have a body as he was ascending, he could not have left footprints, which is to say that, by this footprint story, common in the Buddhist world, we must presume there was a tradition of a bodily ascension. Yet, this theme is likewise mythical, as the "footprints of the gods" can be found in numerous places associated with a variety of deities."

[3] GRAVES, Kersey. The World's Sixteen Crucified Saviors, 1875, p. 119: "The story of the crucifixion of Quexalcote of Mexico, followed by his

4. Rômulo: "Acreditando plenamente na afirmação dos senadores, que estavam situados perto dele, de que ele havia sido arrebatado ao céu num redemoinho, eles ainda ficaram, por algum tempo, sem palavras pelo medo e pela dor, como homens subitamente desconsolados."[1]

5. Dionísio: "Ele, como jesus, havia sofrido uma morte violenta e havia descido ao inferno, mas, então se seguiram sua ressurreição e ascensão; e estas foram comemoradas em seus ritos sagrados."[2]

6. Sócrates, o "Bufão Ático": "Achei que uma bela e graciosa mulher vestida de branco se aproximou de mim. Ela me chamou e disse: "Sócrates, que você chegue à fértil Ftia no terceiro dia."[3]

7. Nero, o Salvador: "Quando seu papel na Terra acabar e finalmente você buscar as estrelas, o palácio celestial que você espera o receberá, os céus se regozijarão. [...] toda divindade lhe renderá homenagem, e a Natureza o deixará escolher qual Deus você deseja ser, e onde deseja estabelecer seu trono universal. [...] Deixe toda aquela região do céu clara, e nenhuma nuvem esconda nossa visão de César."[4]

---

burial, resurrection and ascension, is distinctly related in the "holy" and inspired "gospels" of that country, which Lord Kingsborough admitted to be more than two thousand years old." Disponível em <globalgreyebooks.com>.

[1] LIVIO, Tito. *Historia de Roma*, libro 1: Las primeras leyendas): "[1.16] Creyendo plenamente la afirmación de los senadores, que habían estado situados cerca de él, de que había sido arrebatado al cielo en un torbellino, todavía quedaron, por el miedo y el dolor, algún tiempo sin habla como hombres repentinamente desconsolados."

[2] ACHARYA, S. *Suns of God Krishna, Buddha And Christ Unveiled*. Illinois: Adventures Unlimited Press, 2004, p. 99: "He, like Jesus, had suffered a violent death, and had descended into hell, but his resurrection and ascension then followed; and these were commemorated in his sacred rites."

[3] PLATO (J. M. Cooper, ed.). *Crito*, 44 b: "thought that a beautiful and comely woman dressed in white approached me. She called me and said: 'Socrates, may you arrive at fertile Phthia on the third day'."

[4] LUCAN. The Civil War (Pharsalia), book I: "When your role on earth is over and at last you seek the stars, the celestial palace you expect will welcome you, the heavens rejoice. [...] every deity will yield to you, and nature leave you to choose what god you wish to be, and where you wish to set your universal throne. [...] Let all that region of the sky be clear, and no cloud hide our sight of Caesar."
Disponível em
<https://www.poetryintranslation.com/PITBR/Latin/Pharsalialmaster.php>

Ao chegarmos a esse ponto desejamos perguntar: por que os redatores das *Fábulas de Lucas*[1] e do *Atos dos Apóstolos*[2] inseriram a mentira sobre a ascensão, uma vez que não apresentaram nenhum motivo teológico para ela? A resposta é que se tratava de uma tradição *pagã*, a qual era admirada pelos fiéis. Como os diretores da Organização Criminosa Católica precisavam aumentar o seu público consumidor, eles copiaram essa prática comum no *paganismo*:

> Justino não estava sozinho em reconhecer semelhanças entre Jesus e os deuses e heróis dos gregos. Um norte-africano chamado Tertuliano comparou a ascensão de Jesus à ascensão do fundador mitológico de Roma. Após sua ressurreição, jesus "foi arrebatado ao céu – muito mais verdadeiramente do que qualquer Rômulo", o fundador mitológico de Roma e da dinastia Júlio-Claudiana.[3]

---

[1] LUCAS, 24 (50-53).
[2] LUCAS, *Atos dos Apóstolos*, 1 (9-11).
[3] MACDONALD, Dennis R. *Mythologizing Jesus*. NewYork: Rowman & Littlefield, 2015, p. 04: "Justin was not alone in recognizing similarities between Jesus and the gods and heroes of the Greeks. A North African named Tertullian compared Jesus ascension to the ascension of the mythological founder of Rome. After his resurrection, Jesus "was caught up to heaven – far more truly than any Romulus," the mythological founder of Rome and the Julio-Claudian dynasty."

Capítulo XII

A espírito santo

Relíquias do diretor da filial católica de Mainz, Albrecht:

"[...] Duas penas e um ovo do espírito santo; [...]."

Martinho Lutero

Como dissemos no início trataremos a terceira hipóstase, espírito santo, na sua forma feminina, porquanto ela aparecia na forma de uma pomba; outro motivo para a tratarmos no feminino deve-se ao diretor da Quadrilha Católica, Albrecht de Mainz, o qual apresentou a sua coleção de *relíquias* (com as bênçãos do CEO Alessandro Farnese, conhecido entre os pedófilos como papa Paulo III), na qual se encontrava duas penas e um ovo da espírito santo.

Não sabemos ao certo quantos ovos essa pomba botou, ou mesmo quantos ela chocou, porque infelizmente só temos um único ovo seu, o qual se encontra na coleção de *relíquias* do diretor da Gangue de Almas "mais sujas do que todo lixo", Albrecht de Mainz.

Os redatores das *Fábulas de Lucas*, a fim de agradarem aos consumidores *pagãos* transformaram a espírito santo em uma pomba, porquanto nas religiões *pagãs* a pomba era a representação de várias Deusas, como Ísis, por exemplo:

> E o espírito santo desceu sobre ele em forma corpórea, como pomba; e ouviu-se uma voz do céu, que dizia: Tu és o meu filho amado, em ti me comprazo.[1]

Entre os judeus a espírito santo era a *Ira Sagrada*, a *Santa Ira*, contudo ao ser introduzida na Grécia, ela perdeu o seu furor sendo transformada em uma pomba:

> A Fúria era considerada pelos antigos como um dom divino, e esse patriotismo impetuoso [de Simão Bar Gi'ora, o Filho do Homem], essa piedade [respeito aos Deuses] por seu povo – patriotismo e piedade naquela teocracia eram sinônimos – só podia ser considerada uma Ira ou Ira Sagrada, um "Roah Kadesh". Simão era o próprio *Simum* [Samiel] do deserto, o "Vento" ou "Fúria de Kadesh", assim como o "Roah Kadesh" ou "Santa Ira", que passou para o grego, nas mãos de homens dóceis pela derrota e espancados em humildade

---

[1] LUCAS, 3 (22).

sem esperança para com as ambições terrenas, como "Pneuma Hagios" ou o "Espírito santo".[1]

A partir desse fragmento entendemos, porque os redatores do *Atos dos Apóstolos* apresentaram a espírito santo como um vento forte e impetuoso:

> E de repente veio do céu um som, como de um vento veemente e impetuoso, e encheu toda a casa em que estavam assentados.[2]

Por uma coincidência inaudita o Deus *pagão* Hermes era adorado como um *Vento Forte*:

> Em honra à Deusa (Tétis), filha de Nereu, ele (Zeus) enviou Hermes a Aiolos (Éolo), ordenando-lhe que convocasse o poder sagrado de seus rápidos *Anemoi* (Ventos), pois o cadáver do filho de Aiakos (Éaco) [Aquiles] deveria agora ser queimado. Com rapidez [do vento] ele foi, e Aiolos não recusou: o tempestuoso Bóreas (vento do Norte) ele convocou às pressas, e a rajada selvagem de Zéfiro (vento do Oeste); e para Tróia eles dispararam em suas asas de redemoinho. Rápidos em investida louca, rápidos através das profundezas eles dispararam; rugiram abaixo deles, enquanto voavam, o mar e a terra; acima caíram nuvens com voz de trovão, precipitando-se através do firmamento.[3]

---

[1] RIEGEL, John I. and JORDAN, John H. *Simon Son of Man*. Boston: Sherman, French & Company, 1917, p. 41: "Fury was considered by the ancients a divine gift, and this impetuous patriotism, this piety for his people — patriotism and piety in that theocracy were synonymous — could be considered only a holy rage or wrath, a "Roah Kadesh". Simon was the very simoon of the desert, the 'Wind' or 'Fury of Kadesh' as well as the 'Roah Kadesh' or 'Holy Wrath', which passed into Greek, in the hands of men made docile by defeat and beaten into hopeless humility towards earthly ambitions, as 'Pneuma Hagios' or the 'Holy Spirit'."
[2] LUCAS, *Atos dos Apóstolos*, 2 (2).
[3] QUINTUS SMYRNAEUS. *Fall of Troy*, book 3, 580: "[The funeral of Akhilleus (Achilles):] For honour to the goddess [Thetis], Nereus child, he [Zeus] sent to Aiolos (Aeolus) Hermes, bidding him summon the sacred might of his swift Anemoi (Winds), for that the corpse of Aiakos' (Aeacus') son [Akhilleus] must now be burned. With speed he went, and Aiolos refused not: tempestuous Boreas (Northwind) in haste he summoned, and the wild blast of Zephyros (the West); and to

Os redatores das *Fábulas de João*, igualmente, identificaram a espírito santo como um vento, um sopro, assim como os fiéis das religiões *pagãs*:

> E, havendo dito isto, assoprou sobre eles e disse-lhes: Recebei o espírito santo.[1]

Os redatores do *Evangelho dos Hebreus* denominavam a espírito santo como a "Mãe de jesus":

> o próprio Salvador diz: "Minha mãe, o Espírito Santo, tomou-me agora mesmo por um dos meus cabelos e levou-me ao grande monte Tabor", ele terá que enfrentar a dificuldade de explicar como o Espírito Santo pode ser a mãe de Cristo quando ele próprio foi trazido à existência através da Palavra.[2]

Saul, o "patife e falso", anunciou o dogma da espírito santo, ela estaria ligada ao seu messianismo; a espírito santo foi a sua base para comercializar os demais produtos, contudo ninguém, nem ele mesmo, sabia exatamente o que ela seria, às vezes ele a chamava de espírito do filho de deus:

> E, porque sois filhos, deus enviou aos vossos corações o espírito de seu filho, que clama: Aba, pai.[3]

Troy sped they on their whirlwind wings. Fast in mad onrush, fast across the deep they darted; roared beneath them as they flew the sea, the land; above crashed thunder-voiced clouds headlong hurtling through the firmament." Disponível em < https://www.theoi.com/Titan/Anemoi.html>

[1] JOÃO, 20 (22).
[2] ORIGEN. *Commentary on the Gospel of John*, book II, chapter 6 (How the Word is the Maker of All Things,...), p. 1217: "the Saviour Himself says, 'My mother, the Holy Spirit took me just now by one of my hairs and carried me off to the great mount Tabor', he will have to face the difficulty of explaining how the Holy Spirit can be the mother of Christ when it was itself brought into existence through the Word." Disponível <Amazon.com.> Edição do Kindle.
[3] SAUL, *Epístola aos Gálatas*, 4 (6).

Muitos autores tentaram explicar o que Saul, "o Anticristo" estava pensando ao vender a espírito santo, porque às vezes ele dizia que ela seria o próprio crucificado:

> Ou não sabeis que o vosso corpo é o templo da espírito santo, que habita em vós, proveniente de deus, e que não sois de vós mesmos? Porque fostes comprados por bom preço; glorificai, pois, a deus no vosso corpo, e no vosso espírito, os quais pertencem a deus.[1]

Desse modo, qualquer um tiraria ilações diversas, porque ninguém saberia sobre o que exatamente, ele estaria falando. O provável é que o limitadíssimo, mas espertíssimo Saul, o "patife e falso", ao entrar em contato com o pensamento grego ouviu a palavra *pneuma* sendo utilizada em excesso pelos seus novos consumidores, portanto, ele a usou combinada com a palavra *hagios*, somente para parecer que a espírito santo seria algo relevante.

No *Atos dos Apóstolos* encontramos uma história que envolvia o Grande Deus Simão, o Mago, e Shimon Kaipha, o Príncipe das Traições, segundo a qual aquele se ofereceu, para pagar pelo dom da espírito santo:

> E Simão, vendo que pela imposição das mãos dos apóstolos era dado o espírito santo, lhes ofereceu dinheiro, Dizendo: Dai-me também a mim esse poder, para que aquele sobre quem eu puser as mãos receba o espírito santo. Mas disse-lhe Pedro: O teu dinheiro seja contigo para perdição, pois cuidaste que o dom de deus se alcança por dinheiro.[2]

Dois motivos levaram Shimon Kaipha, o Príncipe das Traições, a se irritar com o Deus Simão, o Salvador: o primeiro foi devido ao valor baixo oferecido pelo Deus Simão, porque todos sabem que os diretores da **Multinacional Católica de Crimes** fazem quaisquer coisas por 30 moedas de prata. O segundo motivo da

---

[1] SAUL, *Primeira Epístola aos Coríntios*, 6 (19-20).
[2] LUCAS, *Atos dos Apóstolos*, 8 (18-20).

sua irritação deveu-se ao seu baixo nível intelectual, uma vez que ele não entendeu, que a fala do Deus Simão, o Redentor, foi um ato de respeito pelo trabalho feito por Shimon Kaipha, o Príncipe das Traições, o qual, por educação, deveria ser remunerado:

> Certamente foi um ato de cortesia maior oferecer-se para pagá-lo, do que exigi-lo como um favor gratuito. Portanto, inferimos que ele superou Pedro em seu comportamento como cavalheiro, especialmente por suportar a severa reprimenda de Pedro com paciência e, aparentemente, com um espírito melhor do que aquele que a pronunciou.[1]

Como a honestidade nunca foi o ponto forte de um católico, descobrimos que a espírito santo teria concebido o burro crucificado:

> Ora, o nascimento de jesus cristo foi assim: Que estando Maria, sua mãe, desposada com José, antes de se ajuntarem, achou-se ter concebido do espírito santo.[2]

Como o crucificado pode ser um deus poderoso, se até a sua concepção foi por outro? Como pode uma mulher engravidar outra mulher? A essas perguntas os pedófilos católicos responderão: a deus tudo é possível.

Os primeiros fundadores da Organização Criminosa Católica, os ebionitas, consideravam a espírito santo como uma mulher:

> Assim, eles acreditam que cristo é uma figura humana invisível aos olhos humanos, [...] Em frente a ele o espírito santo

---

[1] GRAVES, Kersey. *The World's Sixteen Crucified Saviors*. 1875, p. 250: "It was certainly a greater act of courtesy to offer to pay for it than to demand it as a gratuitous favor. Hence we infer he excelled Peter in his demeanor as a gentleman, especially as he bore Peter's severe reprimand with patience, and apparently with a better spirit than that which dictated it." Disponível em <globalgreyebooks.com>
[2] LEVI, 1 (18).

também permanece invisível, na forma de uma mulher, com as mesmas dimensões.¹

Outro grupo que defendia a feminilidade da espírito santo foi a *heresia* sampsiana:

> Eles confessam cristo em nome, mas acreditam que ele é uma criatura e que continua aparecendo ocasionalmente. Ele foi formado pela primeira vez em Adão, mas quando quer, ele tira o corpo de Adão e o veste novamente. Ele é chamado de cristo, e o espírito santo é sua irmã, em forma feminina.²

Jerônimo, o "Repugnante" Estuprador de Crianças, afirmou, igualmente, a feminilidade da espírito santo:

> e se referem [Juízes, 4] ao espírito santo, que entre os hebreus é chamado no gênero feminino RUACH ([רוח]). No *Evangelho dos Hebreus*, que os Nazarenos leem, o Salvador é apresentado, dizendo: Minha mãe acaba de me levar, o espírito santo.³

Para não deixar dúvidas sobre a condição feminina da espírito santo, ele repetiu novamente:

> Meus filhos, a quem gerarei novamente, até que cristo seja formado em vocês (*Gálatas*, 4:19): não há dúvida de que o

---

¹ EPIPHANIUS. *Against Ebionites*, section II, 17, 6: "Thus they believe that Christ is a manlike figure invisible to human eyes, [...] Opposite him the Holy Spirit stands invisibly as well, in the form of a female, with the same dimensions."

² EPIPHANIUS. *Against Sampsaeans*, 1, 8: "They confess Christ in name but believe that he is a creature, and that he keeps appearing every now and then. He was formed for the first time in Adam, but when he chooses he takes Adam's body off and puts it on again. (9) He is called Christ, and the Holy Spirit is his sister, in female form."

³ HIERONYMUS. *Commentaria in Ezechielem*, liber 4, cap. 16, vers. 13: "et refertur ad Spiritum sanctum, qui apud Hebraeos appellatur genere feminino RUACH ([רוח]). In Evangelio quoque Hebraeorum, quod lectitant Nazaraei, Salvator inducitur loquens: Modo me arripuit mater mea, Spiritus sanctus." Disponível em <https://la.wikisource.org/wiki/Commentaria_in_Ezechielem_(Hieronymus)/4>.

espírito santo é chamado pela sua linguagem no gênero feminino, ou seja, *Ruach ha-kodesh* [רוּחַ הַקֹּדֶשׁ]. E o que é dito no *Salmo* sexagésimo sétimo: [...] Não só isso: como os olhos de uma serva nas mãos de sua senhora, eles interpretam a alma da serva, e a senhora o espírito santo. Mas também no *Evangelho* escrito ao lado dos Hebreus, leem os nazarenos, o senhor fala: minha mãe, o espírito santo, acabou de me levar.[1]

Como aquela que dá a vida, a espírito santo pode ser encontrada durante o batismo do burro crucificado, quando ele nasceu para uma nova vida:

> E, sendo jesus batizado, saiu logo da água, e eis que se lhe abriram os céus, e viu o espírito de deus descendo como pomba e vindo sobre ele.[2]

Harnack chama atenção para a feminilidade da espírito santo entre os primeiros criminosos da Máfia de Preto, ao identificá-la com a *sabedoria*:

> Havia também alguns que estavam inclinados a considerar o espírito, feminino em hebraico identificado com a "Sabedoria" de deus, como um princípio feminino.[3]

---

[1] HIERONYMUS. *Commentaria in Isaiam*, liber XI, cap. 40, vers. 9: "Filioli mei, quos iterum parturio, donec Christus formetur in vobis (Galat. IV, 19): Hebraei asserunt, nec de hac re apud eos ulla dubitatio est, Spiritum sanctum lingua sua appellari genere feminino, id est, RUA CODSA ( ). Illudque quod in sexagesimo septimo psalmo dicitur: [...] Necnon et illud: Sicut oculi ancillae in manibus dominae suae, animam interpretantur ancillam, et dominam Spiritum sanctum. Sed et in Evangelio quod juxta Hebraeos scriptum, Nazaraei lectitant, Dominus loquitur: modo me tulit mater mea, Spiritus sanctus." Disponível em <https://la.wikisource.org/wiki/Commentaria_in_Isaiam_(Hieronymus)/11>.
Ver ainda: *Comentários sobre Miqueias*, livro 2, capítulo 7, versículo 6.
[2] LEVI, 3 (16).
[3] HARNACK, Adolf. *History of Dogma*. Appendix (The doctrine of the holy ghost and of the trinity), I: "There were actually some too who were inclined to regard the Spirit, which is feminine in Hebrew, and which was identified with the 'Wisdom' of God, as a female principle."
Disponível em <https://www.ccel.org/ccel/h/harnack/dogma4/cache/dogma4.pdf>.

Os hindus, igualmente, possuíam uma espírito santo, a qual era a terceira hipóstase da sua trindade: Brahma, o Deus do Poder (Pai); Palavra, o Deus da Criação (Filho); Espírito Santo, o Deus da Regeneração. Espírito Santo seria aquele Deus, que gerou a vida e os homens e os demais Deuses.

A terceira hipóstase, a espírito santo, plagiada pelos diretores da Facção Criminosa Católica das religiões *pagãs*, ultrapassa qualquer senso de decência que alguém possa ter. Porque, é uma fábula que não tem nenhum aspecto relevante para os produtos da Multinacional do Crime, como a ressurreição e a ascensão têm. Contudo, ela foi inventada, porque na antiguidade *os pagãos* adoravam diversas trindades: esses diretores sabiam que esse estranho produto traria grandes lucros, então, eles colocaram a espírito santo no seu cardápio.

Os redatores das *Fábulas de Levi, Marcos, Lucas* e *João* e das diversas epístolas da *Collectio Perversionum* não conseguiram chegar a um acordo sobre o que seria essa terceira hipóstase, por isso encontramos diversas definições sobre esse Ser anômalo, místico e infantil. A seguir apresentaremos as vinte e duas definições contidas nesse nefando manual, as quais foram cuidadosamente coligidas por Kersey Graves:

> **1.** Em João, XIV (26), o espírito santo é mencionado como uma pessoa ou deus pessoal.
> **2.** Em Lucas, III (22), o espírito santo muda e assume a forma de uma pomba.
> **3.** Em Mateus XIII, (16), o espírito santo se torna um espírito.
> **4.** Em João, I (32), o espírito santo é apresentado como um objeto inanimado e sem sentido.
> **5.** Em João, V (7), o espírito santo torna-se um deus – o terceiro membro da trindade.
> **6.** Em *Atos*, II (1), afirma-se que o espírito santo é "um vento forte e impetuoso".
> **7.** Em *Atos* X (38), o espírito santo, inferimos, de seu modo de aplicação, é uma pomada [óleo].

8. Em João, XX (22), o espírito santo é o sopro, como inferimos legitimamente por ser soprado na boca do recipiente segundo o antigo costume oriental.

9. Em *Atos*, II (3), aprendemos que o espírito santo "se assentou sobre cada um deles", provavelmente na forma de um pássaro, como no batismo de jesus.

10. Em *Atos*, II (3), o espírito santo aparece como "línguas de fogo divididas".

11. Em Lucas, II (26), o espírito santo é o autor de uma revelação ou inspiração.

12. Em *Atos*, VIII (17), o espírito santo é uma aura magnética transmitida pela "imposição de mãos".

13. Em Marcos, I (8), o espírito santo é um meio ou elemento para o batismo.

14. Em *Atos*, XXVIII (25), o espírito santo aparece com órgãos vocais e fala.

15. Em *Hebreus*, VI (4), o espírito santo é distribuído ou comunicado por medida.

16. Em Lucas, III (22), o espírito santo aparece com um corpo tangível.

17. Em Lucas, I (5), e muitos outros textos, somos ensinados que as pessoas estão cheias do espírito santo.

18. Em Mateus, XI (15), o espírito santo cai sobre o povo como uma substância ponderável.

19. Em Lucas, IV (1), o espírito santo é um deus dentro de um deus – "jesus sendo cheio do espírito santo".

20. Em *Atos*, XXI (11), o espírito santo é um ser do gênero masculino ou feminino – "Assim diz o [a] espírito santo", etc.

21. Em João, I (32), o espírito santo é do gênero neutro – "Ele [/ela] (o [/a] espírito santo) habitou sobre ele [/ela]". [Na língua portuguesa não temos o gênero neutro, por isso grafamos dessa maneira.]

22. Em Mateus, I (18), o espírito santo torna-se um agente vicário na procriação de outro deus; isto é, esse terceiro membro da trindade auxilia o primeiro membro (o Pai) na criação ou geração do segundo membro da tríade de deuses solteiros — o verbo, ou salvador, ou filho de deus.[1]

---

[1] GRAVES, Kersey. *The World's Sixteen Crucified Saviors*. 1875, p. 129-131: "1. In John xiv. 26, the Holy Ghost is spoken of as a person or personal God.
2. In Luke III. 22, the Holy Ghost changes, and assumes the form of a dove.
3. In Matt. xIII. 16, the Holy Ghost becomes a spirit
4. In John i. 32, the Holy Ghost is presented as an inanimate, senseless object.
5. In John v. 7, the Holy Ghost becomes a God – the third member of the Trinity.
6. In Acts II. 1, the Holy Ghost is averred to be 'a mighty, rushing wind.'

O Paganismo oficializado

A espírito santo nos dogmas apresentados no *Livro Velho dos Judeus* e no *Ductor omnes ad Vitia* era uma crença, nada mais do que uma crença, de que existiria um princípio vivo e iluminador, que fora um presente que o deus, que eles inventaram, ofereceu aos seus consumidores:

1. *Salmos*, 51 (11);
2. Levi, 1 (20), 10 (19-20), 18 (19-20), 28 (19-20);
3. Marcos, 13 (11);
4. Lucas, 3 (21-22), 4 (18-19), 11 (13);
5. Lucas, *Atos dos apóstolos*, 1 (8), 13 (2), 19 (5-6), 2 (1-5), 2 (2-4), 2 (38), 4 (31), 5 (32);
6. João, 1 (33), 3 (5-7), 14 (14-26), 15 (26), 16 (7-8);

---

7. In Acts x. 38, the Holy Ghost, we infer, from its mode of application, is an ointment.
8. In John xx. 22, the Holy Ghost is the breath, as we legitimately infer by its being breathed into the mouth of the recipient after the ancient oriental custom.
9. In Acts II. 3, we learn the Holy Ghost 'sat upon each of them,' probably in the form of a bird, as at Jesus' baptism.
10. In Acts II. 1, the Holy Ghost appears as 'cloven tongues of fire.'
11. In Luke II. 26, the Holy Ghost is the author of a revelation or inspiration.
12. In Acts viii. 17, the Holy Ghost is a magnetic aura imparted by the 'laying on of hands.'
13. In Mark i. 8, the Holy Ghost is a medium or element for baptism.
14. In Acts xxviii. 25, the Holy Ghost appears with vocal organs, and speaks.
15. In Heb. vi. 4, the Holy Ghost is dealt out or imparted by measure.
16. In Luke III. 22, the Holy Ghost appears with a tangible body.
17. In Luke i. 5, and many other texts, we are taught people are filled with the Holy Ghost.
18. In Matt. xi. 15, the Holy Ghost falls upon the people as a ponderable substance.
19. In Luke iv. 1, the Holy Ghost is a God within a God—' Jesus being full of the Holy Ghost.'
20. In Acts xxi. 11, the Holy Ghost is a being of the masculine or feminine gender—'Thus saith the Holy Ghost,' etc.
21. In John i. 32, the Holy Ghost is of the neuter gender—'It (the Holy Ghost) abode upon him.'
22. In Matt. i. 18, the Holy Ghost becomes a vicarious agent in the procreation of another God; that is, this third member of the Trinity aids the first member (the Father) in the creation or generation of the second member of the triad of bachelor Gods— the Word, or Savior, or Son of God." Disponível em <globalgreyebooks.com>

7. Saul, *Primeira Epístola aos Coríntios*, 2 (11), 12 (3, 7-11), 3 (16), 6 (19-20);
8. Saul, *Segunda Epístola aos Coríntios*, 1 (22), 3 (17);
9. Saul, *Epístola aos Efésios*, 4 (30), 5 (18);
10. Saul, *Epístola aos Gálatas*, 5 (22-23);
11. Saul, *Epístola aos Hebreus*, 9 (14);
12. Saul, *Epístola aos Romanos*, 5 (5), 14 (17), 15 (13).
13. Pedro, *Segunda Epístola*, 1 (21);
14. Judas, 1 (20-21).

O diretor Tertuliano, o Inquisidor Mor, chamou a espírito santo de deus; é importante destacar que antes desse criminoso ninguém a valorizava:

> Pois aqui também, dizendo: "deus está em ti" e "tu és deus", ele apresenta dois que eram deus: (na primeira expressão em ti, ele quer dizer) em cristo, e (na outra ele quer dizer) o espírito santo.[1]

Até o século I a.H., os Mafiosos da Cruz ainda não haviam padronizado a fábula da espírito santo; ela participara inicialmente da apresentação do crucificado aos homens, como uma pomba durante o seu batismo (uma espécie de tabelião, que autenticara a divindade do crucificado), desse modo ela teve como função ser ativa em relação às coisas desse mundo. Contudo, um século depois nenhum dos seus diretores, acionistas e consumidores se importava com a tolice representada pela espírito santo. A partir do século II d.H. ela se tornou o motivo, pelo qual os diretores da Quadrilha Católica praticaram grandes, cruéis e violentos massacres nos séculos vindouros.

Toda e qualquer especulação a respeito da espírito santo nos aponta algumas dificuldades, para aceitarmos esse dogma: a espírito santo não se manifestava no presente, bem como não foi ela

---

[1] TERTULLIAN (Philip Schaff, ed.). *Against Praxeas*, chapter XIII (The Force of Sundry Passages of Scripture...): "For here too, by saying, 'God is in Thee', and 'Thou art God', he sets forth Two who were God: (in the former expression in Thee, he means) in Christ, and (in the other he means) the Holy Ghost."

que criou o universo, ou revelou o deus da Gangue Nicena, mas o crucificado: apesar de tudo ela se encontraria no início ao lado do pai e do filho, não sendo criada, nem anterior aos dois, bem como teria a mesma essência de ambos.

Quando era do interesse dos diretores da Quadrilha Iconódula, eles comercializavam a espírito santo como um dom divino, o qual seria impessoal e não-gerada. Foi essa espírito santo que o crucificado prometeu aos homens, contudo ela somente se manifestou, quando ele ascendera aos céus.

Todo o conteúdo do *Liber de Artibus Deviantibus*, permite 22 interpretações sobre o seu conteúdo; isso também ocorre quando tentamos encontrar uma explicação lúcida sobre o que seja a tolice chamada espírito santo, visto que não há uma explicação coerente em relação a ela, pois ela foi apresentada como:

1. possuidora de "uma existência pessoal";
2. um Ser divino criado;
3. a criatura mais elevada criada pelo deus inventado pelos diretores da Quadrilha Católica;
4. o anjo mais elevado;
5. uma derivação do pai;
6. um Ser permanente compartilhando a essência do pai;
7. "o próprio filho em pessoa";
8. um princípio feminino, porque em hebraico a palavra *espírito* é feminino, portanto, foi identificado com a Sabedoria;
9. subordinada ao pai e ao filho;
10. serva do Sr. Münchhausen da Cruz, porque esse disse que a enviaria;
11. o princípio ativo no processo histórico;
12. o princípio ativo na revelação;
13. o princípio ativo na regeneração;
14. um Ser com dignidade especial na divindade (como venderam Irineu, o Inventor de Hereges, e Tertuliano, o Inquisidor Mor).

Na reunião da diretoria em Alexandria, 53 a.H. convocada por Atanásio, o Campeão do Crime, a espírito santo foi homologada como produto oficial, para consumo:

> Eles afirmavam a divindade do espírito santo e o entendiam na trindade consubstancial. Declararam ainda que o Verbo, ao se fazer homem, assumiu não só a carne, mas também a alma, conforme as visões dos primeiros eclesiásticos.[1]

O resultado dessa reunião foi o extermínio, sob o comando de Atanásio, o Campeão do Crime, de muitos membros da Gangue Ariana, os quais não concordavam com a visão trinitária da Quadrilha Católica. Esse massacre ocorreu por dois motivos:

> **1.** por incapacidade intelectual, e extrema esperteza, dos diretores dessa Organização Criminosa, pois eles sempre estavam se colocando em confusões lógicas ou em puras trapaças, visto que eles usavam os termos sem terem as condições epistemológicas mínimas, para justificar os seus usos;
> **2.** o segundo motivo para caçar e matar os cristãos arianos se relacionava com a disputa pelo controle das imensas riquezas da Gangue de Almas "mais sujas do que todo lixo".

A fim de criar mais um álibi, para o massacre dos inocentes, os diretores da Gangue Nicena fizeram uma pergunta tola, todavia cheia de malícia, aos membros da Gangue Ariana: a espírito santo é consubstancial com o filho e o pai?

A resposta da Gangue Ariana foi baseada na Lógica: o pai é anterior ao filho, porquanto não é possível ele ser o pai, caso o filho exista com ele por toda a eternidade; todo filho, para ser filho, tem que vir após o pai.

A Quadrilha Católica não estava interessada em respostas lógicas e sim em tomar as riquezas, grandes extensões de terras, templos de consumo, ouro, prata, etc. dos cristãos arianos. Desse modo, devido à criminalidade dos diretores da "Ninhada de Traidores", as suas disputas por dinheiro e poder sempre terminavam em

---

[1] Council of Alexandria, 3.7.2: "They asserted the divinity of the Holy Spirit and understood him in the consubstantial Trinity. They also declared that the Word, in being made man, assumed not only flesh, but also a soul, in accordance with the views of the early ecclesiastics."

banhos de sangue: os seus diretores, acionistas e consumidores substituíram os jogos dos circos por um espetáculo mais violento: o assassinato traiçoeiro e a sangue-frio daqueles que não aceitavam os seus asquerosos dogmas.

Após o extermínio e anexação dos fiéis do *paganismo*, os católicos utilizaram um nível de violência maior contra os membros da Organização Criminosa: a causa para tantos assassinatos foi devido alguns diretores não dividirem as riquezas roubadas dos seus consumidores com a matriz em Roma. Assim, eles utilizaram perguntas capciosas para perseguir e exterminar os competidores, tais como:

1. qual seria a natureza do deus-palavra?
2. o pai e o filho seriam idênticos, ou não?
3. a substância do filho seria diferente da do pai?
4. seria homoousia ou homoiousia?
5. seria *theotokos* ou *cristotokos*?
6. a ressurreição foi somente da alma, ou do corpo e da alma?
7. quem foi crucificado?
8. era só uma imagem?
9. o Verbo se fez carne?
10. se fez deus somente após o batismo?

Todas essas torpes disputas tinham como único objetivo exterminar a concorrência e monopolizar o mercado consumidor, porque em nome das 30 moedas de prata tudo deve e tem que ser feito.

Os líderes da Gangue Ariana afirmaram que a substância da espírito santo seria inferior à do filho e à do pai, bem como ela deveria ser colocada em terceiro lugar em relação à "ordem, honra e substância" do pai e filho.

Liderados por Atanásio, o Campeão do Crime, e pela maleficentíssima trindade (Apolinário, diretor da filial de Laodiceia; Basílio, diretor da filial da Capadócia; Gregório, diretor da filial do

Ponto), a Gangue Nicena avançou violentamente contra os dogmas arianos. Eles impuseram, de maneira cruel, a todos que a espírito santo deveria ter a mesma dignidade e substância que o filho e o pai.

Em Constantinopla, o diretor Macedônio (semi-ariano) defendeu que a espírito santo fosse uma criatura do filho e serva dele e do pai; por outros termos, eles admitiam a sua existência, mas ela seria inferior aos outros dois. Os seus seguidores foram chamados macedonianos, ou *pneumatômacos*, ou negadores da espírito santo ("aqueles que lutam contra o espírito santo"), porquanto eles admitiam que ela fosse apenas uma energia, ou uma criatura.

O CEO da Quadrilha Católica em Roma, com receio de perder a sua imensa riqueza, ao ver que o seu poder estava sendo questionado pelos diretores das filiais orientais, escreveu a eles exigindo que aceitassem o dogma da espírito santo, assim como os diretores, acionistas e consumidores ocidentais foram obrigados a reconhecerem

> que as três pessoas da trindade são da mesma substância e de igual dignidade.[1]

Essa disputa entre os diversos diretores da Associação Católica de Celerados não envolvia questões doutrinais, porquanto não passava de uma luta devido à única preocupação desses criminosos, a santíssima trindade: fama, fortuna e glória.

O imperador Teodósio I aproveitou essa guerra mafiosa, para se aliar aos perigosíssimos criminosos da Quadrilha Católica, a fim de manter do seu próprio poder e aumentar desmesuradamente a sua fortuna; devido a essa aliança político-econômica o imperador tornou-se um fanático defensor do Credo Egípcio (ou Credo Niceno, ou Credo Atanasiano). Com a intenção de agradar à sua

---

[1] SOZOMENUS (Philip Schaff, ed.). *The Ecclesiastical History*, book VI, chapter XXII (At that Time, the Doctrine of the Holy Ghost...): "that the three Persons of the Trinity are of the same substance and of equal dignity."

Gangue, ele exigiu que todos os diretores das diversas filiais aceitassem, de maneira inconteste, o conteúdo desse credo conseguido pelos subornos de Atanásio, o Campeão do Crime, cujo interesse era impor a adoração *pagã* egípcia de uma trindade.

Para fazer valer as suas ordens, ele convocou uma reunião em Constantinopla em 34 a.H. com os diretores arianos, a fim de que todos se submetessem ao dogma trinitário, ou seriam expulsos da Organização Criminosa. Nessa reunião o imperador Teodósio I, o verdadeiro proprietário da Quadrilha Católica, exigiu que fossem acrescentados novos dogmas ao Credo Egípcio (Niceno, Atanasiano), entre eles ficamos sabendo que foi decretado que a espírito santo deveria ser adorada como uma deusa: o que proporcionou a fundamentação da tolice denominada de trindade.

Foi dessa maneira violenta, assassina e genocida que a Gangue Nicena impôs aos seus diretores, acionistas e consumidores no Ocidente a mentira sobre a existência de uma espírito santo, a qual teria a mesma substância e dignidade do pai e do filho: assim, nasceu a aberração chamada espírito santo e a não menos imbecil trindade.

Capítulo XIII

A trindade

"E todas as tríades ou trindades de Deuses que fervilhavam nas mitologias antigas foram proclamadas como 'uma trindade em unidade'; de modo que tal defesa apenas coloca aquele que professa o cristianismo entre os mitos pagãos."

Kersey Graves

O Império Católico do Mal quanto mais expandia o seu poder e aumentava as suas riquezas, mais foi se adaptando aos interesses dos fiéis pagãos; esse foi o único motivo para vender o produto trindade, porquanto sob a sua espada cheia de sangue encontravam-se numerosos povos *pagãos*, os quais apresentavam cultos a múltiplos Deuses, os quais, geralmente, eram governados por uma trindade superior.

A doutrina da trindade foi exposta pela primeira vez pelos poetas védicos da Índia sob o nome de Trinamurti (Três Formas): Brahma, Vishnu e Siva. O infinito Brahma desejou criar o universo, por isso ele assumiu a forma masculina Brahma, o Criador, o Pai, o Deus Supremo; depois ele se transformou em Vishnu, o filho Preservador, o Protetor, o Verbo, o Criador Encarnado; e por fim, ele apareceu como Siva (Mahesh), o Espírito Santo, o Destruidor, o Regenerador, o Espírito de Deus:

> No início da criação, o grande Vishnu (Mahavisnu), desejando criar o mundo inteiro, transformou-se em três – criador, protetor e destruidor. O Ser Supremo produziu do lado direito de seu corpo, chamado Brahma, para criar este mundo. Ó sábio, então o senhor do mundo produziu da parte esquerda (de seu corpo), ou seja, Vishnu, para a proteção do mundo. O senhor que havia tomado sua morada em um lótus, produziu da parte média de seu corpo o imperecível Rudra para a destruição do mundo. [...] Vishnu (sendo) um (só), dividindo-se em três, cria, devora e protege (o mundo). Portanto, as melhores pessoas não devem diferenciar entre os três nos mundos.[1]

---

[1] *PADMA PURANA*, section VII Kriyayogasarakhanda (Section on Essence of Yoga by Works), Padma Purana, chapter two (Characteristic Marks of a Vaisriava), 1-7, p. 3340: "At the beginning of the creation great Visnu (Mahavisnu), desiring to create the entire world, turned himself into three forms — creator, protector and destroyer. The Supreme Being produced from the right side of his body, himself, called Brahma, for creating this world. O sage, then the lord of the world produced from the left portion (of his body), his portion viz. Visnu, for the protection of the world. The lord who had taken his abode in a lotus, produced from the middle part of his body the imperishable Rudra for the destruction of the world. [...] Visnu (who is) one (only), dividing himself into three, creates, devours and protects (the world). Therefore, the best people should not differentiate among the three in the worlds."

Essa trindade hindu é idêntica em essência, em substância e em ação, por causa disso ela deveria ser adorava como se fosse um Deus único, porque qualquer um deles poderia assumir as qualidades dos demais: é desnecessário dizer que esse *paganismo* é reproduzido na trindade do Bando de Fetichistas.

A Deusa Krishna Cristo (Jeseus Cristo) era a encarnação dessa trindade, porquanto ela dizia ser Brahma, Vishnu e Siva (Mahesh) em uma só pessoa; a boa qualidade de Siva era representada por uma pomba, a qual era o símbolo da regeneração: a pomba era o próprio Espírito Santo.

Entre os *pagãos* sumérios era comum acreditar na existência de seres invisíveis e poderosos, para eles existiam quatro deuses, que governavam uma trindade de outros deuses:

> O panteão sumério original consistia em quatro Grandes Deuses criadores: An, o Deus do Céu; Ki, a Deusa da Terra; Enlil, o Deus do Ar e das Tempestades; e Enki, o Deus da Água. Esses Deuses eram, portanto, os governantes das quatro substâncias que compunham o mundo: céu, terra, ar e água.
> Subordinadas a essas divindades havia três Deuses astrais: Nana, o Deus da Lua, Utu, o deus do Sol, e Inanna, a Deusa do Amor e da Guerra.[1]

Após a civilização suméria ser conquistada pelo Império Babilônio, os Deuses dos vencedores foram mesclados aos Deuses dos vencidos; esse sincretismo foi facilitado porque os babilônios também acreditavam na existência de seres poderosos e invisíveis,

---

[1] STILWELL, Gary, A. *5000 Years of the History and Development of christianity.* p. 29: "The original Sumerian pantheon consisted of four major creating gods: An, the god of heaven; Ki, the goddess of earth; Enlil, the god of air and storms; and Enki, the god of water. These gods were, therefore, the rulers of the four substances that comprised the world: heaven, earth, air, and water.
"Subordinate to these deities were three astral gods: Nana, the god of the moon, Utu, the god of the sun, and Inanna, the goddess of love and war."

os quais mantinham relações com a terra e os homens. O seu principal Deus era o Poderoso Marduk (Merodach); assim, como o Deus Marduk substituiu o Deus Dumuzi na mitologia babilônia, a Deusa Ishtar ocupou o lugar da Deusa Inana:

> Duas das muitas honras dadas a Ishtar são "Rainha das Mulheres" e a "Deusa das Deusas que usa a Doroa do Domínio". O Deus da lua, Nanna ou Sin, é chamado de "Senhor da Brilhante Coroa do Domínio, de Herói dos Deuses, Pai Nanna, o qual é grandiosamente perfeito na realeza". O festival do Ano Novo em Babilônia descreve Bel como "Excelente Rei, Senhor do País", o que é paralelo ao título dado a Marduk, sendo "o Grande Senhor", o "Senhor do Mundo, Rei dos Deuses... que detém a realeza, agarra o senhorio".[1]

Com a conquista do Império a Assírio sobre os babilônios, mais uma vez vemos a cultura dos vencedores ocupar o lugar da dos vencidos, com poucas alterações culturais dignas de nota. Mas, uma mudança influenciaria as culturas posteriores, uma vez que a religião se tornaria o pilar principal de apoio ao governante. Essa relação entre política e religião seria explorada ao máximo pelos imperadores o Deus Augusto, o Salvador da Humanidade, e Constantino, o Grande Traidor da Humanidade, mais tarde serviria de base sobre a qual se apoiaria o sangrento, covarde e pedófilo Império Católico do Mal.

Na Pérsia, do mesmo modo existia uma trindade adorada por todos; ela era constituída pelo Deus Ormuzd (Oromades), a Deusa

---

[1] SMITH, Gary V. *The Concept of God/The Gods as King in the Ancient Near East And The Bible*, B (The Kingship of Other Gods): "Two of the many praises given to Ishtar are 'queen of women' and the 'goddess of goddesses who wears the crown of dominion.' The moon-god, Nanna or Sin, is called 'lord of the shining crown of dominion, of hero of the gods, Father Nanna, who is grandly perfected in kingship.' The New Year's festival at Babylon describes Bel as 'excellent king, lord of the country' which parallels the title given to Marduk who is 'the great lord,' the 'the lord of the world, king of the gods...who holds kingship, grasps In lordship'." Disponível em <https://biblicalelearning.org/wp-content/uploads/2022/01/Smith-ANEGods-TJ.pdf>.

Mitra e o Deus Ariman: o Deus Ormuzd foi identificado com o Criador, o Deus Mitra seria o Salvador da Humanidade, enquanto o Deus Ariman seria o Destruidor; essa trindade persa repetiu as qualidades da trindade hindu. Além dessa trindade os persas adoravam outras trindades divinas: o Deus Ahura-Mazda, o Deus Sraoha e a Deusa Mitra; o Deus Rashnu, o Deus Sraoha e a Deusa Mitra; o Deus Kista, o Deus Rashnu e o Deus Mitra.

Na religião *pagã* egípcia, do mesmo modo, encontramos uma trindade poderosa: nos seus templos estavam presentes as estátuas da Imponente Deusa Ísis, ao seu lado estava o Deus Serápis (Osíris – Hades) e ao fundo se encontrava a estátua do Deus Osíris. Esse Deus era muito reverenciado, uma vez que ele morreu e ressuscitou, trazendo a promessa àqueles que o seguissem de serem ressuscitados, bem como seriam felizes futuramente.

Foram os egípcios que denominaram a trindade como formada por um Deus, um Logos e uma espírito santo: essa trindade era simbolicamente representada por uma Asa, um Globo e uma Serpente. A explicação que os sacerdotes davam para essa trindade era que no início a Mônada criou a Díade, a qual gerou as Tríades; essa Trindade tinha diversas características, as quais mais tarde foram incorporadas à trindade da Associação Católica de Celerados:

       1. fazia curas miraculosas;
       2. ensinava práticas piedosas;
       3. diminuía o sofrimento existencial de vidas sobrecarregadas;
       4. oferecia o perdão aos erros cometidos;
       5. eliminava as "expiações, penitências e abstinências";
       6. dava o sentimento de purificação e regeneração.

Tudo isso oferecido em um ambiente teatralmente organizado, em que toda a arrumação cênica do templo era elaborada, a fim de deixar os fiéis em êxtase: as roupas dos sacerdotes eram feitas de linho finamente costuradas e os ofícios coreograficamente ensaiados.

O confuso, incoerente e ilógico produto da Facção Criminosa Católica, chamado de trindade, foi uma herança direta das religiões *pagãs* egípcias, as quais dividiam o seu Deus em várias partes, para depois unir essa multiplicidade em uma Unidade. Não é por coincidência que tenha sido Atanásio, o Campeão do Crime, cujo templo de consumo ficava em Alexandria, no Egito, tenha subornado os demais diretores, para aceitarem a trindade.

Desde a época em que os primeiros homens começaram a se fixar na Europa encontramos o esquema tripartite de pensamento, o qual se manifestava em todas as instâncias das suas vidas. Para nós, o interessante é identificar essas Trindades Divinas, a fim de comprovar que a trindade da Máfia de Preto não é original, contudo, é a repetição de uma tradição *pagã* que se manteve por longo tempo entre as mais diversas regiões.

A visão de um deus trinitário foi uma invenção dos cultos *pagãos*, sendo adotada pelos diretores da Multinacional Católica de Crimes, a fim de agradarem os seus novos consumidores, os quais adoravam vários deuses e não aceitavam a noção totalitária e não-divina da existência de um único deus.

Do Fim do Mundo (Espanha) à Índia, da Inglaterra ao Egito era comum lendas *pagãs* de Deuses com três cabeças; assim, quando os diretores da Quadrilha Ortodoxa apresentaram a sua fábula da trindade a esses povos, que já cultuavam os Deuses Tricéfalos, eles a aceitaram naturalmente, porque já cultuavam uma Trindade muito mais poderosa, justa e bela; relembremos algumas delas:

> **1.** os hindus cultuavam Trinamurti (três formas): Brahma (o Criador, o Pai, o Deus Supremo), Vishnu (o filho Preservador, Protetor, o Verbo, o Criador Encarnado); Siva (o Espírito Santo Destruidor, Regenerador, Espírito de Deus.);
> **2.** os sumérios tinham Nana, Utu e Inanna;

3. os babilônios adoravam Marduk (o Rei dos Deuses), Ishtar (A Rainha das Mulheres) e Sin (o Herói dos Deuses);
4. os persas louvavam:
    a. Ormuzd ou Oromades (o Criador), Spenta Armaiti e Gayomort;
    b. Ormuzd ou Oromades (o Criador), Mitra (o Salvador da Humanidade) e Ariman (o Destruidor);
    c. Ahura-Mazda, Sraoha e Mitra (o Redentor da Humanidade);
    d. Rashnu, Sraoha e Mitra (o Remediado da Humanidade);
    e. Kista, Rashnu e Mitra (o Benfeitor da Humanidade);
5. na Ásia Menor encontramos Zeus (ou Hadad), Cibele e Átis;
6. no Egito grego era possível encontrar:
    a. Ísis, Serápis (Osíris-Hades) e Hórus;
    b. Ísis, Osíris e Hórus;
    c. Eles também utilizavam o Triângulo, como uma forma de adorar as suas Tríades Divinas; assim vemos que o triângulo usado pelos diretores, acionistas e consumidores da Máfia de Preto para representar a trindade, tem o mesmo significado de adoração *pagã* à Trindade Divina egípcia;
7. os nórdicos cultuavam a trindade de Uppsala (Odin, Thor e Freyr);
8. era comum entre os babilônios o culto à Santíssima Trindade Ea, Anu e Bel;
9. Na cultura *pagã* grega existiam inúmeras Trindades:
    a. o Deus Zeus, o Deus Apolo e a Deusa Palas Atena;
    b. o Deus Zeus, o Deus Apolo e a Deusa Hera;
    c. o Deus Zeus, o Deus Poseidon e o Deus Hades;
    d. a Deusa Atena, a Deusa Afrodite e a Deusa Hera;
    e. as três Hespérides (Egle, a Radiante; Erítia, a Esplendorosa; Héspera, a Crepuscular);
    f. a Tríade-Lua: Io, Adrateia e Amalteia (as ninfas que criaram Zeus);
    g. os hecatôquiros (Briareu, o Vigoroso; Coto, o Furioso; Giges, o de Grandes Membros);
    h. os ciclopes (Arges; Brontes; Estéropes);
    i. a Deusa Tripla Ártemis (Ártemis; Selene; Hécate);
    j. as Moiras/Parcas (Cloto, a Fiandeira; Láquesis, a Fixadora; Átropos, a Irremovível);
    k. três eram os filhos do Deus Poseidon (Tritão; Rode; Bentesicima);
    l. três filhos da Deusa Afrodite (Fobos; Deimos; Harmonia);

m. três filhos do Deus Apolo com Ftia (Doro; Polidectes; Laódoco);
n. três filhas de Cécrope (Aglauro; Hers; Pândrosa);
o. três juízes no Tártato (Radamanto que julga os asiáticos; Éaco os europeus; a Minos cabem os casos mais complexos);
p. três caminhos no Tártaro (aos Campos Asfódelos destinava-se às almas que não eram nem boas, nem más; aos Campos Punição, as más; aos Campos Elísios era o lugar, para onde seguiriam as almas boas);
q. os Campos Elísios estavam destinados às almas que encarnaram três vezes e por três vezes mereceram ficar nesse local;
r. a Deusa Hécate tinha três corpos e três cabeças (égua; cachorro; leão);
s. as Deusas Erínias também foram chamadas de Eumênides (Bondosas), ou Fúrias entre os romanos. Eram três Deusas da Vingança: Alecto (Inominável); Megera (Rancor); Tisífone (Castigo).
t. Cérbero era o cachorro de três cabeças, que tomava conta da entrada do Tártaro;
u. as górgonas (Esteno, a "Forte"; Euríale, "Ampla Perambulação"; Medusa, "Astuta");
v. as Greias (Ênio, a "Belicosa"; Pêfredo, a "Vespa"; Dino, a "Terrível");
x. as harpias (Aelo, a "Borrasca"; Celeno, a Obscura; Ocípete, a Rápida no Voo);
y. para eles o *Kósmos* era organizado por três princípios: inteligível; material; combinação do inteligível com o material;
z. em Elêusis cultuavam-se o Deus Dionísio; a Deusa Deméter; o Deus Zagreus;
aa. Os guerreiros gregos tinham a sua própria santíssima trindade, a qual eles a perseguiam como condição única de vida: Deusa Fama (*Phemê*, Revelação); Deusa Fortuna (*Tyche*, Sorte); Deusa Glória (*Aglaia*, Esplendor).

A adoração de Deuses Trinitários igualmente pode ser vista entre os *pagãos* vedas (arianos), nos quais encontramos Trindade masculina Deus Mitra, Deus Varuna e Deus Indra, a qual era adorada pelos hititas já em 1795 a.H.

Na religião órfica, que foi muito influenciada pelo *paganismo* oriental também encontramos uma trindade:

> havia três deuses no Mistério Órficos, referidos como Trindade: Zeus, o divino Pai-de-Todos; Deméter-Kore, a Deusa da Terra como Mãe e Virgem simultaneamente, e Zagreus/Dionísio, o filho divino.[1]

Os gregos cultuavam a doutrina da trindade, principalmente no culto aos Mistérios Órficos, no qual o Pai (Zagreus) encarnou no Filho (Dionísio). Entre eles encontramos o misantropo sacerdote Heráclito de Éfeso, o qual criou uma trindade: Deus Eterno (Fogo), Logos (Destino) e Justiça.

Outro grego que se dedicou a inventar uma trindade foi o Deus Pitágoras, o "Chefe dos Charlatães", o qual apresentou: o Um (Mônada), o qual originou a Díade (número feminino) e a Tríade (um número masculino).

Além, é claro, do perverso, criminoso e cruel Deus Platão, a Meretriz de Atenas, o qual inventara uma trindade que seria composta, conforme Plutarco:

> A nomenclatura utilizada por Platão é ideia, modelo ou pai para se referir ao princípio inteligível; Ele chama o início da matéria de mãe, enfermeira ou base de geração; e à descendência de ambos, ao produto da sua união, dá o nome de descendente ou gerado.[2]

---

[1] WAX, Rachael. *"Lost" as an example of the orphic mysteries*: a thematic analysis. University of Las Vegas, **Retrospective Theses & Dissertations**, 2008, pp. 34-35: "there were three Orphic mystery gods, referred to as a trinity. Zeus, the divine All-father; Demeter-Kore, the earth goddess as mother and maid simultaneously, and Zagreus Dionysus, the divine son."

[2] PLUTARCO. *Isis y Osiris*, LVI: "La nomenclatura utilizada por Platón es idea, modelo o padre para referirse al principio inteligible; al principio de la materia lo denomina madre, nodriza o base de la generación; y al vástago de ambos, al producto de su unión, le da el nombre de descendiente o engendrado."

Para o Deus Platão, o "Moisés Ático" o Deus que ele estava inventando criou o mundo, a partir do fogo e da terra, contudo ele disse que a beleza somente seria alcançada se existe um terceiro elemento, por isso ele introduziu a proporção:

> Sempre que de três números, sejam eles inteiros ou em potência, o do meio tenha um carácter tal que o primeiro está para ele como ele está para o último, e, em sentido inverso, o último está para o do meio como o do meio está para o primeiro; o do meio torna-se primeiro e último e o último e o primeiro passam ambos a estar no meio, sendo deste modo obrigatório que se ajustem entre si e, tendo-se assim ajustado uns aos outros entre si, serão todos um só.[1]

Assim, vemos que o Deus Platão, o "Moisés Ático", criou uma santíssima trindade formada pela Ideia (representação da primeira hipóstase[2]), Inteligência (segunda hipóstase) e a Forma (residindo na alma se identificaria com a terceira hipóstase).

O Deus Platão, a Meretriz de Atenas, apresentou outras versões da sua trindade: Ideia, Demiurgo e Matéria (Mundo); Deus transcendente, Alma do Mundo e Demiurgo; Ser, Pai e Logos[3]:

> Sobre o Rei de Tudo giram todas as coisas; ele é o fim de todas as coisas e a causa de todo bem. As coisas de segunda ordem giram sobre o segundo princípio, e as de terceira ordem sobre o terceiro.[4]

Em outra passagem o Deus Platão, o "Moisés Ático", reafirmou a existência da trindade, que ele acabara de inventar:

> Há uma primeira espécie que é imutável, não está sujeita ao devir nem à destruição, que não recebe em si nada vindo de

---

[1] PLATÃO. *Timeu*, 31bc-32a.
[2] A essência para o Deus Platão, o "Moisés Ático", e a hipóstase dos estoicos eram inicialmente sinônimas, que significava *aquilo que uma coisa é*.
[3] PLATÃO. *Timeu*, 27c-29d.
[4] PLATO. *Letter II*, 312e: "Upon the king of all do all things turn; he is the end of all things and the cause of all good. Things of the second order turn upon the second principle, and those of the third order upon the third."

parte alguma nem entra em nada, seja o que for; não é visível nem de outro modo sensível, e cabe ao pensamento examiná-la. Há uma segunda, que tem um nome igual àquela que é sensível, é deveniente, está sempre em movimento, é gerada num determinado local, para, em seguida, se dissolver de novo, além de que é apreendida pela opinião e pelos sentidos. Há um terceiro gênero que é sempre: o do lugar; não admite destruição, e providencia uma localização a tudo quanto pertence ao devir; é acessível por meio de um certo raciocínio bastardo, sem recurso aos sentidos, a custo credível.[1]

Por outros termos, a trindade platônica seria formada pelo Bem (o criador e pai do mundo), a Palavra (*Logos*) e o Espírito. Não é só devido a esse dogma que o Deus Platão, o "Moisés Ático", é considerado o criador dos pestilentos dogmas da Gangue de Almas "mais sujas do que todo lixo". Os consumidores dos produtos dessa deletéria Multinacional do Crime não sabem disso, contudo os seus diretores, minimamente informados, reconhecem esse Deus como o pai fundador dos seus dogmas. Portanto, podemos considerá-lo como o primeiro católico, séculos antes da existência da Organização Criminosa fundada por Tertuliano, o Inquisidor Mor, sob o rótulo *Cristianismo*.

Alguns sacerdotes da Religião Platônica, igualmente, criaram a suas próprias trindades:

1. Fílon de Alexandria (deus, *Logos*, Matéria);
2. Plotino (Alma, o mundo-espírito de Platão; Mente, a divindade aristotélica; Único, a mônada pitagórica); O Um (o Ser, a Existência Essencial, a Divindade, a Unidade, o Primeiro, o Único, o Bem, o Simples, o Absoluto, a Transcendência, o Infinito, o Incondicionado, o Pai); a Mente Divina e o Princípio Intelectual Primordial (Mente Universal, princípio criativo do Mundo das Ideias); a Alma (Alma do Mundo);
3. Numêncio de Apameia (o Bem, o Demiurgo e a Matéria);
4. o grandioso Porfírio de Tiro e Amélio (Ser, Pensamento e Vida);

---

[1] PLATÃO. *Timeu*, 51e-52b.

> 5. Dionísio, o estoico: Deuses aparentes (o Sol, a Lua e as Estrelas), Deuses não-aparentes (como Netuno), homens que se tornaram Deuses (como Hércules e Anfiarau);
> 6. Arcesilau: "uma forma tríplice da divindade — a Olímpica, a Astral, a Titânica — originada de Céu e Terra; de onde, mediante Saturno e Ops, vieram Netuno, Júpiter e Orco, e toda a sua descendência."[1]

Não é difícil verificar que o culto *pagão* à trindade era algo muito antigo também entre os romanos, portanto ele foi adaptado pelos diretores da Organização Criminosa Católica sem, necessariamente, alterarem as representações divinas, a não ser é claro mudando os seus nomes originários: Júpiter, Juno e Minerva; Júpiter, Netuno e Plutão.

Quem pela primeira vez inventou uma trindade, para essa Organização Criminosa foi o diretor Teodoto: no final do século III a.H., ele inventou a trindade ao se referir ao pai, ao filho e à espírito santo:

> Depois que essa substância foi colocada fora do Pleroma dos Éons e sua mãe restaurada à sua conjunção própria, dizem-nos que Monogenes, agindo consoante a prudente previsão do Pai, deu origem a outro par conjugal, a saber, cristo e o espírito santo [...].[2]

Assim, o deísmo *pagão* foi transformado pelos diretores do Trinitarismo Atanasiano, na confusa imagem da trindade, na qual o seu deus seria pai, filho e espírito santo ao mesmo tempo, e em relação a eles mesmos, bem como os três seriam um e cada um

---

[1] TERTULLIAN (Philip Schaff, ed.). *Ad Nationes*, book II, chapter II (Philosophers Had Not Succeeded...): "makes a threefold form of the divinity — the Olympian, the Astral, the Titanian — sprung from Coelus and Terra; from which through Saturn and Ops came Neptune, Jupiter, and Orcus, and their entire progeny."

[2] IRENAEUS. *Against Heresies*, book I, chapter II (The Propator was known to Monogenes alone. Ambition, disturbance, ...): "5. After this substance had been placed outside of the Pleroma of the Æons, and its mother restored to her proper conjunction, they tell us that Monogenes, acting in accordance with the prudent forethought of the Father, gave origin to another conjugal pair, namely Christ and the Holy Spirit [...]."

seria os três, além de existirem juntos desde sempre. Qualquer indivíduo que não seja minimamente canalha (isto é, não seja um católico) perguntaria: como o filho pode ser o seu próprio pai? Como o pai pode ser filho de si? Como o filho não foi criado? Essa relação é algo que a Biologia não explica, que a Lógica abomina, mas os fanáticos ou os extremamente malandros diretores, acionistas e consumidores da Gangue Homoousiana louvam com alegria:

> Alegar, em defesa, que esses três deuses eram todos um, embora encontremos cada um em várias partes da *bíblia* mencionados separadamente e discriminados por propriedades e títulos peculiares e distintos, ao invés de mitigar o erro e a contradição, tal argumento apenas agrava isso. No mesmo sentido, os hindus afirmavam que os seus mil Deuses eram um. E todas as tríades ou trindades de Deuses que fervilhavam nas mitologias antigas foram proclamadas sendo cada uma "uma trindade em unidade"; de modo que tal defesa apenas coloca aquele que professa o cristianismo entre os mitos pagãos.[1]

Os diretores da Facção Criminosa Católica na elaboração do seu estúpido dogma trinitário, recorreram ao Deus Platão, o "Moisés Ático", que cunhou a distinção entre os conceitos de Bem, *Logos* e *Pneuma* (Alma do Mundo), assim essa trindade recebeu um novo nome sob a administração da Gangue Nicena: pai, filho e a espírito santo.

---

[1] GRAVES, Kersey. *The Bible of the Bible*, chapter XXXII (Progressive ideas of deity), **Monotheism**, 4: "To allege, in defense, that these three Gods were all one, while we find each in various parts of the Bible spoken of separately, and discriminated by peculiar and distinct properties and titles, instead of mitigating the error and contradiction, such a plea only aggravates it. In the same sense the Hindoos claimed that their thousand Gods were one. And all the triads or trinities of Gods swarming through the ancient mythologies were proclaimed to be each "a trinity in unity;" so that such a defense only lands the professor of Christianity amongst heathen myths."
Disponível em <https://www.gutenberg.org/files/43550/43550-h/43550-h.htm#link2H CH0012>.

A Ideia de Bem da Religião Platônica foi batizada sob a alcunha *deus* da Organização Criminosa Católica por Agostinho, o Brinquedo Sexual de *santo* Ambrósio:

> A esse verdadeiro e Supremo Bem dá Platão o nome de deus.[1]

Ao passo que o demiurgo platônico foi identificado pelos diretores do Bando de Fetichistas como a mente (*Noùs*) ou *Logos* do deus. O *Logos* da Religião Platônica fez uma longa viagem até chegar a sua formulação final sob o controle dos diretores da Gangue Cropódula: primeiro ele passou pela Religião Estoica, onde ele foi subsumido a um Deus considerado supremo. Foi somente a partir da Religião Estoica, que os diretores do Bando dos "Idólatras de Fato" tiveram condições de criarem a sua fábula da trindade, para tanto, eles utilizaram o conceito *Logos* do estoicismo; o Demiurgo platônico foi identificado na Religião Estoica como o Logos, o qual estaria em uma situação hierárquica inferior ao Bem.

Os cafajestes diretores dessa Multinacional do Crime identificaram o *Logos* estoico com filho do deus, que eles estavam comercializando:

> No princípio era aquele que é a Palavra. Ele estava com deus, e era deus.[2]

A segunda transformação ocorreu com o judeu Fílon, morador em Alexandria, quem transformou o conceito *Logos* em uma pessoa, a qual seria o filho de um deus com a Sabedoria (*Sofia*): desse modo, o *Logos* estoico foi personificado e chamado de *filho de deus* ou o *segundo deus*: nomes mantidos pelos diretores da Máfia "Adoradora de Farinha e Água".

---

[1] AGOSTINHO. *Cidade de deus*, I, livro VIII, capítulo VIII (Também na filosofia moral os platônicos têm a primazia).
[2] JOÃO, 1 (1).

O Paganismo oficializado

Foram esses politeístas *pagãos* da Religião Platônica a principal fonte dos diretores da Gangue de Almas "mais sujas do que todo lixo", na elaboração do dogma do deus trino; além disso, eles foram os responsáveis por colocarem as três pessoas da trindade no mesmo nível de igualdade.

Continuando a saga da invenção de uma doutrina trinitária vemos que os diretores Associação Católica de Celerados utilizaram as crenças *pagãs* romanas, porquanto em Roma existiam vários poemas que narravam a história divina do Pai, Mãe e Filho; não houve muita dificuldade para eles adaptarem esses poemas à sua fábula do pai, filho e a espírito santo.

Além desse culto trinitário romano encontramos outro, que era o mais importante entre eles: a sagrada Tríade Capitolina: no centro encontrávamos Júpiter (Zeus) ladeado por Juno (Hera) e Minerva (Palas Atena); mesmo antes, os romanos cultuavam outra tríade de Deuses: Júpiter (Zeus), Marte (Ares) e Jano Quirino (representava a força militar e econômica dos cidadãos). Os romanos ainda adoravam outra trindade constituída por Júpiter (Zeus), Netuno (Poseidon) e Plutão (Hades). Existia ainda mais uma trindade adorada pelos cidadãos romanos, a qual era formada por um Deus, um Logos e um Espírito Santo: essa Trindade era reverenciada somente no ambiente doméstico.

Por mais que os diretores do Bando dos "Idólatras de Fato" se esforçassem, para impor o dogma trinitário, muitos não aceitaram essa tolice. O primeiro a se opor a ela foi Saul, o Anticristo, o qual não levava a sério o burro crucificado, porque ele afirmou com todas as letras que somente existiria um deus, que seria o pai:

> Todavia para nós há um só deus, o pai, de quem é tudo e para quem nós vivemos; e um só senhor, jesus cristo, pelo qual são todas as coisas, e nós por ele.[1]

---

[1] SAUL, Primeira Epístola aos Coríntios, 8 (6).

Como é visível, o Sr. Münchhausen da Cruz era somente mais um senhor, mas não um deus, porque deus só existiria um: o pai.

Os diretores da Máfia "Adoradora de Farinha e Água" para tentarem resolver esse absurdo (existiria somente um deus) criaram outro ainda maior: a trindade. Como são exímios criminosos, os subornos de Atanásio, o Campeão do Crime, eles impuseram um terceiro deus afirmando, que os três seriam um. Amarraram esses três produtos de maneira frouxa, os colocaram sob uma nova embalagem unificada e os venderam a um preço baixo de porta em porta a espertíssimos consumidores.

Na elaboração da sua doutrina trinitária os diretores da Multinacional Católica de Crimes não pouparam esforços em assumir como seus, os dogmas dos sacerdotes *pagãos* da Religião Platônica. Para tentar dar suporte à fábula absurda a respeito de um deus trinitário, esses diretores recorreram ao Motor Imóvel do sacerdote Aristóteles, o Ególatra, o qual foi identificado com o deus que eles estavam vendendo:

> Mas, a essência primária não tem matéria; pois é Ato. Assim, o Primeiro Motor Imóvel é tanto em forma como em número; portanto, também, aquilo que sempre é movido e continuamente é um só; assim, há um só céu.[1]

O sacerdote Aristóteles, o Ególatra, afirmou que existiria somente um céu, todavia os diretores da Gangue Nicena transformaram esse céu no deus que eles estavam comercializando.

Quem muito contribuiu na elaboração desse novo produto da Gangue Nicena foi Teófilo, "o Amigo de Satanás", um voraz defensor do dogma do deus triuno; foi ele quem pela primeira vez utilizou

---

[1] ARISTOTLE (ROSS, W. D., ed.). *Metaphysics*, 1074 a 35-38: "But the primary essence has not matter; for it is fulfillment. So the unmovable first mover is one both in formula and in number; therefore also that which is moved always and continuously is one alone; therefore there is one heaven alone."

o termo *trius* (τριάδα), para sugerir as diferenças entre as *divindades*:

> Da mesma forma, também os três dias que existiram antes dos luminares são tipos da trindade, de deus, e da sua palavra, e da sua sabedoria.[1]

Essa noção de uma trindade divina causou inúmeras mentiras, perseguições, traições e assassinatos por um longo tempo entre os membros da Facção Criminosa Católica. Foi por intermédio do extermínio daqueles que negavam a patética trindade, que os seus diretores conseguiram controlar as riquezas dos consumidores no Ocidente.

Um diretor que muito lucrou com a defesa do dogma da trindade foi Justino, "o Mais Tolo dos Pais Cristãos". A sua desfaçatez é típica de um católico, porque ele chegou a identificar os três princípios (Bem, Ideias e Matéria) inventados pelo Deus Platão, o "Moisés Ático", como uma referência à trindade da sua Organização Criminosa:

> E a discussão fisiológica (1) a respeito do Filho de Deus no *Timeu* de Platão, onde ele diz: 'Ele o colocou transversalmente (2) no universo', [...]. Essas coisas Platão lendo e não compreendendo corretamente, e não percebendo que era a figura da cruz, mas tomando-a como uma colocação em cruz, disse que o poder próximo ao primeiro Deus foi colocado em cruz no universo. E quanto ao seu falar de um terceiro, ele fez isso porque leu, como mencionamos acima, o que foi dito por Moisés, 'que o Espírito de Deus se movia sobre as águas'. Pois ele dá o segundo lugar ao Logos que está com Deus, a quem ele disse que foi colocado em cruz no universo; e o terceiro lugar ao Espírito que se dizia ser

---

[1] THEOPHILUS OF ANTIOCH. *To Autolicus*, chapter XV (Of the fourth day): "In like manner also the three days which were before the luminaries, are types of the Trinity, of God, and His Word, and His wisdom."

A Quadrilha Católica

levado sobre a água, dizendo: 'E o terceiro em torno do terceiro'.[1]

Um dos primeiros diretores do Trinitarismo Atanasiano que se dedicou a tentar mostrar a possibilidade da trindade foi Atenágoras de Atenas (282-225 a.H.). Nessa sua tentativa vã, ele usou de termos do *paganismo* do Deus Platão, a Meretriz de Atenas, tais como: *noùs* e *logos*, com os quais ele descrevia o filho. Ele, ao lado de Clemente de Alexandria, o Estúpido Assexuado, citava constantemente o Deus Platão, para justificar os dogmas da sua quadrilha:

> Platão, então, diz: "É difícil descobrir o Criador e Pai deste universo; e, uma vez descoberto, é impossível declará-lo a todos", concebendo um Deus não-criado e eterno. E mesmo que reconheça outros [Deuses], como o Sol, a Lua e as Estrelas, ele os reconhece como criados: "Deuses, descendentes dos Deuses, dos quais Eu sou o Criador e o Pai de obras que são indissolúveis sem a minha vontade; mas tudo o que é composto pode ser dissolvido". Portanto, se Platão não é ateu por conceber um Deus não-criado, o Criador do universo, tampouco somos ateus nós que reconhecemos e firmemente cremos que aquele que criou todas as coisas pelo Logos e as sustenta pelo seu espírito é deus.[2]

---

[1] JUSTINO, *First Apology*, chapter LX (Plato's doctrine of the cross): "And the physiological discussion(1) concerning the Son of God in the Timoeus of Plato, where he says, 'He placed him crosswise(2) in the universe', [...] Which things Plato reading, and not accurately understanding, and not apprehending that it was the figure of the cross, but taking it to be a placing crosswise, he said that the power next to the first God was placed crosswise in the universe. And as to his speaking of a third, he did this because he read, as we said above, that which was spoken by Moses, 'that the Spirit of God moved over the waters'. For he gives the second place to the Logos which is with God, who he said was placed crosswise in the universe; and the third place to the Spirit who was said to be borne upon the water, saying, 'And the third around the third'."

[2] ATHENAGORAS OF ATHENA (Philip Schaff, ed.). *A Plea for the Christians*, chapter VI (Opinions of the Philosophers as to the One God): "Plato, then, says, 'To find out the Maker and Father of this universe is difficult; and, when found, it is impossible to declare Him to all', conceiving of one uncreated and eternal God. And if he recognises others as well, such as the sun, moon, and stars, yet he recognises them as created: 'gods, offspring of gods, of whom I am the Maker, and the Father of works which are indissoluble apart from my will; but whatever is compounded can be dissolved'. If, therefore, Plato is not an atheist for conceiving of one uncreated God, the Framer of the universe, neither are we atheists who

Clemente de Alexandria (265-200 a.H.) utilizou o mesmo método alegórico de Fílon de Alexandria ao fazer a exegese do *Livro Velho dos Judeus*, por conseguinte tudo o que fora considerado, até então, como fatos históricos tornaram-se símbolos para eles. A sua visão sobre o deus da Organização Criminosa Católica era dupla: por um lado, era o deus inventado pelos seus patrões; por outro, era o Deus *pagão* da Religião Platônica tão vazio de conteúdo, que por pouco não se transformou em uma abstração:

> Deus é uno, e está além do uno e está acima da própria Mônada. Portanto, também a partícula "Tu", tendo uma ênfase demonstrativa, aponta para deus, o único que verdadeiramente é, "que era, é e há de vir", em que três divisões de tempo são o único nome (ὁ ὤν); "Que é" tem o seu lugar.[1]

Esse diretor ultrapassou todas as noções de honestidade ao tentar comparar as fábulas assassinas contidas no *Liber Mali* com as esclerosadas parábolas encontradas nos monólogos do Deus Platão, a Meretriz de Atenas. Assim, ele defendeu que esse criminoso seria um defensor da trindade, a fim de convencer os seus consumidores, que a trindade da sua organização seria veraz:

> Pois, cito Platão; ele claramente, na *Epístola a Erasto e Corisco*, é visto exibindo o pai e o filho, de uma forma ou de outra, das *Escrituras Hebraicas*, exortando com estas palavras: "Ao invocar por juramento, com gravidade não analfabeta e com cultura, a irmã de gravidade, Deus o autor de tudo, e invocando-O por juramento como o Senhor, o Pai do Líder e Autor; a quem, se estudardes com um espírito verdadeiramente filosófico, conhecereis." E no *Timeu* ele chama o

---

acknowledge and firmly hold that He is God who has framed all things by the Logos, and holds them in being by His Spirit."

[1] CLEMENT OF ALEXANDRIA (Philip Schaff, ed.) *The instructor*, book I, chapter VIII (*Against Those Who Think that...*): "God is one, and beyond the one and above the Monad itself. Wherefore also the particle 'Thou,' having a demonstrative emphasis, points out God, who alone truly is, 'who was, and is, and is to come,' in which three divisions of time the one name (ὁ ὤν); 'who is,' has its place."

Criador de Pai, falando assim: "Ó Deuses dos Deuses, dos quais sou Pai; e o criador de suas obras." De modo que, quando ele diz: "Em volta do Rei de Todos estão todas as coisas, e por causa Dele estão todas as coisas; e Ele [ou Aquele] é a causa de todas as coisas boas; e em torno do segundo estão as coisas em segundo lugar na ordem; e em volta do terceiro, o terceiro", eu não entendo nada mais do que a santíssima trindade; pois o terceiro é o espírito santo, e o filho é o segundo, por quem todas as coisas foram feitas consoante a vontade do pai.[1]

Assim, podemos dizer que a trindade que Clemente, o Estúpido Assexuado, estava comercializando seria a mesma trindade *pagã* do Deus Platão, o "Moisés Ático" havia criado; além do pai, ele contava o filho, chamado de Logos, esse e o pai existiriam por toda a eternidade; o Logos seria um deus, tal como o pai:

> sempre presente em todos os lugares e em nenhum lugar limitado, ele é todo-inteligência, ele vê, ouve, conhece e governa tudo. Seus atributos são os mesmos do pai: o pai está no filho e *vice-versa*: a ambos, as orações são oferecidas: eles são um e o mesmo deus.[2]

---

[1] CLEMENT OF ALEXANDRIA (Philip Schaff, ed.). *The stromata, or miscellanies*, book IV, chapter XIV (Greek Plagiarism from the Hebrews): "For I passover Plato; he plainly, in the Epistle to Erastus and Coriscus, is seen to exhibit the Father and Son somehow or other from the Hebrew Scriptures, exhorting in these words: 'In invoking by oath, with not illiterate gravity, and with culture, the sister of gravity, God the author of all, and invoking Him by oath as the Lord, the Father of the Leader, and author; whom if ye study with a truly philosophical spirit, ye shall know'. And the address in the *Timaues* calls the creator, Father, speaking thus: 'Ye gods of gods, of whom I am Father; and the Creator of your works'. So that when he says, 'Around the king of all, all things are, and because of Him are all things; and he [or that] is the cause of all good things; and around the second are the things second in order; and around the third, the third', I understand nothing else than the Holy Trinity to be meant; for the third is the Holy Spirit, and the Son is the second, by whom all things were made according to the will of the Father."
[2] TIXERONT, J. *History of Dogmas*. St. Louis, MO., and Freiburg (Baden): B. Herder 1910, p. 248: "always present in all places and nowhere limited, He is all intelligence, He sees, hears, knows and governs all. His attributes are the same as the Father's: the Father is in the Son and vice-versa: to both, prayers are offered up: they are one and the same God."

Devido a esse posicionamento Clemente de Alexandria, o Estúpido Assexuado, por um lado, quase que poderia ser identificado como um modalista, ao reduzir as três hipóstases a um único deus, tal como fizeram Praxeias e Sabélio. Mas, ele acabou por ser acusado de subordinacionismo: dogma segundo o qual o filho seria subordinado ao pai em função ou em essência (o filho teria igualdade ontológica em relação ao pai). No subordinacionismo o pai seria o deus único, ao passo que o filho e a espírito santo seriam suas criaturas estando subordinadas a ele (esse dogma foi defendido por Paulo de Samósata e Ário de Alexandria e foi motivo para a Quadrilha Católica exterminá-los e a centena de milhares dos seus seguidores).

A imbecilidade chamada trindade era tão absurda, que demorou séculos para ser imposta pela Máfia de Preto à custa do sangue de milhões de inocentes. Durante os primeiros séculos vários diretores dessa Organização Criminosa tentaram justificar essa tolice. Vejamos o que Orígenes, o Prostituto de Padres, disse a seu respeito: a interpretação que ele fez da trindade teve uma forte influência da Religião Platônica: para ele, o pai (a Mônada) seria transcendente à mente e ao Ser, portanto o pai estaria no ponto mais elevado da existência; o seu filho seria a sua própria imagem, nele se encontraria os *aspectos* (*epinoiai*, as Ideias platônicas); esses *aspectos* representariam a trindade do Logos na sua eternidade (sabedoria, verdade, vida) ou encarnado (aquele que curava, salvava e ressuscitava):

> Logo, este filho de deus, considerando que a Palavra é deus, que estava no princípio com deus, ninguém logicamente suporá estar contido em nenhum lugar; tampouco em relação a ele ser "Sabedoria", "Verdade", "Vida", "Justiça", "Santificação" ou "Redenção": [...].[1]

---

[1] ORIGEN OF ALEXANDRIA. *De Principiis*, book IV, 28: "This Son of God, then, in respect of the Word being God, which was in the beginning with God, no one will logically suppose to be contained in any place; nor yet in respect of His being

Para ele, o pai, que estava fora do tempo, gerou o filho, o qual seria apenas um deus secundário:

> É impressionante o paralelo com Albino [de Esmirna], que acreditava em um pai supremo que organizava a matéria por intermédio de um segundo deus (a quem, no entanto, identificava com a Alma do Mundo); assim como o fato de ambos os pensadores conceberem a geração do filho como resultado de sua contemplação do pai.[1]

O filho, de acordo com Orígenes, o Prostituto de Padres, seria subsistentemente diferente do pai: como hipóstase, eles seriam considerados dois, todavia em termos de identidade da vontade (união moral) eles seriam somente um:

> e, consequentemente, examinando-os mais a fundo, não lhe permitem nenhuma hipóstase independente, nem são claros sobre sua essência. Não quero dizer que confundam seus atributos, mas sim o fato dele ter sua própria essência. Pois, ninguém consegue entender como aquilo, que se diz ser a "Palavra", pode ser um filho. E tal Palavra animada, não sendo uma entidade separada do pai, e, consequentemente, por não ter subsistência própria, não é filho. Ou, se for filho, que digam que deus Palavra é um Ser separado e tem sua própria essência.[2]

'Wisdom', or 'Truth', or the 'Life', or 'Righteousness', or 'Sanctification', or 'Redemption': [...]." Pp. 344-345. Amazon.com. Edição do Kindle.

[1] KELLY, J. N. D. *Early christian Doctrine*. 4. ed. London: Adam & Charles Black, 1968, p. 128: "The parallel with Albinus, who believed in a supreme Father Who organized matter through a second God (Whom he, however, identified with the World-Soul), is striking; as is the fact that both thinkers envisaged the generation of the Son as the result of His contemplation of the Father."

[2] ORIGEN. *De Principiis*, book III, chapter 1 (On the Freedom of the Will), 5: "and accordingly they do not allow Him, if we examine them farther, any independent hypostasis, nor are they clear about His essence. I do not mean that they confuse its qualities, but the fact of His having an essence of His own. For no one can understand how that which is said to be 'Word' can be a Son. And such an animated Word, not being a separate entity from the Father, and accordingly as it, having no subsistence, is not a Son, or if he is a Son, let them say that God the Word is a separate being and has an essence of His own." Pp. 1167-1168. Amazon.com. Edição do Kindle.

A terceira hipóstase seria a espírito santo, cuja presença delimitava claramente a separação entre a filosofia (sempre foi e é uma pútrida religião) e a fé, porque ela somente pode ser entendida por intermédio da revelação do pai. Era a espírito santo para Orígenes, o Prostituto dos Padres, uma criação honrosa do Logos, cuja origem se encontrava no pai por intermédio do filho. A característica fundamental da sua doutrina trinitária era considerar, que essas três hipóstases sempre foram distintas por toda eternidade.

Para ele, os defensores do dogma modalista[1] erraram ao considerar as três hipóstases como indistinguíveis, visto que essa distinção ocorreria somente no pensamento. Por conseguinte, a trindade origenista seria composta por três deuses distintos e eternos, mas, ele insistiu na superioridade do pai. Por admitir a subordinação do filho ao pai, Orígenes, o Prostituto de Padres, afirmara, com pouca convicção, que tanto o filho como a espírito santo seriam deuses, porquanto a divindade deles teria sido uma graça do pai. Esse posicionamento foi devido à influência *pagã* da Religião Platônica, que ele não conseguiu se livrar; Orígenes acabou por tornar o filho subordinado ao pai, uma vez que o filho estaria em segundo plano em relação ao pai, bem como a espírito santo seria inferior a eles:

> O deus e pai, que mantém o universo unido, é superior a todos os seres que existem, pois ele concede a cada um a sua própria existência, aquilo que cada um é. O filho, sendo menor que o pai, é superior apenas às criaturas racionais (pois ele é o segundo depois do pai); o espírito santo é ainda menor e habita somente nos santos. De modo que desta forma o poder do pai seja maior que o do filho e do espírito santo,

---

[1] Para o modalismo (ou unicismo, monoteísmo modalista, sabelianismo, monarquianismo modal, patripassianismo, noecianismo) o deus do Trinitarismo Atanasiano não era trino, contudo, era somente um Ser que se manifestara em carne. Os seus principais defensores foram: Sabélio, discípulo de Praxeas, e Noeto.

e o do filho seja maior que o do espírito santo, e por sua vez o poder do espírito santo exceda o de cada outro Ser.¹

Continuando a defesa do dogma da trindade Orígenes, o Prostituto de Padres, afirmou que toda a bondade e ação do filho seriam reflexos do pai; a sua conclusão foi que não se deveria adorar ao filho, porque não devemos honrar aquilo que fora criado.

Outro membro da Gangue de Almas "mais sujas do que todo lixo", que negou a tolice da trindade foi Praxeas, ao afirmar que deus (chamado por ele de pai) tinha somente uma pessoa e uma natureza; esse deus nascera de uma virgem e fora chamado de jesus cristo:

> De várias maneiras, o diabo rivalizou e resistiu à verdade. Às vezes, seu objetivo tem sido destruir a verdade defendendo-a. Ele afirma que há apenas um senhor, o criador todo-poderoso do mundo, para que a partir dessa doutrina da unidade, ele possa fabricar uma heresia. Ele diz que o próprio pai desceu à virgem, nasceu dela, sofreu e de fato [o pai] era o próprio jesus cristo [...].²

Para os seguidores de Praxeas o crucificado teria sido o pai, o que lhes rendeu o nome de patripassialistas:

---

[1] ORIGEN (G. W. Butterworth, ed.). *Origen on First Principles*, book I, chapter 3: "The God and Father, who holds the universe together, is superior to every being that exists, for he imparts to each one his own existence that which each one is; the Son, being less than the Father, is superior to rational creatures alone (for he is second to the Father); the Holy Spirit is still less, and dwells within the saints alone. So that in this way the power of the Father is greater than that of the Son and of the Holy Spirit, and that of the Son is more than that of the Holy Spirit, and in turn the power of the Holy Spirit exceeds that of every other being."

[2] TERTULIAN (Philip Schaff, ed.). *Against Praxeas*, chapter I (Satan's Wiles Against the Truth...): "In various ways has the devil rivalled and resisted the truth. Sometimes his aim has been to destroy the truth by defending it. He maintains that there is one only Lord, the Almighty Creator of the world, in order that out of this *doctrine of the* unity he may fabricate a heresy. He says that the Father Himself came down into the Virgin, was Himself born of her, Himself suffered, indeed was Himself Jesus Christ. Here the *old* serpent has fallen out with himself, since, when he tempted Christ after John's baptism, he approached Him as "the Son of God;" surely intimating that God had a Son, [...]."

> Por isso, Praxeas prestou um duplo serviço ao diabo em Roma: expulsou a profecia e trouxe a heresia; pôs em fuga o paráclito e crucificou o pai.[1]

Foi Tertuliano, o Inquisidor Mor, o responsável pela sustentação da mentira sobre a trindade, uma vez que ele inventou "a fórmula da substância una e as três pessoas." Ele criou o sofisma a respeito da existência de duas essências em uma única pessoa, assim disse que o crucificado tinha duas essências, divina e humana:

> Agora, ao alegar a existência de duas substâncias em cristo – a saber, a divina e a humana –, claramente se segue que a natureza divina é imortal, e a humana é mortal. É manifesto em que sentido ele [Praxeas] declara "cristo morreu" – no mesmo sentido em que ele era carne, homem e filho do homem, não como o espírito, a Palavra e o filho de deus.[2]

A defesa de Tertuliano, o Inquisidor Mor, é um exemplo clássico de raciocínio tortuoso, o qual visa torcer a realidade, a fim de sustentar as suas mentiras. Em termos esquemáticos a sua posição pode ser apresentada da seguinte maneira[3]:

Tempo 1	Tempo 2	Tempo 3

---

[1] TERTULIAN (Philip Schaff, ed.). *Against Praxeas*, chapter I (Satan's Wiles Against the Truth...): "By this Praxeas did a twofold service for the devil at Rome: he drove away prophecy, and he brought in heresy; he put to flight the Paraclete, and he crucified the Father."
[2] TERTULIAN (Philip Schaff, ed.). *Against Praxeas*, chapter XXIX (It Was Christ that Died. The...): "Now, although when two substances are alleged to be in Christ — namely, the divine and the human — it plainly follows that the divine nature is immortal, and that which is human is mortal, it is manifest in what sense he declares "Christ died" — even in the sense in which He was flesh and Man and the Son of Man, not as being the Spirit and the Word and the Son of God."
[3] TUGGY, Dale. *História das Doutrinas Trinitárias*. Disponível em <https://plato.stanford.edu/entries/trinity/trinity-history.html>.

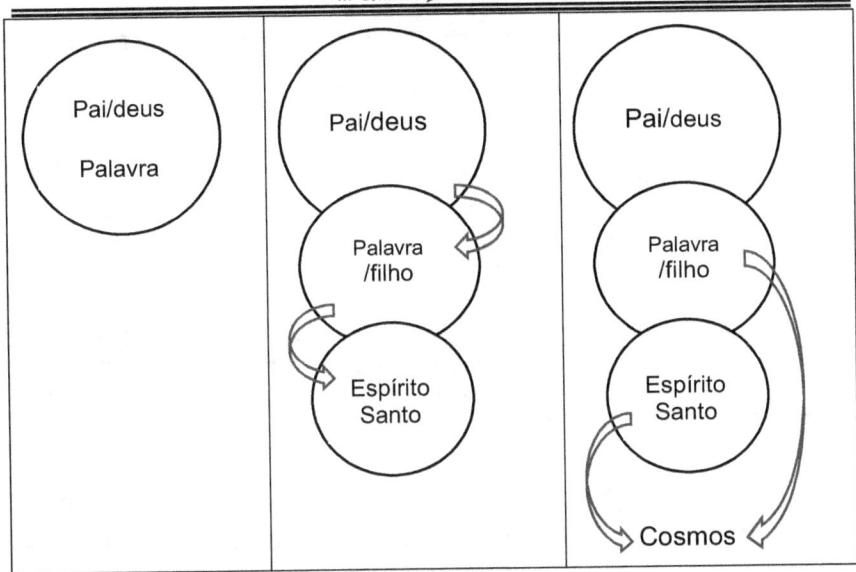

A disputa pela justificação da trindade continuou pelos séculos vindouros: a partir do século I a.H. duas perguntas preocupavam os diretores da Quadrilha Ortodoxa, cujas respostas levaram ao assassinato de milhões de inocentes e o roubo das suas riquezas:

> 1. a divindade que teria vindo à terra foi percebida fisicamente como idêntica ao supremo deus? Esse foi o questionamento responsável pelos massacres católicos no século I a.H.;
> 2. a divindade que teria vindo à terra uniu-se à natureza humana, transfigurando-se e depois voltou para a eternidade? Essa foi a questão que levou a Gangue Nicena a exterminar os seus inimigos nos séculos posteriores.

A primeira pergunta foi respondida na reunião da cúpula mafiosa da Quadrilha Católica em 34 a.H., em Constantinopla, convocada pelo seu proprietário, o imperador Teodósio I, *Extirpium Bonum*; o tema era a natureza do deus inventado pelos seus diretores, cujo objetivo era impor a sua visão trinitária em detrimento da visão monofisista da Gangue Ariana:

O Paganismo oficializado

> Cremos em um só deus pai todo-poderoso, criador do céu e da terra e de todas as coisas visíveis e invisíveis. E em um só senhor jesus cristo, o filho unigênito de deus, gerado do pai antes de todos os séculos, luz da luz, verdadeiro deus de verdadeiro deus, gerado, não feito, consubstancial com o pai, por quem todas as coisas foram feitas; por nós humanos e por nossa salvação ele desceu dos céus e se encarnou do espírito santo e da virgem Maria, se tornou humano sendo crucificado em nosso favor sob Pôncio Pilatos; [...]. E no espírito, o santo, o senhor e o vivificante, procedendo do pai, co-adorado e co-glorificado com pai e filho, aquele que falou através dos profetas; [...].[1]

Por um lado, essa reunião confirmou dos dogmas instituídos pelo imperador Constantino, o Grande Traidor da Humanidade, na mafiosa reunião da diretoria ocorrida em Nicea, 90 a.H., por outro, o imperador Teodósio I, *Extirpium Bonum*, exigiu que a espírito santo fosse valorizada como uma deusa pelos diretores, acionistas e consumidores da Organização Criminosa. Portanto, a partir dessa reunião a espírito santo passou, por decreto imperial, a ter a mesma essência e substância que o pai e o filho. A consequência desse decreto imperial foi a oficialização da trindade como um produto típico da Quadrilha Ortodoxa: essa foi a origem, nada divina ou inspirada, do Credo Niceno-Constantinopolitano.

Antes desse encontro de pedófilos em Constantinopla, ocorreu uma reunião dos mafiosos católicos em Antioquia em 47 a.H., eles decidiram a favor do dogma do Logos. Nessa mesma reunião foi rejeitado o dogma:

---

[1] *The First Council of Constantinople*: "We believe in one God the Father all-powerful, maker of heaven and of earth, and of all things both seen and unseen. And in one Lord Jesus Christ, the only-begotten Son of God, begotten from the Father before all the ages, light from light, true God from true God, begotten not made, consubstantial with the Father, through whom all things came to be; for us humans and for our salvation he came down from the heavens and became incarnate from the holy Spirit and the virgin Mary, became human and was crucified on our behalf under Pontius Pilate; [...] And in the Spirit, the holy, the lordly and life-giving one, proceeding forth from the Father, co-worshipped and co-glorified with Father and Son, the one who spoke through the prophets; [...]."

1. homoiousiano: o filho teria uma essência semelhante à do pai, contudo não era idêntica;

2. homoiano: o pai seria incomparável, por isso deveria se referir ao filho como semelhante ao pai; os defensores desse dogma queriam dar a entender, que o filho seria subordinado ao pai.

Nessa reunião houve uma clara opção pelo dogma homoousiano (o pai, o filho e a espírito santo teriam a mesma essência e substância), consequentemente a ruptura com a Gangue Ariana estava oficializada e a época de caça, prisão, tortura e extermínio dos cristãos arianos estava aberta:

> Por fim, em 368, diversos bispos orientais, reunidos em Antioquia, romperam completamente com o arianismo. Eles deram seu consentimento à fé nicena, como havia sido expressa pelo papa Dâmaso e um sínodo romano em 369; a saber, que o pai e o filho, e o espírito santo eram uma substância.[1]

O sacerdote platônico Plotino teve os seus tolos dogmas roubados pelos macabros diretores do Bando de Fetichistas, a fim de sustentarem as mentiras no *Liber Mali*. Existiriam alguns primeiros princípios de Plotino, os quais se relacionariam àqueles inventados pelo Deus Platão:

> a relação entre os primeiros princípios de Plotino deveria ser a mesma que existe entre o mundo das Ideias e o mundo dos fenômenos. No segundo princípio, ele estava claramente

---

[1] THE CHURCH OF ANTIOCH. *Synods of Antioch*: "At last, in 368, a large number of Oriental bishops, assembled in Antioch, broke with Arianism altogether. They gave their assent to the Nicene faith as it had been expressed by Pope Damasus and a Roman synod in 369; viz., that the Father and Son, and Holy Ghost were one substance." Disponível em <https://www.newadvent.org/cathen/01567a.htm>.

ansioso para afirmar a unidade absoluta do primeiro princípio, mantendo, ao mesmo tempo, a disposição triádica de todo o sistema.[1]

Ao fazer essa relação entre os princípios existentes e as reflexões do sacerdote Plotino, Iâmblico criou mais uma trindade formada pelo Uno, a Mente e a Alma (o Bem; o Demiurgo; a matéria). Cada um desses geraria outra trindade, e, assim, sucessivamente:

> Portanto, existe o Bem em si que está além da essência, e existe aquele bem que subsiste conforme à essência; quero dizer, a essência mais antiga e mais honrosa, e por si incorpórea. E essa é a peculiaridade ilustre dos Deuses, que existe em todos os gêneros que subsistem ao seu redor, preservando sua distribuição e ordem apropriadas, e não sendo dela difundida, e, ao mesmo tempo, sendo inerentemente invariável em todos os Deuses, e seus acompanhantes perpétuos.[2]

O diretor da Máfia "Adoradora de Farinha e Água", Atanásio, o Campeão do Crime, de posse de toda a hipocrisia que caracteriza os católicos, exigiu que os consumidores da Organização Criminosa deveriam adorar o deus criado pelos seus diretores como uma trindade:

> Pois há apenas uma forma de divindade, que também está na Palavra; e um só deus, o pai, existindo por si, pois ele está acima de tudo, e aparecendo no filho, por permear todas as

---

[1] ELSEE, Charles. *Neoplatonism in relation to christianity*. Cambridge: University Press, 1908, p. 66: "to the first principles of Plotinus should be the same as that which exists between the world of ideas and the world of phenomena; and in the second he was clearly anxious to assert the absolute unity of the first principle whilst retaining the triadic arrangement of the whole system."

[2] IAMBLICHUS. *On Mysteries*, chapter V: "There is, therefore, the good itself which is beyond essence, and there is that good which subsists according to essence; I mean the essence which is most ancient and most honourable, and by itself incorporeal. And this is the illustriolls peculiarity of the Gods, which exists in all the genera that subsist about them, preserving their appropriate distribution and order, and not being divulsed from it, and at the same time being inherent with invariable sameness in all the Gods, and their perpetual attendants."

coisas, e no espírito, assim como nele, age em todas as coisas através da Palavra. Pois assim confessamos que deus é um por intermédio da trindade, e dizemos ser muito mais religioso manter a crença na divindade una em uma trindade, do que a divindade dos hereges com seus muitos tipos e muitas partes.[1]

Eusébio, "o Mais Repugnante dos Simpatizantes", era um homem que não manifestava uma independência de pensamento, em relação aos produtos vendidos pela Multinacional Católica de Crimes: no calor do debate sobre a trindade, ele quis se apresentar como um intelectual com um conhecimento acima de todos a respeito dos dogmas católicos; assim ele tentou se mostrar como um apaziguador fazendo concessões aos grupos em litígios, afinal o seu interesse sempre foi manter a sua vida fácil, independentemente da gangue que vencesse os debates.

Assim, na reunião de cúpula dos mafiosos em Nicea, 90 a.H., Eusébio, "o Mais Repugnante dos Simpatizantes", pretendia se colocar em uma posição conciliatória, contudo o imperador Constantino, o Grande Traidor da Humanidade, determinou que ele assinasse a declaração final, a qual o imperador impôs a todos os membros da Gangue de Almas "mais sujas do que todo lixo". Foi somente a partir dessa ordem, que ele se tornou um defensor do dogma trinitário homoousiano:

> Após a apresentação pública desta fé por nós, não surgiu espaço para contradição; mas nosso Imperador, o mais piedoso, antes de qualquer outro, testemunhou que ela compreendia declarações totalmente ortodoxas. Ele confessou, além disso, que esses eram seus próprios sentimentos e aconselhou a todos os presentes que concordassem com

---

[1] ATHANASIUS. *Four Discourses Against the Arians*, chapter XXV (Texts explained...), 15: "For there is but one form of Godhead, which is also in the Word; and one God, the Father, existing by Himself according as He is above all, and appearing in the Son according as He pervades all things, and in the Spirit according as in Him He acts in all things through the Word. For thus we confess God to be one through the Triad, and we say that it is much more religious than the godhead of the heretics with its many kinds, and many parts, to entertain a belief of the One Godhead in a Triad."

> ela, assinassem seus artigos e concordassem com eles, com a inserção da única palavra, Unidade-em-essência, que ele interpretou não no sentido dos afetos dos corpos, nem como se o filho existisse do pai por divisão ou qualquer separação; pois a natureza imaterial, intelectual e incorpórea não poderia ser objeto de nenhum afeto corporal, mas cabia a nós concebermos tais coisas de maneira divina e inefável. E tais foram as observações teológicas de nosso Imperador, o mais sábio e religioso; mas eles, visando a adição de Um em essência, elaboraram a seguinte fórmula:
> A fé ditada no concílio.
> Cremos em um deus, o pai todo-poderoso, criador de todas as coisas visíveis e invisíveis: – [...].[1]

Um dos mais animados inventores do dogma trinitário foi Gregório de Nissa (80-20 a.H.); a trindade que ele estava inventado seria uma essência (na concepção do sacerdote Aristóteles, oEgólatra) encontrada em três hipóstases: os diretores da Máfia de Preto oficializaram essa criação de Gregório na reunião mafiosa de 34 a.H. em Constantinopla, como apresentamos anteriormente. Ele definiu que o filho e a espírito santo seriam como o pai, bem como todos os três teriam a mesma essência:

> Não devemos pensar no pai separado do filho, nem procurar o filho separado do espírito santo. [...]. Portanto, pai, filho e

---

[1] EUSEBIUS OF CESAREA. *Letter on the Council of Nicaea*, 4: "On this faith being publicly put forth by us, no room for contradiction appeared; but our most pious Emperor, before any one else, testified that it comprised most orthodox statements. He confessed moreover that such were his own sentiments, and he advised all present to agree to it, and to subscribe its articles and to assent to them, with the insertion of the single word, One-in-essence, which moreover he interpreted as not in the sense of the affections of bodies, nor as if the Son subsisted from the Father in the way of division, or any severance; for that the immaterial, and intellectual, and incorporeal nature could not be the subject of any corporeal affection, but that it became us to conceive of such things in a divine and ineffable manner. And such were the theological remarks of our most wise and most religious Emperor; but they, with a view to the addition of One in essence, drew up the following formula: –
The Faith dictated in the Council.
We believe in One God, the Father Almighty, Maker of all things visible and invisible: – [...]."

espírito santo devem ser conhecidos apenas em uma trindade perfeita, em estreita consequência e união um com o outro, antes de toda a criação, antes de todas as eras, antes de qualquer coisa de que possamos imaginar. O pai é sempre pai, e nele o filho, e com o filho o espírito santo.[1]

A disputa sobre a trindade levou os diretores da Quadrilha Ortodoxa a uma guerra de secessão, cujo motivo não foi doutrinal, mas o desejo de controlar as suas imensas riquezas. Os diretores se separaram em duas grandes gangues: homoousianos (cristãos católicos) e homoiousianos (cristãos arianos), cujos violentos massacres abalaram o Império Romano.

Essa disputa no século I a.H. chamou a atenção do público, não só devido à violência desencadeada, como igualmente se envolveu em defesa ou não da vogal. O diretor Gregório de Nissa nos disse, que os seus consumidores discutiam em cada canto da cidade, contudo eles seriam ignorantes, para entender o que discutiam:

> Assim, como aqui em Atenas, há alguns que não dedicam seu tempo a nada além de dizer ou ouvir algo novo (*Atos 17:21*), alguns que ontem e anteontem ainda eram motivados por trabalhos braçais inferiores, de repente se tornaram teólogos e filósofos, ensinando solenemente sobre o incompreensível para nós; servos e aqueles que serão chicoteados e aqueles que fogem dos deveres de servos. Vocês sabem muito bem a quem meu discurso se refere. De fato, toda a área urbana está repleta dessas pessoas: as ruas estreitas, os mercados, as praças, os pórticos, os vendedores de casacos, os administradores das mesas de câmbio, aqueles que nos vendem comida. Se você fizer uma pergunta sobre os óbolos, o outro filosofará sobre o gerado e o não gerado.

---

[1] GREGORY OF NYSSA. *On the Holy Spirit*, Against the Followers of Macedonius: "We are not to think of the Father as ever parted from the Son, nor to look for the Son as separate from the Holy Spirit. [...] Therefore, Father, Son, and Holy Spirit are to be known only in a perfect Trinity, in closest consequence and union with each other, before all creation, before all the ages, before anything whatever of which we can form an idea. The Father is always Father, and in Him the Son, and with the Son the Holy Spirit."

E se você perguntar a ele sobre o preço do pão, ele responde: "O pai é maior" (cf. João 14:28), e o filho é subordinado. Mas se você perguntar: "O banho está pronto?", o outro dará uma definição sobre o filho vir do nada.[1]

O ódio de Gregório de Nissa não se refere às discussões em pauta, contudo reflete o desprezo que os diretores da Associação Católica de Celerados têm em relação aos seus consumidores, os quais são vistos como ignorantes, servos e serviçais que não deveriam discutir assuntos *mais elevados*. Assuntos esses que ele próprio considerava "incompreensível para nós", ou seja, os diretores dessa Multinacional do Crime não entendem o produto que eles comercializam, destarte esculachem os seus consumidores por tentarem entender a estupidez chamada trindade inventada por pedófilos que vivem de roubar os consumidores e nunca trabalharam um dia sequer honestamente: eis o católico!

Outro diretor Facção Criminosa Católica que tentou justificar o absurdo da trindade foi Basílio de Cesareia, o qual começou por

---

[1] GREGORY OF NYSSA. *De Deitate Filii et Spiritus Sancti et in Abraham*: "Weil auch nun in der Art jener Athener es welche gibt, die zu nichts anderem Zeit finden, als etwas Neueres zu sagen oder zu hören [Apg 17,21], manche, die gestern und vorgestern noch von niederen Handwerksarbeiten angetrieben wurden, sind unversehens Dogmatiker der Theologie, plötzlich [GNO X/2; p. 121] philosophieren uns Sklaven und Auszupeitschende und de solche, die vor Sklavendiensten fliehen, feierlich über das Unfassbare. Ihr wisst sehr genau, auf welche Leute sich meine Rede bezieht. Der ganze Stadtbereich nämlich ist mit solchen Leuten erfüllt, die schmalen Gassen, die Märkte, die Plätze, die Wandelgänge, die Mantelhändler, die Aufseher bei den Wechseltischen, die, die uns die Speisen verkaufen. Wenn du eine Frage nach den Oboloi stellst, philosophiert dir der andere von Gezeugt und Ungezeugt. Und wenn du ihn nach dem Preis des Brotes fragst, antwortet er: 'Größer ist der Vater' [vgl. Joh 14,28], und der Sohn ist untergeordnet. Wenn du aber sagst: 'Ist das Bad fertig?', gibt dir der andere eine Definition, dass der Sohn aus dem Nichtsseienden sei." Disponível em
<https://books.google.com.br/books?id=ICAlm1yyoekC&pg=PA72&lpg=PA72&dq=%22Weil+auch+nun+in+der+Art+jener+Athener+es+welche%22&source=bl&ots=N-yyIDb-GXV&sig=ACfU3U3wF95v6ri03vJ9TGWC19yZM2qQHQ&hl=pt-BR&sa=X&ved=2ahUKEwiq1sbUjOSHAxUHIJUCHUjFLS0Q6AF6BAgREAM#v=onepage&q=%22Weil%20auch%20nun%20in%20der%20Art%20jener%20Athener%20es%20welche%22&f=false.>

vender o seu dogma sobre a trindade, a partir da Religião Aristotélica (assim como o seu irmão Gregório de Nissa), mais especificamente, quando ele separou as categoriais universal e particular. Foi ele, um homem ignorante, insensato e arrivista, quem tentou colocar ordem na indigência intelectual da sua quadrilha em relação aos termos *ousia* e *hipóstase*, os quais foram tomados como sinônimos. Basílio definiu a *ousia* (substância) como aquilo que seria próprio e comum ao deus inventado pelos diretores da Organização Criminosa, ao passo que usou a palavra *hipóstase*, para distinguir as pessoas da trindade:

> Além disso, um é o espírito santo, e falamos dele singularmente, unido está ao único pai por intermédio do único filho, e por si completando a adorável e abençoada trindade. O relacionamento íntimo dele com o pai e o filho é suficientemente declarado pelo fato de ele não ser classificado na pluralidade da criação, mas ser mencionado singularmente; pois ele não é um entre muitos, mas um. Pois assim como há um pai e um filho, também há um espírito santo. Consequentemente, ele está tão distante da Natureza criada como a Razão exige que o singular seja removido dos corpos compostos e plurais; e ele está unido ao pai e ao filho de tal maneira que a unidade tem afinidade com a unidade.[1]

Essa *prova* da existência da espírito santo somente foi aceita, devido à sangrenta violência praticada pela Quadrilha Católica, porque esse fragmento não passa de palavras vazias, contudo, faz a alegria dos Comedores de Capim que defende em salas-de-aula, ou deveríamos dizer baias nos estábulos públicos?

---

[1] BASIL OF CESAREA. *De Spiritu Sancto*, chapter 18 (In what manner in the confessio...), 45: "One, moreover, is the Holy Spirit, and we speak of Him singly, conjoined as He is to the one Father through the one Son, and through Himself completing the adorable and blessed Trinity. Of Him the intimate relationship to the Father and the Son is sufficiently declared by the fact of His not being ranked in the plurality of the creation, but being spoken of singly; for he is not one of many, but One. For as there is one Father and one Son, so is there one Holy Ghost. He is consequently as far removed from created Nature as reason requires the singular to be removed from compound and plural bodies; and He is in such wise united to the Father and to the Son as unit has affinity with unit."

O diretor Basílio é um cretino, como todo e qualquer católico, uma vez que antes de defender a trindade, ele utilizou o *Livro Velho dos Judeus*, para tentar *provar* que existiria, no início dos tempos, uma dualidade; para tanto ele pinçou uma passagem nesse livro macabro, segundo a qual yhwh, o Senhor dos Holocaustos, dissera:

> E disse deus: Façamos o homem à nossa imagem, conforme a nossa semelhança; e domine sobre os peixes do mar, e sobre as aves dos céus, e sobre o gado, e sobre toda a terra, e sobre todo o réptil que se move sobre a terra.[1]

Para ele parecia óbvio, que esse deus não estaria sozinho, porque ele falara no plural, portanto haveria uma dualidade divina no céu: não passou pelo seu insignificante pensamento, que talvez pudesse existir mais do que dois deuses? Como o delinquente do seu irmão defendeu.

Essa defesa feita por Basílio chocou-se com a de outro criminoso, o seu irmão, Gregório de Nissa, o qual, mais uma vez utilizou o *Livro Velho dos Judeus*, para tentar *demonstrar* que no início existiria uma trindade, uma vez que ele identificou o termo *palavra* como a segunda hipóstase (o filho) e o termo *sopro* com a terceira (a espírito santo):

> Mediante a palavra do senhor foram feitos os céus, e os corpos celestes, pelo sopro de sua boca.[2]

Gregório de Nissa, como foi visto mais acima, retirou o dogma da trindade do seu contexto da Religião Aristotélica e a empregou na tentativa de justificar o *paganismo* que é o escandaloso dogma do deus triuno.

---

[1] *Gênesis*, 1 (26).
[2] *Salmos*, 33 (6).

Essa senda aberta por ele, foi seguida por Agostinho, o Brinquedo Sexual de *santo* Ambrósio, o qual foi mais um diretor da "Ninhada de Traidores" que tentou justificar o *paganismo* católico:

> E aí [em "certos livros platônicos"] eu li, não exatamente com essas mesmas palavras, mas com o mesmo significado, reforçado por muitas e diversas razões, que, "No princípio era o Verbo, e o Verbo estava com deus, e o Verbo era deus. Ele estava no princípio com deus. Todas as coisas foram feitas por ele, e sem ele nada do que foi feito se faria".[1]

Essa tentativa de fundamentar a defesa da trindade no Deus Platão, a Meretriz de Atenas, é criminosa, porque Agostinho, o "Patrono de Todos os Burros" sabe que o criminoso ático não estava falando sobre a trindade comercializada pela Máfia "Adoradora de Farinha e Água". Ele inclusive deixou bem claro, ao afirmar que "eu li, não exatamente com essas mesmas palavras", ou seja, ele, malandramente, adaptou as infantilidades do "Moisés Ático" aos seus interesses comerciais.

A partir de tudo o que foi exibido fica nítido, que de todos os dogmas comercializados pelos diretores católicos, o mais insensato, que exprime toda a falsidade inerente a eles, pode ser sintetizada no estúpido dogma da trindade; os seus diretores, acionistas e consumidores repetem essa falácia por puro oportunismo: os diretores para manterem as suas vidas fáceis, ao passo que os consumidores desejam fazer parte de um clube.

Segundo a concepção da trindade, a divindade vendida por essa Organização Criminosa seria composta por três hipóstases: o pai, o filho e a espírito santo, malgrado, seja dividido em três é so-

---

[1] AUGUSTINE. *The Confessions*, book VIII, chapter IX (He compares the doctrine of the platonists...): "13. [...] And therein I read, not indeed in the same words, but to the selfsame effect, enforced by many and divers reasons, that, 'In the beginning was the Word, and the Word was with God, and the Word was God. The same was in the beginning with God. All things were made by Him; and without Him was not any thing made that was made'."

mente uma. Para sustentar essa tolice, muitos textos foram plagiados, adaptados e falsificados, os quais receberam o rótulo de *mentira sagrada* dado pelos diretores da Quadrilha Católica e dos seus asseclas, os Comedores de Capim.

Consoante Conybeare o *Liber Odium* foi adulterado, a fim de justificar o dogma da trindade:

> Pois há *três que dão testemunho no céu: o pai, a palavra e o espírito santo; e esses três são um. E* três são os que dão testemunho na terra: o espírito, a água e o sangue; e esses três são um.[1]

Conybeare nos disse que essa adulteração, a qual ele destacou em itálico, ocorreu em 1099 d.H. pelas mãos do diretor Francisco Ximenes de Cisneros na filial de Alcala na Espanha; o objetivo desse corrupto diretor (uma redundância desnecessária) era reafirmar a *verdade* da trindade. Essa farsa foi encontrada somente em dois manuscritos antigos entre mais de 400 códices; mesmo na *Vulgata* traduzida por Jerônimo, o "Repugnante" Estuprador de Crianças, não se encontra essa alteração.

No site <https://biblehub.com/> das 26 versões do *Liber Odium* somente 3 não repetiram a mentira sobre a existência de "*três que dão testemunho no céu*":

> **1.** NASB 1977: "E é o espírito que dá testemunho, porque o espírito é a verdade.";
> **2.** Versão Padrão Americana: "E é o espírito que dá testemunho, porque o espírito é a verdade.";
> **3.** Versão Revisada em Inglês: "E é o espírito que dá testemunho, porque o espírito é a verdade."

Os Mafiosos da Cruz propalam a quatro ventos que o deus que eles inventaram seria o pai, o filho e a espírito santo, todos reinando em nome de um só. Qualquer homem, que não seja um rufião, portanto um não-católico, perguntaria: como alguém pode

---

[1] JOÃO, *Primeira Epístola*, 5 (7-8).

ser tão depravado, para vender essa descarada mentira e tão cínico para comprá-la?

A trindade foi criada séculos após criação da Gangue de Almas "mais sujas do que todo lixo", contudo alguns dos seus primeiros gângsteres, durante a destruição do *paganismo*, não aceitavam a existência uma divindade trina, porque essa era uma tradição *pagã*. Esse foi o caso de Arnóbio de Sica, que desde quando se sujou com as águas da Gangue Nicena se dedicou a destruir os sagrados Deuses gregos, por isso ele atacou a Santíssima Trindade Dionísio, Apolo e o Sol:

> Como?! Quando vocês afirmam que Baco, Apolo e o Sol, são uma divindade, [aparentemente] aumentada em número pelo uso de três nomes, o número dos Deuses não diminui e sua alardeada reputação não é derrubada por suas opiniões? Pois se é verdade que o Sol também é Baco e Apolo, consequentemente não pode haver nenhum Apolo ou Baco no universo; e assim, por vocês mesmos, o filho de Semele [Baco] o Deus Pítio [Apolo] são apagados e colocados de lado, um o Doador de Alegria bêbada, o outro o destruidor de ratos esmintianos.[1]

Não discutiremos com ele, porquanto a sua conclusão a respeito da Trindade *pagã*, permite entender a trindade da Quadrilha Iconódula: uma trindade não aumentaria o poder de um deus, contudo o diminuiria tornando esses deuses desnecessários. Mas, poderíamos parodiá-lo e mostrar que o Trinitarismo Atanasiano é somente uma farsa:

---

[1] ARNOBIUS OF SICCA. *Seven Books*, book III (33): "What! when you maintain that Bacchus, Apollo, the Sun, are one deity, [seemingly] increased in number by the use of three names, is not the number of the gods lessened, and their vaunted reputation overthrown, by your opinions? For if it is true that the sun is also Bacchus and Apollo, there can consequently be in the universe no Apollo or Bacchus; and thus, by yourselves, the son of Semele [and] the Pythian god are blotted out [and] set aside, one the giver of drunken merriment, the other the destroyer of Sminthian mice."

Como?! Quando vocês afirmam que **deus, jesus** e **a espírito santo**, são uma divindade, [aparentemente] aumentada em número pelo uso de três nomes, o número dos Deuses não diminui e sua alardeada reputação não é derrubada por suas opiniões? Pois se é verdade que o **deus** também é **jesus** e **a espírito santo**, consequentemente não pode haver nenhum **jesus** ou **deus** no universo.

A trindade é um dogma importante para os Mafiosos da Cruz, contudo é uma noção de difícil compreensão, para qualquer indivíduo bem-intencionado. Essa ideia é tão esdrúxula, que foi questionada entre os próprios diretores do deletério Império Católico do Mal, haja visto que podemos encontrar três versões diferentes da fábula trinitária:

1. **modalista**[1]: para os defensores desse posicionamento, por exemplo, Praxeas em 225 a.H., o deus inventado pelos Genocidas da Cruz tinha diversas funções: às vezes ele era um criador, outras vezes aparecia como salvador, mas sempre seria ele mesmo (o pai seria um só) e não dois ou três, além de defenderem que no momento da crucificação do filho o pai sofreu;
2. **adotacionista:** após abandonar a Gangue Ariana o imperador Teodósio I, *Extirpium Bonum*, em 34 a.H, uniu-se à Gangue Cropódula. Por conseguinte, ele desenvolveu o dogma adotacionista, o qual afirmava que o crucificado seria o filho adotivo de um deus;
3. **gnóstica:** o burro crucificado seria um ser intermediário entre o divino e o humano, além de ser somente uma imagem;
4. **subordinacionista:** dogma defendido pela Gangue Ariana, segundo o qual o filho seria uma criatura do pai, dependendo em tudo do pai.

O que podemos concluir dessas versões? Os diretores do Bando de Fetichistas estavam elaborando um dogma que agradasse o maior número possível de *pagãos*, por isso o seu produto

---

[1] O modalismo também foi chamado de monoteísmo modalista, ou patripassianismo, ou unicismo, ou monarquianismo modal, ou sabelianismo, ou noecianismo.

foi-se adaptando ao longo do tempo a todos os paladares e bolsos, quando a visão trinitária da Gangue Nicena se tornou mais forte do que o das outras quadrilhas, elas foram sumariamente exterminadas.

Como uma Organização Criminosa de quase 2000 anos, a Máfia "Adoradora de Farinha e Água" está sempre se moldando às mudanças de consumo da sua clientela; é por esse motivo, que hoje ela está refazendo o seu cardápio, para que os seus novos consumidores não tenham uma indigestão com os seus produtos de baixa qualidade: assim, ela lança, em cada época e em cada lugar, produtos com novas embalagens, novos sabores e novos temperos, contudo o produto continua ruim mesmo após tantos séculos.

O dogma da trindade é um produto muito louvado entre os diretores, acionistas e consumidores do Bando dos "Idólatras de Fato", destarte ser uma ofensa a qualquer pensamento lógico-racional:

> **1.** a comercialização de um deus espiritual perfeito, não merece ter a sua existência questionada, simplesmente porque o espírito não existe;
> **2.** os seus diretores nos dizem que esse deus espiritual perfeito criara o mundo material, mas ficou desapontado com imperfeição do mundo, o qual ele mesmo criara. O que nos força a questionar: ou esse deus não é perfeito, porque senão teria feito um universo perfeito, ou é uma simples invenção de homens corruptos;
> **3.** a fim de reparar o seu erro, esse deus perfeito enviou o seu filho, para salvar os homens (do mal que ele próprio causara, afinal foi ele que criara os homens): o deus espiritual e perfeito se transformou em carne (material e imperfeita) como o seu próprio filho, para consertar o erro que ele, enquanto pai, cometera;
> **4.** o objetivo do filho (o qual é o próprio pai encarnado) seria se sacrificar: o filho deveria pagar pelos erros que o seu pai (ele mesmo) cometera (ele, malgrado fosse perfeito, criara um mundo imperfeito): somente em sistemas jurídicos bárbaros, nos quais foram cunhados muitos dos dogmas da

Quadrilha Católica, é que os filhos devem pagar por um erro dos seus pais.

Em síntese, esse é o dogma contido no *Crimen Libri*, contudo é bem duvidoso que os seus diretores e seus consumidores espertalhões acreditem nessa absurda fábula. Somente indivíduos irremediavelmente desleais, arrivistas e depravados (ou seja, católicos) podem aceitar, defender, vender e comprar tais iniquidades. A única explicação possível, para essa fábula abominável, é a necessidade dos seus consumidores em desejarem aceitar a mentira, porque somente assim eles, podem se comportar de maneira fraudulenta, a fim de mitigar os seus outros incontáveis desvios, o que nos leva a concluir: os católicos tornaram a perversidade normal.

A discussão sobre a trindade foi um dos capítulos mais cômicos e violentos com o qual os diretores dessa Associação de Celerados nos brindaram. Os diretores, acionistas e consumidores católicos usaram vogal *i* como álibi, para massacrar milhões durante vários séculos, a fim de ocultar os verdadeiros interesses desses diretores: controlar a riqueza do poderoso, maléfico e pedófilo Império da Quadrilha Católica.

Os seus diretores se dedicaram a duas tarefas principais após alcançarem a sua tão desejada trindade: a fama, fortuna e glória. Primeiro, eles exterminaram milhares de *pagãos*, ao mesmo tempo, milhões deles se tornaram os seus consumidores, por isso foi necessário adaptarem os seus dogmas ao *paganismo*; depois os diretores da Máfia "Adoradora de Farinha e Água" voltaram o seu ódio, a sua intolerância e o seu desejo de proteger e aumentar as suas imensuráveis fortunas contra os seus comparsas: como resultado, tivemos uma apoteose na qual o sangue das diversas gangues jorrava em abundância: o ritual com o sangue do touro foi substituído pelo banho de sangue dos *hereges*.

As lutas sanguinárias entre os diretores dessa Facção Criminosa, para destruírem o Império Romano seguiram-se cada vez mais cruéis pelo controle do Império Católico do Mal e pela destruição dos seus inimigos, para tanto os seus diretores inventaram diversos pretextos: um desses foi a questão do dogma trinitário.

A reunião mafiosa convocada em Nicea pelo proprietário da Quadrilha Católica, o imperador Constantino, cujo objetivo seria acabar com as disputas internas da Organização Criminosa não obteve êxito. Os semi-letrados católicos, mas extremamente criminosos, insistiram em colocar no *Credo Niceno* o termo *homoousios*, apesar de eles não conhecerem a língua grega. Devido a diversas formas de se interpretar essa palavra surgiram diversos posicionamentos cristológicos sobre o pai, o filho e o termo *unigênito* surgiram algumas gangues perigosíssimas:

> 1. **homoousianos:** é a visão do Império Católico Pedófilo, segundo a qual a espírito santo, o filho e o pai teriam a mesma essência (consubstancial). Destarte, aparecerem como uma trindade, eles seriam um único deus;
> 2. **homoiousianos:** os diretores da Gangue Ariana afirmavam que o filho e o pai teriam a mesma substância, todavia não compartilhavam da mesma essência;
> 3. **homoianos:** os delinquentes defensores desse dogma, diziam que o pai e o filho seriam semelhantes, contudo, eles se recusaram a utilizar os termos *essência* e *substância*;
> 4. **heteroousianos (neo-Arianismo):** aceitavam que o pai e o filho se distinguiriam em substância;
> 5. **sabelianismo:** o pai e o filho teriam uma e a mesma substância.

Essa discussão inútil sobre a trindade começou, quando o criminoso Ário de Alexandria se opôs ao escroque Alexandre de Alexandria a respeito da relação entre o pai e o filho (reparem que a trindade católica teve origem no místico e *pagão* Egito):

> Antes de ser gerado, ou criado, ou definido, ou estabelecido, ele não existia. Pois, ele não era ingênito. Todavia, somos perseguidos porque dissemos que o filho teve um princípio, mas deus não teve começo. Somos perseguidos por causa disso e por dizer que ele veio do não-Ser. Mas, dissemos

isso porque ele não é uma porção de deus nem de nada exista.¹

Ário estava defendendo que o Sr. Münchhausen da Cruz seria uma reles criação do pai e de pouca importância para a Associação Católica de Celerados, portanto os seus diretores, acionistas e consumidores deveriam se preocupar com o pai, criador de todas as coisas, inclusive do filho. A Gangue Ariana defendia que na relação entre o pai e o filho haveria apenas uma *homoiousia* (semelhança de substância): esse teria uma essência (substância) similar, mas não idêntica à do pai.

A Gangue contrária foi denominada de *homoousiana* (mesma substância e mesma essência), sendo liderada pelo corruptíssimo Atanásio, o Campeão do Crime, apoiada pela matriz da Quadrilha Católica em Roma e pelo proprietário da Multinacional do Crime, o imperador Constantino, o Grande Traidor da Humanidade. Essa crudelíssima Gangue defendia que a essência e a substância do pai e do filho seriam semelhantes, portanto, eles não foram criados. Nesse sentido o pai e o filho não seriam substâncias diferentes, contudo seriam idênticas: com a *homoousia* os seus diretores pregavam que o filho seria o próprio pai, por isso diziam que o pai e o filho teriam a mesma essência e substância. Mais tarde, eles incluíram a espírito santo, para agradar aos consumidores *pagãos* de Deuses trinitários espalhados por todo o Império Romano.

Em poucas palavras, a disputa ocorreu devido ao controle das imensas riquezas da Organização Criminosa Católica, contudo a sanguinária guerra que se seguiu foi justificada doutrinalmente pelo uso da vogal *i*: para manterem as suas vidas fáceis de luxúrias e pedofilias, os católicos fazem qualquer coisa:

---

[1] ARIUS OF ALEXANDRIA. *Letter of Arius to Eusebius of Nicomedia*, 5: "Before he was begotten, or created, or defined, or established, he did not exist. For he was not unbegotten. But we are persecuted because we have said the Son has a beginning but God has no beginning. We are persecuted because of that and for saying he came from non-being. But we said this since he is not a portion of God nor of anything in existence."

O estudo habitual do sistema platônico, uma disposição vaidosa e argumentativa, um idioma copioso e flexível [a língua grega], forneceu ao clero e ao povo do Oriente um fluxo inesgotável de palavras e distinções; [...].[1]

O álibi para exterminar a concorrência, fora colocada na discussão da relação entre o pai e o filho: os conservadores (ortodoxos), que já tinham acesso às riquezas do Império Romano, defendiam o místico credo egípcio (atanasiano, homoousiano, niceno) de 90 a.H., o qual foi estabelecido por um decreto do proprietário da Gangue de Almas "mais sujas do que todo lixo", o imperador Constantino, o Grande Traidor da Humanidade.

A palavra *homoousios* vem do grego ὁμοούσιος, ela é traduzida por *consubstancial*; na Grécia antiga essa palavra era usada com o sentido de identificarem *coisas do mesmo tipo*. Essa palavra foi usada de maneira técnica pela primeira vez entre os gnósticos, a fim de discutir a identidade da substância entre: o gerador e o gerado; coisas, que foram geradas e tinham a mesma substância; o par ativo-passivo. Contudo, a Gangue Nicena liderada por Atanásio, o Campeão do Crime, usou-a para se referir à possível origem eterna do filho e a sua relação de identidade com o pai.

Outra Gangue que desejava controlar os cofres da Associação Católica de Celerados, foi a de Ário de Alexandria; ele propôs a separação entre as substâncias (homoiousia): esse dogma negava a identidade entre as substâncias, (consubstancialidade, homoousia) entre o pai e o filho; em outros termos, a Gangue Ariana não aceitava que o crucificado fosse um deus, uma vez que fora criado.

---

[1] GIBBON, Edward. *The Decline and Fall of the Roman Empire*. New York: Hurst & Co. publishers, 1892, p. 20, vol. II: "The familiar study of the Platonic system, a vain and argumentative disposition, a copious and flexible idiom, supplied the clergy and people of the East with an inexhaustible flow of words and distinctions; [...]."

Orígenes, o Prostituto dos Padres, utilizou esse termo para tentar justificar a relação substancial entre o filho e o pai; nesse sentido ele disse que essa relação seria uma homoousia:

> Ambos os símiles mostram manifestamente a comunidade de substância entre o filho e o pai. Pois um fluxo parece homoousia, isto é, de uma mesma substância com aquele corpo, do qual é fluxo ou exalação. (Frag. Heb. 24.359).[1]

Devido a estupenda riqueza da Quadrilha Católica, mais uma quadrilha se envolveu nessas lutas pelo controle dos seus cofres: a Gangue dos Homoianos, a qual ensinava que o pai e o filho seriam similares em todas as coisas; todavia, os homoianos escolheram outro caminho, para tomar conta as riquezas em disputa, ao se recusarem a usar os termos *essência* e *substância* em relação ao pai e ao filho.

Devido à extrema crueldade dos diretores, acionistas e consumidores da Multinacional Católica de Crimes, eles assassinaram milhares dos seus comparsas, espalhando a violência por todo Império Romano. Mas, a matança não parou aí, porque o extermínio em massa continuou por vários séculos.

Como os líderes das principais gangues (homoousiana, homoiousiana e homoianos) não chegavam a um acordo, o imperador Constantino, o Grande Traidor da Humanidade, convocou uma reunião da diretoria em Nicea, a fim de padronizar o produto *filho*. Após algum debate, o imperador impôs, por intermédio de um decreto, que a partir daquela data o filho deveria ser reverenciado como um deus. Portanto, todo e qualquer indivíduo que se opusesse a essa decisão imperial seria condenado: assim, um carpinteiro bêbado, alucinado e covarde foi transformado, por decreto imperial, de um

---

[1] FORTMAN, Edmund J. *The triune of god*. London: The Westminster Press, 1972, p. 55: "Both these similes manifestly show the community of substance between Son and Father. For an outflow seems homoousios, i.e. of one substance with that body of which it is the outflow or exhalation. (Frag. Heb. 24.359)."

homenzinho pérfido em um deus mais pérfido ainda. Desse momento em diante, o mundo entrou no período teológico, no qual os assassinatos, roubos e pedofilias reinam até a atualidade. Todos os roubos, assassinatos e estupros que ocorreram nos últimos 2.000 anos tiveram as bençãos dos diretores da *Peste Negra Inc.*: em nome do deus que eles inventaram, tudo pode e deve ser feito, porque não há pecado, para quem comete crimes em seu nome.

Assim, o imperador Constantino, o Grande Traidor da Humanidade, proprietário da Organização Criminosa Católica, impôs a todos os seus diretores, acionistas e consumidores que o pai e o filho teriam a mesma essência (consubstancialidade, *homoousia*) em contraposição aos seguidores de Ário, os quais afirmavam que teriam essências distintas (*homoiousia*).

Ário e os seus seguidores (entre eles se encontrava Eusébio, "o Mais Repugnante dos Simpatizantes") não aceitaram a intromissão do imperador nas discussões da Máfia de Preto, como resultado ele foi jogado na ilegalidade e expulso para a Ilíria, os seus seguidores e os seus livros foram condenados. Quanto a Eusébio, "o Mais Repugnante dos Simpatizantes", ao ver os seus amigos serem punidos, ele, imediatamente, abandonou o deus que defendia e apoiou o deus da Quadrilha Católica. Depois, ele escreveu uma carta, tentando justificar a sua traição aos seus amigos e ao seu deus: veja mais acima.

Por decreto imperial, o carpinteiro passou a ter a mesma essência do deus inventado pelos diretores da Quadrilha Ortodoxa; todavia, não precisamos lembrar que esses diretores são os homens mais cruéis, corruptos e pedófilos que já caminharam sobre a terra, por isso a disputa pelas riquezas continuou e a matança dos seus inimigos (os quais eram amigos de longa data) se generalizou por todo o Império Romano. Essa guerra interna, teve como desculpa impor uma visão correta (ortodoxia) sobre a trindade, a qual foi conquistada com muito suborno, mentira e violência, por parte de Atanásio, o Campeão do Crime: a sua atuação foi tão degradante, que mais tarde lhe proporcionou ser tratado como *santo*: a marca do bom deus nos homens mais depravados que existem.

Alguns dos diretores, considerados traidores por apoiarem o arianismo, foram protegidos por Constância, irmã do imperador Constantino, o Grande Traidor da Humanidade. Como consequência, menos de três anos após ter decretado o carpinteiro como um deus único, o imperador Constantino permitiu a volta dos *hereges*, os quais não aceitavam a divindade do crucificado.

O próprio Ário de Alexandria voltou a ter as bênçãos do imperador, o qual exigiu que ele fosse reintegrado à Facção Criminosa Católica no templo de consumo de Constantinopla. Com muitas orações os seus inimigos rogaram ao deus, que eles inventaram, para que Ário não voltasse a ter poder na quadrilha: milagrosamente, com algumas preces e a ajuda do seu deus, ele foi fulminado no dia da posse. Alguns maliciosos disseram, que ele foi assassinado pelos diretores da Quadrilha Católica, mas de nossa parte acreditamos piamente na vontade divina. Amém!

Nessa luta pelo controle dos cofres da Máfia de Preto tivemos a participação direta dos seus proprietários, os imperadores romanos: Constantino, o Grande Traidor da Humanidade, apoiou a Gangue Nicena, sem esquecer de favorecer a Gangue Ariana; os imperadores Constantino II e Constante lideraram a Quadrilha Católica, ao passo que Constâncio II e Valente apoiaram Quadrilha Homoiana, a qual defendiam que o filho seria como o pai, mas não tratavam da essência nem do pai, nem do filho: o posicionamento desses dois foi uma maneira de apresentar uma alternativa às sanguinolentas gangues em luta; destarte, eles, em várias oportunidades, apoiarem o arianismo (defensor do dogma homoiousiano).

Os imperadores não se interessavam por essas discussões anódinas, sem embargo o antagonismo entre as duas principais gangues dividiu os diretores da Facção Criminosa Católica levando a inúmeros massacres entre os homoousianos e os homoiousianos. Por extensão, trouxeram para dentro do Império Romano a violência, que era tudo o que os imperadores menos desejavam.

A brutalidade desses diretores foi imensa na Ásia Menor que em quase toda a sua extensão foi transformada em um campo de batalha, no qual os diretores, acionistas e consumidores de ambas as gangues andavam armados e a matança entre eles foi bíblica. Não havia uma única cidade que não conhecesse a bestialidade dessas estúpidas disputas entre os homoousianos e os homoiousianos: exílios, confiscos e os massacres constantes transformaram cidades inteiras em matadouros:

> Uma violenta tempestade rugia, que envolveu a igreja em suas trevas; de modo que, para aumentar a confusão, eles mal podiam distinguir amigo de inimigo.[1]

Pereceram mais membros do Império Católico do Mal pelas mãos dos seus asseclas, do que pelas *perseguições* dos imperadores, ou por ação dos fiéis do *paganismo*. Como consequência, após todo esse derramamento de sangue, a fábula da trindade nicena foi imposta no cardápio de produtos da Quadrilha Católica a partir de 88 a.H.

Como os diretores católicos são homens inúteis, os quais nunca trabalharam honestamente um único dia das suas vidas imprestáveis, eles têm muito tempo para inventar motivos, para exterminar aqueles que eles não gostam. Por causa dessa vida deletéria, eles adicionaram mais um elemento na sua torpe luta pelo controle dos cofres da Organização Criminosa. Na reunião ocorrida em Alexandria no ano de 53 a.H., convocada por Atanásio, o Campeão do Crime, foi imposto a todos os diretores, acionistas e consumidores da Quadrilha Católica que a espírito santo teria a mesma substância que o filho e o pai:

---

[1] SHEPHERD, Edward John. *History of church*. London: Longmak, Brown, Greex, and Longmans, 1851, p. 111: "A violent tempest was raging, which involved the Church in its darkness; so that, to add to the confusion, they could scarcely distinguish friend from foe."

> Enquanto isso, os bispos de muitas cidades se reuniram em Alexandria com Atanásio e Eusébio, e confirmaram as doutrinas nicenas. Eles confessaram que o espírito santo é da mesma substância do pai e do filho, e usaram o termo "trindade".
> Eles declararam que a natureza humana assumida por deus o Verbo deve ser considerada como consistindo não apenas de um corpo perfeito, mas também de uma alma perfeita, como foi ensinado pelos antigos filósofos da Igreja.[1]

Foi exigido de todos os membros da "Ninhada de Traidores", que os termos *substância* e *hipóstase* não deveriam ser usados em relação ao deus inventado pelos seus diretores, porque se aplicariam somente, quando fosse necessário, para negar os dogmas do sabelianismo (o pai e o filho teriam uma e a mesma substância).

Em 35 a.H., com o Édito de Tessalônica (Salônica, *Cunctos populos*, ou *De fide católica*)[2], publicado pelos imperadores Teodósio I, Graciano e Valentianiano, ficou declarado que por interesses dos imperadores, a Gangue de Almas "mais sujas do que todo lixo", se tornava a religião oficial do Império Romano. Esse Édito tinha como objetivo reforçar o credo egípcio (ortodoxo, niceno, atanasiano) ao afirmar a identidade da trindade. Ao mesmo tempo, todos os que não se banhassem nas águas poluídas da Quadrilha Católica seriam considerados tolos e *hereges*, os quais seriam punidos tanto pelo Império, aqui na terra, como pelo deus da Organização Criminosa por toda a eternidade após a morte.

---

[1] SOZOMENUS (Philip Schaff, ed.). *The Ecclesiastical History*, book V, chapter XII (Concerning Lucifer and Eusebius, ...): "In the meantime, the bishops of many cities had assembled in Alexandria with Athanasius and Eusebius, and had confirmed the Nicene doctrines. They confessed that the Holy Ghost is of the same substance as the Father and the Son, and they made use of the term 'Trinity'. "They declared that the human nature assumed by God the Word is to be regarded as consisting of not a perfect body only, but also of a perfect soul, even as was taught by the ancient Church philosophers."
[2] *Imperatoris Theodosii Codex*, 16.1.2pr. Ver anexo 01.

No lado oriental do Império Romano, dominado pelo pensamento grego, as discussões se colocavam no âmbito das abstrações teológicas, entre as quais a questão da dupla pessoa do Sr. Münchhausen da Cruz. Como esse era um ponto de discórdia entre os diretores e acionistas do Leste e Oeste do Império, foi necessário convocar uma nova reunião dos mafiosos da Quadrilha Católica. Esse encontro de criminosos realizado em Constantinopla, no qual foi reafirmado a identidade essencial entre o pai e o filho, ou seja, o imperador exigiu que a posição da Organização Criminosa Católica (diofisismo, consubstancialidade, *homoousia*) fosse oficialmente imposta por todos.

Na reunião ocorrida em Nicea, os diretores não decidiram se o pai era o filho ao mesmo tempo, ou se o pai nascera antes do filho, ou se o filho fora criado pelo pai, portanto foi necessário convocar mais uma reunião, para tentar resolver essa charada. Assim, a diretoria se reuniu em Constantinopla em 34 a.H., com o principal objetivo em vista: decidir quem deveria controlar as chaves do cofre da Organização Criminosa, se a Gangue Ariana (homoiousiana) ou Gangue Nicena (homoousiana, atanasiana, nicena). Afinal de contas a disputa envolvia fortunas incalculáveis, o que aumentava o desejo lascivos desses diretores, pois quem perdesse seria demitido, ou deixaria as suas vidas principescas. Todavia, a única punição que eles mais temiam, era a necessidade de procurarem um trabalho honesto, visto que os membros da Quadrilha Católica passam as suas vidas inúteis explorando os seus capciosos consumidores, sem trabalhar honestamente um só dia sequer.

Vale a pena relembrar: a disputa sobre a trindade tinha como pano de fundo saber quem controlaria os cofres do multibilionário catolicismo, ela teve um embate entre Ário (defensor da *homoiousia*) e Atanásio (defensor da *homoousia*); essa humilde vogal foi a causa de disputa entre os homens mais sanguinários de todo Império Romano, cujos membros estavam mais interessados em tomar as filiais uns dos outros, do que saber se o pai seria idêntico ao filho, ou filho seria idêntico ao pai e ambos seriam idênticos à espírito santo, ou ainda se todos existiram desde sempre e juntos, ou se seriam uma unidade, etc.

Assim, no ano de 34 a.H., na segunda reunião em Constantinopla convocada pelo proprietário da Multinacional Católica de Crimes, o imperador Teodósio I, o Epítome da Perversidade, discutiu-se quem deveria controlar as imensas fortunas da organização (ou como esses bandidos gostam de falar: debateu-se sobre uma questão doutrinária), porquanto o imperador desejava que não houvesse nenhum tipo de dissidências na sua Organização Criminosa, o que poderia desenvolver para uma guerra civil no seu Império.

Ao seu lado encontrava-se o famigerado Gregório de Nazianzo, que pretendia acabar com as divisões internas do Bando de Fetichistas, mesmo que para isso tivesse que exterminar todos os seus oponentes. O seu interesse era que ele pudesse ter o controle dos cofres de todas as filiais dessa multinacional do crime: o fruto dessa união entre ele e o imperador foi o apoio incondicional aos conservadores (atanasianos, ortodoxos, homoousianos, católicos, nicenos), isto é, ele defendeu a posição do CEO da organização em Roma: existiria uma trindade, a qual deveria ser adorada como um deus único.

Como vimos, e nunca é demais lembrar, o Império Católico do Mal foi dividido em duas principais quadrilhas inimigas, as quais ficaram conhecidas como Gangue Católica, seguidora dos dogmas de Nicea no Ocidente, e a Gangue Ariana (*hereges*) seguidores de Ário no Oriente. A partir da reunião de cúpula de Constantinopla todo aquele, que negasse os dogmas nicenos, seria considerado um *herege* e como tal o seu sangue deveria ser derramado, para proteger as riquezas do Império Universal da Quadrilha Católica.

O imperador Teodósio I, *Extirpium Bonum*, perseguiu os *hereges* com uma virulência superior àquela usada contra os fiéis do *paganismo*, o que teve como consequência o extermínio de várias gangues que não aceitavam a primazia romana:

1. marcionitas: advogavam a existência de dois deuses: o do *Livro Velho dos Judeus*, um deus justo, mas intolerante, o qual criara o mundo; o deus do *Liber Mali*, que Marcião de Sinope inventou, seria todo amor);
2. valentinianos: admitiam que no início existia a Plenitude (Pleroma), em cujo centro se encontraria o pai primordial criador de 30 Aeóns. O pai expulsara do Pleroma a Sabedoria (um desses Aeóns) devido à sua curiosidade, cuja consequência foi a criação imperfeita do mundo e do homem por parte do deus do *Livro Velho dos Judeus*;
3. simonianos: eram seguidores do Deus Simão, o Mago: eles postulavam a existência de um primeiro princípio (Poder Ilimitado), o qual não fora gerado, mas gerara todas as coisas;
4. saturnilianos: negavam a existência humana do carpinteiro: eles defendiam que a alma tinha uma substância semelhante à do sol, portanto ao morrer ela deveria voltar para a sua origem solar;
5. basilidianos: elaboraram um sistema, no qual se encontrariam múltiplas divindades, das quais uma seria a origem do mal. Eles admitiam o docetismo, segundo o qual os homens não viram o burro crucificado, contudo viram somente a sua imagem (*dokeo*);
6. docetistas: diziam que toda matéria seria má, por isso o burro crucificado não teria um corpo carnal, por conseguinte tudo que fosse relativo ao crucificado seria apenas aparência (imagem, *dokeo*): a consequência dessa crença foi a negação de tolices como a ressurreição e ascensão;
7. ebionitas: negavam a existência humana do Sr. Münchhausen da Cruz, bem como o seu nascimento de uma virgem: insistiam em dizer que o crucificado somente se tornou um deus após o batismo, quando a espírito santo desceu sobre ele;
8. cerintianos: Cerinto e os seus seguidores não aceitavam que o seu deus perfeito tivesse criado o mundo material, o qual seria imperfeito: eles diziam que o carpinteiro se transformou no seu deus durante o batismo, com cristo (ungido) entrando em jesus (salvador). Essa relação durou até o momento da crucificação, quando o deus deixou o homem sofrer sozinho na cruz;
9. cerdonianos: Cerdo da Síria pregou a existência de dois deuses um do *Livro Velho dos Judeus*, que seria rigoroso e criara mundo, ao passo que o outro seria bondoso (vendido

no *Genocidia Manual*). Esse deus seria superior ao deus criador do mundo (yhwh, o Senhor dos Holocaustos), contudo ele não podia ser conhecido diretamente, por isso enviou o seu filho. Do filho, os homens somente viram a sua imagem (*dokeo*), por outros termos, ele negava a existência humana do "homem morto", por extensão não aceitavam a sua ressurreição e ascensão;

10. maniqueístas: adoravam o Deus Maniqueu (Mani) como o Paráclito, o Salvador, quanto ao crucificado filho de Maria, eles o abominavam, pois a existência do verdadeiro jesus cristo seria uma imagem (*dokeo*). Eles não aceitavam o *Livro Velho dos Judeus*, nem os *Atos dos Apóstolos* por se oporem à vinda da espírito santo. Os maniqueus acreditavam na existência de dois princípios, o bem e o mal.

Como podemos perceber a concorrência pelo controle do mercado consumidor estava diluída em diversas quadrilhas (havia mais de 100 que venderam mais de 100 jesus cristo distintos), por conseguinte eles não tinham como enfrentar o poderio, a violência e a crueldade dos diretores da Quadrilha Católica apoiada pelo imperador Teodósio I, o Epítome da Perversidade. Assim, os esforços católicos foram direcionados em eliminar o "inimigo interno", o qual fora visto como mais perigoso aos negócios e às suas vidas pedófilas do que os fiéis *pagãos*.

No fundo, toda a discussão sobre a trindade foi apenas um preâmbulo sobre como os diretores da Associação Católica de Celerados conduziriam o seu intolerante Império nos próximos séculos: a verdade seria imposta de cima para baixo e os que não aceitassem seriam presos, torturados e mortos.

Na defesa dos seus interesses econômicos, na manutenção das suas vidas fáceis e no constante estupro dos vulneráveis, os católicos não se preocuparam em espalhar o ódio, a secessão e a miséria entre o povo. Sob o manto preto da Quadrilha Católica houve um crescimento exponencial das divergências, violências e extermínios dos inimigos; quando esses já não eram mais empecilhos, o seu ódio foi direcionado aos amigos e familiares. Afinal, eles estavam colocando em prática as palavras do xamã crucificado:

E o irmão entregará à morte o irmão, e o pai o filho; e os filhos se levantarão contra os pais, e os matarão.[1]

A trindade foi um dos produtos mais difíceis de serem comercializados pelos diretores da Organização Criminosa Católica, porque envolvia a divindade de um carpinteiro ensandecido e a presença da abstrata espírito santo; assim, os gregos, com a sua indefectível Lógica e uma língua que proporcionava a criação de sutis conceitos, deram duas interpretações possíveis para esse ouro de tolos:

> **1. adocionismo:** para os defensores dessa perspectiva o crucificado fora inspirado pela espírito santo, após a sua morte ele se tornou um deus ressuscitado. Para eles o crucificado por ser humano tinha uma personalidade diferente da personalidade do deus inventado pelos diretores do Bando de Fetichistas, além disso, ele fora criado e somente se tornou deus com a ressurreição. Esse produto foi oferecido aos romanos;
> **2. cristologia:** a outra maneira de se pensar o sôfrego carpinteiro, era vê-lo como um deus desde o início dos tempos, portanto ele era um deus que se tornou humano entre os homens, morreu, ressuscitou e voltou para os céus; esse produto foi vendido aos efésios.

De tudo o que foi dito podemos inferir, que nos primeiros séculos de existência da Multinacional Católica de Crimes os seus diretores não sabiam nada sobre a trindade e a deificação do seu Garoto Propaganda. A trindade somente passou a existir após esses diretores imporem, com violência desmesurada, que todos deveriam seguir essa invenção do místico Atanásio, o Campeão do Crime:

---

[1] LEVI, 10 (21, 35). Essa pregação de violência gratuita por ser vista, ainda, em: LEVI, 20 (11, 24); MARCOS, 13 (12); LUCAS, 12 (53), 21 (10).

Há, portanto, uma confluência de filosofia e religião, que – após debates intermináveis, após Sabélio, Paulo de Samósata, Ário, Macedônio e outros, foram rejeitados pela maioria episcopal; após [os concílios de] Nicea, Constantinopla, Éfeso e Calcedônia – terminou finalmente no dogma ortodoxo da trindade, conforme se encontra no credo atribuído a Atanásio, o *Quicumque* [*Quicumque vult salvus esse*].[1]

O *Quicumque vult salvus esse* (Quem quiser se salvar)[2] atribuído a Atanásio, o Campeão do Crime, foi uma *pia fraus* elaborada um século após a sua morte: o seu objetivo era combater os concorrentes da Máfia "Adoradora de Farinha e Água". Nessa falsificação encontramos a defesa da:

> **1. adoração da trindade:** "3. A fé católica consiste em adorar um só deus em três pessoas e três pessoas em um só deus.";
> **2. eternidade da trindade:** "10. O pai é eterno, o filho é eterno, o espírito santo é eterno.";
> **3. onipotência da trindade:** "13. Da mesma maneira, o pai é onipotente, o filho é onipotente, o espírito santo é onipotente.";
> **4. unidade da trindade:** "24. Não há, pois, senão um só pai, e não três pais; um só filho, e não três filhos; um só espírito santo, e não três espíritos santos.";
> **5. coeternidade da trindade:** "26. Mas, as três pessoas são coeternas e iguais entre si.";
> **6. salvação pela trindade:** "28. Quem, pois, quiser salvar-se, deve pensar assim a respeito da trindade."

Destarte, esse texto ser subscrito por Atanásio, o Campeão do Crime, atualmente sabemos que ele fora composto no século I

---

[1] REYILLE, Albert. *Prolegomena of the History of Religions*. London: Williams and Norgate, 1884, p. 194: "There is thus a confluence of philosophy and of religion, which — after interminable debates, after Sabellius, Paul of Samosatus, Arius, Macedonius and others, had been rejected by the episcopal majority; after Nice, after Constantinople, Ephesus and Chalcedony — ended at last in the orthodox dogma of the Trinity as it is unfolded in the creed attributed to Athanasius, the *Quicumque*."
[2] Ver anexo 02. Quicumque vult salvus esse.

d.H., mas a sua cópia mais antiga é do século II d.H., além de a sua redação final ter ficado pronta somente no século III d.H.:

> 1. Santo Atanásio não é o autor do credo tão frequentemente lido em nossas igrejas.
> 2. Parece não ter existido sequer um século após sua morte.
> 3. Foi originalmente composto na língua latina e, consequentemente, nas províncias ocidentais. Genádio, patriarca de Constantinopla, ficou tão surpreso com essa composição extraordinária que francamente declarou ser **obra de um homem bêbado** [Grifo nosso]. *Petav. Dogmat. Theologica*, tom. ii. 1. vii. c. 8, p. 687.[1]

O texto inicia e termina com uma intimidação afirmando que quem quisesse se salvar deveria fazer parte da Máfia de Preto, porque quem tivesse dúvidas sobre os seus dogmas seria assassinado aqui na terra e após a morte castigado por toda eternidade no inferno. Todos os seus diretores, acionistas e consumidores seriam obrigados a defenderem a tolice de uma trindade incriada, eterna, onisciente, onividente e onipotente; todos teriam que admitir que o pai seria um deus, do mesmo modo que o filho seria um deus e a espírito santo seria um deus: esses três deuses formariam uma trindade, que seria um único deus, todavia em três pessoas distintas.

Continuando esse festival de asneiras, o *Quimcuque* advoga que o filho teria origem no pai, a espírito santo surgiu do pai e do filho: nessa trindade todos seriam iguais, porque nenhum deles seria mais antigo ou maior do que o outro. Como conclusão, os diretores da Quadrilha Católica determinaram que todos deveriam aceitar a trindade como uma unidade e a unidade como uma trindade.

---

[1] GIBBON, E. *History of Decline and Fall of Roman Empire*. 1906, vol. VI, p. 210, note 116: "1. St. Athanasius is not the author of the creed which is so frequently read in our churches. 2. It does not appear to have existed, within a century after his death. 3. It was originally composed in the Latin tongue, and, consequently, in the Western provinces. Gennadius, patriarch of Constantinople, was so much amazed by this extraordinary composition that he frankly pronounced it to be the work of a drunken man. *Petav. Dogmat. Theologica*, tom. II., LVII. c. 8, p. 687."

O caminho para a salvação dos velhacos consumidores do Bando de Almas "mais sujas do que todo lixo", passaria pela aceitação da estupidez da trindade e a tolice da encarnação de um deus em um carpinteiro cruel, bêbado e mentiroso; esse seria um deus e um homem, bem como ele seria o filho de um deus; o carpinteiro seria um deus e um homem perfeito: ele teria carne, mas seria um deus: "Igual ao pai segundo a divindade; menor que o pai segundo a humanidade."

Apesar de ser um deus e um homem, o burro crucificado seria "um só cristo", porque o deus inventado pelos diretores da "Ninhada de Traidores" assumira a humanidade. Esses diretores exigiram que os seus consumidores aceitassem que ele morrera, fora ao Hades e ressuscitara três dias depois, para salvar os seus comparsas de crimes. Após a sua ressurreição, ele assentara-se ao lado do pai, onde esperava para voltar e julgar "os vivos e os mortos".

Não satisfeito com tamanha insanidade o texto, atribuído a Atanásio, o Príncipe do Crime, acrescentou que os seus consumidores ressuscitariam com os seus corpos, para serem julgados: os homens bons (aqueles que comprassem os sujos produtos da Gangue Nicena) teriam uma vida eterna, ao passo que os maus (os homens minimamente honestos, para não aceitarem as podridões católicas) encontrariam sofrimentos no fogo eterno.

Antes de encerrar as suas ameaças, os diretores alertaram vigorosamente a todos, ao afirmarem que esse seria o credo da fé católica e quem não o aceitasse "fiel e firmemente" não conseguiria a salvação. Consoante os redatores do *Quicumque* o verdadeiro consumidor dos produtos da Quadrilha Iconódula, deveria adorar o deus vendido pelos seus diretores; esse deus seria uma trindade e a trindade seria uma unidade:

> 27. De sorte que, como se disse acima, em tudo se deve adorar a unidade na trindade e a trindade na unidade.

Desse modo, na trindade existira uma só hipóstase do pai, do filho e da espírito santo:

> 5. Porque uma só é a pessoa do pai, outra a do filho, outra a do espírito santo.

Nessa relação trinitária todos seriam iguais em tudo:

> 6. Mas uma só é a divindade do pai, e do filho, e do espírito santo, igual a glória e coeterna a majestade.

Não podemos encerrar sem apontar duas reuniões dos Mafiosos da Cruz, que foram fundamentais para o seu domínio nos próximos 1700 anos. A primeira ocorreu em Nicea no ano de 90 a.H., foi uma reunião para tentar colocar fim à guerra entre as Gangues Ariana e Nicena. Ao final desse encontro de delinquentes, o imperador Constantino, o Grande Traidor da Humanidade, proprietário da Quadrilha Católica, decretou que o burro crucificado deveria ser adorado como um deus, todavia não fez nenhuma menção da sua relação com o pai.

Mais tarde, no ano de 35 a.H., o imperador Teodósio I, *Extirpium Bonum*, aliou-se aos Genocidas da Cruz, publicando o Édito de Tessalônica, que decretou a adoração trindade, bem como ameaçava de expulsão do Império Romano todo aquele, que negasse as decisões impostas em Nicea. Para agradar os quadrilheiros católicos, o imperador colocou à disposição deles uma parte do exército romano, com a única missão de exterminar os inimigos do trinitarismo.

Além disso, nos quinze anos que se seguiram o imperador Teodósio I, o Epítome da Perversidade, publicou quinze Éditos objetivando perseguir, prender, torturar e matar todo aquele que não aceitasse a mentira da trindade vendida pelos seus comparsas católicos.

Como ficou explícito, o dogma da trindade católica é uma das mais famosas falsificações elaboradas pelos diretores da Gangue

Cropódula, a qual é uma herança das muitas Trindades Sagradas adoradas pelos fiéis *pagãos*. Quando os degenerados católicos surgiram, os seus diretores não possuíam nenhuma trindade, a qual pudesse ser comercializada, por isso, séculos depois, eles se apressaram em criar uma, porquanto era um produto de venda fácil e bem conhecido pelos *pagãos*.

    A Multinacional Católica de Crimes era gerida por uma multiplicidade de diretores, os quais pouco obedeciam ao CEO em Roma; eles estavam mais preocupados em conseguir as suas 30 moedas de prata, a fim de manter as suas vidas de pedofilia, por isso até o século I a.H. eles não haviam chegado a um acordo sobre como vender o burro crucificado, que eles estavam inventando. Assim, vemos que as mais de 100 quadrilhas que o vendiam não conseguiram padronizar esse produto, porquanto algumas defenderam a unidade do crucificado, outras o comercializaram como uma dualidade e muitas o ofereceram como uma trindade.

    A seguir, faremos uma longa citação, a qual é uma síntese sobre o desenvolvimento da farsa sobre a trindade. Para uma melhor visualização desse processo de construção do crucificado, numeraremos o fragmento, o qual se encontra como no original na nota ao final da página:

> **1.** Um estudo da história da igreja cristã mostra um desenvolvimento definido na doutrina da trindade ao longo dos séculos. Por exemplo, o *Credo dos Apóstolos*, em sua forma inicial que se acredita datar de pouco depois da época dos próprios apóstolos, não menciona a trindade ou a natureza dual de cristo. Além disso, afirma apenas: "Creio no 'espírito santo'", o que poderia facilmente referir-se ao dom do espírito santo, assim como a uma terceira "Pessoa" na trindade.
> **2.** O *Credo Niceno*, escrito em 325 d.c. e modificado posteriormente, adicionou o material sobre jesus cristo ser "eternamente gerado" e "deus verdadeiro", e sobre o espírito santo ser "senhor".
> **3.** Mas foi o *Credo Atanasiano*, provavelmente composto no final dos anos 400 ou início dos anos 500 d.c., que foi o primeiro credo a declarar explicitamente a doutrina da trindade,

e inclui que se uma pessoa não acreditasse nela, pereceria para sempre. No entanto, esse ponto parece contradizer a *bíblia*, porque quando Pedro se dirigiu aos judeus no *Dia de Pentecostes*, embora Pedro não tenha mencionado a trindade ou que jesus era deus em carne, cerca de 3.000 pessoas na audiência foram salvas (*Atos*, 2:41).[1]

Para tentar organizar a balbúrdia em que se encontrava a Quadrilha Católica, os imperadores romanos, os seus verdadeiros proprietários, impuseram o dogma da trindade formada pelo pai, o filho e a espírito santo. Eles conseguiram a obediência a esse dogma usando muito dinheiro para corromper os diretores, bem como muita violência para exterminar os que se recusavam a aceitar esse ilogismo.

---

[1] BIBLICAL UNITARIAN. *Jesus is the Son of God; not God the Son*. Basic Problems with the doctrine of the Trinity: "A study of the history of the Christian Church shows a definite development in the doctrine of the Trinity over the centuries. For example, the Apostles' Creed, in its early form believed to date back to shortly after the time of the apostles themselves, does not mention the Trinity or the dual nature of Christ. Furthermore, it only states, "I believe in 'the holy spirit,'" which could just as easily refer to the gift of holy spirit as it could to a third "Person" in the Trinity. The Nicene Creed, written in 325 AD and modified later, added the material about Jesus Christ being "eternally begotten" and "true God," and about the Holy Spirit being "Lord." But it was the Athanasian Creed, most likely composed in the late 400s or early 500s AD, that was the first creed to explicitly state the doctrine of the Trinity, and it includes that if a person does not believe it, he will perish everlastingly. Yet that point seems to contradict the Bible, because when Peter addressed the Jews on the Day of Pentecost, although Peter did not mention the Trinity or that Jesus was God in the flesh, about 3,000 people in the audience were saved (Acts 2:41)." Disponível em < https://www.biblicalunitarian.com/wp-content/uploads/2019/01/output_1548869779.htm >

Capítulo XIV
Deuses católicos

"não é fácil convencer a multidão do contrário,
do que ela tem acreditado."
Pausânias

Hoje quando um católico reza ao seu deus, ele deveria saber que esse deus é uma mistura de diversos Deuses *pagãos*, ou pelo menos ser informado que ele foi inventado por Marcião de Sinope, "o Primogênito de Satanás". Por isso, nesse capítulo abordaremos as características de alguns dos principais salvadores e deuses *pagãos*, as quais foram aproveitadas pelos diretores da Quadrilha Católica, quando eles estavam criando o seu Tipo Ideal de salvador e deus.

O deus da Gangue de Almas "mais sujas do que todo lixo", mais parece o monstro do Dr. Frankenstein, visto que ele foi criado a partir de diversos outros Deuses muito mais importantes. É o típico caso em que as partes são mais importantes do que o todo, porquanto o todo se tornou a degenerescência das partes.

O deus desses mercadores de lucro fácil era a negação da multiplicidade dos Deuses dos demais povos, por intermédio da violência eles sobrepujaram os Deuses *pagãos*, afirmando que somente o crucificado representaria o Ser Supremo.

É importante lembrar que o homem antigo estava muito preocupado com a sua subsistência, para pensar a respeito de dogmas teológicos sobre a existência ou não de um Ser Supremo: o que ele precisava era que os Deuses intervissem em seu benefício nas tarefas diárias. É claro que esse argumento (o deus da Gangue Nicena é um Ser Supremo) é frágil, mas após séculos repetindo essa propaganda eles conseguiram, que os seus ladinos consumidores aceitassem mais esse produto tóxico sem questionar.

Vemos que o Garoto Propaganda da Máfia "Adoradora de Farinha e Água" é um produto autoritariamente imposto sob um único rótulo, mas que se refere a todos os Deuses pagãos. Ao mesmo tempo que desvalorizou esses outros Deuses, com o intuito de conseguir a hegemonia dos seus produtos de fácil consumo, os diretores dessa Organização Criminosa se mostraram inimigos mortais da liberdade política, intelectual, religiosa, etc., que poderia revelar as mentiras sobre o seu deus.

Ao contrário dos cruéis seguidores do Bando dos "Idólatras de Fato", os fiéis das religiões *pagãs* eram muito mais liberais na sua adoração dos Deuses do que eles, uma vez que não se exigia que se adorassem exclusivamente a determinados Deuses. Essa exigência de exclusividade foi uma maneira encontrada pelos diretores do Império Católico do Mal de submeter por completo os seus consumidores, foi um reflexo do absolutismo típico dos católicos.

Essas apropriações foram conscientemente selecionadas, porque o interesse desses diretores era aumentar o número de consumidores entre os fiéis do *paganismo*. Eles notaram que alguns produtos vendiam bem, por isso eles os colocaram no seu cardápio, ao passo que outros foram retirados do mercado: ou por defeito de fabricação, ou porque afetava a venda de um produto mais rentável, ou porque eles não eram donos da patente, por isso foram considerados frutos do diabo.

Um produto que vendeu muito bem foi relacionar o crucificado com o *pagão* Deus Sol, o qual era visto como o provedor da vida na terra, portanto os fiéis ao adorá-lo como um Deus, esperavam em troca boas colheitas. O Deus Sol era adorado ao lado de uma Deusa, cujo nome variava conforme cada religião *pagã*, todavia elas eram reconhecidas, em geral, como a Grande Mãe, ou Rainha do Céu, ou Maia, ou a Virgem.

Os diretores do Bando de Fetichistas sabiam que o seu negócio somente seria bem-sucedido, caso eles destruíssem todas as religiões *pagãs*: o objetivo não era só monopolizar o mercado de bens místicos, como igualmente apagar os registros de todas as influências roubadas do *paganismo*, afinal, eles não queriam que os seus consumidores soubessem que o catolicismo é o *paganismo* elevado ao seu grau máximo.

Esses diretores defendiam ferozmente não haver elementos suficientes, para afirmar que tomaram de empréstimos vários elementos das religiões *pagãs*; ao defenderem essa postura, eles estão falseando a História, pelo simples fato de não mencionarem que as fontes escritas, pictográficas ou estatuárias dos *pagãos* foram deliberadamente destruídas, ou renomeadas por eles, a fim de que as provas dos seus crimes de plágios ficassem ocultas.

Além disso, os fiéis das religiões *pagãs* ou foram incorporados à força como consumidores dos produtos da Máfia "Adoradora de Farinha e Água" por intermédio do batismo, ou foram exterminados pelos sanguinários católicos.

É obvio que os diretores do Império Pagão Católico investem uma quantidade inimaginável de dinheiro, subornos, funcionários, mentiras, prisões, torturas, assassinatos e fanáticos sectários, para apagar os traços de existência do *paganismo* na sua Multinacional do Crime (as universidades, ou melhor, estábulos, estão repletas de Comedores de Capim defendendo essa Organização Criminosa direta ou indiretamente – esses últimos são os inocentes úteis conhecidos como políticos de esquerda).

Do mesmo modo, usaram todos os recursos disponíveis (dinheiro, punições, estupros, genocídios, etc.), a fim de adaptarem os seus poluídos dogmas a cada povo conquistado e em quaisquer épocas e lugares: porque no final o importante não era levar a palavra do crucificado, ou melhorar a vida dos seus consumidores, porém era conseguir as suas 30 moedas de prata, para manter as suas vidas fáceis e ocultar as evidências sobre os milhões de criancinhas estupradas.

Os diretores, acionistas e consumidores do Bando dos "Idólatras de Fato" mentem ao defenderem, que os seus produtos não são cópias pioradas das religiões *pagãs*, destarte todas as provas mostrem o contrário. Com um entusiasmo cada vez mais renovado, eles tentam mostrar que a Gangue Nicena não é um subproduto tóxico do *paganismo*.

Os membros da Gangue Homoousiana procuram negar as práticas comuns aos cultos pagãos. Como um pálido exemplo de paganismo dessa multinacional do crime, citamos:

    1. a última ceia existente no mitraísmo;

2. a ressurreição de vários outros Deuses *pagãos*;
3. o batismo do culto à Gloriosa Deusa Ísis, identificada pela máxima: "eu sou tudo, que foi, é e será";
4. os *milagres*;
5. a ascensão ao céu;
6. a eucaristia;
7. a hóstia;
8. a páscoa;
9. o natal;
10. o culto aos anjos (Deuses menores).

Os títulos do seu Garoto Propaganda foram tomados dos Magníficos Deuses *pagãos*: *Salvador, Redentor, Paráclito, Filho do Homem, Filho de Deus*, Remediador, etc. Esses títulos pertenciam aos Deuses: Osíris, Átis, Mitra, Apolônio de Tiana, Krishna Cristo (Jeseus Cristo), Buda Cristo, Simão e muitos outros que seria entediante ter que citá-los.

Saul, a Pandora de Tarso, como grande mau-caráter que foi, retirou das religiões *pagãs* todas as informações que mais fariam sucesso no Império Romano e, meticulosamente, as aplicou à sua indecorosa organização. Como um refinado canalha, ele tomou para si, tudo o que era de fácil consumo no *paganismo*, destarte pedir aos seus comparsas, que tomassem cuidado com o sincretismo *pagão*:

> Tende cuidado para que *nenhum homem* vos deteriore pela filosofia e vaidade, segundo a tradição dos homens, segundo os rudimentos do mundo e não segundo cristo; [...].[1]

A Associação Criminosa Católica nasceu de uma fusão sincrética dos diversos elementos do *paganismo*, os quais foram coligidos pelo simples fato de aumentarem a sua base de consumidores: com a inclusão de produtos conhecidos por muitos *pagãos* ao seu cardápio, os seus diretores conseguiram cooptar de diversos

---
[1] SAUL, *Epístola aos Colossenses*, 2 (8).

fiéis das religiões *pagãs*, desde aqueles nos baixos escalões administrativos às classes sociais altas, dos soldados do exército aos servos, da família dos senadores à dos imperadores.

Um ponto a ser destacado é a relação dos fiéis com as histórias contadas nas suas religiões; eles sabiam que os relatos sobre os seus Maravilhosos Deuses eram lendas, as quais tinham como objetivo ilustrar o que poderia acontecer com os homens durante a sua vida, a fim de orientá-los a tomar uma determinada decisão: eles não eram pérfidos o suficiente, para tomá-las como verdades.

Os diretores do Trinitarismo Atanasiano romperam com essa tradição, quando apresentaram as suas fábulas como fatos históricos, como únicas verdades a serem seguidas. Assim, a mentira foi levada ao extremo, porquanto basta ler, com um pouco de atenção, o *Liber Mali*, para imediatamente percebermos que em inúmeros casos:

1. a cronologia está totalmente adulterada;
2. a geografia é inexistente;
3. a economia não existiu daquela maneira;
4. a política não está em consonância com os períodos relatados;
5. a astronomia está equivocada;
6. as narrativas se contradizem;
7. os textos citam referências muito posteriores às fábulas apresentadas;
8. os vários elementos citados não se coadunam com os registros de inúmeras fontes externas;
9. o que é mais absurdo nem mesmo os seus textos concordam entre si;
10. todas as personagens foram inventadas a partir do nada.

Esse livro maléfico está eivado de mentiras, incoerências, infantilidades e crueldades, uma vez que foi escrito por diversos redatores durante um período distante dos impossíveis *fatos* relatados, além de ser modificado em cada época, para se adequar aos péssimos gostos dos seus espertos consumidores. Os seus redatores recortaram pedaços de fragmentos das religiões *pagãs*, a fim de criar fábulas que fossem de fáceis comercializações, contudo eles construíram um texto que no seu todo, como em suas partes, são por demais artificiais, para ser considerado histórico, ou minimamente credíveis.

As religiões *pagãs* tiveram quase todos os elementos referentes aos seus Deuses roubados pelos católicos:

> 1. nascimentos fantásticos anunciados ao mundo;
> 2. salvadores que lutavam contra um mal além das forças dos homens comuns;
> 3. Deuses que foram presos, torturados, mortos e ressuscitaram;
> 4. as inúmeras trindades;
> 5. Deuses que foram para um mundo melhor;
> 6. Deuses que voltarão para o julgamento final.

A fim de justificar a aberração que é o *Genocidia Manual*, os diretores da Multinacional Católica de Crimes chamam as inumeráveis mentiras existentes nele de "fraudes piedosas": foram esses homens fraudulentos, que decidiram nos últimos milênios o certo e o errado, o bem e o mal, o bom e o mau, o justo e o injusto, quem deveria morrer ou não, quem deveria ser estuprado ou não.

Eles copiaram o mito de Gilgamesh, um dos mais antigos que conhecemos, onde em síntese o mito apresenta a relação entre os homens e os deuses, além de dizer como seria a vida após a morte. Também é um plágio a fábula sobre a grande sabedoria do burro crucificado, a qual se manifestara desde a sua infância:

> E aconteceu que, passados três dias, o acharam no templo, assentado no meio dos doutores, ouvindo-os, e interrogando-os.
> E todos os que o ouviam admiravam a sua inteligência e respostas.[1]

---

[1] LUCAS, 2 (46-47).

Essa lenda é mais uma repetição das histórias de outros grandes Deuses, como, por exemplo, o maravilhoso Deus Asclépio, cujo nascimento foi anunciado como a de uma criança divina. Ou Confúcio, cuja grande sabedoria manifestara desde a sua infância, o que mais tarde se transformou em conselhos que os reis seguiam e o povo o adorava por onde quer que ele fosse. Outra criança cuja sabedoria se manifestou desde cedo foi Krishna Cristo (Jeseus Cristo), quando o seu pai o mandou ao maior de todos os eruditos brâmanes, ele mostrou a sua origem divina ao aprender tudo sobre as ciências em um único dia e noite. A mesma história sobre acontecimentos de sapiência extrema ocorridos na infância a encontramos em Buda Cristo, o qual logo após nasce, levantou-se e declarou a todos a sua missão.

Malgrado, todo o ódio que os diretores, acionistas e consumidores que a Facção Criminosa Católica têm pelas mulheres, eles foram obrigados a adotar o culto à Grande Mãe batizando-a como uma Deusa Virgem (que já era cultuada pelos fiéis de diversos tradicionais cultos), porquanto o mais importante era encher os cofres com as 30 moedas de prata. Foi devido a essa ganância que as portas dos seus templos de consumo foram abertas às magníficas Deusas Ísis, Cibele e Deméter, as quais foram adoradas sob o pseudônimo de Maria Stada, porquanto o dinheiro era mais importante do que a misoginia desses despudorados diretores: desse modo, eles tiveram que inventar que o seu Garoto Propaganda foi gerado por uma deusa virgem (mais um plágio das religiões *pagãs*).

Os diretores da Gangue Nicena precisavam agradar aos fiéis do *paganismo*, a fim de aumentar a sua base de consumidores: essa foi a causa de adotarem diversos Deuses adorados por eles. Um exemplo desse tipo de apropriação foi o das Deusas Virgens, as quais eram adoradas por vários povos onde a Quadrilha Católica estava implantado os seus templos de consumo; entre as mais conhecidas citamos: Ártemis, Deméter, Diana, Hera, Vênus, Ísis, etc. Muitas das estátuas da Insuperável Deusa Ísis foram renomeadas com o nome de Maria Stada; na antiguidade todas as estátuas de Deusas virgens segurando os seus filhos pertenciam às Deusas *pagãs*.

As fábulas sobre o "homem morto" ser o salvador, filho de um deus, cristo, messias, redentor ou mediador nos remete ao *paganismo* de tempos imemoriais; Deuses que se fizeram carne, que tiveram um nascimento virginal, que andaram entre os homens, que fizeram diversos milagres, viveram e foram crucificados pelo bem da humanidade e "ascenderam de volta ao céu" era um lugar-comum entre os *pagãos*.

A seguir apresentaremos uma lista com homens e Deuses, cujas características foram colocadas no crucificado como se fossem próprias:

1. Krishna do Hindustão.
2. Budha Sakia da Índia.
3. Salivahana das Bermudas.
4. Zulis, ou Zhule, também Osíris e Hórus, do Egito.
5. Odin dos escandinavos.
6. Crito da Caldéia.
7. Zoroastro e Mitra da Pérsia.
8. Baal e Taut, "o unigênito de Deus", da Fenícia.
9. Indra do Tibete.
10. Bali do Afeganistão.
11. Jao do Nepal.
12. Wittoba do Bilingonese.
13. Tamuz da Síria.
14. Átis da Frígia.
15. Zamolxis da Trácia.
16. Zoar dos Bonzes.
17. Adad da Assíria.
18. Deva Tat e Sammonocadam do Sião.
19. Alcides [Hércules] de Tebas.
20. Micado dos Sintos.
21. Beddru do Japão.
22. Heso ou Eros, e Bremrillah, dos druidas.
23. Thor, filho de Odin, dos gauleses.
24. Cadmo da Grécia.

25. Hil e Feta dos Mandaítas.
26. Gentaute e Quexalcote do México.
27. Monarca Universal das Sibilas.
28. Ischy da Ilha de Formosa.
29. Mestre Divino de Platão.
30. Santo de Shakia.
31. Fohi e Tien da China.
32. Adonis, filho da virgem Io da Grécia.
33. Íxion e Quirino de Roma.
34. Prometeu do Cáucaso.
35. Mohamud, ou Maomé, da Arábia.
[...]
todos eles, tomados em conjunto, fornecem um protótipo e paralelo para quase todos os incidentes importantes e milagres, doutrinas e preceitos que incitam maravilhas registrados no *Novo Testamento*, do salvador do cristão. Certamente, com tantos Salvadores, o mundo não pode, ou não deve, ser perdido.[1]

Esses diretores acusavam os fiéis *pagãos* de acreditarem em Deuses imorais, contudo o deus que eles defendiam cometiam desvios morais tanto como os Deuses *pagãos*. Isso pode ser visto tanto no *Livro Velho dos Judeus*, no qual yhwh, o Senhor dos Ho-

---

[1] GRAVES, Kersey. *The World's Sixteen Crucified Saviors*. 1875, pp. 18-20: "1. Chrishna of Hindostan. 2. Budha Sakia of India. 3. Salivahana of Bermuda. 4. Zulis, or Zhule, also Osiris and Orus, of Egypt. 5. Odin of the Scandinavians. 6. Crite of Chaldea. 7. Zoroaster and Mithra of Persia. 8. Baal and Taut, "the only Begotten of God," of Phenicia. 9. Indra of Thibet. 10. Bali of Afghanistan. 11. Jao of Nepaul. 12. Wittoba of the Bilingonese. 13. Thammuz of Syria. 14. Atys of Phrygia. 15. Xamolxis of Thrace. 16. Zoar of the Bonzes. 17. Adad of Assyria. 18. Deva Tat, and Sammonocadam of Siam. 19. Alcides of Thebes. 20. Mikado of the Sintoos. 21. Beddru of Japan. 22 Hesus or Eros, and Bremrillah, of the Druids. 23. Thor, son of Odin, of the Gauls. 24. Cadmus of Greece. 25. Hil and Feta of the Mandaitres. 26. Gentaut and Quexalcote of Mexico. 27. Universal Monarch of the Sibyls. 28. Ischy of the Island of Formosa. 29. Divine Teacher of Plato. 30. Holy One of Xaca. 31. Fohi and Tien of China. 32. Adonis, son of the virgin Io of Greece. 33. Ixion and Quirinus of Rome. 34. Prometheus of Caucasus. 35. Mohamud, or Mahomet, of Arabia.
"[...] and all of them, taken together, furnish a prototype and parallel for nearly every important incident and wonder-inciting miracle, doctrine and precept recorded in the New Testament, of the Christian's Savior. Surely, with so many Saviors the world cannot, or should not, be lost." Disponível em <globalgreyebooks.com>

locaustos, é confessadamente um mentiroso, assassino e ciumento, como igualmente no *Absurdum Manual* as torpezas, falsidades e alucinações do crucificado se sobressaem. A seguir apresentaremos 10 casos desses crimes contra a verdade, pois desejamos aprofundar esse tema em outro momento futuro:

1. Gênesis, 2 (17): "Mas da árvore do conhecimento do bem e do mal, dela não comerás; porque no dia em que dela comeres, certamente morrerás.";
2. 1 Reis, 22 (23): "Agora, pois, eis que o senhor pôs o espírito de mentira na boca de todos estes teus profetas, e o senhor falou o mal contra ti.";
3. 2 Crônicas, 18 (22): "E o senhor pôs um espírito mentiroso na boca destes seus profetas. O senhor decretou a sua desgraça.";
4. Jeremias, 4 (10): "Então disse eu: Ah, senhor deus! Verdadeiramente enganaste grandemente a este povo e a Jerusalém, dizendo: Tereis paz; pois a espada penetra-lhe até a alma.";
5. Jeremias, 20 (7-8): "Senhor, tu me enganaste, e eu fui enganado; foste mais forte do que eu e prevaleceste. Sou ridicularizado o dia inteiro; todos zombam de mim. Sempre que falo, é para gritar que há violência e destruição. Por isso a palavra do senhor trouxe-me insulto e censura o tempo todo.";
6. Ezequiel, 14 (9): "E se o profeta for enganado, e falar alguma coisa, eu, o senhor, terei enganado esse profeta; e estenderei a minha mão contra ele, e destruí-lo-ei no meio do meu povo Israel.";
7. *Segunda Epístola aos Tessalonicenses*, 2 (11): "E por isso deus lhes enviará a operação do erro, para que creiam a mentira.";
8. João, 7 (8-10): "Subi vós a esta festa; eu não subo ainda a esta festa, porque ainda o meu tempo não está cumprido. E, havendo-lhes dito isto, ficou na Galileia. Mas, quando seus irmãos já tinham subido à festa, então subiu ele também, não manifestamente, mas como em oculto."
9. Levi, 21 (22): "se a este monte disserdes: Ergue-te e lança-te no mar, assim acontecerá."
10. Lucas, 23 (43): "E disse-lhe jesus: Em verdade te digo que hoje estarás comigo no Paraíso."

Esses deuses mentirosos só poderiam dar origem aos diretores, acionistas e os excessivamente espertos consumidores da Quadrilha Católica: esforçamo-nos em crer que o bom deus não esperava, que todos eles fossem pedófilos.

A mentira foi o motor para o desenvolvimento do Império Católico de Crimes, sendo elevada ao extremo pelos seus diretores:

> Dentre essas máximas, uma dizia: "Era um ato de virtude enganar e mentir, quando por tais meios os interesses da igreja pudessem ser promovidos; [...]".[1]

Antes de encerrar esse capítulo, vocês devem responder a quatro perguntas; caso vocês acertem a resposta não será necessário continuar a leitura, todavia se vocês errarem as quatro, esse capítulo será de extrema importância, para vocês não serem mais enganados pelos diretores da Quadrilha Católica e os Comedores de Capim, os quais poluem as universidades:

> **1)** Qual é o Ser que é eterno, perfeito, justo, bom, belo, criador de todas as coisas e que não foi criado?
> Caso as suas respostas tenham sido deus, vocês erraram, porquanto o Ser acima descrito é uma criação do abominável Deus Platão, o qual chamou esse Ser de Bem Absoluto.
> **2)** Quem foi descrito como o Salvador da humanidade, que perdoava os inimigos, que era o Libertador, admirado pela defesa da liberdade religiosa, traído pelo melhor amigo (esse traidor cometeu suicídio), após a sua morte foi reconhecido como Deus e teve diversos templos erguidos em sua homenagem?
> Caso vocês tenham respondido o crucificado vocês erraram, porque se trata do imperador romano Júlio César (515-459 a.H.).
> **3)** Quem foi considerado o Filho de Deus, o Deus dos Deuses, o Redentor, o Salvador do Mundo?

---

[1] MOSHEIM, J. L. *Ecclesiastical History*, book I (The third century), part II, chapter III (The doctrine of the church), XVI, vol. I: "[...] Of these maxims one was, 'That it was an act of virtue to deceive and lie, when by such means the interests of the church might be promoted'; [...]."

Se vocês mais uma vez insistiram em responder o "Cadáver Judeu", vocês estão errados, porque esses eram os títulos do imperador romano César Augusto (63 a.C.-14 d.C.).

4) Quem foi considerado o Salvador, o Deus dos Deuses e o Redentor?

Vocês já perceberam que não adianta responder que se trata do burro crucificado? Essa é uma referência ao general Tito após a destruição do Templo em Jerusalém.

Muito bem, caso vocês tenham errado as quatro respostas podem continuar a leitura, caso contrário parabéns, pois vocês se encontram entre os poucos que têm um conhecimento sobre as mazelas, as mentiras e canalhices produzidas nos últimos dois mil anos pelos pedófilos do Império Católico do Mal.

Quem tem ouvidos para ouvir, ouça!

Capítulo XV

O politeísmo católico

"Se todos os homens quisessem ser cristãos,
os cristãos não os iriam querer."

Celso de Pérgamo

Podemos enumerar dois motivos, porque a Gangue Cropódula exterminou as religiões *pagãs*, espalhando-se, a seguir, rapidamente, pelo Império Romano: a primeira causa se relaciona diretamente com o conhecimento pelos fiéis do *paganismo* de todas as fábulas da maléfica *Collectio Perversionum*: mudando uma ou outra palavra, elas agradavam aos judeus da diáspora, aos adoradores do Invencível Deus Mitra no Império Romano, aos fiéis do Gentil Deus Serápis e do Esplêndido Deus Osíris no Egito, aos seguidores do Vitorioso Deus Hércules na Grécia, àqueles que louvavam ao Magnífico Deus Adônis, ou o Grandioso Deus Tamuz na Síria e muitos outros Deuses em várias partes do Império: esses diretores ao elaborarem o *Ductor omnes ad Vitia* o fizeram em forma de um grande pastiche, cujo conteúdo, e o que esperar dele, era totalmente conhecido pelos seus futuros consumidores nas mais recônditas regiões do Império.

Outro fator que possibilitou o seu rápido domínio do Império Romano, foi a sua ligação umbilical com algumas das mais poderosas famílias do Império, por exemplo, a sua união à Família dos imperadores Flavianos, os quais tiveram os seus títulos (Salvador, Justo, Bondoso, Pacificador, etc.) colocados no seu pífio Garoto Propaganda. Como não citar a criminosa Família do imperador Constantino, o Grande Traidor da Humanidade, a qual encheu os cofres dos Genocidas da Cruz com tanto ouro, que os seus diretores se enlouqueceram de tanta ganância.

Desde Augusto, os imperadores romanos perceberam que ao se apresentarem como Deuses, eles seriam obedecidos mais prontamente, do mesmo modo como ocorria nos impérios orientais: em um primeiro momento, os imperadores recebiam o título *Deus* após a morte. Contudo, ao verem que os diretores dos Mafiosos da Cruz eram homens da pior espécie (os quais fariam qualquer coisa por 30 moedas de prata), os imperadores se uniram a essa organização de assassinos, a qual os tratavam como Deuses vivos.

Os imperadores desejavam que os diretores católicos fizessem o serviço sujo para o Império: pacificar os cidadãos em consonância à sua vontade e os tornar bons pagadores de impostos: essas eram as únicas exigências, que eles faziam aos seus súditos.

Esses dois objetivos ainda são defendidos no século XXI pelo Império Católico do Mal, porquanto o seu CEO Jorge Mario Bergoglio (mais conhecido no submundo da pedofilia sob a alcunha de papa Francisco), exigiu que os seus consumidores pagassem impostos escorchantes, bem como deveriam se calar frente aos governos mais corruptos, injustos e criminosos apoiados pela sua Multinacional do Crime.[1]

15.1. O ódio à vida

Nos primeiros anos da Gangue de Almas "mais sujas do que todo lixo", os membros dos Tradicionais Cultos os acusavam de idolatria, porém jamais os perseguiam ou os prejudicavam, eles simplesmente mantinham uma distância higiênica desses elementos patógenos. Até mesmo o Império Romano os protegia com as suas leis, exigindo que não lhes fossem feitas acusações sem fundamentos, porque senão os acusadores seriam punidos.

Quanto mais essa Multinacional do Crime se fortalecia, mais ela demarcava a sua posição intolerante em todos os aspectos da vida, consequentemente, essa situação inverteu-se: os fiéis das religiões *pagãs* passaram a ser considerados idólatras, adoradores de imagens e de Deuses falsos, bem como o Império Romano sob a tutela dos católicos passou a destruir os divergentes:

---

[1] O CEO, não satisfeito em ser um calhorda contumaz, repetiu essa safadeza duas vezes:
a. <https://www.vaticannews.va/pt/papa/news/2022-01/papa-francisco-delegacao-receita-federal-italiana.html>
b. <https://www.vaticannews.va/pt/papa/news/2022-09/papa-francisco-audiencia-vaticano-assembleia-confindustria.html>.

> Mas é chegado o momento de dizer como eles chegaram à loucura da idolatria, para que você saiba que a invenção de ídolos se deve inteiramente, não ao bem, mas ao mal. O que tem origem no mal nunca pode ser considerado bom em nenhum aspecto, sendo totalmente mal.[1]

Essa foi uma das desculpas que os diretores, acionistas e consumidores da "Ninhada de Traidores" apresentaram, para justificar as suas insanas perseguições e extermínios dos seus inimigos. Todavia, cabe-nos lembrar que o "homem morto" disse que Shimon Kaipha, o Príncipe das Traições, seria a pedra sobre a qual ele construiria a sua quadrilha, para logo depois ordenar:

> Jesus virou-se e disse a Pedro: "Para trás de mim, Satanás! Você é uma pedra de tropeço para mim, e não pensa nas coisas de deus, mas nas dos homens".[2]

Portanto, se como disse Atanásio, o Campeão do Crime: "o que tem origem no mal nunca pode ser considerado bom em nenhum aspecto, sendo totalmente mal." Concluímos que o Império Católico foi erguido sobre o mal (Satanás), logo "sendo totalmente mal".

Após o governo do imperador Constantino, o Grande Traidor da Humanidade, os católicos mostraram toda a sua intolerância contra aqueles que não aceitavam se sujar nas suas águas fétidas; primeiro esse grupo de assaltantes queimaram os templos e as estátuas *pagãs*, depois eles queimaram os livros e, por fim, não satisfeitos, eles queimaram os fiéis:

> Os cristãos que viveram durante o reinado do imperador Constantino e posteriormente, não estenderam aos pagãos

---

[1] ATHANASIUS. *Against the Heathens* (*Contra Gentes*), 7 (Refutation of dualism from reason...): "But it is now time to say how they came down to the madness of idolatry, that you may know that the invention of idols is wholly due, not to good but to evil. But what has its origin in evil can never be pronounced good in any point, – being evil altogether."
[2] LUCAS, 16 (23).

a tolerância que eles próprios haviam implorado por gerações. Eles destruíram santuários e templos pagãos, [...]. Com a legalização do cristianismo, os cristãos se transformaram — nas palavras do historiador Hal Drake — de cordeiros em leões. — A sua violência foi legitimada pelo fato de serem cristãos e de estarem em uma guerra de mártires contra Satanás. Para alguns, não havia diferença entre morrer como mártir sob Décio e morrer tentando destruir um templo pagão. Nas palavras do monge Shenoute do século V, "Não há crime para aqueles que têm a cristo".[1]

Os fiéis das religiões *pagãs* foram tratados com total vilipêndio pelos diretores, acionistas e consumidores da Facção Criminosa Católica, destarte eles jamais terem perseguidos os embriagados, loucos e pedófilos membros dessa Multinacional do Crime: esses, muito cedo, deixaram bem nítido o seu método de atuação como um campo de extermínio contra todos os que se opusessem aos seus ganhos fáceis e aos seus prazeres libidinosos.

Um dos primeiros passos dados para conseguir exterminar os seguidores do *paganismo*, foi exigir que todos se curvassem aos dogmas contidos no seu pérfido *Compendium Immoralitatum*: eles exigiram não apenas uma fé qualquer, mas uma fé cega:

> Mas, ouvindo *disso* o rei, irou-se, e enviando os seus exércitos, destruiu aqueles assassinos, e incendiou a sua cidade.[2]

---

[1] MOSS, Candida. *The Mith of Persecution*. San Francisco: Harper One, 2013, p. 336: "The Christians who lived during the reign of the emperor Constantine and later did not extend to pagans the toleration they had asked for generations before. They destroyed pagan shrines and temples, [...]. With the legalization of Christianity, Christians turned — in the words of historian Hal Drake — from lambs into lions. — Their violence was legitimized by the fact that they were Christian and in a martyried war against Satan. There was, for some, no difference between dying as a martyr under Decius and dying while trying to destroy a pagan temple. In the words of the fifth-century monk Shenoute, 'There is no crime for those who have Christ'."
[2] LEVI, 22 (37).

Os diretores da Quadrilha Ortodoxa se esconderam por trás de palavras gentis e pacifistas, enquanto não tinham riquezas, entretanto, após se tornarem o gládio da morte do Império Romano, eles perpetraram os mais violentos genocídios:

> Porém, santificai ao senhor deus em vossos corações; e estai sempre preparados para responder a cada homem que vos pedir a razão da esperança que há em vós, com mansidão e temor.[1]

Essa fé assassina era uma novidade muito estranha para os gregos e romanos, porque eles jamais tiveram fé em seus *mýthous*, porquanto uma verdade deveria ser comprovada pela experiência. Para eles o importante era a repetição dos rituais tradicionais, desse modo, eles não precisavam inventar provas sobre a veracidade dos seus Deuses, nem necessitavam eliminar aqueles que não os aceitavam.

Outra causa do desaparecimento dos cultos antigos, a qual é pouco lembrada, foi a drástica diminuição das suas receitas. Foi a falta de dinheiro, associada a uma violência extremada dos diretores, acionistas e consumidores da Máfia de Preto, uma das causas do seu ocaso: cada vez mais, numerosas riquezas em forma de terras, ouro, prata, templos e servos foram transferidas para os cofres dos diretores católicos. Como essa Organização Criminosa tinha por acionistas os ricos e poderosos do Império Romano, eles usaram o seu poder militar, político, social e econômico, para retirar o patrocínio das religiões *pagãs* e os transferir para as bolsas da quadrilha. Em troca a essas enormes fortunas, esses diretores lhes prometiam: em primeiro lugar um rápido retorno dos seus investimentos; em segundo, a submissão completa dos cidadãos a qualquer custo.

Foi por esse motivo, que as muitas estátuas de Deuses *pagãos* foram destruídas, abandonadas, transformadas em obras de

---

[1] PEDRO, 3 (15).

arte, ou simplesmente foram batizadas como deuses católicos; ao passo que os seus templos foram postos abaixo e outros ocupados pelos diretores da Multinacional Católica de Crimes. Eles não mediram esforços em cortar as fontes de rendas das religiões *pagãs*, levando-as à falência, depois assassinaram aqueles que rejeitavam os seus pútridos produtos.

Os sacerdotes *pagãos* fecharam as portas dos seus sagrados templos, devido à feroz perseguição católica e a crescente falta de dinheiro: não recebiam mais oferendas nem dos cidadãos com medo da retaliação da Quadrilha Católica, nem dos imperadores, os quais se tornaram os proprietários dessa Multinacional do Crime. Muitos dos seus templos foram destruídos, mas outros foram reaproveitados pelos diretores da Organização Criminosa Católica, que os transformaram nos prostíbulos onde cultuavam o criminoso crucificado; quanto aos seus fiéis eles foram forçados a se submeterem aos desejos sexuais dos depravados diretores dessa quadrilha; o pior destino teve os grandes Deuses *pagãos*, os quais viraram *santos* católicos.

Os diretores da Organização Criminosa Católica elaboraram diversos oráculos como se fossem dos Deuses *pagãos*, os quais teriam anunciado a vitória final do cordeiro "que falava como dragão" sobre os seus inimigos. Ato contínuo, esses falsos oráculos foram distribuídos por várias regiões do Império Romano, a fim de que pudessem comprovar que o seu Garoto Propaganda seria superior a todos os Deuses existentes: esses oráculos foram apresentados como se fossem documentos comprobatórios da sua primazia em reinar sanguinariamente sobre todos.

Não deveríamos nos surpreender pelos diretores do Trinitarismo Atanasiano se interessarem mais pela riqueza material do que pela devoção ao xamã da cruz: eles trocam de deus, quando lhes é conveniente, mas jamais renunciam à sua fortuna em favor de qualquer deus.

Um homem, quando vai a um templo de consumo da Quadrilha Católica, não está interessado nos dogmas moralistas, na salvação de uma alma inexistente ou em pagar os seus pecados. O seu interesse é um só: fazer parte de um clube, o qual compartilhe com ele as mesmas mentiras, mas que lhe dê um momento de convívio social, mesmo que seja entre os indivíduos mais depravados que existem: é o calor humano que arrasta multidões, para os templos de consumos da Gangue Homoousiana e não o seu inútil, bobalhão e criminoso crucificado.

Não sejamos ingênuos, porque o católico não oferece o dízimo, para um deus criado pelo setor de *marketing* da Gangue Nicena e muito menos para o imprestável, drogado e pedófilo sacerdote; o interesse, do católico que paga as orgias desses depravados, é fazer parte de uma associação, que o aceite e o valorize: ele paga pelo apoio existencial, que recebe desse criminoso grupo de apoio.

Se um católico não se sente valorizado em um templo de consumo, ou por um deus, ele os troca sem ter nenhum pudor, porquanto o seu interesse é fazer parte de um grupo, que o receba bem: não sejamos hipócritas, deixe isso para os calhordas diretores católicos, os seus desprezíveis cúmplices, os Comedores de Capim, bem como para os seus consumidores espertalhões.

Já dissemos, mas desejamos repetir: após os diretores do Bando dos "Idólatras de Fato" tomarem o poder, os templos *pagãos* que não foram destruídos, ou reaproveitados, voltaram a ser abertos, todavia as estátuas dos Deuses deveriam ser apreciadas como obras de arte e não como Deuses verdadeiros, ou ainda seriam reverenciados como um *santo* católico.

Os sacrifícios feitos pelos fiéis das religiões *pagãs* aos seus Deuses foram proibidos pelos diretores da Máfia "Adoradora de Farinha e Água", os quais mentiram para os seus consumidores afirmando que se tratava de rituais pertencentes aos demônios; além de proibirem as adorações públicas aos magníficos Deuses antigos, eles impediram, inclusive, os cultos domésticos (algo inimaginável sob o Império Romano). Da mesma maneira, ficou proibido olhar diretamente para as estátuas católicas, uma vez que seria um desrespeito aos deuses representados.

Um fato pouco lembrado pelos historiadores é que a maioria das imagens e estátuas dos Deuses antigos trazia figuras negras, todavia os diretores do Bando de Fetichistas as pintaram de branco, após construírem o seu Império de Crimes: na antiguidade a maioria dos deuses era representada como negros; o burro crucificado foi adorado como um deus negro pelos primeiros membros da Organização Criminosa.

Para o processo de catequização dos *pagãos* foi usado o livro mais violento, sádico e depravado do mundo, o *Liber Perversus* (perdendo em crueldade, desprezo e devassidão somente para o *Livro Velho dos Judeus*). Esse manual de horrores é um ataque bárbaro à liberdade, aos indivíduos, à Razão, à Ciência, aos sentidos e à vida. Com esse pútrido livro, a Facção Criminosa Católica ameaçava todos os que não se curvassem aos desejos luxuriosos e aos prazeres mais depravados dos seus pedófilos diretores.

Com esse maléfico livro, eles lançaram anátemas aos que pretendiam seguir no caminho da verdade, da justiça e da honra; os diretores dessa Organização Criminosa ameaçaram aos recalcitrantes com uma lei vingativa, desejosa de sangue e extremamente cruel nesse mundo; porém, a perversidade desses diretores foi mais longe, porquanto eles os chantagearam com uma vingança mais dolorosa ainda em outro mundo e por toda a eternidade: a insanidade dos católicos é inigualável, pois pela primeira vez temos o conhecimento de uma punição, que duraria para sempre.

A imundície desses homens contaminou o mundo alegre, sem pecado e humano da cultura greco-romana. Como não ver toda a perfídia de um vassalo da hipocrisia como Tertuliano, o Inquisidor Mor, quando ele ameaçava todos os que se opunham à sua Organização Criminosa com males indizíveis. Para o crudelíssimo Tertuliano, o título de *senhor* dado ao deus inventado pelos diretores da Gangue Homoousiana tinha como objetivo encher de medo e terror os corações dos homens, porque os homens somente obedeceriam ao que eles temiam. Tertuliano, o Inquisidor Mor, como modelo ideal de diretor da Associação Católica de Celerados, exigia que o amor, vendido por sua quadrilha, deveria ser acompanhado pelo terror ao xamã crucificado:

> Temendo a cristo em deus e a deus em cristo, tornam-se sujeitos aos servos de deus e de cristo.[1]

Outro diretor que defendia que o deus inventado pelos diretores da Quadrilha Católica seria extremamente passional foi Lactâncio, o Farsante, o qual afirmou que o seu deus seria "movido pela bondade", por essa causa "ele também estaria sujeito à raiva." Por extensão, esse deus seria violento, assassino e cruel: com a verve totalitária, destruidora e vingativa dos diretores da Organização Criminosa Católica, Lactâncio, despudoramente, defendeu os poderosos

> que religião, majestade e honra existem com o medo; [...].[2]

Assim, vemos que lentamente os diretores da Multinacional Católica de Crimes transformaram a sociedade greco-romana de homens altivos, corajosos e autônomos em homens sobrecarregados de medo, covardia e submissão. A moral do guerreiro greco-romano ao ser gradativamente substituída pela moral feminina dessa Organização Criminosa transformou o mundo ocidental em um antro de homens frouxos, assustados e pecadores, os quais se

---

[1] TERTULLIAN (Philip Schaff, ed.). *Apology*, book I, chapter XXIII: "Fearing Christ in God, and God in Christ, they become subject to the servants of God and Christ."
[2] LACTANTIUS (Philip Schaff, ed.). *A treatise on the anger of god*, chapter VIII (On religion): "that religion, and majesty, and honour exist together with fear; [...]."

escondem por trás de dogmas doentios, fundamentados nas palavras mais depravadas que já se pronunciou: fé, esperança e amor.

Com os diretores, acionistas e consumidores da *Peste Negra Inc.* constatamos o surgimento de uma forma de crueldade no Ocidente, a qual já era conhecida entre os bárbaros judeus: a crueldade divina. Toda atrocidade que fosse perpetrada, com a declarada intenção de defender os interesses da Multinacional do Crime, seria considerada não somente justa como também *santa*.

A *santa* crueldade foi a senha, para que os membros dessa facinorosa Quadrilha pudessem atacar, prender, torturar e, por fim, matar aqueles pobres infelizes, que não consumiam os seus sujos produtos; esses fanáticos diziam que essa sua ação ocorria, porque o Sr. Münchhausen da Cruz fora ofendido, portanto, todo o sangue derramado seria por uma causa maior, sendo lícito usar toda e qualquer violência, para defender o nome do fracassado, bêbado e cruel Garoto Propaganda da Quadrilha Ortodoxa:

> Atos violentos podiam ser cometidos para vingar uma percepção de insulto a deus ou à igreja, sendo os atos dos servos de deus a execução da ira divina. Zelotes cristãos empregavam e compreendiam a violência em um amplo paradigma de "fazer a vontade de deus".[1]

Existe uma multiplicidade de textos da Facção Criminosa Católica que retratam os ataques violentíssimos dos seus diretores, acionistas e consumidores contra homens, mulheres, crianças e viúvas com o único intuito de destruir o moral dos opositores fundamentados nos hediondos dogmas do seu *Liber Odium*. Desse modo, tanto a lei civil como a moral foram deixadas de lado, caso

---

[1] GADDIS, Michael. *There Is No Crime for Those Who Have christ*. California: University of California Press, 2005, p. 181: "Violent acts could be undertaken to avenge a perceived insult to God or to the church, the deeds of God's servants enacting the anger of God. Christian zealots employed and understood violence within a broad paradigm of doing God's will."

fosse para defender o taumaturgo crucificado, como bem ensinou Jerônimo, "o Repugnante" Estuprador de Crianças:

> Não há crueldade em relação à honra de deus.[1]

Não satisfeito em expor esse pensamento típico de um terrorista, ele ainda recorreu ao deplorável, perverso e genocida Davi, a fim de justificar as atrocidades cometidas pelos católicos:

> Ó Deus, tu matarás decerto o ímpio; apartai-vos portanto de mim, homens de sangue.
> Pois falam malvadamente contra ti; e os teus inimigos tomam o teu nome em vão.
> Não odeio eu, ó Senhor, aqueles que te odeiam, e não me aflijo por causa dos que se levantam contra ti?
> Odeio-os com ódio perfeito; tenho-os por inimigos.[2]

Diferentemente das pretensas *perseguições* do Império Romano aos criminosos católicos, as quais, quando existiram, foram localizadas, descontínuas e fundamentadas nas Leis Romanas; mesmo assim, quando elas foram descumpridas pelos membros dessa Multinacional do Crime. Em contrapartida, as furiosas perseguições católicas àqueles que não se curvavam ao seu império de terror foram universais, porquanto em todos os lugares onde havia um dos seus inúmeros quarteis generais (chamado eufemisticamente de igreja) encontramos perseguições, torturas e assassinatos aos opositores dos seus dogmas.

As perseguições católicas foram gerais sem nenhum respaldo legal, dependendo apenas do arbítrio de um dos diretores, acionistas e consumidores da Gangue de Almas "mais sujas do que todo lixo"; eles exterminavam todos os que pensavam distinta-

---

[1] JEROME (Philip Schaff, ed.). *Letters and select works*. New York: The Christian Literature Company. Oxford and London: Parker & Company, 1893: Letter CIX (*To Riparius*), 3: "There is no cruelty in regard for God's honour."
[2] *Salmo*, 139 (19-22).

mente dos seus malignos dogmas ou simplesmente, para se apropriarem das riquezas, que eles tanto desejavam e matavam por elas.

Quando os fanáticos católicos destruíram o Serapeu em Alexandria, os homens honestos, dignos e justos do Império Romano perceberam que se encontravam frente às bestas mais perversas, assassinas e genocidas que andaram sobre a terra. Ato contínuo, os gloriosos Deuses greco-romanos abandonaram o panteão em Roma ao avistarem o insignificante, covarde e chorão Sr. Münchhausen da Cruz arrombando as portas e forçando a sua entrada naquele lugar santo. Imediatamente, os homens honestos de Alexandria, e de todo o Império Romano, fugiram para a Pérsia, a Arábia e a longínqua Índia ao verem tanta violência gratuita, crueldade sem limites e despudor generalizado promovidos pelos homicidas diretores, acionistas e consumidores católicos.

Eles perceberam que a civilização greco-romana havia terminado e que começaria o Reino das Trevas apoiado na "violência sagrada" da mais deletéria organização de que se tem notícias; eles só não esperavam que esse império do terror persistisse por tantos séculos.

Em Roma a situação de destruição da bela cultura greco-romana não foi diferente; houve uma votação no Senado para saber se os romanos deveriam adorar ao grande Deus Zeus ou ao inútil crucificado; com a vitória desse último, os Mafiosos da Cruz foram liberados, para destruir os templos sagrados e impedir qualquer adoração aos grandiosos Deuses *pagãos*.

Como em um passe de mágica, em menos de um século o brilhante mundo greco-romano foi jogado nas trevas; os fiéis dos Tradicionais Cultos foram friamente assassinados nos seus templos, enquanto oravam: os seus templos sagrados foram transformados em suas sepulturas pelos ferozes diretores, acionistas e consumidores da Facção Criminosa Católica.

Após destruírem o Império Romano e erguerem o Império Católico do Mal, foi possível ver os seus diretores desfilarem em Roma com as suas roupas roxas, a mesma cor do manto do imperador, nas carruagens do Estado: eles promoviam, e promovem, diariamente festas com uma suntuosidade e depravação que causariam rubor ao imperador Calígula, que praticou os mais perversos atos sexuais, contudo ele jamais foi acusado da prática comum a todo diretor católico: o estupro de criancinhas.

A imundície dos produtos vendidos pelos Genocidas da Cruz poluiu tudo o que eles tocavam: os templos sagrados *pagãos* foram infestados com os mártires da Quadrilha Católica, os quais não passavam de criminosos comuns, assim como o seu burro crucificado: as *relíquias* de malfeitores infames, chamados de *santos*, como André, Lucas, e Timóteo, foram retiradas das suas pretensas tumbas e colocadas no riquíssimo templo de consumo que o imperador Constantino, o Grande Traidor da Humanidade, mandou construir em Constantinopla.

É desnecessário dizer que o motivo, o qual levou os diretores Gangue Católica a exterminarem os fiéis do paganismo, não foi o seu credo, porque ele era idêntico ao dos pagãos; muito menos foi devido aos seus cultos, pois os Genocidas da Cruz os praticam ainda hoje; como, igualmente, não foi devido aos seus infinitos Deuses, uma vez que eles ainda são adorados sob o rótulo de *santos*. O elemento essencial da vitória final dos despudorados diretores dessa Organização Criminosa foi a busca pelas 30 moedas de prata. Essa gerou uma violência implacável nas suas mais variadas perseguições, as quais ocorreram dia após dia durante séculos e permanecem até hoje: os fiéis das religiões pagãs e demais opositores da Gangue de Almas "mais sujas do que todo lixo", foram caçados e mortos como animais peçonhentos.

15.2. Um novo politeísmo

O *politeísmo* foi um termo criado pelo místico, fanático e bárbaro Fílon de Alexandria (430-361 a.H.), em um arroubo de totalitarismo, típico do seu selvagem yhwh, o Senhor dos Holocaustos, decidiu identificar os homens conforme as suas crenças; pela primeira vez na história a crença de um homem tornou-se a medida das suas ações:

> Em segundo lugar, ele [Moisés] nos ensina que deus é um; referindo-se aqui aos defensores da doutrina politeísta; homens que não se envergonham de transferir a pior das más constituições, a oclocracia, da terra para o céu.[1]

Qualificamos Fílon de Alexandria negativamente, porque para perseguir os fiéis das religiões *pagãs*, ele não leu que no pestilento *Livro Velho dos Judeus* existem vários versículos em que yhwh, o Senhor dos Holocaustos, afirma que existiriam outros deuses ao seu lado. Em uma rápida pesquisa é possível encontrar 30 vezes em que yhwh, o Senhor dos Holocaustos, ameaçou o seu povo proibindo-o de adorar outros deuses, bem como se mostrou vaidoso, fútil e vil ao afirmar que ele seria o mais poderoso de todos os deuses.[2]

Nessa linha de criar uma identidade mística para os inimigos, a fim de identificá-los, persegui-los e destruí-los, o diretor da Gangue Nicena, Aristides de Atenas (século III a.H.), subdividiu os politeístas em três grupos:

---

[1] FILO OF ALEXANDRIA. *On the creation*, LXI, 171: "In the second place he teaches us that God is one; having reference here to the assertors of the polytheistic doctrine; men who do not blush to transfer that worst of evil constitutions, ochlocracy, from earth to heaven."
[2] **a.** *Salmos*, 29 (1), 86 (8), 82 (7), 95 (3), 96 (4), 97 (7), 135 (5);
b. *Êxodo*, 12 (12), 15 (11), 18 (11), 20 (1-5), 23 (13, 32-33), 33 (4),
c. *Deuteronômio*, 4 (19), 5 (7), 6 (14), 8 (19), 10 (17); 13 (1-18); 28 (14), 32 (17);
d. ISAÍAS, 14;
e. EZEQUIEL, 28;
f. JEREMIAS, 7 (9), 25 (6), 35 (15), 46 (25);
g. JOSUÉ, 23 (7-16), 24 (2, 15).

a. os caldeus, os quais ele ridicularizou por considerarem os elementos da Natureza como Deuses;
b. os gregos, que tiveram os seus Deuses atacados;
c. os egípcios, igualmente, foram desprezados, porque os seus Deuses seriam zoo-antropomórficos:

> Pois é evidente para nós, oh, Rei, que existem três classes de homens neste mundo; os adoradores dos Deuses reconhecidos entre vós, os judeus e cristãos. Além disso, aqueles que prestam homenagem a muitos Deuses são divididos em três classes, a saber, caldeus, gregos e egípcios; pois esses têm sido guias e preceptores para o resto das nações no serviço e adoração dessas divindades de muitos títulos.[1]

Recusaremos empregar o termo *politeísmo* (dentro do possível), uma vez que ele não reflete as principais características das religiões *pagãs*. Esses, em todo o seu liberalismo, ultrapassavam as diferenças culturais e religiosas locais ao se tornarem um instrumento de harmonia entre as culturas, povos e religiões distintas. Esse respeito ao diferente pode ser visto em relação aos diversos Deuses, os quais eram adorados em culturas dessemelhantes, contudo eles tinham características quase que idênticas: consequentemente, os *pagãos* tornaram-se respeitadores universais das diferenças culturais (algo muito distinto ocorreu com os chamados monoteístas).

---

[1] ARISTIDES. *Apology*, II: "For it is clear to us, O King, that there are three classes of men in this world; these being the worshippers of the gods acknowledged among you, and Jews, and Christians. Further they who pay homage to many gods are themselves divided into three classes, Chaldaeans namely, and Greeks, and Egyptians; for these have been guides and preceptors to the rest of the nations in the service and worship of these many-titled deities."
Esse fragmento encontrado na *The History of Barlaam and Josaphat* difere do original siríaco no qual foram identificados quatro classes de homens: "This is clear to you, O King, that there are four classes of men in this world: – Barbarians and Greeks, Jews and Christians. The Barbarians, indeed, trace the origin of their kind of religion from Kronos and from Rhea and their other gods; the Greeks, however, from Helenos, who is said to be sprung from Zeus. And by Helenos there were born Aiolos and Xuthos; and there were others descended from Inachos and Phoroneus, and lastly from the Egyptian Danaos and from Kadmos and from Dionysos."

Os fiéis das religiões *pagãs*, em termos religiosos, eram bem liberais, visto que para eles era inimaginável alguém honrar a um Deus e impedir que outros povos cultuassem Deuses diferentes. As liberais religiões greco-romanas tinham diversos Deuses, ao contrário da Quadrilha Católica, cuja visão totalitária de mundo criou um deus único, vingativo e violento, desse modo os seus diretores, acionistas e consumidores são exclusivistas, isto é, somente aqueles que compram os seus infernais produtos seriam considerados adoradores do deus verdadeiro.

Os gregos e romanos, por serem povos liberais, foram afetados por essa visão de mundo ao apresentarem as suas religiões, uma vez que mesmo existindo uma infinidade de Deuses, eles evitaram em aceitar que algum deles pudesse reinar autoritariamente sobre o Universo. Nas suas visões inclusivas eles aceitavam qualquer antigo Deus estrangeiro, desse modo todos eram bem-vindos ao panteão greco-romano, não havia uma discriminação mesmo em relação aos Deuses dos bárbaros.

Na cultura greco-romana os diversos Deuses não somente encontravam-se nas mesmas cidades, como também tinham campos de ações semelhantes: nesse mundo a adoração a um Deus não significava a impossibilidade de se adorar os demais ao mesmo tempo. Vejamos o caso da incomparável Deusa Palas Atena, a qual era a responsável pelos eventos que ocorriam na cidade de Atenas, uma vez que ela ganhou esse direito em uma disputa com o Magnífico Deus Poseidon. Contudo, isso não impedia que os atenienses fizessem oferendas a Deuses como Zeus, Hera, Apolo, Poseidon, etc.

Muitos desses Deuses recebiam nomes relativos às cidades em que eles eram adorados, por isso era muito comum encontrarmos o magnífico Deus Apolo sendo reverenciado como Apolo Pítio, Apolo Délfico, Apolo Lício, etc.: essa prática *pagã* é repetida na Associação Católica de Celerados, onde muitos dos seus *santos* recebem os nomes das cidades em que são comercializados.

Outro ponto importante a ser dito é que esses Deuses jamais apareciam em grupo, porquanto a sua manifestação era individual: a noção de que vários Deuses se encontravam em determinado evento é algo bem recente.

Os Deuses gregos e romanos eram humanizados e individualizados, ao passo que os Deuses da Ásia Menor e do Egito eram representados em duplas formadas pelos princípios ativos e passivos da Natureza, adorados sob a forma de macho e fêmea, luz e trevas; mas, todos esses povos tinham as suas trindades divinas.

Nas religiões greco-romanas as orações públicas visavam pedir a intervenção divina, para se conseguir riqueza, força e prosperidade material para a sociedade: em nenhum momento os governantes desses povos agiam com a intenção de impor valores morais aos seus cidadãos, pois o mais importante era a grandeza, força e riqueza social e não as questões internas dos cidadãos.

Em nenhuma dessas sociedades existiam templos, ou quaisquer outros edifícios públicos, voltados para indicar uma conduta ética aos seus cidadãos; essa ausência de um controle interno bem mostra como essas sociedades *politeístas* eram liberais. Se compararmos essas religiões com o totalitarismo teocrático e exclusivista do Bando de Fetichistas veremos como são culturas antípodas, porque essa Organização Criminosa exige uma conduta ética dos seus consumidores tanto no espaço público como privado: todos deveriam se comportar consoante as regras elaboradas pelos seus pedófilos diretores.

Para essas sociedades a força, a riqueza e a prosperidade não se relacionavam com a conduta ética do cidadão, essa relação era desconhecida por eles, uma vez que eles eram livres dos grilhões da ética do Deus Platão, o "Moisés Ático". Em síntese, podemos caracterizar a religião greco-romana da seguinte maneira:

    1. acreditava na existência de inúmeros Deuses;
    2. era inclusiva, porquanto aceitavam quaisquer Deuses, ou fiéis sem exigir uma fidelidade aos seus Deuses originais;
    3. negava a existência de um Deus superior a todos;

4. admitia que quaisquer Deuses, mesmos os dos bárbaros, poderiam ser adorados publicamente;

5. não tinha um messias, porque para os grandes gregos e romanos todas as ações dependeriam somente deles mesmos;

6. ausência de um credo oficial, uma vez que não tinha como preocupação controlar o pensamento dos cidadãos;

7. não trabalhava com a noção de revelação divina, porque tudo o que o homem conhecia e descobria era fruto do seu esforço racional-científico, portanto não tinham origem em uma improvável iluminação divina;

8. os seus Deuses eram antropomórficos, tal como seriam adorados pelos diretores, acionistas e consumidores do Bando de "Idólatras de Fato", destarte, nos primeiros anos eles atacarem essa característica dos Deuses greco-romanos;

9. todas as ações dos Deuses eram interpretadas simbolicamente, ao contrário da Gangue Nicena que exige uma interpretação histórica das loucuras do tolo, bêbado e criminoso crucificado;

10. não admitiam a existência de Deuses só bons ou só maus, os seus Deuses eram livres das amarras éticas, porquanto eles podiam agir quando, como e onde desejassem;

11. os fiéis realizavam sacrifícios de animais, mas na maioria das vezes o sacrifício era feito jogando incenso no fogo. Nesse aspecto eles foram menos violentos do que os diretores, acionistas e consumidores da Gangue Homoousiana, os quais nas suas reuniões promoviam banquetes teofágicos e antropofágicos, nos quais em um frenesi alimentício comem e bem o sangue do "Cadáver Judeu";

12. as práticas da religião ocorriam nos festivais ou nos rituais (que tinham características políticas) que comemoravam a vida e a sua exuberância;

13. os rituais tinham uma natureza cívica, porquanto honrar aos Deuses era uma forma de agradecer à cidade pela paz, a segurança e riqueza;

14. não existia uma fé pessoal, pois a preocupação era a força da sociedade;

15. por serem liberais não havia nenhum livro, o qual continhas regras morais de comportamentos, como os peçonhentos *Livro Velho dos Judeus* e *Liber Odium*;

16. as religiões gregas e romanas não aceitavam o canibalismo, por verem nessa ação algo digno de animais. Esse foi

um dos inúmeros motivos, que os levaram a se afastarem da Quadrilha Católica, porquanto eles praticam o canibalismo;
17. não se preocupavam com a salvação da alma, porquanto o importante para eles era somente o corpo.

Na maior parte da vida dos fiéis das religiões *politeístas* (os *pagãos*) esses Deuses não se manifestavam, a não ser na época de sua adoração, ou quando surgisse a necessidade do seu auxílio, em todos os outros momentos os homens eram livres para agir como desejassem: não existia um deus burocrata, o qual vigiava o fiel em todos os instantes das suas vidas.

Foi nesse contexto de liberdade que o Trinitarismo Atanasiano pode prosperar: quando os seus diretores decidiram pela globalização dos seus crimes, eles seguiram o caminho do Ocidente, devido às estradas, à segurança nas viagens por terra e mar, às leis válidas, conhecidas e respeitadas por todos: um bem à humanidade que os Comedores de Capim não reconhecem ao Império Romano.

Ao entrar em contato com esse novo mundo, esses empresários do lucro fácil, imediatamente perceberam como os seus produtos eram tolos, infantis e insignificantes comparados à cultura greco-romana. Portanto, eles tiveram que fazer um enorme sincretismo, a fim de que pudessem competir nesse rico mercado do misticismo. Desse modo, eles foram obrigados a reestruturar os seus produtos conforme à necessidade dos novos consumidores, por isso adaptaram o seu *Liber Mali* e as suas pútridas mentiras aos costumes, doutrinas e conhecimentos dos gregos e romanos:

> Por isso é natural supor que eles introduziram algo disso [da cultura greco-romana], em suas noções e fórmulas do cristianismo.[1]

---

[1] TIXERONT, J. *History of Dogma*. Baden: B. Herder, 1910, p. 17: "Hence it is natural to suppose that they introduced something thereof, into their notions and formulas of Christianity."

Alguns povos na antiguidade adoravam um Deus único muito séculos antes dos diretores Facção Criminosa Católica monopolizarem esse produto: assírios, caldeus, persas, babilônios e judeus. Em todos os cultos desses povos o Deus Todo-Poderoso era o Deus Apolo, o que levou Macróbio no seu *Saturnália* a concluir que toda a teologia anterior não passava de um culto ao Deus Sol:

> toda a teorização sistemática se fundamenta em termos de explicações solares. Mais exatamente, talvez, a teoria deva ser chamada de cósmica. O Sol representa o todo como visivelmente predominante, de modo que os poderes do universo podem ser tratados como seus aspectos; no entanto, a ideia de correlação também é usada.
> [...]
> O método de comprovação se baseia em identificações, rituais, tradições, ou etimológicas, das divindades entre si, culminando na identificação com alguma divindade inquestionavelmente solar.[1]

Como empresários inescrupulosos que são, que desejavam se estabelecer em um ambiente altamente competitivo, os diretores da Multinacional Católica de Crimes ao ofertarem os seus produtos, tornaram-nos acessíveis ao maior número possível de interessados, sem se preocuparem com a qualidade do produto oferecido. Como um grande guarda-chuva, eles colocaram sob a sua marca a maior quantidade possível de elementos *politeístas* existentes, para no final reduzir todos eles ao culto do Deus Sol Invicto, o grande Deus Mitra.

---

[1] MACROBIUS. *The Saturnalia*. London: Cambridge, University Press, 1923: pp. 21-22: "all the systematic theorizing is in terms of solar explanations. More exactly, perhaps, the theory ought to be called cosmic. The sun stands for the whole as being visibly predominant, so that the powers of the universe may be treated as his aspects; but the idea of correlation also is used.
[...]
"The method of proof is by identifications, ritual or traditional or etymological, of deities with one another, ending in identification with some deity unquestionably solar."

Essa reorganização dos seus produtos em torno da adoração ao poderosíssimo Deus Sol Invicto é uma característica marcante dos Mafiosos de Cruz: em todas as suas representações pictográficas, deparamo-nos com esse poderoso Deus. Vemos essa adoração não só na coroa de raios dourados sobre a cabeça do burro crucificado, como, igualmente, na representação da auréola dos Deuses menores (*santos, anjos, arcanjos, querubins, serafins*, etc.), a qual era a marca dos Deuses o Todo-Poderoso Sol Invicto, Apolo, Mitra, Baco, Hércules, Osíris, Teseu, Jasão, etc.

O Sr. Münchhausen da Cruz foi representado com uma auréola na cabeça, porque essa foi uma maneira que os diretores da *Peste Negra Inc.* encontraram para cooptarem os seguidores do Deus Sol, dizendo que o seu covarde crucificado era o Deus Sol Invencível, mas que não passava do Deus Sol Invicto, que os gregos e romanos adoravam há muito tempo nos seus diversos poemas.

Todos os Deuses menores da Máfia de Preto são representados com uma auréola, para identificar a sua pureza e santidade; o que por si só não tem nenhum problema em honrar os homens por suas condutas. O que é perturbador é que essa auréola sempre foi utilizada pelos grandiosos Deuses antigos, os quais esses diretores identificaram-nos com os demônios; por analogia, todos os que carregam a auréola no catolicismo são idênticos a Satanás, afinal o título *santo* é a marca do bom deus nos homens mais pérfidos, que já caminharam sob o sol.

A Facção Criminosa Católica iniciou a sua luta contra os Deuses *pagãos* afirmando que eles eram manifestações demoníacas, os quais tinham como objetivo impedir os homens de encontrarem o verdadeiro deus, isto é, impediam os fiéis *pagãos* de comprarem os seus tóxicos produtos.

A única característica original da Associação Católica de Celerados é o desejo incontrolável de assassinar aqueles, que não compram os seus produtos: não devemos esquecer que essa Organização Criminosa nasceu como apóstata do intolerante, selvagem e tribal judaísmo, destarte ter sido helenizada, ela manteve algumas propriedades típicas daqueles genocidas: o ódio incontrolável a tudo que não fosse a sua imagem e semelhança e, principalmente, o extermínio de qualquer um que se interpusesse entre os seus diretores e as suas tão desejadas 30 moedas de prata. Devemos lembrar que a pedofilia é típica dos católicos e não se encontra em nenhuma outra religião *politeísta*.

Essa foi a marca que diferia a "Ninhada de Traidores" das religiões *pagãs*, que vendiam bens místicos no mundo greco-romano; o seu posicionamento de mercado sempre foi beligerante, porque todos os povos politeístas adoravam diversos ídolos, sem se preocuparem em impor uma Verdade a todos. Portanto, não devemos considerar ser um fato histórico a grande perseguição do Deus Salvador Nero, que segundo Eusébio, "o Mais Repugnante dos Simpatizantes", foram perseguições violentas contra os diretores, acionistas e consumidores da sua Organização Criminosa (ele não conseguiu citar mais de cinco nomes de *mártires*). Essas suas informações *históricas* devem ser colocadas no rol das intermináveis mentiras dos diretores católicos, as quais quando eram descobertas, eles, de maneira cafajeste (ou seja, católica), tentavam desqualificar as provas das suas mentiras dizendo que se tratava de *lendas contraditórias*, *mentiras brancas*, *pia fraus*, *mentiras sagradas*, ou *erros do escriba*: com a bênção dos Comedores de Capim.

Paradoxalmente, na luta dos diretores da Gangue de Almas "mais sujas do que todo lixo", contra os politeístas, eles foram adaptando as suas práticas e dogmas até se identificarem completamente com *paganismo*. A seguir, para maiores detalhes sobre essa afirmação faremos uma referência para ilustrá-la; mais uma vez enumeraremos a citação, contudo no rodapé ela se encontra como no original:

Wilken lista os seguintes exemplos de dogmas forjados na fornalha da oposição pagã:
1. a relação entre fé e Razão, entre deus e o mundo;
2. a criação *ex nihilo*;
3. a relação do cristianismo com o judaísmo;
4. o *status quo* de jesus e sua relação com deus;
5. a confiabilidade histórica das escrituras;
6. o papel civil da religião e a posição civil do cristianismo;
7. e a revelação de deus na história.

Além disso, o cristianismo esclareceu sua relação com o judaísmo, em parte em resposta às críticas pagãs. Poder-se-ia acrescentar as discussões dos cristãos sobre o livre arbítrio e a impassibilidade divina.[1]

A fábula do crucificado foi um pastiche baseado na história de inúmeros outros Deuses e heróis *pagãos*: tudo o que era vendável nessas personagens foi adaptado à criação do seu Garoto Propaganda. Não há como não dizer, que o credo dos Mafiosos da Cruz não seja idêntico ao do politeísmo, o qual foi perseguido pela Máfia de Preto. Para tornar essa comparação mais nítida, apresentamos as cópias que os católicos fizeram do politeísmo:

1. o pressuposto da existência de um pai, cujo poder extremo criou todas as coisas existentes nos mundos visível e invisível;
2. a crença na existência de um filho único, o qual seria o senhor de todos os homens;
3. a adoração de um primogênito, o qual fora concebido por uma espírito santo, mas o seu nascimento ocorreu por intermédio de uma virgem;

---

[1] HARTOG, Paul. *Greco-Roman Understanding of Christianity*. USA: Routledge Companion, 2010, chapter III: "Wilken lists the following examples of tenets forged within the furnace of pagan opposition: the relationship of faith and reason, the relation of God to the world, creation ex nihilo, the relation of Christianity to Judaism, the status of Jesus and his relation to God, the historical reliability of the Scriptures, the role of civil religion and the civil position of Christianity, and the revelation of God in history. One might append the Christians' discussions of free will and divine impassibility. In addition, Christianity clarified its relationship to Judaism partly in response to pagan criticisms."

4. o salvador que sofrera todas as iniquidades que nenhum homem suportaria, morrera crucificado, descera aos infernos, ressuscitara no terceiro dia e fora para o céu onde se sentara à direita do pai todo-poderoso;
5. a crença no final dos tempos em que um salvador voltaria, para julgar os vivos e os mortos;
6. a crença na espírito santo, em uma igreja universal (católica), na comunhão de todos os *santos*;
7. eles aceitavam igualmente que todos os pecados dos fiéis seriam perdoados;
8. defendiam, igualmente, a possibilidade de ressurreição do corpo, o qual teria uma vida eterna.

O credo politeísta dos Genocidas da Cruz foi adaptado oas seus consumidores durante vários séculos; por exemplo, no século I d.H. eles acrescentaram que o Sr. Münchhausen da Cruz descera ao inferno: são esses tipos de plágios no *Liber Mali* ao gosto dos consumidores, associada a uma violência inaudita que transformaram essa Organização Criminosa na empresa de *fast food* mais bem sucedida, longeva, lucrativa e indizivelmente pedófila da História.

No início a Gangue Cropódula não tinha um dogma, o qual fosse aceito de maneira universal por todos os seus diretores; não havia acordo nem mesmo sobre se o "Cadáver Judeu" era um deus, ou somente mais um tresloucado profeta:

> Não podemos nem mesmo nos referir ao que o próprio jesus teria dito, porque os textos cristãos mais antigos não são os *Evangelhos*, mas as *Epístolas* de Paulo, que, aliás, contradizem os *Evangelhos* em muitos pontos essenciais, para não mencionar muitos outros problemas bastante graves.[1]

---

[1] DESCHENER, Karlheinz. *Historia Criminal del cristianismo*. Barcelona: Ediciones Martínez Roca, 1990, p. 112: "Ni siquiera podemos remitirnos a lo que hubiese dicho el propio Jesús, porque los textos cristianos más antiguos no son los Evangelios, sino las Epístolas de Pablo, que por cierto contradicen a los Evangelios en muchos puntos esenciales, para no mencionar otros muchos problemas de bastante trascendencia que se plantean aquí."

Nos primeiros séculos o desenvolvimento da Associação Católica de Celerados ocorreu de maneira turbulenta, onde os seus diretores usaram uma violência contra os seus oponentes, jamais vista na antiguidade: o nível de criminalidade desses animais faria com que um general crudelíssimo, como Cassandro, ficasse estarrecido, afinal ele era violento contra guerreiros armados e não contra homens, mulheres e crianças desarmados.

Não podemos esquecer que os animalescos católicos (os quais dedicam as suas vidas inúteis a bebedeiras, drogas e pedofilias, bem como davam vazão aos seus desejos sádicos nas perseguições aos judeus, *pagãos* e *hereges*) são, em um primeiro momento, apóstatas. Eles eram homens fracos, covardes e desprezíveis, os quais não suportaram o rigor das Leis do Judaísmo, por isso criaram uma quadrilha menos exigente com a justiça e mais permissiva ao crime. Para tanto, ela deveria englobar um vasto leque de consumidores, oferecendo aos homens mais servis, devassos e intolerantes (ou seja, os católicos) condições de comprarem uma consciência tranquila por seus intermináveis crimes.

O verdadeiro fundador da Multinacional do Crime (ainda uma microempresa e não a superpotência criada por Tertuliano, o Inquisidor Mor) foi Saul, o Anticristo, o qual usou a sua louca retórica canina, para fazer valer os seus dogmas sobre aqueles comercializados pelos rabinos, ao mesmo tempo que os impôs aos primeiros diretores na matriz da Organização Criminosa na primeira reunião mafiosa em Jerusalém.

Outro que contribuiu para a sua expansão e conquista de grandes fortunas foi Marcião de Sinope, "o Primogênito de Satanás", cuja administração em meados do século III a.H. criou uma organização, a qual se espalhou rapidamente pelo Império Romano e em muito sobrepujou o *Cristianismo Inc.* original: a sua organização deixou de ser uma microempresa familiar, para se tornar os rudimentos da maior, mais criminosa e mais longeva instituição registrada na História.

Foi somente a partir da destruição da Organização Marcionista e a apropriação das suas estratégias de marketing, que os diretores do Bando de Fetichistas alcançaram um mercado universal. Contudo, para atingir esse objetivo eles tiveram que aproveitar quase toda a estrutura criada por Marcião de Sinope, inclusive o primeiro *Crimen Libri* elaborado por ele, bem como o deus que ele inventou: esse deus adorado pelos católicos foi esculhambado por Tertuliano, o Inquisidor Mor, o qual queria vender o deus que ele inventou.

Na luta entre esses dois mafiosos, foi Tertuliano, o Inquisidor Mor, quem venceu e o seu deus foi adorado como o verdadeiro deus, ao passo que o deus inventado por Marcião de Sinope, "o Primogênito de Satanás", foi chamado por Tertuliano de pífio, bobalhão e estúpido. Todavia, anos após essa disputa o deus de Tertuliano foi colocado de lado pelos diretores da Máfia "Adoradora de Farinha e Água", os quais passaram a comercializar o deus marcionita: é esse deus (tão execrado pelos primeiros católicos), que hoje é comprado por mais de um bilhão de consumidores em todo mundo.

Tertuliano, o Inquisidor Mor, disse que o deus inventado por Marcião de Sinope causava vergonha aos diretores, acionistas e consumidores do Bando de "Idólatras de Fato", por isso ele atacou o deus marcionita, questionando (mais uma vez dividiremos a citação para uma melhor visualização das ofensas que ele fez ao atual dos católicos):

> Quem é batizado em seu deus em água que pertence a outro,
> quem ergue suas mãos para seu deus em direção a um céu que é de outro;
> quem se ajoelha para seu deus sobre terra que é de outro,
> oferece seus agradecimentos a seu deus sobre pão que pertence a outro,
> e distribui por meio de esmolas e caridade, em nome de seu deus, presentes que pertencem a outro deus.

> Quem, então, é esse seu deus tão bom, que o homem por intermédio dele se torna mau;
> tão propício também a se enfurecer contra o homem aquele outro deus que é, de fato, seu legítimo senhor?[1]

Não podemos discutir com Tertuliano, o Inquisidor Mor, porquanto foi ele quem transformou a Gangue Nicena na primeira multinacional do crime da História. Portanto, ele sabia muito bem o que estava dizendo a respeito do deus inventado por Marcião de Sinope, "o Primogênito de Satanás"; o que ele não sabia era que esse deus seria vendido pelos diretores, acionistas e consumidores da Quadrilha Católica nos próximos séculos, deixando no esquecimento o deus inventado por Tertuliano, o Inquisidor Mor.

A contundência com que Tertuliano, o Inquisidor Mor, colocou-se contra o deus inventado por Marcião de Sinope ainda pode ser vista no capítulo XXIV do primeiro livro do seu *Contra Marcião*; nesse capítulo lemos que o futuro deus da Gangue Homoousiana era: não-natural; irracional; imperfeito; débil; fraco:

> A mesma conclusão [a imperfeição do deus de Marcião], entretanto, será agora esclarecida por outro método; não é simplesmente imperfeito, na verdade, é insignificante, incapaz e débil, não abrangendo o número completo de seus objetos materiais, e não se manifestando neles todos. Pois nem todos são colocados em um estado de salvação por ele; mas os súditos do criador, tanto judeus como cristãos, são todos excluídos.[2]

---

[1] TERTULLIAN (Philip Schaff, ed.). *Five books Against Marcion*, book I (*Wherein is described the god of Marcion*), chapter XXIII (God's Attribute of Goodness Considered as Rational...): "who is baptized to his god in water which belongs to another, who stretches out his hands to his god towards a heaven which is another's, who kneels to his god on ground which is another's, offers his thanksgivings to his god over bread which belongs to another, and distributes by way of alms and charity, for the sake of his god, gifts which belong to another God. Who, then, is that so good a god of theirs, that man through him becomes evil; so propitious, too, as to incense against man that other God who is, indeed, his own proper Lord?"

[2] TERTULLIAN (Philip Schaff, ed.). *Five books Against Marcion*, book I (Wherein is described the god of Marcion...), chapter XXIV (The Goodness of Marcion's God Only Imperfectly Manifested; ...): "The same conclusion, however, shall now be made clear by another method; it is not simply imperfect, but actually feeble, weak,

Se desejarmos ser coerentes com a História, o Trinitarismo Atanasiano somente se estabeleceu entre os anos de 255 e 235 a.H., ainda não tinha uma unidade: as mais de 100 pequenas empresas que vendiam o burro crucificado, o faziam de maneira desordenada e contraditória. Foi somente a partir dessa época, que elas começaram a se unir em torno de corporações mais ricas, organizadas e mais violentas na condução dos seus negócios mafiosos. Com essa reorganização, os seus diretores tiveram condições de padronizar os produtos e os vender com mais constância e a vendê-los aos *politeístas*; bem como conseguir o reconhecimento jurídico da legislação romana, porquanto as imensas propriedades roubadas dos consumidores e do Estado já se rivalizavam com as dos homens mais ricos do Império Romano.

Foi com esse ato de buscar a proteção de um chefe mafioso mais rico e poderoso, que pela primeira vez constatamos o surgimento de uma ortodoxia, a qual orientaria os diretores, acionistas e consumidores na forma *correta* de viver segundo os dogmas da Quadrilha Católica.

Nesse momento ouvimos falar sobre a existência de homens que pregavam dogmas equivocados, os quais contrariavam os interesses da matriz da Gangue Nicena em Roma: eles foram pejorativamente nomeados de *hereges*, ou aqueles que tinham o conhecimento errado, portanto, deveriam ser assassinados: o imperador Teodósio I, o Epítome da Perversidade, com o Édito de Tessalônica (Salônica, *De Fide catolica*, ou *Cunctos Populos*) classificou os *hereges* de loucos e tolos.

A luta pelo controle do mercado de bens místico foi violenta, visto que muito sangue de inocentes foi derramado em nome do

---

and exhausted, failing to embrace the full number of its material objects, and not manifesting itself in them all. For all are not put into a state of salvation by it; but the Creator's subjects, both Jew and Christian, are all excepted."

"Cadáver Judeu"; ao final desse século, os diretores da Facção Criminosa Católica, com o apoio dos seus proprietários de fato e de direito, os imperadores romanos, conseguiram exterminar a maioria dos competidores, fossem chamados de *pagãos, politeístas* ou *hereges*:

> No início do século III, o bispo Hipólito de Roma cita 32 seitas cristãs concorrentes, que, no final do século IV, segundo o bispo Filastro de Brescia, somavam 128 (mais 28 "heresias" pré-cristãs).[1]

Após o imperador Constantino, o Grande Traidor da Humanidade, mudar a capital do Império para Constantinopla, a cidade de Roma perdeu todo o seu milenar brilho. Foi nessa cidade empobrecida economicamente e embrutecida intelectualmente, que os diretores da Associação Católica de Celerados a tomaram como centro do seu futuro Império do Mal.

A Roma dominada pelos católicos era uma pálida lembrança dos seus tempos dourados; a sua insignificância ficou patenteada com o domínio desses diretores, os quais não tinham condições intelectuais mínimas, para elaborar novas fábulas a serem vendidas aos seus consumidores, por isso a solução foi importar da politeísta Alexandria todo o seu material de propaganda.

Os romanos ainda continuavam com as suas práticas *pagãs* fossem locais ou importadas do Oriente, principalmente do Egito, por isso os diretores da "Ninhada de Traidores" plagiaram os seus vários misticismos egípcios, os quais passaram a ser vendidos como seus produtos típicos, inclusive o *politeísmo*.

Os católicos pediram ao imperador Constante que apoiasse os dogmas de Atanásio, o Campeão do Crime, em contraposição

---

[1] DESCHENER, Karlheinz. *Historia Criminal del cristianismo*. Barcelona: Ediciones Martínez Roca, 1990, p. 114: "A comienzos del siglo III, el obispo Hipólito de Roma cita 32 sectas cristianas en competencia que, hacia finales del siglo IV, según el obispo Filastro de Brescia, alcanzaban el número de 128 (más 28 "herejías" precristianas)."

aos dogmas que o imperador Constâncio II impusera na parte oriental do Império Romano; aproveitando o apoio do imperador Constante, os diretores do Trinitarismo Atanasiano inundaram Roma com os dogmas do místico Atanásio (mais tarde, devido a sua vida de criminoso, ele seria cultuado como *santo* católico).

Até mesmo o *Genocidia Manual*, vendido em Roma, fora aprovado por Atanásio, o Campeão do Crime. Todos os dogmas repletos de *politeísmo* comercializados pelos diretores da Organização Criminosa Católica tiveram origem em Alexandria, a qual se tornou um centro de obscurantismo sob o domínio de Atanásio, muito diferente de séculos anteriores:

> A Itália e o Ocidente reconheceram o Egito como seu melhor instrutor em todos os assuntos eclesiásticos; e a aprovação que eles deram às instituições eclesiásticas dificilmente poderia ter sido cedida de maneira tão cordial, a menos, que, ao mesmo tempo, aprovassem totalmente as opiniões religiosas.[1]

15.3. Um politeísmo totalitário

Ao contrário dos *politeístas*, todos os monoteístas eram, e são, facínoras, sanguinários e assassinos, os quais impõem os seus abomináveis dogmas com extrema crueldade a todos os homens: jamais existiu uma única guerra na História na defesa do *politeísmo*, de maneira adversa os monoteístas cometeram todas as piores espécies de extermínios, genocídios e extermínios holocaustos em nome de yhwh, o Senhor de Holocaustos, e do Sr. Münchhausen da Cruz.

---

[1] SHARPE, Samuel. *Egyptian Mythology and Egyptian Christianity*. 1863, p. 98: "Italy and the West acknowledged Egypt as their best instructress in all ecclesiastical matters; and the approval which they, gave to the ecclesiastical institutions could hardly have been yielded so cordially, unless they at the same time gave a full approval to the religious opinions." Disponível em <globalgreyebooks.com>.

Caso haja alguma dúvida sobre os massacres em nome do deus dos monoteístas, vejam no *Livro Velho dos Judeus* e no *Genocidia Manual* a quantidade de trucidamentos, estupros e violência gratuita que foram cometidos e propostos em nome de deuses fantoches de empresários macabros.

As limpezas étnicas e culturais cometidas pelos monoteístas se arrastam por mais de 2.500 anos (desde o tempo do inventor dos principais dogmas do *cristianismo*, o Deus Platão, o "Moisés Ático", o qual exigiu o massacre dos impuros) e, ainda hoje, continua muito ativo na eliminação dos apóstatas, infiéis e *hereges*; independentemente da nomenclatura que se use, aquele que se recusa a comprar os produtos vendidos pelos diretores da Máfia Católica são meticulosamente exterminados.

Em síntese, nunca existiu na História da humanidade uma guerra religiosa entre os politeístas na defesa dos seus Deuses, todavia esse novo tipo de extermínio foi uma inovação dos bárbaros, xenófobos e tribais judeus, os quais ainda hoje aterrorizam o mundo, ao lado dos seus irmãos católicos.

Os católicos cultuam inúmeros Deuses, contudo, após a Multinacional Católica de Crimes aumentar o seu poder, os seus diretores simplesmente acusaram as outras religiões de serem *politeístas*, por conseguinte, eles trabalharam arduamente pela destruição de todos os que se colocassem no seu caminho na conquista de fama, fortuna e glória: essa Organização Criminosa é um caso muito incongruente do *politeísmo*, porquanto eles adotam a violência contra os diferentes e a pedofilia como regras de vida:

> Assim, [Saul, o "Anticristo"] tornou-se um clássico da intolerância, um protótipo do proselitismo, um brilhante criador daquele estilo ambíguo que oscila entre o servilismo rastejante e a brutalidade mais desavergonhada, e que fez uma escola especialmente entre os grandes da igreja; agitador tão tei-

moso e obstinado, que durante o período nazista alguns teólogos cristãos encontraram paralelos entre as comunidades primitivas e "as centúrias do exército marrom de Hitler", [...].[1]

Para entendermos por que o Império Católico do Mal é *politeísta* basta olharmos para os seus *santos*, anjos, arcanjos, etc. e imediatamente verificaremos que equivalem às centenas de Deuses e semideuses *pagãos*; como também, podem ser identificados com os homens da Idade de Ouro, que se encontram no *mýthos* de Hesíodo: onde era possível ver que os homens dessa Idade, por serem bons e justos, após as suas mortes obtiveram do Deus Zeus a honra de protegerem os homens e os Deuses: a diferença desses homens do *mýthos* e os *santos* da Quadrilha Católica, é que esses são pulhas, ladrões e criminosos inveterados.

Entre os antigos gregos e romanos era regra geral que um homem valoroso, ou piedoso, ou justo, ou que tivesse feito algo de bom para a comunidade, após a sua morte passasse a ser cultuado como imortal, como um Deus:

> Essas almas humanas, divinizadas pela morte, eram as que os gregos chamavam de demônios ou de heróis. Os latinos chamavam-nas de lares, manes ou gênios, [...].[2]

Esses heróis faziam a mediação entre os homens e os Deuses: levavam aos Deuses as demandas humanas e traziam as bençãos divinas.

---

[1] DESCHENER, Karlheinz. *Historia Criminal del cristianismo*. Barcelona: Ediciones Martínez Roca, 1990, vol. I, p. 92: "Así, [Saul, a Pandora de Tarso] se convirtió en un clásico de la intolerancia, un prototipo del proselitismo, un creador genial de ese estilo ambiguo que oscila entre el servilismo rastrero y la brutalidad más desvergonzada, y que hizo escuela sobre todo entre los grandes de la Iglesia; agitador tan cerril y porfiado, que durante el período nazi algunos teólogos cristianos hallaron paralelismos entre las primitivas comunidades y 'las centurias del ejército pardo de Hitler', [...]."
[2] COULANGES, Fustel de. *A Cidade Antiga*. Livro Primeiro (Antigas crenças), capítulo II (O culto aos mortos), p. 32. Disponível em <https://archive.org/details/a-cidade-antiga-fustel-de-coulanges/page/n1/mode/2up>.

Muitas cidades na Grécia e durante o Império Romano tinham um comércio intenso com os cultos aos heróis e mortos famosos (esse comércio foi aproveitado pelos politeístas católicos, o que sempre ajudou a encher os seus cofres): os espartanos ergueram um templo para o governante Licurgo, o qual se tornou um centro de atração de adoradores; Alexandre, o Grande, tornou-se o Deus Todo-Poderoso (cultuado pelos católicos sob o nome de *são* Marcos); Júlio César era cultuado como Deus e diversas cidades foram erguidas em seu nome; o mesmo aconteceu com o imperador Augusto, Tibério, Nero e outros: algumas dessas cidades erguidas em adoração a esses homens valorosos foram pilhadas pelos diretores da Máfia de Preto, os quais as transformaram em centros irradiadores das suas farsas: Antioquia, Alexandria, Roma, Esmirna, etc.

Era muito comum ocorrerem peregrinações aos templos desses Deuses (o mais famoso era o Templo de Delfos), cuja consequência imediata foi a movimentação de muitas riquezas nessas cidades; os templos recebiam enormes quantidades de ouro, prata e pedras preciosas doadas pelos fiéis em agradecimento aos Deuses, por auxiliá-los a executarem tarefas, as quais se mostravam de difíceis resoluções: não foi por outro motivo que os diretores da Quadrilha Ortodoxa mantiveram essas peregrinações *pagãs* a essas mesmas cidades, eles somente mudaram o nome do Deus adorado para o do burro crucificado, ou dos seus inúmeros *santos* de polichinelo e *mártires* de mentirinhas.

Vejamos um exemplo dessa apropriação dos Deuses antigos pelos diretores dessa Multinacional do Crime: o Deus Todo-Poderoso, o Salvador e Redentor da humanidade, Hércules. Esse valoroso Deus justo e bondoso, sofreu o que nenhum outro homem conseguiria sofrer, era conhecido e respeitado por todos os gregos e romanos por sua bondade e justiça: por esse motivo o corruptíssimo Marcião de Sinope, "o Primogênito de Satanás", passou a identificar o frouxo carpinteiro como o novo Hércules, o qual viera para salvar o mundo, o que irritou imensamente a Tertuliano, o Inquisidor Mor:

> com base em que princípio você, Marcião, pode admitir que ele [Hércules] seja o Filho do Homem, não consigo compreender. Se for por intermédio de um pai humano, então você nega que ele seja filho de deus; se também via um Ser divino, então você faz de cristo o Hércules da fábula; se for apenas por meio de uma mãe humana, então você concorda com meu argumento; se, também, não por um pai humano, então ele não é filho de nenhum homem, e deve ser considerado culpado de uma mentira por ter se declarado o que não era.[1]

Entre os infinitos casos de apropriação das histórias de homens justos, os quais foram transformados nos desajustados *santos* pelos diretores da Facção Criminosa Católica, encontramos a história de Hipólito (filho de Teseu e de Hipólita, rainha das Amazonas); ele era tão conhecido e admirado na antiguidade, que foi jogado nas pútridas águas dessa gangue sob o nome de *santo* Hipólito (os católicos não mudaram nem o seu nome).

Essa prática de batizar os Deuses pagãos foi utilizada continuamente pelos diretores da Associação Católica de Celerados, a fim de atrair um público consumidor, o qual conhecia a santidade desses homens. A única diferença marcante existente era, que esses diretores deram a esses bondosos homens e Deuses o maléfico nome de *santo*.

Os *santos* vendidos nos politeístas templos de consumo da Quadrilha Católica, nada mais são do que os Deuses menores e

---

[1] TERTULLIAN (Philip Schaff, ed.). *Against Marcion*, chapter IV (In Which Tertullian Pursues His Argument. Jesus is the christ of...), chapter 10: "on what principle you, Marcion, can admit Him Son of man, I cannot possibly see. If through a human father, then you deny him to be Son of God; if through a divine one also, then you make Christ the Hercules of fable; if through a human mother only, then you concede my point; if not through a human father also, then He is not the son of any man, and He must have been guilty of a lie for having declared Himself to be what He was not."

outras divindades *pagãs*: a identificação entre os Deuses greco-romanos e os seus *santos* não se fez somente nas tarefas, contudo, os seus atributos e as logomarcas continuaram sendo as mesmas.

Seria não errôneo identificar os politeístas como membros da Gangue de Almas "mais sujas do que todo lixo", visto que ela ter diversas categorias de deuses hierarquicamente burocratizadas em consonância com os seus interesses comerciais. Eles dizem que têm somente um deus: o Sr. Münchhausen da Cruz; mas a imensa quantidade de *anjos*, *arcanjos*, *demônios* e diversas outras alucinações comercializadas pelos católicos são deuses, o que confirma que essa Organização Criminosa é politeísta.

Mesmo sob ataque constante da Quadrilha Católica o politeísmo continuou presente na vida dos homens honestos no Império Romano:

> O fenômeno do culto aos anjos e a mentalidade religiosa que o acompanhava não se restringiram ao período em que é mais frequentemente atestado por inscrições, nomeadamente entre 150 e 300. A distribuição cronológica dos documentos revela o aumento do uso de inscrições no segundo e terceiro séculos, mas nada de significativo sobre o aumento da popularidade ou desenvolvimento dos cultos dos anjos e de *Theos Hypsistos* [deus altíssimo] entre essas datas.[1]

Esses *santos* católicos são os Deuses do politeísmo do mundo greco-romano, mesmo que os diretores da "Ninhada de Traidores" insistam que não o sejam. Somente indivíduos com um enorme desvio de caráter, afirmariam que essa Multinacional do Crime comercializa somente um deus: mas, não nos enganemos,

---

[1] MITCHELL, Stephen. *Pagan Monotheism in Late Antiquity*. Oxford: Claredon Press, 1999, 109: "The phenomenon of the angel cult and the religious mentality which went with it was not confined to the period when it is most frequently attested by inscriptions, namely between c.150 and 300. The chronological distribution of the documents reveals the increased use of inscriptions in the second and third centuries, but nothing of significance about the increased popularity or development of the cults of angels and of *Theos Hypsistos* between these dates."

porque esses despudorados existem abundantemente podendo ser identificados com os todos os diretores, acionistas e consumidores dessa crudelíssima Multinacional do Crime, bem como todos os Comedores de Capim que infestam o nosso sistema de educação.[1]

Os diretores da Organização Criminosa Católica atacaram o *paganismo* afirmando que seriam cultos de mistérios, contudo, eles, desavergonhadamente, passaram a vender mistérios, para atrair os fiéis *pagãos*:

> O culto cristão ganhou terreno não porque houvesse algo novo, seja em seu dogma ou em sua promessa, mas pelo contrário, porque esses eram muito semelhantes em muitos cultos pagãos: seu crescimento foi, de fato, por intermédio da assimilação de novos detalhes a partir deles. Passo a passo, é visto que adotou os mistérios, os milagres e os mitos das religiões populares gentias.[2]

O principal mistério da "Ninhada de Traidores" (a vinda de um salvador) era o mesmo dos *politeístas* do Império Romano, os quais acreditavam na existência de um Soter, um Salvador Divino.

A venda de mistérios foi muito importante na constituição da Gangue de Almas "mais sujas do que todo lixo", porque todas as críticas às suas fábulas poderiam ser rebatidas dizendo que se tratava de um *mistério* do deus que eles estavam vendendo. Esse *mistério* somente poderia ser compreendido por consumidores ávidos pela salvação das suas almas, e malandros o suficiente, para não se oporem a essa gigantesca tolice.

---

[1] Fizemos um esboço sobre esse tema em 2.4. Adoração aos *santos*.
[2] ROBERTSON, John M. *A Short History of Christianity*. London: Watts & CO., 1902, p. 42: "The Christist cult gained ground not because there was anything new either in its dogma or in its promise, but on the contrary because these were so closely paralleled in many Pagan cults: its growth was in fact by way of assimilation of new details from these. Step by step it is seen to have adopted the mysteries, the miracles, and the myths of the popular Gentile religions."

Saul, o "patife e falso", fundou uma organização comercializadora de mistérios tal como os politeístas, destarte todos os diretores, acionistas e consumidores da Quadrilha Iconódula se dizerem contra as religiões de mistérios:

> Vós sois o lugar de trânsito dos que são assumidos para deus, iniciados nos **mistérios [grifo nosso]** com Paulo, o santificado, que recebeu testemunho, e mereceu chamar-se bem-aventurado, [...].[1]

Os Mafiosos da Cruz sempre que não conseguem explicar as sandices contidas nas suas *Malae Fabulae*, afirmam que se trata de um mistério tal como os fiéis *politeístas*. O próprio Saul, a Pandora de Tarso, não se cansava em falar sobre o "mistério da fé" em referência ao absurdo que era o dogma da ressurreição do fétido carpinteiro, que ele estava comercializando:

> E, sem controvérsia, grande é o **mistério [grifo nosso]** da piedade: deus foi manifesto na carne, justificado no espírito, visto pelos anjos, pregado aos gentios, crido no mundo e recebido acima, na glória.[2]

São várias passagens como essa, que tornam os Genocidas da Cruz uma Organização Criminosa calcada em mistérios politeístas, malgrado os seus consumidores não saibam disso: a Quadrilha Católica oferece os mesmos produtos que o *politeísmo* ofereciam. A diferença é que os seus diretores, em um primeiro momento, prepararam os seus produtos coletando as características mais aceitas pelos consumidores das outras religiões; depois,

---

[1] INÁCIO DE ANTIOQUIA. *Epístola aos Efésios*, 12.
[2] SAUL, *Primeira Epístola a Timóteo*, 3 (16).
Ver igualmente: MARCOS, 4 (11); LEVI 13 (11); LUCAS, 8 (10); *Primeira Epístola a Timóteo*, 3 (9); *Epístola aos Efésios*, 1 (9-10); 3 (4, 6, 8-9), 5 (31-32); *Epístola aos Romanos*, 8 (29-30), 9 (11-23), 11 (33-36), 16 (25); *Primeira Epístola aos Coríntios*, 13 (2), 14 (2), 15 (51-53), 2 (7), 11 (25); *Epístola aos Colossenses*, 1 (25-27), 2 (2), 4 (3); *Segunda Epístola aos Tessalonicenses*, 2 (7); *Primeira Epístola de Pedro*, 1 (10-12); Apocalipse, 10 (7); 17 (5-8).

quando o seu produto já estava sendo vendido, a um preço muito mais barato do que os dos demais concorrentes, eles afirmavam que todos as outras religiões eram falsas e demoníacas por se basearem em mistérios: por essa causa os fiéis das religiões *pagãs* deveriam ser destruídos: de fato, a História nos mostra o gigantesco holocausto causado pelos diretores, acionistas e consumidores da Quadrilha Católica, para se tornarem líderes universais de negócios misteriosos.

Se fosse possível um cidadão do Império Romano ver a promoção de vendas dos Mafiosos da Cruz nos seus templos de consumo, ou aos seus inumeráveis desfiles de apresentação dos seus produtos na atualidade: ele não perceberia muita diferença entre essas peças publicitárias e aquelas da sua época: os diretores da Gangue Copródula conseguiram o impensável, pois eles quase congelaram as manifestações culturais nos últimos milênios.

Essa é a causa porque após um período tão longo o Bando de Fetichistas consegue se manter viva nesse campo empresarial: ela destruiu as suas diferenças em relação ao politeísmo adaptando os seus ritos, símbolos e representações: olhem para os seus cultos e vocês verão infinitos aspectos do mundo *pagão* existentes no Império Romano.

Indubitavelmente, o produto que foi responsável pelo crescimento exponencial da Associação Católica de Celerados e lhe rendeu mais riquezas foi a invenção de Satanás: foi por intermédio do medo a Satanás, que os seus diretores conquistaram as suas enormes fortunas e poder político: Satanás é o grande deus da Quadrilha Católica, não foi por outro motivo que o crucificado disse que construiria a sua igreja sobre ele:

> Pois também eu te digo que tu és Pedro [= Satanás], e sobre esta pedra edificarei a minha igreja, [...].

> Ele, porém, voltando-se, disse a Pedro **[a pedra sobre a qual a Quadrilha Católica foi edificada]**: Para trás de mim, Satanás **[Pedro]**, que me serves de escândalo;[1]

O culto *politeísta* era uma tradição profunda na antiguidade, por isso Saul, a Pandora de Tarso, condenou os colossenses. Ele, em quase todos as suas desprezíveis epístolas apresentou esses Deuses como Satanás, ou o demônio, o qual seria maligno e prejudicaria aos homens.[2]

Satanás do *politeísmo* foi o produto que mais rendeu, e rende, lucros aos diretores da Quadrilha Católica, bem como mantém a fidelidade dos seus consumidores, uma vez que eles são aterrorizados com punições atrozes. Se por um acaso algum consumidor não se submeter aos desejos libidinosos de um diretor da Facção Criminosa Católica, ou não aceitar os seus produtos tóxicos, ou abandonar essa Multinacional do Crime, ele é jogado nos braços de Satanás. Podemos afirmar que a adoração ao crucificado sempre ficou em segundo plano no catolicismo, quando se tratou de aumentar as riquezas e melhorar a vida fácil desses diretores: Satanás foi a pedra sobre a qual o catolicismo se ergueu, ou já esquecemos que Pedro foi chamado de Satanás:

> Mas ele, virando-se, e olhando para os seus discípulos, repreendeu a Pedro **[a pedra sobre a qual a Quadrilha Católica foi erguida]**, dizendo: Retira-te de diante de mim, Satanás;[3]

---

[1] LEVI, 16 (18, 23).
[2] **a. Satanás:** Epístola aos Romanos, 16 (20); *Primeira Epístola aos Coríntios*, 5 (5); *Primeira Epístola aos Coríntios*, 7 (5); Segunda epístola aos coríntios, 2 (11); Segunda epístola aos coríntios, 11 (14); Segunda epístola aos coríntios 12 (7); Primeira epístola aos tessalonicenses 2 (18); Segunda epístola aos tessalonicenses, 2 (9); Primeira Epístola a Timóteo, 1 (20);
b. Demônio: *Primeira Epístola aos Coríntios*, 10 (20-21); Primeira Epístola a Timóteo, 4 (1).
[3] MARCOS, 8 (33).

Em síntese, os diretores da Quadrilha Ortodoxa se apresentaram como defensores do monoteísmo; em nome da santíssima trindade (fama, fortuna e glória), eles assassinaram friamente milhões de inocentes, estupraram crianças, banharam-se luxuriosamente no sangue daqueles que nem sabiam a causa das suas mortes, por fim eles se inundaram o mundo com a sua água suja e proclamaram ter purificado todos. Todavia, o que eles fizeram foi dar continuidade ao *paganismo*, por que eles mantiveram

> o politeísmo;
> a crença na intercessão de poderes espirituais subordinados;
> os princípios de sacrifício e propiciação, penitência e expiação;
> a adoração especial de santuários e imagens locais;
> a prática de mistérios rituais e cerimônias imponentes;
> a associação pública de um culto com as fortunas do Estado
> – tudo isso foi preservado na igreja católica, com a simples mudança dos nomes.
> **Não houve "destruição do paganismo", mas apenas transformação [Grifo nosso].**
> E as transformações do hábito nacional são tão lentas que por muitas gerações até mesmo a terminologia e os usos específicos do paganismo sobreviveram em todos os aspectos, exceto no da adoração aberta; [...].[1]

Uma das acusações comuns que os fiéis das religiões *pagãs* faziam aos diretores, acionistas e consumidores da Máfia de Preto era afirmar que eles tinham o costume de comer o corpo de uma

---

[1] ROBERTSON, John M. *A Short History of Christianity*. London: Watts & CO., 1902, pp. 129-130: "polytheism; the belief in the intercession of subordinate spiritual powers; the principles of sacrifice and propitiation, penance and atonement; the special adoration of local shrines and images; the practice of ritual mysteries and imposing ceremonies; the public association of a worship with the fortunes of the State — all these were preserved in the Catholic Church, with only the names changed. There was no 'destruction of paganism', there was merely transformation. And so immeasurably slow are the transformations of national habit that for many generations even the terminology and the specific usages of paganism survived in every aspect save that of open worship; [...]."

A Quadrilha Católica

criança real durante os seus cultos de mistérios, o chamado banquete de Tiestes (uma alusão ao ritual no qual os católicos comem a carne de jesus cristo e bebem o seu sangue). Após esses diretores conseguirem o poder político e econômico, eles usaram a mesma história contra os *pagãos*, o que lhes deu motivo para assassinar friamente aqueles que não se sujassem nas suas águas.

Antes da *Peste Negra Inc.* se tornar o braço justiceiro do Império Romano, vemos essa acusação contra os fiéis *pagãos* nos rabiscos de diversos funcionários da Associação Católica de Celerados: Justino, "o Mais Tolo dos Pais Cristãos"; Teófilo, "o Amigo de Satanás"; Atenágoras de Atenas; Metódio; Ambrósio, o Pedófilo. Após o imperador Constantino, o Grande Traidor da Humanidade, decretar que o pérfido crucificado deveria ser adorado como um deus, essa acusação desapareceu dos maléficos escritos dos seus funcionários.

Os diretores, acionistas e consumidores dessa máfia afirmam que acreditam em um deus que governa o mundo. O que nos leva a perguntar: eles acreditam nessa afirmação? Se por acaso olharmos para a sua história, não teremos dúvidas em dizer que todos os católicos não acreditam no que falam.

É muito evidente que nenhum consumidor e mesmo qualquer membro da sua diretoria leve a sério os dogmas contidos no seu *Liber Odium*. Apanhemos como ilustração desse tema a trindade: ora, todos os envolvidos com essa inescrupulosa Máfia afirmam a existência trindade, contudo eles também afirmam que existe somente um deus.

Não é necessário debater sobre tal confusão lógica, porque os diretores da Quadrilha Católica são muito versados na sofística, portanto eles sempre explicarão o inexplicável, a fim de conseguirem manipular a verdade. Todavia, nós sabemos que essa Organização Criminosa comercializa três deuses principais (e infinitos deuses menores chamados de *santos* e outros nomes) e não somente um: o catolicismo deveria ser caracterizado como politeísta e não como monoteísta.

Não vamos nos ocupar em defender essa verdade, porque toda verdade apodrece em contato com os católicos. Para essa escória somente o seu deus é verdadeiro e os demais são falsos. A trapaça dos seus diretores não para por aí, porquanto eles vendem afirmações absurdas, tais como: um deus espiritual, transcendente e perfeito criou o homem e deu-lhe a vida. Somente homens com a capacidade intelectual de uma criança, ou extremamente mal-intencionados repetem tais sandices.

A fim de sustentar tais falsidades, Agostinho, o Brinquedo Sexual de santo Ambrósio, recorreu à religião do Deus Platão, a Meretriz de Atenas, transformando o seu Bem no deus do católico:

> A esse verdadeiro e supremo Bem dá Platão o nome de deus.[1]

Hoje, quando um católico agradece ao seu deus, ele, na verdade, está agradecendo ao Bem do Deus *pagão* Platão, o "Moisés Ático" e não ao tolo da Palestina: por isso, ao ouvir "obrigado meu deus", "graças a deus" vocês devem entender "obrigado Bem", "graças ao Bem". Somente assim vocês não serão enganados pela propaganda falaciosa dos politeístas católicos.

---

[1] AGOSTINHO. *Cidade de deus*, livro VIII, capítulo VIII.

Anexo 01

Édito de Tessalônica (Salônica, Cunctos Populos ou De Fide Catolica)1

"Imppp. Gratianus, Valentinianus et Theodosius aaa. edictum ad populum urbis Constantinopolitanae. Cunctos populos, quos clementiae nostrae regit temperamentum, in tali volumus religione versari, quam divinum petrum apostolum tradidisse Romanis religio usque ad nunc ab ipso insinuata declarat quamque pontificem Damasum sequi claret et Petrum Alexandriae episcopum virum apostolicae sanctitatis, hoc est, ut secundum apostolicam disciplinam evangelicamque doctrinam patris et filii et spiritus sancti unam deitatem sub parili maiestate et sub pia trinitate credamus. Hanc legem sequentes Christianorum catholicorum nomen iubemus amplecti, reliquos vero dementes vesanosque iudicantes haeretici dogmatis infamiam sustinere 'nec conciliabula eorum ecclesiarum nomen accipere', divina primum vindicta, post etiam motus nostri, quem ex caelesti arbitro sumpserimus, ultione plectendos. (380 febr. 27)."

---

[1] *Imperatoris Theodosii Codex*, 16.1.2pr.

Anexo 02

Quicumque vult salvus esse

1. Quem quiser salvar-se deve antes de tudo professar a fé católica.
2. Porque aquele que não a professar, integral e inviolavelmente, perecerá sem dúvida por toda a eternidade.
3. A fé católica consiste em adorar um só deus em três pessoas e três pessoas em um só deus.
4. Sem confundir as pessoas nem separar a substância.
5. Porque uma só é a pessoa do pai, outra a do filho, outra a do espírito santo.
6. Mas uma só é a divindade do pai, e do filho, e do espírito santo, igual a glória e coeterna a majestade.
7. Qual como é o pai, tal é o filho, tal é o espírito santo.
8. O pai é incriado, o filho é incriado, o espírito santo é incriado.
9. O pai é imenso, o filho é imenso, o espírito santo é imenso.
10. O pai é eterno, o filho é eterno, o espírito santo é eterno.
11. E, contudo, não são três eternos, mas um só eterno.
12. Assim como não são três incriados, nem três imensos, mas um só incriado e um só imenso.
13. Da mesma maneira, o pai é onipotente, o filho é onipotente, o espírito santo é onipotente.
14. E, contudo, não são três onipotentes, mas um só onipotente.
15. Assim o pai é deus, o filho é deus, o espírito santo é deus.
16. E, contudo, não são três deuses, mas um só deus.
17. Do mesmo modo, o pai é senhor, o filho é senhor, o espírito santo é senhor.
18. E, contudo, não são três senhores, mas um só senhor.
19. Porque, assim como a verdade cristã nos manda confessar que cada uma das pessoas é deus e senhor,
20. Do mesmo modo a religião católica nos proíbe dizer que são três deuses ou senhores.

21. O pai não foi feito, nem gerado, nem criado por ninguém.
22. O filho procede do pai; não foi feito, nem criado, mas gerado.
23. O espírito santo não foi feito, nem criado, nem gerado, mas procede do pai e do filho.
24. Não há, pois, senão um só pai, e não três pais; um só filho, e não três filhos; um só espírito santo, e não três espíritos santos.
25. E nesta trindade não há nem mais antigo nem menos antigo, nem maior nem menor,
26. Mas, as três pessoas são coeternas e iguais entre si.
27. De sorte que, como se disse acima, em tudo se deve adorar a unidade na trindade e a trindade na unidade.
28. Quem, pois, quiser salvar-se, deve pensar assim a respeito da trindade.
29. Mas, para alcançar a salvação, é necessário ainda crer firmemente na encarnação de nosso senhor jesus cristo.
30. A pureza da nossa fé consiste, pois, em crer ainda e confessar que nosso senhor jesus cristo, filho de deus, é deus e homem.
31. É deus, gerado na substância do pai desde toda a eternidade; é homem porque nasceu, no tempo, da substância da sua mãe.
32. deus perfeito e homem perfeito, com alma racional e carne humana.
33. Igual ao pai segundo a divindade; menor que o pai segundo a humanidade.
34. E embora seja deus e homem, contudo não são dois, mas um só cristo.
35. É um, não porque a divindade se tenha convertido em humanidade, mas porque deus assumiu a humanidade.
36. Um, finalmente, não por confusão de substâncias, mas pela unidade da pessoa.
37. Porque, assim como a alma racional e o corpo formam um só homem, assim também a divindade e a humanidade formam um só cristo.

38. Ele sofreu a morte por nossa salvação, desceu aos infernos e ao terceiro dia ressuscitou dos mortos.

39. Subiu aos céus e está sentado à direita de deus pai todo-poderoso,

40. Donde há de vir a julgar os vivos e os mortos.

41. E quando vier, todos os homens ressuscitarão com os seus corpos,

42. Para prestar conta dos seus atos.

43. E os que tiverem praticado o bem irão para a vida eterna, e os maus para o fogo eterno.

44. Esta é a fé católica, e quem não a professar fiel e firmemente não se poderá salvar. Amém.

Referências bibliográficas

A Holiday with Ancient Origins. Disponível em <https://swissfederalism.ch/en/august-15-holiday-with-different-traditions/>.

ACHARYA, S. *Suns of God Krishna, Buddha And Christ Unveiled*. Illinois: Adventures Unlimited Press, 2004.

AESCHYLUS. *Prometheus Bound*. Disponível em <https://www.theoi.com/Text/AeschylusPrometheus.html>

AGNELLUS RAVENNATIS. *Liber Pontificalis Ecclesiae Ravennatis*: 88. Disponível em <https://penelope.uchicago.edu/Thayer/L/Roman/Texts/Agnellus/Liber_Pontificalis_Ecclesiae_Ravennatis/C*.html>.

AGOSTINHO. *Carta 138*.

AGOSTINHO. *Cidade de deus*. Lisboa: Calouste Gulbenkian, 1996.

AGOSTINHO. *Confissões*, livro nono, capítulo VII.

AGOSTINHO. *Sermão 190*.

AGOSTINHO. Sermão 286: a glória dos santos mártires.

All Saints' Day. Disponível em <https://www.britannica.com/topic/All-Saints-Day>.

ALLEN, Cabaniss. *Amalarius of Metz*. Amsterdam: North-Holland Pub. Co., 1954.

AMALARIUS OF METZ. Disponível em <https://www.newadvent.org/cathen/01376b.htm>.

AMBROGIO. *Abramo*. Milano/Roma: Città Nuova Editrice, 1984, p. 249, 84.

AMBROSE (Philip Schaff, ed.). *On the Discovery of the Relics of Sts. Gervasius and Protasius*.

AMBROSE (Philip Schaff, ed.). *On the Duties of the Clergy*.

AMBROSE. *Concerning the Mysteries*.

AMBROSE. *Hexaemeron*, dia 5, capítulo 23, 79.

AMBROSE. *Letter 22* (To Marcellina).

AMBROSE. *Letter XXII*.

AMBROSE. *On the Decease of his Brother Saytrus*.

AMBROSII. *De obitu Theodosii Oratio*, 42.

AMBRÓSIO. *Oração antes da Missa*.

AMBROSIUS. *Exhortatio virginitatis*, caput primum, 2. Disponível em <https://la.wikisource.org/wiki/Exhortatio_virginitatis_(Ambrosius)>.

APULEIUS. *Metamorphosis or Golden Ass*.

ARISTIDES. *Apology*.

ARISTIDES. *The History of Barlaam and Josaphat*.

ARISTOTLE (ROSS, W. D., ed.). *Metaphysics*.

ARIUS OF ALEXANDRIA. *Letter of Arius to Eusebius of Nicomedia*.

ARNOBIUS OF SICCA. *Adversus Gentes*.

ARNOBIUS. *Seven books*. Edinburgh: T. & T. Clark, 1895.

ARNOBIUS. *The case against the pagans*. Westminster: The Newman Press, 1949.

ATHANASIUS. *Against the Heathens (Contra Gentes)*.

ATHANASIUS. *Four Discourses Against the Arians*.

ATHANASIUS. *History of the Arians (Historia Arianorum)*. Disponível em <https://trinityinyou.com/athanasius-history-of-the-arians-historia-arianorum/>.

ATHANASIUS. *Life of St. Anthony*. Toronto, 2016.

ATHENAGORAS (Philip Schaff, ed.). *A Plea for the christians*.

ATHENAGORAS (ROBERTS, A. and DONALDSON, J., eds.) *Plea for the Christians*.

ATHENAGORAS OF ATHENA (Philip Schaff, ed.). *A Plea for the Christians*.

AUGUSTIN (Philip Schaff, ed.). *The Confessions*.

AUGUSTINE (Philip Schaff, ed.). *City of god*.

AUGUSTINE (Philip Schaff, ed.). *Letter 136*.

AUGUSTINE (Philip Schaff, ed.). *Of the Works of Monks*.

AUGUSTINE (Philip Schaff, ed.). *On the Trinity*.

AUGUSTINE (Philip Schaff, ed.). *The City od god*.

AUGUSTINE. *Epistle 189* (To Boniface).

AUGUSTINE. *Letter LV*, or Book II (of Replies to Questions of Januarius).

AUGUSTINE. *Letters*, letter 38. New York: New City Press Hyde Park, 1990, part II – Letters, volume 1: Letters 1- 99.

AUGUSTINE. *On merit and the forgiveness of sins, and the baptism of infants*, book I, chapter 36 (Infants not enlightened as soon as they are born).

BARDENHEWER, Otto. *Patrology*. Saint Louis: Herder, 1908.

BARDENHEWER, Otto. *Patrology*. Saint Louis: Herder, 1908.

BASIL OF CAESAREA. *Letter 252* (*To the bishops of the Pontic Diocese*).

BASIL OF CESAREA. *De Spiritu Sancto*.

BASIL. *Life of Thecla*.

BEARD, John R. *The Autobiography Of Satan*. London: Willian and Norgate, 1872

BEARD, John R. *The Autobiography Of Satan*. London: Willian and Norgate, 1872.

BEARD, John R. The Autobiography Of Satan. London: Willian and Norgate, 1872.

BEDE. *The Book of the holy places*, chapter II (of the sepulchre of our lord...).

BEDE. *The Reckoning of Time*. Liverpool: Liverpool University Press, 1999.

BIBLICAL UNITARIAN. *Jesus is the Son of God; not God the Son*. Basic Problems with the doctrine of the Trinity. Disponível em < https://www.biblicalunitarian.com/wp-content/uploads/2019/01/output_1548869779.htm >

BICKNELL, Stephen. *King Pippin and the origins of the organ*. Disponível em <https://www.stephenbicknell.org/3.6.13.php>.

BONINUS MOMBRITIUS. *Sanctuarium seu Vitae Sanctorum*, Parisiis: Fontemoing et Socios, 1910, tomus secundus, Sylverter, Liber Secvndvs Gestorvm Eorvmdem, 281 (40).

BOSSI, Emilio. *Gesù cristo non è mai esistito*, Ragusa: La Fiaccola, 1976. Disponível em <http://www.e-text.it/>

BOUCHÉ-LECLERCQ. A. *L'Intolérance religieuse et la politique*. Paris: Ernest Flammarion, 1911.

BRUCE, Kimberly. *One of the "Original Four"*: St. Ambrose. Disponível em <https://marian.org/articles/one-original-four-st-ambrose>.

BUDGE, E. A. Wallis. *Osiris and the Egyptian resurrection*. London: Philip Lee Warner, 1911.

BUDGE, E. A. Wallis. *The Egyptian Heaven and Hell*. LONDON: Kegan Paul, Trench, Trübner & CO. Ltd. 1906.

BUDGE, Ernest A. W. *Egyptian Ideas of the Future Life*. Disponível em <https://platopagan.tripod.com/osiris_god_of_resurrection.htm>

CALVIN, John. *Treatise on Relics*. Disponível em <https://www.ccel.org/ccel/calvin/treatise_relics.v.html>.

CARPENTER, Edward. *Pagan & Christian Creeds*: their Origin and Meaning. New York: Harcourt, Brace and Company, 1920.

CARRIER, Richard. *Baptism: It's Pagan, Guys. Get Over It*. Disponível em <https://www.richardcarrier.info/archives/30551>.

CARRIER, Richard. *On the historicity of jesus*. Sheffield: Phoenix Press, 2014.

CELSUS OF PERGAMUN. *On the True Doctrine*.

CHAPMAN, J. *Donatists*. *In* The Catholic Encyclopedia. New York: Robert Appleton Company, 1909. Disponível em <http://www.newadvent.org/cathen/05121a.htm>.

CHARLEMAGNE. *Capitularies*, 13. Disponível em <https://is.muni.cz/el/1421/podzim2016/PV1B103/um/Capitularies.txt>.

CHILD, Lydia Maria. *The Progresso of Religious Ideas*. New York: C.S. Francis & Co, 1855.

CHRISTMAS, *Jerusalém*. Disponível em <https://www.newadvent.org/cathen/03724b.htm>

CHRYSOSTOM (Philip Schaff, ed.) *Homilly XXVI*.

CHRYSOSTOM, John. *Homily 8*. Amazon.com. Edição do Kindle.

CHRYSOSTOM. *Baptismal Instructions*. Disponível em < https://archive.org/stream/20191212st.johnchrysostombaptismalinstructions/20191212_ST.%20JOHN%20CHRYSOSTOM_%20BAPTISMAL%20INSTRUCTIONS_djvu.txt>

CIPRIANO. *Epístola a Cornélio*.

CLAUDIUS OF TURIN. *Apology*.

CLEMENT OF ALEXANDRIA (Philip Schaff, ed.). *The Stromata, or Miscellanies*.

CLEMENT OF ALEXANDRIA (Philip Schaff, ed.) *The Stromata, or Miscellanies*.

CLEMENT OF ALEXANDRIA (Philip Schaff, ed.). *Exhortation to the Heathen*.

CLEMENT OF ALEXANDRIA. *Paedagogus*, or *The Instructor*.

CLEMENTE DE ALEXANDRIA. *Exortação aos Gregos*.

CLEMENTE ROMANO. *Epístola aos Coríntios*.

Código De Direito Canônico. Livro IV, parte II (Dos outros atos do culto divino), título IV (Do culto dos santos, das sagradas imagens e das relíquias).

Concílio De Trento, sessão XIV, Cânones sobre o sacramento da Penitência, 916. Cânone 6.

CONYBEARE, F. C. *History of New Testament Criticism*. London: G. P. Putnam's Sons, 1910.

COUCHOUD, P. L. *The Creation of Christ*. London: Watts & CO., 1939, volume I.

COULANGES, Fustel de. *A Cidade Antiga*. Livro Primeiro (Antigas crenças), capítulo II (O culto aos mortos). Disponível em <https://archive.org/details/a-cidade-antiga-fustel-de-coulanges/page/n1/mode/2up>.

Council in Trullo, canon 82. Disponível em <https://www.newadvent.org/fathers/3814.htm>.

Council of Alexandria, 3.7.2.

Council of Carthage (Philip Schaff, ed.). *Canon LXXII*. (Greek LXXV.). *Of the baptism of infants when there is some doubt of their being already baptized.*

Council of Laodicea.

CRISÓSTOMO, João. *Homilia 171*, Natividade de Cristo.

CYPRIAN (Philip Schaff, ed.). *Epistle LVIII*: To Fidus, on the Baptism of Infants.

CYPRIAN (Philip Schaff, ed.). *Epistle XLVIII*.

CYPRIAN (Philip Schaff, ed.). *On the Dress of Virgins*.

CYPRIAN (Philip Schaff, ed.). *Three Books of Testimonies Against the Jews*.

DAU, Sandro e DAU, Shirley. *Cristianismo Antes do Cristianismo Inc*. Juiz de Fora: Kindle Direct Publishing, 2023.

DAU, Sandro. *Sócrates*. Vitória: 2015. Texto não publicado.

DESCHENER, Karlheinz. *Historia Criminal del cristianismo*. Barcelona: Ediciones Martínez Roca, 1990.

DHARMA, Vishwa. *Pagan Origin of Easter Festival*. Disponível <https://hindugenius.blogspot.com/2007/06/pagan-origin-of-easter-festival.html>.

DIO, Cassius. *Roman History*. Disponível em <https://penelope.uchicago.edu/Thayer/E/Roman/Texts/Cassius_Dio/65*.html>.

DIODORUS OF SICULUS (*Diodorus the Sicilian*). *The Historical Library*.

DIODORUS, THE SICILIAN. *Historical Library*. London: W. MacDowall, 1814, volume I, book IV.

DIÓGENES LAERCIO. *Vidas y Opiniones de los Filósofos Ilustres.*

DIONYSIUS EXIGUUS. *Argumenta Paschalia*: Argumentum XV. De die aequinoctii et solstiti.

DIONYSIUS, *On the Heavenly Hierarchy.*

DIONYSIUS. *Letter to Basilides.*

DOANE, T. W. *Bible myths and their parallels...* Fourth edition. New York: The Truth Seeker Company, 1882.

DOANE, T. W. *Bible myths and their parallels...* Fourth edition. New York: The Truth Seeker Company, 1882.

DREWS, Arthur. *The Christ Myth.* Amazon.com, Kindle.

DRUMMOND, JAMES. *The Fourth Gospel and the Quartodecimais.* Disponível em <https://www.jstor.org/stable/3153245?seq=1>

Edict of Thessalonica.

Edict of Thessalonica.

ELSEE, Charles. *Neoplatonism in relation to christianity.* Cambridge: University Press, 1908.

Encyclopedia of Filosofia and Religion. Disponível em <https://www.encyclopedia.com/philosophy-and-religion/other-religious-beliefs-and-general-terms/religion-general/angel>.

EPIPHANIUS. *Against Ebionites.*

EUNAPIUS. *Lives of the Philosophers and Sophists.* Disponível em <https://www.tertullian.org/fathers/eunapius_02_text.htm#MAXIMUS>

EUSÉBIO DE CESAREIA. *História Eclesiástica.*

EUSÉBIO. *História Eclesiástica.* São Paulo: Novo Século, 2002.

EUSEBIUS OF CESAREA. *Letter on the Council of Nicaea.*

EUSEBIUS. *Life of Constantine.* Oxford: Clarendon Press, 1999.

EUSEBIUS. *Praeparatio Evangelica.*

Evangelho Árabe da Infância de Jesus.

EVARESTUS. *The Martyrdom of Polycarp*, chapter 15 (Polycarp is not injured by the fire).

Festivals in ancient Egypt. Disponível em <https://www.ucl.ac.uk/museums-static/digitalegypt/ideology/festivals.html>.

FILO OF ALEXANDRIA. *On the creation*, LXI, 171.

FILO OF ALEXANDRIA. *Questions and Answers on Genesis*.

FITZGERALD, David. *Ten Beautiful Lies About Jesus*. San Francisco.

FLETCHER, Kate. *Pilgrimage for Pagans*. Disponível em <http://ancientmusic.co.uk/pilgrimage_article.html>.

FORTMAN, Edmund J. *The triune of god*. London: The Westminster Press, 1972.

FOUCAULT, M. *História da Sexualidade*. Rio de Janeiro: Graal, 1988.

Fourth Lateran Council. Disponível em <https://www.papalencyclicals.net/councils/ecum12-2.htm#2>.

FOUSKAS, C. *St Isidore of Pelusium and New Testament*.

FRAZER, J. G. *Adonis, Attis, Osiris*. London: Macmillan and Co, Limited, 1906.

FRAZER, J. *O Ramo Dourado*. São Paulo: Zahar, 1982.

FRAZER, James George. *The Golden Bough*: a study of magic and religion. Edição do Kindle.

FRIEDLANDER, Gerald. *Hellenism and christianity*. London P. Vallentine & Son's, 1912.

GADDIS, Michael. *There Is No Crime for Those Who Have christ*. California: University of California Press, 2005.

GELLIUS, Aulus. *The Attic Nights*.

GIBBON, E. *History of Decline and Fall of Roman Empire*. 1906, vol. VI, p. 210, note 116.

GIBBON, Edward. *The Decline And Fall Of The Roman Empire*, chapter 35, Attila gives peace to the Romans.

GIBBON, Edward. *The Decline and Fall of the Roman Empire.* New York: Hurst & Co. publishers, 1892.

GIPP, Sam. *An Understandable History of the Bible*, James. Disponível em <https://www.jesusisprecious.org/books/sam_gipp/an_

GOEMAN, Peter. *Full List of Resurrections in the Bible.* Disponível em <https://petergoeman.com/full-list-of-resurrections-in-the-bible/>.

GOLDSTEIN, Miriam. *The Toledot Yeshu.* Tübingen: Mohr Siebeck, 2023.

Gospel of Nicodemus.

GRAVES, Kersey. *The Bible Of Bibles.* Disponível em < https://www.gutenberg.org/files/43550/43550-h/43550-h.htm>.

GRAVES, Kersey. *The World's Sixteen Crucified Saviors.* 1875. Disponível em <globalgreyebooks.com>.

GRAVES, Robert. *Os mitos gregos.* RJ: Nova Fronteira.

GREGORY I. *Letter to Abbot Mellitus.*

GREGORY NAZIANZEN (Philip Schaff, ed.). *Epistle CLXI.*

GREGORY NAZIANZEN (Philip Schaff, ed.). *The Second Theological Oration.*

GREGORY NAZIANZEN. *Introduction to Oration* XLII.

GREGORY OF NAZIANZUS (Philip Schaff, ed.). *Oration*, 28.

GREGORY OF NAZIANZUS (Trans. Bradley K. Storin). *Letter LVII.* Califórnia: University of California Press, 2019.

GREGORY OF NAZIANZUS. *The Oration on Holy Baptism.*

GREGORY OF NYSSA. *De Deitate Filii et Spiritus Sancti et in Abraham.* Disponível em <https://books.google.com.br/books?id=ICAIm1yyoekC&pg=PA72&lpg=PA72&dq=%22Weil+auch+nun+in+der+Art+jener+Athener+es+welche%22&source=bl&ots=N-yyIDb-GXV&sig=ACfU3U3wF95v6ri03vJ9TGWC19yZM2qQHQ&hl=pt-BR&sa=X&ved=2ahUKEwiq1sbUjOSHAxUHIJUCHU-

jFLS0Q6AF6BAgREAM#v=one-page&q=%22Weil%20auch%20nun%20in%20der%20Art%20jener%20Athener%20es%20welche%22&f=false.>

GREGORY OF NYSSA. *On the Holy Spirit*, Against the Followers of Macedonius.

GRITSCH, Eric W. *Two Feathers from the Holy Spirit?*

GUTHRIE, W. C. K. *Orpheus and Greek Religion*, The crucified Orpheus. Disponível em <https://archive.org/details/orpheusgreekreli0000wkcg/page/264/mode/2up?q=crucified&view=theater>

GYLFAGINNING, XXXVIII. Disponível <https://sacred-texts.com/neu/pre/pre04.htm>.

HALLIDAY, W. R. *The Pagan Background of Early Christianity*. London: Holder and Stoughton Ltd. MCMXXV.

HARNACK, Adolf. *History of Dogma*. Disponível em <https://www.ccel.org/ccel/h/harnack/dogma4/cache/dogma4.pdf>.

HARRISON, Jane Ellen. *The Religion of Ancient Greece*. London: Archibald Constable and Co. Ltd., 1905.

HARTOG, Paul. *Greco-Roman Understanding of Christianity*. USA: Routledge Companion, 2010.

HERACLITUS (G. T. W. Patrick, ed.) *The Fragments*: on nature. Baltimore: N. Murray, 1889.

HERMAS (Philip Schaff, ed.). *The Shepherd*.

HERMAS. *O Pastor*.

HERÓDOTO. *História*, livro IV (Melpômene), XCV. Disponível em eBooksBrasil.

HERÓDOTO. *História*, livro I, CLXXXIII; livro II, XLII.

HESIOD. *Teogony*. Disponível em <https://www.theoi.com/Library.html>.

HESIOD. *Works and Days*. Disponível em <https://www.theoi.com/Library.html>.

HIERONYMUS. *Commentaria in Ezechielem*, liber 4, cap. 16, vers. 13. Disponível em <https://la.wikisource.org/wiki/Commentaria_in_Ezechielem_(Hieronymus)/4>.

HIERONYMUS. *Commentaria in Isaiam*, liber XI, cap. 40, vers. 9. Disponível em <https://la.wikisource.org/wiki/Commentaria_in_Isaiam_(Hieronymus)/11>.

HIGGINS, Godfrey. *Anacalypsis*. New York: Macy-Masius Publishers, 1927.

Hindu Prophecies. Disponível em <https://esoterictexts02.tripod.com/Doomsday.Hindu.ht>

HIPÓLITO. *Tradição Apostólica*.

HIPPOLYTUS (Philip Schaff, ed.). *The Refutation of All Heresies*.

HISLOP, Alexander. *The Two Babylons*. Disponível em < https://archive.org/details/theTwoBabylons>.

History of the christian Altar, VIII (Orientation). Disponível em <https://www.ewtn.com/catholicism/library/history-of-the-christian-altar-11085>

HOMER. *Odyssey*. Disponível em <https://www.theoi.com/Library.html>.

HOMER. *Hymn to Hermes*. Disponível em < https://www.theoi.com/Library.html>.

HOMER. *Iliad*. Disponível em <https://www.theoi.com/Library.html>.

https://www.vaticannews.va/pt/papa/news/2022-01/papa-francisco-delegacao-receita-federal-italiana.html

https://www.vaticannews.va/pt/papa/news/2022-09/papa-francisco-audiencia-vaticano-assembleia-confindustria.html

IAMBLICHUS. *On Mysteries*.

IGNATIUS OF ANTHIOCH (Philip Schaff, ed.). *Epistle to the Trallians*.

IGNATIUS OF ANTHIOCH (Philip Schaff, ed.). *The Epistle to the Philippians*.

IGNATIUS OF ANTIOCH (Alexander Roberts, ed.). *To the Smyrnæans*.

IGNATIUS OF ANTIOCH (Alexander Roberts, ed.). *To the Philadelphians*.

IGNATIUS OF ANTIOCH (Philip Schaff, ed.). *Epistle to the Tarsians*.

IGNATIUS OF ANTIOCH (Philip Schaff, ed.). *The Epistle to the Trallians*.

Imperatoris Theodosii Codex, 16.1.2pr.

Imperial images and the Demostheneia under Hadrian. Disponível em <https://www.judaism-and-rome.org/imperial-images-and-demostheneia-under-hadrian>

INÁCIO DE ANTIOQUIA. *Epístola aos Efésios*.

IRENAEUS (Philip Schaff, ed.). *Against Heresies*.

IRENAEUS. *Fragment XXXIV*.

JAMES, Croake. *Curiosities of Christian History Prior to the Reformation*. London: Methuen & Co., 1892.

JEROME (Philip Schaff, ed.). *Against Vigilantius*.

JEROME (Philip Schaff, ed.). *Letter CVII* (To Laeta).

JEROME (Philip Schaff, ed.). *Letter LVIII* (To Paulinus). Disponível em <https://www.newadvent.org/fathers/3001058.htm>.

JEROME (Philip Schaff, ed.). *Letter XIV* (To Heliodorus, Monk).

JEROME (Philip Schaff, ed.). *Letters and select works*. New York: The Christian Literature Company. Oxford and London: Parker & Company, 1893.

JEROME (Philip Schaff, ed.). *Lives of Illustrious Men*.

JEROME (Philip Shcaff, ed.). *Letter XXII* (To Eustochium, on the preservation of Virginity).

JEROME. *Against Jovinianus*.

JEROME. *Apology Against Rufinus*.

JEROME. *Chronicon*, a.307. Disponível em <https://topostext.org/work/530>.

JEROME. *De Viris Illustribus* (*On Illustrious Men*). Disponível em <https://www.newadvent.org/fathers/2708.htm>.

JEROME. *Letter 46*.

Jewish Concepts: Angels & Angelology. Disponível em <https://www.jewishvirtuallibrary.org/angels-and-angelology-2>

JOE, Jimmy. *Ankh vs Cross: Which of These Religious Symbols Came First?* Disponível em <https://www.timelessmyths.com/history/ankh-vs-cross/>.

JOHNSON, Paul. *Historia del cristianismo*. Piolin, 1976.

JOSEPHUS, Flavius. *The Antiquities of the Jews*, book II (Containing The Interval Of Two Hundred And Twenty Year), chapter 16 (How The Sea Was Divided Asunder...).

JOSEPHUS, Flavius. *The Antiquities of the Jews*, book XVIII, chapter 3.

JOSEPHUS, Flavius. *The Antiquities of the Jews*, book XVIII, chapter 5 (Herod The Tetrarch Makes War...).

JOSEPHUS, Flavius. *The Wars of the Jews*, book II (Containing the Interval of Sixty-Nine Years...), chapter 8 (Archelaus's Ethnarchy Is Reduced, ...).

JULIAN. *Against Galileans*. From *The Works of the Emperor Julian*, volume III (1923) by Wilmer Cave Wright.

JUSTIN (Philip Schaff, ed.) *The First Apology*.

JUSTIN (Philip Schaff, ed.). *Dialogue with Trypho*.

JUSTIN (Philip Schaff, ed.). *The Discourse to the Greeks*.

KAPADIA, S. A. *The Teachings of Zoroaster*. London: John Murray, 1913.

KELLY, J. N. D. *Early christian Doctrine*. 4. ed. London: Adam & Charles Black, 1968.

KENNING, Douglas. *Ancient Egyptian Festivals*. Disponível em <https://olli.sonoma.edu/sites/olli/files/kenning-the-ancient-egyptian-festivals-spring2023week3.pdf>

KLEIN, Holger A. *Sacred Things and Holy Bodies Collecting Relics from Late Antiquity to the Early Renaissance.*

LACTÂNCIO. *A morte dos perseguidores.*

LACTANTIUS (Philip Schaff, ed.). *A treatise on the anger of god.*

LACTANTIUS (Philip Schaff, ed.). *Of the manner in which the persecutors died.*

LACTANTIUS (Philip Schaff, ed.). *The Divine Institutes.*

LACTANTIUS (Philip Schaff, ed.). *The epitome of the Divine Institutes.*

LACTANTIUS (Philip Schaff, ed.). *The Phoenix.*

LEA, Henry Charles. *A History Confession and Indulgences.* Philadelphia: Lea Brothers & CO. 1896.

LESSING, G. E. *Fragments of Reimarus.* London and Edinbuegh: Williams and Norgate,1879, Section XXXV.

LIBANIUS. *Oration 17.*

LIVIO, Tito. *Historia de Roma,* libro 1.

LOFTUS, Dudley. *An History of the Twofold Invention of the Cross...*, Dublin, Printed Anno 1686. Disponível em <https://penelope.uchicago.edu/barhebraeus/invention.html>

LUCAN. The Civil War (Pharsalia), book I. Disponível em

LUTHER, Martin. *Liturgical Writings.* Muhlenherg: Press Philadelphia, 1932, vol. VI, p. 93.

LUTHER, Martin. *The Babylonian Captivity of the church.* Disponível em <https://www.onthewing.org/user/Luther%20-%20Babylonian%20Captivity.pdf>.

MACARTHUR, John. *Explaining the Heresy of the Catholic Mass,* Part 1. Disponível em < https://www.gty.org/library/sermons-library/90-318/explaining-the-heresy-of-the-catholic-mass-part-1>.

MACDONALD, Dennis R. *Mythologizing Jesus.* NewYork: Rowman & Littlefield, 2015.

MACROBIUS. *The Saturnalia.* London: Cambridge, University Press, 1923.

MAIMÔNIDES apud HIGGINS, Godfrey. *Anacalypsis*, book II, chapter II, vol. I.

MARCELLINUS COMITIS. *Chronicon*, (453) VI. Disponível em <https://www.thelatinlibrary.com/marcellinus1.html>.

MARX, Gerhard. *The First Christmas in Rome*, **Plain Truth Magazine**, december 1976, vol. XLI, nº 11.

MASSALITIN, Maxim. *The Untold Story of the Head of St. John the Baptist*. Disponível em <https://pravoslavie.ru/52051.html>.

MESLIER, Jean. *Abstract of the Testament of John Meslier*. New York: Peter Eckler Publishing Company, 1920.

Millenarianism: Chinese Millenarian Movements. Disponível em <https://www.encyclopedia.com/environment/encyclopedias-almanacs-transcripts-and-maps/millenarianism-chinese-millenarian-movements>.

MILLER, Jennifer Gregory. *Catholics Do the Strangest Things*. Disponível em <https://www.catholicculture.org/commentary/catholics-do-strangest-things/>.

MINUCIUS FELIX (Philip Schaff, ed.). *Octavius*.

Miracles by Moses. Disponível em <https://faithfamilybillings.com/wp-content/uploads/2016/08/42-Miracles-and-wonders-done-through-Moses.pdf>.

Miracles of Buddha. Disponível em <https://zen-buddha.com/blogs/articles/miracles-of-buddha>

Miracles of the Saints. Disponível em < https://www.miraclesofthesaints.com/2010/10/saints-who-raised-dead-people-brought.html#:~:text=Francis%20Jerome%

MITCHELL, Stephen. *Pagan Monotheism in Late Antiquity*. Oxford: Claredon Press, 1999.

MOMBRITIUS, Boninus. *Sanctuarium seu Vitae Sanctorum*. Parisiis: Fontemoing et Socios, Editores, tomus secundus. **Nazarivs et Celsvs**.

MOROZ, George. *Hercules*: the complete myths of a legendary hero. New York: Dell, 1997.

MORTON, Lisa. *Trick or treat*: a history of Halloween. London: Reaktion Books, 2012.

MOSHEIM, J. L. *Ecclesiastical History*, book I (The third century), part II, chapter III (The doctrine of the church), XVI, vol. I.

MOSS, Candida. *The Mith of Persecution*. San Francisco: Harper One, 2013.

NESBIT, Edward P. *Jesus an Essene*. 1895 (2019). Disponível em <globalgreyebooks.com>.

NIETZSCHE, F. Aurora. Porto: Rés, 1983.

NIETZSCHE, Friedrich. *Humano Demasiado, Humano*.

OFTESTAD, Eivor Andersen (ed.). *The Lateran church in Rome and the ark of the covenant*. Suffolk: The Boydell Press, 2019.

One of the "Original Four": St. Ambrose. Disponível em <https://marian.org/articles/one-original-four-st-ambrose>.

ORIGEN (G. W. Butterworth, ed.). *Origen on First Principles*.

ORIGEN (Philip Schaff, ed.). *Against Celsus*.

ORIGEN OF ALEXANDRIA (Philip Schaff, ed.). *De Principiis*.

ORIGEN OF ALEXANDRIA. *Against Celsus*. Disponível em <Amazon.com.> Edição do Kindle.

ORIGEN OF ALEXANDRIA. *De Principiis*. Disponível em <Amazon.com.> Edição do Kindle.

ORIGEN. *Commentary on the Gospel of John*. Amazon.com. Edição do Kindle.

ORIGEN. *Commentary on the Gospel of John*. Disponível <Amazon.com.> Edição do Kindle.

ORIGEN. *Homilies on Ezekiel*.

ORIGEN. *Homily on Leviticus*.

OROSIUS, Paulus. *Histórias contra os Pagãos*.

OVID. *Fasti*. London: William Heinemann Ltd, 1959.

PADMA PURANA, section VII Kriyayogasarakhanda (Section on Essence of Yoga by Works), Padma Purana, chapter two (Characteristic Marks of a Vaisriava), 1-7, p. 3340.

Padma Purana, V Patalakhanda (Section on the Nether World), chapter eighty six (*Acts to be Performed in Vaisakha*), 35-40.

PAOLINO. *Vita di sant'Ambrogio*, 28. Disponível em <http://www.cassiciaco.it/navigazione/cassiciaco/ambrogio/paolino.html>.

PAPIAS (Philip Schaff, ed.) *Fragments*.

PATTON, Jim. *Embracing the Spiritual Power of Third-Class Relics in the Catholic Church*. Disponível em <https://queenofpeaceparish.org/news/embracing-the-spiritual-power-of-third-class-relics-in-the-catholic-church>.

Paul and the Lion. Disponível em <http://www2.dsbiblecentre.org/index.py?lang=en&page=Showbible&index=00045>.

PAUSANIAS. *Descripción de Grecia*, libro II (Corinto e Argólida), 4.

PETERSON, Galen. *The Jewish Way Of Baptism*. Disponível em <http://remnant.net/baptism.htm>.

PHILOSTRATUS. *The Life of Apollonius of Tyana*.

PLATÃO. *Timeu*.

PLATO (J. M. Cooper, ed.). *Crito*.

PLATO (J. M. Cooper, ed.). *Timaeus*.

PLATO. *Letter II*.

PLUTARCH. *On Isis and Osiris*.

PLUTARCO. *Isis y Osiris*.

POLICARPUS (Philip Schaff, ed.). *Epistle to the Philippians*.

POLYCARP. *The Epistle to the Philippians*.

PORPHYRY OF TYRE (Macarius Magnes, ed.). *Apocriticus*. New York: The Macmillan Company: 1919.

PRABHUPADA. B. S. *Bhagavad-Gita*, chapter 4 (Transcendental Knowledge).

PRABHUPADA. *Srimad-bhagavatam*, chapter III (The birth of Lord Krishna), text 50. Disponível em <https://prabhupadabooks.com/sb/10/3>

PRICE, M. Robert. *Deconstructing Jesus*. New York: Prometeu Books, 2000.

PROSPER GUERANGER. *Life of saint Cecilia*. Philadelphia: Peter F. Cunningham, 1866.

PYTHAGORAS. *Work Complete*.

QUASTEN, Johannes. *Music & worship in pagan & Christian antiquity*. Washington, D.C.: National Association of Pastoral Musicians, 1993.

QUINTUS SMYRNAEUS. *Fall of Troy*, book 3, 580. Disponível em < https://www.theoi.com/Titan/Anemoi.html>

REBILLARD, Eric (ed.). *Greek and Latin Narratives about the Ancient Martyrs*. Oxford: Oxford University Press, 2017.

REYILLE, Albert. *Prolegomena of the History of Religions*. London: Williams and Norgate,1884.

RIEGEL, JOHN I. and JORDAN, JOHN H. *Simon Son of Man*. Boston: Sherman, French & Company, 1917.

ROBERTSON, John M. *A Short History of Christianity*. London: Watts & CO., 1902.

ROBERTSON, John M. *Pagan Christs*: studies in comparative hierology. Second edition, revised and expanded, 1911. Disponível em <globalgreyebooks.com>.

SALM, René J. *The myth of Nazareth*: the invented town of Jesus. Cranford, New Jersey: American Atheist Press, 2008.

SAM, Hughey. *Christian Intolerance*. Disponível em

SANDOVAL, Prudencio de. *Historia de la vida y hechos del emperador Carlos V*. pp. 1056-7. Disponível em <https://www.histo.cat/1/Prudencio_de_ Sandoval1.pdf>.

SANGWA, Sixbert. *What is the Assumption of Mary and What is the Hidden Truth Behind It?*

SCHAFF, Philip. *The Seven Councils*, canon XCII. Disponível em <https://www.ccel.org/ccel/schaff/npnf214.xvii.xix.html>.

SCHILLING, Robert. *Roman Festivals and their* Significance. Disponível em <https://journals.co.za/doi/pdf/10.10520/AJA00651141_804>

Second Council of Nicaea. Disponível em <https://www.papalencyclicals.net/councils/ecum07.htm>. Disponível em <https://origin-rh.web.fordham.edu/Halsall/basis/nicea2.asp>.

Second Council of Nicaea: "{Council formulates for the first time what the Church has always believed regarding icons}.

SHARPE, Samuel. *Egyptian Mythology and Egyptian Christianity*. 1863. Disponível em <globalgreyebooks.com>.

SHEPHERD, Edward John. *History of church*. London: Longmak, Brown, Greex, and Longmans, 1851.

SMITH, Gary V. *The Concept of God/The Gods as King in the Ancient Near East And The Bible*, B (The Kingship of Other Gods). Disponível em <https://biblicalelearning.org/wp-content/uploads/2022/01/Smith-ANEGods-TJ.pdf>.

SMITH, L. M. *The Early History of the Monastery of Cluny*. London: Oxford University Press, 1920.

SMITH. *History of Christian Theophagy*, Chicago, London: The Open Court Publishing CO., 1922.

SOCRATES SCHOLASTICUS (Philip Schaff, ed.). *The Ecclesiastical History*.

SOZOMENUS (Philip Schaff, ed.). *The Ecclesiastical History*.

SPEK, R.J. van der. *Cyrus the Great, Exiles and Foreign Gods*. Disponível em <http://www.achemenet.com/pdf/in-press/VAN-DER-SPEK_Cyrus_the_Great_Exiles_and_Foreign_Gods_June_2013.pdf>

STEPHEN, J. Davis. *The Cult of saint Thecla*. Oxford: Oxford University Press, 2008.

STILWELL, Gary, A. *5000 Years of the History and Development of christianity*.

SUETÔNIO. *A vida dos doze Césares*. Brasília: Senado Federal, 2012.

SYNESIUS OF CYRENE. *Letter 121* (To Athanasius).

Synod of Elvira. Disponível em <https://ia903404.us.archive.org/14/items/synodofelvirachr00dale/synodofelvirachr00dale.pdf>.

Synods of Antioch. Disponível em <https://www.newadvent.org/cathen/01567a.htm>.

TÁCITO. *Germânia*.

TERTULIAN (Philip Schaff, ed.). *Against Praxeas*.

TERTULLIAN (Philip Schaf, ed.). *The Shows, or De Spectaculis*.

TERTULLIAN (Philip Schaff, ed.). *Ad Nationes*.

TERTULLIAN (Philip Schaff, ed.). *Apology*.

TERTULLIAN (Philip Schaff, ed.). *De Corona*.

TERTULLIAN (Philip Schaff, ed.). *Five books Against Marcion*.

TERTULLIAN (Philip Schaff, ed.). *On Baptism*.

TERTULLIAN (Philip Schaff, ed.). *On Idolatry*.

TERTULLIAN (Philip Schaff, ed.). *The Chaplet, or De Corona*.

TERTULLIAN (Philip Schaff, ed.). *The Prescription Against Heretics*.

TERTULLIAN (Philip Schaff, ed.). *The Second Epistle to the Thessalonians*.

TERTULLIAN (Philip Schaff, ed.). *Treatise on the Soul*.

TERTULLIAN (Philip Schaff,ed.). *Ad Nationes*.

TERTULLIAN, (Philip Schaff, ed.). *A Treatise on the Soul*.

TERTULLIAN. *Against the Valentinians*.

TERTULLIAN. *Prescription Against Heretics*.

The 37 Miracles of Jesus in Chronological Order disponível em <https://sunnyhillschurch.com/3301/the-37-miracles-of-jesus-in-chronological-order/>.

The Arabic Gospel of the Infancy.

The Canons of the Council In Trullo, Canon LXXIII.

The Chapel of the Holy Innocents in Bethlehem. Disponível em <https://thecatholictraveler.com/the-chapel-of-the-holy-innocents-in-bethlehem/>.

The Code of Justinian (S. P. Scott, ed.), The Enactments of Justinian, Title 8 (No one shall be permitted...).

The Code of Justinian, book I (3, 9). Disponível em <https://droitromain.univ-grenoble-alpes.fr/Anglica/CJ1_Scott.htm#2>.

The Council of Trent (Ed. and trans. J. Waterworth. London: Dolman, 1848): Session the fifth, Celebrated on the seventeenth day of the month of June, in the year MDXLVI.

The Cross and its Significance. Disponível em <https://opensiuc.lib.siu.edu/cgi/viewcontent.cgi?article=1023&context=ocj>.

The Cult of Saints in Late Antiquity. Disponível em <http://csla.history.ox.ac.uk/record.php?recid=S00257>.

The Discovery of the Relics of the Holy Unmercenaries Cyrus and John. Disponível em <https://www.johnsanidopoulos.com/2010/06/discovery-of-relics-of-sts-cyrus-and.html>.

The Encyclopedia of Religion. New York: Macmillan Publishing Company, 1987. Várias páginas.

The First Council of Constantinople.

The Fourth Book of the Maccabees.

The Gospel of Nicodemus, or Acts of Pilate.

The Gospel of Pseudo-Matthew.

The History of Joseph the Carpenter.

The History of the Virgin Mary.

The Legend of the Death and Resurrection of Horus, and other Magical Texts, VIII. Disponível em <https://archive.sacred-texts.com/egy/leg/leg11.htm>.

The Letter of the Synod in Nicaea to the Egyptians. Disponível em <https://catholiclibrary.org/library/view?docId=/Magisterium-EN/XCT.269.html&chunk.id=00000009>.

The Martyrdom of Polycarp. Disponível em <https://www.newadvent.org/fathers/0102.htm>.

The Prophecy of Maitreya. Disponível em <https://texts.mandala.library.virginia.edu/text/prophecy-maitreya>

The Scriptores Historiae Augustae. Flavius Vopiscus Of Syracuse: Firmus, Saturninus, Proculus, and Bonosus: VIII (From Hadrian Augustus to Servianus, the consul, greeting).

The Second Council of Ephesus. Kent: Dartford, 1881, p. 307.

The Second of Nice, question IV.

The Siva Purana, part I, Rudra-Samhita, section II Satikhanda, chapter twenty (Sati's marriage festival), 36. Disponível em <https://ia801205.us.archive.org/19/items/SivaPuranaJ.L.Shastri-Part1/Siva%20Purana%20-%20J.L.Shastri%20-%20Part%201_text.pdf.>

The Theodosian Code (Clyde Pharr, org.). Cambridge: Cambridge University Press, 1952.

The Zend Avesta, Part III (L. H. Mills, trad.), *Yasna*, XLV (10). Disponível em <https://sacred-texts.com/zor/sbe31/sbe31015.htm>.

THEODORET OF CYRUS (Phillip Schaff, ed.). *The Ecclesiastical History*.

Theodosian Code, 16, 5 (30). Disponível em <https://archive.org/details/theodosiancodeno0000unse/page/454/mode/2up?view=theater>.

THEOPHILUS (Philip Schaff, ed.). *To Autolycus*.

THEOPHILUS. *Vision of Theophilus*. Cambridge: W. Heffer & Sons Limited, 1931.

THILO, Ioannis Caroli. *Codex Apocriphus Novi Testamenti*. 1832, p. 138, nota 138. Disponível em <https://archive.org/details/codexapocryphusn00thil/page/n159/mode/2up>

TITO LÍVIO. *História de Roma*, libro 1, 16. Disponível em < http://books.google.es/books?id=2lpR9cBM2dwC>.

TIXERONT, J. *History of Dogmas*. St. Louis, MO., and Freiburg (Baden): B. Herder 1910.

Today in festive history. Disponível em <https://past-tense.co.uk/2017/06/23/today-in-festive-history-its-st-johns-eve-for-fire-drink-dancing-and-dreams/comment-page-1/>.

TOLAND, John. *Hipatia*. London: M. Cooper, 1753.

TOLAND, John. *History of the Druids*. Montrose: James Watt, 1814. Disponível em < https://archive.org/details/neweditiono-ftola00tola/page/n3/mode/2up?q=october>.

TRCKOVA-FLAMEE, Alena. *Dove Goddess*. Disponível em <https://pantheon.org/articles/d/dove_goddess.html>.

TREDE, Thomas. *Paganism in the Roman Church*, **The Open Court**, vol. XIII. (Nº 6.) JUNE, 1899. Nº 517.

TSUDRAS, Constantine. *Origins of the Cross*. Disponível < https://werdsmith.com/genesology/7tDrdNERvZk5n>.

TUGGY, Dale. *História das Doutrinas Trinitárias*. Disponível em <https://plato.stanford.edu/entries/trinity/trinity-history.html>.

understandable_history_of_the_bible.pdf>.

USTINOVA, Yulia. *Caves and the Ancient Greek Mind*. New York: Oxford University Press, 2009.

VANÍČKOVÁ, Eliška. *The Celtic Cross*. Disponível em <https://is.muni.cz/th/km7d9/The_Celtic_Cross.pdf>.

VERMASEREN, M. J. *Mithras, the Secret God*. New York: Barnes & Noble, 1963.

VIRGILIO. *La Eneida*, sexto libro. Disponível em <www.lu-arna.com>.

VORAGINE, Jacobus de (F. S. Ellis, ed.). *The Golden Legend*, The Life of S. Longinus. Michigan: Christian Classics Ethereal Library, 1900, vol. 06.

VORAGINE, Jacobus de (F. S. Ellis, ed.). *The Golden Legend*, The Life of S. Longinus. Michigan: Christian Classics Ethereal Library, 1900.

VORAGINE, Jacobus de (F. S. Ellis, ed.). *The Golden Legend*, The Life of Marcial. Michigan: Christian Classics Ethereal Library, 1900.

VORAGINE, Jacobus de. *Golden Legend*, The Exaltation of the Holy Cross, volume V.

VORAGINE, Jacobus de. *Golden Legend*, The Invention of the Holy Cross, volume III.

VORAGINE, Jacobus de. *The Gold Legend*, The Life of S. Mark the Evangelist, volume III.

VORAGINE, Jacobus de. *The Golden Legend*. Michigan: Christian Classics Ethereal Library, vol. I, *The Passion of our Lord*.

VORAGINE, Jacobus de. *The Golden Legend*. Michigan: Christian Classics Ethereal Library, vol. 4, The Life of S. Leo the Pope.

VORAGINE, Jacobus de. *The Life of S. John the Evangelist*, volume II.

WARNER, J. & WALLACE, J. *Is Jesus Simply a Retelling of the Horus Mythology?* Disponível em <https://coldcasechristianity.com/writings/is-jesus-simply-a-retelling-of-the-horus-myth/>.

WARRIOR, Valerie. *Roman Religion*. Cambridge: Cambridge University Press, 2006.

WAX, Rachael. *"Lost" as an example of the orphic mysteries*: a thematic analysis. University of Las Vegas, **Retrospective Theses & Dissertations**, 2008.

WEISER, Francis. *Feast of all Saints*. Disponível em <https://www.latinmassfuneral.com/files/Weiser_Hallowtide.pdf>.

WELLS, Steve. *Drunk With Blood*: God's Killings in the Bible. 2ed. SAB Books, 2013.

Why was June 24th chosen for the date of the Nativity of St. John the Baptist?. Disponível em <https://history.stackexchange.com/questions/71791/why-was-june-24th-chosen-for-the-date-of-the-nativity-of-st-john-the-baptist>

WILLIAMSON, Jeff. How *Saint Helena and the True Cross Changed an Empire*. In **The Collector,** may 30, 2024. Disponível <https://www.thecollector.com/helena-true-cross/>.

WILLOUGHBY, Harold R. *Pagan Regeneration*: a Study of Mystery Initiations in the Graeco Roman World.

Wisdom of Solomon.

WORKMAN, Herbert B. *The Martyrs of the Early Church*. London: Charles H. Kelly: 1913.

WRIGHT, Dudley. *The eleusinian mysteries & rites*. London: Unwin Brothers Limited.

www.ingramcontent.com/pod-product-compliance
Lightning Source LLC
Chambersburg PA
CBHW071651240526
45469CB00021B/1936